TRAITÉ

DE

GÉOMÉTRIE SUPÉRIEURE.

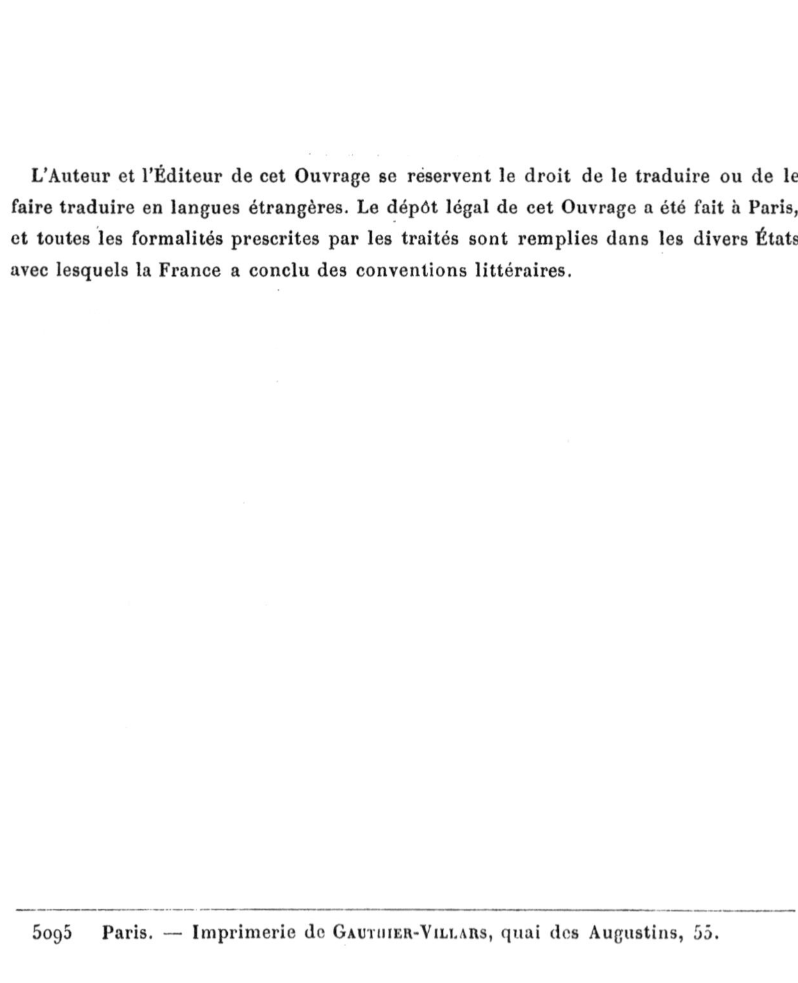

5095 Paris. — Imprimerie de Gauthier-Villars, quai des Augustins, 55.

TRAITÉ

DE

GÉOMÉTRIE SUPÉRIEURE,

PAR M. CHASLES,

Membre de l'Institut, professeur de Géométrie supérieure à la Faculté des Sciences de Paris; membre de la Société royale de Londres; membre honoraire de la Société royale d'Irlande, de la Société philosophique de Cambridge, de l'Académie impériale des Sciences de Saint-Pétersbourg; associé de l'Académie royale des Sciences de Bruxelles; correspondant de l'Académie pontificale des *Nuovi Lincei* de Rome; membre de l'Académie royale de Berlin, de l'Académie royale des Sciences de Turin, de l'Académie royale des Sciences de Naples, de l'Académie royale des Lincei de Rome, de la Société royale danoise des Sciences de Copenhague, de l'Académie royale des Sciences de Stockholm, de l'Académie des Sciences de l'Institut de Bologne, de l'Institut royal lombard de Milan, de la Société italienne des Sciences de Modène; correspondant de l'Académie royale des Sciences de Madrid, de l'Institut vénitien des Sciences, Lettres et Arts; membre honoraire de l'Académie royale des Sciences, Lettres et Arts de Modène, de l'Athénée vénitien des Sciences et Lettres, de l'Université d'Odessa, de l'Académie américaine des Sciences et Arts de Boston, de l'Académie nationale des Sciences d'Amérique.

DEUXIÈME ÉDITION.

PARIS,

GAUTHIER-VILLARS, IMPRIMEUR-LIBRAIRE

DU BUREAU DES LONGITUDES, DE L'ÉCOLE POLYTECHNIQUE,

SUCCESSEUR DE MALLET-BACHELIER,

Quai des Augustins, 55.

1880

PRÉFACE DE LA PREMIÈRE ÉDITION (1852).

I.

L'Ouvrage que j'ai publié, il y a quinze ans, sous le titre d'*Aperçu historique sur l'origine et le développement des méthodes en Géométrie* (¹) était une préparation à la publication que je commence aujourd'hui. D'autres travaux m'avaient détourné de ce sujet. Mais une chaire de *Géométrie supérieure*, réclamée depuis longtemps par la Faculté des Sciences et instituée en 1846, m'ayant été confiée, j'ai dû reprendre d'anciennes études et m'efforcer de lier entre eux, pour les ériger en corps de doctrine, des matériaux insérés en partie seulement dans les Notes de l'*Aperçu historique*.

Au lieu de l'Ouvrage que je mentionnais alors sous le nom de *Compléments de Géométrie*, et dans lequel je me proposais de réunir ces matériaux, je me suis trouvé naturellement conduit à faire, s'il m'était possible, un Traité méthodique; et j'ai dû l'intituler *Géométrie supérieure*, pour conserver le titre même de la chaire consacrée à l'enseignement de la Géométrie pure.

Nouveau par le titre, ce *Traité de Géométrie supérieure* l'est aussi, à beaucoup d'égards, par les matières, et principalement par la méthode de démonstration. Ce qui le caractérise essentiellement et détermine l'esprit dans lequel il a été conçu, c'est l'uniformité de cette méthode et la portée de ses applications.

Les principes, ou théories spéciales, sur lesquels reposent ces procédés uniformes de démonstration sont développés dans le Volume que je publie aujourd'hui. Il contient, en outre, l'appli-

(¹) *Voir*, plus loin, la note de la page xxx.

cation de ces principes aux propriétés des figures rectilignes et circulaires, et quelques théories générales, entre autres la théorie des *figures homographiques* et celle des *figures corrélatives,* d'où dérivent, dans leur plus grande extension, les deux méthodes de transformation des figures en usage dans la Géométrie moderne.

On trouvera plus loin une indication sommaire de ces différentes Parties, et alors je dirai quelles sont les théories fondamentales sur lesquelles reposent les démonstrations que j'emploie, et je chercherai à expliquer d'où proviennent la facilité et la fréquence de leurs applications. Mais je dois indiquer d'abord les caractères généraux qui distinguent ces méthodes à d'autres égards, en cela surtout qu'*elles participent aux avantages propres à l'Analyse.*

Je veux parler de la généralité dont sont empreints tous les résultats de la Géométrie analytique, où l'on ne fait acception ni des *différences de positions relatives* des diverses parties d'une figure, ni des circonstances de réalité ou d'*imaginarité* des parties, qui, dans la construction générale de la figure, peuvent être indifféremment réelles ou imaginaires. Ce caractère spécifique de l'Analyse se trouve dans notre Géométrie.

Mais ces méthodes de pure Géométrie présentent un autre avantage essentiel, qui manque parfois à la Géométrie analytique : c'est qu'elles s'appliquent *avec une égale facilité* aux propositions qui concernent des droites comme à celles qui concernent des points, sans qu'on soit obligé de conclure les unes des autres par les méthodes de transformation, ainsi qu'on a coutume de le faire.

Il y a donc, comme on voit, trois points de doctrine mathématique, qui donnent au *Traité de Géométrie supérieure* un caractère spécial et semblent marquer un progrès dans la culture de la science. Je vais entrer à ce sujet dans quelques développements.

II.

Jusqu'à présent on n'a point introduit, *d'une manière générale et systématique,* en Géométrie, le *principe des signes,* pour marquer la direction des segments ou des angles, excepté dans la Géométrie analytique et dans quelques questions particulières, telles que la théorie des centres des *moyennes distances* et des *moyennes harmoniques,* où l'on ne considère que des segments formés sur une seule droite.

On est tellement familiarisé, en Analyse, depuis Descartes, avec ce principe des signes, dont on apprécie l'immense utilité, qu'on peut s'étonner que l'on n'en ait pas encore étendu l'usage général à la Géométrie pure. Je dirai plus loin les causes de cette lacune regrettable. Pour la constater ici, il suffira de citer la relation harmonique de quatre points, relation employée si fréquemment dans la Géométrie moderne, et toujours sans y faire entrer le principe des signes pour marquer la direction des segments. Il en est de même de beaucoup d'autres relations d'un usage également fréquent, notamment de toutes celles qui rentrent dans la théorie des transversales.

Dans toutes ces relations et dans celles qui en dérivent, on ne considère généralement que la valeur numérique des segments, de sorte qu'elles se rapportent, d'une manière concrète, à une seule des figures que peut admettre une question, à la figure que l'on a eue sous les yeux dans le cours du raisonnement (¹).

Il est vrai qu'on peut conclure des relations démontrées pour cette figure celles qui conviennent à une autre, par la doctrine des quantités *directes* et *inverses* de Carnot, doctrine qui fait l'objet de la *Géométrie de position.*

Avant que ce dernier Ouvrage parût, on donnait ordinairement d'une proposition autant de démonstrations, et d'un problème autant de constructions particulières, que la figure pouvait pré-

---

(¹) Par exemple, quatre points a, b, c, d situés en ligne droite donnent lieu à trois rectangles $ab.cd$, $ac.db$, $ad.bc$, et l'on démontre que l'*un de ces rectangles est égal numériquement à la somme des deux autres;* celui-là dépend de la position relative des quatre points. Si ces points sont placés dans l'ordre a, b, c, d, ce rectangle est $ac.bd$, de sorte qu'on a $ac.bd = ab.cd + ad.bc$.

Dans l'ordre a, d, b, c, on a $ab.cd = ad.bc + ac.db$.

Et dans l'ordre a, b, d, c, $ad.bc = ab.dc + ac.bd$.

Chacune de ces égalités, qui sont purement numériques, convient à une position relative déterminée des quatre points; et c'est ainsi qu'on a coutume d'exprimer cette propriété de quatre points, démontrée en premier lieu, je crois, par Euler. (Voir *Aperçu historique*, p. 305.) Avec le principe des signes, on l'exprime par la formule

$$ab.cd + ac.db + ad.bc = 0,$$

qui convient à tous les cas que peut présenter la position relative des quatre points.

senter de cas différents dans la disposition relative de ses diverses parties. C'est ainsi que faisaient les anciens et, dans le siècle dernier, R. Simson, Stewart, etc. La *Géométrie de position* a eu pour objet de prouver qu'une seule démonstration ou construction devait suffire, et de montrer comment on pouvait conclure d'une relation concrète et purement numérique, formée pour une figure déterminée, la relation qui convenait à un autre état de la figure.

Le procédé consiste à donner le signe —, dans la relation proposée, aux angles et aux segments qui ont changé de direction dans la seconde figure; alors la relation prend la forme qui convient à cette nouvelle figure (1).

C'est ce que Carnot a appelé le *principe de corrélation* des figures. Mais, à dire vrai, ce principe n'est pas démontré, et les développements dans lesquels l'auteur est entré à plusieurs reprises, tant dans la *Géométrie de position* que dans des dissertations spéciales, ne forment que de puissantes inductions qui ne constituent pas une démonstration primordiale, absolue; et, à la rigueur, il faudrait justifier dans chaque question le passage d'une formule à une autre.

Certes, ce principe de corrélation est un progrès en Géométrie; mais il n'est pas suffisant, et le défaut de rigueur absolue n'est pas ici le plus grave inconvénient de cette manière de procéder : il en est d'autres qui touchent à l'essence même de la science, car *les propositions dans lesquelles on ne fait pas entrer le principe des signes sont, en général, incomplètes; en n'y considérant que les valeurs numériques des segments, on néglige une partie essentielle des propriétés de la figure, que ces propositions auraient exprimées au moyen des signes.*

Il s'agit ici d'un point de doctrine fort important. Fixons les

---

(1) Les deux relations ne diffèrent, finalement, que par les signes de quelques termes. Voici comment l'auteur s'exprime : « Suivant les diverses circonstances où elles (les quantités que l'on considère, telles que des segments rectilignes) se trouvent, on doit conserver le signe qui les précède dans les formules où elles entrent ou le changer; et c'est la théorie de ces mutations que je nomme *Géométrie de position*, parce qu'en effet c'est par elles qu'on exprime la diversité de position des parties correspondantes dans les figures de même genre. » (*Géométrie de position*, Dissertation préliminaire, p. XXIII).

idées par un exemple. Quand un quadrilatère est inscrit dans un cercle ou une section conique, une transversale rencontre la courbe et les côtés du quadrilatère en six points qui donnent lieu à certaines relations à deux termes entre six ou huit segments. C'est ce qu'on appelle les équations d'*involution de six points* ou le *théorème de Desargues*.

On a coutume de ne considérer dans ce théorème que les valeurs numériques des segments, en faisant abstraction des conditions de direction, parce que le mode de démonstration que l'on emploie n'implique pas par lui-même le principe des signes, et que l'on n'introduit pas *a posteriori*, ce principe dans les formules (¹).

Il résulte de là que les équations démontrées, bien qu'exactes numériquement, n'expriment qu'*imparfaitement* les propriétés de la figure. Par exemple, chacune de ces équations devrait pouvoir servir pour déterminer l'un des deux points de la courbe quand l'autre est donné, et cela n'a pas lieu, faute d'avoir introduit le principe des signes. Car prenons l'équation $ab'.bc'.ca' = ac'.cb'.ba'$, l'une des sept qui existent entre les deux couples de points a, a' et b, b' du quadrilatère et les deux points c, c' de la courbe; cette équation, si on la regarde comme une relation purement numérique et sans y faire entrer, au moyen des signes, aucune condi-

(¹) Soient a, a'; b, b' et c, c' les trois couples de points; on démontre d'abord de diverses manières, qui souvent ne comportent pas l'application du principe des signes, les trois équations à huit segments

$$\frac{ab.ab'}{ac.ac'} = \frac{a'b.a'b'}{a'c.a'c'}, \quad \frac{bc.bc'}{ba.ba'} = \frac{b'c.b'c'}{b'a.b'a'}, \quad \frac{ca.ca'}{cb.cb'} = \frac{c'a.c'a'}{c'b.c'b'};$$

puis on conclut de ces équations, par voie de multiplication et division, quatre équations à six segments. Par exemple, en multipliant les trois équations membre à membre, on obtient

$$\overline{ab'}^2.\overline{bc'}^2.\overline{ca'}^2 = \overline{a'b}^2.\overline{b'c}^2.\overline{c'a}^2 \quad \text{ou} \quad ab'.bc'.ca' = \pm a'b.b'c.c'a.$$

Si l'on avait égard aux signes des segments, il y aurait ici une difficulté pour le choix du signe du second membre. Mais cette difficulté ne se présente pas, ou du moins on la passe sous silence, parce qu'on néglige dans ces formules le principe des signes, pour n'y considérer que la valeur numérique des segments. Aussi l'on écrit ces segments d'une manière arbitraire, par exemple ab' ou $b'a$ indifféremment, et quelquefois même sans observer dans les quatre équations une même règle de symétrie relativement aux origines des segments.

tion de direction des segments, donne pour une position du point c deux points c' et ne fait pas connaître lequel de ces deux points appartient à la courbe. Ce qui prouve que l'équation, telle qu'on la considère, ne satisfait pas à la question qu'elle devrait résoudre.

Il faut donc nécessairement introduire dans les relations d'involution le principe des signes, sans quoi elles seront de simples égalités numériques, formant un théorème imparfait et dont on ne connaîtrait pas toute l'utilité.

Cela peut expliquer pourquoi ce théorème célèbre de Desargues, dont on parle tant dans la Géométrie moderne, n'a cependant point encore eu toutes les applications dont il est susceptible. M. Brianchon, il est vrai, en a fait la base de son intéressant *Mémoire sur les lignes du second ordre;* mais il faut remarquer que tout l'ouvrage consiste dans les développements des corollaires du théorème lui-même, considéré dans tous ses cas particuliers, et que l'auteur n'introduit pas ce théorème dans les spéculations géométriques où l'on aurait eu à tenir compte de la direction des segments : ce que l'on n'a pas fait non plus depuis.

Aussi, ce que l'on appelle l'*involution de six points* s'est réduit aux équations à deux termes, entre six ou huit segments, relatives soit au quadrilatère inscrit à une conique, comme nous l'avons dit, soit aux six points d'intersection des quatre côtés et des deux diagonales d'un quadrilatère quelconque par une transversale [1].

Cependant les six points donnent lieu à diverses autres relations

---

[1] Ces relations d'involution entre les six points d'intersection des quatre côtés et des deux diagonales d'un quadrilatère par une transversale ont été connues des anciens, en partie du moins; car on trouve dans le septième Livre des *Collections mathématiques* de Pappus six propositions, 127, 128, 130-133, qui s'y rapportent.

La proposition 130 exprime la relation générale à huit segments, savoir

$$\frac{ca.ca'}{cb.cb'} = \frac{c'a.c'a'}{c'b.c'b'}.$$

Dans la proposition 133, la transversale passe par le point de concours de deux côtés opposés et est parallèle à une diagonale; l'équation démontrée est alors $ca.ca' = \overline{cb}^2$.

Dans les propositions 127 et 128, la transversale est une droite quelconque parallèle à l'une des diagonales, et l'équation est de la forme $\frac{ca}{cb'} = \frac{ab}{b'a'}$. On peut consi-

très différentes, formant une véritable théorie dont les applications, déjà très fréquentes dans ce Volume, le seront encore plus dans la théorie des sections coniques. Mais ces applications seraient difficiles et fort restreintes si l'on ne considérait que les valeurs numériques des segments, sans y faire entrer, avec le même degré d'importance, les conditions de direction, et l'on peut dire que cette théorie de l'*involution* n'existerait pas sans le principe des signes.

Cet exemple suffit pour montrer comment l'usage explicite du principe des signes est souvent indispensable pour donner aux propositions leur signification complète et toute la portée qui leur est propre, et à la science toutes ses ressources naturelles.

III.

Mais ce principe a divers autres avantages. Il apporte dans les démonstrations une facilité qui rapproche les conceptions de la Géométrie de celles de l'Analyse, car on sait qu'une démonstration est d'ordinaire plus pénible quand on est obligé de subordonner le raisonnement à l'état d'une figure particulière que quand on peut raisonner d'une manière générale, comme en Analyse, sans tenir compte des positions relatives, accidentelles, des diverses parties de la figure. Dans le premier cas on cherche péniblement dans les détails de la figure les éléments de la démonstration, et dans le second on combine logiquement des propositions abstraites, sans aucune entrave.

---

dérer cette équation comme un cas particulier de la relation générale à six segments, qui toutefois ne se trouve pas dans l'ouvrage de Pappus.

Dans la proposition 131, la transversale est la droite qui joint les points de concours des côtés opposés, et la proposition exprime que cette droite est divisée harmoniquement par les deux diagonales.

Enfin la proposition 132 est un cas particulier de 131. La droite qui joint les points de concours des côtés opposés est parallèle à une diagonale.

Il est à croire que les géomètres grecs n'ont pas connu explicitement les équations d'involution relatives au quadrilatère inscrit dans une conique; mais ils ont eu l'équivalent dans la proposition qu'on appelle, d'après Descartes, le théorème de Pappus, et qui consiste en ce que *le produit des distances de chaque point de la courbe à deux côtés opposés du quadrilatère est au produit des distances du même point aux deux autres côtés dans une raison constante.*

Le principe des signes étend même son influence sur l'énoncé des propositions; car, lorsqu'elles ne se compliquent pas de conditions de situation, elles prennent une forme à la fois plus générale et plus concise, qui présente à l'esprit une idée plus nette et se prête mieux au raisonnement.

On a donc beaucoup perdu à ne pas introduire systématiquement dans la Géométrie pure le principe des signes; les progrès de la science en ont été nécessairement retardés.

IV.

Si l'on ne démontre ordinairement, comme nous l'avons dit, une formule ou relation que pour une certaine figure, et non dans l'état d'abstraction et de généralité qui permettrait, au moyen des signes + et — affectés aux segments et aux angles pour marquer leur direction, de l'adapter indifféremment à tous les cas possibles de la figure, il est facile d'en reconnaître la raison. C'est que les propositions qui forment le plus ordinairement les éléments de démonstration, dans la Géométrie ancienne, ne comportent pas l'application du principe des signes. Telles sont la proposition du carré de l'hypoténuse, celle de la proportionnalité des côtés homologues dans les triangles semblables, celle encore de la proportionnalité, dans tout triangle, des côtés aux sinus des angles opposés. La règle des signes ne s'applique point à ces propositions, puisque les segments que l'on y considère sont formés sur des lignes différentes et les angles autour de sommets différents.

A ces propositions classiques la Géométrie moderne en a ajouté quelques autres, notamment celles qu'on désigne sous le nom générique de *théorie des transversales*, lesquelles comportent l'application de la règle des signes. Mais on a négligé de reconnaître dans ces propositions ou, du moins, de mettre à profit cette faculté précieuse qui forme une partie notable de leur valeur, et on ne les emploie que comme exprimant de simples relations numériques, sans y faire entrer les conditions de direction d'angles ou de segments, ainsi que nous l'avons dit au sujet des relations d'involution (¹).

(¹) Il ne faut pas perdre de vue que nous n'entendons parler ici que des Ouvrages

Il s'ensuit que les propositions déduites synthétiquement de ce petit nombre de théorèmes qui forment les éléments de démonstration les plus ordinaires de la Géométrie ne concernent que les valeurs numériques des segments et des angles, et sont dépourvues d'une partie essentielle de la signification mathématique qui leur appartient.

Au contraire, nos procédés de démonstration s'appuient sur des propositions qui impliquent toujours par elles-mêmes le principe des signes, et qui le conservent et le transmettent dans toutes les déductions résultant de leur combinaison synthétique, comme cela a lieu en Géométrie analytique (1).

V.

Les *imaginaires,* en Géométrie pure, présentent de graves difficultés : souvent on ne sait comment les définir ni les introduire

---

de Géométrie pure; car les propositions, même celles de la théorie des transversales, que l'on démontre par la Géométrie analytique, doivent porter l'empreinte du principe des signes, à moins toutefois qu'en passant des résultats du calcul à leurs expressions géométriques, on ne néglige de tenir compte des signes, ou qu'on ne fasse quelque erreur ou quelque hypothèse contraire à la stricte application de la règle ordinaire des signes. C'est, en effet, ce qui a lieu dans plusieurs Ouvrages de Géométrie analytique, à l'égard notamment des deux équations à six segments relatives au triangle coupé par une transversale ou par un faisceau de trois droites issues des sommets: ces deux formules s'y trouvent différenciées par des signes précisément contraires à ceux qui leur conviennent. Cependant, dans l'Ouvrage de M. Möbius, intitulé *Calcul barycentrique* (*), le premier, je crois, où l'on ait donné des signes à ces deux relations, elles ont, ainsi que le rapport harmonique de quatre points, leurs véritables signes.

M. de Morgan a déjà fait l'observation que la théorie des signes dans l'application de l'Algèbre à la Géométrie laisse parfois quelque chose à désirer. (On the mode of using the signe + and — in plane Geometry. Voir *The Cambridge and Dublin mathematical Journal,* mai 1851).

(1) Les formules de la théorie des transversales se trouvent dans l'*Aperçu historique,* sous leur forme accoutumée, sans signes. Mais depuis j'ai conçu l'utilité que la Géométrie devait retirer de l'emploi des signes, et, dès l'ouverture du Cours de *Géométrie supérieure,* j'ai introduit systématiquement cette doctrine comme indispensable pour donner aux relations de segments ou d'angles leur signification complète et à la Géométrie l'un des caractères de généralité que comporte l'Analyse.

(*) *Der barycentrische Calcul, ein neues Hülfsmittel zur analytischen Behandlung der Geometrie dargestellt und insbesondere auf die Bildung neuer Classen von Aufgaben und die Entwickelung mehrerer Eigenschaften der Kegelschnitte angewendet* von August Ferdinand Möbius, Professor der Astronomie zu Leipzig. Leipzig, 1827, in-8°.

dans le raisonnement; et, d'autre part, les éléments d'une démonstration peuvent disparaître quand quelques parties d'une figure deviennent imaginaires.

Ces difficultés n'existent pas en Analyse, où les imaginaires se manifestent et se caractérisent par les racines d'une équation du second degré, dont les coefficients seuls, et non les racines elles-mêmes, entrent dans les relations que l'on considère.

Nos théories donnent lieu aussi à certaines équations du second degré, qui permettent d'introduire, naturellement et dans un sens parfaitement déterminé, les imaginaires dans les spéculations géométriques; parce que ces objets imaginaires, *points, lignes* ou *quantités,* n'entrent pas eux-mêmes explicitement dans le raisonnement, mais s'y trouvent représentés par des *éléments* toujours réels qui peuvent servir à les déterminer. De la sorte, les démonstrations impliquent les cas où certaines parties d'une figure, telles que les tangentes à un cercle menées par un point donné, deviennent imaginaires, sans qu'on soit obligé d'invoquer le *principe de continuité* dont M. Poncelet a fait un si heureux usage dans son savant *Traité des propriétés projectives des figures,* mais qui ne pouvait répondre aux vues qui m'ont dirigé dans la méthode suivant laquelle je traite la Géométrie.

Pour bien expliquer ma pensée à cet égard, je vais entrer dans quelques détails.

Rappelons d'abord ce qu'on entend ici par le *principe de continuité.*

Certaines parties d'une figure considérée dans un état général de construction, peuvent être réelles ou imaginaires, indifféremment; par exemple, s'il se trouve dans la figure un cercle et une droite, sans aucune condition de position relative, les points d'intersection de ces deux lignes seront tantôt réels et tantôt imaginaires, quoique la figure reste dans un état de construction général. Quand ces parties sont réelles, nous dirons que le fait de leur existence forme une propriété *contingente* de la figure, et, pour distinguer ces parties elles-mêmes de celles qui sont *absolues* ou *permanentes,* nous les appellerons *parties contingentes.*

Cela posé, il arrive souvent que ces parties *contingentes* (c'est-à-dire qui peuvent être indifféremment réelles ou imaginaires) servent utilement, dans le cas de la réalité, pour la démonstration d'un théorème, et que cette démonstration n'ait plus lieu quand ces mêmes parties deviennent imaginaires. Alors on dit qu'en vertu du *principe de continuité* le théorème démontré dans le premier cas s'étend au second, et on l'énonce d'une manière générale.

Quelquefois le contraire a lieu, et c'est quand certaines parties d'une figure sont imaginaires que l'on y trouve les éléments d'une démonstration facile, dont on applique ensuite les conséquences, en vertu du *principe de continuité,* au cas où ces mêmes parties sont réelles et où la démonstration n'existe plus.

Prenons un exemple de chacune de ces circonstances.

Deux sections coniques situées dans un même plan se coupent, en général, en quatre points, dont deux ou tous les quatre peuvent être imaginaires. Quand l'un de ces cas d'imaginarité a lieu, on démontre que les deux coniques peuvent être regardées comme la perspective de deux cercles situés dans un même plan, et alors on applique immédiatement à ces deux courbes les propositions relatives aux deux cercles, notamment celles qui concernent leurs centres de similitude; ce qui donne de belles propriétés des deux coniques, concernant leurs centres d'homologie (1).

Mais, quand ces deux courbes se coupent en quatre points réels, ce mode de démonstration fait défaut, car les deux courbes ne peuvent plus être considérées comme la perspective de deux cercles, puisque ceux-ci ne se coupent qu'en deux points réels. Alors on invoque le *principe de continuité,* et l'on dit que les théorèmes démontrés dans le premier cas s'appliquent également à deux coniques qui ont leurs quatre points d'intersection réels.

Dans cet exemple, c'est le cas où les parties contingentes de la figure se trouvent imaginaires qui fournit une démonstration des théorèmes que l'on a en vue. Dans l'exemple suivant, les parties contingentes sont réelles.

Soit un quadrilatère inscrit dans une conique; une transversale, menée arbitrairement, rencontre la courbe et les deux systèmes de côtés opposés du quadrilatère en trois couples de points, entre lesquels ont lieu les équations d'involution. Que deux autres coniques passent par les quatre sommets du quadrilatère, les deux

(1) Voir le *Traité des propriétés projectives des figures* de M. Poncelet, p. 60 et 156.

points d'intersection de chacune d'elles par la transversale formeront pareillement une involution avec les deux couples de points appartenant aux quatre côtés du quadrilatère; et l'on conclut de là, en combinant les équations d'involution, que les trois couples de points qui appartiennent respectivement aux trois coniques sont eux-mêmes en involution, c'est-à-dire que : « Quand trois coniques passent par quatre mêmes points, toute transversale les rencontre en six points *en involution* ([1]). »

Ce théorème est ici démontré dans le cas où les quatre points communs aux trois courbes sont réels, et, par le *principe de continuité,* on l'étend au cas où deux de ces points ou tous les quatre sont imaginaires, bien qu'alors la démonstration n'ait plus lieu, puisqu'il n'y a plus de quadrilatère.

En Géométrie analytique, la démonstration de ces théorèmes a toute la généralité désirable, car on n'y fait point acception des circonstances de réalité ou d'imaginarité des points d'intersection des coniques. Et il semble que c'est cette puissance de l'Analyse qui autorise à faire avec confiance, en Géométrie pure, usage du *principe de continuité.*

VI.

Sans vouloir élever aucune objection contre cette manière de procéder, qui peut, dans certaines questions, fournir au géomètre des ressources dont il fait bien de ne point se priver, j'ai cru cependant, et par plusieurs raisons, devoir m'abstenir de l'employer dans l'Ouvrage actuel.

D'abord, ce *principe de continuité* n'étant pas démontré *a priori,* en l'invoquant comme une sorte d'axiome ou de *postulatum,* on s'écarte de l'exactitude rigoureuse qui constitue le caractère principal, et l'on peut dire la supériorité, des sciences mathématiques en général, mais surtout de la Géométrie.

En outre, avec ce principe, fût-il prouvé en toute rigueur, on n'a pas une démonstration directe, qui seule satisferait complète-

---

([1]) Cette propriété des coniques a été donnée par M. Sturm dans la première Partie d'un Mémoire dont la suite, au grand regret des géomètres, n'a pas été publiée. (Voir *Annales de Mathématiques* de M. Gergonne, t. XVII, p. 180.)

ment l'esprit; on laisse dans chaque question une lacune et un sujet de recherche.

Mais il est une autre considération plus puissante qui m'a déterminé à ne pas profiter, dans ce Volume destiné à poser les bases de méthodes générales, des facilités qu'aurait pu offrir souvent le principe de continuité. Une étude attentive des différents procédés de démonstration qui peuvent s'appliquer à une même question m'a convaincu qu'à côté d'une démonstration facile, fondée sur quelques propriétés accidentelles ou contingentes d'une figure, devaient s'en trouver toujours d'autres, fondées sur des propriétés absolues et subsistantes dans tous les cas que peut présenter la figure en raison de la diversité de position de ses parties; et j'ai éprouvé que la recherche de ces démonstrations complétement rigoureuses est d'autant plus utile, qu'elle met nécessairement sur la voie des propositions les plus importantes, de celles qui établissent tous les liens qui doivent exister entre les différentes parties d'un même sujet.

Je me suis donc proposé d'introduire dans cet Ouvrage, avec la notion explicite des imaginaires, des démonstrations aussi rigoureuses et aussi générales que celles de la Géométrie analytique.

Ces démonstrations deviennent aussi faciles que les premières quand on en a préparé la voie par la recherche de quelques propositions d'une certaine nature, savoir de propositions reposant sur les propriétés *absolues* ou *permanentes* de la figure que l'on considère, et non simplement sur ses propriétés *contingentes*. Ces propositions se distinguent par ce caractère spécial que les objets susceptibles de devenir imaginaires n'y entrent pas sous forme explicite, mais s'y trouvent représentés par des *éléments* réels, de même que les racines d'une équation n'entrent pas elles-mêmes dans les calculs de la Géométrie analytique et y sont représentées collectivement par les coefficients de l'équation.

Ces propositions, où n'entrent ainsi que des relations qui, en Analyse, s'exprimeraient au moyen des coefficients d'une équation ou d'autres fonctions symétriques des racines de l'équation, sont celles qu'il importe le plus de connaître, comme étant à la fois les plus fécondes et les plus propres à donner à la Géométrie le degré de généralité qui fait la puissance de l'Analyse.

VII.

Je terminerai ces considérations sur les imaginaires par une remarque qui se rapporte essentiellement au sujet.

Il peut arriver, quand quelques parties d'une figure deviennent imaginaires, que les propositions soient susceptibles de nouveaux énoncés très différents des premiers, et donnent lieu à des propriétés de l'étendue très différentes aussi de celles que l'on considérait d'abord.

On trouvera un exemple remarquable d'une telle transformation dans un système de cercles ayant le même axe radical. Si l'on suppose l'un des cercles imaginaire (ce qui aura lieu selon la position du point que l'on prendra pour centre du cercle), toutes les propositions générales appartenant à ce système fournissent immédiatement, en changeant d'énoncés, de fort belles propriétés des cônes à base circulaire. Transformation singulière, qui montre le sens profond de cette pensée d'un illustre géomètre de nos jours : « En Géométrie, comme en Algèbre, la plupart des idées différentes ne sont que des transformations; les plus lumineuses et les plus fécondes sont pour nous celles qui font le mieux image et que l'esprit combine avec le plus de facilité dans le discours et dans le calcul (¹). »

VIII.

Je ferai mention brièvement d'un troisième caractère de généralité que possèdent nos théories géométriques et qui leur donne, dans beaucoup de questions, un avantage réel sur les procédés ordinaires de la Géométrie analytique. C'est qu'elles s'appliquent indifféremment aux deux genres de propositions que l'on peut distinguer dans la science de l'étendue, selon qu'elles se rapportent à des *points* ou à des *droites* (²) : propositions qui se cor-

---

(¹) Poinsot, *Mémoire sur la composition des moments et des aires dans la Mécanique; voir* les *Éléments de Statique*, 9ᵉ édition, p. 353.

(²) Il n'est ici question que de la Géométrie plane. Dans la Géométrie à trois dimensions, ce sont des *plans* qui correspondent à des *points*, et des *droites* à des *droites*.

respondent en vertu de certaines lois auxquelles on a donné le nom de *principe de dualité*. Par exemple, à une proposition concernant les *côtés* et les *diagonales* d'un quadrilatère, en correspond une concernant les *sommets* et les *points de concours* des côtés opposés ; à une proposition concernant les *points* d'un cercle ou d'une conique, en correspond une concernant les *tangentes*, etc.

La méthode de Descartes, ou Géométrie analytique, ne s'applique pas avec une égale facilité à ces deux genres de propositions. Aussi, dans beaucoup de cas, on n'en démontre qu'une, et l'on en conclut l'autre par les méthodes de transformation des figures, telles que la *théorie des polaires réciproques*. C'est ainsi que l'on a coutume de conclure du théorème de Pascal sur l'hexagone inscrit à une conique le théorème de M. Brianchon sur l'hexagone circonscrit.

Nos méthodes s'appliquent avec une égale facilité aux deux sortes de propositions et accroissent, à cet égard, les ressources de la Géométrie.

Aussi nous n'avons pas été obligé de recourir aux méthodes de transformation des figures, lesquelles sont parfois fort utiles, mais ne satisfont pas complétement aux besoins de la science, même quand elles sont applicables, et ne peuvent suppléer à des démonstrations directes.

Nous renvoyons, à ce sujet, aux considérations développées dans le cours de l'Ouvrage (Chap. XXVII).

IX.

Ce Volume est divisé en quatre Sections.

La première contient un ensemble de propositions dont l'enchaînement naturel donne lieu à trois théories qui se font suite et sont le développement d'une même notion et d'un même théorème fondamental.

Cette notion se rapporte à une certaine fonction de segments ou d'angles, appelée *rapport anharmonique* de quatre points ou d'un faisceau de quatre droites.

Les trois théories successives auxquelles donne lieu cette fonction, que l'on considère dans un ou plusieurs systèmes soit de quatre points, soit de quatre droites, peuvent être dites théories du *rapport anharmonique*, des *divisions* et *faisceaux homographiques*, et de l'*involution*.

Ces théories forment la base de nos procédés de démonstration. Chacune des propositions dont elles se composent s'y trouve comme un anneau nécessaire à leur enchaînement continu, et toutes sont susceptibles d'applications ultérieures très-diverses.

Je dois rappeler ici brièvement ce que nous entendons par *rapport anharmonique*, *divisions* et *faisceaux homographiques*, et *involution*.

Quand quatre points a, b, c, d sont en ligne droite, on appelle *rapport anharmonique* de ces points une expression ou fonction de quatre segments telle que $\frac{ac}{ad} : \frac{bc}{bd}$.

Dans le cas particulier où la fonction est égale à l'unité (abstraction faite des signes des segments), on dit communément que les quatre points sont en *rapport harmonique*. C'est pourquoi j'ai donné à la fonction, dans le cas général, le nom de *rapport anharmonique* ([1]).

De même, quand quatre droites A, B, C, D concourent en un même point, ce qu'on exprime en disant qu'elles forment un *faisceau*, chaque fonction de sinus de la forme $\frac{\sin(A,C)}{\sin(A,D)} : \frac{\sin(B,C)}{\sin(B,D)}$ est un *rapport anharmonique* des quatre droites, ou du faisceau.

J'appelle *divisions homographiques* sur deux droites, ou sur une seule, deux séries de points qui se correspondent deux à deux de manière que le rapport anharmonique de quatre points quelconques de la première série soit égal à celui des quatre points correspondants de la seconde; et *faisceaux homographiques* deux faisceaux dont les droites se correspondent deux à deux de manière que le rapport anharmonique de quatre droites du premier faisceau soit égal à celui des quatre droites correspondantes du second faisceau ([2]).

Enfin je considère l'*involution* de six points, conjugués deux à deux, comme une égalité entre le rapport anharmonique de quatre

---

([1]) *Aperçu historique*, p. 34.

([2]) *Aperçu historique*, Notes XV et XVI; *voir* p. 340 et 344.

de ces points et celui des quatre points conjugués; et de même pour l'involution de six droites ([1]).

Cette définition de l'involution se prête avec une grande facilité à l'extension considérable dont cette théorie était susceptible, et qui sera d'un grand usage surtout dans l'étude des sections coniques et des surfaces du second ordre.

Les fonctions anharmoniques de quatre points et de quatre droites jouissent d'une propriété commune, fort simple, qui forme le théorème fondamental que nous prenons pour point de départ dans le développement de nos trois théories; c'est que :

Quand un faisceau de quatre droites est coupé par une transversale, le rapport anharmonique des quatre points d'intersection est égal, numériquement et avec le même signe, à celui des quatre droites.

Ainsi, les droites étant A, B, C, D et les points d'intersection a, b, c, d, on a toujours

$$\frac{ac}{ad}:\frac{bc}{bd}=\frac{\sin(A,C)}{\sin(A,D)}:\frac{\sin(B,C)}{\sin(B,D)}.$$

On conclut de là immédiatement que, quand les quatre droites sont coupées par deux transversales, *les deux séries de quatre points d'intersection ont le même rapport anharmonique;* ce qu'on exprime brièvement en disant que le rapport anharmonique de quatre points est *projectif.*

Cette propriété du rapport anharmonique de quatre points a été connue des anciens. On la trouve dans six propositions du VIIe livre des *Collections mathématiques* de Pappus, parmi les lemmes relatifs aux porismes d'Euclide ([2]). Chez les modernes, Pascal et

---

([1]) *Aperçu historique*, Note X; *voir* p. 318.

([2]) Propositions 129, 136, 137, 140, 142, 145 (voir *Aperçu historique*, etc., p. 38). Dans la proposition 129, Pappus démontre que : *Quand trois droites* B, C, D *partent d'un même point, deux transversales menées par un point* a *les rencontrent en deux séries de points* b, c, d *et* b′, c′, d′, *entre lesquels a lieu l'équation*

$$\frac{ac.bd}{ad.bc}=\frac{ac'.b'd'}{ad'.b'c'},\quad\text{que nous écrivons}\quad \frac{ac}{ad}:\frac{bc}{bd}=\frac{ac'}{ad'}:\frac{b'c'}{b'd'}.$$

Les propositions 136 et 142 expriment la réciproque de cette première, savoir que :

Desargues l'ont connue ; et vers le même temps Grégoire de Saint-Vincent et de La Hire ont fait un grand usage du cas où les points sont en rapport harmonique. Carnot, en démontrant ce cas particulier, a considéré, le premier, le rapport des sinus des angles du faisceau ([1]). M. Brianchon a énoncé la proposition générale et s'en est servi dans son *Mémoire sur les lignes du second ordre,* et M. Poncelet, en faisant usage simplement, comme de La Hire et Grégoire de Saint-Vincent, du cas du rapport harmonique, a cité la proposition générale de M. Brianchon ([2]). Depuis, plusieurs géomètres, et surtout MM. Möbius ([3]) et Steiner ([4]), ont fait un usage plus étendu de cette proposition et de celle qui exprime l'égalité entre le rapport anharmonique d'un faisceau de quatre

---

Quand cette égalité a lieu à l'égard des deux séries de points a, b, c, d *et* a, b′, c′, d′ *situées sur deux transversales issues du point commun* a, *les trois droites* bb′, cc′ *et* dd′ *concourent en un même point.*

Dans la proposition 137, la seconde transversale est parallèle à l'une des droites du faisceau, et, par suite, le second membre de l'équation se réduit au simple rapport de deux segments. On pourrait considérer cette proposition comme un corollaire de la 129ᵉ : néanmoins elle a la même portée que celle-ci, parce qu'elle exprime, comme elle, que la fonction $\frac{ac}{ad} : \frac{bc}{bd}$ relative à la première transversale a une valeur constante, quelle que soit la direction de cette droite.

La proposition 140 est la réciproque de 137.

Enfin la proposition 145 est un corollaire de la 129ᵉ; les quatre points *a, b, c, d* sont supposés en *rapport harmonique,* et l'auteur démontre que les quatre *a, b′, c′, d′* sont aussi en rapport harmonique; ce qu'il exprime en disant que, *si l'on a*

$$\frac{ac}{ad} = \frac{bc}{bd},$$

on aura aussi

$$\frac{ac'}{ad'} = \frac{b'c'}{b'd'}.$$

M. Poncelet (voir *Traité des propriétés projectives des figures,* p. 12) et plusieurs auteurs après lui ont cité de l'Ouvrage de Pappus cette dernière proposition 145, qui prouve que le rapport *harmonique* est projectif. Mais on voit que la proposition générale se trouve aussi dans l'Ouvrage du géomètre grec, et même avec une proposition réciproque fort importante. On peut penser qu'Euclide lui-même faisait usage de ces propositions dans son *Traité des porismes.*

([1]) *Essai sur la théorie des Transversales,* p. 77.

([2]) *Traité des propriétés projectives des figures,* p. 12.

([3]) *Der barycentrische Calcul,* etc.

([4]) *Systematische Entwickelung der Abhängigkeit Geometrischer Gestalten von einander.* Berlin, 1832, in-8°.

droites et celui des quatre points d'intersection de ces droites par une transversale. Nous-même avons fait usage aussi de ces fonctions anharmoniques, notamment en les prenant pour le type des relations transformables, dans la théorie des *figures homographiques*, comme dans celle des *figures corrélatives* ([1]).

Mais, indépendamment de ces applications spéciales, la notion du rapport anharmonique était susceptible de développements dont j'ai traité quelques points dans l'*Aperçu historique* ([2]), en m'efforçant d'appeler l'attention des géomètres sur une matière dont l'étude me paraissait devoir être extrêmement utile aux progrès de la Géométrie ([3]). Ce sont ces développements qui ont donné lieu aux trois théories distinctes dont je viens de parler.

X.

On peut se rendre compte de la facilité que doit procurer le *rapport anharmonique* pour la démonstration des propriétés des figures. Elle provient de l'équation

$$\frac{ac}{ad}:\frac{bc}{bd}=\frac{\sin(\mathrm{A},\mathrm{C})}{\sin(\mathrm{A},\mathrm{D})}:\frac{\sin(\mathrm{B},\mathrm{C})}{\sin(\mathrm{B},\mathrm{D})},$$

qui exprime que *le rapport anharmonique de quatre points en ligne droite est égal à celui de tout faisceau de quatre droites passant par ces points.*

En effet, il résulte de cette propriété du rapport anharmonique que cette fonction peut servir de lien entre les parties d'une figure pour établir les relations qu'elles comportent et qui constituent les propriétés de la figure.

Par exemple, si les rayons de deux faisceaux se coupent deux à deux en quatre points en ligne droite, les rapports anharmoniques des deux faisceaux sont égaux, et, si ces deux faisceaux sont coupés respectivement par deux transversales, les rapports anharmoniques des deux séries de quatre points d'intersection seront égaux. De chacun de ces deux systèmes de quatre points on passe

---

([1]) *Aperçu historique*, p. 575-848.

([2]) *Voir* Note IX, p. 302-308, et Notes XV et XVI, p. 334-344.

([3]) *Voir* p. 33-35, 38-39, 81, 159, 255.

de même à d'autres systèmes semblables, par l'intermédiaire d'autres faisceaux. De là peuvent donc résulter des propriétés de la figure, concernant des points et des droites. On verra, en effet, dans tout le cours de l'Ouvrage, qu'il y a presque toujours lieu de considérer ainsi, dans chaque question, quelques systèmes de quatre points ou de quatre droites ayant les mêmes rapports anharmoniques. On peut d'ailleurs former, avec trois points seulement situés en ligne droite, un rapport anharmonique, en y faisant entrer le point situé à l'infini sur la droite, auquel cas la fonction anharmonique est simplement un rapport de deux segments.

Mais il ne faudrait pas croire que l'on ne démontre ainsi que des propriétés exprimées par la simple égalité de deux rapports anharmoniques. Cette égalité sert d'auxiliaire ou de lien, comme feraient d'autres propositions, mais avec beaucoup plus de facilité que d'autres, pour établir les diverses relations qui constituent les propriétés d'une figure. Du reste, on verra que cette égalité même ne s'exprime pas uniquement par une équation à deux termes, comme on pourrait le penser d'après la définition du rapport anharmonique, mais aussi par des équations à trois et à quatre termes, de formes variées, équations dont chacune a des applications spéciales fort étendues.

Aucune autre proposition ne me paraît aussi propre que celle du rapport anharmonique à servir de lien entre les diverses parties d'une figure dont on veut découvrir ou démontrer les propriétés. La proposition la plus fréquemment employée est celle de la proportionnalité entre les côtés des triangles semblables. Mais ces triangles n'existent pas, en général, dans les données de la question, et il faut chercher à les former par des lignes auxiliaires, tandis que les rapports anharmoniques s'aperçoivent presque toujours dans la figure même ou s'y peuvent former aisément.

XI.

La fonction anharmonique, indépendamment de la facilité qu'elle procure dans les démonstrations, porte en soi le germe des caractères généraux qui distinguent, comme nous l'avons dit, nos procédés de démonstration : savoir l'application constante du principe des signes; l'égale facilité de traiter les deux genres de questions relatives aux *points* et aux *droites;* et la considération des imaginaires de la même manière qu'en Géométrie analytique.

En effet, l'égalité entre la fonction de segments et la fonction correspondante de sinus comporte le principe des signes; et, comme nos théories découlent de cette unique proposition, il s'ensuit que tous les résultats admettent naturellement et nécessitent même l'application du principe des signes.

Cette manière de faire dériver, pour ainsi dire, toute la Géométrie supérieure d'une proposition unique qui implique l'usage des signes, a de l'analogie avec ce que l'on fait dans la Trigonométrie et dans la Géométrie analytique.

Car, dans la Trigonométrie, on démontre la formule du développement de $\sin(a+b)$ en prouvant avec soin que la règle des signes s'y applique, et l'on déduit de cette formule unique toutes les autres.

De même, en Géométrie analytique, on démontre l'équation de la ligne droite et l'on prouve qu'elle comporte le principe des signes; puis cette équation forme le point de départ et le fondement de tous les calculs ultérieurs.

De même, dans notre Géométrie, une seule proposition exprimant l'égalité de deux fonctions anharmoniques de segments et de sinus forme la base de tout l'Ouvrage et introduit naturellement le principe des signes.

Mais cette simple égalité a quelque chose de plus général et de plus primordial que les deux propositions qui servent de base à la Trigonométrie et à la Géométrie analytique, car celles-ci peuvent être considérées comme des conséquences de la première, ainsi qu'on le voit dans le cours de l'Ouvrage ([1]).

XII.

Quant aux deux genres de propriétés des figures auxquels donne lieu la distinction des *points* et des *droites,* on conçoit que la fonction anharmonique y soit également propre, puisqu'elle implique les droites par la fonction de sinus aussi bien et au même titre

---

([1]) Chap. II, § V, et Chap. XXI, § I.

que les points par la fonction de segments. Aussi tous les développements qui découlent de la proposition fondamentale comprennent deux ordres de recherches différentes, mais qui se correspondent parfaitement : les unes relatives à des points et les autres à des droites.

On voit donc qu'à cet égard, comme à l'égard du principe des signes, la fonction anharmonique offre des avantages qui ne se trouvent dans aucune des propositions dont on se sert le plus fréquemment dans la Géométrie, telles, par exemple, que la proportionnalité des côtés homologues dans les triangles semblables.

Du reste, le rapport anharmonique de quatre points ou d'un faisceau de quatre droites est la fonction la plus simple qui puisse donner lieu à une égalité entre une fonction de segments et la fonction semblable de sinus; c'est-à-dire qu'avec trois points et un faisceau de trois droites on ne peut pas former de fonctions qui jouissent de cette propriété.

XIII.

Pour montrer comment j'introduis en Géométrie pure la notion des *imaginaires* de la même manière qu'on le fait en Géométrie analytique, c'est-à-dire par la considération des racines d'une équation du second degré, il faut donner d'abord une courte explication relative aux *divisions* et aux *faisceaux homographiques*.

Deux *divisions homographiques* sur deux droites, ou sur une seule, sont deux séries de points qui se correspondent deux à deux de manière que le rapport anharmonique de quatre points quelconques de la première série soit égal à celui des quatre points correspondants de la seconde série. La relation entre deux points correspondants des deux divisions s'exprime, de même que l'égalité de deux rapports anharmoniques, par des équations à deux, à trois ou à quatre termes, lesquelles sont indépendantes de la position des deux droites.

L'une de ces équations est de la forme

$$Am.B'm' + \lambda.Am + \mu.B'm' + \nu = 0,$$

A et B' étant deux points fixes quelconques sur les deux droites,

m, m' deux points correspondants des deux divisions, et λ, μ, ν des constantes qu'on détermine au moyen de trois couples de points correspondants.

Quand les deux droites sont coïncidentes, on peut rapporter les points de la seconde division à la même origine que ceux de la première, et l'équation devient

$$\mathrm{A}m.\mathrm{A}m' + \lambda.\mathrm{A}m + \mu.\mathrm{A}m' + \nu = 0.$$

On voit immédiatement, d'après cette équation, qu'il existe sur la droite deux points, déterminés par l'équation du second degré

$$\overline{\mathrm{A}m}^2 + (\lambda + \mu)\mathrm{A}m + \nu = 0,$$

qui jouissent de cette propriété que chacun d'eux, considéré comme appartenant à la première division, est lui-même son homologue dans la seconde division. J'appelle ces deux points les *points doubles* des deux divisions. Quand les racines de l'équation sont *imaginaires*, on dit naturellement, comme en Analyse, que ces points sont *imaginaires*, mais leur point milieu est toujours réel, ainsi que le rectangle de leurs distances à l'origine A. Et s'il n'entre dans la question que l'on traite que ce point et ce rectangle, ou bien les coefficients λ, μ et ν, ou bien encore les trois couples de points correspondants des deux divisions homographiques qui suffisent pour déterminer ces coefficients, les résultats seront indépendants des circonstances de réalité ou d'imaginarité des deux points doubles, et comporteront le même degré de généralité que les calculs de la Géométrie analytique.

C'est par ces considérations qu'on introduit naturellement et sans obscurité la notion des points imaginaires. Il en est de même pour le système de deux droites imaginaires ; on regarde les deux droites comme les *rayons doubles* de deux faisceaux homographiques ayant le même centre, et ces *rayons doubles* se déterminent par une équation du second degré dont les racines peuvent être imaginaires.

Ces *divisions* et *faisceaux homographiques* se présenteront dans une foule de questions, notamment dans toute la théorie des sections coniques ; de sorte que l'on conçoit bien que dans cette théorie la notion des points et des droites imaginaires ne causera aucune obscurité, aucun embarras. Par exemple, qu'on demande de déterminer les points d'intersection d'une droite et d'une conique non tracée, mais qui doit passer par cinq points donnés. On se servira de cette proposition que : « Si autour de deux points fixes d'une conique on fait tourner deux droites qui se coupent toujours sur la courbe, ces deux droites forment, dans leurs positions successives, les rayons de deux faisceaux homographiques ([1]). » Il en résulte que les deux droites tournantes rencontrent la droite proposée en deux séries de points qui forment deux divisions homographiques ; et l'on voit immédiatement que les points de rencontre de la droite et de la conique sont les *points doubles* de ces deux divisions, lesquels peuvent être *imaginaires* en vertu de l'équation du second degré précédente.

On aura donc une idée parfaitement nette de ce qu'on doit entendre par les points d'intersection *imaginaires* d'une droite et d'une conique, et l'on saura déterminer le milieu de ces deux points et le rectangle de leurs distances à une origine prise sur la droite. Tous les résultats où n'entreront que ces deux *éléments,* le point milieu et le rectangle, subsisteront dans le cas d'imaginarité comme dans celui de réalité des deux points d'intersection.

Cette manière de considérer les imaginaires est tout à fait conforme à ce qu'on fait en Géométrie analytique. Mais ici les équations sont formées avec les données mêmes de la question, ce qui est le plus haut point de simplicité que l'on puisse désirer. En Géométrie analytique, au contraire, elles ont lieu entre des coordonnées introduites auxiliairement. Certes, ces coordonnées sont souvent d'un secours précieux ; mais, employées mal à propos et sans nécessité, elles compliquent une question et n'en procurent qu'une solution indirecte, dès lors sans utilité théorique et dépourvue de cette netteté qui doit être le but constant des efforts du géomètre ([2]).

([1]) J'ai démontré ce théorème, en premier lieu, sous un énoncé différent, dans un *Mémoire sur la transformation des relations métriques des figures* (voir *Correspondance mathématique et physique* de M. Quételet, t. V, p. 293 et 294 ; année 1829) ; puis sous l'énoncé actuel dans la Note XV de l'*Aperçu historique* (p. 334-341), où se trouvent diverses applications de cette propriété importante des sections coniques.

([2]) La méthode naturelle se distingue par « cette clarté et cette facilité suprême

XIV.

Notre seconde Section renferme les applications des trois théories fondamentales à la démonstration des propriétés des figures rectilignes. On y trouve les propositions les plus utiles sur le triangle, le quadrilatère et les polygones; divers modes de description d'une ligne droite par points; la théorie des transversales; les centres des moyennes distances et des moyennes harmoniques; des relations générales entre deux systèmes quelconques de points situés sur une même droite, d'où dérivent immédiatement diverses formules analytiques, notamment celles qui servent à la décomposition des fractions rationnelles en fractions simples; une solution générale, par une construction unique, d'un grand nombre de questions fort diverses, parmi lesquelles se trouvent les trois problèmes d'Apollonius, de la *section de raison*, de la *section de l'espace* et de la *section déterminée;* problèmes qui, comme on sait, avaient donné lieu à trois Ouvrages du géomètre grec et dont la solution, chez les modernes, a toujours exigé plusieurs propositions. Ici un même principe de solution et une même construction s'appliquent immédiatement aux trois problèmes : cette construction est celle des *points doubles* de deux divisions homographiques.

On peut rattacher cette solution générale à des considérations analogues aux règles de *double fausse position* (1). La facilité et l'étendue de ses applications à une foule de questions fort différentes semblent indiquer que les théories d'où cette solution dérive ne s'écartent pas des bases naturelles de la science.

---

qui, selon nous, doit se trouver dans les vraies Mathématiques. » (DESCARTES, *Règles pour la direction de l'esprit;* Règle quatrième.)

(1) Ici, où les questions traitées par cette méthode ont, en général, deux solutions, il faut trois hypothèses au lieu de deux. On peut dire que c'est une règle de *triple fausse position.* Cette méthode, fondée sur des considérations géométriques, embrasse, comme cas particulier, la règle de *double fausse position* par laquelle on résout les équations du premier degré, et s'applique en outre à la résolution de systèmes d'équations déterminées du second degré à plusieurs inconnues, qui admettent deux solutions.

XV.

La troisième Section contient la théorie, prise d'un point de vue très général, des systèmes de coordonnées servant à exprimer par deux variables, qui sont des rapports de segments ou bien des rapports de distances d'un point à des droites fixes ou d'une droite à des points fixes, la position d'un point ou celle d'une droite; puis la théorie générale de la transformation des figures soit en figures de même genre, appelées figures *homographiques,* dans lesquelles des *points* correspondent à des *points* et des *droites* à des *droites,* comme dans la perspective, soit en figures de genres différents, appelées figures *corrélatives,* dans lesquels des *points* correspondent à des *droites* et des *droites* à des *points,* comme dans la théorie des *polaires réciproques.*

L'exposition de ces méthodes générales et les applications que l'on en fait à diverses questions nouvelles pour la plupart reposent, comme toutes les parties de la seconde Section, sur les théories établies dans la première (1).

---

(1) Ces méthodes générales de transformation, appliquées aux figures à trois dimensions, sont le sujet du *Mémoire sur les principes de dualité et d'homographie,* qui fait suite à l'*Aperçu historique sur l'origine et le développement des méthodes en Géométrie,* in-4°. Bruxelles, 1837.

Je rappellerai ici, à raison de cette date de 1837, que cet Ouvrage, qui forme le tome XI des Mémoires couronnés de l'Académie de Bruxelles, avait été adressé à cette Académie en janvier 1830, au sujet de la question suivante : « On demande un examen philosophique des différentes méthodes employées dans la Géométrie récente, et particulièrement de la méthode des polaires réciproques. » Le Mémoire sur les deux méthodes de transformation des figures, précédé d'une introduction historique de peu d'étendue, formait alors la partie la plus considérable de l'Ouvrage : et c'est quand ce travail a dû être imprimé que j'ai donné à la partie historique une plus grande extension. Mais les théories sur lesquelles reposent les deux méthodes de transformation, et les usages du rapport anharmonique dans les nombreuses applications de ces méthodes (pages 575-851), ont la date de janvier 1830, époque où le Mémoire a été adressé à l'Académie de Bruxelles et a été le sujet d'un Rapport officiel.

En faisant mention, dans cet Ouvrage (pages 216-218), des diverses méthodes de transformation des figures, telles que celle de Newton généralisée par Waring, celle des figures homologiques de M. Poncelet, etc., qui rentrent dans la théorie des figures *homographiques,* je n'ai pu citer la méthode de *collinéation* de M. Möbius qui est du même genre, et que ce savant géomètre a exposée dans son Traité du *Calcul*

XVI.

La quatrième Section traite des cercles. On y trouve d'assez nombreuses propositions, dont une partie se représenteront dans la théorie des sections coniques et dont on aurait pu par conséquent ajourner la démonstration. Mais j'ai vu plusieurs raisons de faire entrer, dès ce moment, ces propositions dans le développement des propriétés relatives aux cercles. Elles seront un utile exercice, qui convaincra le lecteur que les procédés de démonstration mis en usage avec tant de facilité dans la théorie des figures rectilignes s'appliquent, avec non moins de succès, aux cercles et même aux sections coniques, car on s'apercevra bien que presque toujours les démonstrations resteront les mêmes pour ces courbes.

Cette théorie du cercle suffira donc pour répandre naturellement, avant d'aborder l'étude des sections coniques, la connaissance d'une partie considérable des propriétés de ces courbes et surtout de celles que l'on néglige dans les Traités de Géométrie analytique.

Les jeunes géomètres dépasseront ainsi, sans travail pénible et au grand avantage de la Science, les programmes de l'enseignement classique devenus trop restreints.

Dans cette Section se trouve un Chapitre sur les cônes à base circulaire; non que nous ayons eu l'intention de comprendre dans ce Volume une théorie de ces surfaces, qui, pour être traitée avec tous les développements qu'elle comporte, ne doit venir qu'après celle des sections coniques; mais ces propriétés des cônes se présentent ici d'elles-mêmes, parce qu'elles sont simplement une expression différente de propositions générales relatives à un système

---

barycentrique (*Der barycentrische Calcul*, etc.; Leipzig, 1827); ce que je n'ai su que fort longtemps après la publication de l'*Aperçu historique*.

La partie historique de l'*Aperçu* (pages 1-269) et les Notes qui s'y rapportent (pages 271-559) ont été traduites en allemand par M. Sohncke, professeur à l'Université de Halle (*Geschichte der Geometrie, hauptsächlich mit Bezug auf die neueren Methoden, von Chasles. Aus dem Französischen Uebertragen durch Dr L.-A. Sohncke ord. Professor der reinen Mathematik an der vereinten Friedrichs Universität Halle-Wittenberg*. Halle, 1839; in-8°.)

de cercles : on suppose l'un de ces cercles imaginaire, comme nous l'avons dit précédemment.

Cette partie de l'Ouvrage initiera le lecteur, sans aucune étude spéciale, à la connaissance d'assez nombreuses propriétés des cônes à base circulaire et des coniques sphériques. Nous nous sommes cru d'autant plus autorisé à donner place à ce Chapitre sur les cônes, que cette théorie, qui forme un intermédiaire distinct entre les coniques planes et les surfaces du second degré et donne lieu à un ordre tout spécial de spéculations géométriques intéressantes, est aujourd'hui enseignée régulièrement dans l'Université de Dublin, où les études mathématiques prennent une extension remarquable (1).

Nous ne pouvions omettre, en traitant du cercle, diverses propriétés du système de deux cercles qui se rapportent à la théorie des fonctions elliptiques et qui se recommandent surtout par un beau théorème de M. Jacobi, que l'on déduit de considérations plus générales. Ces propositions forment le dernier Chapitre de notre quatrième Section, par lequel se termine le Volume.

Le Discours d'inauguration du *Cours de Géométrie supérieure* de la Faculté des Sciences, dans lequel, en jetant un coup d'œil sur l'histoire de la Géométrie, j'ai présenté quelques considérations

---

(1) Cette théorie des cônes à base circulaire et des coniques sphériques fait le sujet de deux Mémoires insérés dans le tome VI des *Mémoires de l'Académie de Bruxelles* (année 1830).

Un habile géomètre, M. Graves, professeur à l'Université de Dublin, a traduit ces deux Mémoires en anglais, et y a joint, outre des Notes et Additions, un Appendice contenant l'application de l'Analyse à la Géométrie sphérique. L'ouvrage, édité aux frais de l'Université de Dublin, qui l'a jugé propre à inspirer aux jeunes mathématiciens le goût des méthodes de la Géométrie pure, est enseigné dans les cours annuels de cette Université. (It is intended for the use of undergraduate students in the University of Dublin; and, it is hoped, may be useful in directing their prevailing taste for pure geometry to interesting and worthy objects.) Voir : *Two geometrical Memoirs on the general properties of cones of the second degree and on the spherical conics, by M. Chasles. Translated from the french, with Notes and Additions, and an Appendix on the application of Analysis to the spherical Geometry, by the Rev. Charles Graves, A. M., M. R. I. A., fellow and tutor of Trinity College Dublin.* Dublin, 1841; in-8°.

qui se rattachent au but de l'Ouvrage actuel ([1]), sera reproduit à la fin du Volume.

([1]) Le savant géomètre et secrétaire perpétuel de l'Académie de Naples, M. Flauti, qui, comme l'illustre Fergola, cultive avec prédilection les doctrines de la Géométrie pure, nous a fait l'honneur, en exprimant son opinion sur les services qu'une chaire de Géométrie supérieure pouvait rendre aux sciences mathématiques, de traduire en italien et d'enrichir de Notes ce Discours d'inauguration de la chaire créée à la Faculté des Sciences de Paris. (*Considerazioni sulla nuova catedra eretta nella Facoltà delle Scienze dell' Accademia di Parigi per l'insegnamento della Geometria superiore e Discorso di apertura alla medesima del prof. Chasles, con Note aggiunte.*)

TABLE DES MATIÈRES.

TRAITÉ

DE

GÉOMÉTRIE SUPÉRIEURE.

PREMIÈRE SECTION.

PRINCIPES FONDAMENTAUX. — THÉORIE DU RAPPORT ANHARMONIQUE, DE LA DIVISION HOMOGRAPHIQUE ET DE L'INVOLUTION.

CHAPITRE PREMIER.

AVERTISSEMENT RELATIF A L'USAGE DES SIGNES + ET — POUR DÉTERMINER LA DIRECTION DES SEGMENTS RECTILIGNES OU DES ANGLES.

1. Définition. — Quand le segment compris entre deux points a, b sera représenté par ab, nous dirons que le point a est son *origine*. S'il est représenté par ba, ce sera le point b qui sera regardé comme étant son origine.

Manière d'indiquer la direction des segments. — Quand nous aurons à considérer sur une même droite plusieurs segments, nous indiquerons leur direction en regardant comme *positifs* tous ceux qui seront dirigés dans un même sens convenu, à partir de leurs *origines*, et comme *négatifs* tous ceux qui seront dirigés dans le sens contraire, c'est-à-dire que nous donnerons, dans le calcul, le signe + aux premiers et le signe — aux autres.

D'après cela, si le segment compris entre deux points a, b, étant représenté par ab, est *positif*, représenté par ba il sera *négatif*; de sorte que l'on dira que $ab = -ba$.

Dans la pratique de ce principe de convention, nous ferons continuellement usage de la proposition suivante, relative à trois points en ligne droite.

2. Théorème fondamental. — *Étant pris trois points* a, b, c, *dans un ordre quelconque, sur une même droite, la somme des trois segments consécutifs* ab, bc, ca *est toujours nulle.*

C'est-à-dire que l'on a toujours

$$ab + bc + ca = 0,$$

en donnant aux segments les signes qui leur conviennent.

En effet, les trois points ne donnent lieu, quant à leur ordre respectif, qu'à trois cas différents; car, les deux a, b étant placés, l'ordre respectif des trois dépendra de la position qu'on donnera au troisième c, lequel ne peut prendre que trois positions différentes, savoir au delà du segment ab, à droite ou à gauche, ou bien sur le segment lui-même, ce qui donne lieu aux trois séries a, b, c; c, a, b et a, c, b. Or on passe d'une série à une autre par la permutation de deux lettres, et l'équation

$$ab + bc + ca = 0$$

ne change pas par cette permutation; il s'ensuit donc que le théorème sera vrai dans les trois cas s'il l'est dans un. Prenons les trois points dans l'ordre a, b, c de la première série; les trois segments ab, bc et ac sont de même signe, et la somme des deux premiers est égale au troisième, savoir :

$$ab + bc = ac.$$

Mais $ac = -ca$; donc

$$ab + bc + ca = 0.$$

Ce qu'il fallait démontrer. Donc, etc.

Corollaire I. — *Quand la position d'un point* a *est déterminée par sa distance à une origine* O, *si l'on veut le rapporter à une autre origine* O', *on fait toujours, quel que soit l'ordre relatif des deux origines et du point* a,

$$Oa = O'a - O'O.$$

En effet, comme $O'a = -aO'$, cette relation dérive de celle-ci

$$Oa + aO' + O'O = 0,$$

qui a lieu entre les trois points O, O' et a, quelle que soit leur position respective.

Substituer ainsi une origine O' à une autre s'appelle *changer l'origine des segments.*

Corollaire II. — *La différence de deux segments* Oa, Ob *qui ont une origine commune, savoir* (Oa — Ob), *est toujours égale à* ba, *quelles que soient les grandeurs et les directions des deux segments.*

Car l'équation

$$Oa - Ob = ba$$

donne

$$Oa + ab + bO = 0,$$

ce qui est la relation entre les trois points O, a, b.

On peut encore dire que *la distance de deux points* a, b *s'exprime, en fonction des distances de ces points à une origine commune* O, *par la relation*

$$ab = Ob - Oa.$$

3. Généralisation du théorème précédent. — La relation entre trois points a, b, c s'applique à un nombre quelconque de points $a, b, c, d, \ldots, f$; *quel que soit l'ordre respectif de ces points, on a toujours*

$$ab + bc + cd + \ldots + fa = 0.$$

Nous allons prouver que, si la proposition est vraie pour n points elle le sera pour $(n+1)$. En effet, supposons que l'on ait pour n points $a, b, c, \ldots, e$ la relation

$$ab + bc + \ldots + de + ea = 0,$$

et considérons un point de plus f; on aura entre les trois points a, e, f la relation

$$ae + ef + fa = 0.$$

Ajoutant ces deux équations membre à membre et observant que

ca et ae se détruisent, on a

$$ab + bc + \ldots + de + ef + fa = 0.$$

Ainsi, si la proposition est vraie pour n points, il s'ensuit qu'elle l'est pour $(n+1)$ points; mais nous l'avons démontrée pour trois points, elle a donc lieu pour quatre, puis pour cinq, etc.

4. Propriétés relatives a un ou deux segments et a leurs points milieux. — Les deux propositions suivantes, qui résultent immédiatement de la relation entre trois points, nous seront souvent utiles.

Étant donnés deux points a, a′ *et leur point milieu* α, *et étant pris sur la même droite un point quelconque* m, *on a toujours*

$$m\alpha = \frac{ma + ma'}{2} \quad \text{et} \quad ma.ma' = \overline{m\alpha}^2 - \overline{\alpha a}^2.$$

Car on a, entre les trois points m, α, a,

$$m\alpha + \alpha a + am = 0$$

ou

$$ma = m\alpha + \alpha a,$$

et pareillement, entre les trois points m, α, a',

$$ma' = m\alpha + \alpha a'.$$

Ajoutant ces deux équations membre à membre et observant que $\alpha a = -\alpha a'$, puisque le point α est le milieu entre les deux a, a', on a

$$m\alpha = \frac{ma + ma'}{2}.$$

Puis, en multipliant les deux équations membre à membre et remplaçant $\alpha a'$ par $-\alpha a$, on a

$$ma.ma' = \overline{m\alpha}^2 - \overline{\alpha a}^2.$$

C. Q. F. D.

5. *Étant donnés deux segments* aa′ *et* bb′, *dont les points mi-*

lieux sont α, β, on a toujours

$$\alpha\beta = \frac{ab + a'b'}{2} = \frac{ab' + a'b}{2}.$$

En effet, prenant un point m quelconque sur la même droite, on a

$$m\alpha = \frac{ma + ma'}{2} \quad \text{et} \quad m\beta = \frac{mb + mb'}{2},$$

d'où

$$m\beta - m\alpha = \alpha\beta = \frac{mb + mb' - ma - ma'}{2}.$$

Or

$$mb - ma = ab \quad \text{et} \quad mb' - ma' = a'b';$$

donc

$$\alpha\beta = \frac{ab + a'b'}{2},$$

et changeant b en b' et b' en b,

$$\alpha\beta = \frac{ab' + a'b}{2}.$$

C. Q. F. D.

6. Des signes + et — pour exprimer le sens de rotation dans lequel les angles sont formés a partir de leurs origines. — Quand un angle est formé par deux droites A, B, nous lui supposerons une *origine* qui sera l'un de ses côtés; si l'angle est désigné par angle (A, B), le côté A sera regardé comme étant son *origine,* et, si l'on écrit angle (B, A), ce sera le côté B qui sera l'*origine* de l'angle.

Un angle construit sur un côté pris pour *origine* peut être formé à droite ou à gauche de ce côté, la droite et la gauche étant estimées par un spectateur qui, ayant son œil au sommet de l'angle, dirigerait sa vue sur le côté pris pour origine.

Tous les angles qui s'étendront, à partir de leurs origines respectives, dans un même sens de rotation déterminé (par exemple, de la gauche vers la droite) seront regardés comme *positifs,* et ceux qui s'étendront dans le sens de rotation contraire seront regardés comme *négatifs.* Les lignes trigonométriques des uns et des autres (très-généralement leurs sinus, et parfois leurs tangentes) auront les signes + et —, comme il est d'usage dans la Trigonométrie.

Quand une droite tournera autour d'un point fixe, si l'on a à considérer des segments sur cette droite, leurs signes ne dépendront pas précisément de la direction de la droite; ils dépendront soit des relations existantes entre les segments, soit des expressions analytiques de ceux-ci, expressions dans lesquelles pourra entrer implicitement la direction de la droite.

Par exemple, si sur un rayon tournant autour d'un point fixe O on doit prendre un segment Om dont la longueur est une fonction de l'angle α que ce rayon fait avec un axe fixe, on portera sur le rayon lui-même les segments dont les expressions auront le signe +, et sur le prolongement du rayon au delà du pôle fixe les segments dont les expressions auront le signe —.

CHAPITRE II.

RAPPORT ANHARMONIQUE DE QUATRE POINTS, DE QUATRE DROITES ET DE QUATRE PLANS.

§ I. — Premières notions.

7. Quatre points *a*, *b*, *c*, *d*, *situés en ligne droite,* étant pris deux à deux, donnent lieu à six segments; l'expression telle que $\frac{ac}{ad}:\frac{bc}{bd}$, formée de quatre des six segments, est ce que nous appelons *rapport anharmonique* des quatre points; c'est *le rapport des distances de l'un des points à deux des autres, divisé par le rapport des distances du quatrième point à ces deux-là.*

Nous donnons à cette fonction le nom de *rapport anharmonique,* parce que, dans le cas particulier où elle est égale à -1, on dit que les quatre points sont en relation ou en rapport *harmonique,* expression employée par les Grecs et en usage de nos jours (¹).

Quand quatre droites A, B, C, D, situées dans un même plan, passent par un même point, nous appellerons *rapport anharmonique* des quatre droites l'expression telle que $\frac{\sin(A, C)}{\sin(A, D)}:\frac{\sin(B, C)}{\sin(B, D)}$, formée des sinus de quatre des six angles que ces droites font deux à deux.

Quand les quatre droites sont parallèles, on prend pour leur *rapport anharmonique* celui des quatre points d'intersection de ces droites par une cinquième.

(¹) Voir *Collections mathématiques de Pappus,* livre III, propositions 9, 10, etc. L'expression *rapport anharmonique,* que j'ai employée dans mon *Aperçu historique sur l'origine et le développement des méthodes en Géométrie,* Bruxelles, 1837, in-4°, a été adoptée depuis par tous les géomètres.

Enfin, quand quatre plans A, B, C, D passent par une même droite, l'expression telle que $\frac{\sin(A, C)}{\sin(A, D)} : \frac{\sin(B, C)}{\sin(B, D)}$ s'appelle le *rapport anharmonique* des quatre plans.

Et quand quatre plans sont parallèles, leur rapport anharmonique est celui des quatre points de rencontre de ces plans par une droite transversale.

8. Nous donnerons un signe au rapport anharmonique de quatre points. Ce signe peut se déterminer de deux manières, soit par la règle générale des signes, appliquée aux segments qui entrent dans cette fonction, soit par la considération suivante. Chacun des deux rapports qui forment l'expression $\frac{ac}{ad} : \frac{bc}{bd}$ est formé de deux segments qui ont une extrémité commune; chaque rapport aura le signe + ou —, suivant que ses deux segments seront comptés dans le même sens ou en sens contraires à partir de leur extrémité commune, et le signe de la fonction anharmonique dépendra des signes des deux rapports qui y entrent, d'après la règle de la division algébrique, c'est-à-dire qu'il sera + ou —, selon que les deux rapports auront le même signe ou des signes différents.

Ces deux manières de déterminer le signe d'un rapport anharmonique sont identiques quant au résultat; elles donnent toutes deux le même signe, quel que soit même le sens dans lequel on compte les segments positifs, quand on applique la règle générale. Aussi, quand nous n'aurons à considérer que des rapports anharmoniques, nous déterminerons leurs signes de la seconde manière, qui est plus expéditive; mais quand, avec ces rapports, nous aurons à considérer d'autres segments, nous devrons observer la règle générale des signes.

Ce que nous disons du rapport anharmonique de quatre points doit s'entendre du rapport anharmonique de quatre droites ou de quatre plans.

9. Quatre points a, b, c, d donnent lieu à six rapports anharmoniques. Mais on peut n'en considérer que trois, parce que les trois autres seront les valeurs inverses de ces trois premiers. Nous

prendrons les trois rapports

$$\frac{ac}{ad}:\frac{bc}{bd},\quad \frac{ad}{ab}:\frac{cd}{cb},\quad \frac{ab}{ac}:\frac{db}{dc}.$$

Le même point a, dans ces trois rapports, est associé ou *conjugué* successivement avec les trois suivants b, c, d. C'est pour cela qu'on ne peut former que trois rapports *distincts* et leurs trois inverses, qui sont

$$\frac{ad}{ac}:\frac{bd}{bc},\quad \frac{ab}{ad}:\frac{cb}{cd},\quad \frac{ac}{ab}:\frac{dc}{db}.$$

Quand nous parlerons des trois rapports anharmoniques de quatre points, il sera toujours question des trois rapports formés, comme ci-dessus, par la combinaison successive d'un même point avec les trois autres.

10. *Quel que soit l'ordre de position de quatre points* a, b, c, d, *deux de leurs trois rapports anharmoniques sont toujours positifs et le troisième négatif.*

Cela est facile à vérifier. Ainsi, par exemple, supposons les quatre points dans l'ordre a, b, c, d; le premier rapport sera positif, le deuxième négatif et le troisième positif.

La considération des trois rapports nous sera utile quand nous traiterons des propriétés relatives à deux systèmes de quatre points qui ont leurs rapports anharmoniques égaux; mais le plus souvent nous n'aurons besoin de considérer qu'un seul rapport.

11. *Connaissant le rapport anharmonique* λ *de quatre points dont trois sont donnés de position, construire le quatrième.*

Soient a, b, c, d (*fig.* 1) les quatre points dont le rapport anharmonique $\frac{ac}{ad}:\frac{bc}{bd}$ est une quantité donnée λ, positive ou négative. Trois des quatre points étant donnés, on demande de déterminer le quatrième.

Soit b le point inconnu. Par le point a on mène une droite quelconque sur laquelle on porte deux segments $a\alpha$, $a\alpha'$ qui soient entre eux dans le rapport λ, ces deux segments étant pris du même côté du point a si λ est positif et de côtés opposés s'il est négatif.

On mène les deux droites αc, $\alpha' d$, et, par leur point d'intersection 6, une parallèle à la droite $a\alpha$; cette parallèle détermine le point b. En effet, on a dans les deux triangles semblables αac, $6bc$, $\frac{ac}{bc} = \frac{a\alpha}{b6}$, et dans les deux triangles semblables $\alpha' ad$, $6bd$, $\frac{ad}{bd} = \frac{a\alpha'}{b6}$; ces deux équations, divisées membre à membre, donnent

$$\frac{ac}{ad} : \frac{bc}{bd} = \frac{a\alpha}{a\alpha'} = \lambda,$$

ce qui prouve que le point b ainsi déterminé est le point demandé et que la question n'admet qu'une solution. Cette construction sert aussi pour déterminer l'un des deux points c et d, car, pour déterminer le point c, par exemple, on mènera par le point b la parallèle à la droite $a\alpha$, laquelle rencontre la droite $\alpha' d$ en un point 6, et la droite $\alpha 6$ donne le point c.

Si c'est le point a qu'il faut déterminer, on écrira l'expression du rapport anharmonique ainsi :

$$\frac{bd}{bc} : \frac{ad}{ac} = \lambda,$$

et l'on fera la construction comme précédemment, en substituant, bien entendu, le point b au point a, c'est-à-dire qu'on portera sur une droite menée par le point b deux segments dans le rapport λ, etc.

Si λ, au lieu d'être un nombre positif ou négatif, est le rapport de deux droites données de longueur, on pourra porter ces deux droites elles-mêmes de a en α et en α', du même côté du point a ou de côtés différents, selon que le rapport des deux droites sera positif ou négatif.

12. Quelle que soit la valeur, positive ou négative, de la quantité λ, la construction est toujours possible. Toutefois, il y a trois cas particuliers où le point cherché coïncide avec l'un des trois points donnés. Soient a, b, c ceux-ci et d le point cherché.

1° Si λ est nul, on a $ac.bd = 0$, et le point d coïncide avec le point b.

2° Si λ est infini, on a $ad.bc = 0$, et le point d coïncide avec le point a.

3° Enfin, si $\lambda = +1$, le rapport $\frac{db}{da}$ doit être égal à $\frac{cb}{ca}$ et de même signe, ce qui exige que le point d coïncide avec le point c.

D'après cela, nous dirons que *le rapport anharmonique de quatre points distincts ne peut pas être égal à* $+1$, *ni être infini ou nul, mais qu'il peut avoir toute autre valeur positive ou négative.*

Quand le rapport anharmonique est égal à -1, on dit que les quatre points sont en *rapport harmonique*. Il existe alors entre les quatre points diverses relations dont plusieurs sont d'un grand usage en Géométrie. Nous les ferons connaître dans un des Chapitres suivants.

§ II. — Propriétés géométriques du rapport anharmonique.

13. *Si par quatre points en ligne droite on mène quatre droites concourantes en un même point, le rapport anharmonique de ces quatre droites sera égal à celui des quatre points et aura le même signe.*

C'est-à-dire que, a, b, c, d étant les quatre points et A, B, C, D les quatre droites, lesquelles concourent en un même point O, on aura

$$\frac{\sin(A, C)}{\sin(A, D)} : \frac{\sin(B, C)}{\sin(B, D)} = \frac{ac}{ad} : \frac{bc}{bd}.$$

En effet, on a dans les deux triangles aOc, aOd (*fig.* 2)

$$\frac{\sin aOc}{\sin c} = \frac{ac}{aO}, \quad \frac{\sin aOd}{\sin d} = \frac{ad}{aO},$$

d'où

$$\frac{\sin aOc}{\sin aOd} = \frac{ac}{ad} \cdot \frac{\sin c}{\sin d}.$$

On a pareillement

$$\frac{\sin bOc}{\sin bOd} = \frac{bc}{bd} \cdot \frac{\sin c}{\sin d}.$$

Donc

$$\frac{\sin aOc}{\sin aOd} : \frac{\sin bOc}{\sin bOd} = \frac{ac}{ad} : \frac{bc}{bd}.$$

Cela démontre que les deux fonctions anharmoniques ont la même valeur numérique, mais sans impliquer l'identité de leurs signes. En effet, le rapport de deux côtés d'un triangle n'a pas de signe, puisque ces côtés ne sont pas sur une même droite, et il en est de même du rapport des sinus des deux angles opposés. Par conséquent, l'égalité de ces deux rapports ne comporte aucune considération de signes, et, par suite, notre équation finale exprime seulement l'égalité numérique des deux fonctions anharmoniques en question. Il reste donc à prouver que ces deux fonctions ont le même signe. Pour cela, il suffit d'observer que les deux rapports $\frac{\sin aOc}{\sin aOd}$ et $\frac{ac}{ad}$ ont évidemment le même signe (8), et de même les deux rapports $\frac{\sin bOc}{\sin bOd}$ et $\frac{bc}{bd}$; d'où il résulte que les deux fonctions ont le même signe. Donc, etc.

14. *Quand deux transversales rencontrent un faisceau de quatre droites en des points* a, b, c, d *et* a', b', c', d', *le rapport anharmonique des quatre premiers points est égal à celui des quatre autres et de même signe.*

Ainsi l'on a

$$\frac{ac}{ad} : \frac{bc}{bd} = \frac{a'c'}{a'd'} : \frac{b'c'}{b'd'}.$$

Cela résulte immédiatement de la proposition précédente.

Il est évident que cette égalité a lieu à l'égard de quatre droites parallèles ou concourantes à l'infini.

15. Corollaire. — *Les transversales ont des directions quelconques; chacune d'elles peut être parallèle à une des quatre droites : alors chacun des rapports anharmoniques se réduit au simple rapport de deux segments.*

Ainsi, supposons la première transversale parallèle à la droite B; le point b est à l'infini, et le rapport $\frac{bc}{bd}$ est égal à l'unité; le rapport anharmonique des quatre points a, b, c, d a pour expression $\frac{ac}{ad}$, et l'on a l'équation

$$\frac{ac}{ad} = \frac{a'c'}{a'd'} : \frac{b'c'}{b'd'}.$$

Pareillement, si la seconde transversale est parallèle à la droite D, le rapport anharmonique des quatre points a', b', c', d', dont le dernier est à l'infini, se réduit à $\frac{a'c'}{b'c'}$, et l'on a

$$\frac{ac}{ad} = \frac{a'c'}{b'c'}.$$

16. Le théorème (**14**) peut s'énoncer ainsi : *Quand quatre points sont en ligne droite, si l'on en fait la perspective sur un plan, les quatre points en perspective auront leur rapport anharmonique égal à celui des quatre points proposés.*

C'est ce qu'on exprimera plus brièvement en disant que : *Quand on fait la perspective de quatre points en ligne droite, leur rapport anharmonique ne change pas.*

Il est clair que la perspective peut être une projection par des droites parallèles.

17. *Quand quatre plans* A, B, C, D *passent par une même droite, un plan transversal les coupe suivant quatre droites dont le rapport anharmonique est toujours égal à celui des quatre plans.*

En effet, un second plan transversal coupe les quatre plans suivant quatre droites a', b', c', d' qui rencontrent respectivement les quatre premières a, b, c, d en quatre points α, β, γ, δ en ligne droite. Le rapport anharmonique de ces quatre points est égal à celui des quatre droites a, b, c, d et à celui des quatre droites a', b', c', d' (**13**). Donc ceux-ci sont égaux entre eux.

Supposons que le deuxième plan transversal soit perpendiculaire à la droite d'intersection des quatre plans : les quatre droites a', b', c', d' feront entre elles des angles égaux précisément aux angles des quatre plans; donc le rapport anharmonique des quatre droites, et conséquemment celui des quatre premières droites

a, b, c, d sera égal à celui des quatre plans. Le théorème est donc démontré.

18. *Quand quatre plans passent par une même droite, une transversale quelconque les rencontre en quatre points dont le rapport anharmonique est égal à celui des quatre plans.*

En effet, si par la transversale on mène un plan, il coupera les quatre plans suivant quatre droites dont le rapport anharmonique sera égal, d'une part à celui des quatre points (**13**) et de l'autre à celui des quatre plans (**17**); donc celui-ci est égal à celui des quatre points. Donc, etc.

19. On conclut du théorème (**17**) que : *Quand quatre droites situées dans un plan concourent en un même point, si l'on en fait la perspective sur un plan, on a quatre autres droites dont le rapport anharmonique est égal à celui des quatre premières.*

20. Usage des points situés a l'infini pour former des rapports anharmoniques. — Quand des segments pris sur une même droite ont entre eux une relation telle, que, en y introduisant des rapports de segments comptés à partir du point de cette droite situé à l'infini, on puisse faire en sorte que tous les termes ne présentent que des rapports anharmoniques et des coefficients constants, la même relation aura lieu entre les sinus des angles formés par des droites menées d'un même point quelconque à tous les points de la figure, y compris le point à l'infini.

Et la même relation aura lieu aussi entre les points provenant des intersections de ces droites par une même transversale quelconque : au nombre de ces points se trouvera, à distance finie, celui qui correspondra au point situé à l'infini sur la première droite.

Cette proposition générale est une conséquence évidente du théorème (**13**) sur le faisceau de quatre droites ([1]).

([1]) M. Poncelet se sert aussi des points situés à l'infini pour rendre *projectives* des relations de segments, mais par des considérations générales indépendantes de la notion du rapport anharmonique. (*Voir* le *Mémoire sur les centres des moyennes harmoniques*, Note 2e; Tome III du *Journal de Mathématiques* de M. Crelle; année 1828.)

Par exemple, considérons trois points en ligne droite a', b', c', entre lesquels a lieu la relation identique

$$a'b' + b'c' + c'a' = 0.$$

On amènera cette équation à ne contenir que des rapports anharmoniques, en écrivant

$$\frac{a'c'}{a'b'} + \frac{c'b'}{a'b'} = 1$$

et en y introduisant le point d' situé à l'infini, car les deux rapports $\frac{d'c'}{d'b'}$ et $\frac{a'd'}{c'd'}$ sont égaux à l'unité, et l'on peut écrire

$$\frac{a'c'}{a'b'} : \frac{d'c'}{d'b'} + \frac{a'd'}{a'b'} : \frac{c'd'}{c'b'} = 1.$$

Cette équation ne contenant que des rapports anharmoniques et des coefficients constants (qui sont égaux ici à l'unité), elle aura lieu entre les sinus des angles des quatre droites A, B, C, D menées d'un même point aux quatre a', b', c', d', et entre les segments compris entre les quatre points d'intersection a, b, c, d de ces quatre droites par une transversale quelconque.

Les deux théorèmes qui résultent de là devant être d'un usage fréquent dans le cours de cet Ouvrage, nous allons en faire l'objet d'un paragraphe particulier et en donner une démonstration plus immédiate, quoique fondée sur les mêmes considérations qui précèdent.

§ III. — Propriétés de quatre points situés en ligne droite et d'un faisceau de quatre droites.

21. *Étant donnés quatre points* a, b, c, d *en ligne droite, on a toujours entre les six segments que ces points déterminent deux à deux la relation*

$$(a) \qquad ab.cd + ac.db + ad.bc = 0,$$

— Nous n'avons pas à traiter ici cette question des relations projectives; elle se présentera plus tard avec les méthodes de transformation des figures. Le rapport anharmonique, soit de quatre points, soit de quatre droites, nous sera alors d'un fréquent usage, comme étant la base ou l'*élément* de ces transformations.

dans laquelle on observe, relativement aux segments, la règle générale des signes.

En effet, divisant par $ab.cd$, il vient

$$(a') \qquad \frac{ac}{ab}:\frac{dc}{db}+\frac{ad}{ab}:\frac{cd}{cb}=1.$$

Que par un point O on mène les quatre droites Oa, Ob, Oc, Od, et qu'on les coupe par une transversale parallèle à la quatrième Od; soient a', b', c' les points d'intersection des trois premières, on aura (15)

$$\frac{ac}{ab}:\frac{dc}{db}=\frac{a'c'}{a'b'}, \quad \frac{ad}{ab}:\frac{cd}{cb}=\frac{c'b'}{a'b'}.$$

L'équation à démontrer devient donc

$$\frac{a'c'}{a'b'}+\frac{c'b'}{a'b'}=1,$$

ou

$$a'c'+c'b'=a'b', \quad \text{ou} \quad a'b'+b'c'+c'a'=0,$$

équation identique (2). Donc, etc.

22. Pour former l'équation (a), on peut considérer à part les trois points b, c, d, entre lesquels a lieu l'identité $bc+cd+db=0$, dont on multiplie les termes respectivement par les segments ad, ab, ac.

Nous verrons plus loin (Ch. XVI) que l'on peut considérer l'expression sous un autre point de vue et comme se rattachant à une propriété générale d'un système de points en nombre quelconque.

23. Si de la forme abstraite du théorème on passe à son expression concrète, résultante de la position réelle des quatre points a, b, c, d, on voit que, des trois rectangles qui entrent dans l'équation, l'un est formé de deux segments qui empiètent l'un sur l'autre, le deuxième de deux segments qui n'ont aucune partie commune, et le troisième de deux segments dont l'un est entièrement compris sur l'autre; et l'équation signifie que *le premier* *rectangle* (formé des deux segments qui empiètent l'un sur l'autre) *est égal, numériquement, à la somme des deux autres.*

Ainsi, quand les trois points sont dans l'ordre a, b, c, d, on a

$$ac.db = ab.cd + ad.bc.$$

Cela résulte, en effet, de l'équation générale (a), car le terme $ac.db$ y prend le signe —, provenant de la direction du segment db, et les deux autres termes sont positifs.

24. L'équation (a) donne, par un simple changement de notation, la suivante, relative à deux segments ab, $a'b'$ situés sur une même droite :

$$(a'') \qquad ab.a'b' = aa'.bb' - ab'.ba',$$

relation par laquelle se détermine la longueur d'une droite $a'b'$ en fonction des distances de ses extrémités à deux points fixes a, b.

25. *Quand quatre droites* A, B, C, D *concourent en un même point, les six angles qu'elles forment deux à deux ont entre leurs sinus la même relation que les segments formés par quatre points en ligne droite,* savoir :

$$(b) \quad \sin(A,B)\sin(C,D) + \sin(A,C)\sin(D,B) + \sin(A,D)\sin(B,C) = 0.$$

En effet, cette équation s'écrit

$$(b') \qquad \frac{\sin(A,C)}{\sin(A,B)} : \frac{\sin(D,C)}{\sin(D,B)} + \frac{\sin(A,D)}{\sin(A,B)} : \frac{\sin(C.D)}{\sin(C,B)} = 1,$$

et, si l'on mène une transversale qui rencontre les quatre droites en quatre points a, b, c, d, on aura entre ces points la relation (a') ci-dessus. Mais les deux premiers termes de cette équation sont égaux respectivement aux deux premiers termes de l'équation (b'), comme étant des rapports anharmoniques (**13**). Donc l'équation (b') est une conséquence du théorème précédent. Donc, etc.

Il est clair que les signes des sinus se déterminent dans l'équation (b) d'après le sens de rotation des angles à partir de leurs origines respectives.

26. L'équation (b) donne lieu aux deux suivantes :

$$(c) \qquad \cos AB \sin CD + \cos AC \sin DB + \cos AD \sin BC = 0,$$

$$(d) \qquad \cos AB \cos CD - \cos AC \cos DB - \sin AD \sin BC = 0.$$

On obtient l'équation (c) en mettant A' à la place de A dans l'équation (b), puis en considérant une nouvelle droite A perpendiculaire à A', de sorte que $(A'A) = +90°$. L'équation (d) se conclut de (c) par la même considération, en substituant à D une autre droite D' qui lui soit perpendiculaire. Il suffit de se rappeler, dans ces substitutions, que, si $(E, F) = +90°$, on a

$$\sin(M, E) = -\cos(M, F) \quad \text{et} \quad \cos(M, E) = +\sin(M, F).$$

27. En changeant simplement la notation dans les trois équations (b), (c), (d), on a les trois formules suivantes, relatives à deux angles (A, B), (A', B') :

$$\sin AB \sin A'B' = \sin AA' \sin BB' - \sin AB' \sin BA',$$

$$\cos AB \sin A'B' = \cos AA' \sin BB' - \cos AB' \sin BA',$$

$$\cos AB \cos A'B' = \cos AA' \cos BB' + \sin AB' \sin BA'.$$

Chacune de ces formules fait connaître l'angle des deux droites A', B' en fonction des angles que ces droites font avec deux axes fixes A, B.

§ IV. — Formules pour le changement d'origine de segments rectilignes ou d'angles.

28. *Un point* m *d'une droite étant déterminé par le rapport de ses distances à deux points fixes* a', b' *de cette droite, on demande d'exprimer le rapport de ses distances à deux autres points* a, b *en fonction du premier rapport.*

Exprimons d'abord le rapport $\frac{am}{bm}$ en fonction de $\frac{a'm}{bm}$. Il suffit de prendre la relation qui a lieu entre les quatre points a, b, a', m, savoir (21)

$$ab . a'm + aa' . mb + am . ba' = 0;$$

d'où

$$(1)\qquad \frac{am}{bm}=\frac{aa'}{ba'}+\frac{ab}{a'b}\,\frac{a'm}{bm}.$$

Maintenant on remplacera le rapport $\frac{a'm}{bm}$ par $\frac{a'm}{b'm}$, en considérant les quatre points a', b, b', m, qui donnent

$$a'b\,.\,b'm+a'b'\,.\,mb+a'm\,.\,bb'=0,$$

d'où

$$bm=\frac{bb'}{a'b'}\,a'm+\frac{a'b}{a'b'}\,b'm=\left(\frac{a'm}{b'm}-\frac{a'b}{b'b}\right)b'm\,\frac{bb'}{a'b'}.$$

Si l'on remplace dans le second membre de l'équation (1) bm par cette expression, il vient

$$\frac{am}{bm}=\frac{\frac{a'm}{b'm}\,\frac{a'b'}{bb'}\,\frac{ab}{a'b}}{\frac{a'm}{b'm}-\frac{a'b}{b'b}}+\frac{aa'}{ba'},$$

ou, en ayant égard à l'identité (a''),

$$(2)\qquad \frac{am}{bm}=\frac{\frac{a'm}{b'm}\,\frac{ab'}{bb'}-\frac{aa'}{bb'}}{\frac{a'm}{b'm}-\frac{a'b}{b'b}}.$$

Ce qu'il fallait trouver.

On a, comme on voit, entre les deux rapports $\frac{am}{bm}$ et $\frac{a'm}{b'm}$, l'équation symétrique

$$(3)\qquad \frac{am}{bm}\,\frac{a'm}{b'm}-\frac{am}{bm}\,\frac{a'b}{b'b}-\frac{a'm}{b'm}\,\frac{ab'}{bb'}+\frac{aa'}{bb'}=0.$$

Ces formules nous seront utiles dans plusieurs questions.

29. Si d'un point O on mène des droites A, B, A′, B′, M aux cinq points a, b, a', b', m, on pourra substituer aux segments qui entrent dans les équations (1, 2 et 3) les sinus des angles des droites qui comprennent ces segments, de sorte que l'on aura les formules

$$(1)\qquad \frac{\sin(A,M)}{\sin(B,M)} = \frac{\sin(A,A')}{\sin(B,A')} + \frac{\sin(A,B)}{\sin(A',B)}\,\frac{\sin(A',M)}{\sin(B,M)},$$

$$(2)\qquad \frac{\sin(A,M)}{\sin(B,M)} = \frac{\dfrac{\sin(A',M)}{\sin(B',M)}\,\dfrac{\sin(A,B')}{\sin(B,B')} - \dfrac{\sin(A,A')}{\sin(B,B')}}{\dfrac{\sin(A',M)}{\sin(B',M)} - \dfrac{\sin(A',B)}{\sin(B',B)}},$$

$$(3)\qquad \left\{\begin{aligned} &\frac{\sin(A,M)}{\sin(B,M)}\,\frac{\sin(A',M)}{\sin(B',M)} - \frac{\sin(A,M)}{\sin(B,M)}\,\frac{\sin(A',B)}{\sin(B',B)} \\ &\qquad - \frac{\sin(A',M)}{\sin(B',M)}\,\frac{\sin(A,B')}{\sin(B,B')} + \frac{\sin(A,A')}{\sin(B,B')} = 0. \end{aligned}\right.$$

§ V. — **Propriétés de quatre points situés sur une circonférence de cercle. — Formules fondamentales de la Trigonométrie. — Propriétés du quadrilatère inscriptible au cercle.**

30. Plaçant le sommet du faisceau de quatre droites au centre d'un cercle, et appelant a, b, c, d les points dans lesquels ces droites rencontrent la circonférence, on conclut des trois équations (b, c, d) celles-ci

$$(b')\qquad \sin ab \sin cd + \sin ac \sin db + \sin ad \sin bc = 0,$$

$$(c')\qquad \cos ab \sin cd + \cos ac \sin db + \cos ad \sin bc = 0,$$

$$(d')\qquad \cos ab \cos cd - \cos ac \cos db - \sin ad \sin bc = 0;$$

puis, plaçant le sommet du faisceau de quatre droites en un point de la circonférence, on conclut de la première des trois équations, qui a lieu entre les six sinus, celle-ci :

$$(b'')\qquad \sin\tfrac{1}{2}ab \sin\tfrac{1}{2}cd + \sin\tfrac{1}{2}ac \sin\tfrac{1}{2}db + \sin\tfrac{1}{2}ad \sin\tfrac{1}{2}bc = 0.$$

31. *Propriétés relatives à trois points pris sur une circonférence de cercle.* — Si l'on suppose $cd = +90°$ dans les équations $(b'$ et $c')$, elles deviennent

$$\sin ab = \sin bc \cos ac + \sin ac \cos bc,$$

$$\cos ab = \cos bc \cos ac + \sin ac \sin bc.$$

Cette dernière résulte encore de l'équation (d'), dans laquelle on ferait $cd = 0$.

Ces deux équations forment des relations générales entre trois points quelconques de la circonférence d'un cercle.

Expression de $\sin(\alpha \pm 6)$, $\cos(\alpha \pm 6)$. — Ces expressions se déduisent immédiatement des deux formules précédentes.

Il suffit de supposer que le point c soit situé sur l'arc ab ou sur son prolongement. Dans le premier cas, on a $ab = ac + cb$, et dans le second, $ab = ac - bc$; et, faisant $ac = \alpha$, $ac = 6$, on obtient les deux formules

$$\sin(\alpha \pm 6) = \sin\alpha \cos 6 \pm \sin 6 \cos\alpha,$$
$$\cos(\alpha \pm 6) = \cos\alpha \cos 6 \mp \sin\alpha \sin 6.$$

Ainsi, ces formules fondamentales de la Trigonométrie se déduisent naturellement de l'identité

$$ab + bc + ca = 0,$$

qui a lieu entre trois points en ligne droite, par la propriété du rapport anharmonique.

32. Soit un quadrilatère $abcd$ (*fig.* 3) inscrit au cercle; on a entre les sinus des demi-arcs sous-tendus par les côtés et les diagonales l'équation (b'') qui, appliquée à la figure, dans laquelle les deux arcs ac, bd empiètent l'un sur l'autre, devient

$$\sin\tfrac{1}{2}ac \sin\tfrac{1}{2}db = \sin\tfrac{1}{2}ab \sin\tfrac{1}{2}cd + \sin\tfrac{1}{2}ad \sin\tfrac{1}{2}bc;$$

mais ces sinus sont les demi-cordes ab, cd, ...; l'équation n'est donc autre chose que celle-ci :

$$ac.db = ab.cd + ad.bc;$$

c'est-à-dire que, *dans tout quadrilatère inscrit au cercle, le produit des deux diagonales est égal à la somme des produits des côtés opposés.*

33. Considérons un quadrilatère quelconque ABCD (*fig.* 4), et menons d'un point O quatre droites à ses sommets; on aura entre les sinus des angles de ces droites, prises deux à deux, la relation (25)

$$\sin AOB \sin COD + \sin AOC \sin DOB + \sin AOD \sin BOC = 0.$$

Qu'on multiplie les deux membres par le produit des quatre lignes OA, OB, OC, OD divisé par 4, et que l'on observe que l'aire d'un triangle est égale au demi-produit de deux côtés multipliés par le sinus de l'angle compris, on aura

$$\text{tr}AOB.\text{tr}COD + \text{tr}AOC.\text{tr}BOD + \text{tr}AOD.\text{tr}BOC = 0.$$

En déterminant les signes d'après le sens de rotation des angles AOB, etc., comme il a été dit, on reconnaît que, quand le quadrilatère est convexe, l'équation exprime que, *Si un point pris dans le plan du quadrilatère est regardé comme le sommet commun de six triangles ayant pour bases les quatre côtés et les deux diagonales du quadrilatère, le produit des aires des triangles qui auront pour bases les deux diagonales sera égal à la somme ou à la différence des produits des aires des triangles qui auront pour bases les côtés opposés, selon que le point sera pris au dehors ou dans l'intérieur du quadrilatère* (1).

§ VI. — Relations entre les trois rapports anharmoniques d'un système de quatre points ou d'un faisceau de quatre droites.

34. Les trois rapports anharmoniques d'un système de quatre points en ligne droite a, b, c, d sont

$$\frac{ac}{ad} : \frac{bc}{bd}, \quad \frac{ad}{ab} : \frac{cd}{cb}, \quad \frac{ab}{ac} : \frac{db}{dc}.$$

Leur produit est égal à -1, ce qui se vérifie de soi-même, et ils ont, deux à deux, des relations très-simples, que l'on tire de l'équation

$$ab.cd + ac.db + ad.bc = 0,$$

(1) Ce théorème a été démontré par Monge dans le *Journal de l'École Polytechnique*, XVe cahier, page 86. L'auteur le conclut d'une identité entre huit quantités qui sont les coordonnées des quatre sommets du quadrilatère et en fonction desquelles s'expriment les aires des triangles. Cette identité avait déjà été donnée par Fontaine dans un Mémoire d'Analyse de 1748.

qui a lieu entre les quatre points (**21**). Il suffit de diviser cette équation successivement par ses trois termes. Divisant par $ad.bc$, on a

$$-\frac{ab}{ad}:\frac{cb}{cd}-\frac{ac}{ad}:\frac{bc}{bd}+1=0,$$

ou

$$-\frac{1}{2^{e}\text{ rapp.}}-1^{er}\text{ rapport}+1=0.$$

On trouve ainsi les trois relations

$$\frac{1}{2^{e}\text{ rapp.}}=1-1^{er}\text{ rapport},$$

$$\frac{1}{3^{e}\text{ rapp.}}=1-2^{e}\text{ rapport},$$

$$\frac{1}{1^{er}\text{ rapp.}}=1-3^{e}\text{ rapport}.$$

Ainsi, un des trois rapports étant donné, ces équations font connaître les valeurs des deux autres. Les expressions du deuxième et du troisième rapport en fonction du premier sont

$$2^{e}\text{ rapport}=\frac{1}{1-1^{er}\text{ rapp.}},$$

$$3^{e}\text{ rapport}=\frac{1^{er}\text{ rapp.}-1}{1^{er}\text{ rapp.}}.$$

35. Ce qui précède s'entend évidemment des rapports anharmoniques d'un faisceau de quatre droites, puisque ces rapports sont égaux à ceux des quatre points qu'une transversale quelconque détermine sur ces droites (**13**).

§ VII. — Nouvelles expressions du rapport anharmonique de quatre points, ou d'un faisceau de quatre droites.

36. Le rapport anharmonique de quatre points peut se mettre sous une expression où entre un cinquième point pris arbitrairement sur la même droite que les premiers. Soient a, b, c, d les quatre points, et m le cinquième, on aura

$$(1)\qquad \frac{ac}{ad} : \frac{bc}{bd} = \frac{\dfrac{mb}{ab} - \dfrac{md}{ad}}{\dfrac{mb}{ab} - \dfrac{mc}{ac}}.$$

En effet, on peut écrire

$$\frac{ac}{ad} : \frac{bc}{bd} = \frac{db}{da} : \frac{cb}{ca} = \left(\frac{db}{da} : \frac{mb}{ma}\right) : \left(\frac{cb}{ca} : \frac{mb}{ma}\right).$$

Or, on a entre les quatre points a, b, d, m la relation

$$ab.dm + ad.mb + am.bd = 0,$$

ou

$$\frac{db.ma}{da.mb} = 1 - \frac{ab.md}{ad.mb}.$$

Et pareillement, entre les quatre points a, b, c, m,

$$\frac{cb.ma}{ca.mb} = 1 - \frac{ab.mc}{ac.mb}.$$

Il vient donc

$$\frac{ac}{ad} : \frac{bc}{bd} = \frac{1 - \dfrac{ab.md}{ad.md}}{1 - \dfrac{ab.mc}{ac.mb}} = \frac{\dfrac{mb}{ab} - \dfrac{md}{ad}}{\dfrac{mb}{ab} - \dfrac{mc}{ac}},$$

ce qui est l'expression cherchée.

Si, dans cette expression du rapport anharmonique des quatre points a, b, c, d, on suppose que le cinquième point m soit à l'infini, les rapports $\frac{md}{mb}$ et $\frac{mc}{mb}$ seront égaux à l'unité, et il viendra

$$(2)\qquad \frac{ac}{ad} : \frac{bc}{bd} = \frac{\dfrac{1}{ab} - \dfrac{1}{ad}}{\dfrac{1}{ab} - \dfrac{1}{ac}}.$$

On obtient ainsi une nouvelle manière d'exprimer le rapport anharmonique de quatre points en fonction seulement des distances de l'un d'eux aux trois autres.

37. Aux segments mb, mc, md on peut substituer, dans l'équation (1), les perpendiculaires abaissées des trois points b, c, d sur une droite quelconque. Car si l'on suppose que le point m soit à l'intersection de cette droite et de la droite ab, les trois perpendiculaires que je désigne par β, γ, δ sont proportionnelles aux trois segments mb, mc, md, et l'expression du rapport anharmonique peut s'écrire

$$(3) \qquad \frac{ac}{ad} : \frac{bc}{bd} = \frac{\frac{\beta}{ab} - \frac{\delta}{ad}}{\frac{\beta}{ab} - \frac{\gamma}{ac}}.$$

38. Quand les quatre points a, b, c, d sont déterminés par leurs distances α, β, γ, δ à une même origine O, de sorte que $Oa = \alpha$, $Ob = \beta$, etc., l'expression de leur rapport anharmonique est

$$(4) \qquad \frac{ac}{ad} : \frac{bc}{bd} = \frac{\alpha - \gamma}{\alpha - \delta} : \frac{\beta - \gamma}{\beta - \delta}.$$

Cela est évident.

Quand les quatre points a, b, c, d sont déterminés par les rapports de leurs distances à deux points fixes O, O', soit $\frac{Oa}{O'a} = \alpha$, $\frac{Ob}{O'b} = \beta$, $\frac{Oc}{O'c} = \gamma$, $\frac{Od}{O'd} = \delta$, l'expression de leur rapport anharmonique est encore

$$(5) \qquad \frac{ac}{ad} : \frac{bc}{bd} = \frac{\alpha - \gamma}{\alpha - \delta} : \frac{\beta - \gamma}{\beta - \delta}.$$

En effet, on a

$$\frac{ac}{ad} : \frac{bc}{bd} = \left(\frac{O'd}{O'c} : \frac{ad}{ac}\right) : \left(\frac{O'd}{O'c} : \frac{bd}{bc}\right),$$

ou, d'après la formule ci-dessus (1),

$$\frac{ac}{ad} : \frac{bc}{bd} = \frac{\frac{Oa}{O'a} - \frac{Oc}{O'c}}{\frac{Oa}{O'a} - \frac{Od}{O'd}} : \frac{\frac{Ob}{O'b} - \frac{Oc}{O'c}}{\frac{Ob}{O'b} - \frac{Od}{O'd}} = \frac{\alpha - \gamma}{\alpha - \delta} : \frac{\beta - \gamma}{\beta - \delta}.$$

C. Q. F. D.

39. *Rapport anharmonique de quatre droites.* — L'équation (1) se met sous la forme

$$\frac{ac}{ad} : \frac{bc}{bd} = \frac{1 - \frac{ab}{ad} : \frac{mb}{md}}{1 - \frac{ab}{ac} : \frac{mb}{mc}},$$

et, comme il n'y entre plus que des rapports anharmoniques, on en conclut qu'elle s'applique aux sinus des angles d'un faisceau de cinq droites A, B, C, D, M; de sorte que le rapport anharmonique de quatre droites A, B, C, D s'exprime ainsi :

$$(6) \qquad \frac{\sin(A, C)}{\sin(A, D)} : \frac{\sin(B, C)}{\sin(B, D)} = \frac{\frac{\sin(M, B)}{\sin(A, B)} - \frac{\sin(M, D)}{\sin(A, D)}}{\frac{\sin(M, B)}{\sin(A, B)} - \frac{\sin(M, C)}{\sin(A, C)}},$$

la droite M étant tout à fait arbitraire.

Si cette droite est perpendiculaire à la droite A, on a

$$\sin(M, B) = \cos(A, B), \quad \frac{\sin(M, B)}{\sin(A, B)} = \frac{\cos(A, B)}{\sin(A, B)} = \cot(A, B),$$

et de même des autres termes; de sorte que le rapport anharmonique des quatre droites prend cette expression

$$(7) \qquad \frac{\sin(A, C)}{\sin(A, D)} : \frac{\sin(B, C)}{\sin(B, D)} = \frac{\cot(A, B) - \cot(A, D)}{\cot(A, B) - \cot(A, C)},$$

dans laquelle n'entrent que les angles que l'une des droites fait avec les trois autres.

40. Quand les quatre droites A, B, C, D sont déterminées de direction par les rapports des sinus des angles qu'elles font avec deux axes fixes O, O', de sorte que l'on ait

$$\frac{\sin(O, A)}{\sin(O', A)} = \alpha, \quad \frac{\sin(O, B)}{\sin(O', B)} = \beta, \quad \frac{\sin(O, C)}{\sin(O', C)} = \gamma, \quad \frac{\sin(O, D)}{\sin(O', D)} = \delta,$$

le rapport anharmonique des quatre droites a pour expression

$$(8) \qquad \frac{\sin AC}{\sin AD} : \frac{\sin BC}{\sin BD} = \frac{\alpha - \gamma}{\alpha - \delta} : \frac{\beta - \gamma}{\beta - \delta}.$$

Cette formule se démontre comme l'équation (5) et peut d'ailleurs se conclure de celle-ci, parce que le second membre peut s'écrire de manière à ne renfermer que des rapports anharmoniques

$$\frac{1-\gamma:\alpha}{1-\delta:\alpha}:\frac{1-\gamma:6}{1-\delta:6}.$$

Si les deux droites fixes O, O′ sont rectangulaires,

$$\alpha = \text{tang}(O, A), \quad 6 = \text{tang}(O, B), \quad \ldots,$$

de sorte que l'on a

$$(9)\quad \frac{\sin AC}{\sin AD}:\frac{\sin BC}{\sin BD}=\frac{\text{tang}(O, A)-\text{tang}(O, C)}{\text{tang}(O, A)-\text{tang}(O, D)}:\frac{\text{tang}(O, B)-\text{tang}(O, C)}{\text{tang}(O, B)-\text{tang}(O, D)}.$$

CHAPITRE III.

PROPRIÉTÉS RELATIVES A DEUX SYSTÈMES DE QUATRE POINTS SITUÉS SUR DEUX DROITES, OU A DEUX FAISCEAUX DE QUATRE DROITES, QUI ONT UN MÊME RAPPORT ANHARMONIQUE.

§ I. — Deux systèmes de quatre points.

41. *Quand deux systèmes de quatre points situés sur deux droites et qui se correspondent un à un sont tels, qu'un rapport anharmonique du premier système soit égal au rapport anharmonique du second système, les deux autres rapports anharmoniques du premier système sont égaux, respectivement, aux deux autres rapports anharmoniques du second système.*

Cette égalité résulte de l'expression des deuxième et troisième rapports anharmoniques en fonction du premier (34).

Ainsi, soient a, b, c, d et a', b', c', d' les deux systèmes de quatre points; chacune des trois équations

$$\frac{ac}{ad} : \frac{bc}{bd} = \frac{a'c'}{a'd'} : \frac{b'c'}{b'd'},$$

$$\frac{ad}{ab} : \frac{cd}{cb} = \frac{a'd'}{a'b'} : \frac{c'd'}{c'b'},$$

$$\frac{ab}{ac} : \frac{db}{dc} = \frac{a'b'}{a'c'} : \frac{d'b'}{d'c'},$$

qui expriment l'égalité des rapports anharmoniques correspondants des deux systèmes, comporte les deux autres.

D'après cela, nous pourrons dire indifféremment que les deux systèmes de quatre points ont *les mêmes rapports anharmoniques*, ou, simplement, *le même rapport anharmonique*.

42. *Quand deux systèmes de quatre points pris sur deux droites et se correspondant un à un ont leurs rapports anharmoniques égaux, si l'on place les deux droites de manière que deux points homologues coïncident ensemble, les trois droites qui joindront les trois autres points du premier système à leurs homologues, respectivement, concourront en un même point.*

Soient a, b, c, d et a', b', c', d' (*fig.* 5) les deux systèmes de quatre points dont les deux homologues a, a' coïncident; je dis que, si leurs rapports anharmoniques sont égaux, de sorte que

$$\frac{ac}{ad}:\frac{bc}{bd}=\frac{a'c'}{a'd'}:\frac{b'c'}{b'd'},$$

les trois droites bb', cc', dd' concourent en un même point.

En effet, soit S le point de concours des deux premières, et soit d'' le point où la droite Sd rencontre la droite ab'. Les quatre points a, b', c', d'' ont leur rapport anharmonique égal à celui des quatre points a, b, c, d (**14**), et conséquemment, d'après l'hypothèse, à celui des quatre points a, b', c', d'. Donc les points d' et d'' se confondent. Donc, etc.

43. *Observation.* — Cette proposition si simple est néanmoins une de celles dont nous aurons à faire le plus fréquemment usage dans la suite.

Elle fournit ici une démonstration directe du théorème précédent. En effet, puisque les trois droites bb', cc', dd' concourent en un même point S, on peut considérer les deux droites $abcd$, $ab'c'd'$ comme deux transversales qui coupent un même faisceau de quatre droites Sa, Sb, Sc, Sd. Conséquemment, le rapport anharmonique des quatre points a, b, c, d situés sur la première transversale, de quelque manière qu'on le forme, est égal au rapport anharmonique correspondant des quatre points a', b', c', d' situés sur la seconde transversale, ce qui démontre le théorème (**41**).

44. *Quand deux systèmes de quatre points* a, b, c, d *et* a', b', c', d', *qui se correspondent un à un, ont leurs rapports anharmoniques égaux, on peut établir de trois autres manières la cor-*

respondance des points des deux systèmes, en conservant l'égalité des rapports anharmoniques.

En effet, on a, par hypothèse, l'égalité

$$\frac{ac}{ad} : \frac{bc}{bd} = \frac{a'c'}{a'd'} : \frac{b'c'}{b'd'}, \tag{1}$$

qu'on peut écrire de ces trois autres manières :

$$\frac{ac}{ad} : \frac{bc}{bd} = \frac{b'd'}{b'c'} : \frac{a'd'}{a'c'}, \tag{2}$$

$$\frac{ac}{ad} : \frac{bc}{bd} = \frac{c'a'}{c'b'} : \frac{d'a'}{d'b'}, \tag{3}$$

$$\frac{ac}{ad} : \frac{bc}{bd} = \frac{d'b'}{d'a'} : \frac{c'b'}{c'a'}, \tag{4}$$

L'équation (1) exprime qu'aux quatre points a, b, c, d correspondent a', b', c', d', un à un, respectivement. L'équation (2) exprime que les points correspondant à a, b, c, d sont b', a', d', c', l'équation (3), que ce sont c', d', a', b', et l'équation (4), que ce sont d', c', b', a'.

Ce qui démontre la proposition.

45. La loi de formation des équations (2), (3) et (4) est bien simple. Après que l'on a considéré les quatre points du second système comme correspondant un à un, respectivement, dans l'ordre a', b', c', d', aux quatre points a, b, c, d du premier système, il suffit de faire permuter deux points quelconques du second système entre eux, pourvu que les deux autres points permutent aussi entre eux.

Ainsi, a' permutant avec b' et c' avec d', on substituera à l'ordre primitif a', b', c', d' l'ordre b', a', d', c', et ces quatre points correspondront un à un aux quatre points du premier système a, b, c, d, ce qui donne lieu à l'équation (2).

Observation. — Cette propriété de deux systèmes de quatre points qui ont leurs rapports anharmoniques égaux nous sera souvent utile et suffira, dans plusieurs occasions, pour donner immédiatement la démonstation d'une proposition importante.

§ II. — Deux faisceaux de quatre droites.

46. *Quand deux faisceaux de quatre droites qui se correspondent une à une sont tels, qu'un des trois rapports anharmoniques du premier soit égal au rapport correspondant du second, les deux autres rapports anharmoniques du premier faisceau seront égaux aussi aux rapports correspondants du second faisceau.*

Cette égalité résulte de ce qu'un des trois rapports anharmoniques d'un faisceau de quatre droites détermine les deux autres (35).

D'après cela, de même que pour deux systèmes de quatre points, nous pourrons dire, indifféremment, que deux faisceaux de quatre droites ont *le même rapport anharmonique,* ou bien *les mêmes rapports anharmoniques.*

47. *Quand deux faisceaux de quatre droites qui se correspondent une à une, respectivement, ont leurs rapports anharmoniques égaux, si on les place de manière que deux droites correspondantes coïncident en direction, les trois autres droites du premier faisceau rencontreront respectivement les trois droites correspondantes du second faisceau en trois points situés en ligne droite.*

Soient Oa, Ob, Oc, Od (*fig.* 6) les quatre droites du premier faisceau, et O′a, O′b, O′c, O′d les quatre droites correspondantes du second. Nous supposons que les deux droites Oa, O′a coïncident en direction ; je dis que les trois points b, c, d, dans lesquels se coupent deux à deux, respectivement, les autres droites des deux faisceaux, sont en ligne droite.

En effet, menons la droite bc qui rencontre la droite OO′ en a, et soient δ, δ' les points où elle rencontre les deux droites Od, O′d. Puisque les deux faisceaux ont leurs rapports anharmoniques égaux, les quatre points a, b, c, δ ont leur rapport anharmonique égal à celui des quatre points a, b, c, δ'. Donc les deux points δ, δ' se confondent. Les deux droites Od, O′d se coupent donc sur la droite bc. C. Q. F. D.

48. *Observation.* — Cette proposition nous sera d'un grand usage.

Elle fournit ici une démonstration directe du théorème précédent, car, les quatre points a, b, c, d étant en ligne droite, leur rapport anharmonique, de quelque manière qu'on le prenne, est égal aux rapports qui lui correspondent dans les deux faisceaux de droites; par conséquent, ceux-ci sont égaux entre eux.

49. *Quand deux faisceaux de quatre droites qui se correspondent une à une, respectivement, ont leurs rapports anharmoniques égaux; on peut établir de trois autres manières la correspondance entre les droites des deux faisceaux, en conservant l'égalité des rapports anharmoniques.*

Il suffira de faire permuter entre elles deux droites quelconques du second faisceau, et, en même temps, les deux autres droites du même faisceau. Ainsi, soient A, B, C, D les quatre droites du premier faisceau, et A', B', C', D' les droites correspondantes du second faisceau, lesquelles ont leur rapport anharmonique égal à celui des quatre premières. On pourra prendre les quatre droites du second faisceau dans l'ordre B', A', D', C', qui résulte de la permutation des deux droites A', B' entre elles et des deux C', D' entre elles, et dans cet ordre le rapport anharmonique des quatre droites est égal à celui des quatre droites du premier système A, B, C, D.

La démonstration est évidemment la même que pour deux systèmes de quatre points (**44**).

Observation. — Cette proposition, de même que celle relative à deux systèmes de quatre points, sera susceptible de nombreuses applications qui procureront souvent des démonstrations immédiates.

§ III. — Manières d'exprimer l'égalité des rapports anharmoniques de deux systèmes de quatre points sur deux droites.

I. — *Équations à deux termes.*

50. Soient a, b, c, d et a', b', c', d' les deux systèmes de quatre points; l'égalité de leurs rapports anharmoniques s'exprimera par

l'une des équations à deux termes

$$(1)\quad \begin{cases} \dfrac{ac}{ad}:\dfrac{bc}{bd}=\dfrac{a'c'}{a'd'}:\dfrac{b'c'}{b'd'}, \\ \dfrac{ad}{ab}:\dfrac{cd}{cb}=\dfrac{a'd'}{a'b'}:\dfrac{c'd'}{c'b'}, \\ \dfrac{ab}{ac}:\dfrac{db}{dc}=\dfrac{a'b'}{a'c'}:\dfrac{d'b'}{d'c'}. \end{cases}$$

II. — *Équations à trois termes.*

51. Les seconds membres des équations (1) sont les rapports anharmoniques du second système; or, chacun d'eux est égal à l'unité moins la valeur inverse du rapport suivant : par exemple, $1^{er}\ rapport = 1 - \dfrac{1}{2^e\ rap.}$ (**34**). D'après cela, nos équations se transforment en équations à trois termes, que voici :

$$(2)\quad \begin{cases} \dfrac{ac}{ad}:\dfrac{bc}{bd}+\dfrac{a'b'}{a'd'}:\dfrac{c'b'}{c'd'}=1, \\ \dfrac{ad}{ab}:\dfrac{cd}{cb}+\dfrac{a'c'}{a'b'}:\dfrac{d'c'}{d'b'}=1, \\ \dfrac{ab}{ac}:\dfrac{db}{dc}+\dfrac{a'd'}{a'c'}:\dfrac{b'd'}{b'c'}=1. \end{cases}$$

Ces équations nous seront d'un grand usage.

III. — *Autres équations à trois termes.*

52. En prenant sur la droite $a'b'$ un point arbitraire m', on peut exprimer l'égalité des deux rapports anharmoniques par l'équation

$$\frac{\dfrac{1}{ab}-\dfrac{1}{ad}}{\dfrac{1}{ab}-\dfrac{1}{ac}}=\frac{\dfrac{m'b'}{a'b'}-\dfrac{m'd'}{a'd'}}{\dfrac{m'b'}{a'b'}-\dfrac{m'c'}{a'c'}},$$

car le premier membre exprime le rapport anharmonique des quatre points a, b, c, d, et le second membre, le rapport anharmonique des quatre points a', b', c', d' (**36**). Cette équation prend une forme plus simple, savoir :

$$\frac{m'b'}{a'b'}\left(\frac{1}{ac}-\frac{1}{ad}\right)+\frac{m'c'}{a'c'}\left(\frac{1}{ad}-\frac{1}{ab}\right)+\frac{m'd'}{a'd'}\left(\frac{1}{ab}-\frac{1}{ac}\right)=0,$$

$$\frac{m'b'}{a'b'}\,\frac{cd}{ac.ad}+\frac{m'c'}{a'c'}\,\frac{db}{ad.ab}+\frac{m'd'}{a'd'}\,\frac{bc}{ab.ac}=0,$$

ou

$$(3)\qquad ab.cd.\frac{m'b'}{a'b'}+ac.db.\frac{m'c'}{a'c'}+ad.bc.\frac{m'd'}{a'd'}=0.$$

On aura de même, en prenant un point m sur la droite ab,

$$(3')\qquad a'b'.c'd'.\frac{mb}{ab}+a'c'.d'b'.\frac{mc}{ac}+a'd'.b'c'.\frac{md}{ad}=0.$$

53. Les points m, m' sont arbitraires ; si on les suppose à l'infini, et que l'on divise la première équation par $m'd'$ et la seconde par md, les rapports $\frac{m'b'}{m'd'}$, $\frac{m'c'}{m'd'}$, ... deviennent égaux à l'unité et l'on a

$$(4)\qquad \frac{ab.cd}{a'b'}+\frac{ac.db}{a'c'}+\frac{ad.bc}{a'd'}=0,$$

$$(4')\qquad \frac{a'b'.c'd'}{ab}+\frac{a'c'.d'b'}{ac}+\frac{a'd'.b'c'}{ad}=0.$$

Chacune de ces quatre équations (3, 3', 4 et 4') exprime l'égalité des rapports anharmoniques des deux systèmes de quatre points.

54. Remarquons que l'équation (3) s'écrit de manière à ne contenir que des rapports anharmoniques, savoir :

$$\left(\frac{ab}{ad}:\frac{cb}{cd}\right)\left(\frac{m'b'}{m'd'}:\frac{a'b'}{a'd'}\right)+\left(\frac{ac}{ad}:\frac{bc}{bd}\right)\left(\frac{m'c'}{m'd'}:\frac{a'c'}{a'd'}\right)-1=0.$$

Il en est de même de l'équation (3').

§ IV. — Manières d'exprimer l'égalité des rapports anharmoniques de deux faisceaux de quatre droites.

55. L'égalité des rapports anharmoniques de deux faisceaux de quatre droites s'exprime évidemment par des équations sem-

blables aux précédentes, telles que

$$\frac{\sin(A, C)}{\sin(A, D)} : \frac{\sin(B, C)}{\sin(B, D)} = \frac{\sin(A', C')}{\sin(A', D')} : \frac{\sin(B', C')}{\sin(B', D')}, \tag{5}$$

$$\frac{\sin(A, C)}{\sin(A, D)} : \frac{\sin(B, C)}{\sin(B, D)} + \frac{\sin(A', B')}{\sin(A', D')} : \frac{\sin(C', B')}{\sin(C', D')} = 1, \tag{6}$$

$$\left\{\begin{aligned} &\sin(A, B)\sin(C, D)\frac{\sin(M', B')}{\sin(A', B')} \\ &+ \sin(A, C)\sin(D, B)\frac{\sin(M', C')}{\sin(A', C')} \\ &+ \sin(A, D)\sin(B, C)\frac{\sin(M', D')}{\sin(A', D')} = 0. \end{aligned}\right. \tag{7}$$

Cette dernière dérive de l'équation (3), dans laquelle on peut remplacer les segments par des sinus, parce que l'équation s'écrit de manière à ne présenter que des rapports anharmoniques (54).

§ V. — Manières d'exprimer qu'un faisceau de quatre droites a son rapport anharmonique égal à celui de quatre points.

56. Soient A, B, C, D les quatre droites, et a', b', c', d' les quatre points qui leur correspondent, un à une, respectivement, comme s'ils provenaient de l'intersection de ces droites par une transversale.

L'égalité des deux rapports anharmoniques s'exprime évidemment par les équations (1) et (2), dans lesquelles on remplace le rapport anharmonique des quatre points a, b, c, d par celui des quatre droites A, B, C, D, ce qui donne des équations telles que

$$\frac{\sin(A, C)}{\sin(A, D)} : \frac{\sin(B, C)}{\sin(B, D)} = \frac{a'c'}{a'd'} : \frac{b'c'}{b'd'}, \tag{8}$$

$$\frac{\sin(A, C)}{\sin(A, D)} : \frac{\sin(B, C)}{\sin(B, D)} + \frac{a'b'}{a'd'} : \frac{c'b'}{c'd'} = 1, \tag{9}$$

$$\left\{\begin{aligned} &\sin(A, B)\sin(C, D)\frac{m'b'}{a'b'} + \sin(A, C)\sin(D, B)\frac{m'c'}{a'c'} \\ &\qquad + \sin(A, D)\sin(B, C)\frac{m'd'}{a'd'} = 0. \end{aligned}\right. \tag{10}$$

On a encore l'équation

$$(11)\quad \left\{ \begin{aligned} & a'b'.c'd'\,\frac{\sin(\text{M, B})}{\sin(\text{A, B})} + a'c'.d'b'\,\frac{\sin(\text{M, C})}{\sin(\text{A, C})} \\ & \quad + a'd'.b'c'\,\frac{\sin(\text{M, D})}{\sin(\text{A, D})} = 0, \end{aligned} \right.$$

qui résulte de l'équation (3'), dans laquelle on remplace les points a, b, c, d et le point m par les quatre droites A, B, C, D et une cinquième M.

On peut prendre dans l'équation (10) le point m' à l'infini; alors les rapports $\frac{m'b'}{m'd'}$ et $\frac{m'c'}{m'd'}$ sont égaux à l'unité, et il vient

$$(12)\quad \left\{ \begin{aligned} & \frac{\sin(\text{A, B})\sin(\text{C, D})}{a'b'} + \frac{\sin(\text{A, C})\sin(\text{D, B})}{a'c'} \\ & \quad + \frac{\sin(\text{A, D})\sin(\text{B, C})}{a'd'} = 0. \end{aligned} \right.$$

57. Nous avons dit (7) que, quand un faisceau est formé de quatre droites parallèles A', B', C', D', on exprime leur rapport anharmonique par celui de quatre points a', b', c', d', intersections de ces droites par une transversale. Il s'ensuit que l'égalité des rapports anharmoniques de deux faisceaux de quatre droites s'exprimera par les équations précédentes quand l'un des faisceaux sera formé de droites parallèles.

CHAPITRE IV.

RAPPORT HARMONIQUE DE QUATRE POINTS OU D'UN FAISCEAU DE QUATRE DROITES.

§ I. — Rapport harmonique de quatre points.

58. Quand deux points a, a' (*fig.* 7) divisent un segment ef en *parties proportionnelles*, c'est-à-dire telles, que l'on ait (abstraction faite des signes des segments)

$$\frac{ae}{af} = \frac{a'e}{a'f},$$

on dit que les deux points a, a' divisent *harmoniquement* le segment ef, ou bien qu'ils sont *conjugués harmoniques* par rapport aux deux points e, f. Réciproquement, ceux-ci sont *conjugués harmoniques* par rapport aux deux a, a' et divisent *harmoniquement* le segment aa'. On dit encore que les quatre points sont en *rapport harmonique*.

Il nous sera quelquefois utile, pour faciliter le langage, de dire que les deux segments aa', ef sont *conjugués harmoniques*.

59. L'expression *rapport harmonique*, appliquée au système des quatre points, vient de ce que les trois segments comptés de l'un de ces points et terminés aux trois autres sont en *proportion harmonique*.

On appelle ainsi une proportion géométrique formée avec trois nombres tels, que *le* 1er est au 3e *comme le* 1er *moins le* 2e *est au* 2e *moins le* 3e. Par exemple, les trois nombres 6, 3 et 2 sont en *proportion harmonique*, parce que $\frac{6}{2} = \frac{6-3}{3-2}$ (¹). Cette rela-

(¹) On dit encore que *le nombre du milieu surpasse un des extrêmes et est surpassé par l'autre de quantités qui sont une même fraction des deux extrêmes, respective-*

tion de trois nombres, dont deux sont arbitraires, a reçu des Grecs le nom de *proportion harmonique,* parce qu'elle se présentait dans leur théorie des tons musicaux.

Nos quatre points, entre lesquels a lieu la relation $\frac{ae}{af} = \frac{a'e}{a'f}$, sont tels, avons-nous dit, que les trois segments, comptés de l'un d'eux, sont en *proportion harmonique.* En effet, considérons les trois segments comptés du point a, af, aa' et ae, et remplaçons, dans l'équation, $a'f$ par $(af - aa')$ et $a'e$ par $(aa' - ae)$, en ne considérant que les valeurs absolues des segments; on a

$$\frac{af}{ae} = \frac{af - aa'}{aa' - ae} \quad \text{ou} \quad \frac{1^{\text{er}} \text{ segment}}{3^{\text{e}}} = \frac{1^{\text{er}} - 2^{\text{e}}}{2^{\text{e}} - 3^{\text{e}}},$$

ce qui est la *proportion harmonique.*

Dans l'énumération des trois segments, il faut regarder comme le deuxième celui qui joint deux points *conjugués.*

60. On a coutume d'exprimer la relation harmonique de quatre points par l'équation $\frac{ae}{af} = \frac{a'e}{a'f}$, où l'on ne considère que la valeur absolue des segments sans y faire entrer les signes relatifs à leurs directions, parce qu'en opérant sur cette équation, soit pour la transformer, soit pour la combiner avec d'autres, on a la figure sous les yeux, et que l'on opère d'une manière concrète, en tenant compte de la position relative des points. Nous devons, pour donner à l'équation sa signification générale, ainsi qu'à toutes celles que nous allons en déduire, lui restituer le signe qui lui convient. Nous écrirons donc désormais

$$\frac{ae}{af} = -\frac{a'e}{a'f},$$

---

ment. Ainsi 3 surpasse 2 de 1 qui est *moitié* de 2, et 3 est surpassé par 6 de 3 qui est *moitié* de 6.

Ces définitions sont rapportées par Pappus au commencement du Livre III de ses *Collections mathématiques.* Après avoir défini les proportions *arithmétique* et *géométrique,* il ajoute : « Harmonica autem medietas est, quando medius terminus eadem parte et superat unum extremorum, et a reliquo superatur; ut habet 3 ad 2 et ad 6, vel quando sit ut primus terminus ad tertium, ita primus excessus ad secundum, ut habent 6, 3, 2. » Pappus construit les trois proportions dans le cercle par une même figure et résout diverses questions dont plusieurs concernent la proportion harmonique.

ou

$$(1) \qquad \frac{ae}{af} : \frac{a'e}{a'f} = -1.$$

Le premier membre exprime le rapport *anharmonique* des quatre points a, a', e, f. On peut donc dire que :

Quatre points sont en proportion harmonique *quand leur rapport anharmonique est égal à* -1.

Nous avons vu (**12**) que le rapport anharmonique de quatre points distincts ne peut pas être égal à $+1$.

61. Le point a' étant sur le segment ef, et le point a au delà, dans le sens fe, comme l'indique la figure, le point a' est plus près du point e que du point f, car on a entre les valeurs numériques des segments $\frac{ae}{af} = \frac{a'e}{a'f}$. Or $ae < af$; donc $a'e < a'f$.

Quand le point a s'éloigne du point e, le point a' s'en éloigne aussi, mais beaucoup plus lentement, tellement que, quand le point a est à l'infini, auquel cas le rapport $\frac{ae}{af}$ est égal à l'unité, on a aussi $\frac{a'e}{a'f} = 1$, ce qui montre que le point a' se trouve au milieu de ef. De là résultent ces deux propositions :

1° *Quand quatre points sont en rapport harmonique, le point milieu de deux points conjugués est toujours situé au delà du segment compris entre les deux autres points conjugués.*

2° *Si l'un des quatre points est à l'infini, son conjugué est le point milieu des deux autres.*

62. Soient b, b' (*fig.* 8) deux points conjugués, de même que a et a', par rapport aux deux e, f. Si le point b', situé sur le segment ef, est plus près de e que a', le point b sera aussi plus près de e que le point a, de sorte que le segment bb' sera compris tout entier sur le segment aa'. Si un point c' est pris vers le point f, son conjugué c sera au delà de ce point, et les deux segments aa', cc' n'auront aucune partie commune. Ainsi :

Quand deux segments sont conjugués harmoniques par rapport à un troisième, il ne peut arriver que deux cas : ou qu'ils n'aient aucune partie commune, ou que l'un d'eux soit compris entièrement sur l'autre.

63. Il suit de là que : *Quand deux segments empiètent en partie l'un sur l'autre, on ne peut pas déterminer deux points qui les divisent harmoniquement l'un et l'autre.*

Nous dirons que les deux points qui les divisent harmoniquement *sont imaginaires,* parce que l'équation qui sert à déterminer en général ces deux points a, dans ce cas, ses racines *imaginaires,* comme nous le verrons plus loin (Chap. V).

§ II. — Manières diverses d'exprimer que quatre points sont en rapport harmonique.

64. Nous avons vu que quatre points ont trois rapports anharmoniques différents, dont un suffit pour déterminer les deux autres (34). Que celui-là soit $\frac{ae}{af}:\frac{a'e}{a'f}=-1$, les deux autres seront

$$\frac{af}{aa'}:\frac{ef}{ea'}=\frac{1}{2} \quad \text{et} \quad \frac{aa'}{ae}:\frac{fa'}{fe}=2.$$

Écrivons

$$(2) \qquad \begin{cases} aa'.ef=2af.ea', \\ aa'.fe=2ae.fa'. \end{cases}$$

Chacune de ces équations exprime donc que les quatre points sont en rapport harmonique.

65. L'expression du rapport anharmonique de quatre points, où entrent les distances d'un point aux trois autres (36), donne l'équation

$$\frac{\frac{1}{aa'}-\frac{1}{af}}{\frac{1}{aa'}-\frac{1}{ae}}=-1,$$

ou

$$(3) \qquad \frac{2}{aa'}=\frac{1}{ae}+\frac{1}{af}.$$

On a pareillement

$$\frac{2}{ef}=\frac{1}{ea}+\frac{1}{ea'}.$$

Ces relations expriment que *la valeur inverse de la distance d'un point à son conjugué est la moyenne arithmétique des valeurs inverses des distances du même point aux deux autres.*

66. Quand on a plusieurs points a, b, c, d, ... sur une ligne droite, si l'on prend un point m tel que la valeur inverse de sa distance à un point déterminé O de la droite soit moyenne arithmétique entre les valeurs inverses des distances des points a, b, c, ... au même point O, c'est-à-dire, de manière que l'on ait

$$\frac{n}{\mathrm{O}m} = \frac{1}{\mathrm{O}a} + \frac{1}{\mathrm{O}b} + \frac{1}{\mathrm{O}c} + \ldots,$$

n étant le nombre de points et chaque distance devant être prise avec son signe + ou —, on dit, d'après Maclaurin, que la distance Om est la *moyenne harmonique* des distances Oa, Ob, ... ([1]), et, d'après Poncelet, que le point m est le *centre des moyennes harmoniques* des points a, b, ... ([2]).

D'après cela nous dirons que : *Quand quatre points sont en proportion harmonique, la distance de l'un d'eux à son conjugué est la moyenne harmonique des distances du même point aux deux autres.*

Ou bien encore : *Un point est, par rapport à son conjugué, le centre des moyennes harmoniques des deux autres points.*

§ III. — Relations où entre un point arbitraire.

I.

67. L'expression générale du rapport anharmonique de quatre points, dans laquelle entre un cinquième point arbitraire (36),

---

([1]) *De linearum geometricarum proprietatibus generalibus Tractatus*, § 28. Cet excellent Ouvrage se trouve, sous le titre d'*Appendix*, à la suite du Traité d'Algèbre de l'auteur, Traité posthume qui a paru vers 1750 et a eu de nombreuses éditions en Angleterre.

([2]) *Mémoire sur les centres des moyennes harmoniques*. (Voir *Journal de Mathématiques* de Crelle, t. III.)

devient, quand ce rapport est égal à -1,

$$(4)\qquad 2\frac{ma'}{aa'}=\frac{me}{ae}+\frac{mf}{af}.$$

On a de même

$$2\frac{mf}{ef}=\frac{ma}{ea}+\frac{ma'}{ea'}.$$

Chacune de ces équations exprime donc que les deux couples de points conjugués a, a' et e, f sont en rapport harmonique.

68. Aux trois segments ma', me, mf on peut substituer les perpendiculaires abaissées des trois points a', e, f sur une droite menée par le point m, lesquelles sont proportionnelles aux trois segments ; et, puisque le point m est arbitraire, il s'ensuit qu'en désignant par α', ε et φ les perpendiculaires abaissées des trois points a', e et f sur une droite quelconque, on a la relation

$$2\frac{\alpha'}{aa'}=\frac{\varepsilon}{ae}+\frac{\varphi}{af}.$$

II.

69. Rapportons les quatre points a, a', e, f à une origine commune m ; l'équation $\frac{ae}{af}=-\frac{a'e}{a'f}$ donne

$$\frac{me-ma}{mf-ma}=-\frac{me-ma'}{mf-ma'},$$

ou

$$(5)\qquad (ma+ma')(me+mf)=2ma.ma'+2me.mf.$$

On peut écrire

$$ma(me-ma')+ma'(mf-ma)+me(ma'-mf)+mf(ma-me)=0,$$

ou

$$(6)\qquad ma.a'e+ma'.af+me.fa'+mf.ea=0,$$

et pareillement

$$ma.a'f+ma'.ae+me.fa+mf.ea'=0.$$

III.

70. Soient α le milieu des deux points a, a', et O le milieu des deux e, f (*fig.* 9); l'équation (5) devient

$$(7) \qquad ma.ma' + me.mf = 2m\alpha.mO.$$

Cette relation nous sera très-utile. Nous en conclurons tout à l'heure, en donnant au point m des positions particulières, diverses relations très-simples.

IV.

71. Le rapport harmonique s'exprime encore par l'équation

$$(8) \qquad ma.ma'.ef + \overline{me}^2.f\alpha + \overline{mf}^2.\alpha e = 0,$$

ou

$$(8') \qquad me.mf.aa' + \overline{ma}^2.a'O + \overline{ma'}^2.Oa = 0.$$

On peut démontrer ces équations, la première par exemple, par le raisonnement suivant. Si l'équation n'est pas identique quel que soit le point m, elle servira à déterminer les positions de ce point qui y satisfont, et il n'y aura que deux positions, car, en rapportant tous les points m, a, ... à une origine commune A, le segment Am entrera dans l'équation du second degré. Or l'équation est satisfaite pour plus de deux positions du point m, car, si l'on fait coïncider ce point successivement avec les points a, a', e, f, on trouve des relations déjà démontrées, et si on le suppose à l'infini on a l'identité $ef + f\alpha + \alpha e = 0$. L'équation du deuxième degré d'où dépendraient les positions du point m aurait donc plus de deux racines, ce qui prouve qu'elle est identique, c'est-à-dire que l'équation (8) a lieu pour toutes les positions du point m.

C. Q. F. D.

Autrement. On a la relation (7)

$$ma.ma' + me.mf = 2m\alpha.mO,$$

et les deux identités

$$\overline{me}^2 + me.mf = 2me.mO,$$

$$\overline{mf}^2 + me.mf = 2mf.mO.$$

Multipliant ces trois équations, respectivement, par ef, $f\alpha$ et αe, et les ajoutant membre à membre, il vient

$$ma.ma'.ef + \overline{me}^2.f\alpha + \overline{mf}^2.\alpha e + me.mf(ef + f\alpha + \alpha e)$$
$$= 2mO(m\alpha.ef + me.f\alpha + mf.\alpha e).$$

Or on a, entre les trois points α, e, f,

$$ef + f\alpha + \alpha e = 0 \quad (\mathbf{2}),$$

et entre les quatre m, α, e, f,

$$m\alpha.ef + me.f\alpha + mf.e\alpha = 0 \quad (\mathbf{21});$$

il reste donc

$$ma.ma'.ef + \overline{me}^2.f\alpha + \overline{mf}^2.\alpha e = 0.$$

C. Q. F. D. (1).

V.

72. Remplaçons $f\alpha$ dans cette équation par $(fe - \alpha e)$; il vient

$$ma.ma'.ef + \overline{me}^2.fe - \left(\overline{me}^2 - \overline{mf}^2\right)\alpha e = 0,$$

ou, parce que $\overline{me}^2 - \overline{mf}^2 = (me + mf)(me - mf) = 2mO.fe$,

$$(9) \qquad ma.ma' - \overline{me}^2 + 2\alpha e.mO = 0.$$

En supposant que le point m coïncide avec a, on a

$$(9') \qquad \overline{ae}^2 = 2\alpha e.aO.$$

§ IV. — Corollaires de l'équation (7). — Relations où entrent les points milieux des deux segments aa', ef.

73. Supposons, dans l'équation (7), que le point m coïncide avec α; il vient

$$\alpha a.\alpha a' + \alpha e.\alpha f = 0,$$

(1) Nous donnerons, dans la théorie de l'involution, une autre démonstration, appliquée à un théorème plus général relatif à six points en *involution*, dont l'équation actuelle n'est qu'un cas particulier.

ou, parce que $\alpha a' = -\alpha a$,

$$\overline{\alpha a}^2 = \alpha e . \alpha f. \tag{10}$$

Pareillement,

$$\overline{Oe}^2 = Oa . Oa'. \tag{10'}$$

Cette équation donne

$$\overline{Oe}^2 = \overline{O\alpha}^2 - \overline{\alpha a}^2,$$

ou

$$\overline{\alpha a}^2 + \overline{Oe}^2 = \overline{O\alpha}^2, \tag{11}$$

ou bien, entre les quatre points a, a', e, f,

$$\overline{aa'}^2 + \overline{ef}^2 = (ae + a'f)^2. \tag{12}$$

74. Si le point m coïncide avec le point e, on a

$$ea . ea' = 2 e\alpha . eO;$$

or $2 . eO = ef$: donc

$$ea . ea' = e\alpha . ef. \tag{13}$$

ef est la *moyenne harmonique* des distances des deux points a, a' au point e (66), et $e\alpha$ est ce qu'on appelle la *moyenne distance* de ces deux points au même point e; l'équation exprime donc que :

Le produit des distances de deux points à une origine commune, prise sur la même droite, est égal au produit de la moyenne harmonique et de la moyenne distance de ces deux points relatives à l'origine.

Cette relation nous sera souvent utile. On a de même, en supposant que le point m coïncide successivement avec a et a',

$$ae . af = aa' . aO,$$
$$a'e . a'f = a'a . a'O,$$

et, en ajoutant membre à membre,

$$ae . af + a'e . a'f = \overline{aa'}^2. \tag{13'}$$

75. L'équation (13), divisée membre à membre par

$$fa.fa' = f\alpha.fe,$$

qui exprime le même théorème, donne

$$(14) \qquad \frac{ea.ea'}{fa.fa'} = -\frac{e\alpha}{f\alpha},$$

et, à cause de l'équation (1),

$$(15) \qquad \frac{\overline{ae}^2}{\overline{af}^2} = \frac{\alpha e}{\alpha f};$$

pareillement

$$(15') \qquad \frac{\overline{ea}^2}{\overline{ea'}^2} = \frac{\mathrm{O}a}{\mathrm{O}a'}.$$

76. L'équation (10) s'écrit $\frac{\overline{\alpha a}^2}{\overline{\alpha e}^2} = \frac{\alpha f}{\alpha e}$; donc, d'après l'équation (15), $\frac{\overline{\alpha a}^2}{\overline{ae'}^2} = \frac{\overline{fa}^2}{\overline{ea}^2}$, ou

$$(16) \qquad \frac{ae}{af} = -\frac{\alpha e}{\alpha a}.$$

On peut encore écrire, à cause de l'équation (10),

$$(17) \qquad \frac{ae}{af} = -\frac{\alpha a}{\alpha f}.$$

§ V. — Relations où entrent deux points arbitraires.

I.

77. L'équation (6) s'écrit

$$-\frac{ma}{mf}\frac{ea'}{ea} - \frac{ma'}{mf}\frac{af}{ae} + \frac{me}{ae}\frac{a'f}{mf} + 1 = 0,$$

ou, en désignant par n le point à l'infini,

$$-\left(\frac{ma}{mf} : \frac{na}{nf}\right)\left(\frac{ea'}{ea} : \frac{na'}{na}\right) - \left(\frac{ma'}{mf} : \frac{na'}{nf}\right)\left(\frac{af}{ae} : \frac{nf}{ne}\right)$$
$$+\left(\frac{me}{ae} : \frac{mn}{an}\right)\left(\frac{a'f}{mf} : \frac{a'n}{mn}\right) + 1 = 0.$$

Il n'entre dans cette équation que des rapports anharmoniques; par conséquent, elle a lieu quel que soit le point n (**20**).

Multiplions par $mf.ea.na'$, il vient

$$(18)\qquad ma.nf.a'e + ma'.ne.af + me.na.fa' + mf.na'.ea = 0.$$

Dans cette relation entre quatre points en rapport harmonique a, a', e, f et deux points arbitraires m, n, ces deux points entrent de la même manière.

II.

78. Écrivons l'équation (7) ainsi :

$$\frac{ma}{m\alpha}\frac{ma'}{mO} + \frac{me}{m\alpha}\frac{mf}{mO} = 2,$$

ou, en appelant n le point situé à l'infini,

$$\left(\frac{ma}{m\alpha} : \frac{na}{n\alpha}\right)\left(\frac{ma'}{mO} : \frac{na'}{nO}\right) + \left(\frac{me}{m\alpha} : \frac{ne}{n\alpha}\right)\left(\frac{mf}{mO} : \frac{nf}{nO}\right) = 2.$$

Il n'entre dans cette équation que des rapports anharmoniques; conséquemment elle a lieu quand le point n est pris arbitrairement, mais à la condition que α et O ne seront plus les milieux des deux segments aa', ef, mais bien les conjugués harmoniques du point n par rapport aux deux segments aa', ef. L'équation prend la forme

$$(19)\qquad \frac{ma.ma'}{na.na'} + \frac{me.mf}{ne.nf} = 2\,\frac{m\alpha.mO}{n\alpha.nO}.$$

Le point m étant arbitraire, supposons-le à l'infini, et divisons par $m\alpha.mO$; les rapports $\frac{ma}{m\alpha}$, $\frac{ma'}{mO}$, ... sont égaux à l'unité, et il vient

$$\frac{1}{na.na'} + \frac{1}{ne.nf} = \frac{2}{n\alpha.nO}.$$

Mais il faut remarquer que cette équation, où n'entre qu'un point arbitraire, n'est pas différente, au fond, de l'équation (7). En effet, écrivons-la ainsi :

$$ne.nf + na.na' = 2\,\frac{ne.nf}{nO}\,\frac{na.na'}{n\alpha};$$

α étant le conjugué harmonique du point n par rapport aux deux a, a', on a, en appelant α_1 le milieu de ceux-ci, $na.na' = n\alpha.n\alpha_1$ (74). On a pareillement, en appelant O_1 le milieu du segment ef, $ne.nf = nO.nO_1$. L'équation devient donc

$$na.na' + ne.nf = 2n\alpha_1.nO,$$

ce qui est précisément l'équation (7).

III.

79. L'équation (8) prend la forme

$$\frac{ma.ma'}{\overline{mf}^2}\frac{ef}{e\alpha} + \frac{\overline{me}^2}{\overline{mf}^2}\frac{f\alpha}{e\alpha} - 1 = 0;$$

ou, en désignant par n le point situé à l'infini,

$$\left(\frac{ma}{mf} : \frac{na}{nf}\right)\left(\frac{ma'}{mf} : \frac{na'}{nf}\right)\left(\frac{ef}{e\alpha} : \frac{nf}{n\alpha}\right) + \left(\frac{\overline{me}^2}{\overline{mf}^2} : \frac{\overline{ne}^2}{\overline{nf}^2}\right)\left(\frac{f\alpha}{e\alpha} : \frac{fn}{en}\right) - 1 = 0.$$

L'équation ne contenant que des rapports anharmoniques, on y peut supposer le point n quelconque, pourvu que α n'y représente plus le point milieu du segment aa', mais bien le conjugué harmonique du point n par rapport aux deux a, a'. L'équation devient

$$(20) \qquad \frac{ma.ma'}{na.na'} ef.n\alpha + \frac{\overline{me}^2}{\overline{ne}^2} f\alpha.ne + \frac{\overline{mf}^2}{\overline{nf}^2} \alpha e.nf = 0.$$

Si le point m est à l'infini, il vient

$$(21) \qquad \frac{ef.n\alpha}{na.na'} + \frac{f\alpha}{ne} + \frac{\alpha e}{nf} = 0.$$

On simplifiera ces deux équations en y remplaçant $\frac{n\alpha}{na.na'}$ par $\frac{1}{n\alpha_1}$, α_1 désignant le point milieu du segment aa' (74).

80. *Observation.* — On peut introduire un point arbitraire n dans les équations (10, ... 15), par des considérations semblables à celles dont nous venons de faire usage. On aura ainsi de nouvelles relations à deux termes, pour exprimer que deux couples de points a, a' et e, f sont en rapport harmonique. Les points milieux α et O des deux segments aa', ef deviennent dans ces relations, de même que dans l'équation (19), les conjugués harmoniques du point n par rapport aux deux segments. Nous n'entrerons pas dans ces détails, parce que les formules que l'on obtient ainsi expriment des propriétés relatives aux deux points qui divisent harmoniquement deux segments à la fois. Ces propriétés reviendront plus tard comme conséquences naturelles de la théorie de l'involution de six points.

§ VI. — Connaissant, dans une proportion harmonique, deux points conjugués et le milieu des deux autres, trouver ceux-ci.

81. Les deux points conjugués a, a' sont connus, ainsi que le milieu O des deux e, f. Ceux-ci se déterminent par la relation

$$Oe = -Of = \pm\sqrt{Oa\,.\,Oa'}. \qquad (10')$$

Il faut, pour que cette expression soit réelle, que le milieu O des deux points cherchés soit au dehors du segment aa'; s'il était sur le segment lui-même, le produit $Oa.Oa'$ serait négatif, et l'expression de Oe imaginaire. On dit alors que les deux points conjugués cherchés sont *imaginaires.*

Nous reviendrons, dans le Chapitre suivant, sur cette notion de points *imaginaires,* qui demande quelques développements. Toutefois, il faut ajouter ici que, si les deux points donnés a, a' étaient eux-mêmes *imaginaires,* les deux points cherchés e, f seraient nécessairement réels, parce que dans ce cas le produit $Oa.Oa'$ serait positif, ainsi que nous le verrons plus loin (93).

L'expression de Oe se change en celle-ci,

$$Oe = -Of = \pm\sqrt{\overline{O\alpha}^2 - \overline{\alpha a}^2},$$

α étant le milieu du segment aa' (4).

82. Expressions de αe et αf. — On a $\alpha e = \alpha O - eO$:

$$\alpha O = \frac{aO + a'O}{2}, \quad Oe = \pm\sqrt{Oa.Oa'}.$$

Donc

$$\alpha e = \frac{1}{2}(aO + a'O \pm 2\sqrt{Oa.Oa'}),$$

$$\alpha e = \frac{1}{2}(\sqrt{aO} \pm \sqrt{a'O})^2,$$

ou, en multipliant et divisant par $(\sqrt{aO} \mp \sqrt{a'O})^2$,

$$\alpha e = \frac{1}{2}\frac{\overline{aa'}^2}{(\sqrt{aO} \mp \sqrt{a'O})^2}.$$

§ VII. — Faisceau de quatre droites en rapport harmonique.

83. Quand quatre droites A, A′, E, F, concourantes en un même point, ont leur rapport anharmonique égal à -1, de sorte que l'on ait

$$\frac{\sin(A, E)}{\sin(A, F)} : \frac{\sin(A', E)}{\sin(A', F)} = -1,$$

on dit que ces quatre droites forment un *faisceau harmonique*. On dit aussi que les deux droites E, F *sont conjuguées harmoniques* par rapport aux deux A, A′ ou bien qu'*elles divisent harmoniquement l'angle des deux droites* A, A′, et, réciproquement, que ces deux-ci sont conjuguées harmoniques par rapport aux deux autres, ou bien qu'elles divisent harmoniquement l'angle de ces deux-là.

Ces quatre droites rencontrent une transversale quelconque en quatre points a, a', e, f qui sont en rapport harmonique ; car on a

$$\frac{ae}{af} : \frac{a'e}{a'f} = -1 \quad (13)$$

84. Si la transversale est parallèle à l'une des droites, à la droite A′ par exemple, le point a' sera à l'infini, et l'on aura simplement

$$\frac{ae}{af} = -1;$$

par conséquent, le point a est le milieu du segment ef.

Cela prouve que, si les deux droites A, A′ sont rectangulaires, les deux E, F font des angles égaux avec l'une d'elles, c'est-à-dire que :

Quand deux droites conjuguées harmoniques par rapport à deux autres sont rectangulaires, l'une d'elles est la bissectrice de l'angle formé par ces deux-ci.

Et réciproquement : *La bissectrice d'un angle et sa perpendiculaire divisent harmoniquement cet angle.*

85. On conclut de là cette propriété du cercle :

Quand deux points divisent harmoniquement un diamètre, les droites menées d'un point de la circonférence à ces deux points sont également inclinées sur la droite menée du même point à l'une des extrémités du diamètre.

Car les deux droites Se, Sf (*fig.* 10) sont conjuguées harmoniques par rapport aux deux Sa, Sa'. Mais celles-ci sont rectangulaires ; par conséquent, l'une d'elles est la bissectrice de l'angle des deux droites Se, Sf.

§ VIII. — Relations entre quatre droites en rapport harmonique.

86. Toutes les relations entre quatre points en rapport harmonique qui peuvent se mettre sous une forme telle, qu'elles ne contiennent que des rapports anharmoniques, s'appliqueront, par le simple changement des segments en sinus d'angles, à quatre droites en rapport harmonique.

Ainsi la première des équations (2) s'écrit

$$\frac{aa'}{ea'} : \frac{af}{ef} = 2.$$

On a donc

$$\frac{\sin(\mathrm{A}, \mathrm{A}')}{\sin(\mathrm{E}, \mathrm{A}')} : \frac{\sin(\mathrm{A}, \mathrm{F})}{\sin(\mathrm{E}, \mathrm{F})} = 2,$$

ou

$$\sin(\mathrm{A}, \mathrm{A}') \sin(\mathrm{E}, \mathrm{F}) = 2 \sin(\mathrm{A}, \mathrm{F}) \sin(\mathrm{E}, \mathrm{A}').$$

87. De même, l'équation (4), qui contient un point arbitraire, donne la suivante, qui contient une droite arbitraire :

$$2\frac{\sin(M, A')}{\sin(A, A')} = \frac{\sin(M, E)}{\sin(A, E)} + \frac{\sin(M, F)}{\sin(A, F)},$$

et pareillement

$$2\frac{\sin(M, F)}{\sin(E, F)} = \frac{\sin(M, A)}{\sin(E, A)} + \frac{\sin(M, A')}{\sin(E, A')}.$$

Si l'on prend la droite M perpendiculaire à la droite E, il vient

$$\frac{2}{\operatorname{tang}(E, F)} = \frac{1}{\operatorname{tang}(E, A)} + \frac{1}{\operatorname{tang}(E, A')}$$

ou

$$2\cot(E, F) = \cot(E, A) + \cot(E, A').$$

88. La formule (19) donne celle-ci :

$$\frac{\sin(M, A)\sin(M, A')}{\sin(N, A)\sin(N, A')} + \frac{\sin(M, E)\sin(M, F)}{\sin(N, E)\sin(N, F)} = 2\frac{\sin(M, \alpha)\sin(M, O)}{\sin(N, \alpha)\sin(N, O)},$$

dans laquelle M et N sont deux droites arbitraires, et α, O les droites conjuguées harmoniques de la droite N par rapport aux deux couples de droites A, A' et E, F.

Si les deux droites M, N sont rectangulaires, il vient

$$\cot(N, A)\cot(N, A') + \cot(N, E)\cot(N, F) = 2\cot(N, \alpha)\cot(N, O).$$

89. Enfin, la formule (20) donne celle-ci :

$$\frac{\sin(M, A)\sin(M, A')}{\sin(N, A)\sin(N, A')}\sin(E, F)\sin(N, \alpha) + \frac{\sin^2(M, E)}{\sin^2(N, E)}\sin(F, \alpha)\sin(N, E) + \frac{\sin^2(M, F)}{\sin^2(N, F)}\sin(\alpha, E)\sin(N, F) = 0.$$

M et N sont deux droites arbitraires, et α est la droite conjuguée harmonique de la droite N par rapport aux deux A et A'.

Si les deux droites M, N sont rectangulaires, il vient

$$\begin{aligned}&\cot(N, A)\cot(N, A')\sin(E, F)\sin(N, \alpha)\\ &+\cot^2(N, E)\sin(F, \alpha)\sin(N, E)\\ &+\cot^2(N, F)\sin(\alpha, E)\sin(N, F) = 0.\end{aligned}$$

CHAPITRE V.

DU SYSTÈME DE DEUX POINTS OU DE DEUX DROITES IMAGINAIRES.

§ I. — Manière de déterminer simultanément deux points sur une droite. Points imaginaires.

90. Deux points sont déterminés simultanément sur une droite quand on connaît leur point milieu et le produit, ou rectangle, de leurs distances à une origine commune prise sur la même droite.

Soient a, a' les deux points (*fig.* 11), α leur point milieu et ν le produit de leurs distances au point fixe M; on a

$$\nu = \mathrm{M}a.\mathrm{M}a' = \overline{\mathrm{M}\alpha}^2 - \overline{\alpha a}^2 \quad (4),$$

d'où

$$\overline{\alpha a}^2 = \overline{\mathrm{M}\alpha}^2 - \nu, \quad \alpha a = \pm\sqrt{\overline{\mathrm{M}\alpha}^2 - \nu}.$$

Ainsi, la détermination des deux points dépend de la construction de l'expression $\sqrt{\overline{\mathrm{M}\alpha}^2 - \nu}$; et les distances des deux points à l'origine M sont

$$\mathrm{M}a = \mathrm{M}\alpha + \sqrt{\overline{\mathrm{M}\alpha}^2 - \nu}$$

et

$$\mathrm{M}a' = \mathrm{M}\alpha - \sqrt{\overline{\mathrm{M}\alpha}^2 - \nu}.$$

On peut donc dire que deux points sont représentés par un *point*, qui sera leur *milieu*, et un *rectangle*, qui sera le produit de leurs distances à une origine commune.

Quand le rectangle ν est négatif, l'expression $\sqrt{\overline{\mathrm{M}\alpha}^2 - \nu}$ est toujours réelle, et la détermination des deux points s'effectue toujours. Mais, quand le rectangle ν est positif, il faut, pour que l'expression $\sqrt{\overline{\mathrm{M}\alpha}^2 - \nu}$ soit réelle, que $\overline{\mathrm{M}\alpha}^2$ soit plus grand que ν; s'il est plus petit, l'expression est *imaginaire* et les deux points cherchés n'existent plus. On dit alors qu'ils sont *imaginaires*.

Nous appellerons points *conjugués* ce système de deux points déterminés simultanément par deux *données*, savoir, leur *point milieu* et le *produit* ou *rectangle* de leurs distances à une origine commune.

91. On peut, en impliquant ces deux données dans une équation du second degré à une seule inconnue, représenter les deux points par cette seule équation, car on a

$$\mathrm{M}a + \mathrm{M}a' = 2\mathrm{M}\alpha \quad \text{et} \quad \mathrm{M}a.\mathrm{M}a' = \nu,$$

d'où

$$\mathrm{M}a(2\mathrm{M}\alpha - \mathrm{M}a) = \nu,$$

$$\overline{\mathrm{M}a}^2 - 2\mathrm{M}\alpha.\mathrm{M}a + \nu = 0,$$

ou, en représentant Ma par x,

$$x^2 - 2\mathrm{M}\alpha.x + \nu = 0.$$

Les racines de cette équation sont donc les distances des deux points a, a' à l'origine M. Quand ces racines seront *imaginaires*, on dira que les deux points sont *imaginaires*.

92. Ainsi l'on conçoit bien ce que nous entendrons par *deux points imaginaires* sur une droite; cela signifiera que les deux *données* ou *éléments* qui servent à la détermination des deux points, savoir, leur point milieu et le rectangle de leurs distances à une origine commune, donnent lieu à une expression *imaginaire* des distances de ces points à l'origine, ou bien que l'équation du second degré qui suffit pour représenter les deux points a ses racines *imaginaires*.

Quand nous parlerons de deux points *imaginaires*, il sera question de deux points *conjugués* déterminés comme il vient d'être dit, lesquels pourront avoir, avec une figure donnée, certaines relations au moyen de leurs deux *éléments*, et il ne s'agira pas de deux points quelconques indépendants l'un de l'autre, tels que deux points qui appartiendraient à deux systèmes différents de points conjugués.

93. *Le produit des distances de deux points imaginaires à un point réel pris sur la même droite est réel et toujours positif.*

Les deux points imaginaires sont déterminés par leur point milieu α et le produit de leurs distances à une origine m; ce produit étant ν, les distances sont (90)

$$ma = m\alpha + \sqrt{\overline{m\alpha}^2 - \nu},$$

$$ma' = m\alpha - \sqrt{\overline{m\alpha}^2 - \nu}.$$

Si l'on change d'origine, et qu'on prenne le point M, on a

$$ma = \mathrm{M}a - \mathrm{M}m,$$

$$ma' = \mathrm{M}a' - \mathrm{M}m,$$

$$ma.ma' = \mathrm{M}a.\mathrm{M}a' - (\mathrm{M}a + \mathrm{M}a')\mathrm{M}m + \overline{\mathrm{M}m}^2.$$

Or, $ma.ma' = \nu$ et $\mathrm{M}a + \mathrm{M}a' = 2\mathrm{M}\alpha$; il s'ensuit que

$$\mathrm{M}a.\mathrm{M}a' = 2\mathrm{M}\alpha.\mathrm{M}m + \nu - \overline{\mathrm{M}m}^2.$$

Ainsi le produit $\mathrm{M}a.\mathrm{M}a'$ est toujours réel.

Il est toujours positif. En effet, on peut écrire

$$\mathrm{M}a.\mathrm{M}a' = \overline{\mathrm{M}\alpha}^2 - (\mathrm{M}\alpha - \mathrm{M}m)^2 + \nu.$$

Or, $\mathrm{M}\alpha - \mathrm{M}m = m\alpha$; donc

$$\mathrm{M}a.\mathrm{M}a' = \overline{\mathrm{M}\alpha}^2 - \left(\overline{m\alpha}^2 - \nu\right).$$

$\left(\overline{m\alpha}^2 - \nu\right)$ est négatif par hypothèse, puisque les deux points sont imaginaires; donc $\overline{\mathrm{M}\alpha}^2 - \left(\overline{m\alpha}^2 - \nu\right)$ est une quantité positive; donc $\mathrm{M}a.\mathrm{M}a'$ est positif.

Autrement. On simplifie la démonstration en représentant les deux points imaginaires par l'équation du second degré

$$x^2 + ax + b = 0,$$

dont les racines sont les distances des deux points à une origine commune m.

Remplaçant x par $x' + \Delta$, on a l'équation

$$x'^2 + (2\Delta + a)x' + \Delta^2 + a\Delta + b = 0,$$

dont les racines expriment les distances des deux points à une autre origine M, déterminée par la valeur attribuée à Δ. Le produit de ces distances est égal à $(\Delta^2 + a\Delta + b)$, quantité réelle et toujours positive, car elle se met sous la forme

$$\left(\Delta + \frac{a}{2}\right)^2 + \left(b - \frac{a^2}{4}\right),$$

et chacun des deux termes est positif, le premier comme étant un carré, et le second $\left(b - \frac{a^2}{4}\right)$ parce que les racines de l'équation proposée, savoir,

$$x = -\frac{a}{2} \pm \sqrt{\left(\frac{a^2}{4} - b\right)},$$

sont imaginaires, par hypothèse. Donc, etc.

§ II. — Relations entre des points réels et des points imaginaires.

94. Deux points *imaginaires* peuvent avoir des relations réelles avec différentes parties d'une figure, par exemple avec des points réels. Ce seront des relations dans lesquelles les deux points imaginaires seront représentés implicitement par leurs deux *éléments*, c'est-à-dire dans lesquelles entreront ces deux éléments.

Ainsi, supposons que dans une figure on ait trouvé entre trois points en ligne droite e, f, α, le point milieu O des deux premiers et un autre point m de la même droite cette relation

$$me.mf + \nu = 2m\alpha.mO,$$

ν étant un rectangle ou produit de deux lignes dépendant de la figure. On peut regarder ce rectangle et le point α comme les *éléments* de deux points a, a' (réels ou imaginaires), le point α étant leur point milieu et le rectangle ν le produit de leurs distances au point m; l'équation pourra donc s'écrire

$$me.mf + ma.ma' = 2m\alpha.mO,$$

et elle exprimera une propriété de la figure, relative aux deux points déterminés par les deux éléments α et ν.

Si les deux points sont réels, on pourra les substituer, dans l'énoncé du théorème exprimé par l'équation, au rectangle ν; et, s'ils sont imaginaires, on pourra soit conserver ce rectangle dans l'énoncé du théorème, soit y introduire la notion des deux points imaginaires, mais en sous-entendant la définition que nous avons donnée (**92**) de ces points fictifs.

95. La propriété qu'exprime l'équation que nous venons de prendre pour exemple, c'est que les deux points a, a', qui ont pour milieu le point α, sont *conjugués harmoniques* par rapport aux deux e, f (**70**).

Ainsi l'on peut concevoir deux points *imaginaires, conjugués harmoniques par rapport à deux points réels;* cela veut dire que les deux points réels ont avec les *éléments* qui représentent le système des deux points imaginaires les relations qui expriment d'une manière générale le rapport harmonique de quatre points réels, conjugués deux à deux.

96. Nous avons vu que quand les deux points imaginaires sont donnés, ainsi que le milieu des deux autres points, ceux-ci sont toujours constructibles, et par conséquent toujours réels (**81**). Il s'ensuit que, quand deux couples de points a, a' et e, f sont en rapport harmonique, l'un des deux couples seulement peut être imaginaire, et que l'autre est toujours réel.

Si l'on donne le système des deux points imaginaires a, a' et l'un e des deux points réels, le second f se déterminera par la relation

$$ea.ea' = e\alpha.ef \quad (\mathbf{74}),$$

dans laquelle les deux points imaginaires entrent par leurs deux *éléments,* savoir leur point milieu α et le rectangle $ea.ea'$ de leurs distances au point e.

97. Quand deux systèmes de points sont représentés respectivement par deux équations du second degré,

$$x^2 + ax + b = 0,$$
$$x^2 + a'x + b' = 0,$$

les relations que ces points doivent avoir entre eux s'exprimeront au moyen des coefficients a, b, a', b', qui équivalent aux deux *éléments* de chaque couple de points. S'il s'agit de la relation harmonique, elle s'exprimera par l'équation

$$b + b' - \frac{aa'}{2} = 0,$$

qui équivaut à

$$\nu + \nu' = 2m\alpha . m\alpha',$$

α, α' étant les milieux des deux couples de points, et ν, ν' les produits de leurs distances à l'origine m (**70**).

98. *Observation.* — Bien que nous exprimions le rapport *harmonique* de quatre points par une équation de condition entre les éléments des deux couples de points, il ne faut pas songer à exprimer de même le rapport *anharmonique* de quatre points. La chose n'est possible dans le premier cas que parce que les deux points de chaque couple entrent d'une manière symétrique dans la relation harmonique, de même que dans chacun de leurs deux *éléments*, de sorte que l'on peut changer un point en son conjugué, et *vice versâ*.

Si l'on pouvait exprimer que le rapport anharmonique $\frac{ae}{af} : \frac{a'e}{a'f}$ des deux couples de points a, a' et e, f est égal à λ par une relation entre λ et les quatre *éléments* des deux couples de points, cette relation n'indiquerait pas dans quel ordre on devrait prendre les deux points a, a', non plus que les deux e, f, de sorte que l'on ne saurait pas si le rapport anharmonique est

$$\frac{ae}{af} : \frac{a'e}{a'f} \quad \text{ou} \quad \frac{af}{ae} : \frac{a'f}{a'e}.$$

§ III. — Autres éléments par lesquels on peut déterminer deux points imaginaires.

99. On sait construire le point *conjugué harmonique* f d'un point donné e par rapport à deux points réels ou imaginaires a, a' (**96**). Ce point, qu'on appelle aussi le *centre des moyennes harmoniques* des deux a, a' par rapport au point donné (**66**), est toujours réel, de même que le point milieu des deux points a, a' et le produit de leurs distances à une origine commune. De ces trois choses, le point milieu des deux points, leur centre des moyennes harmoniques par rapport au point donné et le rectangle de leurs distances à une origine commune, deux suffisent pour déterminer la troisième, et par conséquent pour définir les deux points.

En effet, qu'on représente le produit $ma.ma'$ par ν, l'équation (7) (70) s'écrit

$$\nu + me.mf = m\alpha(me + mf),$$

relation entre les deux *éléments* ν et α des deux points a, a', réels ou imaginaires, et leur centre des moyennes harmoniques f relatif au point e.

100. On pourrait donc prendre, pour déterminer le système de deux points conjugués susceptibles de devenir imaginaires, d'autres *éléments* que le point milieu et le rectangle, que nous avons choisis parce que ce sont les deux *éléments* qui se présentent le plus souvent dans les spéculations géométriques et qui entrent explicitement dans l'équation du second degré qui suffit pour représenter les deux points.

En général, on peut prendre toute relation géométrique qui conduit à une équation du second degré. Par exemple, ayant sur une droite quatre points fixes A, A', B, B', on déterminera la position de deux points a, a' si l'on exprime que le rapport des produits des distances de chacun d'eux aux deux couples de points A, A' et B, B', respectivement, a une valeur donnée, c'est-à-dire que l'on a

$$\frac{Aa.A'a}{Ba.B'a} = \frac{Aa'.A'a'}{Ba'.B'a'} = \lambda.$$

Une manière de déterminer deux points, qui se présentera très-souvent dans la théorie des sections coniques, sera de les considérer comme divisant harmoniquement deux segments à la fois, ces segments pouvant être réels ou imaginaires.

On détermine encore deux points conjugués par le système d'une droite et d'un cercle, ou d'une droite et d'une section conique, et de diverses autres manières, comme nous le verrons dans la suite.

§ IV. — Du système de deux points imaginaires en rapport harmonique avec deux points réels.

101. La plupart des relations entre deux couples de points en rapport harmonique que nous avons démontrées dans l'hypothèse de quatre points réels ne sont plus applicables dans le cas où deux de ces points sont imaginaires, comme il peut arriver (95), c'est-à-dire que ces relations peuvent ne plus avoir de sens explicite; les segments qui y entrent sont en quelque sorte désagrégés et ne représentent que des quantités imaginaires, lesquelles ne sont rien par elles-mêmes, considérées isolément; par exemple, la relation

$$\frac{ae}{af} = -\frac{a'e}{a'f}$$

n'a pas de sens explicite si a et a' sont imaginaires; celle-ci non plus,

$$\frac{2}{ef} = \frac{1}{ea} + \frac{1}{ea'},$$

et beaucoup d'autres.

Mais, si l'on admet que l'on puisse faire sur les quantités imaginaires les mêmes opérations d'addition, de multiplication, etc., que sur les quantités réelles, principe pratiqué en Algèbre, alors on déduira de chacune de ces équations une relation où les deux points a, a' n'entreront que par leurs deux *éléments*, et cette relation sera une expression explicite et intelligible du rapport harmonique des deux points imaginaires a, a' avec les deux points réels e, f. Par exemple, la seconde équation ci-dessus donnera

$$\frac{2}{ef} = \frac{ea + ea'}{ea.ea'} = \frac{2e\alpha}{ea.ea'},$$

ou

$$ef.e\alpha = ea.ea',$$

équation où n'entrent que les deux *éléments* des deux points imaginaires, savoir leur point milieu α et le rectangle $ea.ea'$ de leurs distances au point e.

On pourra donc exprimer les dépendances existant entre deux points imaginaires et des parties réelles d'une figure, dépendances qui, au fond, ne peuvent contenir que les *éléments* des deux points, par les relations générales qui conviennent au cas de points réels et dans lesquelles ces *éléments* n'apparaissent pas explicitement. Mais alors les segments qui entrent dans ces relations, comme dans

$$\frac{ae}{af} = -\frac{a'e}{a'f},$$

doivent être considérés comme des *symboles*, au moyen desquels on fait allusion au cas où les points seraient réels, et qui, combinés entre eux, comme dans ce cas spécial, conduisent à des relations où n'entrent que les *éléments* des deux points; de sorte que la relation symbolique primitive n'est, au fond, qu'une expression de cette relation entre des *éléments* toujours réels.

Il sera donc permis d'employer ces relations symboliques, ou, en d'autres termes, de raisonner sur des points imaginaires comme on le ferait dans le cas analogue où ces points seraient réels.

§ V. — Manière de déterminer simultanément deux droites conjuguées passant par un point donné. — Droites imaginaires.

102. On peut déterminer la position de deux droites issues d'un point donné par celle des deux points où ces droites rencontrent une droite fixe : et quand ces deux points seront *imaginaires*, on dira que les deux droites sont elles-mêmes *imaginaires*.

On peut aussi déterminer les deux droites directement par les angles qu'elles font avec un axe fixe mené par leur point de concours. Ces angles seront représentés par leurs tangentes ou cotangentes, et la position des deux droites sera déterminée quand on connaîtra le produit et la somme des cotangentes. Soient ω, ω' les deux angles, S et P la somme et le produit des deux cotangentes; celles-ci seront les racines de l'équation du second degré

$$\cot^2 x - S\cot x + P = 0,$$

ou

$$\cot^2 x - (\cot\omega + \cot\omega')\cot x + \cot\omega . \cot\omega' = 0.$$

La somme des deux cotangentes fixe la position d'une droite qui est la conjuguée harmonique de l'axe fixe par rapport aux deux droites cherchées A, A' : car, appelant F cette droite conjuguée et E l'axe fixe, on aura

$$2\cot(E, F) = \cot(E, A) + \cot(E, A') \quad (87)$$

ou

$$2\cot(E, F) = \cot\omega + \cot\omega'.$$

On peut donc dire que deux droites sont déterminées simultanément quand on connaît le produit des cotangentes de leurs inclinaisons sur un axe fixe et la droite conjuguée harmonique de cet axe par rapport aux deux droites cherchées. Cette *droite* et le *produit* des cotangentes des inclinaisons peuvent être considérés comme les *éléments* propres à la détermination des deux droites.

Les deux droites, nonobstant la réalité de ces deux éléments, peuvent être *imaginaires*. Ainsi l'on voit ce que nous entendrons par droites *imaginaires* représentées par deux *éléments* réels, comme le sont deux droites réelles.

Ce que nous avons dit des systèmes de points imaginaires et de leurs relations avec d'autres parties réelles d'une figure s'appliquera naturellement aux systèmes de droites imaginaires.

CHAPITRE VI.

THÉORIE DE LA DIVISION HOMOGRAPHIQUE.

§ I. — Divisions homographiques de deux droites. Faisceaux homographiques.

103. Définitions. — Quand deux droites sont divisées en des points qui se correspondent un à un et tellement que le rapport anharmonique de quatre points quelconques de l'une soit égal au rapport anharmonique des quatre points correspondants de l'autre, nous dirons que ces deux droites sont divisées *homographiquement* ou bien que leurs points de division forment deux *divisions homographiques*.

Nous verrons qu'il y a beaucoup de manières de former des *divisions homographiques*.

Quand deux faisceaux dont les droites se correspondent une à une sont tels que quatre droites quelconques du premier aient leur rapport anharmonique égal à celui des quatre droites correspondantes du second, nous dirons que les deux faisceaux sont *homographiques*.

Nous verrons plus tard, en traitant de la théorie générale des figures *homographiques,* la raison et le sens propre de cette expression (Chap. XXV). Bornons-nous à dire, pour le moment, que cette notion des divisions et des faisceaux *homographiques* nous sera d'un très-utile et très-fréquent usage dans la géométrie des figures rectilignes et dans celle des sections coniques.

104. Construction de deux divisions ou de deux faisceaux homographiques. — Une droite L étant divisée en des points a, b, c, d, ..., si l'on veut diviser *homographiquement* une seconde droite L', on pourra prendre arbitrairement sur celle-ci trois

points a', b', c' pour correspondre, un à un, aux trois points a, b, c; puis on déterminera les points d', e', ..., qui correspondront aux autres points d, e, ... de la première droite, par la condition que le rapport anharmonique des points a', b', c' et un quatrième d' soit égal à celui des quatre points a, b, c, d, c'est-à-dire par une équation telle que

$$\frac{ab}{ac} : \frac{db}{dc} = \frac{a'b'}{a'c'} : \frac{d'b'}{d'c'}.$$

Je dis que les points d', e', ..., déterminés ainsi, diviseront la seconde droite *homographiquement* par rapport à la première, c'est-à-dire que le rapport anharmonique de quatre points quelconques d', e', ... sera égal à celui des quatre points d, e, ... de la première droite.

En effet, qu'on transporte la droite $a'b'$, de manière à faire coïncider le point a' avec le point a, la droite $a'b'$ faisant avec ab un angle quelconque; les deux droites bb', cc' concourront en un point S, et chacune des droites dd', ee', ... passera par ce point (42). Il s'ensuit que quatre quelconques des points a, b, c, d, e, f, ... ont leur rapport anharmonique égal à celui des quatre points correspondants a', b', c', d', e', f', ... (14), et, par conséquent, les deux droites sont divisées *homographiquement*.

Autrement. On détermine, par hypothèse, les points d', e', f', ... par les équations

$$\frac{ab}{ac} : \frac{db}{dc} = \frac{a'b'}{a'c'} : \frac{d'b'}{d'c'},$$

$$\frac{ab}{ac} : \frac{cb}{ec} = \frac{a'b'}{a'c'} : \frac{e'b'}{e'c'},$$

....

Divisant membre à membre les deux premières, pour éliminer les points a et a', on a

$$\frac{db}{dc} : \frac{eb}{ec} = \frac{d'b'}{d'c'} : \frac{e'b'}{e'c'}.$$

Cette équation prouve que les quatre points b, c, d, e ont leur rapport anharmonique égal à celui des quatre points b', c', d', e'.

Pareillement, les deux systèmes de quatre points b, c, d, f et b', c', d', f' ont leurs rapports anharmoniques égaux.

Ainsi f et f' forment une égalité de rapports anharmoniques avec b, c, d et b', c', d', de même que e et e'. Donc, par ce qui vient d'être démontré à l'égard des points d, e et d', e', on conclut que c, d, e, f ont leur rapport anharmonique égal à celui de c', d', e', f'.

Il en est de même des deux systèmes c, d, e, g et c', d', e', g'. Donc, les deux systèmes d, e, f, g et d', e', f', g' ont leurs rapports anharmoniques égaux.

Pareillement, les deux systèmes d, e, f, h et d', e', f', h' ont leurs rapports anharmoniques égaux, et l'on en conclut que les deux systèmes e, f, g, h et e', f', g', h' ont aussi leurs rapports anharmoniques égauux.

Il est donc prouvé que quatre points quelconques de la première droite ont leur rapport anharmonique égal à celui de quatre points correspondants sur la seconde droite.

105. Étant donné un faisceau de droites A, B, C, D, ..., si l'on veut former un second faisceau homographique, on pourra prendre arbitrairement trois droites A′, B′, C′ de ce faisceau, pour correspondre respectivement aux trois A, B, C; puis on déterminera une quatrième droite D′, correspondant à une droite quelconque D du premier faisceau, par la condition que le rapport anharmonique des quatre droites A′, B′, C′, D′ soit égal à celui des quatre A, B, C, D.

On démontrera directement, par les mêmes raisonnements que pour la division homographique de deux droites, que les deux faisceaux sont homographiques. On peut aussi dire que, si l'on coupe les deux faisceaux par deux transversales, les points d'intersection formeront sur ces deux droites deux divisions qui, d'après ce qui vient d'être démontré, seront homographiques, d'où il suit que les deux faisceaux eux-mêmes sont homographiques.

106. *Quand deux divisions sur deux droites sont homographiques à une troisième, elles sont homographiques entre elles.*

En effet, quatre points a'', b'', c'', d'' de la troisième division ont leur rapport anharmonique égal, d'une part, à celui des quatre points correspondants a, b, c, d de la première division, et, d'autre part, à celui des quatre points correspondants a', b', c', d' de la deuxième division. Donc, les deux séries de quatre points a, b, c, d et a', b', c', d' ont leurs rapports anharmoniques égaux, et, par conséquent, la première et la seconde division sont homographiques. C. Q. F. D.

Il suit de là que, si plusieurs divisions prises consécutivement sont homographiques deux à deux, deux quelconques de ces divisions sont homographiques entre elles.

Il est évident que ce que nous disons des divisions homographiques doit s'entendre aussi des faisceaux homographiques.

Ces propositions auront de nombreuses applications, notamment dans le Chapitre XV, où nous résoudrons par une même construction un grand nombre de questions diverses.

§ II. — Propriétés géométriques de deux droites divisées homographiquement, et de deux faisceaux homographiques.

107. *Quand des droites issues d'un même point rencontrent deux droites fixes quelconques, elles forment sur celles-ci deux divisions homographiques.*

Soient des droites issues d'un point ρ (*fig.* 12) et rencontrant deux droites fixes SL, SL' en des points a, a', b, b', c, c', ...; ces points divisent les deux droites SL, SL' homographiquement, car quatre points quelconques a, b, c, d de la première droite ont leur rapport anharmonique égal à celui des quatre points correspondants de la seconde (**14**).

Il est clair que le point d'intersection des deux droites SL, SL' représente deux points de division homologues coïncidents. Nous dirons que ce point est un point *commun* aux deux divisions.

108. Réciproquement : *Quand deux droites sont divisées homographiquement, si leur point de concours, considéré comme appartenant à la première division, est lui-même son homologue dans la seconde division, les droites qui joindront un à un respectivement tous les points de division homologues concourront en un même point.*

Cela est évident d'après le théorème (**42**).

109. *Quand des rayons issus de deux points fixes se coupent deux à deux en des points situés en ligne droite, ces rayons forment deux faisceaux homographiques.*

En effet, soient *a*, *b*, *c*, *d* (*fig.* 13) les points d'intersection de quatre rayons du premier faisceau par les rayons correspondants, un à un respectivement, du second faisceau : ces quatre points étant en ligne droite, leur rapport anharmonique est égal à celui des quatre droites issues du point O et à celui des quatre droites correspondantes issues du point O′ (13). Donc, les deux séries de quatre droites ont leurs rapports anharmoniques égaux; ce qui est le caractère de deux faisceaux homographiques. Donc, etc.

Il est clair que la droite OO′, qui joint les centres des deux faisceaux, représente deux droites homologues des deux faisceaux, lesquelles sont coïncidentes. Nous dirons que cette droite est un rayon *commun* aux deux faisceaux.

110. Réciproquement : *Quand deux faisceaux homographiques sont tellement placés que la droite qui joint leurs centres, étant considérée comme appartenant au premier faisceau, soit elle-même son homologue dans le second, les autres droites du premier faisceau rencontreront respectivement leurs homologues en des points situés en ligne droite.*

Cela résulte immédiatement du théorème (47).

111. *Quand deux droites sont divisées homographiquement aux points* a, b, c, ... *et* a′, b′, c′, ..., *qui se correspondent un à*

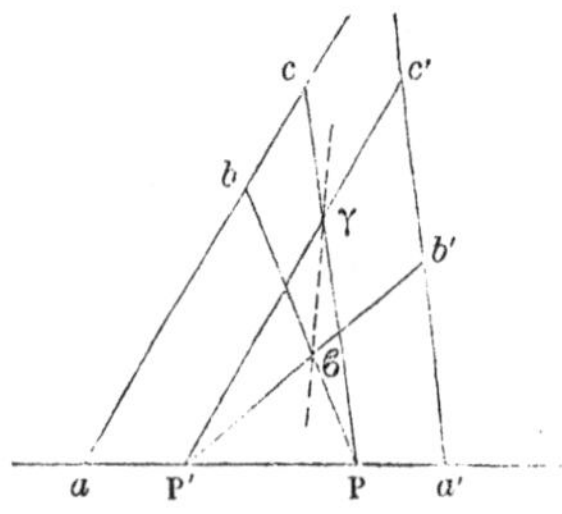

un respectivement, si l'on prend sur une droite aa′, *qui joint deux points correspondants, deux points fixes quelconques* P, P′, *les droites* Pb, Pc, ... *rencontreront respectivement les droites* P′b′, P′c′, ..., *en des points* β, γ, ... *qui seront en ligne droite.*

En effet, ces droites forment deux faisceaux *homographiques,* parce que quatre rayons du premier faisceau ont leur rapport anharmonique égal à celui des quatre rayons correspondants du second. Mais deux rayons correspondants, savoir Pa et P′a', coïncident en direction. Donc les autres rayons du premier faisceau rencontrent respectivement les rayons correspondants du second en des points situés en ligne droite (**110**).

Observation. — Cette proposition, qui constitue un mode général de description d'une ligne droite par points, donne lieu à de nombreux corollaires, tant à raison de l'indétermination de position des deux pôles fixes P, P′ que parce qu'il y a bien des manières différentes de faire des divisions homographiques sur deux droites, comme nous le verrons dans la suite.

112. *Étant donnés deux faisceaux homographiques, si par le point d'intersection de deux rayons homologues on mène deux droites transversales fixes qui rencontrent respectivement les deux faisceaux en deux séries de points, les droites qui joindront les points de rencontre de la première transversale aux points de rencontre de la seconde, un à un respectivement, concourront en un même point.*

En effet, ces points formeront deux divisions homographiques dans lesquelles le point de rencontre des deux transversales représentera deux points homologues, c'est-à-dire que ce point, considéré comme appartenant à la première transversale, sera lui-même son homologue dans la seconde.

Donc, d'après le théorème (**108**), les droites qui joindront un à un respectivement les autres points homologues concourront en un même point. C. Q. F. D.

Cette proposition, de même que la précédente, donnera lieu à beaucoup de corollaires, à cause de l'indétermination de position des deux transversales, et des différentes manières de former les faisceaux homographiques.

113. *Quand deux droites sont divisées homographiquement* *aux points* a, b, c, ... *et* a', b', c', ..., *qui se correspondent un à un respectivement, deux droites telles que* ab' *et* ba', *qui vont de deux points quelconques de la première aux deux points correspondants de la seconde, pris inversement, se rencontrent toujours sur une même droite fixe.*

Désignons par la double lettre AB' le point d'intersection des deux droites L, L' (*fig.* 14); la lettre A appartiendra à la première droite, et la lettre B' à la seconde. Soit A', sur celle-ci, le point correspondant au point A de la première, et B, sur cette première, le point correspondant au point B' de la seconde. Cela posé, nous allons démontrer que le point d'intersection de deux droites telles que *ab'* et *a'b* se trouvera sur la droite fixe A'B.

En effet, les quatre points *a'*, *b'*, A', B' de la seconde droite correspondent, dans les deux divisions homographiques, aux quatre points *a*, *b*, A, B de la première droite, c'est-à-dire que les quatre premiers points ont leur rapport anharmonique égal à celui des quatre autres; donc les quatre droites *aa'*, *ab'*, *a*A', *a*B' issues du point *a* ont leur rapport anharmonique égal à celui des quatre droites *a'a*, *a'b*, *a'*A, *a'*B issues du point *a'*. Ces deux faisceaux de quatre droites ont deux rayons homologues coïncidents suivant *aa'*. Donc les trois autres rayons du premier faisceau rencontrent, un à un respectivement, les trois autres rayons du second faisceau en trois points situés en ligne droite (110); ces trois points sont *m*, point d'intersection des deux droites *ab'* et *a'b*, A' et B. Ainsi, le point *m* est situé sur la droite fixe A'B; ce qu'il fallait prouver. Donc, etc.

114. Corollaire I. — Le point d'intersection *p* des deux droites *ac'*, *a'c* et le point d'intersection *n* des deux droites *bc'*, *b'c* se trouvent donc sur la même droite. Or les trois points *a'*, *b'*, *c'*, qui correspondent un à un aux trois *a*, *b*, *c*, peuvent être pris tout à fait arbitrairement. De là résulte donc ce théorème :

Étant pris sur deux droites L, L' *deux séries de trois points quelconques* a, b, c *et* a', b', c' *qui se correspondent un à un, les trois points de croisement des diagonales* ab' *et* a'b, ac' *et* a'c, bc' *et* b'c *sont en ligne droite.*

Voici une démonstration directe, fort simple, de ce théorème particulier.

Les quatre droites issues du point a, aa', ab', ac' et ac (*fig.* 15) ont leur rapport anharmonique égal à celui des quatre droites issues du point c, ca', cb', cc' et ca, parce que ces droites se rencontrent deux à deux en quatre points situés en ligne droite. Il s'ensuit que les intersections des quatre premières droites par la transversale ba' et les intersections des quatre autres par la transversale bc' forment deux séries de quatre points a', m, x, b et y, n, c', b ayant le même rapport anharmonique. Or b est *commun* aux deux séries; donc les trois droites $a'y$, mn et xc' ou $a'c$, mn, $c'a$ concourent en un même point (42), c'est-à-dire que le point de concours p des deux droites ac' et $a'c$ se trouve sur la droite mn. C. Q. F. D.

Remarque. — La figure représente un hexagone $ab'ca'bc'$ inscrit aux deux droites L, L', et le théorème exprime que *les trois points de concours des côtés opposés de l'hexagone sont en ligne droite.*

115. Corollaire II. — Quand les points de division $a, b, c, \ldots,$ $a', b', c', \ldots,$ sur les deux droites L, L' (*fig.* 16), sont déterminés par des transversales issues d'un même point ρ, il est évident que la droite mn, lieu des points de rencontre des diagonales des quadrilatères tels que $aa'b'b$, $bb'c'c, \ldots,$ passe par le point de concours des deux droites.

Ajoutons que *la droite* mn *coupe les transversales* $\rho aa'$, $\rho bb', \ldots$ *en des points* $\alpha, \beta, \ldots,$ *qui sont les conjugués harmoniques du point* ρ *sur les segments* aa', $bb', \ldots,$ c'est-à-dire que l'on a

$$\frac{\rho a}{\rho a'} = -\frac{\alpha a}{\alpha a'}, \quad \ldots.$$

En effet, les quatre points ρ, b, β, b' ont leur rapport anharmonique égal d'une part à celui des quatre ρ, a, α, a', parce que les trois droites ba, $\beta\alpha$, $b'a'$ concourent en un même point, et d'autre part à celui des quatre points ρ, a', α, a, parce que les trois droites ba', $\beta\alpha$, $b'a$ passent par le même point m. Donc les quatre points ρ, a, α, a' ont leur rapport anharmonique égal à celui des quatre ρ, a, α, a, et l'on a

$$\frac{\rho a}{\rho\alpha} : \frac{a'a}{a'\alpha} = \frac{\rho a'}{\rho\alpha} : \frac{aa'}{a\alpha},$$

ou, parce que $a'a = -aa'$,

$$\frac{\rho a}{\rho a'} : \frac{\alpha a}{\alpha a'} = -1.$$

Donc les deux points ρ, α sont conjugués harmoniques par rapport aux deux a, a'. C. Q. F. D.

116. *Étant donnés deux faisceaux homographiques, si l'on prend dans le premier deux rayons quelconques* A, B *et dans le second les deux rayons homologues* A′, B′, *la droite qui joindra le point d'intersection des deux rayons non homologues* A, B′ *au point d'intersection des deux autres* B, A′ *passera toujours par un même point fixe.*

Soient x le point d'intersection des deux rayons A, B′ (*fig.* 17) et y le point d'intersection des deux B, A′. Il s'agit de prouver que la droite xy passe toujours par un même point. Prenons le rayon OΩ qui, dans le premier faisceau, correspond à la droite O′O du second faisceau, et le rayon O′Ω qui correspond, dans le second faisceau, à la droite OO′ du premier. Le point de concours Ω de ces deux droites est le point fixe par lequel passe la droite xy.

En effet, les quatre rayons du premier faisceau OA, OB, OO′, OΩ ont leur rapport anharmonique égal à celui de leurs homologues O′A′, O′B′, O′Ω, O′O. Coupons les quatre premiers par le rayon O′A′ et les quatre autres par le rayon OA; on aura deux séries de quatre points α, y, O′, ω et α, x, ω', O, dont les rapports anharmoniques seront égaux. Or, dans ces deux séries, le point α est commun. Donc les trois droites yx, O′ω', ωO, qui joignent les trois autres points de la première série à leurs homologues, concourent en un même point. Or le point d'intersection des deux droites Oω, O′ω' est le point Ω. Donc la droite xy passe par ce point; donc, etc.

117. Corollaire. — Dans les deux faisceaux, trois droites du second peuvent être prises arbitrairement pour correspondre à trois droites du premier; de sorte que l'on a, comme corollaire du théorème général, celui-ci :

Quand trois angles A, B, C (*fig.* 18) *sous-tendent une même corde* OO′, *pris deux à deux, ils en sous-tendent une seconde, et les trois cordes ainsi déterminées concourent en un même point.*

Cette proposition, indépendante de la notion des faisceaux homographiques, peut se démontrer directement d'une manière fort simple.

Soient mm', nn' et pp' les trois cordes sous-tendues par les trois angles pris deux à deux. Les quatre droites issues du point O′, O′A, O′B, O′C et O′O, sont coupées par les deux droites OA, OC en deux séries de quatre points A, m', n', O et n, p', C, O qui ont leurs rapports anharmoniques égaux (**14**), et les droites menées des deux points m, p (intersections de OB par O′A et O′C) à ces deux séries de points respectivement forment deux faisceaux qui ont leurs rapports anharmoniques égaux (**13**). Les rayons de ces deux faisceaux sont mA, mm', mn', mO et pn, pp', pC, pO. Or les deux rayons mO et pO sont coïncidents; donc les trois premiers du premier faisceau rencontrent respectivement leurs homologues du second faisceau en trois points situés en ligne droite (**110**), c'est-à-dire que la droite nn' passe par le point de concours des deux mm', pp'. C. Q. F. D.

§ III. — Construction d'un quatrième point ou d'un quatrième rayon dans deux systèmes de quatre points ou deux faisceaux de quatre droites dont les rapports anharmoniques sont égaux.

118. *Trouver, dans deux séries de quatre points qui ont leurs rapports anharmoniques égaux, l'un de ces points, quand les autres sont donnés.*

Soient a, b, c, d (*fig.* 19) les quatre premiers points, et sur une seconde droite, a', b', c' les trois points qui correspondent un à un aux trois a, b, c. On veut déterminer le quatrième point d' correspondant au quatrième d, c'est-à-dire le point satisfaisant à une relation telle que

$$\frac{d'a'}{d'b'}:\frac{c'a'}{c'b'}=\frac{da}{db}:\frac{ca}{cb}.$$

Première manière. — On mènera par le point a une droite indéfinie dans une direction quelconque, et l'on prendra sur cette droite les segments $a\beta$, $a\gamma$ égaux respectivement à $a'b'$, $a'c'$. On mènera les deux droites $b\beta$, $c\gamma$, puis, par leur point de concours O, la droite Od qui rencontrera la droite auxiliaire $a\beta$ en un point δ. Enfin, on prendra sur la droite $a'b'$ le segment $a'd'=a\delta$, et le point cherché d' sera déterminé.

Cette construction s'applique au cas où les points a', b', c' sont donnés sur la même droite que a, b, c, d.

Deuxième manière. — On mènera (*fig.* 20) les droites ab', ac', lesquelles rencontreront respectivement les deux $a'b$, $a'c$ en deux points m, n. Les deux droites $a'd$ et ad' se croiseront sur la droite mn (**113**). Par conséquent, la droite ad' se trouve déterminée et fait connaître le point d'.

Troisième manière. — On prendra sur la droite aa' (*fig.* 21) deux points quelconques P, P', et l'on mènera les droites Pb, Pc et P'b', P'c'; les deux premières rencontreront respectivement les deux autres en deux points m, n, et les deux droites Pd, P'd' devront se croiser sur la droite mn (**111**). La droite P'd' sera ainsi déterminée.

On simplifie la construction en prenant pour P et P' (*fig.* 22) les points d'intersection de aa' par bb' et cc', car alors c'est sur la droite cb' que se coupent deux droites correspondantes Pd, P'd'.

Ces diverses constructions permettent de supposer que l'un des points donnés sur chaque droite soit situé à l'infini.

119. *Déterminer dans deux faisceaux de quatre droites correspondantes une à une respectivement, qui ont leurs rapports anharmoniques égaux, le quatrième rayon du second faisceau, quand les autres sont connus.*

Soient OA, OB, OC, OD (*fig.* 23) les quatre rayons du premier faisceau, et O'A', O'B', O'C' les trois rayons du second faisceau correspondant aux trois OA, OB, OC du premier; il faut déterminer le quatrième rayon O'D'.

Première manière. — On supposera qu'on ait déplacé le second faisceau en amenant son centre O' en un point Ω du rayon OA du premier faisceau et en faisant coïncider en direction son rayon O'A' avec OA, c'est-à-dire que par un point Ω du rayon OA on mènera deux droites Ωβ, Ωγ faisant avec ΩO des angles égaux respectivement aux deux angles B'O'A', C'O'A', puis on joindra par une droite L les points où ces deux droites rencontreront respectivement les deux rayons OB, OC. Par le point d'intersection δ de cette droite L et du rayon OD on mènera la droite Ωδ, laquelle fera avec ΩO un angle égal à l'angle que le rayon cherché O'D' du second faisceau fait avec O'A'. Ce rayon est donc déterminé.

Cette construction s'applique au cas où les deux faisceaux auraient le même centre O.

Deuxième manière. — Qu'on prenne les points d'intersection des rayons OA, OB (*fig.* 24) par les deux O'B', O'A' respectivement, et qu'on les joigne par une droite L; puis qu'on détermine de même la droite L' qui joindra les points d'intersection des deux rayons OB, OC par les deux O'C', O'B' respectivement; qu'on prenne le point de concours des deux droites L, L', et qu'on le joigne par une droite au point d'intersection des deux rayons OD, O'A'; cette droite passera par le point de concours des deux droites OA, O'D' (116) : cette dernière O'D' se trouve donc ainsi déterminée.

Troisième manière. — Par le point α, intersection des deux rayons homologues OA, O'A' (*fig.* 25), on mènera deux transversales quelconques, dont l'une rencontrera les trois rayons OB, OC, OD en trois points b, c, d, et l'autre les trois rayons O'B', O'C', O'D' en trois points b', c', d'. Les trois droites bb', cc', dd' concourront en un même point (112). Donc, par le point d'intersection P des deux premières, qui sont connues, on mènera la droite Pd, qui détermine le point d', et par conséquent le rayon cherché O'D'.

Les deux transversales menées par le point α sont arbitraires.

On simplifie la construction en prenant pour ces deux droites (*fig.* 26) les deux $\alpha\beta$ et $\alpha\gamma$ issues du point α et passant respectivement par le point de concours des deux rayons OB, O'B' et le point de concours des deux rayons OC, O′C′. En effet, le point P se trouve à l'intersection des deux rayons O′B′ et OC. On joindra donc ce point au point d où le rayon OD rencontre $\alpha\beta$; la droite Pd rencontrera la droite $\alpha\gamma$ en un point d', par où passera le rayon O′D′.

CHAPITRE VII.

DIFFÉRENTES MANIÈRES D'EXPRIMER LA DIVISION HOMOGRAPHIQUE DE DEUX DROITES OU L'HOMOGRAPHIE DE DEUX FAISCEAUX.

§ I. — Division homographique de deux droites.

I. — *Équations à deux termes.*

120. Soient a, b, c trois points de la première droite, a', b', c' les trois points correspondants de la seconde; un quatrième point m de la première droite étant pris arbitrairement, on détermine son homologue m', sur la seconde droite, par la relation

$$\frac{am}{bm} : \frac{ac}{bc} = \frac{a'm'}{b'm'} : \frac{a'c'}{b'c'}. \tag{1}$$

L'expression $\frac{ac}{bc} : \frac{a'c'}{b'c'}$ est une quantité constante λ; on a donc

$$\frac{am}{bm} = \lambda \frac{a'm'}{b'm'}. \tag{2}$$

Ainsi : *Quand deux droites sont divisées homographiquement, le rapport des distances d'un point quelconque de la première à deux points fixes de cette droite est au rapport des distances du point homologue de la seconde aux deux points fixes homologues dans une raison constante.*

121. Réciproquement : *Quand deux points variables* m, m' *divisent deux droites* ab, a'b' *en segments dont les rapports* $\frac{\mathrm{am}}{\mathrm{bm}}$, $\frac{\mathrm{a'm'}}{\mathrm{b'm'}}$ *sont entre eux dans une raison constante, ces deux points forment sur les deux droites deux divisions homographiques.*

En effet, que c, c' soient un système particulier des deux points m, m', on aura les deux équations

$$\frac{am}{bm} = \lambda \frac{a'm'}{b'm'} \quad \text{et} \quad \frac{ac}{bc} = \lambda \frac{a'c'}{b'c'},$$

d'où

$$\frac{am}{bm} : \frac{ac}{bc} = \frac{a'm'}{b'm'} : \frac{a'c'}{b'c'},$$

équation qui prouve que les deux points m, m' marquent deux divisions homographiques (**104**).

122. On peut donner à la constante λ une expression géométrique très-simple. Supposons que le point m' soit à l'infini, et soit I la position correspondante du point m sur la première droite; on aura

$$\frac{a'm'}{b'm'} = 1 \quad \text{et} \quad \frac{a\mathrm{I}}{b\mathrm{I}} = \lambda.$$

Pareillement, en appelant J′ le point de la seconde division qui correspond au point de la première situé à l'infini, on a $\frac{b'\mathrm{J}'}{a'\mathrm{J}'} = \lambda$.

On vérifie aisément l'égalité de ces deux expressions de λ, savoir

$$\frac{a\mathrm{I}}{b\mathrm{I}} = \frac{b'\mathrm{J}'}{a'\mathrm{J}'},$$

car, en désignant par ∞ et ∞' les points situés à l'infini sur les deux droites, on peut écrire

$$\frac{a\mathrm{I}}{b\mathrm{I}} : \frac{a\infty}{b\infty} = \frac{a'\infty'}{b'\infty'} : \frac{a'\mathrm{J}'}{b'\mathrm{J}'},$$

équation vraie, car elle exprime que les deux séries de quatre points a, b, I et ∞ sur la première droite et a', b', ∞' et J′ sur la seconde ont leurs rapports anharmoniques égaux.

Dans l'expression $\lambda = \frac{a\mathrm{I}}{b\mathrm{I}}$, I est le point de la première division qui correspond au point situé à l'infini dans la seconde; conséquemment c'est un point fixe, indépendant des deux points a, b. Il s'ensuit que, l'un de ces deux points étant pris arbitrairement, on peut choisir le second de manière que la constante λ ait telle valeur positive ou négative que l'on voudra. On peut même demander que λ soit égal à -1 : il suffira de prendre les points a et b de part et d'autre et à égale distance du point I.

123. Que l'on prenne sur la première droite les points a, m, I, ∞, auxquels correspondent sur la seconde droite les points a', m', ∞, J', l'équation (1) devient

$$\frac{am}{a\text{I}}:\frac{m\infty}{\text{I}\infty}=\frac{a'm'}{a'\infty}:\frac{\text{J}'m'}{\text{J}'\infty},$$

qui, à raison de $\frac{m\infty}{\text{I}\infty}=1$ et $\frac{\text{J}'\infty}{a'\infty}=1$, se réduit à

$$\frac{am}{a\text{I}}=\frac{a'm'}{\text{J}'m'}. \tag{3}$$

124. *Cas particulier de la division homographique de deux droites.* — Il est une valeur, et une seule, que ne peut avoir la constante λ, ou plutôt qu'elle n'a que dans un cas particulier de la division homographique : c'est $+1$. Alors le rapport $\frac{a\text{I}}{b\text{I}}=+1$ exige que le point I soit à l'infini. Ainsi, le point situé à l'infini sur la première droite a pour homologue, sur la seconde, le point de celle-ci situé à l'infini.

L'équation qui exprime ce cas de la division homographique de deux droites est

$$\frac{am}{bm}=\frac{a'm'}{b'm'},$$

et les deux droites sont divisées en parties proportionnelles ou *semblablement ;* car cette équation donne

$$\frac{am}{am-bm}=\frac{a'm'}{a'm'-b'm'},\quad \frac{am}{ab}=\frac{a'm'}{a'b'}$$

ou

$$\frac{am}{a'm'}=\frac{ab}{a'b'}=\text{const.};$$

ce qui prouve que les deux droites sont divisées en parties proportionnelles.

On peut donc dire que : *Deux droites divisées en parties proportionnelles sont divisées homographiquement, avec cette circonstance particulière que les points à l'infini sur les deux droites sont deux points de division homologues.*

Réciproquement : *Quand les points à l'infini dans deux divisions homographiques sur deux droites sont deux points homologues, les droites sont divisées en parties proportionnelles.*

En effet, si les deux points homologues m, m' sont tous les deux à l'infini, les deux rapports $\frac{am}{bm}$ et $\frac{a'm'}{b'm'}$, dans l'équation

$$\frac{am}{bm} = \lambda \frac{a'm'}{b'm'} \quad (120),$$

deviennent tous deux à la fois égaux à l'unité, et dès lors la constante λ est égale à $+1$. Donc, etc.

Il suit de là que, quand on a deux droites divisées homographiquement d'une manière générale, on peut en faire la perspective de manière à avoir deux droites divisées en parties proportionnelles. Il suffit que deux points de division homologues sur les deux droites passent ensemble à l'infini dans la perspective.

125. *Discussion de l'équation* (2). — Cette équation, qui contient quatre segments, se réduira à trois ou à deux si l'on prend un ou deux des points fixes à l'infini, car, pour chaque point pris à l'infini, le segment compté de ce point devient infini et disparaît de l'équation, parce que la constante renferme un autre facteur infini qui forme avec le premier un rapport égal à l'unité.

Ainsi, supposons que le point b soit à l'infini ; je dis que l'équation devient

$$(4) \qquad am = \lambda \frac{a'm'}{b'm'},$$

car l'équation primitive est

$$\frac{am}{bm} : \frac{ac}{bc} = \frac{a'm'}{b'm'} : \frac{a'c'}{b'c'}$$

ou

$$am = \frac{a'm'}{b'm'} \frac{bm}{bc} \left(ac : \frac{a'c'}{b'c'} \right);$$

le point b étant à l'infini, le rapport $\frac{bm}{bc}$ est égal à l'unité, et il reste

$$am = \frac{a'm'}{b'm'} \times \text{const.},$$

ou, en désignant par J' le point de la seconde division qui correspond au point situé à l'infini dans la première,

$$(4') \qquad \frac{am.J'm'}{a'm'} = \text{const.}$$

126. Pareillement, si le point a' de la seconde droite est pris à l'infini, le segment $a'm'$ disparaît comme infini, parce que la constante contient, en dénominateur, $a'c'$ qui, étant aussi infini, rend le rapport $\frac{a'm'}{a'c'}$ égal à l'unité; l'équation devient donc

$$am = \frac{\lambda}{b'm'}.$$

Désignons par I le point a de la première droite, qui correspond à l'infini de la seconde; l'équation sera

$$(5) \qquad \text{I}m.\text{J}'m' = \lambda.$$

Ainsi : *Quand deux droites sont divisées homographiquement, si l'on prend sur chacune le point qui correspond à l'infini de l'autre, les distances de deux points homologues quelconques aux deux points ainsi déterminés auront leur produit constant.*

127. Réciproquement : *Quand, à partir de deux points fixes sur deux droites, on prend deux points tels, que le produit de leurs distances aux deux points fixes, respectivement, soit constant, ces deux points diviseront les deux droites homographiquement.*

En effet, soient I, J' les deux points fixes, et m, m' deux points pris sur les deux droites, respectivement, de manière que l'on ait $\text{I}m.\text{J}'m' = \lambda$. Soient a, a' deux positions correspondantes des deux points m, m', de sorte que $\text{I}a.\text{J}'a' = \lambda$. Ces deux équations donnent

$$\frac{\mathrm{I}m}{\mathrm{I}a} = 1 : \frac{\mathrm{J}'m'}{\mathrm{J}'a'}.$$

Désignons par u et v' les points situés à l'infini sur les deux droites; on peut écrire

$$\frac{\mathrm{I}m}{\mathrm{I}a} : \frac{um}{ua} = \frac{v'm'}{v'a'} : \frac{\mathrm{J}'m'}{\mathrm{J}'a'}.$$

Donc les deux séries de quatre points a, I, u, m et a', v', J', m', qui se correspondent un à un, ont leurs rapports anharmoniques égaux. Donc, les trois premiers a, I, u et leurs correspondants a', v', J' restant fixes, les deux autres m, m' divisent homographiquement les deux droites (104). C. Q. F. D.

128. *Observation relative aux signes + et —.* — Quand on exprime la division homographique de deux droites par l'équation

$$\frac{am}{bm} = \lambda \frac{a'm'}{b'm'},$$

il n'est pas absolument nécessaire de convenir du sens dans lequel les segments seront regardés comme *positifs* ou *négatifs*, parce que chaque rapport $\frac{am}{bm}$ et $\frac{a'm'}{b'm'}$ a un signe + ou — indépendant de cette convention, comme nous l'avons dit (8). La position du point m, relativement au segment ab, suffit pour déterminer, d'une manière absolue, le signe du rapport $\frac{am}{bm}$, et ce signe détermine celui du rapport $\frac{a'm'}{b'm'}$, et, par suite, la position du point m', lequel se trouve sur le segment $a'b'$ ou au dehors, selon que le signe du rapport $\frac{a'm'}{b'm'}$ est — ou +. De sorte que l'on construit la division de la seconde droite sans aucune ambiguïté.

Mais il n'en sera plus de même si l'on prend l'équation

$$am = \lambda \frac{a'm'}{b'm'}.$$

Il faut nécessairement alors convenir du sens dans lequel le segment am sera regardé comme *positif* ou *négatif*.

De même, si l'on exprime les divisions homographiques par l'équation

$$am = \frac{\lambda}{b'm'},$$

il faudra convenir aussi du sens dans lequel on comptera les segments $b'm'$ *positifs*.

II. — *Équation à trois termes.*

129. On peut exprimer l'égalité des rapports anharmoniques de deux systèmes des quatre points a, b, c, m et a', b', c', m' par l'équation à trois termes

$$\frac{am}{bm} : \frac{ac}{bc} + \frac{c'm'}{b'm'} : \frac{c'a'}{b'a'} = 1 \quad (51),$$

ou, en faisant $\frac{bc}{ac} = \lambda$ et $\frac{b'a'}{c'a'} = \mu$,

$$(6) \qquad \lambda \frac{am}{bm} + \mu \frac{c'm'}{b'm'} = 1.$$

Ainsi, étant pris sur une première droite deux points fixes a, b, et sur une seconde droite deux points fixes c', b' dont le premier est arbitraire, mais dont le second est l'homologue du point b de la première droite, cette équation exprimera la division homographique des deux droites.

Cette équation à trois termes nous sera d'un grand usage.

Les trois points a, b, c' étant pris arbitrairement, on peut en supposer un à l'infini sur chaque droite ; les facteurs qui deviendront infinis disparaîtront de l'équation, parce qu'il se trouvera dans les constantes d'autres facteurs infinis qui donneront lieu à des rapports égaux à l'unité, comme dans l'équation à deux termes. L'équation (6) prend alors différentes formes :

Quand a est à l'infini, elle devient

$$(7) \qquad \frac{\lambda}{bm} + \mu \frac{c'm'}{b'm'} = 1;$$

quand b' se trouve à l'infini, auquel cas le point b est en I, l'équation est

(8) $$\lambda\frac{am}{\mathrm{I}m}+\mu . c'm'=1;$$

quand a et b' sont ensemble à l'infini,

(9) $$\frac{\lambda}{\mathrm{I}m}+\mu . c'm'=1;$$

enfin, quand a et c' sont à l'infini,

(10) $$\frac{\lambda}{bm}+\frac{\mu}{b'm'}=1.$$

Chacune de ces équations exprime la division homographique générale de deux droites.

130. Dans la dernière, les coefficients λ, μ ont des expressions géométriques très-simples. En effet, supposons que le point m' soit à l'infini, et soit I le point correspondant sur la première droite; l'équation devient $\frac{\lambda}{b\mathrm{I}}=1$. Soit, de même, J' le point de la seconde droite qui correspond à l'infini de la première; on a $\frac{\mu}{b'\mathrm{J}'}=1$, et l'équation devient

$$\frac{b\mathrm{I}}{bm}+\frac{b'\mathrm{J}'}{b'm'}=1.$$

Cette équation exprime donc la division homographique de deux droites, sur lesquelles I est le point de la première qui correspond à l'infini de la seconde, J' le point de la seconde qui correspond à l'infini de la première, et b, b' deux points homologues quelconques.

Ainsi, a et a' étant deux autres points homologues, on aura les deux relations

$$\frac{b\mathrm{I}}{ba}+\frac{b'\mathrm{J}'}{b'a'}=1$$

et

$$\frac{a\mathrm{I}}{am}+\frac{a'\mathrm{J}'}{a'm'}=1.$$

De sorte que deux de ces trois équations comportent l'autre ([1]).

131. *Cas particulier.* — Dans le cas particulier où les deux droites sont divisées en parties proportionnelles, les deux points à l'infini sont deux points *correspondants* (**124**). On peut donc les prendre pour les deux points b et b', et alors l'équation (6) devient

$$\lambda . am + \mu . c'm' = 1. \tag{11}$$

Ainsi cette équation exprime que deux droites sont divisées en parties proportionnelles.

Les deux constantes λ et μ ont des expressions géométriques très-simples. Que le point m coïncide avec le point a, le point m' deviendra a'; de sorte qu'on a $\mu . c'a' = 1$, d'où $\mu = \frac{1}{c'a'}$. Pareillement, c étant dans la première division l'homologue du point c' de la seconde, on a $\lambda = \frac{1}{ac}$. L'équation devient

$$\frac{am}{ac} + \frac{c'm'}{c'a'} = 1.$$

On vérifie aisément que cette équation se ramène aux deux formes

$$\frac{am}{cm} = \frac{a'm'}{c'm'} \quad \text{et} \quad \frac{am}{a'm'} = \frac{ac}{a'c'},$$

trouvées précédemment (**124**). En effet, qu'on y fasse

$$c'm' = a'm' - a'c',$$

elle devient

$$\frac{am}{ac} + \frac{a'm'}{c'a'} = 0, \quad \text{ou} \quad \frac{am}{ac} = \frac{a'm'}{a'c'}.$$

([1]) En Algèbre, on peut dire que les deux équations

$$\frac{b-i}{b-m} + \frac{b'-i'}{b'-m'} = 1, \quad \frac{b-i}{b-a} + \frac{b'-i'}{b'-a'} = 1$$

comportent celle-ci :

$$\frac{a-i}{a-m} + \frac{a'-i'}{a'-m'} = 1.$$

Que dans celle-ci on fasse

$$ac = am - cm, \quad a'c' = a'm' - c'm',$$

elle devient

$$\frac{am}{am - cm} = \frac{a'm'}{a'm' - c'm'} \quad \text{ou} \quad \frac{am}{cm} = \frac{a'm'}{c'm'}.$$

132. On conçoit bien que l'observation précédente (**128**) sur la nécessité d'indiquer le sens dans lequel on comptera les segments positifs ou négatifs s'applique nécessairement aux équations (7, 8, 9 et 10).

133. La formule (10) conduit naturellement à une propriété intéressante de deux divisions homographiques, savoir, que *l'on peut toujours prendre, à partir d'un point donné de la première division, deux segments qui soient égaux respectivement à leurs homologues dans la seconde division, mais l'un avec le même signe et l'autre avec un signe contraire.*

En effet, les deux divisions s'expriment par l'équation

$$\frac{\lambda}{am} + \frac{\mu}{a'm'} = 1.$$

Si l'on veut que le segment am soit égal à son homologue $a'm'$ et de même signe, le point m sera déterminé par l'équation

$$am = \lambda + \mu,$$

et, si l'on demande un segment $a\mathrm{M}$ égal à son homologue $a'\mathrm{M}'$ et de signe contraire, on aura

$$a\mathrm{M} = \lambda - \mu.$$

Mettant à la place des constantes λ et μ leurs expressions géométriques (**130**), on a

$$am = a\mathrm{I} + a'\mathrm{J}',$$
$$a\mathrm{M} = a\mathrm{I} - a'\mathrm{J}'.$$

134. *Application*. — Si autour d'un point ρ (*fig.* 27) on fait tourner une transversale qui rencontre deux droites fixes SA, SA' en m et m', ces deux points marqueront deux divisions homographiques ; les parallèles aux deux droites menées par le point ρ déterminent les deux points I et J', et l'on exprime l'homographie par la relation

$$\frac{\mathrm{SI}}{\mathrm{S}m} + \frac{\mathrm{SJ'}}{\mathrm{S}m'} = 1 \quad (130).$$

Supposons que les segments Sm, Sm' soient comptés *positivement* vers A et A', et négativement sur le prolongement des deux droites au delà du point S.

Si l'on demande que $\mathrm{S}m_1 = \mathrm{S}m'_1$, on aura

$$\mathrm{S}m_1 = \mathrm{SI} + \mathrm{SJ'}.$$

Dans la figure, SI est positif et SJ' négatif; il faudra donc prendre, de I vers S, $\mathrm{I}m_1 = \mathrm{SJ'}$, et le point m_1 sera déterminé.

Si l'on demande que $\mathrm{SM} = -\mathrm{SM'}$, on aura

$$\mathrm{SM} = \mathrm{SI} - \mathrm{SJ'}.$$

SJ' est négatif par lui-même dans la figure; donc la valeur numérique de SM est (SI + SJ'). On prendra donc, à partir de I dans le sens positif, IM = SJ', et le segment SM sera déterminé.

135. Si l'on demande de mener par un point ρ pris sur la base d'un triangle SAA' (*fig.* 28) la droite $\rho mm'$, qui retranche deux segments Am, A'm' égaux, soit avec le même signe, soit avec des signes différents, la solution sera la même; on aura, pour une transversale quelconque,

$$\frac{\mathrm{AI}}{\mathrm{A}m} + \frac{\mathrm{A'J'}}{\mathrm{A'}m'} = 1,$$

et, pour $\mathrm{A}m = \pm \mathrm{A'}m'$,

$$\mathrm{A}m = \mathrm{AI} \pm \mathrm{A'J'}.$$

Pour construire ces expressions de Am, il faut connaître le sens dans lequel se comptent les segments positifs sur les deux droites SA, SA'.

Si l'on demandait que les deux segments Am, A'm' fussent entre eux dans un rapport donné, que l'on eût $\mathrm{A}m = \pm \lambda . \mathrm{A'}m'$, A$m$ se déterminerait par l'expression

$$\mathrm{A}m = \mathrm{AI} \pm \lambda . \mathrm{A'J'}.$$

Mais ces questions ne sont que des cas particuliers du problème de la *Section de raison* d'Apollonius, dont nous donnerons une solution générale (Chap. XIV). Nous nous sommes proposé seulement ici de démontrer la propriété de deux divisions homographiques exprimée par le théorème (133), et de donner un exemple de l'usage des signes + et — dans les applications de cette théorie.

III. — *Autres équations à trois termes.*

136. On peut exprimer deux divisions homographiques par l'équation

$$\frac{am}{a'm'}\,bc.a'\pi' + \frac{bm}{b'm'}\,ca.b'\pi' + \frac{cm}{c'm'}\,ab.c'\pi' = 0,$$

dans laquelle a, b, c sont trois points fixes de la première division, a', b', c' les trois points homologues et π' un point fixe pris arbitrairement dans la seconde division (52), ou bien, en prenant le point π' à l'infini, par l'équation

$$\frac{am}{a'm'}\,bc + \frac{bm}{b'm'}\,ca + \frac{cm}{c'm'}\,ab = 0 \quad (53).$$

IV. — *Équation à quatre termes.*

137. Soient a un point fixe de la première droite, b' un point fixe quelconque de la seconde, et m, m' deux points correspondants quelconques des deux droites; *on aura entre les deux segments* am, b'm' *la relation constante*

$$(1) \qquad am.b'm' + \lambda.am + \mu.b'm' + \nu = 0,$$

λ, μ, ν étant des coefficients constants.

Pour démontrer l'équation, considérons sur la seconde droite le point a' correspondant au point a de la première, et sur celle-ci le point b correspondant à b' de la seconde; on a

$$(\alpha) \qquad \frac{am}{bm} = k\,\frac{a'm'}{b'm'} \quad (120),$$

ou

$$am.b'm' - k.bm.a'm' = 0.$$

Nous voulons ne conserver que les segments am, $b'm'$; remplaçons donc bm et $a'm'$ par leurs expressions

$$(\beta) \qquad bm = am - ab, \quad a'm' = b'm' - b'a';$$

il vient

$$am.b'm' - k(am - ab)(b'm' - b'a'),$$

ou

$$am.b'm'(1 - k) + k.b'a'.am + k.ab.b'm' - k.ab.b'a' = 0 \text{ (*)},$$

ou

$$am.b'm' + \lambda.am + \mu.b'm' + \nu = 0. \qquad \text{C. Q. F. D.}$$

Il est clair que dans cette équation, de même que dans plusieurs des précédentes (**128**, **132**), les segments am, $b'm'$ ont nécessairement des signes. Cela résulte d'ailleurs de la démonstration même, car, s'il n'est pas indispensable de donner des signes aux segments dans l'équation (α), il n'en est pas de même dans les relations (β) : les segments y ont nécessairement des signes (**2**); par conséquent, ils en ont aussi nécessairement dans l'équation que nous avons déduite de celles-là.

138. Soient sur les deux droites les points I et J', dont le premier correspond à l'infini de la seconde et le second à l'infini de la première; on aura

$$\mathrm{I}m.\mathrm{J}'m' = \text{const.} \quad (\mathbf{126}).$$

Or

$$\mathrm{I}m = am - a\mathrm{I} \quad \text{et} \quad \mathrm{J}'m' = b'm' - b'\mathrm{J}';$$

donc

$$(am - a\mathrm{I})(b'm' - b'\mathrm{J}') = \text{const.},$$

$$am.b'm' - am.b'\mathrm{J}' - b'm'.a\mathrm{I} = \text{const.}$$

C. Q. F. D.

(*) On peut, à la place de la constante k, introduire deux points homologues c, c'; on aura

$$k = \frac{ca}{cb} : \frac{c'a'}{c'b'},$$

et l'équation exprimera deux divisions homographiques déterminées par trois couples de points homologues a, a'; b, b' et c, c'.

139. Pour déterminer l'expression géométrique de la constante, supposons que le point m coïncide avec a, et soit a' la position correspondante du point m'; on aura

$$-b'a'.aI = \text{const.};$$

ou bien, en supposant que m' coïncide avec b' et m avec b,

$$-ab.b'J' = \text{const.}$$

L'équation devient donc

$$am.b'm' - am.b'J' - b'm'.aI + aI.b'a' = 0,$$

ou, indifféremment,

$$am.b'm' - am.b'J' - b'm'.aI + b'J'.ab = 0.$$

140. Réciproquement : *Si l'on prend sur deux droites, à partir de deux points fixes* a, b', *deux segments* am, b'm' *ayant entre eux la relation constante*

$$am.b'm' + \lambda.am + \mu.b'm' + \nu = 0,$$

les deux points m, m' *formeront deux divisions homographiques.*

En effet, supposons le point m à l'infini, et soit J' la position correspondante du point m', l'équation, divisée par $am = \infty$, se réduit à

$$b'J' + \lambda = 0,$$

d'où

$$\lambda = -b'J'.$$

Pareillement, en supposant que le point m' soit à l'infini et en appelant I le point m qui lui correspond sur la première droite, on trouve

$$\mu = -aI.$$

L'équation proposée devient donc

$$am.b'm' - b'J'.am - aI.b'm' + \nu = 0,$$

ou

$$(am - aI)(b'm' - b'J') - aI.b'J' + \nu = 0.$$

Or

$$am - aI = Im \quad \text{et} \quad b'm' - b'J' = J'm';$$

donc

$$Im.J'm' = aI.b'J' - \nu.$$

Le second membre est constant. Donc les deux points m, m' marquent deux divisions homographiques (**126**).

141. Nous avons trouvé les expressions géométriques des trois coefficients λ, μ, ν, en partant de l'équation $Im.J'm' =$ const. (**138**), mais on les détermine aussi directement. Soit I le point de la première droite qui correspond à l'infini de la seconde; on aura, en faisant dans l'équation $b'm'$ infini,

$$aI + \mu = 0, \quad \mu = -aI;$$

et pareillement $\lambda = -b'J'$, J' étant le point de la seconde droite qui correspond à l'infini de la première. L'équation devient donc

$$am.b'm' - b'J'.am - aI.b'm' + \nu = 0.$$

Quant à la constante ν, nous avons vu (**139**) comment on trouve ses deux expressions $aI.b'a'$ et $b'J'.ab$, de sorte que l'équation devient

$$am.b'm' - b'J'.am - aI.b'm' + aI.b'a' \text{ (ou } b'J'.ab) = 0.$$

Il est facile de vérifier l'égalité des deux valeurs de ν et d'en voir l'origine; car l'équation $aI.b'a' = b'J'.ab$ s'écrit $\dfrac{aI}{ab} = \dfrac{b'J'}{b'a'}$, et sous cette forme elle exprime que le rapport anharmonique des quatre points a, b, I, ∞ est égal à celui des quatre points correspondants a', b', ∞, J'.

V. — *Autre équation à quatre termes.*

142. Soient c, c' deux points homologues des deux divisions; *l'homographie des deux divisions s'exprime par l'équation*

$$am.b'm' + \lambda.cm + \mu.c'm' - ac.b'c' = 0. \tag{2}$$

En effet, qu'on mette c et c' à la place de m et m' dans l'équation (1), et qu'on retranche l'équation qu'on obtient de cette équation (1), on arrive à l'équation (2).

Remplaçant les coefficients λ et μ par leurs expressions trouvées ci-dessus, l'équation devient

$$am.b'm' - b'\mathrm{J}'.cm - a\mathrm{I}.c'm' - ac.b'c' = 0.$$

VI. — *Nouvelle équation à trois termes.*

143. L'équation qui précède procure immédiatement une équation à trois termes ; car, si l'on prend pour le point a, qui est arbitraire, le point I, l'équation se réduit à

$$\mathrm{I}m.b'm' - b'\mathrm{J}'.cm - \mathrm{I}c.b'c' = 0.$$

Ainsi, on peut dire que l'homographie de deux divisions s'exprime par l'équation

$$\mathrm{I}m.b'm' - \lambda.cm + \nu = 0.$$

VII. — *Équation homogène à quatre termes.*

144. *Quand deux droites sont divisées homographiquement, si l'on prend sur la première deux points fixes quelconques* a, c *et sur la seconde deux points fixes quelconques* b′, d′, *la division homographique sera exprimée par la relation homogène*

$$(1) \qquad \frac{am}{cm}\frac{b'm'}{d'm'} + \lambda\frac{am}{cm} + \mu\frac{b'm'}{d'm'} + \nu = 0.$$

Soient p et q' les points situés à l'infini sur les deux droites respectivement ; l'équation peut s'écrire

$$(2) \quad \left(\frac{am}{cm}:\frac{ap}{cp}\right)\left(\frac{b'm'}{d'm'}:\frac{b'q'}{d'q'}\right) + \lambda\left(\frac{am}{cm}:\frac{ap}{cp}\right) + \mu\left(\frac{b'm'}{d'm'}:\frac{b'q'}{d'q'}\right) + \nu = 0.$$

Cette équation étant formée de rapports anharmoniques, on peut dire qu'elle dérive de l'équation (1), même quand les points p et q' sont pris à des distances finies (20), de sorte que, si l'équation (1) exprime la division homographique de deux droites, l'équation (2), dans laquelle a, c, p sont trois points fixes pris arbitrairement sur une première droite et b', d', q' trois points fixes pris arbitrairement sur une seconde droite, exprimera aussi la division homographique des deux droites. Mais dans celle-ci on peut supposer que les deux points c et d' soient à l'infini, et alors elle devient

$$(3)\qquad \frac{am}{ap}\,\frac{b'm'}{b'q'}+\lambda\frac{am}{ap}+\mu\frac{b'm'}{b'q'}+\nu=0.$$

Donc, si la division homographique de deux droites est exprimée par l'équation (1), elle le sera aussi par l'équation (3).

Et réciproquement, on remonte de celle-ci à l'équation (1). Mais l'équation (3) exprime la division homographique de deux droites (**137**); donc l'équation (1) l'exprime aussi. C. Q. F. D.

145. Les trois constantes λ, μ, ν ont des expressions géométriques très-simples, dépendantes des quatre points donnés a, c, b', d' et des quatre a', c', b, d qui leur correspondent dans les deux divisions. Supposant que le point m se confonde avec c, et par conséquent m' avec c', on conclut de l'équation cette valeur de λ,

$$\lambda=-\frac{b'c'}{d'c'},$$

et pareillement, en faisant coïncider le point m' avec d',

$$\mu=-\frac{ad}{cd}.$$

Puis, en supposant que le point m se confonde avec a et ensuite avec b, on en conclut ces deux expressions différentes de ν,

$$\nu=\frac{ad}{cd}\,\frac{b'a'}{d'a'}\quad\text{et}\quad\nu=\frac{ab}{cb}\,\frac{b'c'}{d'c'}.$$

L'équation (1) devient

$$(4)\qquad \frac{am}{cm}\,\frac{b'm'}{d'm'}-\frac{b'c'}{d'c'}\,\frac{am}{cm}-\frac{ad}{cd}\,\frac{b'm'}{d'm'}+\frac{ab}{cb}\,\frac{c'b'}{c'd'}=0,$$

et le dernier terme peut être remplacé par $\frac{b'a'}{d'a'}\,\frac{ad}{cd}$.

D'après les expressions des trois constantes λ, μ, ν, on voit que, quand ces coefficients sont donnés numériquement, on peut en conclure immédiatement la position des quatre points a', c', b, d, qui correspondent respectivement aux quatre points donnés a, c, b', d'.

146. Remarquons que l'équation (4) peut s'écrire de manière que tous ses termes soient formés de rapports anharmoniques, ce qui nous permettra de l'appliquer à deux faisceaux homographiques (154). Il suffit de la diviser par $\frac{ad}{cd}\frac{b'c'}{d'c'}$; elle devient

$$(5)\quad \left\{\begin{aligned} &\left(\frac{am}{cm}:\frac{ad}{cd}\right)\left(\frac{b'm'}{d'm'}:\frac{b'c'}{d'c'}\right)-\left(\frac{am}{cm}:\frac{ad}{cd}\right)\\ &-\left(\frac{b'm'}{d'm'}:\frac{b'c'}{d'c'}\right)+\left(\frac{ab}{cb}:\frac{ad}{cd}\right)\quad\text{ou}\quad\left(\frac{b'a'}{d'a'}:\frac{b'c'}{d'c'}\right)=0.\end{aligned}\right.$$

On peut déduire de cette équation générale toutes celles à deux, à trois et à quatre termes données précédemment; mais il est inutile d'entrer dans ces détails.

VIII. — *Équations à plusieurs termes.*

147. *Soient* A, C, E, G, ... *des points fixes sur une première droite, et* B', D', F', H', ... *des points fixes sur une seconde droite; si sur ces deux droites on prend deux points variables* m, m', *de manière que l'on ait la relation constante*

$$\begin{aligned}&\alpha.\mathrm{A}m.\mathrm{B}'m'+6.\mathrm{C}m.\mathrm{D}'m'+\ldots\\ &\qquad+\varepsilon.\mathrm{E}m+\varphi.\mathrm{F}'m'+\zeta.\mathrm{G}m+\eta.\mathrm{H}'m'+\ldots=\nu,\end{aligned}$$

ces deux points m, m' *formeront deux divisions homographiques.*

En effet, cette équation se ramène à l'équation à quatre termes

$$\mathrm{A}m.\mathrm{B}'m'+\lambda.\mathrm{A}m+\mu.\mathrm{B}'m'+\delta=0\quad(137).$$

Il suffit d'exprimer tous les segments en fonction de deux seuls, comptés à partir de deux origines, telles que A et B', en faisant

$$\begin{aligned}\mathrm{C}m&=\mathrm{A}m-\mathrm{AC}, &\mathrm{D}'m'&=\mathrm{B}'m'-\mathrm{B}'\mathrm{D}',\\ \mathrm{E}m&=\mathrm{A}m-\mathrm{AE}, &\mathrm{F}'m'&=\mathrm{B}'m'-\mathrm{B}'\mathrm{F}',\\ &\ldots\ldots\ldots, &&\ldots\ldots\ldots\end{aligned}$$

La proposition est donc démontrée.

148. Ce qui distingue la forme de cette équation à plusieurs termes, de même que toutes les précédentes, c'est qu'il n'y entre pas le produit de deux segments relatifs au même point m ou m', d'où il résulte qu'à un point m ne répond qu'un point m', et réciproquement. C'est là la propriété fondamentale et caractéristique des divisions homographiques.

§ II. — Faisceaux homographiques.

149. On peut exprimer l'homographie de deux faisceaux en les coupant par une ou deux transversales et en exprimant qu'ils font sur ces droites deux divisions homographiques ; mais on peut aussi se servir de relations générales entre les sinus des angles que deux rayons homologues font avec des axes fixes. Ces relations seront de diverses formes, de même que celles relatives aux divisions homographiques de deux droites.

I. — *Équations à deux termes.*

Soient quatre rayons A, B, C, M du premier faisceau, et les quatre rayons correspondants A', B', C', M' du second faisceau ; on aura (51)

$$\frac{\sin(\mathrm{A},\ \mathrm{M})}{\sin(\mathrm{B},\ \mathrm{M})} : \frac{\sin(\mathrm{A},\ \mathrm{C})}{\sin(\mathrm{B},\ \mathrm{C})} = \frac{\sin(\mathrm{A}',\ \mathrm{M}')}{\sin(\mathrm{B}',\ \mathrm{M}')} : \frac{\sin(\mathrm{A}',\ \mathrm{C}')}{\sin(\mathrm{B}',\ \mathrm{C}')},$$

ou

$$\frac{\sin(\mathrm{A},\ \mathrm{M})}{\sin(\mathrm{B},\ \mathrm{M})} = \frac{\sin(\mathrm{A}',\ \mathrm{M}')}{\sin(\mathrm{B}',\ \mathrm{M}')} \left[\frac{\sin(\mathrm{A},\ \mathrm{C})}{\sin(\mathrm{B},\ \mathrm{C})} : \frac{\sin(\mathrm{A}',\ \mathrm{C}')}{\sin(\mathrm{B}',\ \mathrm{C}')}\right],$$

ou, en représentant par λ le facteur constant du second membre,

$$\frac{\sin(\mathrm{A},\ \mathrm{M})}{\sin(\mathrm{B},\ \mathrm{M})} = \lambda \frac{\sin(\mathrm{A}',\ \mathrm{M}')}{\sin(\mathrm{B}',\ \mathrm{M}')}. \tag{1}$$

Ainsi, cette équation exprime que les deux rayons M, M' qui tournent autour de deux points fixes forment deux faisceaux homographiques.

150. Si les deux droites fixes A, B sont rectangulaires, le rapport $\frac{\sin(\mathrm{A},\ \mathrm{M})}{\sin(\mathrm{B},\ \mathrm{M})}$ devient tang(A, M), et semblablement si les deux droites A′, B′ sont aussi rectangulaires, de sorte que l'équation

$$\text{tang}(A, M) = \lambda \, \text{tang}(A', M') \tag{2}$$

exprime que les deux droites M, M′ forment deux faisceaux homographiques.

Dans cette équation, où la direction de chaque rayon OM ou O′M′ se détermine par rapport à une seule droite OA ou O′A′, il faut convenir du sens dans lequel on comptera les angles positifs autour des deux centres O et O′.

151. Cas particulier. — *Deux faisceaux dans lesquels les angles de l'un sont égaux respectivement aux angles de l'autre sont homographiques.*

Cela est évident, car le rapport anharmonique de quatre rayons du premier faisceau est égal à celui des quatre rayons homologues du second faisceau, puisque les angles du premier faisceau sont égaux à ceux du second.

Ainsi l'homographie s'exprimera par l'équation

$$\text{angle}(A, M) = \pm \, \text{angle}(A', M'). \tag{3}$$

Les deux faisceaux peuvent présenter deux cas différents, relativement au sens dans lequel tournent leurs rayons respectifs. Si les rayons tournent dans le même sens, les deux faisceaux, que nous supposons avoir le même centre, peuvent être rendus coïncidents par une simple rotation de l'un d'eux, et, si les rayons tournent en sens contraire, il existe toujours deux rayons dont chacun, considéré comme appartenant au premier faisceau, est lui-même son homologue dans le second faisceau ; ces deux rayons sont rectangulaires, et les deux faisceaux sont placés *symétriquement* de part et d'autre de chacun d'eux : nous dirons, dans le premier cas, que les deux faisceaux sont *semblables*, et, dans le second, qu'ils sont *symétriques*.

II. — *Équations à trois termes.*

152. On a entre les quatre droites A, B, C, M et leurs homologues A′, B′, C′, M′ l'équation

$$\frac{\sin(A, M)}{\sin(B, M)} : \frac{\sin(A, C)}{\sin(B, C)} + \frac{\sin(C', M')}{\sin(B', M')} : \frac{\sin(C', A')}{\sin(B', A')} = 1 \quad (55).$$

Faisons $\frac{\sin(B, C)}{\sin(A, C)} = \lambda$ et $\frac{\sin(B', A')}{\sin(C', A')} = \mu$; il vient

$$\lambda \frac{\sin(A, M)}{\sin(B, M)} + \mu \frac{\sin(C', M')}{\sin(B', M')} = 1. \tag{4}$$

Ainsi, étant données deux droites fixes A, B, deux autres droites fixes C′, B′ et deux constantes λ et μ, cette équation exprime que les deux droites M, M′ forment deux faisceaux homographiques. Dans ces deux faisceaux, les droites B, B′ sont deux rayons correspondants; mais les rayons A et C′ ne se correspondent pas et sont pris arbitrairement.

On peut prendre A perpendiculaire à B et C′ perpendiculaire à B′; l'équation devient

$$\frac{\lambda}{\tang(B, M)} + \frac{\mu}{\tang(B', M')} = 1. \tag{5}$$

On peut encore écrire

$$\lambda \tang(A, M) + \mu \tang(C', M') = 1. \tag{6}$$

Mais ici il faut bien observer que, quand les deux faisceaux sont donnés, A et C′ ne sont pas deux droites quelconques, car il faut que les perpendiculaires B et B′ à ces deux droites respectivement soient deux rayons correspondants des deux faisceaux.

153. L'équation (5) donne lieu à cette propriété de deux faisceaux homographiques : *Étant pris un rayon du premier faisceau, on peut toujours déterminer deux autres rayons faisant avec celui-là deux angles égaux respectivement à leurs homologues dans le second faisceau, mais l'un avec le même signe et l'autre avec un signe contraire.*

En effet, les deux angles formés à partir du rayon B et satisfaisant à la question seront déterminés par l'équation

$$\tang(B, M) = \lambda \pm \mu.$$

III. — *Équations à quatre termes.*

154. L'équation homogène à quatre termes (**145**) qui exprime la division homographique de deux droites donne lieu à une équation semblable entre les sinus des angles de deux faisceaux homographiques (**146**). Ainsi, A, B, C, D étant quatre rayons fixes du premier faisceau, A′, B′, C′, D′ les rayons correspondants du second faisceau et M, M′ deux rayons correspondants variables, on aura l'équation

$$\begin{aligned}&\frac{\sin(A, M)}{\sin(C, M)}\,\frac{\sin(B', M')}{\sin(D', M')} - \frac{\sin(A, M)}{\sin(C, M)}\,\frac{\sin(B', C')}{\sin(D', C')}\\ &- \frac{\sin(B', M')}{\sin(D', M')}\,\frac{\sin(A, D)}{\sin(C, D)} + \frac{\sin(A, D)}{\sin(C, D)}\,\frac{\sin(B', A')}{\sin(D', A')} = 0,\end{aligned}$$

dont le dernier terme peut être remplacé par

$$\frac{\sin(B', C')}{\sin(D', C')}\,\frac{\sin(A, B)}{\sin(C, B)}.$$

On peut écrire

$$(7)\quad \frac{\sin(A, M)}{\sin(C, M)}\,\frac{\sin(B', M')}{\sin(D', M')} + \lambda\frac{\sin(A, M)}{\sin(C, M)} + \mu\frac{\sin(B', M')}{\sin(D', M')} + \nu = 0.$$

Cette équation exprime donc que les deux rayons M, M′ forment deux faisceaux homographiques.

Les deux droites A, C du premier faisceau sont prises arbitrairement, ainsi que les deux B′ et D′ du second faisceau.

155. Si A et C sont rectangulaires, ainsi que B′ et D′, l'équation devient

$$(8)\quad \operatorname{tang}(A, M)\operatorname{tang}(B', M') + \lambda.\operatorname{tang}(A, M) + \mu.\operatorname{tang}(B', M') + \nu = 0.$$

IV. — *Cas où l'un des deux faisceaux a son centre à l'infini.*

156. Si l'un des faisceaux est composé de droites parallèles, on remplacera dans les formules précédentes les sinus des angles relatifs à ces droites par les segments qu'elles déterminent sur une transversale, comme nous avons fait pour exprimer l'égalité des rapports anharmoniques de deux faisceaux de quatre droites dont l'un est formé de quatre droites parallèles (**57**).

D'après cela, l'homographie des deux faisceaux s'exprimera par les équations suivantes :

Équations à deux termes.

$$\frac{\sin(A, M)}{\sin(B, M)} = \lambda . \frac{a'm'}{b'm'},$$

$$\frac{\sin(A, M)}{\sin(B, M)} = \lambda . a'm',$$

$$\frac{\sin(A, M)}{\sin(B, M)} = \frac{\lambda}{b'm'}.$$

Équations à trois termes.

$$\lambda \frac{\sin(A, M)}{\sin(B, M)} + \mu . \frac{c'm'}{b'm'} = 1,$$

$$\lambda \frac{\sin(A, M)}{\sin(B, M)} + \mu . c'm' = 1,$$

$$\lambda \frac{\sin(A, M)}{\sin(B, M)} + \frac{\mu}{b'm'} = 1.$$

Équations à quatre termes.

$$\frac{\sin(A, M)}{\sin(C, M)} \frac{b'm'}{d'm'} + \lambda \frac{\sin(A, M)}{\sin(C, M)} + \mu . \frac{b'm'}{d'm'} + \nu = 0,$$

$$\frac{\sin(A, M)}{\sin(C, M)} b'm' + \lambda \frac{\sin(A, M)}{\sin(C, M)} + \mu . b'm' + \nu = 0,$$

$$\frac{\sin(A, M)}{\sin(C, M)} \frac{1}{d'm'} + \lambda \frac{\sin(A, M)}{\sin(C, M)} + \frac{\mu}{d'm'} + \nu = 0.$$

CHAPITRE VIII.

DIVISIONS HOMOGRAPHIQUES FORMÉES SUR UNE MÊME DROITE. — FAISCEAUX HOMOGRAPHIQUES AYANT LE MÊME CENTRE.

§ I. — Divisions homographiques formées sur une même droite. Points doubles. Point milieu des deux points doubles.

157. *Quand deux droites divisées homographiquement sont superposées l'une sur l'autre, il existe deux points (réels ou imaginaires) dont chacun, considéré comme appartenant à la première division, coïncide avec son homologue dans la seconde division.*

En effet, la division homographique de deux droites s'exprime par l'équation

$$am.b'm' + \lambda.am + \mu.b'm' + \nu = 0,$$

dans laquelle a et b' sont deux points fixes quelconques pris sur les deux droites respectivement (**137**). Quand ces deux droites coïncident en direction, on peut prendre pour b' le point a, et l'équation devient

$$am.am' + \lambda.am + \mu.am' + \nu = 0.$$

Si l'on veut que les deux points homologues m, m' coïncident, on déterminera leur position commune par l'équation

$$\overline{am}^2 + (\lambda + \mu)am + \nu = 0,$$

laquelle donne deux valeurs de am. Conséquemment il existe deux points qui satisfont à la question, et il ne peut pas y en avoir plus de deux.

Nous donnerons à ces deux points remarquables le nom de *points doubles*, pour indiquer que chacun d'eux représente deux points homologues coïncidents. Ces points peuvent être imaginaires.

158. *Le milieu des deux points doubles est le milieu des deux points qui, dans les deux divisions, correspondent à l'infini.*

En effet, soient I le point de la première division qui correspond à l'infini de la seconde, et J' le point de celle-ci qui correspond à l'infini de la première; l'équation prend la forme (139)

$$am.am' - a\mathrm{J}'.am - a\mathrm{I}.am' + a\mathrm{I}.aa' = 0.$$

Quand les deux points m, m' se confondent, on a

$$\overline{am}^2 - (a\mathrm{I} + a\mathrm{J}')am + a\mathrm{I}.aa' = 0.$$

La somme des distances du point a aux deux points doubles est donc $(a\mathrm{I} + a\mathrm{J}')$; ce qui prouve que le point milieu des deux points doubles coïncide avec celui des deux points I, J'. C. Q. F. D.

Désignant par O ce point milieu, on a

$$a\mathrm{O} = \frac{a\mathrm{I} + a\mathrm{J}'}{2},$$

et l'équation qui détermine les deux points doubles devient

$$\overline{am}^2 - 2a\mathrm{O}.am + a\mathrm{I}.aa' = 0.$$

159. *Le rapport des distances d'un point de la première division aux deux points doubles est au rapport des distances du point correspondant de la seconde division aux deux mêmes points dans une raison constante.*

En effet, soient e, f deux points de la première division, et e', f' leurs homologues dans la seconde division; l'homographie des deux divisions sera exprimée par l'équation

$$\frac{em}{fm} = \lambda \frac{e'm'}{f'm'} \quad (120),$$

et, si l'on prend pour les deux points e, f les deux points doubles, lesquels coïncident avec leurs homologues, cette équation devient

$$\frac{em}{fm} = \lambda \frac{em'}{fm'};$$

ce qui démontre la proposition énoncée.

On vérifie aisément que, dans les deux divisions homographiques déterminées par cette équation, les deux points e, f sont des *points doubles*, car, si l'on suppose que le point m se confonde avec le point e, on a $me = 0$, et par conséquent aussi $m'e = 0$, c'est-à-dire que m' se confond aussi avec le point e : ce qui prouve que celui-ci est un *point double*. Et pareillement du point f.

160. Écrivons l'équation précédente ainsi :

$$\frac{me}{mf} : \frac{m'e}{m'f} = \lambda.$$

On dira que : *Dans deux divisions homographiques sur une même droite, deux points homologues quelconques font avec les deux points doubles un rapport anharmonique constant.*

Observation. — Quand la constante λ est égale à -1, les deux points m, m' divisent harmoniquement le segment ef (60). Ce cas particulier se rapporte à la théorie de l'*involution* de six points, que nous exposerons plus loin.

161. Construction des deux points doubles. — Prenons l'équation qui détermine ces deux points, savoir

$$\overline{am}^2 - 2aO . am + aI . aa' = 0.$$

L'origine a est arbitraire ; plaçons-la au point O. Il suffit de faire $aO = 0$; l'équation devient

$$\overline{Om}^2 + OI . OO' = 0,$$

O′ représentant le point qui correspond, dans la seconde division, au point O de la première. Ce point O étant le milieu du segment IJ′, on a $OI = -OJ'$; on peut donc écrire

$$\overline{Om}^2 - OJ' . OO' = 0,$$

d'où

$$Om = \pm\sqrt{OJ'.OO'}.$$

Ainsi, les points doubles sont de part et d'autre du point O à des distances égales à $\sqrt{OO'.OJ'}$, de sorte que leur recherche se réduit à construire une moyenne proportionnelle entre deux lignes.

Quand les deux points O' et J' ne se trouvent pas du même côté du point O, les deux segments OO', OJ' sont de signes contraires; leur produit est négatif, et les deux points doubles sont *imaginaires*.

162. Cette construction des deux points doubles est fondée sur la connaissance des deux points I et J', dont la détermination est toujours extrêmement facile, de sorte que la construction a toute la simplicité désirable. Mais on peut demander de construire les deux points doubles immédiatement, au moyen des seules données qui servent à déterminer les deux divisions homographiques, lesquelles sont, en général, trois systèmes quelconques de deux points correspondants. Nous reviendrons sur cette question (Chap. XIII).

163. La notion des *points doubles* de deux divisions homographiques est très-importante; elle sera fort utile, notamment pour la résolution des problèmes, où elle procurera des solutions uniformes et très-simples de beaucoup de questions qui conduisent à des équations du second degré parfois très-compliquées. Par exemple, les trois problèmes de la *section de l'espace,* de la *section de raison* et de la *section déterminée,* qui ont été le sujet de trois Traités différents d'Apollonius, se résoudront immédiatement par cette méthode (*voir* Chap. XIV et XV).

164. Cas ou l'un des points doubles est a l'infini. — Ce cas est celui de deux divisions *semblables,* car, si le point double f est à l'infini, l'équation générale

$$\frac{em}{fm} = \lambda \frac{em'}{fm'} \quad (159),$$

devient

$$\frac{em}{em'} = \lambda,$$

équation qui exprime deux divisions semblables (124).

165. Construction du point double e. — Quand le coefficient de proportionnalité λ est donné, un seul système de deux points homologues a, a' suffit pour déterminer le point double e, par le rapport $\frac{ae}{a'e} = \lambda$.

Quand les deux divisions sont déterminées par deux couples de points homologues a, a' et b, b', on a pour deux autres points homologues quelconques m, m' la relation

$$\frac{am}{a'm'} = \text{const.} = \frac{ab}{a'b'}$$

et, pour déterminer le point double, l'équation

$$\frac{ae}{a'e} = \frac{ab}{a'b'}.$$

On portera sur deux droites parallèles menées par les points a et a' deux segments $a\beta$, $a'\beta'$ égaux à ab, $a'b'$ et dirigés dans le même sens ou en sens contraires, suivant que ab et $a'b'$ seront de même signe ou de signes différents; la droite $\beta\beta'$ déterminera le point e.

Autrement. Sur les deux segments ab', $a'b$ on décrira deux circonférences de cercle passant par un même point g quelconque; elles se couperont en un point g', et leur corde commune gg' passera par le point double e, car l'équation

$$\frac{ae}{a'e} = \frac{ab}{a'b'}$$

s'écrit

$$\frac{ae}{ae - be} = \frac{a'e}{a'e - b'e},$$

d'où l'on tire

$$\frac{ae}{be} = \frac{a'e}{b'e} \quad \text{ou} \quad ea.eb' = ea'.eb,$$

ce qui prouve que le point e est sur la corde commune aux deux circonférences décrites sur les segments ab', $a'b$.

166. Quand, dans l'équation $\frac{em}{em'} = \lambda$, le coefficient λ est égal à -1, le point double se trouve au milieu de chaque segment mm' formé par deux points homologues, de sorte que les deux divisions sont *égales* ou les mêmes, mais formées en sens contraires.

Si le coefficient λ est égal à $+1$, l'équation $\frac{em}{em'} = 1$ montre que le point e est à l'infini, de sorte que les deux points doubles coïncident à l'infini. Alors on a

$$\frac{ab}{a'b'} = 1, \quad ab = a'b',$$

ce qui montre que les segments homologues sont égaux et dirigés dans le même sens.

§ II. — Diverses manières d'exprimer deux divisions homographiques sur une même droite.

I. — *Équation* $\mathrm{am}.\mathrm{b'm'} + \lambda(\mathrm{am} - \mathrm{b'm'}) + \nu = 0$.

167. *Quand deux divisions homographiques sont marquées sur une même droite, on peut les exprimer par une équation telle que*

$$am.b'm' + \lambda(am - b'm') + \nu = 0, \tag{1}$$

dans laquelle les coefficients des deux segments am *et* b'm' *sont égaux et de signes contraires.*

Pour obtenir cette équation, on peut prendre à volonté le point a, et l'on détermine le point b' et la constante λ, ou bien on peut se donner la constante λ et déterminer les deux points fixes a et b'.

En effet, l'équation générale est

$$am.b'm' - b'\mathrm{J}'.am - a\mathrm{I}.b'm' + a\mathrm{I}.b'a' = 0 \quad (139).$$

Donc, si le point a est donné, il suffit de prendre le point b' de manière que $b'J' = -aI$. Cette relation fait voir que les deux points a et b' sont à égale distance des deux points I, J' respectivement, et tous deux sur le segment IJ' ou tous deux au dehors.

Si la constante λ est donnée, on prendra les points a et b' distants de I et J' respectivement d'une longueur égale à λ, mais de manière que les deux segments aI, $b'J'$ soient de signes contraires.

II. — *Équation* $am.b'm' + \gamma.mm' + \delta = 0$.

168. *Deux divisions homographiques sur une même droite s'expriment par l'équation*

$$am.b'm' + \gamma.mm' + \delta = 0. \tag{2}$$

En effet, en prenant, dans l'équation générale ci-dessus, le point b' tel que $b'J' = -aI$, comme il vient d'être dit, on a l'équation

$$am.b'm' + aI.am - aI.b'm' + aI.b'a' = 0.$$

Qu'on remplace, dans le troisième terme, $b'm'$ par $(am' - ab')$, il vient

$$am.b'm' + aI(am - am') + aI(ab' + b'a') = 0$$

ou

$$am.b'm' - aI.mm' + aI.aa' = 0, \tag{2'}$$

ce qui démontre le théorème.

Corollaire I. — *Si le point* a *coïncide avec l'un des points doubles* e, aa' *devient nul, et, en outre, le point* b' *coïncide avec* f, *puisque les deux points* a, b' *sont à égale distance des deux points* I, J', *et conséquemment à égale distance des deux points* e, f; *l'équation devient*

$$em.fm' - eI.mm' = 0. \tag{3}$$

Corollaire II. — *Que dans cette équation* (3) *on remplace* fm' *par* fm + mm' *et* eI *par* em — Im, *on obtient cette équation*

$$em.fm + Im.mm' = 0. \tag{4}$$

Corollaire III. — *Si le point* a *est le milieu* O *des deux points* I, J′, *le point* b′ *coïncide avec ce même point milieu, puisque* b′J′ = — aI, *et l'équation devient*

(5) $$Om.Om' - OI.mm' + OI.OO' = o,$$

O′ étant le point de la seconde division qui correspond au point O considéré comme appartenant à la première.

III. — *Équation* $\overline{Om}^2 + Im.mm' + \nu = o$.

169. *Deux divisions homographiques sur une même droite s'expriment par l'équation*

(6) $$\overline{Om}^2 + Im.mm' + \nu = o,$$

ν étant une constante.

En effet, que dans l'équation précédente on remplace Om' par $Om + mm'$, il vient

$$\overline{Om}^2 + (Om - OI)mm' + OI.OO' = o$$

ou

(6′) $$\overline{Om}^2 + Im.mm' + OI.OO' = o.$$

§ III. — Cas où les deux points doubles coïncident.

170. *Trouver la condition pour que, dans l'équation*

$$am.am' + \lambda.am + \mu.am' + \nu = o,$$

les deux points doubles coïncident.

Les deux points doubles sont déterminés par la relation

$$\overline{am}^2 + (\lambda + \mu)am + \nu = o.$$

La condition d'égalité des deux racines est

$$(\lambda + \mu)^2 - 4\nu = o.$$

Remplaçons les constantes par leurs expressions

$$\lambda = -aJ', \quad \mu = -aI \quad (139).$$

On a

$$\lambda + \mu = -(aI + aJ') = -2aO,$$

O étant le point milieu du segment IJ'. Il en résulte que $\nu = \overline{aO}^2$, et l'équation qui détermine le point double devient

$$\overline{am}^2 - 2aO.am + \overline{aO}^2 = 0,$$

d'où

$$am = aO.$$

Ainsi, *le point de coïncidence des deux points doubles est le point* O, milieu des deux points I, J' qui ont leurs homologues à l'infini.

L'équation qui exprime l'homographie des deux divisions devient

$$(a) \qquad am.am' - aJ'.am - aI.am' + \overline{aO}^2 = 0.$$

171. *Équation à deux termes.* — Si dans l'équation (a) le point a coïncide avec le point O, l'équation devient

$$Om.Om' - OJ'.Om - OI.Om' = 0,$$

ou, parce que OJ' = — OI,

$$(b) \qquad Om.Om' - OI.mm' = 0.$$

Cette équation peut encore se conclure de l'équation (3), dans laquelle on exprimera que les deux points doubles e, f coïncident en O, ou bien de l'équation (5), dans laquelle on supposera le segment OO' nul.

Corollaires. — *L'équation* (b) *prouve que le rapport* $\frac{Om.Om'}{mm'}$ *est constant; on aura donc, en prenant deux points homologues* a, a',

$$(b') \qquad \frac{Om.Om'}{mm'} = \frac{Oa.Oa'}{aa'}.$$

Cette équation donne

$$\frac{Om' - Om}{Om.Om'} = \frac{Oa' - Oa}{Oa.Oa'}$$

ou

$$(c) \qquad \frac{1}{Om} - \frac{1}{Om'} = \frac{1}{Oa} - \frac{1}{Oa'},$$

expression la plus simple de deux divisions homographiques dont les points doubles coïncident. On peut aussi tirer cette équation directement de l'équation générale à trois termes (éq. 10, **129**).

172. En écrivant (c) ainsi

$$\frac{1}{Om} - \frac{1}{Oa} = \frac{1}{Om'} - \frac{1}{Oa'},$$

on en conclut

$$(d) \qquad \frac{Om}{am} Oa = \frac{Om'}{a'm'} Oa'.$$

Corollaires. — *Dans ces deux équations* (c *et* d) *on peut supposer le point* a' *à l'infini, et elles deviennent*

$$(c') \qquad \frac{1}{Om} - \frac{1}{Om'} = \frac{1}{OI},$$

$$(d') \qquad \frac{Om}{Im} OI = Om'.$$

173. Qu'on remplace Om' par $(Om + mm')$ dans l'équation (b), elle devient

$$\overline{Om}^2 + (Om - OI)\, mm' = 0$$

ou

$$(e) \qquad \overline{Om}^2 + Im.mm' = 0.$$

Cette équation se conclut aussi de l'équation précédente ($6'$), où l'on suppose le segment OO' nul.

174. On peut encore exprimer les deux divisions par l'équation

$$(f) \qquad \overline{Om}^2 - \frac{am}{a'm'} mm' . \frac{\overline{Oa'}^2}{aa'} = 0.$$

En effet, prenons l'équation (e) et écrivons-la ainsi

$$\frac{Om}{Im}\,\frac{Om}{m'm}=1,$$

ou, en désignant par I' le point de la seconde division situé à l'infini,

$$\left(\frac{Om}{Im}:\frac{OI'}{II'}\right)\left(\frac{Om}{m'm}:\frac{OI'}{m'I'}\right)=1.$$

Comme le premier membre est formé de deux rapports anharmoniques, cette équation a lieu quelle que soit la position du point I' à distance finie, le point I étant son homologue dans la première division. Ainsi l'équation

$$\frac{\overline{Om}^2}{\overline{OI'}^2}=\frac{Im.m'm}{m'I'.II'},$$

ou l'équation (f), puisque I et I' sont deux points correspondants quelconques des deux divisions, exprime deux divisions homographiques dont les deux points doubles se confondent.

C. Q. F. D.

175. Cas où le point double unique est à l'infini. — Dans l'équation

$$\frac{Om.Om'}{mm'}=\frac{Oa.Oa'}{aa'} \quad (171,\ b'),$$

a et a' sont deux points correspondants, et O le point de coïncidence des deux points doubles. Si ce point est à l'infini, les rapports $\frac{Om}{Oa}$, $\frac{Om'}{Oa'}$ sont égaux à l'unité, et l'équation devient

$$mm'=aa'.$$

Ainsi, le segment compris entre deux points correspondants quelconques est de grandeur constante; il s'ensuit que $a'm'=am$, c'est-à-dire que deux segments homologues des deux droites sont toujours égaux, ou, en d'autres termes, que les deux droites sont divisées en parties égales, une à une respectivement, et dirigées dans le même sens. Et, en effet, nous avons déjà vu que dans ce cas les deux points doubles sont situés à l'infini (166).

176. Il résulte de là que, quand on a sur une même droite deux divisions homographiques dont les points doubles coïncident, on peut en faire la perspective, de manière que les segments homologues deviennent égaux entre eux. Il suffit que dans la perspective le point double des deux divisions proposées passe à l'infini.

§ IV. — Propriété de deux divisions homographiques dont les points doubles sont imaginaires.

177. *Quand deux divisions homographiques formées sur une même droite n'ont pas de points doubles, il existe, de part et d'autre de cette droite, un point d'où l'on voit, sous des angles égaux et formés dans le même sens de rotation, tous les segments compris entre les points de la première division et leurs homologues respectifs.*

L'homographie des deux divisions s'exprime par l'équation

$$Om.Om' - OI.mm' + OI.OO' = 0 \quad (168, \text{ éq. } 5)$$

ou

$$Om.Om' + OI.Om - OI.Om' + OI.OO' = 0.$$

Les deux points doubles étant imaginaires, par hypothèse, les deux points O' et J' (*fig.* 29) sont de côtés différents par rapport au point O (161); par conséquent, O' et I sont d'un même côté et le produit OI.OO' est positif. Prenons sur la perpendiculaire élevée par le point O le segment

$$OP = \sqrt{OI.OO'}.$$

L'équation s'écrit

$$\frac{Om}{OP}\frac{Om'}{OP} + \frac{OI}{OP}\left(\frac{Om}{OP} - \frac{Om'}{OP}\right) + 1 = 0,$$

ce qui donne

$$\operatorname{tang} OPm . \operatorname{tang} OPm' + \frac{OI}{OP}(\operatorname{tang} OPm - \operatorname{tang} OPm') + 1 = 0,$$

ou

$$\frac{\operatorname{tang} OPm' - \operatorname{tang} OPm}{1 + \operatorname{tang} OPm . \operatorname{tang} OPm'} = \frac{OP}{OI}.$$

Le premier membre est égal à

$$\text{tang}(\text{OP}m' - \text{OP}m) = \text{tang}\, m\text{P}m',$$

et le second à tang OIP; on a donc

$$\text{angle}\, m\text{P}m' = \text{angle OIP} = \text{const.};$$

ce qui démontre le théorème.

Autrement. Quand dans deux faisceaux homographiques les angles formés par trois couples de rayons homologues sont égaux et dans le même sens de rotation, il en est de même des angles formés par tous autres rayons homologues. Ainsi A, B, C, D étant quatre rayons du premier faisceau et A′, B′, C′, D′ les rayons homologues du second faisceau, si les trois angles (A, A′), (B, B′) et (C, C′) sont égaux et formés dans le même sens de rotation, à partir de leurs origines respectives (6), le quatrième (D, D′) sera égal à ceux-là et formé dans le même sens de rotation.

En effet, en faisant tourner le second faisceau autour du centre commun, on pourra faire coïncider les trois rayons A′, B′, C′ avec leurs homologues A, B, C respectivement, et, par conséquent, deux autres rayons homologues quelconques D, D′ seront aussi coïncidents.

Cela posé, menons par le point P, déterminé, comme il a été dit, par la relation $\text{OP} = \sqrt{\text{OI}.\text{OO}'}$, la parallèle $\text{P}\infty$ à la droite OI. Le point P est le sommet de deux faisceaux homographiques déterminés par les deux divisions proposées. Les rayons PO, Pm, PI et $\text{P}\infty$ du premier faisceau ont pour homologues dans le second PO′, Pm', $\text{P}\infty$ et PJ″, prolongement de PJ′. Les deux angles $\text{IP}\infty$ et $\infty\,\text{PJ}''$ sont égaux et dans le même sens, parce que les deux points I et J′ sont à égale distance du point O. L'angle $\text{IP}\infty$ est aussi égal à l'angle OPO′, car l'expression de OP donne

$$\frac{\text{OP}}{\text{OI}} = \frac{\text{OO}'}{\text{OP}},$$

ce qui prouve que les angles OPO′ et OIP sont égaux. Or celui-ci est égal à $\text{IP}\infty$; donc les angles $\text{IP}\infty$ et OPO′ sont égaux, et il est évident que ces deux angles sont dans le même sens. Ainsi les trois angles que les trois rayons PO, PI et $\text{P}\infty$ du premier faisceau font avec leurs homologues PO′, P∞ et PJ″ respectivement sont égaux et dans le même sens, et par conséquent l'angle mPm', formé par deux autres rayons homologues quelconques, est égal à ceux-là et dans le même sens. C. Q. F. D.

178. Les *points doubles* des deux divisions homographiques que nous considérons ont pour milieu le point O et pour carré de leur distance à ce point le produit $OO'.OJ'$ (161) ou $-OO'.OI = -\overline{OP}^2$, de sorte que ces points (imaginaires) ne dépendent pas de la grandeur de l'angle sous lequel on voit du point P les segments aa', bb', etc., mais seulement de la position de ce point. On conclut de là ce théorème singulier, qui aura des applications :

Si, autour d'un point P *comme sommet, on fait tourner un angle* (A, A′) *de grandeur constante, ses deux côtés marquent sur une transversale fixe deux divisions homographiques qui ont toujours les mêmes points doubles (imaginaires), quelle que soit la grandeur de l'angle* (A, A′).

179. Trois segments sur une même droite, aa', bb', cc', déterminent deux divisions homographiques dans lesquelles a, b, c seront trois points de la première et a', b', c' les trois points correspondants de la seconde. Quand les points doubles de ces deux divisions sont imaginaires, il existe, de part et d'autre de la droite, un point P d'où l'on aperçoit les trois segments sous des angles égaux (177). Par conséquent, on conclut de ce qui précède une solution très-simple de cette question :

Étant donnés trois segments aa′, bb′, cc′ *sur une même droite, trouver un point d'où on les aperçoive tous les trois sous des angles égaux.*

§ V. — Cas particulier des divisions homographiques sur une même droite. Divisions en involution.

180. Si, dans l'équation générale

$$am.am' + \lambda.am + \mu.am' + \nu = 0 \quad (157),$$

les deux coefficients λ et μ sont égaux et de même signe, les deux divisions ne sont plus générales; elles jouissent de cette propriété particulière qu'*un même point quelconque, considéré comme appartenant soit à la première division, soit à la seconde, a toujours le même homologue.*

En effet, l'équation est alors

$$am.am' + \lambda(am + am') + \nu = 0.$$

Les deux segments am, am' y entrent de la même manière; par conséquent, si l'on change am en am' et réciproquement, l'équation subsiste, ce qui prouve que le point m', étant regardé comme appartenant à la première division, a pour homologue dans la seconde le point m. Donc, etc.

Réciproquement, quand cette propriété a lieu pour un point, quel qu'il soit, les deux coefficients λ et μ sont égaux et de même signe, et, par suite, la propriété a lieu pour tout autre point.

En effet, soit m un point qui, considéré comme appartenant à la première division, a pour homologue dans la seconde le point m', et, considéré comme appartenant à la seconde division, a pour homologue dans la première le même point m'; on aura les deux équations

$$am.am' + \lambda.am + \mu.am' + \nu = 0,$$
$$am'.am + \lambda.am' + \mu.am + \nu = 0,$$

desquelles on tire, en retranchant l'une de l'autre,

$$\lambda(am - am') + \mu(am' - am) = 0$$

ou

$$(\lambda - \mu)m'm = 0.$$

Or les deux points m, m' ne sont pas coïncidents; par conséquent, il faut que l'on ait $\lambda = \mu$. C. Q. F. D.

181. Ces deux divisions homographiques, qui présentent cette particularité qu'un point quelconque considéré comme appartenant à la première ou à la seconde a toujours dans l'autre division le même point homologue, se présenteront fréquemment, surtout dans la théorie des sections coniques. Elles se rattachent à la théorie de l'*involution,* que nous allons bientôt exposer, et nous les appellerons alors *divisions homographiques en involution.*

§ VI. — Faisceaux homographiques qui ont le même centre. Rayons doubles.

182. Ce que nous avons dit des deux points doubles de deux divisions homographiques superposées doit s'entendre des *rayons doubles* de deux faisceaux homographiques qui ont le même centre.

Il existe dans les deux faisceaux deux droites, dont chacune, considérée comme appartenant au premier faisceau, est elle-même son homologue dans le second. Ce sont ces deux droites que nous appelons les *rayons doubles* des deux faisceaux.

Cela est évident, car, si l'on mène une transversale quelconque, les deux faisceaux détermineront sur cette droite deux divisions homographiques qui auront deux *points doubles* par lesquels passeront les deux *rayons doubles* des deux faisceaux.

En désignant par E, F ces deux rayons, on peut exprimer l'homographie par l'équation

$$\frac{\sin(\mathrm{E},\mathrm{M})}{\sin(\mathrm{F},\mathrm{M})} = \lambda \frac{\sin(\mathrm{E},\mathrm{M}')}{\sin(\mathrm{F},\mathrm{M}')} \qquad (149).$$

Si l'on écrit

$$\frac{\sin(\mathrm{E},\mathrm{M})}{\sin(\mathrm{F},\mathrm{M})} : \frac{\sin(\mathrm{E},\mathrm{M}')}{\sin(\mathrm{F},\mathrm{M}')} = \lambda,$$

on dira que : *Deux rayons homologues quelconques font avec les deux rayons doubles un rapport anharmonique constant.*

Lorsque les deux rayons doubles sont rectangulaires, l'équation devient

$$\operatorname{tang}(\mathrm{E},\mathrm{M}) = \lambda \operatorname{tang}(\mathrm{E},\mathrm{M}').$$

183. Supposons, dans l'équation générale du n° 154, que les deux rayons B', D', qui sont arbitraires, coïncident respectivement avec les deux A et C, et appelons I et J' les deux rayons qui correspondent, dans la première et la seconde division respectivement, au même rayon C considéré comme appartenant successivement à la seconde et à la première division, ce qui se réduit à remplacer D et C′ par I et J′; l'équation devient

$$\frac{\sin(A,M)}{\sin(C,M)}\frac{\sin(A,M')}{\sin(C,M')}-\frac{\sin(A,J')}{\sin(C,J')}\frac{\sin(A,M)}{\sin(C,M)}$$
$$-\frac{\sin(A,I)}{\sin(C,I)}\frac{\sin(A,M')}{\sin(C,M')}+\frac{\sin(A,I)}{\sin(C,I)}\frac{\sin(A,A')}{\sin(C,A')}=0.$$

Les rayons doubles des deux faisceaux se détermineront par l'équation

$$\left[\frac{\sin(A,M)}{\sin(C,M)}\right]^2-\left[\frac{\sin(A,I)}{\sin(C,I)}+\frac{\sin(A,J')}{\sin(C,J')}\right]\frac{\sin(A,M)}{\sin(C,M)}+\frac{\sin(A,I)}{\sin(C,I)}\frac{\sin(A,A')}{\sin(C,A')}=0.$$

184. Les deux rayons fixes A, C sont pris arbitrairement; le second peut être perpendiculaire au premier; on en conclut que l'homographie de deux faisceaux s'exprime par l'équation

$$\operatorname{tang}(A,M)\operatorname{tang}(A,M')-\operatorname{tang}(A,J')\operatorname{tang}(A,M)$$
$$-\operatorname{tang}(A,I)\operatorname{tang}(A,M')+\operatorname{tang}(A,A')\operatorname{tang}(A,I)=0,$$

et les rayons doubles sont déterminés par la suivante :

$$\operatorname{tang}^2(A,M)-\operatorname{tang}(A,M)[\operatorname{tang}(A,J')+\operatorname{tang}(A,I)]+\operatorname{tang}(A,A')\operatorname{tang}(A,I)=0.$$

185. Substituant à la droite A sa perpendiculaire C, on exprimera l'homographie par l'équation

$$\cot(C,M)\cot(C,M')-\cot(C,J')\cot(C,M)$$
$$-\cot(C,I)\cot(C,M')+\cot(C,I)\cot(C,A')=0.$$

C est une droite fixe quelconque; cette droite, considérée comme rayon du premier faisceau, a pour homologue dans le second faisceau J′, et, considérée comme rayon du second faisceau, a pour homologue dans le premier I; A′ est, dans le second faisceau, l'homologue du rayon du premier faisceau perpendiculaire à la droite C.

Les rayons doubles se déterminent par l'équation

$$\cot^2(C,M)-[\cot(C,I)+\cot(C,J')]\cot(C,M)+\cot(C,I)\cot(C,A')=0.$$

§ VII. — Propriétés de deux faisceaux homographiques dont les rayons doubles sont imaginaires.

186. *Deux faisceaux homographiques de même centre, dont les rayons doubles sont imaginaires, peuvent être considérés comme étant la perspective de deux faisceaux dans lesquels les rayons homologues font entre eux des angles égaux et dirigés dans le même sens de rotation.*

En effet, coupons les deux faisceaux par une transversale quelconque L; on aura deux systèmes de points a, b, c; ..., a', b', c',..., formant deux divisions homographiques qui n'auront pas de points doubles; par conséquent, on pourra déterminer un point P d'où l'on verra tous les segments aa', bb', cc', ..., sous des angles égaux aPa', bPb', ... (**177**). Que l'on fasse tourner le plan de ces angles autour de la droite L, de manière à élever le point P en P′ au-dessus de la figure, et que l'on conçoive la droite menée du centre commun O des deux faisceaux proposés au point P′. Il est clair que, pour un œil placé en un point quelconque de cette droite OP′, même à l'infini, les angles $aP'a'$, $bP'b'$, ..., égaux entre eux et formés dans le même sens de rotation, seront les perspectives des angles aOa', bOb', ...; ce qui démontre le théorème.

La projection pourra être faite sur tout autre plan parallèle au plan (P′, L), ce qui permettra de placer l'œil au point P′ lui-même.

187. Considérons deux faisceaux homographiques formés par les deux côtés A, A′ d'un angle de grandeur constante, tournant autour de son sommet. Les rayons doubles de ces deux faisceaux, qui sont imaginaires évidemment, se déterminent par l'équation générale (**183**). Ici cette équation se simplifie, car on a (*fig.* 30)

$$\begin{aligned}\text{angle}(C,\ I) &= -\text{angle}(A,\ A'),\\ \text{angle}(A,\ I) &= -\text{angle}(C,\ A'),\\ \text{angle}(C, J') &= \quad\text{angle}(A,\ A'),\end{aligned}$$

et l'équation devient

$$\left[\frac{\sin(A,\ M)}{\sin(C,\ M)}\right]^2 - \frac{\sin(A,\ J') - \sin(A,\ I)}{\sin(A,\ A')}\,\frac{\sin(A,\ M)}{\sin(C,\ M)} + 1 = 0.$$

Or

$$\sin(A, J') - \sin(A, I) = \sin(AC + CJ') - \sin(AC - IC)$$
$$= \sin(AC + AA') - \sin(AC - AA') = 2\cos AC . \sin AA'.$$

L'équation devient donc

$$\left[\frac{\sin(A, M)}{\sin(C, M)}\right]^2 - 2\cos AC \frac{\sin(A, M)}{\sin(C, M)} + 1 = 0.$$

Les racines sont

$$\frac{\sin(A, M)}{\sin(C, M)} = \cos(A, C) \pm \sin(A, C)\sqrt{-1},$$

et leur produit est $+1$, quelle que soit la direction des axes fixes A et C; c'est-à-dire que, si l'on désigne par E et F les directions imaginaires des deux rayons doubles des deux faisceaux, on a

$$\frac{\sin(A, E)}{\sin(C, E)} \frac{\sin(A, F)}{\sin(C, F)} = +1.$$

Si l'axe C est perpendiculaire à A, il vient

$$\operatorname{tang} AM = \pm\sqrt{-1} \quad \text{et} \quad \operatorname{tang}(A, E)\operatorname{tang}(A, F) = +1.$$

Il est à remarquer que ces expressions des directions imaginaires des rayons doubles des deux faisceaux sont indépendantes de la grandeur de l'angle (A, A'), dont les deux côtés décrivent les deux faisceaux.

Ces résultats trouveront leur application dans la théorie des coniques planes et sphériques.

CHAPITRE IX.

THÉORIE DE L'INVOLUTION.

---

§ I. — Involution de six points. Relations entre ces points.

188. Définition. — *Quand trois systèmes de deux points conjugués, situés sur une même droite, sont tels, que quatre de ces points, pris dans les trois systèmes, aient un rapport anharmonique égal à celui des quatre points qui leur sont conjugués, nous dirons que les six points sont en involution.*

Ainsi, soient a, a'; b, b' et c, c' les trois systèmes de deux points qui se *correspondent* ou sont *conjugués* deux à deux, savoir a et a', b et b', c et c'; si un rapport anharmonique de quatre de ces points, tels que a, b, c et c', est égal à celui des quatre points conjugués a', b', c' et c, ces six points seront dits *en involution.*

189. *Quand six points conjugués deux à deux sont en involution, de quelque manière qu'on en prenne quatre appartenant aux trois couples, leur rapport anharmonique sera toujours égal à celui de leurs conjugués.*

Soient les trois couples de points conjugués a, a'; b, b' et c, c'; il faut démontrer que, si le rapport anharmonique de quatre de ces points, tels que a, b, c, c', est égal à celui des points conjugués respectifs a', b', c', c, il en sera de même pour tout autre système de quatre points, pris dans les trois couples, comparés à leurs conjugués.

On formera un autre système de quatre points en changeant soit l'un des points c, c' en a' ou b', soit l'un des points a, b en son conjugué.

1° Si l'on change c' en a', on aura le système a, b, c, a' comparé à a', b', c', a. Je dis que les rapports anharmoniques de ces deux systèmes de quatre points sont égaux. En effet, les deux systèmes

$$a,\ b,\ c,\ c'\ ;\quad a',\ b',\ c',\ c,$$

ayant leurs rapports anharmoniques égaux, on a

$$\frac{c'c}{c'a} : \frac{bc}{ba} = \frac{cc'}{ca'} : \frac{b'c'}{b'a'},$$

et, en introduisant dans les deux membres le segment $a'a$ à la place du segment $c'c$,

$$\frac{a'c}{a'a} : \frac{bc}{ba} = \frac{ac'}{aa'} : \frac{b'c'}{b'a'};$$

équation qui prouve que les quatre points a, b, c, a' ont leur rapport anharmonique égal à celui de leurs conjugués a', b', c', a.

2° Si l'on change l'un des deux points a, b en son conjugué, par exemple b en b', on aura les deux systèmes a, b', c, c' et a', b, c', c; je dis que leurs rapports anharmoniques sont égaux. En effet, l'égalité des rapports anharmoniques des deux systèmes a, b, c, c' et a', b', c', c s'exprime par l'équation

$$\frac{ca}{cb} : \frac{c'a}{c'b} = \frac{c'a'}{c'b'} : \frac{ca'}{cb'}.$$

Or on peut écrire

$$\frac{ca}{cb'} : \frac{c'a}{c'b'} = \frac{c'a'}{c'b} : \frac{ca'}{cb};$$

et, sous cette forme, l'équation exprime que les quatre points a, b', c, c' ont leur rapport anharmonique égal à celui des quatre a', b, c', c. Le théorème est donc démontré.

190. *Quand trois systèmes de deux points conjugués a, a'; b, b' et c, c' sont en involution, il existe entre ces points les sept équations suivantes; et, réciproquement, chacune de ces équations* *exprime l'involution et comporte les six autres :*

$$(a)\quad \begin{cases} \dfrac{ab.ab'}{ac.ac'} = \dfrac{a'b.a'b'}{a'c.a'c'}, \\[2ex] \dfrac{bc.bc'}{ba.ba'} = \dfrac{b'c.b'c'}{b'a.b'a'}, \\[2ex] \dfrac{ca.ca'}{cb.cb'} = \dfrac{c'a.c'a'}{c'b.c'b'}, \end{cases}$$

$$(b)\quad \begin{cases} ab'.bc'.ca' = -a'b.b'c.c'a, \\ ab'.bc.c'a' = -a'b.b'c'.ca, \\ ab.b'c'.ca' = -a'b'.bc.c'a, \\ ab.b'c.c'a' = -a'b'.bc'.ca. \end{cases}$$

En effet, chacune de ces équations peut s'écrire de manière à exprimer que le rapport anharmonique de quatre des six points est égal à celui des quatre points conjugués. Or cette égalité a lieu, puisque, par hypothèse, les six points sont en involution. Donc les équations sont vraies.

Réciproquement, chacune de ces équations exprime, en vertu de cette égalité des rapports anharmoniques, que les six points sont en involution (**188**), et, conséquemment, comporte les six autres, d'après le théorème (**189**). Donc, etc.

191. *Première remarque.* — Chacune des équations (a) s'écrit de deux manières, sous forme d'égalité de deux rapports anharmoniques, et chacune des équations (b) de trois manières.

Ainsi, la première des équations (a) s'écrit

$$\frac{ab}{ac} : \frac{a'b}{a'c} = \frac{a'b'}{a'c'} : \frac{ab'}{ac'},$$

ce qui exprime que les quatre points a, b, c, a' ont leur rapport anharmonique égal à celui de leurs conjugués a', b', c', a ; ou bien

$$\frac{ab}{ac'} : \frac{a'b}{a'c'} = \frac{a'b'}{a'c} : \frac{ab'}{ac},$$

ce qui exprime que les quatre points a, b, c', a' ont leur rapport anharmonique égal à celui de leurs conjugués a', b', c, a.

Pour les équations (b), prenons la seconde,

$$ab'.bc.c'a' = -a'b.b'c'.ca,$$

et introduisons dans les deux membres le facteur aa' ; l'équation pourra s'écrire

$$\frac{a'a}{a'b} : \frac{ca}{cb} = \frac{aa'}{ab'} : \frac{c'a'}{c'b'},$$

ce qui exprime que les quatre points a, b, c, a' ont leur rapport anharmonique égal à celui des quatre a', b', c', a.

Pareillement, en introduisant le facteur bb' dans l'équation, on l'écrit de manière à exprimer que les quatre points a, b, c, b' ont leur rapport anharmonique égal à celui de leurs conjugués a', b', c', b.

Et enfin, si l'on introduit le facteur cc', l'équation exprime que les quatre points a, b', c, c' ont leur rapport anharmonique égal à celui de leurs conjugués a', b, c', c (¹).

192. *Deuxième remarque.* — On voit aisément comment se forment les équations (a) entre huit segments. Pour former les équations (b) entre six segments, on prend un segment tel que ab ; puis le segment compris entre le conjugué b' du point b et un des deux points du troisième couple, tel que $b'c$; puis le segment compris entre le conjugué c' du point c, et le conjugué a' du point du premier couple. Le produit de ces trois segments $ab.b'c.c'a'$ forme le premier membre de l'équation ; et, pour former le second membre, il suffit de changer les accents et le signe de ce premier produit, c'est-à-dire qu'on ôte les accents aux lettres qui en ont, et qu'on en donne aux lettres qui n'en ont pas ; on a ainsi $a'b'.bc'.ca$ avec le signe —.

193. Quand deux segments sont placés de manière que l'un se trouve en partie sur l'autre, et en partie au dehors, nous dirons qu'ils *empiètent* l'un sur l'autre.

Quand trois segments aa', bb', cc' sont en involution, *si l'un*

(¹) Quand on introduit dans l'équation un facteur tel que cc', ce sont les deux points a, b' du segment où n'entrent pas c et c', dans le premier membre, qui formeront avec c et c' les quatre points qui ont leur rapport anharmonique égal à celui de leurs conjugués. Pareillement, quand nous avons introduit le facteur aa', ce sont les deux points b, c du segment bc où n'entrent pas a et a', dans le premier membre, qui ont formé avec a et a' les quatre points qui ont leur rapport anharmonique égal à celui de leurs conjugués.

d'eux empiète sur un autre, il empiète également sur le troisième.

En effet, si aa' empiète sur bb', l'un des points a, a' sera sur le segment bb' lui-même, et l'autre au dehors; conséquemment les deux produits $ab.ab'$ et $a'b.a'b'$ seront de signes différents; donc, d'après la première des équations (a), les deux produits

a c b a' b' c'

$ac.ac'$ et $a'c.a'c'$ seront aussi de signes différents; ce qui prouve que l'un des deux points a, a' est sur le segment cc' et l'autre au dehors, ou, en d'autres termes, que le segment aa' empiète sur cc'.

Il suit de là naturellement que, si le segment aa' n'empiète pas sur bb', il n'empiétera pas non plus sur cc'.

§ II. — Cas particuliers de l'involution de six points.

194. Les quatre points a, a', b et b' étant donnés, le point c peut être pris arbitrairement, et la position de son conjugué c' se détermine par l'une des sept équations (a) et (b).

L'indétermination du point c donne lieu à deux cas particuliers dans lesquels les relations d'involution ont lieu entre cinq points seulement, au lieu de six : c'est quand le point c est pris à l'infini ou bien quand ce point coïncide avec son conjugué c'.

I.

195. Supposons le point c à l'infini, et appelons O le point conjugué c'; les équations deviennent

$$(c)\quad \begin{cases} \dfrac{ab.ab'}{a'b.a'b'} = \dfrac{a\mathrm{O}}{a'\mathrm{O}}, \\[2ex] \dfrac{ba.ba'}{b'a.b'a'} = \dfrac{b\mathrm{O}}{b'\mathrm{O}}, \\[2ex] \mathrm{O}a.\mathrm{O}a' = \mathrm{O}b.\mathrm{O}b', \\[2ex] \dfrac{\mathrm{O}a}{\mathrm{O}b} = \dfrac{ab'}{ba'}, \quad \dfrac{\mathrm{O}a'}{\mathrm{O}b'} = \dfrac{a'b}{b'a}, \\[2ex] \dfrac{\mathrm{O}a}{\mathrm{O}b'} = \dfrac{ab}{b'a'}, \quad \dfrac{\mathrm{O}a'}{\mathrm{O}b} = \dfrac{a'b'}{ba}. \end{cases}$$

Il est facile de vérifier directement que chacune de ces équations exprime que le point O forme, avec les deux couples a, a' et b, b' une involution dans laquelle le conjugué de ce point est à

l'infini, et que chacune des équations comporte toutes les autres. Prenons les trois équations de forme différente

(1) $$\mathrm{O}a.\mathrm{O}a' = \mathrm{O}b.\mathrm{O}b',$$

(2) $$\frac{\mathrm{O}a'}{\mathrm{O}b} = \frac{a'b'}{ba},$$

(3) $$\frac{ab.ab'}{a'b.a'b'} = \frac{\mathrm{O}a}{\mathrm{O}a'}.$$

La première s'écrit

$$\frac{\mathrm{O}a}{\mathrm{O}b} = \frac{\mathrm{O}b'}{\mathrm{O}a'},$$

ou, en désignant par O' le point situé à l'infini,

$$\frac{\mathrm{O}a}{\mathrm{O}b} : \frac{\mathrm{O}'a}{\mathrm{O}'b} = \frac{\mathrm{O}'a'}{\mathrm{O}'b'} : \frac{\mathrm{O}a'}{\mathrm{O}b'}.$$

Cette équation prouve que les quatre points a, b, O, O' ont leur rapport anharmonique égal à celui des quatre a', b', O', O, et, par conséquent, que les trois couples a, a'; b, b' et O, O' sont en involution.

Il s'ensuit que l'on a

(4) $$\frac{\mathrm{O}'\mathrm{O}}{\mathrm{O}'a} : \frac{b\mathrm{O}}{ba} = \frac{\mathrm{O}\mathrm{O}'}{\mathrm{O}a'} : \frac{b'\mathrm{O}'}{b'a'},$$

ou, parce que les rapports $\frac{\mathrm{O}'\mathrm{O}}{\mathrm{O}'a}$, $\frac{\mathrm{O}'\mathrm{O}}{\mathrm{O}'b'}$ sont égaux à l'unité,

$$\frac{\mathrm{O}a'}{\mathrm{O}b} = \frac{a'b'}{ba};$$

ce qui est l'équation (2).

Pour obtenir l'équation (3), remplaçons dans l'équation (4) le segment O′O, facteur commun aux deux membres, par aa'; on a

$$\frac{a'O}{a'a}:\frac{bO}{ba}=\frac{aO'}{aa'}:\frac{b'O'}{b'a'}.$$

Cette équation prouve que les quatre points a, b, O, a' ont leur rapport anharmonique égal à celui des quatre a', b', O′, a. Par conséquent, on a cette autre égalité

$$\frac{ab}{aO}:\frac{a'b}{a'O}=\frac{a'b'}{a'O'}:\frac{ab'}{aO'},$$

ou, parce que le rapport $\frac{aO'}{a'O'}$ est égal à l'unité,

$$\frac{ab.ab'}{a'b.a'b'}=\frac{aO}{a'O},$$

ce qui est l'équation (3).

196. *Autrement.* On peut encore déduire les équations l'une de l'autre sans se servir des rapports anharmoniques. L'équation (1) s'écrit

$$\frac{Oa'}{Ob'}=\frac{Ob}{Oa},$$

d'où

$$\frac{Oa'}{Ob'-Oa'}=\frac{Ob}{Oa-Ob} \quad \text{ou} \quad \frac{Oa'}{Ob}=\frac{a'b'}{ba},$$

ce qui est l'équation (2).

On a pareillement $\frac{Oa'}{Ob'}=\frac{a'b}{b'a}$; et, en multipliant membre à membre ces deux équations, $\frac{\overline{Oa'}^2}{Ob.Ob'}=\frac{a'b.a'b'}{ab.ab'}$. Mais

$$Ob.Ob'=Oa.Oa';$$

l'équation se réduit donc à

$$\frac{Oa}{Oa'}=\frac{ab.ab'}{a'b.a'b'},$$

ce qui est l'équation (3).

Réciproquement, on remonte de l'équation (2) à l'équation (1);

car l'équation (2) s'écrit

$$\frac{Oa'}{a'b'}=\frac{Ob}{ba} \quad \text{ou} \quad \frac{Oa'}{Ob'-Oa'}=\frac{Ob}{Oa-Ob},$$

d'où

$$\frac{Oa'}{Ob'}=\frac{Ob}{Oa} \quad \text{ou} \quad Oa.Oa'=Ob.Ob'.$$

Pour conclure l'équation (1) de l'équation (3), nous dirons : si l'équation (1) n'avait pas lieu, on pourrait déterminer un point Ω satisfaisant à l'équation

$$\Omega a.\Omega a'=\Omega b.\Omega b'.$$

Mais de cette équation on conclut

$$\frac{ab.ab'}{a'b.a'b'}=\frac{\Omega a}{\Omega a'};$$

on a donc $\frac{\Omega a}{\Omega a'}=\frac{Oa}{Oa'}$, ce qui prouve que le point Ω n'est pas autre que le point O. Ainsi, l'équation (1) est une conséquence de l'équation (3), et, par conséquent, l'équation (2) s'ensuit aussi.

197. L'équation $Oa.Oa'=Ob.Ob'$ fait voir que, si les deux points a, a' sont d'un même côté du point O, auquel cas les deux segments Oa, Oa' sont de même signe, il en est de même des deux points b, b', et que, si les deux points a, a' sont situés de part et d'autre du point O, il en est de même encore des deux points b, b'.

D'après cela, si les deux segments aa', bb' empiètent l'un sur l'autre, le point O est nécessairement situé sur la partie qui leur est commune, car, s'il était situé au delà des deux segments, l'un des deux produits $Oa.Oa'$, $Ob.Ob'$ serait plus grand que l'autre.

Si l'un des deux segments est entièrement sur l'autre, le point O est évidemment au delà des deux.

Enfin, si les deux segments n'ont aucune partie commune, le point O est situé entre les deux, car il ne peut être sur l'un des deux, parce qu'alors les deux produits n'auraient pas le même signe, et il ne peut être au delà des deux segments, parce que l'un des produits serait évidemment plus grand que l'autre.

II.

198. Supposons que les deux points c, c', qui forment avec les deux systèmes a, a' et b, b' une involution, coïncident en un seul, que nous appellerons un *point double de l'involution;* désignons ce point par e; nos sept équations se réduiront aux quatre suivantes :

$$(d)\quad \left\{\begin{aligned} &\frac{ab.ab'}{a'b.a'b'}=\frac{\overline{ae}^2}{\overline{a'e}^2},\\ &\frac{ba.ba'}{b'a.b'a'}=\frac{\overline{be}^2}{\overline{b'e}^2},\\ &ab'.be.ea'=-a'b.b'e.ea,\\ &ab.b'e.ea'=-a'b'.be.ea. \end{aligned}\right.$$

Chacune de ces équations exprime que le point e forme avec les deux systèmes a, a' et b, b' une involution dans laquelle le conjugué de ce point coïncide avec ce point lui-même. La position des

$a \qquad b \quad e \quad b' \quad a' \qquad f$

points qui jouissent de cette propriété est déterminée par chacune des quatre équations, lesquelles, étant du second degré, donnent deux solutions, c'est-à-dire deux positions du point e. Il existe donc deux points doubles de l'involution.

199. Le premier de ces deux points restant désigné par e, appelons f le second ; on aura

$$\frac{ab.ab'}{a'b.a'b'}=\frac{\overline{af}^2}{\overline{a'f}^2}.$$

Par conséquent,

$$\frac{\overline{ae}^2}{\overline{a'e}^2}=\frac{\overline{af}^2}{\overline{a'f}^2}\quad \text{et}\quad \frac{ae}{a'e}=-\frac{af}{a'f}.$$

Nous donnons le signe — au second membre, parce qu'avec le signe + les deux points e, f seraient nécessairement coïncidents, ce qui n'a pas lieu.

On a de même $\frac{be}{b'e} = -\frac{bf}{b'f}$.

Ces relations prouvent que : *Les deux points dont chacun coïncide avec son conjugué divisent harmoniquement chacun des deux segments* aa', bb'.

La détermination de ces deux points doubles dépendant d'une équation du second degré, ils peuvent être *imaginaires;* ce qui a lieu quand les deux segments aa', bb' empiètent l'un sur l'autre, comme on l'a vu dans la théorie du rapport harmonique (63).

200. Réciproquement : *Si deux points* e, f *divisent harmoniquement à la fois deux segments* aa', bb', *chacun de ces points formera avec les deux couples* a, a' *et* b, b' *une involution dans laquelle ce point sera lui-même son conjugué.*

En effet, on aura les deux équations

$$\frac{2}{ef} = \frac{1}{ea} + \frac{1}{ea'} \quad \text{et} \quad \frac{2}{ef} = \frac{1}{eb} + \frac{1}{eb'} \quad (65),$$

d'où l'on déduit

$$\frac{1}{ea} - \frac{1}{eb} = -\left(\frac{1}{ea'} - \frac{1}{eb'}\right),$$

$$\frac{eb - ea}{ea.eb} = -\frac{eb' - ea'}{ea'.eb'},$$

$$\frac{ab}{ea.eb} = -\frac{a'b'}{ea'.eb'},$$

ou

$$ab.b'e.ea' = -a'b'.be.ea,$$

ce qui est l'une des équations (d). Donc, etc.

III.

201. Le point e peut être à l'infini; alors les équations (d) deviennent

$$ab.ab' = a'b.a'b',$$

$$ba.ba' = b'a.b'a',$$

$$ab = b'a', \quad ab' = ba',$$

et le second point f se trouve au milieu de chacun des deux segments aa', bb'.

On vérifie aisément que les deux couples de points a, a' et b, b' font une involution soit avec le point e à l'infini, soit avec le point f, car la première équation, par exemple, s'écrit

$$\frac{ab}{a'b}:\frac{a\infty}{a'\infty}=\frac{a'b'}{ab'}:\frac{a'\infty}{a\infty},$$

ce qui prouve que les quatre points a, a', b, ∞ ont leur rapport anharmonique égal à celui des quatre points a', a, b', ∞. Donc les deux couples a, a' et b, b' et deux points coïncidents à l'infini forment une involution.

De même à l'égard du point f; car, puisque $af = -a'f$, la même équation se peut écrire

$$\frac{ab}{a'b}:\frac{af}{a'f}=\frac{a'b'}{ab'}:\frac{a'f}{af};$$

ce qui prouve que les quatre points a, a', b, f ont leur rapport anharmonique égal à celui des quatre a', a, b', f, et, par conséquent, que les deux couples a, a' et b, b' et deux points coïncidents en f sont en involution.

§ III. — Propriétés de six points en involution. Point central. Points doubles.

I. — *Proposition générale.*

202. *Quand six points* a, a'; b, b'; c, c' *sont en involution, si l'on prend deux autres points* d, d' *formant avec les deux premiers couples* a, a' *et* b, b' *une involution, ces deux mêmes points formeront aussi une involution avec le troisième couple et l'un des deux premiers.*

En effet, les trois couples a, a'; b, b' et c, c' étant en involution, les quatre points a, b, b', c ont leur rapport anharmonique égal à celui des quatre a', b', b, c', ce que l'on exprime par l'équation

$$\frac{ab}{ab'}:\frac{cb}{cb'}=\frac{a'b'}{a'b}:\frac{c'b'}{c'b}.$$

De même, les trois systèmes a, a'; b, b'; d, d' étant en involution, on a

$$\frac{ab}{ab'} : \frac{db}{db'} = \frac{a'b'}{a'b} : \frac{d'b'}{d'b}.$$

De ces deux équations se déduit la suivante :

$$\frac{cb}{cb'} : \frac{db}{db'} = \frac{c'b'}{c'b} : \frac{d'b'}{d'b},$$

laquelle prouve que les quatre points b, b', c, d ont leur rapport anharmonique égal à celui des quatre b', b, c', d'. Donc les trois systèmes b, b'; c, c' et d, d' forment une involution.

C. Q. F. D.

II. — *Point central.*

203. Le point O déterminé par la relation

$$Oa.Oa' = Ob.Ob'$$

forme avec les deux couples a, a' et b, b' une involution dans laquelle le conjugué de ce point est à l'infini (**195**). Donc, d'après le théorème qui vient d'être démontré, ce point jouit de la même propriété à l'égard des deux couples b, b' et c, c', et satisfait, par conséquent, à l'équation

$$Ob.Ob' = Oc.Oc'.$$

On a donc ce théorème général :

Quand trois systèmes de deux points sont en involution, il existe toujours un certain point dont les distances à deux points conjugués quelconques donnent un produit constant.

Nous appellerons ce point remarquable le *point central* de l'involution. Ce *point central* formant avec deux quelconques des trois couples de points une involution dans laquelle son conjugué est à l'infini, il existe entre ce point et deux quelconques des trois couples en involution toutes les relations exprimées par les équations (c) (**195**).

204. Réciproquement : *Quand trois couples de points* a, a'; b, b'; c, c' *sont liés par les relations*

$$Oa.Oa' = Ob.Ob' = Oc.Oc',$$

ces six points, conjugués deux à deux, sont en involution.

Cette réciproque dérive immédiatement de la proposition directe, car, si le point c' ne formait pas avec les cinq autres a, a', b, b' et c une involution, il existerait un autre point c'' qui ferait l'involution, et l'on aurait, à l'égard du point O déterminé par l'équation

$$Oa.Oa' = Ob.Ob',$$

cette seconde relation

$$Oa.Oa' = Oc.Oc'',$$

d'où l'on conclut

$$Oc'' = Oc'.$$

Donc les six points a, a', b, b', c, c' sont en involution.

Autrement. Appelons O' le point situé à l'infini; l'équation $Oa.Oa' = Ob.Ob'$ prouve (195) que les trois couples a, a'; b, b' et O, O' sont en involution. Pareillement, l'équation $Oa.Oa' = Oc.Oc'$ exprime que les trois couples a, a'; c, c' et O, O' forment une involution. Donc, d'après le théorème (202), les trois couples a, a'; b, b' et c, c' forment une involution. C. Q. F. D.

Autrement. L'équation $Oa.Oa' = Ob.Ob'$ donne (196)

$$\frac{Oa}{Ob'} = \frac{ab}{b'a'}.$$

L'équation $Ob.Ob' = Oc.Oc'$ donne pareillement

$$\frac{Ob'}{Oc'} = \frac{b'c}{c'b},$$

et l'équation $Oc.Oc' = Oa.Oa'$

$$\frac{Oc'}{Oa} = \frac{c'a'}{ac}.$$

Multipliant ces trois équations membre à membre, on a

$$ab.b'c.c'a' = -a'b'.bc'.ca;$$

équation qui prouve que les six points a, a'; b, b' et c, c' sont en involution. C. Q. F. D.

On peut aussi déduire des égalités proposées les équations d'involution à huit segments.

En effet, on a

$$\frac{Oa}{Ob'} = \frac{ab}{b'a'} \quad \text{et} \quad \frac{Oa}{Ob} = \frac{ab'}{ba'},$$

d'où

$$\frac{\overline{Oa}^2}{Ob.Ob'} = \frac{ab.ab'}{a'b.a'b'}.$$

Pareillement,

$$\frac{\overline{Oa}^2}{Oc.Oc'} = \frac{ac.ac'}{a'c.a'c'}.$$

Or

$$Ob.Ob' = Oc.Oc';$$

on en conclut donc

$$\frac{ab.ab'}{a'b.a'b'} = \frac{ac.ac'}{a'c.a'c'},$$

ce qui est une des équations (a) à huit segments (190).

205. *Observation.* — La propriété du point central (203) caractérise d'une manière très-simple le système de six points en involution. Toutefois, cette propriété ne me paraît pas être la plus propre à définir l'involution, parce qu'elle repose sur la considération d'un point étranger au système des six points dont il faut exprimer les relations mutuelles, tandis que, par la notion du rapport anharmonique, on exprime immédiatement ces relations, en ne considérant que les six points eux-mêmes. Une autre raison peut nous porter à écarter la définition résultante de la propriété du point central : c'est que cette propriété est rarement celle qui donne lieu aux applications de la théorie de l'involution, applications qui se présenteront fréquemment dans la recherche des propriétés des figures rectilignes, et surtout dans la théorie des sections coniques.

206. *Si sur deux segments* aa', bb' *on décrit deux circonfé-*

rences de cercle quelconques, leur corde commune passera toujours par le point central O.

En effet, soit g l'un des points d'intersection de ces deux circonférences; je dis que la droite Og passe par leur second point d'intersection, car, si l'on désigne par g' et g'' les points où cette droite rencontre les deux circonférences, on aura

$$Og.Og' = Oa.Oa' \quad \text{et} \quad Og.Og'' = Ob.Ob'.$$

Or

$$Oa.Oa' = Ob.Ob',$$

donc

$$Og' = Og'';$$

c'est-à-dire que les deux points g', g'' coïncident. Donc, etc.

207. Il suit de là que :

Si sur trois segments en involution on décrit trois circonférences de cercle passant par un même point quelconque, ces circonférences passeront toutes trois par un second point, et leur corde commune passera par le point central de l'involution.

208. On conclut encore que :

Les circonférences décrites sur trois segments en involution pris pour diamètres passent toutes trois par deux mêmes points.

En effet, les cordes communes à ces circonférences prises deux à deux passent toutes trois par le point central (**206**), mais elles sont perpendiculaires à la droite sur laquelle sont situés les trois segments; donc elles coïncident. Donc, etc.

209. Les points d'intersection des trois circonférences peuvent être imaginaires, ce qui aura lieu si les segments n'empiètent pas l'un sur l'autre; on dit alors qu'elles ont le même *axe radical*.

Ou bien, si l'on veut spécifier ce cas par une propriété qui lui est propre, on dira que :

Les tangentes menées du point central aux trois circonférences sont de même longueur.

210. Quand les trois circonférences décrites sur les trois segments aa', bb', cc' comme diamètres se coupent, les droites menées d'un des points d'intersection aux extrémités de chaque segment sont rectangulaires ; on peut donc dire que :

Quand trois segments en ligne droite forment une involution, il existe deux points (réels ou imaginaires) de chacun desquels on voit les trois segments sous des angles droits.

D'où il suit, réciproquement, que :

Si un angle droit tourne autour de son sommet, les segments qu'il intercepte sur une droite fixe, dans trois quelconques de ses positions, ont leurs extrémités en involution.

III. — *Points doubles.*

211. Considérons maintenant les deux points e, f, dont chacun forme avec les quatre a, a' et b, b' une involution de cinq points dans laquelle ce point e ou f coïncide avec son conjugué (**198**). D'après la proposition (**202**), ces deux points jouissent de la même propriété à l'égard des deux systèmes b, b' et c, c'. Donc ils divisent harmoniquement à la fois les trois segments aa', bb', cc' (**199**). On a donc ce théorème :

Quand trois systèmes de deux points a, a'; b, b' *et* c, c' *sont en involution, il existe deux points (réels ou imaginaires) qui divisent harmoniquement les trois segments* aa', bb', cc'.

Nous avons appelé ces deux points, dont la considération sera souvent utile, les *points doubles* de l'involution (**198**).

Il existe entre chacun de ces points et deux quelconques des trois couples de points en involution toutes les relations exprimées par les équations (d) (**198**), et chacune de ces équations pourra servir pour déterminer les deux points en question.

212. *Les deux points doubles sont de part et d'autre et à égale distance du point central.*

En effet, le point e formant une involution avec les quatre a, a' et b, b', on a

$$Oa.Oa' = Ob.Ob' = \overline{Oe}^2,$$

et pareillement à l'égard du point f; donc

$$\overline{\mathrm{O}e}^2 = \overline{\mathrm{O}f}^2, \quad \mathrm{O}e = -\mathrm{O}f.$$

Il est clair qu'il faut prendre le signe —, puisque avec le signe + les deux points e, f se confondraient. Les deux points sont donc, de part et d'autre du point O, à égale distance de ce point.

La relation $\overline{\mathrm{O}e}^2 = \mathrm{O}a.\mathrm{O}a'$ montre que ces deux points seront *imaginaires* quand le point O se trouvera sur les segments aa', bb', ce qui a lieu quand ces deux segments empiètent l'un sur l'autre (197).

Au contraire, les deux points doubles sont réels quand deux segments sont compris l'un sur l'autre ou n'ont aucune partie commune.

213. *Les points doubles de l'involution à laquelle appartiennent les deux couples de points conjugués* a, a' *et* b, b' *forment une involution de six points avec les deux couples* a, b' *et* a', b.

En effet, on a les deux équations

$$\frac{ea.eb'}{ea'.eb} = -\frac{ab'}{a'b}, \quad \frac{fa.fb'}{fa'.fb} = -\frac{ab'}{a'b} \quad (198).$$

Donc

$$\frac{ea.eb'}{ea'.eb} = \frac{fa.fb'}{fa'.fb},$$

ce qui exprime que les trois segments ab', $a'b$ et ef sont en involution.

Autrement. Les deux points e, f divisent harmoniquement chacun des deux segments aa', bb', de sorte que l'on a

$$\frac{ae}{af} = -\frac{a'e}{a'f} \quad \text{et} \quad \frac{be}{bf} = -\frac{b'e}{b'f}.$$

Donc

$$\frac{ae}{af} : \frac{a'e}{a'f} = \frac{b'f}{b'e} : \frac{bf}{be};$$

ce qui prouve que les quatre points a, a', e, f ont leur rapport anharmonique égal à celui des quatre points b', b, f, e. Donc les trois couples a, b'; a', b et e, f forment une involution.

C. Q. F. D.

Ce que nous disons des deux segments ab', $a'b$ s'entend des deux ab, $a'b'$; de sorte que les deux points e, f appartiennent, comme points conjugués, à deux involutions différentes, dans chacune desquelles les quatre autres points sont a, a', b, b', mais accouplés différemment.

§ IV. — Construction du point central, des deux points doubles et du sixième point d'une involution.

214. Deux systèmes de points conjugués a, a' et b, b' suffisent pour déterminer le point central et les deux points doubles d'une involution (**203**, **211**).

I. — *Construction du point central.*

Si les deux segments aa', bb' empiètent l'un sur l'autre, on pourra décrire sur ces segments comme diamètres deux cercles dont la corde commune déterminera le point central (**206**).

Si les deux segments n'empiètent pas l'un sur l'autre, on mènera par un même point quelconque g, pris au dehors de la droite ab, deux cercles ayant pour cordes respectives les deux segments aa', bb'. Ces deux cercles se couperont en un second point g', et la droite gg' déterminera sur ab un point O qui sera le point central, car on aura

$$Og.Og' = Oa.Oa' = Ob.Ob'.$$

Autrement. Le point O est déterminé par l'équation

$$\frac{Oa}{Ob} = \frac{ab'}{ba'} \quad (\mathbf{195}).$$

Par conséquent, si l'on mène par les points a et b deux droites parallèles $a\alpha$, $b\beta$, égales respectivement aux deux segments ab', ba', la droite $\alpha\beta$ qui joindra leurs extrémités déterminera le point O.

Les deux segments $a\alpha$, $b\beta$ seront pris dans le même sens ou en sens contraires selon que les deux ab', ba', auxquels ils sont égaux, seront eux-mêmes dans le même sens ou en sens contraires.

Cette construction est toujours praticable, quelle que soit la position relative des deux segments aa', bb'.

215. Segments relatifs au point central. — De l'équation $\frac{Oa}{Ob} = \frac{ab'}{ba'}$ on déduit

$$\frac{Oa}{Ob - Oa} = \frac{ab'}{ba' - ab'} \quad \text{ou} \quad \frac{Oa}{ab} = \frac{ab'}{ba' + b'a}.$$

Donc

$$aO = \frac{ab.ab'}{ab' + a'b},$$

et, en appelant α, β les milieux des deux segments aa', bb',

$$aO = \frac{ab.ab'}{2\alpha\beta}.$$

Pareillement

$$a'O = \frac{a'b.a'b'}{2\alpha\beta}.$$

On a

$$\alpha O = \frac{aO + a'O}{2};$$

donc

$$\alpha O = \frac{ab.ab' + a'b.a'b'}{4\alpha\beta}.$$

Ces expressions de aO et αO permettent de supposer les deux points b, b' imaginaires. Nous donnerons plus loin (**223**) une construction du point O qui s'applique au cas où les deux points a, a' sont aussi imaginaires.

II. — *Construction des deux points doubles.*

216. Nous avons vu (**211**) que les deux points doubles se peuvent déterminer par chacune des équations (d) (**198**). La première donne

$$\frac{ae}{a'e} = \pm \frac{\sqrt{ab.ab'}}{\sqrt{a'b.a'b'}}.$$

Il s'agit donc de diviser le segment aa' en raison donnée. On mènera par les points a, a' deux droites parallèles ak, $a'k'$, égales respectivement à $\sqrt{ab.ab'}$ et $\sqrt{a'b.a'b'}$; la droite qui joindra leurs extrémités marquera le point e, et, si l'on prend $a'k''$ égale à $a'k'$, mais en sens contraire, la droite kk'' marquera le point f.

Pour déterminer les longueurs des deux lignes ak, $a'k'$, il suffira de décrire sur le segment bb' comme diamètre une circonférence de cercle et de mener par les points a, a' soit les tangentes à cette circonférence, soit ses demi-cordes perpendiculaires au diamètre bb'.

Si les deux segments aa', bb' empiètent l'un sur l'autre, l'un des deux produits $ab.ab'$, $a'b.a'b'$ est négatif, et l'expression de $\frac{ae}{a'e}$ imaginaire; la construction n'a plus lieu, et les deux points cherchés sont imaginaires.

Dans tous les autres cas, même quand un des segments aa', bb' ou tous les deux sont imaginaires, les deux points e, f sont réels.

Autrement. Par un point g pris arbitrairement, on mènera deux cercles ayant pour cordes respectives les deux segments ab', $a'b$. Ces deux cercles se couperont en un second point g'. Par le même point g on fera passer deux autres cercles ayant pour cordes les deux segments ab, $a'b'$, lesquels se couperont en un autre point g''. Le cercle mené par les trois points g, g', g'' passera par les deux points cherchés e, f.

En effet, les trois segments ab', $a'b$ et ef sont en involution (**213**). Il s'ensuit que le cercle mené par le point g et ayant pour corde le segment ef passe par le point d'intersection g' des cercles qui ont pour cordes les deux segments ab', $a'b$ (**207**). Pareillement, ce cercle passe par le point g''. Donc, etc.

Si le cercle déterminé par les trois points g, g', g'' ne rencontre pas la droite ab, les deux points doubles seront *imaginaires*.

Autrement. Sur les deux segments ab' et $a'b$ comme diamètres on décrira deux circonférences, et sur les deux segments ab, $a'b'$ deux autres circonférences; par les points d'intersection de ces deux-ci et les points d'intersection des deux premières on fera passer une circonférence, laquelle déterminera les deux points e, f. Cela résulte de ce que les trois segments ab', $a'b$ et ef sont en involution, ainsi que les trois ab, $a'b'$ et ef.

217. *Remarque.* — Quand les deux points doubles sont imaginaires, il existe une certaine différence entre cette dernière construction et la précédente. Dans celle-ci, le cercle qui détermine les deux points cherchés est toujours constructible; mais il peut ne pas rencontrer la droite aa', ce qui arrive quand ces points sont imaginaires. Dans la seconde construction, le cercle qui doit déterminer ces deux points cesse d'être constructible quand ils sont imaginaires.

218. Segments relatifs aux points doubles. — Après que l'on a construit le point central, on peut déterminer les points doubles par les expressions

$$Oe = \pm\sqrt{Oa.Oa'},$$

$$Oe = \pm\sqrt{\overline{O\alpha}^2 - \overline{\alpha a}^2},$$

qui permettent de supposer les deux couples de points a, a' et b, b' imaginaires.

La première donne, en vertu des expressions de Oa et Oa' (215),

$$Oe = \pm\frac{\sqrt{ab.ab'.a'b.a'b'}}{2\alpha\beta},$$

et par conséquent

$$ef = \frac{\sqrt{ab.ab'.a'b.a'b'}}{\alpha\beta}.$$

On a $\alpha e = \alpha O - eO$, ou, d'après les expressions de αO et eO,

$$\alpha e = \frac{ab.ab' + a'b.a'b'}{4\alpha\beta} \pm \frac{\sqrt{ab.ab'.a'b.a'b'}}{2\alpha\beta}.$$

Les deux signes $\pm$ répondent aux deux points doubles e, f.

Cette expression de αe montre que ces deux points sont réels quand le produit $ab.ab'.a'b.a'b'$ est positif, et l'on reconnaît aisément que cela a toujours lieu quand les deux segments aa', bb' sont l'un entièrement sur l'autre ou l'un au delà de l'autre, et qu'au contraire le produit est toujours négatif quand les deux segments empiètent l'un sur l'autre.

L'expression de αe se met sous la forme plus simple

$$\alpha e = \frac{(\sqrt{ab.ab'} \pm \sqrt{a'b.a'b'})^2}{4\alpha\beta}.$$

On peut y supposer les deux points b, b' imaginaires, parce que les produits $ab.ab'$, $a'b.a'b'$ et le point β, milieu du segment bb', sont toujours réels.

Nous donnerons plus loin (**228**, coroll. I) une relation qui peut servir à déterminer les deux points doubles dans le cas où les segments aa', bb' sont tous deux imaginaires.

On a semblablement pour βe l'expression

$$\beta e = \frac{(\sqrt{ba.ba'} \mp \sqrt{b'a.b'a'})^2}{4\beta\alpha}.$$

Nous écrivons $\mp$, parce qu'on doit avoir entre les trois points α, β et e la relation $\alpha e + e\beta + \beta\alpha = 0$, qui se trouve ainsi satisfaite.

Le rapport des deux segments αe, βe est

$$\frac{\alpha e}{\beta e} = \frac{(\sqrt{ab.ab'} \pm \sqrt{a'b.a'b'})^2}{(\sqrt{ba.ba'} \mp \sqrt{b'a.b'a'})^2}.$$

Il peut prendre une forme plus simple. Qu'on chasse les radicaux dans le numérateur, en multipliant les deux termes par

$$(\sqrt{ab.ab'} \mp \sqrt{a'b.a'b'})^2;$$

on obtient

$$\frac{\alpha e}{\beta e} = \frac{(ab.ab' - a'b.a'b')^2}{[(ab + a'b')\sqrt{ab'.a'b} \mp (a'b + ab')\sqrt{ab.a'b'}]^2}.$$

Or, d'une part,

$$\frac{ab.ab'}{2\alpha\beta} = aO \quad \text{et} \quad \frac{a'b.a'b'}{2\alpha\beta} = a'O \quad (\mathbf{215}),$$

d'où

$$ab.ab' - a'b.a'b' = 2\alpha\beta(aO - a'O) = 2\alpha\beta.aa',$$

et, d'autre part,

$$ab + a'b' = 2\alpha\beta \quad \text{et} \quad a'b + ab' = 2\alpha\beta \quad (\mathbf{5}).$$

Il vient donc

$$\frac{\alpha e}{\beta e} = \frac{\overline{aa'}^2}{(\sqrt{ab'.a'b} \mp \sqrt{ab.a'b'})^2}.$$

L'un des signes convient au rapport $\frac{\alpha e}{\beta e}$ et l'autre à $\frac{\alpha f}{\beta f}$.

III. — *Construction du sixième point d'une involution.*

219. Soient a, a' et b, b' deux couples de points conjugués et c un cinquième point d'une involution dont on veut trouver le sixième point c'. Par un point g pris arbitrairement, on fera passer deux circonférences de cercle ayant pour cordes respectives les deux segments aa', bb'; elles se rencontreront en un second point g', et la circonférence menée par les trois points g, g' et c coupera la droite abc en un second point c' qui sera le sixième point de l'involution (**207**).

Cette construction subsiste quand l'un des segments aa', bb' ou tous deux sont imaginaires, parce que l'on peut mener par un point donné un cercle qui ait pour points d'intersection *imaginaires* avec une droite deux points imaginaires déterminés par leurs *éléments* (**92**), ainsi que nous le verrons dans la théorie des cercles.

Autrement. Après qu'on a déterminé le point central O, on peut prendre

$$Oc' = \frac{Oa.Oa'}{Oc}.$$

Cette formule s'applique d'elle-même au cas où les couples de points a, a' et b, b' sont imaginaires.

Nous donnerons plus loin (Chap. XIII) une construction générale indépendante du point central et dans laquelle on n'a à déterminer que des *centres de moyennes harmoniques* relatifs à deux points, ce qui se fait par une même construction, soit que ces points soient réels ou imaginaires (**81**).

§ V. — Relation entre six points en involution, dans laquelle entre un point arbitraire.

220. Lemme. — *Étant pris sur une droite trois segments fixes quelconques* aa', bb', cc', *dont les milieux sont* α, β, γ, *et un point* m, *la fonction*

$$ma.ma'.\beta\gamma + mb.mb'.\gamma\alpha + mc.mc'.\alpha\beta$$

a toujours la même valeur, quel que soit ce point.

En effet, soit M un autre point; on a

$$ma = \mathrm{M}a - \mathrm{M}m, \quad ma' = \mathrm{M}a' - \mathrm{M}m,$$

et

$$ma.ma' = \mathrm{M}a.\mathrm{M}a' - 2\mathrm{M}\alpha.\mathrm{M}m + \overline{\mathrm{M}m}^2.$$

Pareillement,

$$mb.mb' = \mathrm{M}b.\mathrm{M}b' - 2\mathrm{M}\beta.\mathrm{M}m + \overline{\mathrm{M}m}^2,$$

$$mc.mc' = \mathrm{M}c.\mathrm{M}c' - 2\mathrm{M}\gamma.\mathrm{M}m + \overline{\mathrm{M}m}^2.$$

Multipliant ces trois équations respectivement par $\beta\gamma$, $\gamma\alpha$ et $\alpha\beta$, puis les ajoutant membre à membre et observant que l'on a les deux identités

$$\beta\gamma + \gamma\alpha + \alpha\beta = 0,$$

$$\mathrm{M}\alpha.\beta\gamma + \mathrm{M}\beta.\gamma\alpha + \mathrm{M}\gamma.\alpha\beta = 0,$$

la première entre les trois points α, β, γ et la seconde entre les quatre α, β, γ et M, on obtient l'équation

$$ma.ma'.\beta\gamma + mb.mb'.\gamma\alpha + mc.mc'.\alpha\beta$$
$$= \mathrm{M}a.\mathrm{M}a'.\beta\gamma + \mathrm{M}b.\mathrm{M}b'.\gamma\alpha + \mathrm{M}c.\mathrm{M}c'.\alpha\beta,$$

ce qui démontre le lemme énoncé ([1]).

221. *Quand six points* a, a'; b, b'; c, c', *conjugués deux à deux, sont en involution, si l'on prend un point* m *quelconque sur la même droite, on aura toujours, en appelant* α, β, γ *les milieux des trois segments* aa', bb', cc', *l'équation*

(1) $$ma.ma'.\beta\gamma + mb.mb'.\gamma\alpha + mc.mc'.\alpha\beta = 0,$$

dans laquelle on observe la règle générale des signes.

([1]) En supposant que les trois points a', b', c' coïncident respectivement avec les points a, b, c, on en conclut la relation suivante entre quatre points a, b, c, m en ligne droite, savoir

$$\overline{ma}^2.bc + \overline{mb}^2.ca + \overline{mc}^2.ab + ab.bc.ca = 0.$$

Mais on verra que cette relation n'est qu'un cas particulier, de même que l'identité $ma.bc + mb.ca + mc.ab = 0$, dont nous avons fait souvent usage, de théorèmes relatifs à un nombre quelconque de points (Chap. XVI).

En effet, d'après le lemme, la fonction qui forme le premier membre de cette équation a une valeur constante, quelle que soit la position du point m. Or cette valeur est nulle quand ce point coïncide avec le point central, parce que, les trois produits $ma.ma'$, $mb.mb'$, $mc.mc'$ étant alors égaux, la fonction devient

$$ma.ma'(\beta\gamma + \gamma\alpha + \alpha\beta),$$

quantité nulle à cause de l'identité $\alpha\beta + \beta\gamma + \gamma\alpha = 0$.

Le théorème est donc démontré.

Autrement. Soient e, f les points doubles de l'involution. Ces deux points divisant harmoniquement chacun des trois segments aa', bb' et cc' (**211**), on a les relations

$$\begin{aligned} ma.ma' + me.mf &= 2m\alpha.mO,\\ mb.mb' + me.mf &= 2m\beta.mO,\\ mc.mc' + me.mf &= 2m\gamma.mO \quad (\mathbf{70}). \end{aligned}$$

Multipliant ces équations respectivement par $\beta\gamma$, $\gamma\alpha$, $\alpha\beta$ et les ajoutant membre à membre, en observant que l'on a, comme ci-dessus, les deux équations

$$\begin{gathered} \beta\gamma + \gamma\alpha + \alpha\beta = 0,\\ m\alpha.\beta\gamma + m\beta.\gamma\alpha + m\gamma.\alpha\beta = 0, \end{gathered}$$

on obtient

$$ma.ma'.\beta\gamma + mb.mb'.\gamma\alpha + mc.mc'.\alpha\beta = 0.$$

C. Q. F. D.

Corollaire. — *Si les deux points* b, b′ *coïncident avec le point double* e *et les deux points* c, c′ *avec le second point double* f, *l'équation devient*

$$(2) \qquad ma.ma'.ef + \overline{me}^2.f\alpha + \overline{mf}^2.\alpha e = 0.$$

C'est la relation entre deux couples de points a, a' et e, f en rapport harmonique, qui a déjà été démontrée différemment (**71**).

222. Équation relative au point central. — Si dans la relation générale (1) on suppose que le point c' soit à l'infini, auquel cas le point c sera le point central O, l'équation devient

$$ma.ma' - mb.mb' + 2\alpha\beta.mO = 0. \tag{3}$$

En effet, divisant l'équation générale par $\beta\gamma$, on a

$$ma.ma' + mb.mb'\frac{\gamma\alpha}{\beta\gamma} + mc\frac{mc'}{\beta\gamma}\alpha\beta = 0.$$

Or

$$\beta\gamma = \frac{\beta c + \beta c'}{2}, \quad \frac{\beta\gamma}{mc'} = \frac{1}{2}\left(\frac{\beta c}{mc'} + \frac{\beta c'}{mc'}\right);$$

et, le point c' étant à l'infini, γ est aussi à l'infini, et l'on a

$$\frac{\gamma\alpha}{\beta\gamma} = -\frac{\alpha\gamma}{\beta\gamma} = -1, \quad \frac{\beta c}{mc'} = 0, \quad \frac{\beta c'}{mc'} = 1, \quad \frac{\beta\gamma}{mc'} = \frac{1}{2}.$$

Par conséquent, l'équation générale devient

$$ma.ma' - mb.mb' + 2\alpha\beta.mO = 0.$$

On a donc ce théorème :

Étant pris sur une droite deux segments aa', bb', *ainsi que leur point central* O *déterminé par l'équation*

$$Oa.Oa' = Ob.Ob',$$

et leurs points milieux α, β, *on a, pour un point quelconque* m *de la droite, la relation*

$$ma.ma' - mb.mb' + 2\alpha\beta.mO = 0.$$

Autrement. Soient e, f les deux points doubles; leur milieu est le point central O, de sorte qu'on a les deux équations

$$me.mf + ma.ma' = 2m\alpha.mO,$$
$$me.mf + mb.mb' = 2m\beta.mO \quad (70),$$

qui, retranchées l'une de l'autre membre à membre, donnent

$$ma.ma' - mb.mb' = 2\beta\alpha.mO.$$

C. Q. F. D.

Corollaire. — *Si le point* m *coïncide avec le point* a, *il vient*

$$(4)\qquad \frac{ab.ab'}{aO} = 2\alpha\beta,$$

comme on l'a déjà trouvé directement (215).

223. Construction du point central. — La formule (3) peut servir pour construire le point central d'une involution déterminée par deux segments aa', bb'; et la construction s'applique au cas où les deux segments sont imaginaires, comme il pourrait arriver s'ils provenaient des intersections d'une droite par deux cercles ou deux sections coniques, car les produits $ma.ma'$ et $mb.mb'$ restent réels, ainsi que les points milieux α, β des deux segments.

Quand les points a, a' ou b, b' sont réels, on peut placer le point m en l'un de ces points et se servir de la formule (4).

§ VI. — Manières d'exprimer l'involution par les éléments ou les équations des trois couples de points.

224. L'équation (1) s'écrit

$$ma.ma'(m\beta - m\gamma) + mb.mb'(m\gamma - m\alpha) + mc.mc'(m\alpha - m\beta) = 0.$$

Supposons que les trois couples a, a'; b, b' et c, c' (réels ou imaginaires) soient représentés respectivement par les trois équations

$$\begin{aligned} &x^2 + Ax + B = 0,\\ &x^2 + A'x + B' = 0,\\ &x^2 + A''x + B'' = 0 \quad (91), \end{aligned}$$

de sorte que l'on ait

$$m\alpha = -\frac{A}{2}, \quad ma.ma' = B, \quad \ldots,$$

la condition d'involution s'exprimera par la relation suivante entre les six coefficients A, B, ... :

$$(\alpha)\qquad B(A' - A'') + B'(A'' - A) + B''(A - A') = 0.$$

225. On peut substituer à cette relation unique trois équations renfermant deux coefficients indéterminés, savoir

$$B + \nu - A\lambda = 0,$$
$$B' + \nu - A'\lambda = 0,$$
$$B'' + \nu - A''\lambda = 0,$$

car ces équations expriment (97) que les deux points de chaque couple sont conjugués harmoniques par rapport à deux points fixes déterminés par l'équation

$$x^2 + 2\lambda x + \nu = 0,$$

lesquels seront les points doubles de l'involution.

Et, du reste, en éliminant ν et λ dans les trois équations, on trouve l'équation (α).

226. Si les équations des deux premiers couples de points conjugués sont

$$x^2 + Ax + B = 0,$$
$$x^2 + A'x + B' = 0,$$

celle du troisième couple sera de la forme

$$(x^2 + Ax + B) + \lambda(x^2 + A'x + B') = 0,$$

c'est-à-dire que les coefficients de l'équation du troisième couple seront

$$A'' = \frac{A + A'\lambda}{\lambda + 1} \quad \text{et} \quad B'' = \frac{B + B'\lambda}{\lambda + 1}.$$

En effet, en éliminant λ, on retrouve l'équation (α).

Autrement. On peut démontrer directement que les trois équations représentent trois couples de points en involution. Appelons a, a', b, b' et c, c' les distances de ces points à l'origine commune; on a

$$x^2 + Ax + B = (x - a)(x - a'),$$
$$x^2 + A'x + B' = (x - b)(x - b'),$$

et l'équation du troisième couple devient

$$(x - a)(x - a') + \lambda(x - b)(x - b') = 0$$

ou

$$\frac{(x - a)(x - a')}{(x - b)(x - b')} = -\lambda.$$

Or, c et c' étant les racines de cette équation, on a

$$\frac{(c-a)(c-a')}{(c-b)(c-b')}=\frac{(c'-a)(c'-a')}{(c'-b)(c'-b')}=-\lambda,$$

ou, en représentant maintenant par les mêmes lettres a, a', ... les points dont ces lettres expriment les distances à l'origine commune,

$$\frac{ca.ca'}{cb.cb'}=\frac{c'a.c'a'}{c'b.c'b'}.$$

Cette équation prouve que les trois couples de points sont en involution. Donc, etc.

§ VII. — Relations où entrent les points milieux des trois segments aa', bb', cc'.

I.

227. *Il existe entre trois couples de points en involution* a, a'; b, b' *et* c, c' *et leurs trois points milieux* α, β, γ *les relations*

$$\frac{ab.ab'}{ac.ac'}=\frac{\alpha\beta}{\alpha\gamma},\quad \frac{a'b.a'b'}{a'c.a'c'}=\frac{\alpha\beta}{\alpha\gamma},$$

$$\frac{bc.bc'}{ba.ba'}=\frac{\beta\gamma}{\beta\alpha},\quad \frac{b'c.b'c'}{b'a.b'a'}=\frac{\beta\gamma}{\beta\alpha},$$

$$\frac{ca.ca'}{cb.cb'}=\frac{\gamma\alpha}{\gamma\beta},\quad \frac{c'a.c'a'}{c'b.c'b'}=\frac{\gamma\alpha}{\gamma\beta}.$$

Pour démontrer ces équations, la première par exemple, supposons dans l'équation (1) (**221**) que le point m coïncide avec le point a; le premier terme devient nul et l'équation se réduit à

$$ab.ab'.\gamma\alpha+ac.ac'.\alpha\beta=0,$$

ou, parce que $\gamma\alpha=-\alpha\gamma$,

$$\frac{ab.ab'}{ac.ac'}=\frac{\alpha\beta}{\alpha\gamma}.$$

C. Q. F. D.

Ces équations, remarquables par leur simplicité, donnent immédiatement les sept équations fondamentales (a) et (b) (**190**). En effet, les deux premières, par exemple, qui ont le même second membre, donnent la première des équations (a); et, quant aux équations (b), qu'on fasse le produit des trois équations de la première colonne multipliées membre à membre, on a

$$\frac{ab'.bc'.ca'}{ac'.cb'.ba'} = 1,$$

ce qui est l'une des équations (b).

II.

228. *On a entre trois segments en involution* aa′, bb′, cc′ *et leurs points milieux* α, β, γ *la relation*

$$\overline{\alpha a}^2.\beta\gamma + \overline{\beta b}^2.\gamma\alpha + \overline{\gamma c}^2.\alpha\beta + \alpha\beta.\beta\gamma.\gamma\alpha = 0.$$

En effet, prenons l'équation (1) (**221**), et observons que

$$ma.ma' = \overline{m\alpha}^2 - \overline{\alpha a}^2,$$
$$\ldots\ldots\ldots\ldots\ldots\ldots,$$

elle devient

$$\overline{m\alpha}^2.\beta\gamma + \overline{m\beta}^2.\gamma\alpha + \overline{m\gamma}^2.\alpha\beta - \left(\overline{\alpha a}^2.\beta\gamma + \overline{\beta b}^2.\gamma\alpha + \overline{\gamma c}^2.\alpha\beta\right) = 0,$$

ou, d'après la *Note* relative à la proposition (**220**),

$$\overline{\alpha a}^2.\beta\gamma + \overline{\beta b}^2.\gamma\alpha + \overline{\gamma c}^2.\alpha\beta + \alpha\beta.\beta\gamma.\gamma\alpha = 0.$$

Ce qu'il fallait démontrer.

Corollaire I. — *Si les deux points* c, c′ *coïncident en l'un des points doubles* e, *l'équation devient*

$$\overline{\alpha a}^2.\beta e + \overline{\beta b}^2.e\alpha + \alpha\beta.\beta e.e\alpha = 0$$

ou

$$\frac{\overline{aa'}^2}{\alpha e} - \frac{\overline{bb'}^2}{\beta e} = 4\alpha\beta.$$

Cette relation peut servir pour déterminer les points doubles d'une involution et s'applique au cas où les deux segments aa', bb' sont imaginaires. Dans ce dernier cas, les deux points doubles sont toujours réels (**216**).

Corollaire II. — *Si* α, β, γ *représentent les centres des moyennes harmoniques d'un même point* n *par rapport aux trois segments* aa', bb' *et* cc', *on aura l'équation*

$$\frac{\overline{\alpha a}^2}{\overline{na}^2}\frac{\beta\gamma}{n\alpha}+\frac{\overline{\beta b}^2}{\overline{nb}^2}\frac{\gamma\alpha}{n\beta}+\frac{\overline{\gamma c}^2}{\overline{nc}^2}\frac{\alpha\beta}{n\gamma}+\frac{\alpha\beta.\beta\gamma.\gamma\alpha}{n\alpha.n\beta.n\gamma}=0.$$

En effet, en multipliant par $\frac{n\alpha.n\beta.n\gamma}{\alpha\beta.\beta\gamma.\gamma\alpha}$, on peut écrire l'équation de manière qu'elle ne renferme que des rapports anharmoniques, car le premier terme, par exemple, s'écrit $-\left(\frac{\alpha a}{na}:\frac{\alpha\beta}{n\beta}\right)\left(\frac{\alpha a}{na}:\frac{\alpha\gamma}{n\gamma}\right)$. Il en résulte que l'équation sera vraie pour toute position du point n si elle l'est pour une seule. Or l'équation est vraie quand le point n est à l'infini, car elle se réduit à la précédente, dans laquelle α, β, γ sont les milieux des trois segments aa', bb' et cc'. Donc l'équation a lieu pour toute position du point n.

§ VIII. — Relations diverses.

I.

229. Dans chacune des équations où entrent les points milieux α, β, γ des trois segments aa', bb', cc', on peut remplacer ces points par ceux de l'involution a, a', ..., au moyen des expressions

$$\alpha\beta=\frac{ab'+a'b}{2},\quad \beta\gamma=\frac{bc'+b'c}{2},\quad \gamma\alpha=\frac{ca'+c'a}{2}\quad (5).$$

Les formules (**227**) deviennent

$$\frac{ab.ab'}{ac.ac'}=\frac{ab'+a'b}{ac'+a'c},$$

. . . .

Nous aurons à faire usage de ces relations.

II.

230. L'involution de six points étant l'égalité de deux rapports anharmoniques, on peut l'exprimer par des équations à trois termes (51). On trouve que ces équations sont de deux formes différentes représentées par les deux équations suivantes, qui expriment l'égalité des rapports anharmoniques des deux séries de quatre points a, b, c, a' et a', b', c', a :

$$aa' = \frac{ab \cdot a'c}{bc} + \frac{ab' \cdot a'c'}{b'c'},$$

$$\frac{ab \cdot a'c}{ac \cdot a'b} + \frac{aa' \cdot b'c'}{ab' \cdot a'c'} = 1.$$

On formera toutes les autres équations semblables, soit en remplaçant chaque lettre par sa conjuguée, soit en remplaçant deux lettres conjuguées par deux autres lettres conjuguées, et *vice versâ*.

III.

231. La formule à trois termes où entre un point arbitraire par laquelle on exprime l'égalité des rapports anharmoniques de deux séries de quatre points (52) donne aussi des relations entre six points en involution. Prenons l'équation

$$\frac{ca}{c'a'} bd \cdot ma' + \frac{cb}{c'b'} da \cdot mb' + \frac{cd}{c'd'} ab \cdot md' = 0,$$

et supposons que les points d, d' coïncident avec les deux c' et c respectivement; l'équation devient

$$\frac{ca}{c'a'} bc' \cdot ma' + \frac{cb}{c'b'} c'a \cdot mb' - ab \cdot mc = 0.$$

Elle exprime que les trois couples de points a, a'; b, b' et c, c' sont en involution.

En faisant coïncider les points d, d' avec b' et b respectivement, on a cette équation différente :

$$\frac{ca}{c'a'} bb' \cdot ma' + \frac{cb}{c'b'} b'a \cdot mb' + \frac{cb'}{c'b} ab \cdot mb = 0.$$

Si l'on suppose dans ces équations le point m à l'infini, elles deviennent

$$\frac{ca}{c'a'}bc' + \frac{cb}{c'b'}c'a - ab = 0 \quad (^1),$$

$$\frac{ca}{c'a'}bb' + \frac{cb}{c'b'}b'a + \frac{cb'}{c'b}ab = 0.$$

IV.

232. Que dans l'équation

$$\alpha\beta + \beta\gamma + \gamma\alpha = 0 \quad \text{ou} \quad \frac{\beta\gamma}{\beta\alpha} + \frac{\alpha\gamma}{\alpha\beta} = 1$$

on remplace les deux rapports $\frac{\beta\gamma}{\beta\alpha}$, $\frac{\alpha\gamma}{\alpha\beta}$ par les expressions précédentes (**227**), on aura

$$\frac{bc.bc'}{ba.ba'} + \frac{ac.ac'}{ab.ab'} = 1 \quad \text{ou} \quad ab = \frac{ac.ac'}{ab'} - \frac{bc.bc'}{ba'}.$$

On formera des expressions semblables de ab', bc, ... par la permutation des lettres.

V.

233. *Observation générale.* — On peut supposer, dans toutes les formules précédentes, que deux points conjugués, tels que c et c', coïncident et forment un point double, et de même à l'égard d'un second couple de points conjugués. On obtiendra diverses relations qu'il nous suffit d'indiquer sans les reproduire ici.

---

(1) On peut encore déduire cette équation de l'identité entre les quatre points a, b, c, O, savoir

$$ab.cO + ac.Ob + aO.bc = 0,$$

dans laquelle il suffit de remplacer les rapports $\frac{Ob}{Oc}$, $\frac{Oa}{Oc}$ par leurs valeurs

$$\frac{bc'}{cb'},\ \frac{ac'}{ca'} \quad (195).$$

§ IX. — Relations où entrent deux points arbitraires.

234. Reprenons l'équation (1), (**221**) sous la forme

$$\frac{ma.ma'}{mc.mc'}\frac{6\gamma}{6\alpha}+\frac{mb.mb'}{mc.mc'}\frac{\alpha\gamma}{\alpha 6}-1=0.$$

Soit n le point situé à l'infini; on l'introduit dans l'équation de la manière suivante :

$$\left(\frac{ma}{mc}:\frac{na}{nc}\right)\left(\frac{ma'}{mc'}:\frac{na'}{nc'}\right)\left(\frac{6\gamma}{6\alpha}:\frac{n\gamma}{n\alpha}\right)$$
$$+\left(\frac{mb}{mc}:\frac{nb}{nc}\right)\left(\frac{mb'}{mc'}:\frac{nb'}{nc'}\right)\left(\frac{\alpha\gamma}{\alpha 6}:\frac{n\gamma}{n6}\right)-1=0.$$

Tous les facteurs étant des rapports anharmoniques, on en conclut que l'équation a lieu quelle que soit la position du point n à distance finie; seulement alors le point α n'est plus le milieu du segment aa', mais bien le point conjugué harmonique du point n par rapport aux deux points a, a'; et de même des points 6 et γ.

L'équation peut s'écrire

$$\frac{ma.ma'}{na.na'}6\gamma.n\alpha+\frac{mb.mb'}{nb.nb'}\gamma\alpha.n6+\frac{mc.mc'}{nc.nc'}\alpha 6.n\gamma=0.$$

Cette équation exprime donc l'involution de six points au moyen de deux points arbitraires m et n.

Corollaire. — *Si le point* m *coïncide avec* a, *on a l'équation suivante, qui exprime l'involution au moyen d'un seul point arbitraire :*

$$\frac{ab.ab'}{nb.nb'}:\frac{ac.ac'}{nc.nc'}=\frac{\alpha 6}{\alpha\gamma}:\frac{n6}{n\gamma}.$$

On donne aux équations une expression plus simple en y introduisant les points milieux des trois segments aa', bb', cc'. Soient α_1, 6_1 et γ_1 ces trois points; on aura

$$n\alpha.n\alpha_1=na.na',\quad \ldots\quad (74),$$

et il vient

$$ma.ma'\frac{6\gamma}{n\alpha_1}+mb.mb'\frac{\gamma\alpha}{n6_1}+mc.mc'\frac{\alpha 6}{n\gamma_1}=0,$$

et

$$\frac{ab.ab'}{ac.ac'}=\frac{\alpha 6}{\alpha\gamma}\,\frac{n6_1}{n\gamma_1}.$$

235. Si dans les équations précédentes on suppose le point m à l'infini, elles deviennent

$$\frac{6\gamma.n\alpha}{na.na'}+\frac{\gamma\alpha.n6}{nb.nb'}+\frac{\alpha 6.n\gamma}{nc.nc'}=0.$$

$$\frac{6\gamma}{n\alpha_1}+\frac{\gamma\alpha}{n6_1}+\frac{\alpha 6}{n\gamma_1}=0.$$

Ce sont de nouvelles équations avec un seul point arbitraire.

236. Si dans l'équation générale (**234**) on suppose le point c à l'infini, le point c' devient le point central O, et on a l'équation

$$\frac{ma.ma'}{na.na'}6\gamma.n\alpha+\frac{mb.mb'}{nb.nb'}\gamma\alpha.n6+\frac{m\mathrm{O}}{n\mathrm{O}}\alpha 6.n\gamma=0;$$

α, 6 sont les conjugués harmoniques du point n par rapport aux deux segments aa', bb', et le point γ est situé de manière que le point O se trouve le milieu du segment $n\gamma$.

Corollaire. — *Faisant coïncider le point* m *avec* a, *et observant que* nγ = 2nO, *on a*

$$\frac{ab.ab'}{nb.nb'}=2\,\frac{a\mathrm{O}}{n6}\cdot\frac{\alpha 6}{\alpha\gamma}.$$

237. Il est à remarquer que toutes ces équations à un ou à deux points arbitraires s'appliquent d'elles-mêmes aux cas où les points en involution sont imaginaires, parce que les deux points de chaque couple sont représentés dans les unes et peuvent être remplacés dans les autres par des *éléments* réels (**100**).

§ X. — Étant donnés deux segments aa', bb' et le milieu γ d'un troisième, déterminer celui-ci.

238. Par un point g pris arbitrairement, on fera passer deux cercles qui aient pour cordes respectives les deux segments aa', bb' ; ils se rencontreront en un second point g'. Par les deux points g, g' on mènera un cercle qui ait son centre sur la perpendiculaire à la droite ab élevée par le point γ ; ce cercle déterminera, par ses intersections avec la droite ab, les deux points cherchés c, c' (**207**). S'il ne rencontre pas cette droite, ces points seront *imaginaires*.

Quand les deux segments aa', bb' empiètent l'un sur l'autre, la construction se simplifie, car il suffit de décrire deux circonférences sur ces segments comme diamètres et de mener par leurs points de rencontre un cercle qui ait pour centre le point γ ; ce cercle détermine sur la droite ab les deux points cherchés c, c', lesquels, dans ce cas, sont toujours réels.

239. Expressions du segment γc. — 1° Soit O le point central de l'involution ; le segment γc se déterminera par l'équation

$$\overline{\gamma c}^2 = \overline{O\gamma}^2 - Oa.Oa',$$

qui dérive de $Oa.Oa' = Oc.Oc'$.

Quand les deux segments aa', bb' empiètent l'un sur l'autre, le produit $Oa.Oa'$ est négatif et le segment γc se trouve toujours réel.

Mais, quand les deux segments aa', bb' n'empiètent pas l'un sur l'autre, le produit $Oa.Oa'$ est positif, et alors γc est réel ou imaginaire, selon que l'on a

$$\overline{O\gamma}^2 > \text{ ou } < Oa.Oa'.$$

Or, e et f étant les points doubles de l'involution, on a

$$Oa.Oa' = \overline{Oe}^2 = \overline{Of}^2.$$

On peut donc dire que le segment γc est réel ou imaginaire, selon que $O\gamma$ est $>$ ou $<$ Oe, c'est-à-dire selon que le point milieu γ

est situé au delà du segment ef ou sur ce segment, entre les deux points doubles e, f. En effet, les deux points cherchés c, c' devant être conjugués harmoniques par rapport aux deux points doubles e, f, leur point milieu γ doit être extérieur au segment ef (61).

Cette construction s'applique d'elle-même au cas où les deux segments aa' et bb' sont imaginaires.

2° Soit γ' le point qui forme une involution avec γ et les deux couples a, a' et b b'; on aura

$$\overline{\gamma c}^2 = \gamma\gamma' . \gamma O.$$

En effet, on a $O\gamma . O\gamma' = Oa . Oa'$; donc l'expression précédente de $\overline{\gamma c}^2$ devient

$$\overline{\gamma c}^2 = \overline{O\gamma}^2 - O\gamma . O\gamma' = O\gamma(O\gamma - O\gamma') = \gamma\gamma' . \gamma O.$$

3° L'équation (1), (221) fait connaître le rectangle $mc . mc'$ qui, avec le point γ, suffit pour déterminer les deux points c, c'. On simplifie la solution en prenant pour le point m le point γ lui-même; l'équation devient

$$\overline{\gamma c}^2 . \alpha\beta = \gamma a . \gamma a' . \beta\gamma + \gamma b . \gamma b' . \gamma\alpha.$$

4° On peut se servir de l'équation

$$\overline{\alpha a}^2 . \beta\gamma + \overline{\beta b}^2 . \gamma\alpha + \overline{\gamma c}^2 . \alpha\beta + \alpha\beta . \beta\gamma . \gamma\alpha = 0 \quad (228),$$

dans laquelle tous les segments sont connus, excepté $\overline{\gamma c}^2$, que l'équation fait connaître.

Cette équation s'applique d'elle-même, ainsi que les précédentes, au cas où les deux couples de points a, a' et b, b' sont imaginaires.

240. Si l'on suppose le point b' à l'infini, la question devient celle-ci :

Étant donnés deux points conjugués a, a' *d'une involution, le point central* O *et le milieu* γ *de deux autres points conjugués, on demande de déterminer ces points.*

On décrira un cercle quelconque passant par les deux points a,

a', et l'on mènera par le point O une droite quelconque rencontrant ce cercle en deux points g, g'; puis on fera passer par ces deux points un cercle qui ait son centre sur la perpendiculaire à la droite aa' menée par le point γ. Ce cercle déterminera sur aa' les deux points cherchés c, c' (206), lesquels peuvent être imaginaires.

Quand le point O est situé entre les deux a, a', la construction se simplifie. On décrira une circonférence de cercle sur le segment aa' comme diamètre; on élèvera par le point O la perpendiculaire à la droite Oa, et par les points de rencontre de cette perpendiculaire et de la circonférence on fera passer un cercle ayant son centre en γ; il déterminera sur la droite aa' les deux points cherchés.

241. *Observation.* — Nous verrons que la plupart des relations concernant six points en involution, démontrées dans ce Chapitre, se peuvent appliquer à un système de trois couples de points non en ligne droite, savoir, aux quatre sommets et aux deux points de concours des côtés opposés d'un quadrilatère; ce qui donnera lieu à de nombreuses propriétés du quadrilatère. Mais la théorie de l'involution aura beaucoup d'autres usages qui justifieront l'extension que nous avons cru devoir lui donner ici.

CHAPITRE X.

DIVISIONS HOMOGRAPHIQUES EN INVOLUTION.

242. Étant donnés deux couples de points a, a' et b, b' sur une droite, on peut déterminer une infinité de couples c, c'; d, d',..., formant, chacun, une involution avec les deux couples a, a' et b, b'. Alors :

1° *Les deux séries* a, b, c, d, e, ... *et* a′, b′, c′, d′, e′, ... *forment deux divisions homographiques.*

2° *Ces deux divisions homographiques ont cela de particulier que, si l'on regarde un point quelconque* e′ *de la seconde comme appartenant à la première, son homologue dans la seconde sera le point* e.

En effet, soit O le point central de l'involution déterminée par les deux couples a, a'; b, b', et soit e, e' un autre couple. On a

$$Oa.Oa' = Oe.Oe' \quad (203).$$

Cette relation détermine le point e' quand e est donné; et, si le point e' est regardé comme appartenant à la première division, son homologue dans la deuxième coïncide avec le point e.

Ces deux divisions sont celles que nous avons considérées comme cas particulier des divisions homographiques (180). Nous avons dit alors que nous les appellerions *divisions en involution;* on en voit ici la raison.

243. *Pour que deux divisions homographiques formées sur une même droite soient en involution, il suffit qu'un seul point quelconque de cette droite, considéré comme appartenant successivement aux deux divisions, ait le même point homologue dans les deux cas.*

C'est-à-dire que, quand cela aura lieu pour un point, tous les autres points jouiront de la même propriété.

Cette propriété importante a été démontrée dans la théorie générale des divisions homographiques (180); en voici une seconde démonstration, fondée sur la seule notion de l'involution.

Soient a, b, c trois points de la première division et a', b', c' leurs correspondants dans la seconde division; nous supposons que le point c, étant considéré comme appartenant à la seconde division, ait pour homologue dans la première le point c': il s'agit de prouver qu'il en sera de même du point a, c'est-à-dire que, si on le considère comme appartenant à la seconde division, son homologue dans la première sera le point a'.

Or, les quatre points a, b, c, c' de la première division ayant par hypothèse, pour correspondants, dans la seconde division, les quatre a', b', c' et c, les rapports anharmoniques de ces deux séries de quatre points sont égaux, et, par conséquent, les trois couples de points conjugués a, a'; b, b' et c, c' sont en involution (188). Donc les deux séries de quatre points a, a', b, c et a', a, b', c' ont leurs rapports anharmoniques égaux (189). Donc le point a, quand on le considère comme appartenant à la seconde division, a pour homologue dans la première le point a'. Ce qu'il fallait démontrer.

244. *Deux droites divisées homographiquement peuvent toujours être placées l'une sur l'autre, de manière que les deux divisions soient en involution.*

En effet, soient a, a' deux points homologues des deux divisions; nous avons vu qu'on pourra déterminer deux autres points homologues b, b' tels, que les segments ab, $a'b'$ soient égaux (133). Qu'on place la seconde droite sur la première en faisant coïncider le point b' avec a, et a' avec b. Alors le point a, considéré comme appartenant à la première division, aura pour homologue dans la seconde le point a', et, considéré comme appartenant à la seconde division, aura pour homologue dans la première le même point a'; et, par conséquent, il en sera de même pour tout autre point (243), c'est-à-dire que les deux divisions seront *en involution*.

C. Q. F. D.

245. Il résulte de là que deux divisions homographiques *en in-*

volution ont toute la généralité de deux divisions homographiques quelconques, et que les relations qui ont lieu entre trois systèmes de deux points conjugués sont dues seulement à la manière particulière dont les deux droites sur lesquelles on peut concevoir les deux divisions formées se trouvent placées l'une sur l'autre.

246. Manières d'exprimer deux divisions en involution. — Chacune des relations entre six points en involution a, a'; b, b' et c, c' exprimera deux divisions homographiques en involution, si l'on y regarde les quatre points a, a' et b, b' comme fixes, et les deux c, c' comme variables et appartenant respectivement aux deux divisions.

Par exemple, l'équation

$$(x^2 + \mathrm{A}x + \mathrm{B}) + \lambda(x^2 + \mathrm{A}'x + \mathrm{B}') = 0,$$

dans laquelle A, B, A', B' sont des coefficients constants et λ une variable, représente des couples de points en involution (**226**).

Nous verrons plus loin quelle relation intime existe entre ces couples de points et les valeurs de la variable λ auxquelles ils correspondent.

247. On peut aussi se servir des différentes formules par lesquelles nous avons exprimé deux divisions homographiques quelconques, en y donnant aux coefficients constants des valeurs telles, que les deux divisions soient en involution. A cet effet, il suffira d'exprimer, par une relation de condition entre les coefficients de l'équation générale, qu'un même point, qu'on pourra prendre arbitrairement, a le même conjugué, étant considéré comme appartenant à l'une ou à l'autre division. Par exemple, si c'est le point situé à l'infini que l'on prend, on exprimera que les deux points que nous avons appelés I et J' sont coïncidents.

Appliquons ces considérations à l'équation générale

$$am \,.\, b'm' + \lambda \,.\, am + \mu \,.\, b'm' + \nu = 0.$$

Le point I de la première division, qui correspond à l'infini de la seconde, est déterminé par $a\mathrm{I} = -\mu$, et le point J' de la seconde division, correspondant à l'infini de la première, par $b'\mathrm{J}' = -\lambda$. La condition pour que ces deux points coïncident s'exprime par l'équation

$$aI = aJ' \quad \text{ou} \quad aI - b'J' = ab'.$$

On aura donc

$$\lambda - \mu = ab'.$$

Telle est la condition pour que les deux divisions soient en involution.

248. Si, dans l'équation qui exprime les divisions homographiques, les deux points variables m, m' sont rapportés à la même ou aux mêmes origines, il faut et il suffit, pour que les deux divisions soient en involution, que l'équation soit symétrique par rapport à ces deux points, parce qu'alors on pourra les changer l'un dans l'autre, ce qui est la propriété caractéristique de l'involution.

C'est ainsi qu'on voit immédiatement que chacune des équations

$$\frac{em}{fm} = -\frac{em'}{fm'},$$

$$Om . Om' = \nu,$$

$$\frac{am . am'}{a'm . a'm'} = \lambda,$$

$$am . am' + \lambda . (am + am') + \nu = 0$$

exprime deux divisions homographiques en involution.

L'équation

$$\frac{em . fm'}{mm'} = \frac{ef}{2},$$

quoiqu'elle ne soit pas explicitement symétrique par rapport aux deux points m, m', exprime encore que ces points forment deux divisions en involution, car elle exprime que ces points sont conjugués harmoniques par rapport aux deux points e, f, lesquels sont les points doubles de l'involution.

249. Cas particulier où l'un des points doubles est a l'infini. — Nous avons vu (**131**) que, quand deux divisions homographiques ont un point double à l'infini, elles s'expriment par l'équation

$$am + \lambda . b'm' = \nu.$$

On peut écrire

$$am + \lambda . am' = (\nu + \lambda . ab'),$$

et, sous cette forme, on voit que les deux divisions seront en involution si λ est égal à 1 ; car on pourra changer m en m' et réciproquement, et l'équation ne changera pas.

Ainsi l'équation

$$am + b'm' = \nu$$

exprime deux divisions en involution qui ont un point double situé à l'infini.

L'autre point double f est le milieu de chaque segment compris entre deux points conjugués, puisque les deux points doubles divisent harmoniquement ces segments.

CHAPITRE XI.

FAISCEAUX EN INVOLUTION.

§ I. — Faisceau de six droites en involution.

250. Définition. — Nous dirons que six droites issues d'un même point et conjuguées deux à deux sont *en involution*, ou forment un *faisceau en involution*, quand quatre droites, prises dans les trois couples, ont leur rapport anharmonique égal à celui des quatre droites conjuguées.

Il est évident que ce faisceau de six droites jouit de la propriété de rencontrer toute transversale en six points *en involution;* et que toutes les relations concernant ces points et dans lesquelles n'entrent que des rapports anharmoniques s'appliquent d'elles-mêmes aux six droites.

De cette remarque, aussi bien que de la définition même du *faisceau en involution*, on conclut immédiatement, d'après les expressions de l'involution de six points (190), que les six droites ont entre les sinus de leurs angles les relations à huit et à six facteurs telles que

$$\frac{\sin(A, B)\sin(A, B')}{\sin(A, C)\sin(A, C')} = \frac{\sin(A', B)\sin(A', B')}{\sin(A', C)\sin(A', C')},$$

$$\sin(A, B)\sin(B', C)\sin(C', A') = -\sin(A', B')\sin(B, C')\sin(C, A);$$

et que chacune de ces équations, qui sont au nombre de sept, comporte les autres et suffit pour définir l'involution des six droites.

251. Aux deux *points doubles* considérés dans l'involution d'un système de points correspondent ici deux *rayons doubles*, lesquels peuvent être imaginaires. Ces deux rayons jouissent de la propriété de former un faisceau harmonique avec deux rayons conjugués quelconques.

Mais il n'existe pas de rayon correspondant au point *central* de l'involution de six points, et l'on en conçoit bien la raison, car ce qui distingue le point central, c'est que son conjugué est situé à l'infini et disparaît de l'équation; et à ces deux points correspondent, dans un faisceau, deux rayons conjugués qui n'ont rien de distinctif et dont aucun ne peut disparaître de l'équation.

Toutefois il existe toujours deux droites rectangulaires telles, que, en désignant l'une d'elles par O, l'on a

$$\tang(O, A)\tang(O, A') = \tang(O, B)\tang(O, B') = \tang(O, C)\tang(O, C'),$$

équations analogues à celles du point *central*. Ces équations seront démontrées plus loin (259, 3°).

252. L'équation dans laquelle entre un point arbitraire m (221) ne se compose pas de rapports anharmoniques, de sorte qu'elle n'a pas lieu entre les sinus des angles d'un faisceau en involution. Mais l'équation qui contient deux points arbitraires m et n (234) s'applique aux sinus des angles de six droites en involution.

Ainsi l'on aura l'équation

$$\frac{\sin(M, A)\sin(M, A')}{\sin(N, A)\sin(N, A')}\sin(N, \alpha)\sin(\beta, \gamma) + \frac{\sin(M, B)\sin(M, B')}{\sin(N, B)\sin(N, B')}\sin(N, \beta)\sin(\gamma, \alpha)$$
$$+ \frac{\sin(M, C)\sin(M, C')}{\sin(N, C)\sin(N, C')}\sin(N, \gamma)\sin(\alpha, \beta) = 0.$$

Les deux rayons M, N sont pris arbitrairement; α est le rayon conjugué harmonique du rayon N par rapport aux deux A et A'; et ainsi des deux autres β, γ.

Si l'on prend les deux rayons M, N rectangulaires, il viendra

$$\frac{\sin(\beta, \gamma)\sin(N, \alpha)}{\tang(N, A)\tang(N, A')} + \frac{\sin(\gamma, \alpha)\sin(N, \beta)}{\tang(N, B)\tang(N, B')}$$
$$+ \frac{\sin(\alpha, \beta)\sin(N, \gamma)}{\tang(N, C)\tang(N, C')} = 0$$

ou bien

$$\tang(M, A)\tang(M, A')\sin(\beta, \gamma)\cos(M, \alpha)$$
$$+ \tang(M, B)\tang(M, B')\sin(\gamma, \alpha)\cos(M, \beta)$$
$$+ \tang(M, C)\tang(M, C')\sin(\alpha, \beta)\cos(M, \gamma) = 0.$$

253. *Dans un faisceau de six droites en involution, quand deux droites sont perpendiculaires à leurs conjuguées respectivement, les deux autres droites conjuguées sont aussi à angle droit.*

En effet, une transversale coupera les six droites en des points a, a', b, b', c, c' en involution, et les circonférences décrites sur les deux segments aa', bb' comme diamètres passeront par le sommet du faisceau, puisque les deux rayons OA, OA′ sont supposés rectangulaires, ainsi que les deux OB, OB′. Donc la circonférence décrite sur le troisième segment cc' passe aussi par le point O (**208**), et, par suite, les deux rayons OC, OC′ sont rectangulaires.

Autrement. On démontre la proposition directement au moyen des équations d'involution, lesquelles se vérifient immédiatement pour trois systèmes de deux droites rectangulaires.

Ainsi l'on peut dire que : *Quand trois angles droits ont le même sommet, leurs six côtés forment un faisceau en involution.*

254. Dans un faisceau en involution : *Si les angles que deux rayons font avec leurs conjugués respectivement ont la même bissectrice, cette droite est aussi la bissectrice de l'angle formé par les deux autres rayons conjugués.*

Les deux angles AOA′, BOB′ ont la même bissectrice; il faut prouver que l'angle COC′ admet aussi pour bissectrice cette droite. En effet, cette droite et sa perpendiculaire divisent harmoniquement à la fois les deux angles AOA′, BOB′ (**84**); par conséquent, elles sont les rayons doubles de l'involution (**251**), et, par suite, elles divisent harmoniquement le troisième angle COC′; et, puisqu'elles sont rectangulaires, elles sont les bissectrices de cet angle et de son supplément. Donc, etc.

§ II. — Faisceaux homographiques en involution.

255. Si d'un point on mène des droites aux points de deux divisions homographiques en involution, elles formeront deux faisceaux homographiques que nous appellerons *faisceaux en involution.* Leur propriété est évidemment qu'une droite, considérée successivement comme rayon des deux faisceaux, a, dans les deux cas, le même rayon conjugué.

Par exemple, si des droites forment un premier faisceau et qu'on leur mène par leur point de concours des perpendiculaires, celles-ci formeront un second faisceau en *involution* avec le premier, car une droite, considérée comme appartenant au premier faisceau, aura pour conjuguée dans le second la droite perpendiculaire, et, considérée comme appartenant au second faisceau, elle aura encore pour conjuguée dans le premier la même droite perpendiculaire; ce qui est la propriété caractéristique des faisceaux en involution.

256. *Dans deux faisceaux en involution, il existe toujours un système de deux rayons conjugués rectangulaires, et il n'en existe qu'un.*

En effet, qu'on mène une transversale qui rencontrera les rayons des deux faisceaux en des points conjugués deux à deux, a, a'; b, b'; c, c', ... Les circonférences décrites sur les segments aa', bb', ... comme diamètres passeront toutes par deux mêmes points, réels ou imaginaires (**208**); or, par le centre du faisceau, on pourra toujours mener une circonférence passant par ces deux points, laquelle déterminera sur la transversale deux points conjugués; et les rayons menés à ces deux points seront, dans les deux faisceaux en involution, deux rayons conjugués. Mais ils sont à angle droit : le théorème est donc démontré.

257. Il résulte de là que : *Si dans deux faisceaux en involution deux rayons de l'un sont perpendiculaires respectivement à leurs conjugués, il en est de même de tous les autres rayons.*

Il est évident que, dans ce cas particulier de deux faisceaux en involution, les rayons doubles sont imaginaires.

258. *Dans deux faisceaux homographiques en involution, il existe toujours deux rayons homologues également inclinés sur un rayon donné, et il n'en existe que deux.*

En effet, une droite transversale, perpendiculaire au rayon donné, rencontre les rayons homologues des deux faisceaux en des points a, a'; b, b', ..., qui forment deux divisions en involution, et le rayon donné en un point γ. Or il existe un système de deux points conjugués c, c', et un seul, dont ce point γ est le milieu, et il est clair que les rayons des deux faisceaux aboutissant à ces deux points c, c' satisfont à la condition d'être également inclinés sur le rayon donné. Donc, etc.

Remarque. — Nous venons de dire qu'un point γ n'est le milieu que d'un seul segment cc' formé par deux points conjugués ; toutefois, dans un cas particulier de l'involution, ce point peut être le milieu de tous les segments (201). Alors la droite proposée sera la bissectrice de tous les angles formés par deux rayons conjugués. C'est un cas particulier des faisceaux en involution.

§ III. — Manières d'exprimer que deux faisceaux homographiques sont en involution.

259. Le caractère des faisceaux homographiques en *involution*, c'est que chaque rayon, considéré comme appartenant à l'un ou à l'autre des deux faisceaux, a toujours le même conjugué (255). Pour que deux faisceaux soient en involution, il suffit que cette condition ait lieu pour un rayon donné quelconque, car alors elle aura lieu pour tous les autres. Cela résulte évidemment de la proposition analogue relative aux divisions homographiques en involution (243) ; et d'ailleurs la démonstration de cette proposition s'applique d'elle-même au cas actuel.

Si les deux rayons variables entrent d'une manière symétrique dans l'équation qui détermine l'homographie des deux faisceaux, la condition d'involution est évidemment satisfaite, de même que dans les divisions homographiques (248). D'après cela, on reconnaît que chacune des équations suivantes exprime que les deux rayons variables M, M′ forment deux faisceaux en involution :

1°
$$\frac{\sin(E,M)}{\sin(F,M)} = -\frac{\sin(E,M')}{\sin(F,M')};$$

E et F sont les deux rayons doubles de l'involution.

2°
$$\frac{\sin(A,\ M)\sin(A,\ M')}{\sin(A',M)\sin(A',M')} = \lambda;$$

A et A′ sont deux rayons conjugués quelconques.

3°
$$\operatorname{tang}(O,M)\operatorname{tang}(O,M') = \lambda;$$

O est l'un des deux rayons conjugués rectangulaires qui existent toujours dans deux faisceaux en involution (256).

Cette équation provient de la précédente, dans laquelle on suppose que A et A′ sont ces deux rayons conjugués rectangulaires.

On conclut de là cette propriété importante d'un faisceau de six droites en involution, savoir que, A, A′; B, B′ et C, C′ étant ces six droites conjuguées deux à deux, il existe deux rayons O dont chacun donne lieu aux équations

$$\text{tang}(O,A)\,\text{tang}(O,A') = \text{tang}(O,B)\,\text{tang}(O,B') = \text{tang}(O,C)\,\text{tang}(O,C'),$$

comme nous l'avons annoncé précédemment (251).

4° Enfin on a l'équation

$$\text{tang}(A,M)\,\text{tang}(A,M') + \lambda[\text{tang}(A,M) + \text{tang}(A,M')] + \nu = 0,$$

dans laquelle A est une droite quelconque.

260. D'après la condition d'involution de deux faisceaux homographiques (259), on conclut, en vertu du théorème (153), que : *Deux faisceaux homographiques quelconques peuvent toujours être placés de manière à former deux faisceaux en involution,* propriété analogue à celle de deux divisions homographiques (244).

Et il résulte de là, d'après la proposition (256), que : *Quand deux faisceaux sont homographiques, il existe toujours dans l'un deux rayons rectangulaires dont les homologues, dans l'autre, sont aussi rectangulaires, et il n'existe qu'un tel système de deux rayons.*

CHAPITRE XII.

DES DEUX POINTS QUI DIVISENT HARMONIQUEMENT DEUX SEGMENTS DONNÉS.

261. La construction des deux points e, f, conjugués harmoniques à la fois par rapport à deux couples de points a, a' et b, b', et celle de leur point milieu ont été données précédemment (**214-218**). Les propriétés de ces points se trouvent aussi, comme cas particuliers, parmi celles de l'involution. Toutefois, comme nous aurons souvent à considérer, principalement dans la théorie des sections coniques, un pareil système de trois couples de points, réels ou imaginaires, nous allons reproduire et grouper ici les diverses formules qui s'y rapportent.

I.

262. *Relations entre le point milieu* O *des deux points* e, f *et les quatre points* a, a′ *et* b, b′ :

$$\mathrm{O}a.\mathrm{O}a' = \mathrm{O}b.\mathrm{O}b',$$

$$\frac{\mathrm{O}a}{\mathrm{O}b} = \frac{ab'}{ba'}, \quad \frac{\mathrm{O}a}{\mathrm{O}b'} = \frac{ab}{b'a'},$$

$$\frac{ab.ab'}{a'b.a'b'} = \frac{a\mathrm{O}}{a'\mathrm{O}}, \quad \frac{ba.ba'}{b'a.b'a'} = \frac{b\mathrm{O}}{b'\mathrm{O}},$$

$$a\mathrm{O} = \frac{ab.ab'}{2\alpha\beta}, \quad b\mathrm{O} = \frac{ba.ba'}{2\beta\alpha},$$

$$\alpha\mathrm{O} = \frac{ab.ab' + a'b.a'b'}{4\alpha\beta}, \quad \beta\mathrm{O} = \frac{ba.ba' + b'a.b'a'}{4\beta\alpha},$$

$$ma.ma' - mb.mb' + 2\alpha\beta.m\mathrm{O} = 0.$$

Cette dernière relation, où m est un point arbitraire, pourra servir pour déterminer le point O quand les deux couples de points a, a' et b, b' seront imaginaires.

II.

263. *Expressions du segment* Oe :

$$\mathrm{O}e = \pm\sqrt{\mathrm{O}a\,.\,\mathrm{O}a'},$$

$$\mathrm{O}e = \pm\sqrt{\overline{\mathrm{O}\alpha}^2 - \overline{\alpha a}^2},$$

$$\mathrm{O}e = \pm\frac{\sqrt{ab\,.\,ab'\,.\,a'b\,.\,a'b'}}{2\,\alpha\beta}.$$

Cette dernière expression donne

$$ef = \frac{\sqrt{ab\,.\,ab'\,.\,a'b\,.\,a'b'}}{\alpha\beta}.$$

III.

264. *Relations entre un des deux points* e, f *et les quatre* a, a′, b, b′ :

$$\frac{ab\,.\,ab'}{a'b\,.\,a'b'} = \frac{\overline{ae}^2}{\overline{a'e}^2}, \quad \frac{ba\,.\,ba'}{b'a\,.\,b'a'} = \frac{\overline{be}^2}{\overline{b'e}^2},$$

$$\frac{ea\,.\,eb'}{ea'\,.\,eb} = -\frac{ab'}{a'b}, \quad \frac{ea\,.\,eb}{ea'\,.\,eb'} = -\frac{ab}{a'b'},$$

$$\overline{\alpha a}^2.\beta e + \overline{\beta b}^2.e\alpha + \alpha\beta.\beta e.e\alpha = 0,$$

ou

$$\frac{\overline{aa'}^2}{ae} - \frac{\overline{bb'}^2}{bc} = 4\,\alpha\beta,$$

$$\frac{aa'}{a'e} = \frac{ab}{be} + \frac{ab'}{b'e}, \quad \frac{bb'}{b'e} = \frac{ba}{ae} + \frac{ba'}{a'e};$$

ces deux dernières équations dérivent de la première des équations (**230**), dans laquelle on suppose que les deux points c, c' se confondent avec le point double e.

$$\alpha e = \frac{(\sqrt{ab\,.\,ab'} \pm \sqrt{a'b\,.\,a'b'})^2}{4\,\alpha\beta}, \quad \beta e = \frac{(\sqrt{ba\,.\,ba'} \mp \sqrt{b'a\,.\,b'a'})^2}{4\,\beta\alpha},$$

$$\frac{\alpha e}{\beta e} = \frac{\overline{aa'}^2}{(\sqrt{ab'\,.\,a'b} \mp \sqrt{ab\,.\,a'b'})^2}.$$

IV.

265. *Relations entre les deux points* e, f *et les quatre* a, a′, b, b′.

Les deux points e, f forment une involution avec les deux couples a, b' et a', b (213); et pareillement avec les deux couples a, b et a', b'.

De là résultent de nombreuses relations d'involution entre les six points, que l'on formera sans difficulté.

Démontrons celle-ci :

$$\frac{ae.af}{a'e.a'f} = -\frac{ab.ab'}{a'b.a'b'}.$$

On a

$$\frac{ab.ab'}{a'b.a'b'} = \frac{\overline{ae}^2}{\overline{a'e}^2} \quad (264).$$

Mais $\frac{ae}{a'e} = -\frac{af}{a'f}$; donc $\frac{\overline{ae}^2}{\overline{a'e}^2} = -\frac{ae.af}{a'e.a'f}$, et, par conséquent,

$$\frac{ab.ab'}{a'b.a'b'} = -\frac{ae.af}{a'e.a'f}.$$

V.

266. *Relations où entrent un ou deux points arbitraires.*

$$ma.ma'.\beta e + mb.mb'.e\alpha + \overline{me}^2.\alpha\beta = 0,$$

α, β étant les milieux des deux segments aa', bb'.

$$\frac{ma.ma'}{na.na'}\beta_1 e.n\alpha_1 + \frac{mb.mb'}{nb.nb'}e\alpha_1.n\beta_1 + \frac{\overline{me}^2}{\overline{ne}^2}\alpha_1\beta_1.ne = 0,$$

α_1, β_1 étant les points conjugués harmoniques du point n par rapport aux deux segments aa', bb'.

Si le point m est pris à l'infini, il vient

$$\frac{\beta_1 e.n\alpha_1}{na.na'} + \frac{e\alpha_1.n\beta_1}{nb.nb'} + \frac{\alpha_1\beta_1}{ne} = 0.$$

Cette équation et la précédente se mettent sous la forme

$$\frac{ma.ma'}{n\alpha}\,\beta_1 e + \frac{mb.mb'}{n\beta}\,e\alpha_1 + \frac{\overline{me}^2}{ne}\,\alpha_1\beta_1 = 0,$$

$$\frac{\beta_1 e}{n\alpha} + \frac{e\alpha_1}{n\beta} + \frac{\alpha_1\beta_1}{ne} = 0;$$

α_1, β_1 sont les conjugués harmoniques du point n par rapport aux deux segments aa', bb', et α, β les milieux de ces deux segments.

CHAPITRE XIII.

PROPOSITIONS RELATIVES A DEUX DIVISIONS HOMOGRAPHIQUES FORMÉES SUR UNE MÊME DROITE, ET A L'INVOLUTION.

---

§ I. — Divisions homographiques sur une même droite. Construction des deux points doubles et de leur point milieu.

I.

267. *Soient* a, b, c, ... *et* a′, b′, c′, ... *les points respectivement homologues de deux divisions homographiques formées sur une même droite; les deux points doubles seront en involution avec chaque système de deux couples de points tels que* a, b′ *et* a′, b.

En effet, soient e, f les deux points doubles des deux divisions; les quatre points a, b, e, f de la première division ont leur rapport anharmonique égal à celui des quatre points correspondants a', b', e, f de la seconde division. On peut changer l'ordre de ceux-ci et dire que les quatre points a, b, e, f ont leur rapport anharmonique égal à celui des quatre points b', a', f, e, ce qui prouve que les trois segments ab', $a'b$, ef sont en involution (188). Donc, etc.

Autrement. Les points doubles des deux divisions se déterminent par l'équation

$$\overline{ae}^2 - 2a\mathrm{O}.ae + a\mathrm{I}.aa' = 0 \quad (158).$$

Par conséquent, on a

$$ae.af = a\mathrm{I}.aa'.$$

On a pareillement, à l'égard d'une origine b', prise dans la seconde division,

$$b'e.b'f = b'\mathrm{J}'.b'b.$$

Donc

$$\frac{ae.af}{b'e.b'f} = \frac{a\mathrm{I}.aa'}{b'\mathrm{J}'.b'b}.$$

Mais les quatre points a, b, I, ∞ ont leur rapport anharmonique égal à celui des quatre a', b', ∞', J'; ce qui donne la proportion $\frac{a\mathrm{I}}{b'\mathrm{J}'} = \frac{ab}{b'a'}$. Il vient donc

$$\frac{ae.af}{b'e.b'f} = \frac{ab.aa'}{b'b.b'a'},$$

et cette équation prouve que les trois couples a, b'; a', b et e, f sont en involution.

Autrement. Que l'on suppose dans l'équation (4), n° **145**, que le point a coïncide avec b', et le point d' avec c; de sorte que b et c de la première division restent arbitraires; l'équation devient

$$\frac{b'm.b'm'}{cm.cm'} + \cdots + \frac{b'b.c'b'}{cb.c'c} = 0,$$

et les points doubles se déterminent par l'équation du second degré

$$\frac{\overline{b'e}^2}{\overline{ce}^2} + \cdots + \frac{b'b.b'c'}{cb.cc'} = 0.$$

On a donc

$$\frac{b'e.b'f}{ce.cf} = \frac{b'b.b'c'}{cb.cc'},$$

équation qui prouve que les trois couples b', c; b, c' et e, f sont en involution. Donc, etc.

268. On conclut du théorème précédent ces deux-ci :

1° *Les cercles décrits sur les trois segments* ab', ba', ef *comme diamètres passent par deux mêmes points* (**208**).

2° *Les trois cercles menés par un même point et ayant pour cordes respectives les trois segments* ab', ba', ef *passent par un second point commun* (**207**).

II. — *Construction du point milieu des deux points doubles de deux divisions homographiques dont on connaît trois couples de points correspondants.*

269. Soient a, a'; b, b' et c, c' les trois couples de points correspondants des deux divisions, et e, f leurs points doubles qu'il s'agit de déterminer.

Les quatre points a, b, c, e de la première division ont leur rapport anharmonique égal à celui des quatre points a', b', c', e de la seconde division, de sorte que l'on a

$$\frac{ea}{eb} : \frac{ca}{cb} = \frac{ea'}{eb'} : \frac{c'a'}{c'b'} \quad \text{ou} \quad \frac{ea.eb'}{eb.ea'} = \frac{ca}{cb} : \frac{c'a'}{c'b'}.$$

Or nous venons de voir que les trois segments ab', $a'b$ et ef sont en involution; il s'ensuit qu'en appelant α_1, β_1 et O leurs milieux, on a

$$\frac{ea.eb'}{ea'.eb} = \frac{O\alpha_1}{O\beta_1} \quad (227),$$

et par conséquent

$$\frac{O\alpha_1}{O\beta_1} = \frac{ca}{cb} : \frac{c'a'}{c'b'}.$$

Cette expression du rapport $\frac{O\alpha_1}{O\beta_1}$ fait connaître la position du point O, qui est le point cherché.

On ramène l'expression $\frac{ca}{cb} : \frac{c'a'}{c'b'}$ à un simple rapport de deux lignes, au moyen du théorème de Ptolémée sur les segments qu'une transversale fait sur les deux côtés d'un triangle (Chap. XIX, § I).

III. — *Construction des deux points doubles quand on connaît leur point milieu.*

270. Après avoir déterminé le point milieu O des deux points doubles e, f, on peut déterminer leur distance à ce point par l'équation suivante, d'après le théorème (**221**) appliqué aux trois segments en involution ab', $a'b$ et ef,

$$Oa.Ob'.\beta_1 O + Ob.Oa'.O\alpha_1 - \overline{Oe}^2.\alpha_1\beta_1 = o,$$

d'où, en faisant $\frac{O\alpha_1}{O\beta_1} = \lambda$,

$$\overline{Oe}^2 = \frac{Oa.Ob' - \lambda.Ob.Oa'}{\lambda - 1}.$$

IV. — *Construction des deux points doubles, sans connaître leur point milieu.*

271. Le théorème (**267**) donne lieu à une construction très-simple des deux points doubles.

Par un point g pris arbitrairement, on fera passer deux circonférences de cercle qui aient pour cordes, respectivement, les deux segments ab', $a'b$; ces circonférences se couperont en un point g'. Par le même point g, on fera passer deux autres circonférences ayant pour cordes, respectivement, les deux segments ac', $a'c$, lesquelles se couperont en un autre point g''.

La circonférence de cercle menée par les trois points g, g', g'' déterminera sur la droite ab les deux points doubles cherchés; car ces deux points seront en involution, d'une part avec les deux couples a, b' et a', b, et d'autre part avec les deux couples a, c' et a', c (**207**).

Cette construction se prête à tous les cas que peuvent présenter les trois couples de points a, a'; b, b' et c, c'. Elle se simplifie si deux de ces points, tels que b et c', sont à l'infini ([1]).

Autrement. On décrira des circonférences sur les quatre segments ab', ba', ac' et ca', comme diamètres, et, par les points d'intersection des deux premières et les points d'intersection des deux autres, on fera passer une circonférence de cercle, laquelle déterminera sur la droite abc les deux points cherchés (**268**).

Cette seconde construction se prête, comme la précédente, à tous les cas que peut présenter la question, relativement aux positions des trois couples de points a, a'; b, b' et c, c'.

272. Supposons que le point b soit à l'infini, ainsi que le point c', et désignons par J' et I leurs homologues b' et c dans la seconde et la première division, respectivement; de sorte que les deux

([1]) Si le point b, par exemple, est à l'infini, la circonférence qui doit passer par les trois points g, a', b devient une ligne droite, savoir ga'.

divisions homographiques seront exprimées par l'équation

$$\mathrm{I}m.\mathrm{J}'m' = \mathrm{I}a.\mathrm{J}'a' \quad (126).$$

La circonférence décrite sur le segment infini $a'b$, comme diamètre, sera la droite menée par a' perpendiculairement à la ligne ab; et de même de la circonférence ayant pour diamètre le segment infini ac'. De là résulte cette construction :

Sur $a'\mathrm{I}$ comme diamètre (*fig.* 31), on décrira une circonférence de cercle, et l'on élèvera par le point a une perpendiculaire qui la rencontrera en un point α; puis, sur $a\mathrm{J}'$ comme diamètre, on décrira une seconde circonférence de cercle, et l'on élèvera la perpendiculaire $a'\alpha'$ qui la rencontrera en α'. Par les deux points α, α' on fera passer une circonférence qui ait son centre sur la droite aa'; elle marquera sur cette droite les deux points cherchés.

Le centre de cette circonférence, étant le milieu de ces deux points, est connu *a priori;* c'est le milieu du segment IJ′ (158) : il suffira donc de construire un seul des deux points α, α' pour déterminer la circonférence.

Si l'on prend pour le point a le milieu même du segment IJ′, le rayon de la circonférence sera $a\alpha' = \sqrt{aa'.a\mathrm{J}'}$. Ainsi cette expression, à laquelle nous sommes parvenu par une autre voie (161), résulte ici de la construction générale.

273. Cas ou l'un des points doubles est donné. — Si l'un des points doubles, e, est donné, les deux couples de points homologues a, a' et b, b' suffiront pour déterminer le second point double f. Sur les deux segments ab', $a'b$, comme diamètres, on décrira deux circonférences; et par leurs points d'intersection et le point e on en fera passer une troisième, qui déterminera le point f (268).

Autrement. Que l'on prenne deux points fixes quelconques P,

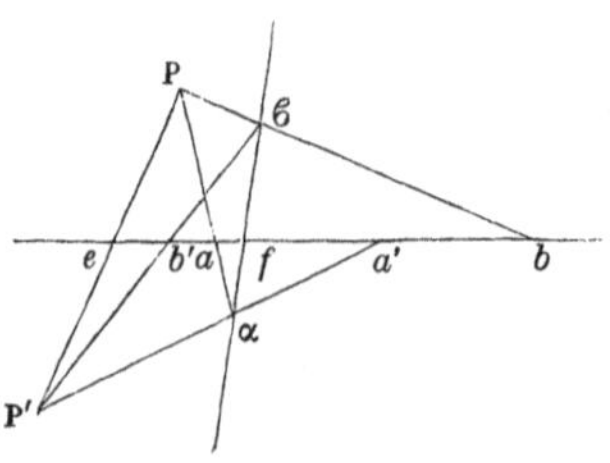

P′ en ligne droite avec le point double donné e, et qu'on mène

les deux droites Pa, P$'a'$ qui se coupent en α, et les deux droites Pb, P$'b'$ qui se coupent en β : la droite $\alpha\beta$ rencontre la droite ab au point double cherché f.

V.

274. *Quand deux divisions homographiques sont formées sur une même droite, chaque point* a *de cette droite, considéré comme appartenant à la première division, a son homologue* a' *dans la seconde, et, considéré comme appartenant à la seconde division, a son homologue* A *dans la première.*

Les deux points a' *et* A *forment deux divisions homographiques ; et ces deux divisions ont les mêmes points doubles que les deux divisions proposées.*

En effet : 1° les deux divisions formées par le point a' et le point A sont homographiques entre elles, comme étant homographiques à une troisième formée par le point a (106). 2° Si le point a est un point double des deux divisions proposées, les deux points a' et A coïncident l'un et l'autre avec ce point, et par conséquent coïncident entre eux. Donc ce point est un point double des deux divisions formées par les deux points variables a' et A. Ce qu'il fallait prouver.

275. *Quand deux divisions homographiques sont formées sur une même droite, si l'on prend les homologues* a' *et* A *d'un point* a *de cette droite, comme dans la proposition précédente, le conjugué harmonique du point* a *par rapport aux deux* A *et* a' *sera le même que par rapport aux deux points doubles des divisions homographiques.*

En effet, les deux divisions homographiques s'expriment par l'équation

$$am.am' - a\mathrm{J}'.am - a\mathrm{I}.am' + a\mathrm{I}.aa' = 0 \quad (158)$$

ou

$$\ldots\ldots\ldots\ldots\ldots\ldots\ldots\ldots + a\mathrm{J}'.a\mathrm{A} = 0 \quad (139).$$

Pour déterminer les deux points doubles e, f, il faut faire coïncider

m' avec m ; l'équation devient, en écrivant e à la place de m,

$$\overline{ae}^2 - (a\text{J}' + a\text{I})\,ae + a\text{I}\,.\,aa' = 0$$

ou

$$\ldots\ldots\ldots\ldots\ldots\ldots + a\text{J}'.a\text{A} = 0.$$

On a donc

$$ae + af = a\text{I} + a\text{J}', \quad \text{et} \quad ae\,.\,af = a\text{I}\,.\,aa' = a\text{J}'\,.\,a\text{A};$$

d'où

$$\frac{1}{ae} + \frac{1}{af} = \frac{1}{aa'} + \frac{1}{a\text{A}}.$$

Soit α le point conjugué harmonique du point a par rapport aux deux a', A, on aura

$$\frac{2}{a\alpha} = \frac{1}{aa'} + \frac{1}{a\text{A}} \quad (65).$$

Donc

$$\frac{2}{a\alpha} = \frac{1}{ae} + \frac{1}{af}.$$

Ce qui prouve que le point α est le conjugué harmonique du point a par rapport aux deux points doubles e, f. Le théorème est donc démontré.

276. Corollaire I. — Puisque le point a et son conjugué harmonique α par rapport à ses deux homologues a' et A divisent harmoniquement le segment fixe ef, il s'ensuit que *ces deux points* a *et* α *forment deux divisions homographiques en involution* (248).

277. Corollaire II. — *Étant données deux divisions homographiques sur une droite, on demande de déterminer le conjugué harmonique d'un point par rapport aux deux points doubles inconnus des deux divisions.*

Soit a le point donné ; on déterminera ses deux homologues a' et A, puis son conjugué harmonique α par rapport à ces deux points ; α sera le point cherché.

Cette question aura quelques applications, par exemple pour

trouver la polaire d'un point par rapport à une conique dont cinq points seulement sont connus.

278. Corollaire III. — *Nouvelle construction des points doubles de deux divisions homographiques.*

On prendra un point a et le point α qui lui correspond comme ci-dessus ; et de même un point b et le point correspondant 6. On cherchera les deux points e, f qui divisent harmoniquement les deux segments $a\alpha$, $b6$ (261) ; ce seront les deux points doubles cherchés.

§ II. — Propositions relatives à l'involution.

I.

279. *Étant donnés sur une droite deux couples de segments* aa', bb' *et* AA', BB', *on demande de déterminer un segment* cc' *qui soit en involution tout à la fois avec les deux premiers segments* aa', bb' *et avec les deux autres* AA', BB'.

Que sur les quatre segments aa', bb', AA' et BB', comme diamètres, on décrive des circonférences de cercle, la circonférence qui passera par les points d'intersection des deux premières et les points d'intersection des deux autres déterminera le segment cherché cc' (208). Si la circonférence n'est pas constructible, le segment sera imaginaire.

Autrement. Que par un point g pris arbitrairement on mène deux circonférences, passant, la première par les deux points a et a', et la seconde par les deux b et b' ; elles se couperont en un point g'.

Que par le même point g on mène pareillement deux circonférences, passant, la première par les deux points A et A', et la seconde par les deux B et B', lesquelles se couperont en un autre point g''.

La circonférence menée par les trois points g, g', g'' déterminera sur la droite aa' le segment cherché, réel ou imaginaire.

Autrement. Soient γ le point milieu du segment cherché cc' ; O le point central de l'involution déterminée par les deux segments aa',

bb'; Ω le point central de l'involution déterminée par les deux segments AA′, BB′, et ω le point milieu des deux O, Ω; on aura la relation

$$2\omega\gamma.\mathrm{O}\Omega = \mathrm{O}a.\mathrm{O}a' - \Omega\mathrm{A}.\Omega\mathrm{A}',$$

qui fait connaître la position du point γ.

En effet, on a

$$\mathrm{O}a.\mathrm{O}a' = \mathrm{O}c.\mathrm{O}c' \quad \text{et} \quad \Omega\mathrm{A}.\Omega\mathrm{A}' = \Omega c.\Omega c'.$$

De sorte que l'équation revient à celle-ci,

$$2\omega\gamma.\mathrm{O}\Omega = \mathrm{O}c.\mathrm{O}c' - \Omega c.\Omega c';$$

ce qui est une identité entre deux couples de points quelconques c, c' et O, Ω, et leurs points milieux γ et ω, laquelle se démontre aisément; car il suffit d'y remplacer $\mathrm{O}c.\mathrm{O}c'$ par $(\overline{\mathrm{O}\gamma}^2 - \overline{\gamma c}^2)$ et $\Omega c.\Omega c'$ par $(\overline{\Omega\gamma}^2 - \overline{\gamma c}^2)$.

Le point γ, milieu du segment cherché cc', étant ainsi déterminé, on connaîtra ce segment lui-même par l'une des relations

$$\overline{\gamma c}^2 = \overline{\mathrm{O}\gamma}^2 - \mathrm{O}a.\mathrm{O}a',$$
$$\overline{\gamma c}^2 = \overline{\Omega\gamma}^2 - \Omega\mathrm{A}.\Omega\mathrm{A}'.$$

Ce segment sera toujours réel si les deux aa', bb' empiètent l'un sur l'autre, parce qu'alors le produit $\mathrm{O}a.\mathrm{O}a'$ est négatif (197); et de même, si les deux segments AA′, BB′ empiètent l'un sur l'autre. Mais il pourra être imaginaire dans le cas où ni les deux segments aa', bb' ni les deux AA′, BB′ n'empiètent l'un sur l'autre.

Observation. — Ce problème aura plusieurs applications, particulièrement aux deux questions suivantes :

Étant donnés deux systèmes de diamètres conjugués d'une section conique, déterminer les axes principaux de la courbe.

Étant donnés deux systèmes de diamètres conjugués d'une conique, et deux systèmes de diamètres conjugués d'une autre conique, déterminer le système de diamètres conjugués communs, en direction, aux deux courbes.

280. Cas particuliers. — Chacun des quatre segments aa', ...

peut être nul. S'ils sont nuls tous les quatre à la fois, la question devient celle-ci : *Trouver les deux points qui divisent harmoniquement deux segments* ab, AB.

II.

281. *Étant données deux droites divisées homographiquement, les rayons menés d'un point fixe aux points de division forment deux faisceaux homographiques; et si l'on demande que ces deux faisceaux soient en involution, leur sommet devra être placé sur la droite qui joint les points des deux divisions dont les homologues coïncident au point de rencontre de ces droites.*

En effet, soient S ce point de rencontre, et a et b' sur les deux droites, respectivement, les deux points en question, de sorte que a corresponde, sur la première, au point S de la seconde, et b', sur la seconde, au point S de la première. Le sommet O des deux faisceaux étant pris sur la droite ab', cette droite, considérée comme rayon, soit du premier faisceau, soit du second, aura toujours pour homologue la même droite OS. Ce qui prouve (255) que les deux faisceaux sont en involution.

282. *Étant donnés deux faisceaux homographiques dont les centres ne sont pas coïncidents, on peut les couper par une droite, de manière à avoir sur cette droite deux divisions en involution.*

Une infinité de droites satisfont à la question; elles passent toutes par un certain point déterminé.

Soient O et O′ les centres des deux faisceaux et Ω le point de rencontre des rayons qui, dans le premier et le second faisceau, respectivement, sont les homologues des deux qui coïncident suivant la droite OO′. Toute transversale menée par ce point Ω satisfera à la question; c'est-à-dire qu'elle rencontrera les deux faisceaux en deux séries de points qui formeront deux divisions homographiques en involution. En effet, cette transversale rencontre la droite OO′ en un point qui, considéré comme appartenant soit à la première série, soit à la seconde, aura toujours pour homologue le même point Ω. Donc, etc.

III.

283. *Quand trois couples de points* a, a'; b, b' *et* c, c' *sont en involution, si l'on prend les points* α, β *conjugués harmoniques du point* c *par rapport aux deux segments* aa', bb' *respectivement; puis les points* α_1, β_1 *conjugués harmoniques des deux* α, β, *respectivement, par rapport aux deux segments* bb' et aa', *le conjugué harmonique du point* c *par rapport aux deux* α_1, β_1 *sera le point* c'.

En effet, exprimons que les deux points α, α_1 sont conjugués harmoniques par rapport aux deux b, b', au moyen de l'équation où entrent deux points arbitraires (78), et prenons pour ces points les deux c' et c, on aura

$$\frac{c'b.c'b'}{cb.cb'}+\frac{c'\alpha.c'\alpha_1}{c\alpha.c\alpha_1}=2\,\frac{c'\beta}{c\beta}\,\frac{c'\omega}{c\omega},$$

ω étant le conjugué harmonique du point c par rapport aux deux α, α_1. Or cette relation harmonique entre les deux couples c, ω et α, α_1 s'exprime par l'équation

$$\frac{2.c'\omega}{c\omega}=\frac{c'\alpha}{c\alpha}+\frac{c'\alpha_1}{c\alpha_1}\quad (67).$$

On a donc

$$\frac{c'b.c'b'}{cb.cb'}+\frac{c'\alpha.c'\alpha_1}{c\alpha.c\alpha_1}=\frac{c'\beta}{c\beta}\left(\frac{c'\alpha}{c\alpha}+\frac{c'\alpha_1}{c\alpha_1}\right).$$

Pareillement, la relation harmonique des deux couples β, β_1 et a, a' s'exprime par l'équation

$$\frac{c'a.c'a'}{ca.ca'}+\frac{c'\beta.c'\beta_1}{c\beta.c\beta_1}=\frac{c'\alpha}{c\alpha}\left(\frac{c'\beta}{c\beta}+\frac{c'\beta_1}{c\beta_1}\right).$$

Retranchant ces deux équations membre à membre, et observant que, puisque c' est le conjugué harmonique du point c par rapport aux deux α_1, β_1, on a $\frac{c'\beta_1}{c\beta_1}=-\frac{c'\alpha_1}{c\alpha_1}$, tous les termes, moins deux, disparaissent, et il reste

$$\frac{c'a.c'a'}{ca.ca'} = \frac{c'b.c'b'}{cb.cb'},$$

ce qui est une des équations d'involution (190). Donc, etc.

Corollaire. — *Si le point* c *est à l'infini, son conjugué* c' *coïncidera avec le milieu du segment* $\alpha_1 \mathfrak{G}_1$, *et sera le point* central *de l'involution déterminée par les deux segments* aa', bb'.

284. Dans ce théorème et son corollaire les deux couples de points a, a' et b, b' peuvent être imaginaires, puisque l'on ne considère, par rapport à eux, que des relations harmoniques. Il s'ensuit que les deux propositions peuvent servir à construire le point central et le conjugué d'un point donné, dans une involution déterminée par deux couples de points imaginaires. Ces questions auront une application utile dans la théorie des coniques.

IV.

285. *Étant donnés deux couples de points* a, a' *et* b, b' *sur une même droite, et étant pris le point* c *conjugué harmonique du point* b *par rapport aux deux* a, a', *et le point* c' *conjugué harmonique de* b' *par rapport aux deux mêmes* a, a', *les trois segments* aa', bb' *et* cc' *sont en involution.*

En effet, on a, par hypothèse,

$$\frac{ac}{ab} = -\frac{a'c}{a'b} \quad \text{et} \quad \frac{ac'}{ab'} = -\frac{a'c'}{a'b'};$$

et, en multipliant membre à membre,

$$\frac{ac.ac'}{ab.ab'} = \frac{a'c.a'c'}{a'b.a'b'},$$

équation qui exprime que les trois segments aa', bb' et cc' sont en involution (190). C. Q. F. P.

On peut encore dire que : *Quand trois couples de points* a, a'; b, b' *et* c, c' *sont en involution, si les deux points* b *et* c *sont con-*

jugués harmoniques par rapport aux deux a, a′, *les deux* b′ *et* c′ *seront aussi conjugués harmoniques par rapport aux deux mêmes* a, a′.

V.

286. *Quand deux couples de points* a, a′ *et* b, b′ *sont en rapport harmonique, si l'on prend sur la même droite un point arbitraire* n *et ses conjugués harmoniques* c *et* c′ *par rapport aux deux segments* aa′ *et* bb′, *respectivement, les trois couples de points* a, a′; b, b′ *et* c, c′ *seront en involution.*

En effet, les deux points a, a' divisent harmoniquement chacun des deux segments bb' et cn; par conséquent ces points sont les points doubles de l'involution déterminée par les deux segments (**211**). Il s'ensuit que les trois segments aa', bn et $b'c$ sont en involution (**213**) et que l'on a

$$\frac{ba.ba'}{na.na'} = \frac{bb'.bc}{nb'.nc} \quad (\mathbf{190}).$$

Pareillement les trois segments aa', $b'n$ et bc sont en involution, et l'on a

$$\frac{b'a.b'a'}{na.na'} = \frac{b'b.b'c}{nb.nc}.$$

Divisant ces deux équations membre à membre, on a

$$\frac{ba.ba'}{b'a.b'a'} = -\frac{bc}{nb'} : \frac{b'c}{nb} = -\frac{bc}{b'c}\,\frac{nb}{nb'}.$$

Or, c' étant le conjugué harmonique du point n par rapport aux deux points b, b', on a

$$\frac{nb}{nb'} = -\frac{c'b}{c'b'}.$$

L'équation devient donc

$$\frac{ba.ba'}{b'a.b'a'} = \frac{bc.bc'}{b'c.b'c'},$$

ce qui prouve que les trois couples a, a'; b, b' et c, c' sont en involution.

Corollaire I. — *Si le point* n *est le milieu du segment* aa′, *son conjugué harmonique* c *sera à l'infini; et par conséquent le point* c′ *sera le point central de l'involution déterminée par les deux segments* aa′, bb′. On conclut de là que :

Quand deux couples de points a, a′ *et* b, b′ *sont en rapport harmonique,*

1° *Le point conjugué harmonique du milieu du segment* aa′ *par rapport aux deux points* b, b′ *coïncide avec le conjugué harmonique du milieu du segment* bb′ *par rapport aux deux points* a, a′;

2° *Ce point est le point central de l'involution déterminée par les deux couples* a, a′; b, b′.

C'est-à-dire que, ce point étant représenté par O, on a

$$Oa.Oa' = Ob.Ob'.$$

Corollaire II. — Si le point n est à l'infini, ses conjugués harmoniques c, c' par rapport aux deux segments aa', bb' sont les milieux α, β de ces segments. Donc :

Quand deux couples de points a, a′ *et* b, b′ *sont en rapport harmonique, leurs milieux respectifs* α, β *forment un troisième couple en involution avec les deux premiers.*

Corollaire III. — Il résulte de là que : *Les trois demi-circonférences décrites sur les segments* aa′, bb′ *et* $\alpha\beta$ *comme diamètres passent par un même point* (208). Les droites menées de ce point aux deux α, β sont à angle droit; or ces droites sont les rayons des deux premières circonférences; on en conclut donc que :

Quand deux segments aa′, bb′ *sont en rapport harmonique, les circonférences décrites sur ces deux segments comme diamètres se coupent à angle droit.*

287. *Trois droites issues d'un même point font, deux à deux, trois angles : si l'on considère les bissectrices de ces angles et celles de leurs suppléments, les trois droites formeront une involution soit avec les bissectrices des trois suppléments, soit avec les bissectrices de deux angles et la bissectrice du supplément du troisième angle.*

En effet, soient A, B, C les trois droites, A′, B′, C′ les bissectrices des trois angles (B, C), (C, A), (A, B), et A″, B″, C″ les bissectrices des suppléments de ces angles. On a

$$\frac{\sin(A',C)}{\sin(A',B)} = -1, \quad \frac{\sin(B',A)}{\sin(B',C)} = -1, \quad \frac{\sin(C',B)}{\sin(C',A)} = -1,$$

$$\frac{\sin(A'',C)}{\sin(A'',B)} = 1, \quad \frac{\sin(B'',A)}{\sin(B'',C)} = 1, \quad \frac{\sin(C'',B)}{\sin(C'',A)} = 1,$$

et, par conséquent,

$$\frac{\sin(A,B'').\sin(B,C'').\sin(C,A'')}{\sin(A'',B).\sin(B'',C).\sin(C'',A)} = -1,$$

et

$$\frac{\sin(A,B').\sin(B,C'').\sin(C,A')}{\sin(A',B).\sin(B',C).\sin(C'',A)} = -1;$$

équations qui prouvent les deux involutions en question (250).

DEUXIÈME SECTION.

PROPRIÉTÉS DES FIGURES RECTILIGNES. — APPLICATION DES THÉORIES PRÉCÉDENTES.

CHAPITRE XIV.

PROBLÈME DE LA SECTION DÉTERMINÉE.

I.

288. Le problème de la *Section déterminée,* ainsi appelé par Apollonius, est le suivant :

Étant donnés quatre points en ligne droite, on demande de déterminer sur cette droite un cinquième point tel, que le produit de ses distances à deux des quatre points donnés soit au produit de ses distances aux deux autres dans une raison donnée.

Soient a, a', b et b' les quatre points donnés, λ la raison; il s'agit de déterminer un point m tel que l'on ait

$$\frac{am.a'm}{bm.b'm}=\lambda.$$

Cette question en comporte trois autres comme cas particuliers, car on peut supposer que l'un des quatre points soit à l'infini, ou que deux points conjugués a, a' ou b, b' coïncident en un seul. Les trois cas qui résultent de ces hypothèses s'expriment par les équations

$$\frac{am.a'm}{bm} = \lambda \quad (^1),$$

$$\frac{\overline{am}^2}{bm.b'm} = \lambda,$$

$$\frac{\overline{am}^2}{bm} = \lambda.$$

289. Ce problème de la *Section déterminée* faisait partie des matières que les anciens comprenaient sous le titre d'*Analyse géométrique*. Apollonius l'avait traité dans un Ouvrage en deux Livres, qui contenait quatre-vingt-trois propositions. Cet Ouvrage ne nous est pas parvenu; toutefois des lemmes qui s'y rapportent, insérés par Pappus dans le septième Livre de ses *Collections mathématiques*, ont permis à plusieurs géomètres, dans les deux derniers siècles, de le rétablir dans le style ancien. Si tous ne l'ont pas fait avec la prolixité d'Apollonius et de R. Simson, qui passe pour avoir bien rétabli la marche et la méthode de l'auteur grec, tous cependant ne l'ont résolu qu'à l'aide de diverses propositions qui font dépendre la question générale de ses cas particuliers. Et c'est encore ainsi qu'a procédé, dans ces derniers temps, J. Leslie, dans son *Analyse géométrique*. De sorte qu'il n'existe pas, en Géométrie, de solution immédiate de la question. Je dis en Géométrie, car, par la voie analytique, en rapportant tous les points à une origine commune, on a sur-le-champ une équation du second degré dont les racines résolvent la question d'une manière générale.

---

(1) Pour considérer l'équation $\frac{am.a'm}{bm} = \lambda$ comme un cas particulier de celle relative à quatre points, $\frac{am.a'm}{bm.b'm} = \lambda$, on peut, dans celle-ci, remplacer la raison λ par le rapport de deux segments tels que bk, $b'k'$, k et k' étant deux points pris sur la même droite que les quatre a, a', b, b'; alors l'équation est

$$\frac{am.a'm}{bm.b'm} = \frac{bk}{b'k'} \quad \text{ou} \quad \frac{am.a'm}{bm} = bk\frac{b'm}{b'k'},$$

et, si l'on suppose le point b' à l'infini, elle devient

$$\frac{am.a'm}{bm} = bk = \lambda.$$

Comme la plupart des problèmes de Géométrie qui admettent deux solutions, celui-ci a des cas d'impossibilité, ce qui conduit à une question de limite ou de maximum, savoir, de *trouver le point* m *qui rend le rapport* $\frac{\mathrm{am.a'm}}{\mathrm{bm.b'm}}$ *maximum ou minimum.* Cette question n'a pas échappé à Apollonius, qui excellait dans ce genre de problèmes ardus, et Fermat l'a prise, à raison de sa difficulté, comme exemple de sa méthode *de maximis et minimis.*

Les théories précédentes procurent deux solutions immédiates et extrêmement simples de ce problème de la *Section déterminée :* l'une dérive de l'involution, et l'autre de la division homographique.

La première s'applique même au cas où l'un des deux couples de points conjugués a, a' et b, b', ou tous les deux, seraient imaginaires.

II. — *Première solution.*

290. L'équation à laquelle il faut satisfaire,

$$\frac{am.a'm}{bm.b'm} = \lambda,$$

donne lieu, évidemment, à deux points m, m'. La théorie de l'involution l'indique aussi, car, un premier point m étant déterminé, le point m' qui, avec celui-là et les deux couples a, a' et b, b', forme une involution satisfera aussi aux conditions du problème, puisqu'on aura

$$\frac{am.a'm}{bm.b'm} = \frac{am'.a'm'}{bm'.b'm'} \quad (190),$$

et par conséquent $\frac{am'.a'm'}{bm'.b'm'} = \lambda.$

D'après cela, soit μ le milieu des deux points cherchés m, m', et α, β ceux des deux segments aa', bb'; on aura

$$\frac{am.a'm}{bm.b'm} = \frac{\alpha\mu}{\beta\mu} \quad (227).$$

Donc

$$\frac{\alpha\mu}{\beta\mu} = \lambda.$$

Cette relation fait connaître le point milieu μ; et la détermination des deux points m, m' est une question de la théorie de l'involution, que nous avons résolue de bien des manières (**238**). Nous en dirons peu de chose ici.

Construction. — Par un point g pris arbitrairement, on fera passer deux circonférences de cercle ayant pour cordes respectives les deux segments aa', bb', et par le même point g et le second point d'intersection des deux circonférences on en fera passer une troisième ayant son centre sur la perpendiculaire à la droite aa', élevée par le point μ. Cette circonférence déterminera sur la droite aa' les deux points cherchés m, m'.

Autrement. On cherchera le point O déterminé par l'équation

$$\mathrm{O}a.\mathrm{O}a' = \mathrm{O}b.\mathrm{O}b',$$

puis le point μ' déterminé par

$$\mathrm{O}a.\mathrm{O}a' = \mathrm{O}\mu.\mathrm{O}\mu',$$

et l'on aura

$$\overline{\mu m}^2 = \mu\mu'.\mu\mathrm{O} \quad (\mathbf{239},\ 2^o).$$

Cas de trois points a, a', b. — Il faut déterminer un point m tel que l'on ait

$$\frac{am.a'm}{bm} = \lambda.$$

Deux points m, m' satisferont à la question. Ces deux points formeront une involution avec les deux a, a' et le point b, considéré comme point central. Car on aura

$$\frac{am.a'm}{bm} = \frac{am'.a'm'}{bm'} \quad \text{ou} \quad \frac{am.a'm}{am'.a'm'} = \frac{bm}{bm'},$$

équation d'involution (**195**).

Il s'ensuit que le milieu μ des deux points cherchés m, m' se détermine immédiatement par l'expression $\alpha\mu = \frac{1}{2}\lambda$ [**222**, équat. (4)].

Construction des deux points m, m'. — On décrit une circonférence de cercle quelconque passant par les deux points a, a', et l'on mène par le point b une corde qui la rencontre en deux points g, g'. Par ces deux points, on fait passer une circonférence qui ait son centre sur la perpendiculaire à la droite aa', élevée par le point μ; cette circonférence détermine les deux points cherchés m, m'.

Autrement. On construit le point μ' par la relation

$$ba.ba' = b\mu.b\mu',$$

et l'on a

$$\overline{\mu m}^2 = \mu\mu'.\mu b \quad (\mathbf{239},\ 2^o).$$

III. — *Seconde solution.*

291. Écrivons l'équation $\dfrac{am.a'm}{bm.b'm} = \lambda$ ainsi :

$$\frac{am}{bm} = \lambda\frac{b'm}{a'm}.$$

Sous cette forme on reconnaît que les points cherchés sont les *points doubles* de deux divisions homographiques exprimées par l'équation

$$\frac{am}{bm} = \lambda\frac{b'm'}{a'm'}.$$

a et b sont deux points de la première division, et b', a' leurs homologues respectifs dans la seconde (**121**).

Nous déterminerons les deux points doubles par la construction (**161**), où l'on se sert des points à l'infini.

Supposant m' à l'infini, on a $\dfrac{a\mathrm{I}}{b\mathrm{I}} = \lambda$, et, supposant m à l'infini, $\dfrac{a'\mathrm{J}'}{b'\mathrm{J}'} = \lambda$. Soit μ le milieu des deux points I, J'; on détermine le point μ' par l'équation

$$\frac{a\mu}{b\mu} = \lambda\frac{b'\mu'}{a'\mu'},$$

et l'on a (**161**)

$$\overline{\mu m}^2 = \mu\mu'.\mu\mathrm{J}' \ (^1).$$

(1) Il faut observer que dans cette équation μ' n'a pas la même signification que dans l'équation $\overline{\mu m}^2 = \mu\mu'.\mu\mathrm{O}$ (290).

Cas de trois points a, a', b. — L'équation $\frac{am.a'm}{bm} = \lambda$ s'écrit

$$\frac{am}{bm} = \lambda \frac{1}{a'm}$$

et montre que les points cherchés seront les points doubles de deux divisions homographiques exprimées par l'équation

$$\frac{am}{bm} = \lambda \frac{1}{a'm'},$$

dans lesquelles les deux points a et b de la première division ont pour conjugués, dans la seconde, l'infini et le point a' (125).

D'après cela, le point I est en a et le point J' se détermine par l'équation $a'\text{J}' = \lambda$. On prend le milieu μ du segment $a\text{J}'$, puis on détermine le point μ' par l'équation

$$\frac{a\mu}{b\mu} = \lambda \frac{1}{a'\mu'}$$

et les points cherchés par l'expression

$$\overline{\mu m}^2 = \mu\mu'.\mu\text{J}'.$$

292. Quand les deux points a, a' se confondent, les deux solutions relatives soit au cas de quatre points, soit à celui de trois points, s'appliquent d'elles-mêmes.

IV. — *Conditions d'impossibilité. — Limites de* λ.

293. Cas de quatre points a, a', b, b'. — Quand les deux segments aa', bb' empiètent l'un sur l'autre, les deux points m, m' sont toujours réels (238); mais, lorsque les deux segments présentent une autre disposition, ces deux points peuvent être imaginaires, ce qui a lieu si leur point milieu μ se trouve entre les deux points e, f qui divisent harmoniquement chacun des deux segments aa' et bb' (239). C'est là la seule condition d'impossibilité de la question. Voyons ce qu'il en résulte relativement au signe et à la valeur numérique du rapport λ. Nous considérerons successivement les deux cas que peut présenter la position relative des deux segments aa', bb'.

1° L'un des segments est entièrement situé sur l'autre. Alors leurs points milieux α, 6 sont au delà du segment ef (61), et tous deux du même côté, à droite ou à gauche. Or le point μ, par hypothèse, est situé sur le segment lui-même; il en résulte que le rapport $\frac{\mu\alpha}{\mu 6}$, égal à λ, est positif, et que sa valeur numérique est comprise entre celles des deux rapports $\frac{e\alpha}{e6}$, $\frac{f\alpha}{f6}$. Telles sont les deux conditions d'impossibilité du problème.

Si λ est égal à l'un des deux rapports, les deux points m et m' se confondent en l'un des points e, f, et les deux solutions se réduisent à une seule.

2° Les deux segments sont situés l'un au dehors de l'autre. Alors leurs milieux α, 6, qui se trouvent toujours au delà du segment ef, sont de côtés différents, et, puisque le point μ, par hypothèse, se trouve sur le segment lui-même, il en résulte que le rapport $\frac{\mu\alpha}{\mu 6}$ est négatif et que sa valeur absolue est comprise entre celles des deux rapports $\frac{e\alpha}{e6}$ et $\frac{f\alpha}{f6}$. Ce sont là les deux conditions d'impossibilité.

Quand λ est égal à l'un des deux rapports, les deux solutions sont réelles, mais se réduisent à une seule, comme précédemment.

Il résulte de cette discussion que l'on peut exprimer d'une manière générale les deux conditions d'impossibilité du problème, savoir, 1° que le coefficient λ soit de même signe que les deux rapports $\frac{e\alpha}{e6}$, $\frac{f\alpha}{f6}$, et 2° que sa valeur numérique soit comprise entre celles de ces deux rapports.

Nous avons vu (218) que les expressions des deux rapports $\frac{e\alpha}{e6}$, $\frac{f\alpha}{f6}$ sont

$$\frac{\overline{aa'}^2}{(\sqrt{ab'.a'b} \mp \sqrt{ab.a'b'})^2}.$$

294. Cas de trois points a, a', b. — Quand le point b est situé sur le segment aa', les deux points cherchés m, m' sont toujours réels. Quand le point b est situé au dehors de ce segment, les deux points e, f, qui le divisent harmoniquement et ont pour milieu le point b, sont réels, et il faut, pour que les deux points cherchés m, m' soient réels, que leur point milieu μ soit au dehors du segment ef. De sorte que la question sera impossible si le point μ, déterminé par $\alpha\mu = \frac{1}{2}\lambda$, tombe entre les deux points e, f.

On exprime cette condition en disant que le segment $\alpha\mu$ est compris entre les deux αe, αf. Il est clair qu'alors les trois segments sont de même signe. Ainsi l'on peut dire que la question est impossible quand, λ étant de même signe que les segments αe, αf, sa valeur absolue est comprise entre celles de ces deux segments. Les expressions de ces deux segments sont

$$\frac{1}{2}\,\frac{\overline{aa'}^2}{(\sqrt{ab} \mp \sqrt{a'b})^2} \quad (82).$$

V. — *Observation relative aux signes des segments et du rapport* λ. — *Procédé des anciens géomètres.* — *Question de* maximum *ou* minimum.

295. Nous n'avons fait aucune hypothèse sur le signe de la constante λ, qui peut être positive ou négative; la position du point μ, déterminé par la relation $\frac{\mu\alpha}{\mu 6} = \lambda$ ou $\mu\alpha = \frac{1}{2}\lambda$, dépend de ce signe; par conséquent, les deux solutions qui conviennent à un signe sont différentes des deux qui conviennent au signe contraire, de sorte que, si le signe de λ n'est pas déterminé dans l'énoncé de la question, celle-ci admettra quatre solutions.

Quant aux signes des segments, dans le cas de quatre points, où l'on a l'équation $\frac{am\,.\,a'm}{bm\,.\,b'm} = \lambda$, le sens dans lequel on comptera les segments positifs est indifférent, même quand deux points a, a' ou b, b' coïncident en un seul.

Mais pour le cas de trois points, exprimé par l'équation $\frac{am\,.\,a'm}{bm} = \lambda$, il n'en est pas de même; on doit indiquer dans quel sens se compteront les segments positifs, et, si ensuite on veut les compter dans le sens contraire, on aura deux nouvelles solutions; de sorte que, si l'énoncé de la question laisse ce sens indéterminé, on doit considérer qu'il y a quatre solutions. Toutefois, ces quatre solutions sont les mêmes que les quatre dues à l'indétermination du signe de la constante; car, si un point m satisfait à l'équation $\frac{am.a'm}{bm} = \lambda$, dans l'hypothèse que les segments positifs sont comptés à droite et que la constante est positive, ce point conviendra encore si l'on compte les segments positifs vers la gauche et qu'on suppose la constante négative.

Ainsi, dans les deux cas de quatre ou de trois points, la question admet généralement quatre solutions quand on ne donne de signes ni à la direction des segments ni à la constante.

Les anciens regardaient la constante toujours comme positive et ne donnaient pas de signes aux segments; cependant ils ne trouvaient, généralement, qu'une solution. D'après ce que nous venons de dire, ils auraient dû en trouver deux dans le cas de quatre points, et quatre dans le cas de trois points.

Il y a là un fait mathématique qui mérite d'être remarqué et que l'on en recherche la cause : c'est que les anciens, qui probablement s'étaient aperçus de la multiplicité des solutions et qui cependant ne pouvaient pas les comprendre sous un principe unique, parce que la notion des signes pour exprimer la direction des segments leur manquait, introduisaient dans les données de la question une condition qui suppléait à l'usage des signes. Ils désignaient comme condition du problème la région dans laquelle devait se trouver le point cherché. On peut s'assurer que cette condition conduisait, pour une même valeur numérique de la constante, aux quatre solutions répondant aux signes + et —. Mais cet examen, qui est nécessaire pour se bien rendre compte de ce qu'était la Géométrie des Grecs et des difficultés auxquelles donnait lieu la non-admission des quantités négatives, serait ici superflu.

296. Question de maximum ou minimum. — L'indication de la région dans laquelle doit se trouver le point cherché m donne lieu à une question de maximum ou minimum.

En effet, prenons le cas de quatre points exprimé par l'équation $\frac{ma.ma'}{mb.mb'} = \lambda$, et supposons que le segment bb' soit compris entièrement sur aa' et qu'on demande que le point cherché m soit situé à droite du segment aa' (*fig.* 32). Le point μ sera ou à gauche du point α ou à droite du point f. Or, si le point μ est à gauche de α, le rapport $\frac{\mu\alpha}{\mu\beta}$, égal à λ, est toujours < 1 et augmente quand μ s'éloigne, jusqu'à devenir égal à l'unité quand μ est à l'infini. Puis, si l'on suppose que μ revienne de l'infini à droite du point f, le rapport $\frac{\mu\alpha}{\mu\beta}$ augmente au fur et à mesure que μ s'approche du point β; mais μ ne peut pas franchir le point f, parce que, en deçà de f sur le segment ef, il donnerait des points m, m' *imaginaires*. Donc, la plus grande valeur qu'on puisse donner au rapport $\frac{\mu\alpha}{\mu\beta}$ ou λ est celle qui fait coïncider μ avec f, et cette valeur est

$$\frac{f\alpha}{f\beta} = \frac{\overline{aa'}^2}{(\sqrt{ab'.a'b} + \sqrt{ab.a'b'})^2}$$

Alors le point cherché m est situé lui-même en f.

Mais, si l'on veut que le point m soit sur le segment bb', le point μ sera à droite de β, et le rapport $\frac{\mu\alpha}{\mu\beta}$ sera minimum quand μ coïncidera avec e, auquel cas le point cherché m se trouvera lui-même en e, et le rapport λ aura pour valeur

$$\frac{e\alpha}{e\beta} = \frac{\overline{aa'}^2}{(\sqrt{ab'.a'b} - \sqrt{ab.a'b'})^2}.$$

Supposons maintenant que le segment bb' soit situé au delà de aa' (*fig.* 33) et qu'on demande que le point m soit sur l'un des deux segments, sur bb' par exemple. Alors le point μ sera à gauche de β. Le rapport $\frac{\mu\alpha}{\mu\beta}$ diminue, abstraction faite de son signe —, quand μ s'éloigne de β. Or μ ne peut pas franchir le point f, parce que le point cherché m deviendrait imaginaire ; donc la plus grande valeur qu'on puisse donner au rapport λ est celle qui fait coïncider le point μ en f. Cette valeur maximum est

$$\frac{f\alpha}{f\beta} = \frac{\overline{aa'}^2}{(\sqrt{ab'.a'b} - \sqrt{ab.a'b'})^2}.$$

Si l'on demande que le point m soit au dehors des deux segments aa', bb', le point μ sera lui-même au dehors du segment $\alpha\beta$, et le rapport λ pourra avoir une valeur quelconque ; de sorte qu'il n'y a pas alors de question de maximum.

297. Ainsi, le problème de la *Section déterminée* donne lieu à trois cas de maximum ou minimum quand on indique dans quelle région, par rapport aux deux segments aa' et bb', doit se trouver le point cherché.

Ces questions d'impossibilité et de limite ne nous ont offert aucune difficulté, parce que nous y avons introduit la notion du point μ, milieu des deux points cherchés m, m', et celle de l'expression $\frac{\mu\alpha}{\mu\beta}$ égale au rapport λ, qui sert à déterminer immédiatement le point μ.

Mais, à défaut de ce moyen de solution, c'est en raisonnant directement sur l'expression plus compliquée $\frac{am.a'm}{bm.b'm}$ de la constante λ qu'on a dû chercher, dans chaque cas, la position du point m, ses limites et les valeurs maximum ou minimum de λ. Ces questions difficiles ont été fort bien résolues par Apollonius, qui a non-seulement déterminé les points limites e, f, mais est parvenu aux expressions des rapports $\frac{f\alpha}{f\beta}$, $\frac{e\alpha}{e\beta}$, telles que nous les avons données.

La recherche de ces expressions présentait surtout de grandes difficultés, qui ont exigé toutes les ressources du géomètre. Car, Apollonius ne connaissant pas les différentes relations analytiques de l'involution dont nous avons fait usage, c'est au moyen de figures et par des considérations de pure Géométrie, différentes dans les trois cas, qu'il est parvenu à la détermination des valeurs en question (¹). Ce sont ses propres solutions, conservées par Pappus, que les géomètres modernes ont reproduites.

(¹) Les trois questions de maximum ou minimum, dans l'ordre dans lequel nous les avons traitées, font le sujet des propositions 64, 61 et 62 du septième Livre de Pappus, et 65, 59, 62 de R. Simson.

Dans les deux premiers cas, les valeurs maximum ou minimum du rapport λ trouvées par Apollonius sont celles que nous avons données, et c'est par des propriétés du cercle, différentes dans les deux cas, que l'auteur y est parvenu. Mais dans le

On peut voir, par ce que nous venons de dire, que ce problème de la *Section déterminée* était dans la Géométrie ancienne et est resté jusqu'ici une question fort compliquée, résolue longuement et péniblement. Il faut se livrer à une étude approfondie des lemmes de Pappus qui s'y rapportent et de l'Ouvrage de R. Simson pour bien connaître et apprécier ses difficultés et la marche suivie par Apollonius dans les quatre-vingt-trois propositions dont son Ouvrage se composait.

---

troisième cas, qui forme le second du géomètre grec, sa méthode est encore différente; il y emploie une figure composée de triangles et assez compliquée, et l'expression du rapport maximum diffère des premières; elle est

$$\frac{\left(\sqrt{ab'.a'b}+\sqrt{ab.a'b'}\right)^2}{\overline{bb'}^2}.$$

On vérifie sans difficulté que cette expression est identique à la nôtre, en vertu de la relation $aa'.bb' = ab.a'b' - ab'.a'b$ entre les quatre points a, a', b, b'.

J. Leslie, qui a consacré huit propositions à ce problème, n'a traité qu'un des trois cas de limites ou d'impossibilité (celui qui fait le sujet des propositions 61 de Pappus et 59 de Simson) sans laisser entrevoir au lecteur les autres cas. (Voir *Geometrical Analysis*. Edinburgh, 1821, in-8°, p. 69-83.)

CHAPITRE XV.

QUESTIONS DONT LA SOLUTION SE RAMÈNE A LA CONSTRUCTION DES POINTS DOUBLES DE DEUX DIVISIONS HOMOGRAPHIQUES SUR UNE MÊME DROITE.

§ I. — Exposé de la méthode.

298. Il existe un grand nombre de questions qu'on peut ramener à la construction des points doubles de deux divisions homographiques; de sorte que ces questions, qui, en Analyse, dépendent d'équations du second degré ou d'équations de degré supérieur qui se ramènent au second, se résolvent toutes par une construction uniforme, quoiqu'elles puissent n'avoir en apparence aucun lien de similitude; et cette construction est toujours très-simple, même dans le cas où, par les méthodes ordinaires, on éprouverait des difficultés réelles, surtout à raison de la multiplicité des racines, qu'on ne pourrait éviter dans la mise en équation du problème.

Les deux divisions homographiques, dans chaque question, sont déterminées par trois couples de points correspondants. Les deux points de chaque couple sont donnés par une sorte de *construction d'essai*, qui n'est la bonne que quand les deux points qu'elle détermine se trouvent coïncidents. Cette méthode a de l'analogie avec les règles de *fausse position* en Arithmétique, et cette analogie est réelle; car, quoique fondée sur une construction géométrique, la méthode s'applique à la résolution d'un système d'équations du second ou du premier degré, et, pour celles-ci, la construction, traduite en Analyse, donne les mêmes expressions des racines que les règles de *fausse position* que l'on connaît [1].

A raison de la diversité et de l'étendue de ses applications, cette méthode peut mériter ici une attention particulière; car ce qui

[1] On sait que cette méthode des *fausses positions* est fort ancienne. Elle nous est venue des Arabes, qui la tenaient des Indiens.

manque en Géométrie, ce sont des méthodes générales et uniformes, propres chacune à un grand nombre de questions, comme il en existe en Analyse.

La méthode dont il s'agit satisfait complétement à cette condition.

Au nombre des questions auxquelles elle s'applique se trouvent, parmi les plus faciles, celles qui ont fait le sujet des trois Ouvrages d'Apollonius, intitulés *De la Section de raison, De la Section de l'espace* et *De la Section déterminée*. Chacune de ces questions exigeait un grand nombre de propositions. Pappus rapporte qu'il s'en trouvait dans le Livre de la *Section de raison* cent quatre-vingt-une; dans celui de la *Section de l'espace* cent vingt-quatre, et dans celui de la *Section déterminée* quatre-vingt-trois. C'est que la solution ne se faisait jamais directement pour le cas le plus général de la question; on procédait par cas particuliers, en s'élevant des plus simples à de plus composés; la solution de chaque cas reposait toujours sur la solution des cas précédents. Outre cela, chaque problème donnait lieu à autant de questions différentes qu'il y avait de variétés dans les positions relatives des diverses parties de la figure. Dans les deux siècles derniers, où ces problèmes ont occupé d'éminents géomètres, dont plusieurs ont cherché à rétablir les trois Ouvrages d'Apollonius, c'est cette marche longue et pénible qu'ils ont encore suivie; et, bien qu'ils aient cherché à renfermer la solution de chacun de ces problèmes dans le plus petit nombre possible de propositions, il en a toujours fallu plusieurs pour s'élever des cas particuliers à la question générale. Ainsi, J. Leslie, dans son *Analyse géométrique*, consacre à la *Section de raison* quatre propositions (propositions 1-4 du second Livre), à la *Section de l'espace* six (propositions 5-10) et à la *Section déterminée* huit (propositions 11-18); ce qui fait dix-huit propositions, tandis que par notre méthode une solution unique suffit pour les trois questions considérées dans leur énoncé le plus général.

La seconde solution que nous avons donnée du problème de la *Section déterminée* (291) est fondée sur cette méthode et pourrait suffire pour en montrer les usages; mais nous allons en présenter diverses autres applications, en choisissant principalement les questions qui, sous des énoncés généraux, comportent un grand nombre de corollaires et de questions particulières.

§ II. — Questions où l'on considère deux divisions homographiques sur deux droites. Problèmes de la Section de raison et de la Section de l'espace.

299. Deux divisions homographiques sur deux droites donnent lieu à deux genres de questions différentes : dans les unes on se proposera de déterminer deux points homologues satisfaisant à certaines conditions, et dans les autres de déterminer deux segments homologues satisfaisant aussi à des conditions données.

Ces questions peuvent se présenter sous des formes très-diverses; nous n'en donnerons ici que quelques exemples, le mode de solution étant toujours le même.

I.

300. *Étant données sur deux droites* AL, BL′ *deux divisions homographiques, on demande de mener, par deux points donnés* P, P′, *des droites aboutissant à deux points homologues* a, a′ *des deux divisions et faisant entre elles un angle de grandeur donnée.*

On prendra arbitrairement le point a (*fig.* 34) sur la première droite AL, et l'on déterminera sur la seconde BL′ le point homologue a' de la seconde division; puis on mènera la droite P′a', et, par le point P, une droite faisant avec P′ a' un angle égal à l'angle donné : cette droite rencontrera AL en un point α'. Les deux points a et α' formeront deux divisions homographiques. En effet, les deux rayons P′a' et Pα', qui font entre eux un angle de grandeur constante, forment deux faisceaux homographiques (151), et, par conséquent, leurs traces a' et α' sur les deux droites BL′ et AL, respectivement, forment deux divisions homographiques : mais a' et a forment aussi deux divisions homographiques par hypothèse; donc les deux points a et α' forment deux divisions homographiques (106), et il est évident que chacun des deux points doubles de ces divisions fournit une solution de la question.

Comme on peut mener par le point P deux droites faisant avec P′a' un angle égal à un angle donné, sauf le cas où cet angle est droit, la question aura en général quatre solutions, et deux seulement quand l'angle donné sera droit.

301. Trois couples de points tels que a et α' suffiront pour déterminer les deux points doubles cherchés. Or, quand on prend sur la droite AL un point a et qu'on détermine le point a' conformément à l'hypothèse, et le

rayon $P\alpha'$ faisant avec $P'a'$ l'angle donné, on peut considérer qu'on fait une *construction d'essai* qui réussirait si le rayon $P\alpha'$ coïncidait avec Pa, mais qui donne, en général, une *erreur* marquée par le segment $a\alpha'$, qui devrait être nul; et c'est au moyen de trois erreurs semblables données par trois constructions d'essai quelconques que l'on résout la question. Il y a donc une certaine analogie, comme nous l'avons dit, entre cette méthode générale et les règles arithmétiques de *fausse position*.

Mais on conçoit qu'ici l'on devra faire choix des données particulières qui sont propres à simplifier extrêmement, comme nous l'avons vu (**162**), la construction des deux points doubles de deux divisions homographiques, construction qui constitue la solution générale du problème.

302. On peut donner à la question un énoncé plus étendu, en demandant que les deux droites menées par les deux points fixes, au lieu de faire entre elles simplement un angle de grandeur constante, soient deux rayons homologues de deux faisceaux homographiques donnés. La question alors n'admet que deux solutions.

303. Le problème, même réduit à l'énoncé sous lequel nous l'avons considéré, est susceptible d'un grand nombre d'applications, tant à cause des différentes manières de former, géométriquement ou par des expressions analytiques, les deux divisions homographiques sur les droites AL, BL', qu'à raison des cas particuliers auxquels il donne lieu; car on peut supposer que les deux points fixes P, P' se confondent en un seul, que l'angle donné soit nul et que les deux divisions homographiques soient formées sur une même droite.

Il est inutile d'examiner ici les nombreuses questions qui naissent de ces diverses hypothèses. Toutefois, il en est trois qui méritent d'être distinguées : ce sont celles de la *Section de raison*, de la *Section de l'espace* et de la *Section déterminée*. Les deux premières se présentent naturellement comme cas particuliers de la question générale, si l'on y suppose les deux pôles P, P' coïncidents en un même point et l'angle donné nul. Pour la troisième il faut supposer, en outre, que les deux divisions homographiques soient formées sur une même droite. Mais, la solution étant précisément la seconde des deux que nous avons données précédemment en traitant directement la question, nous n'aurons pas à y revenir ici.

II. — *Problème de la Section de raison.*

304. *Étant données deux droites* AL, BL', *on demande de mener par un point* ρ *une transversale qui forme sur ces deux droites, à partir de deux* *points fixes* A, B, *deux segments* Aa, Ba' *qui soient entre eux dans une raison donnée* λ.

Concevons sur les deux droites (*fig.* 35) deux points variables a, a' liés entre eux par la relation

$$\frac{\mathrm{A}a}{\mathrm{B}a'} = \lambda;$$

ils formeront deux divisions homographiques, de sorte que la question sera de mener par le point ρ une transversale qui rencontre les deux droites en deux points homologues de ces divisions, ce qui est un cas particulier de la question générale (**300**).

Nous dirons donc que, le point a étant pris arbitrairement sur la droite AL et le point a' déterminé par la relation $\frac{\mathrm{A}a}{\mathrm{B}a'} = \lambda$, si l'on mène le rayon $\rho a'$ qui rencontre la droite AL en un point α', ce point et le premier a formeront deux divisions homographiques dont les points doubles fourniront les deux solutions de la question.

D'après cela, voici comment on construira ces points en se servant des points I et J', qui dans les deux divisions correspondent à l'infini (**161**).

Pour le point I (position de a quand α' est à l'infini), on mènera par le point ρ (*fig.* 36) la parallèle à AL, laquelle rencontrera BL' en I', et l'on prendra $\frac{\mathrm{AI}}{\mathrm{BI'}} = \lambda$. Le point J' (position de α' quand a est à l'infini) se détermine immédiatement par la droite ρJ' parallèle à BL'. Soit O le milieu du segment IJ'; il faut considérer ce point comme une position du point a et chercher la position correspondante de α'. Pour cela, on déterminera sur BL' le point Ω' par la relation $\frac{\mathrm{AO}}{\mathrm{B}\Omega'} = \lambda$, et l'on mènera la droite $\rho\Omega'$ qui rencontre AL en O'.

Enfin on prendra, de part et d'autre du point O, les points e, f déterminés par la relation

$$\mathrm{O}e = -\mathrm{O}f = \sqrt{\mathrm{OO'}.\mathrm{OJ'}}.$$

Les deux droites ρe, ρf satisferont à la question, c'est-à-dire qu'elles rencontreront la droite BL' en deux points e', f' tels, que l'on aura

$$\frac{\mathrm{A}e}{\mathrm{B}e'} = \lambda \quad \text{et} \quad \frac{\mathrm{A}f}{\mathrm{B}f'} = \lambda.$$

305. Observation relative aux signes des segments. — Pour faire usage de la relation $\frac{\mathrm{A}a}{\mathrm{B}a'} = \lambda$, il faut donner des signes aux segments comptés sur les deux droites à partir des deux points fixes A et B, car, autrement, à un point a correspondraient deux points a' situés de part et d'autre de l'origine B, de sorte que, si le sens des segments n'est pas prescrit, le problème, au lieu de deux solutions, en admettra quatre. Les anciens suppléaient à cet usage des signes en indiquant de quels côtés devaient se trouver les points cherchés, ainsi que nous l'avons dit au sujet du problème de la *Section déterminée* (295).

III. — *Problème de la Section de l'espace.*

306. *Étant données deux droites* AL, BL′ *sur lesquelles sont deux points fixes* A *et* B, *on demande de mener par un point* ρ *une transversale qui forme sur les deux droites deux segments* Aa, Ba' *dont le produit ait une valeur donnée* ν.

Si l'on prend sur les deux droites (*fig.* 37) deux points a, a' satisfaisant à la relation

$$Aa.Ba' = \nu,$$

ces points forment deux divisions homographiques (127); et il s'agit de mener par le point ρ une droite passant par deux points homologues des deux divisions.

La droite $\rho a'$ rencontre AL en α', et les deux points a, α' forment deux divisions homographiques dont les points doubles fournissent les solutions de la question.

La droite ρB marque sur AL le point J′. Pour le point I, on mène ρI′ parallèle à AL, qui marque sur BL′ le point I′, et l'on détermine le point I par la relation $AI.BI' = \nu$. On prend le milieu O du segment IJ′, et sur BL′ le point Ω' déterminé par $AO.B\Omega' = \nu$; la droite $\rho\Omega'$ marque sur AL le point O′. Enfin on prend, de part et d'autre du point O,

$$Oe = -Of = \sqrt{OO'.OJ'}.$$

Les deux droites ρe et ρf résolvent la question.

Si le sens des segments positifs n'est pas prescrit, le problème admettra quatre solutions, de même que le précédent.

IV.

307. *Étant données deux divisions homographiques sur deux droites* L *et* L′ (*fig.* 38), *déterminer deux segments homologues qui soient vus de deux points donnés, sous des angles donnés.*

Soient a, a' et b, b' deux couples de points homologues des deux divisions; il faut déterminer ces quatre points de manière que les deux segments ab et $a'b'$ soient vus respectivement de deux points P, P' sous des angles donnés ψ et ψ'. Concevons qu'ayant pris un point a sur la droite L on forme l'angle aPb égal à ψ, et soient a', b' les deux points de la seconde division qui correspondent aux deux a, b de la première. Que l'on forme l'angle $a'P'\beta'$ égal à ψ' et que l'on fasse glisser le point a sur la droite L; les deux points b', β' formeront deux divisions homographiques dont les points doubles détermineront, évidemment, deux solutions de la question.

L'angle $a'P'\beta'$ peut être formé à droite ou à gauche de $P'a'$, ce qui donne deux systèmes différents de solutions, en tout quatre solutions, lesquelles se réduisent à deux quand l'angle ψ' est droit.

On peut aussi former l'angle aPb à droite ou à gauche de Pa; mais les quatre solutions relatives à la seconde manière sont les mêmes que les premières, car, en changeant les lettres des deux côtés de chacun des angles aPb, $a'P'b'$ dans chacune des quatre solutions, c'est-à-dire en donnant la lettre a au côté Pb et la lettre b au côté Pa, et de même pour l'angle $a'P'b'$, on aura les quatre nouvelles solutions, qui, par conséquent, seront les mêmes que les premières.

308. On peut demander que les deux segments ab, $a'b'$ soient de longueurs données : la solution dérive des mêmes considérations.

309. *Étant données deux divisions homographiques sur une droite, il existe deux couples de points homologues qui divisent harmoniquement un segment donné* ef.

En effet, à chaque point a de la première division correspondent un point a' dans la seconde division et un point α', conjugué harmonique de a par rapport aux deux points e, f. Il faudrait, pour que les deux points a, a' satisfissent à la question, que a' coïncidât avec α'. Or les deux points a' et α' forment deux divisions homographiques dont chacun des deux points doubles satisfait à la question. Donc, etc.

§ III. — Questions où l'on considère deux systèmes de deux divisions homographiques.

310. *Étant données deux divisions homographiques sur deux droites* AL, A'L', *et deux autres divisions homographiques sur deux autres droites* BM, B'M', *on demande de mener par un point donné* P *deux transversales qui* *rencontrent les deux premières droites respectivement en deux points de division homologues et les deux autres droites pareillement en deux points de division homologues.*

Soient a et a' (*fig.* 39) deux points homologues des deux divisions sur les droites AL, A′L′; qu'on mène la droite Pa qui rencontre la droite BM en b, et soit b' le point homologue sur B′M′. La droite Pb' rencontre la droite A′L′ en un point α'. On reconnaît aisément que les deux points a', α' forment deux divisions homographiques dont les points doubles résolvent la question.

311. On peut supposer que les deux droites AL, A′L′ coïncident ensemble, ainsi que les deux BM, B′M′. Alors on aura deux divisions homographiques sur une même droite AL et deux autres divisions homographiques sur une seconde droite BM.

Ces deux droites AL, BM peuvent même se confondre en une seule, de sorte qu'on aura deux systèmes de deux divisions homographiques sur une même droite, et la question sera de déterminer deux points qui soient homologues à la fois dans les deux premières divisions et dans les deux autres.

Ces questions sont susceptibles d'applications très-diverses. Nous en énoncerons une seule.

312. *Étant données deux droites* AL, BM, *on demande de mener par un point* P *deux transversales qui interceptent sur les deux droites deux segments de longueurs données* λ *et* μ.

Concevons sur la première droite un segment aa' égal à λ, et qu'on le fasse glisser pour lui donner différentes positions, les deux points a, a' formeront deux divisions homographiques, et, de même, un segment bb' égal à μ sur la seconde droite détermine deux divisions homographiques : de sorte que le problème rentre dans la question générale.

313. Au lieu de demander que les deux segments aa', bb' soient de longueurs données, on peut demander qu'ils soient vus de deux points fixes, respectivement, sous des angles donnés.

§ IV. — Questions diverses.

314. *Étant données deux droites* L, L′ (*fig.* 40), *on demande de placer entre elles une corde* aa′ *qui soit vue de deux points donnés* P, P′ *sous des angles donnés* Ω, Ω'.

Qu'on prenne arbitrairement un point a sur la première droite L, et qu'on forme sur les deux rayons Pa, P$'a$ les deux angles aPa', aP$'a''$ égaux respectivement aux deux angles donnés Ω, Ω'; leurs seconds côtés rencontreront la droite L$'$ en deux points a', a''. Quand le point a glissera sur la droite L, ces deux points formeront deux divisions homographiques, et chacun des deux points doubles de ces divisions donnera une solution de la question.

Si le sens dans lequel on doit former les deux angles Ω, Ω' sur les rayons Pa, P$'a$ n'est pas indiqué, la question admettra huit solutions.

315. Cas particuliers. — I. L'un des angles peut être nul; alors on demande de placer entre deux droites une corde passant par un point donné et qui soit vue d'un autre point sous un angle donné.

II. Au lieu de demander que la corde aa' soit vue du point P sous un angle Ω, on peut demander que sa projection sur un axe soit de grandeur donnée. Et de même à l'égard de l'angle Ω'.

Les deux droites peuvent coïncider. Alors on résout les questions suivantes :

III. *Déterminer sur une droite un segment qui soit vu de deux points donnés sous des angles donnés.*

IV. *Déterminer sur une droite un segment de longueur donnée qui soit vu d'un point donné sous un angle donné.*

Toutes ces questions se résolvent par une même construction toujours très-simple.

316. *Inscrire dans un triangle* ABC (*fig.* 41) *un rectangle* mnpq *égal en surface à un carré donné.*

Qu'on mène mr parallèle à AC, on forme le parallélogramme mnAr équivalent au rectangle $mnpq$ ou au carré donné. Nous supposerons donc que c'est ce parallélogramme qu'il s'agit de déterminer.

Concevons un autre parallélogramme Mn'Ar' de même surface; ses deux côtés Mn', Mr' rencontrent le côté BC du triangle en deux points a, a' qui formeront deux divisions homographiques quand on fera varier ce parallélogramme. En effet, puisqu'il a toujours même surface, on a

$$\mathrm{A}n'.\mathrm{A}r' = \text{const.} = \nu.$$

Donc les deux points n' et r' forment, sur les deux côtés AB, AC, deux divisions homographiques (**127**). Or les points n' et a forment deux divisions homographiques, ainsi que les points r' et a'. Donc les deux points a et a' forment deux divisions homographiques (**106**). Il est évident que le point cherché m est un point double de ces deux divisions. D'après cela, on déterminera les deux points m qui satisfont à la question de la manière suivante.

Les deux points I et J' des deux divisions seront en B et C. Par le milieu O de BC on mènera On'' parallèle à AB; on prendra le point r'' déterminé par la relation $An''.Ar'' = \nu$. La parallèle à AC, menée par r'', déterminera sur BC le point O'. On prendra $Om = \sqrt{OO'.OJ'}$. Le point m sera le sommet du parallélogramme demandé. Il existera au-dessous du point O un second point m qui sera le sommet d'un second parallélogramme satisfaisant également à la question.

317. *Étant donnés un polygone de* n *côtés et* n *points placés arbitrairement, on demande d'inscrire dans le polygone un autre polygone dont les* n *côtés passent par ces* n *points.*

Soient ABCDE (*fig.* 42) le polygone donné, et P, Q, R, S, T les points par lesquels doivent passer les côtés consécutifs du polygone cherché abc....

Nous allons déterminer le sommet a du polygone demandé, qui se trouve sur le côté AE.

Qu'on prenne arbitrairement sur AE un point a, et qu'en menant aP qui rencontre AB en b, puis bQ qui rencontre BC en c, etc., on forme ainsi un polygone d'essai abc..., dont le dernier côté Te rencontre le côté AE en un point a' différent de a. Ces deux points a, a' forment évidemment deux divisions homographiques dont les points doubles seront les sommets de deux polygones satisfaisant à la question.

Remarque. — On peut dire que le polygone que l'on construit est inscrit au polygone donné ABCDE et circonscrit à un second polygone PQRST du même nombre de côtés.

318. *Étant donnés trois points* p, P, Q (*fig.* 43) *et deux droites* L, L', *on demande de faire passer par les trois points les côtés d'un triangle* ABC *qui ait ses deux sommets* A, B *sur les droites* L, L' *et dont l'angle en* C *soit égal à un angle donné.*

Soit menée par le point p une droite rencontrant les deux L, L' en a et b; qu'on mène Pb, puis Qa' faisant avec Pb l'angle c égal à l'angle donné. Les deux points a et a' formeront deux divisions homographiques dont chacun des points doubles sera une solution de la question.

319. On résoudra de même la question suivante :

Étant donnés n *points quelconques et* (n — 1) *droites aussi quelconques, on demande de former un polygone de* n *côtés, tel que ses côtés passent par les* n *points, que ses sommets, moins un, soient situés sur les* (n — 1) *droites, et que l'angle au dernier sommet soit de grandeur donnée.*

Ce problème comprend le suivant :

Un rayon de lumière partant d'un point fixe et se réfléchissant successivement sur plusieurs droites, déterminer la direction que doit prendre le rayon initial pour que le dernier rayon réfléchi le coupe sous un angle donné.

320. *Observations.* — Dans les questions précédentes, nous avons toujours considéré des divisions homographiques; mais on conçoit qu'on pourrait aussi ramener les questions à la considération de faisceaux homographiques, soit dans leur énoncé, soit dans leur solution, laquelle dépendrait alors de la recherche des rayons doubles de deux faisceaux ayant le même centre. Il est inutile de donner des exemples de ce genre de questions. La méthode sera toujours la même.

Le petit nombre de problèmes que nous venons de résoudre par cette méthode générale se rapporte aux figures rectilignes, parce que ce sont les seules dont nous devions nous occuper ici; mais la théorie des sections coniques donnera lieu à de très-utiles applications de la méthode.

§ V. — Résolution d'un système d'équations du premier ou du second degré.

I. *Équations du premier degré.*

321. Considérons un système d'équations déterminées, du premier degré et de la forme

$$\begin{aligned} \lambda\, x + \mu\, y + \nu &= 0, \\ \lambda_1 y + \mu_1 z + \nu_1 &= 0, \\ \dots\dots\dots&\dots\dots, \\ \lambda_n v + \mu_n x + \nu_n &= 0. \end{aligned}$$

Supposons qu'il y ait x' au lieu de x dans la dernière équation. Cela posé, si l'on donne à x une valeur arbitraire dans la première équation, il s'ensuivra des valeurs correspondantes des variables y, z, ..., et pour x' dans la dernière équation une valeur différente de celle attribuée à x. Il faudrait, pour que celle-ci fût une racine des équations, qu'elle rendît la dernière équation identique, c'est-à-dire qu'il en résultât la même valeur pour x'.

D'après cela, supposons que les variables $x, y, \ldots$ représentent les distances d'autant de points X, Y, ..., situés sur une même droite, à une origine commune. La première équation exprimera que deux points variables X, Y forment deux divisions homographiques (**131**); la seconde que les deux points Y et Z forment aussi deux divisions homographiques; et ainsi de suite jusqu'à la dernière, qui exprime que les deux points V et X′ forment aussi deux divisions homographiques. Il résulte de cette série de divisions homographiques que les deux points extrêmes X et X′ forment ensemble deux divisions homographiques (**106**), et il est évident que le point double de ces deux divisions qui correspond à deux valeurs égales de x et x' fournira la racine en x des équations proposées. Les deux divisions n'auront qu'un point double, parce que, d'après la forme des équations, ce sont des divisions *semblables* dont le second point double est à l'infini (**164**).

La résolution des équations se réduit donc à construire le point double de deux divisions homographiques *semblables*, ce qu'on fera au moyen de deux systèmes de points homologues (**165**).

Soient donc a une valeur arbitraire donnée à x dans la première équation et a' la valeur résultante de x dans la dernière équation, et pareillement b et b' deux autres valeurs correspondantes de x. A partir d'une origine A, on portera sur une même droite les segments $A\alpha$, $A\alpha'$, $A\beta$, $A\beta'$, égaux respectivement aux quatre nombres a, a', b, b', et l'on déterminera le point e par l'équation

$$\frac{\alpha e}{\alpha' e} = \frac{\alpha\beta}{\alpha'\beta'} \quad (165)$$

ou

$$\frac{Ae - A\alpha}{Ae - A\alpha'} = \frac{A\beta - A\alpha}{A\beta' - A\alpha'},$$

d'où l'on tire

$$Ae = \frac{A\alpha . A\beta' - A\alpha' . A\beta}{(A\alpha - A\alpha') - (A\beta - A\beta')}$$

ou

$$Ae = \frac{A\alpha(A\beta' - A\beta) - A\beta(A\alpha' - A\alpha)}{(A\beta' - A\beta) - (A\alpha' - A\alpha)}.$$

Or $(A\alpha' - A\alpha)$, c'est-à-dire la différence entre la valeur a attribuée à x dans la première équation et la valeur a' de x dans la dernière équation, peut être considéré comme l'*erreur* relative à la *valeur d'essai* a, et de même $(A\beta' - A\beta)$ sera l'erreur relative à la seconde valeur d'essai b. Désignant ces deux erreurs par ε et ε', on aura

$$Ae = \frac{A\alpha.\varepsilon' - A\beta.\varepsilon}{\varepsilon' - \varepsilon}$$

ou

$$x = \frac{a.\varepsilon' - b.\varepsilon}{\varepsilon' - \varepsilon}.$$

C'est la formule connue dans la *règle de fausse position.*

Remarque. — Il est clair que ce mode de solution s'applique à des équations quelconques du premier degré entre un pareil nombre d'inconnues, sans qu'il soit nécessaire que chacune des équations ne contienne, comme ci-dessus, que deux inconnues; car on pourra toujours, par voie d'addition, ramener les équations proposées à la forme des précédentes.

II. — *Résolution d'une équation du second degré.*

322. L'équation du second degré à une seule inconnue

$$ax^2 + bx + c = 0$$

peut se résoudre par les mêmes considérations, c'est-à-dire par la construction des points doubles de deux divisions homographiques.

Pour cela, on l'écrira ainsi,

$$axx' + bx + c = 0,$$

et l'on regardera x et x' comme représentant les distances de deux points m, m' à une origine commune sur une droite indéfinie; l'équation exprimera que ces deux points forment deux divisions homographiques, et les points doubles de ces deux divisions détermineront les racines de l'équation proposée, lesquelles seront les distances des deux points doubles à l'origine. Cette construction conduit à l'expression connue des racines de l'équation; mais il est inutile de nous arrêter à ces détails.

III. — *Résolution de deux équations à deux inconnues.*

323. Soient les deux équations

(1) $$xy + \lambda x + \mu y + \nu = 0,$$

(2) $$yx + \lambda' y + \mu' x + \nu' = 0.$$

Écrivons dans la seconde x' au lieu de x; on aura

$$(3) \qquad yx' + \lambda' y + \mu' x' + \nu' = 0.$$

Si l'on regarde x, y, x' comme les distances de trois points m, m', m'' à une origine commune, la première équation exprimera que les deux points m, m' appartiennent à deux divisions homographiques, et l'équation (3) que les deux m' et m'' forment aussi deux divisions homographiques. Il s'ensuit que les divisions formées par les deux points m et m'' sont homographiques entre elles, et il est évident que les points doubles de ces deux divisions détermineront les valeurs de l'inconnue x qui satisfont aux équations proposées; celles de l'inconnue y s'ensuivront naturellement.

Voici comment on appliquera ce mode de solution géométrique.

On donnera à x, dans la première équation, une valeur arbitraire a, et l'on en conclura la valeur correspondante de y, qui, mise dans la seconde équation, donnera une valeur a' de x. Pareillement, à une autre valeur b de x dans la première équation correspondra une valeur b' dans la seconde équation; et enfin on formera de même un troisième couple de valeurs c, c' de x.

On prendra sur une même droite, à partir d'une origine A, des segments $A\alpha$, $A\alpha'$, $A\beta$, $A\beta'$, $A\gamma$, $A\gamma'$, égaux respectivement aux nombres a, a', b, b', c, c', et l'on cherchera les points doubles e, f des deux divisions homographiques déterminées par les deux séries de trois points α, β, γ et α', β', γ'. Les deux segments Ae, Af seront les racines en x des deux équations proposées.

On pourra déterminer ces deux points doubles par la construction générale (**271**); mais on la simplifie, comme nous avons vu (**161**), en prenant a et b' infinis, et $c = \frac{a'+b}{2}$. Représentons, dans cette hypothèse, a' par j', b par i, $c = \frac{i+j'}{2}$ par o et c' par o'; les racines cherchées seront

$$\frac{i+j'}{2} \pm \sqrt{(j'-o)(o'-o)}.$$

IV. — *Résolution d'un nombre quelconque d'équations.*

324. Cette méthode s'applique à un nombre quelconque d'équations de la forme des précédentes, et c'est dans ce cas surtout qu'elle peut être utile.

Soient n équations entre n inconnues x, y, z, t, .. , v, de la forme

$$\begin{aligned}
xy + \lambda x + \mu y + \nu &= 0,\\
yz + \lambda' y + \mu' z + \nu' &= 0,\\
zt + \lambda'' z + \mu'' t + \nu'' &= 0,\\
\dots\dots\dots\dots\dots\dots &\dots,\\
vx + \lambda_n v + \mu_n x + \nu_n &= 0.
\end{aligned}$$

Il est évident que, comme dans le cas de deux équations seulement, si l'on regarde les variables x, y, z, ... comme exprimant des segments comptés sur une même droite à partir d'une origine commune, chacune des n équations exprimera deux divisions homographiques. Par conséquent, les valeurs arbitraires données à x dans la première équation et les valeurs qui en résulteront pour x dans la dernière équation détermineront deux divisions homographiques dont les points doubles correspondront aux deux racines en x qui satisfont aux équations.

325. *Remarque.* — En combinant les équations par voie d'addition, on pourra en remplacer une partie par d'autres, équivalentes, où les variables seront mêlées et se trouveront plus de deux dans une même équation. La méthode s'appliquera à ces nouvelles équations, et, en général, elle s'appliquera à un système d'équations qu'on pourrait ramener, par voie seulement d'addition (et de multiplication par des coefficients numériques), à la forme des n équations précédentes.

CHAPITRE XVI.

PROPRIÉTÉS RELATIVES A DES SYSTÈMES DE POINTS SITUÉS EN LIGNE DROITE. — APPLICATION A LA DÉCOMPOSITION DES FRACTIONS RATIONNELLES EN FRACTIONS SIMPLES.

§ I. — Systèmes de points en ligne droite.

326. Les relations entre trois ou quatre points dont nous avons fait si souvent usage ne sont que des cas particuliers de certaines propriétés générales concernant un ou deux systèmes de points en nombre quelconque sur une même droite. Ces propriétés, qu'on peut comprendre toutes dans une même proposition dont la démonstration est très-simple, méritent de trouver place ici, d'autant plus qu'on déduit naturellement de cette seule proposition une théorie algébrique importante, celle de la décomposition des fractions rationnelles en fractions simples.

I. — *Théorème général.*

327. *Étant pris sur une même droite* n *points* a, b, c,... *et* (n — 1) *points* m, n, p,..., *on a toujours, quelles que soient les positions de ces points, la relation*

$$\frac{am.an.ap\ldots}{ab.ac.ad\ldots} + \frac{bm.bn.bp\ldots}{bc.bd\ldots ba} + \ldots = 1. \tag{1}$$

Nous allons prouver que, si cette équation a lieu pour deux systèmes de $(n-1)$ et $(n-2)$ points, elle sera vraie pour deux systèmes ayant chacun un point de plus.

En effet, si l'équation proposée n'est pas identique quels que soient les n points $a, b, \ldots$ et les $(n-1)$ points $m, n, \ldots,$ on peut regarder tous ces points comme fixes, à l'exception d'un seul qu'on déterminera de manière que l'équation soit satisfaite. Supposons que le point inconnu appartienne au second système et soit le point m; sa détermination se fera évidemment par une équation du premier degré, parce que ce point n'entre que dans un seul segment de chaque terme; par conséquent, il ne pourra exister qu'une position du point m. Cependant, si l'on fait coïncider ce point avec l'un quelconque de ceux du premier système, on satisfait à l'équation; car, si c'est avec le point a, par exemple, elle devient

$$\frac{bn.bp\ldots}{bc.bd\ldots}+\frac{cn.cp\ldots}{cd.ce\ldots}+\ldots=1,$$

et cette équation entre deux systèmes de $(n-1)$ et $(n-2)$ points est identique par hypothèse. Donc l'équation proposée a lieu pour plusieurs positions du point m; donc elle est identique.

Ainsi il est prouvé que, si le théorème est vrai pour deux systèmes de $(n-1)$ et $(n-2)$ points, il l'est aussi pour deux systèmes contenant chacun un point de plus. Or il est vrai pour deux points a, b et un point m, car on a

$$am+mb+ba=0 \quad \text{ou} \quad \frac{am}{ab}+\frac{bm}{ba}=1 \qquad (2).$$

Donc il est vrai pour trois points a, b, c et deux m, n, et par conséquent pour quatre points a, b, c, d et trois m, n, p. Et ainsi de suite.

Autrement. Si l'on regarde tous les points des deux systèmes, moins le premier a du premier système, comme fixes, et qu'on cherche à déterminer celui-là de manière à satisfaire à l'équation, on trouve que sa position dépend d'une équation du degré $(n-2)$, laquelle aurait cependant $(n-1)$ racines qui correspondraient aux positions b, c, ... du point indéterminé a; ce qui prouve que l'équation est identique.

II. — *Corollaires.*

328. Si dans l'identité (1) on suppose l'un des points du second système, le point q par exemple, situé à l'infini, et qu'on divise tous les termes par le segment aq, le premier terme ne contiendra plus le point q et les termes suivants ne le contiendront que dans les rapports $\frac{bq}{aq}$, $\frac{cq}{aq}$, ..., qui deviennent tous égaux à l'unité; enfin le second membre $\frac{1}{aq}$ sera nul. On aura donc l'équation

$$\frac{am.an\ldots}{ab.ac\ldots}+\frac{bm.bn\ldots}{bc.bd\ldots}+\ldots=0$$

entre n points a, b, ... et $(n-2)$ points m, n, ...

Dans cette équation, on peut supposer que l'un des points m, n, ... soit situé à l'infini, et l'on en conclut par le même raisonnement que l'équation a lieu entre n points a, b, ... et $(n-3)$ points m, n, ..., et ainsi de suite, de sorte qu'on a ce théorème général :

Étant pris sur une droite un système de n *points* a, b, c, ... *et un second système de points* m, n, ... *en nombre inférieur à* (n — 1), *on a toujours entre ces points, quelles que soient leurs positions, l'identité*

$$\frac{am.an\ldots}{ab.ac\ldots}+\frac{bm.bn\ldots}{bc.bd\ldots}+\ldots=0. \tag{2}$$

329. Puisqu'un point du second système, supposé à l'infini, disparaît de l'équation, on peut faire disparaître tous les points successivement, et l'on arrive à ce théorème :

Étant donné un système de points a, b, c, ... *en ligne droite, on a toujours entre eux la relation*

$$\frac{1}{ab.ac.ad\ldots}+\frac{1}{bc.bd\ldots ba}+\ldots=0. \tag{3}$$

Ces propositions, déduites ici du théorème primitif, se démontrent aussi directement par les mêmes considérations.

330. Réciproquement : De l'équation (2) entre n points a, b, ... et deux points de moins, m, n, ..., on peut remonter à l'équation (1), relative à deux systèmes dont le second n'a qu'un point de moins que le premier.

En effet, prenons cinq points a, b, c, d, e et trois points m, n, p;

on aura

$$\frac{am.an.ap}{ab.ac.ad.ae}+\dots+\frac{em.en.ep}{ea.eb.ec.ed}=0.$$

Qu'on multiplie tous les termes par de et qu'on suppose le point e à l'infini, les rapports $\frac{de}{ae}$, $\frac{de}{be}$, $\frac{de}{ce}$, $\frac{em}{ea}$, $\frac{en}{eb}$, $\frac{ep}{ec}$ sont égaux à l'unité et l'équation devient

$$\frac{am.an.ap}{ab.ac.ad}+\dots+\frac{dm.dn.dp}{da.db.dc}=1,$$

équation entre quatre points a, b, c, d et trois points m, n, p; ce qui démontre le théorème (**327**).

Ainsi, on peut dire que le théorème (**328**) a la même portée que celui d'où nous l'avons déduit.

III. — *Autres conséquences du théorème général.*

331. Dans toutes les équations précédentes, on peut supposer que deux ou plusieurs points du second système m, n, ... coïncident ensemble. Il s'ensuit que, en ne considérant qu'un seul point m, on a ce théorème :

Étant donnés n *points* a, b, c, ... *en ligne droite et étant pris sur cette droite un point quelconque* m, *on a les équations*

$$\frac{\overline{am}^{(n-1)}}{ab.ac.ad\dots}+\frac{\overline{bm}^{(n-1)}}{bc.bd\dots ba}+\dots=1$$

et

$$\frac{\overline{am}^{(n-1-\varepsilon)}}{ab.ac.ad\dots}+\frac{\overline{bm}^{(n-1-\varepsilon)}}{bc.bd\dots ba}+\dots=0,$$

ε pouvant prendre toutes les valeurs $1, 2, \dots, (n-1)$.

332. Quand les nombres $(n-1)$ et $(n-1-\varepsilon)$ sont pairs, le point m peut être pris au dehors de la droite sur laquelle sont les points a, b, c, ..., et les équations subsistent.

En effet, soient $(n-1)=2\nu$, $\overline{am}^{(n-1)}=\overline{am}^{2\nu}=(\overline{am}^{2})^{\nu}$. Appelons m_1 le pied de la perpendiculaire abaissée du point m sur la droite ab; on a

$$\overline{am}^2 = \overline{am_1}^2 + \overline{mm_1}^2$$

et

$$\overline{am}^{(n-1)} = \left(\overline{am_1}^2 + \overline{mm_1}^2\right)^{\nu} = \overline{am_1}^{2\nu} + \nu.\overline{mm_1}^2.\overline{am_1}^{(2\nu-2)} + \ldots + \overline{mm_1}^{2\nu}.$$

Donc

$$\sum \frac{\overline{am}^{(n-1)}}{ab.ac.ad\ldots} = \sum \frac{\overline{am_1}^{2\nu}}{ab.ac.ad\ldots} + \nu.\overline{mm_1}^2 \sum \frac{\overline{am_1}^{(2\nu-2)}}{ab.ac.ad\ldots} + \ldots + \overline{mm_1}^{2\nu} \sum \frac{1}{ab.ac.ad\ldots}$$

Or, le point m_1 étant sur la droite ab, le premier terme du second membre est égal à l'unité et tous les termes suivants sont nuls (331); le premier membre est donc égal à l'unité, c'est-à-dire que :

Étant donné un nombre impair ($2\nu + 1$) *de points* a, b, c, ... *en ligne droite, et étant pris un point quelconque* m *sur la droite ou au dehors, indifféremment, on a toujours l'équation*

$$\frac{\overline{am}^{2\nu}}{ab.ac.ad\ldots} + \frac{\overline{bm}^{2\nu}}{bc.bd\ldots ba} + \ldots = 1.$$

333. On démontre de même que, quand ($n - 1 - \varepsilon$) est un nombre pair dans la seconde partie de la proposition (331), l'équation subsiste, c'est-à-dire que :

Étant donnés n *points* a, b, c, ... *en ligne droite et un point* m *quelconque sur cette droite ou au dehors, si* 2ν *est un nombre pair plus petit que* ($n - 1$), *on aura toujours*

$$\frac{\overline{am}^{2\nu}}{ab.ac.ad\ldots} + \frac{\overline{bm}^{2\nu}}{bc.bd\ldots ba} + \ldots = 0.$$

334. Si dans le théorème (332) $2\nu + 1 = 3$, il en résulte l'équation suivante entre trois points a, b, c en ligne droite et un quatrième point quelconque :

$$\frac{\overline{am}^2}{ab.ac} + \frac{\overline{bm}^2}{bc.ba} + \frac{\overline{cm}^2}{ca.cb} = 1,$$

ou

$$\overline{am}^2 . bc + \overline{bm}^2 . ca + \overline{cm}^2 . ab + ab . bc . ca = 0.$$

C'est cette relation que nous avons déduite comme cas particulier d'une proposition (**220**) relative à trois couples de points et à un septième, placés d'une manière quelconque en ligne droite ([1]).

§ II. — Décomposition des fractions rationnelles en fractions simples.

I.

335. Les théorèmes précédents, que nous avons déduits tous d'un seul, peuvent prendre diverses formes analytiques, qui donnent, entre autres, les formules connues dans la théorie de la décomposition des fractions rationnelles en fractions simples.

Considérons, sur une même droite, un système de $(m + 1)$ points a, b, c, ..., x et un système de m points m, n, p, ...; on aura, d'après le théorème général (**327**), l'identité

$$\frac{am.an.ap\ldots}{ab.ac.ad\ldots ax} + \frac{bm.bn.bp\ldots}{bc.bd\ldots bx.ba} + \ldots + \frac{xm.xn.xp\ldots}{xa.xb.xc\ldots} = 1.$$

Désignons par les mêmes lettres, respectivement, les distances de tous les points des deux systèmes à une origine commune; l'équation deviendra l'identité suivante entre les deux systèmes de quantités quelconques a, b,

---

([1]) Cette propriété de quatre points en ligne droite a été connue des anciens; elle fait partie des lemmes de Pappus qui se rapportent aux deux Livres des *Lieux plans* d'Apollonius (*voir* prop. 125 et 126 du septième Livre des *Collections mathématiques* de Pappus). Quelques autres lemmes concernant le triangle peuvent se rattacher au cas de trois points pris sur une même droite et un quatrième pris au dehors : toutefois on n'y voit pas la proposition dans son énoncé général. Mais elle pouvait se trouver dans l'Ouvrage d'Apollonius : il est à remarquer que R. Simson, en rétablissant ces deux Livres des *Lieux plans*, a ajouté cette proposition aux lemmes de Pappus et s'en est servi. (*Apollonii Pergæi Locorum planorum Libri II.* Glasguæ, 1749, in-4°.)

En citant dans l'*Aperçu historique* (p. 175) les auteurs qui ont fait usage de cette proposition, le nom de Carnot nous a échappé. Non-seulement ce géomètre démontre le théorème dans sa *Géométrie de position*, mais il le signale comme fondamental (*voir* p. 263 et 393). M. T.-S. Davies, le savant professeur de l'Académie royale militaire de Woolwich, l'a démontré aussi, en citant la *Géométrie de position*, dans le second Volume de son édition du *Cours de Mathématiques* du Dr Hutton (1841-1843), édition qui se distingue des onze précédentes par de nombreuses additions dont plusieurs se rapportent aux méthodes de la Géométrie moderne.

$c, \ldots, x$ et $m, n, p, \ldots$:

$$\frac{(a-m)(a-n)(a-p)\ldots}{(a-b)(a-c)(a-d)\ldots(a-x)}+\ldots+\frac{(x-m)(x-n)(x-p)\ldots}{(x-a)(x-b)(x-c)\ldots}=1.$$

Supposons que les quantités du premier système $a, b, c, \ldots$, moins la dernière x, soient les racines d'une équation $F(x)=0$, et que $m, n, p, \ldots$ soient aussi les racines d'une équation $\varphi(x)=0$, de sorte qu'on ait

$$F(x)=Ax^m+Bx^{m-1}+\ldots=A(x-a)(x-b)\ldots$$

et

$$\varphi(x)=\alpha x^m+\beta x^{m-1}+\ldots=\alpha(x-m)(x-n)\ldots,$$

d'où

$$(x-a)(x-b)\ldots=\frac{F(x)}{A},\quad (x-m)(x-n)\ldots=\frac{\varphi(x)}{\alpha},$$

$$(a-b)(a-c)\ldots=\frac{F'(a)}{A},\quad (a-m)(a-n)\ldots=\frac{\varphi(a)}{\alpha},$$

$$\ldots\ldots\ldots\ldots\ldots\ldots\ldots,\quad \ldots\ldots\ldots\ldots\ldots\ldots\ldots$$

L'équation devient

$$\frac{A}{\alpha}\frac{\varphi(a)}{(a-x)F'(a)}+\frac{A}{\alpha}\frac{\varphi(b)}{(b-x)F'(b)}+\ldots+\frac{A}{\alpha}\frac{\varphi(x)}{F(x)}=1,$$

ou

$$\frac{\varphi(x)}{F(x)}=\frac{\alpha}{A}+\frac{\varphi(a)}{(x-a)F'(a)}+\frac{\varphi(b)}{(x-b)F'(b)}+\ldots$$

$$(a)\qquad \frac{\varphi(x)}{F(x)}=\frac{\alpha}{A}+\sum\frac{\varphi(a)}{(x-a)F'(a)}.$$

Dans cette formule, $F(x)$ et $\varphi(x)$ sont deux polynômes du même degré; si $\varphi(x)$ est d'un degré quelconque inférieur à celui du dénominateur $F(x)$, le coefficient α est nul, et il vient

$$(b)\qquad \frac{\varphi(x)}{F(x)}=\sum\frac{\varphi(a)}{(x-a)F'(a)}.$$

C'est la formule connue pour la décomposition d'une fraction rationnelle en fractions simples.

II.

336. Le théorème général d'où nous venons de déduire ces formules est susceptible d'une autre interprétation analytique.

Prenons l'équation (1) entre m points a, b, c, ... et $(m-1)$ points m, n, p, ..., et représentons par les mêmes lettres, respectivement, les distances de ces points à une origine commune; l'équation devient

$$\frac{(a-m)(a-n)(a-p)\ldots}{(a-b)(a-c)(a-d)\ldots}+\frac{(b-m)(b-n)(b-p)\ldots}{(b-c)(b-d)\ldots(b-a)}+\ldots=1$$

ou

$$\sum\frac{(a-m)(a-n)(a-p)\ldots}{(a-b)(a-c)(a-d)\ldots}=1.$$

Supposons, comme précédemment, que a, b, c, ... soient les racines d'une équation $F(x)=0$ du degré m, et m, n, ... les racines d'une équation $\varphi(x)=0$ d'un degré moindre d'une unité; on aura

$$F(x)=Ax^m+Bx^{m-1}+\ldots=A(x-a)(x-b)\ldots,$$
$$\varphi(x)=\beta x^{m-1}+\gamma x^{m-2}+\ldots=\beta(x-m)(x-n)\ldots,$$

d'où

$$(a-m)(a-n)\ldots=\frac{\varphi(a)}{\beta},$$

$$(a-b)(a-c)\ldots=\frac{F'(a)}{A},$$

et l'équation devient

$$(c)\qquad \sum\frac{\varphi(a)}{F'(a)}=\frac{\beta}{A}.$$

Si l'on suppose $\beta=0$, auquel cas la fonction $\varphi(x)$ est d'un degré quelconque inférieur à $(m-1)$, il vient

$$(d)\qquad \sum\frac{\varphi(a)}{F'(a)}=0.$$

C'est la formule d'Euler. Elle répond à l'équation (2, **328**) entre deux systèmes de points. On y peut supposer que $\varphi(x)$ soit du degré 0, et l'on en conclut

$$\sum\frac{1}{F'(a)}=0.$$

337. Ces considérations, par lesquelles on rattache ces formules d'Analyse à une même proposition de Géométrie dont elles sont des expressions différentes, montrent qu'à part la dernière, qui ne concerne qu'une seule fonction, elles ont toutes la même étendue, et que l'on peut passer de l'une à l'autre indifféremment. Et en effet on passe, comme on sait, très-facilement de l'équation (c) à l'équation (b) (¹).

III. — *Autres formules dans lesquelles $\varphi(x)$ est d'un degré supérieur à celui de $F(x)$.*

338. Soient les deux polynômes

$$F(x) = Bx^{m-1} + Cx^{m-2} + \ldots,$$
$$\varphi(x) = \alpha x^m + 6x^{m-1} + \ldots.$$

On veut décomposer le rapport $\frac{\varphi(x)}{F(x)}$ en fractions dont les dénominateurs soient tous du premier degré.

Que l'on conçoive un premier système de $(m+1)$ points $a, b, \ldots, x', x$ et un second système de m points $m, n, \ldots$; on aura la relation

$$\frac{am.an\ldots}{ab.ac\ldots ax'.ax} + \ldots + \frac{x'm.x'n\ldots}{x'x.x'a\ldots} + \frac{xm.xn\ldots}{xa.xb\ldots xx'} = 1;$$

et par conséquent, en regardant $a, b, \ldots, x', x$ et $m, n, \ldots$ comme des quantités,

$$\frac{(a-m)(a-n)\ldots}{(a-b)\ldots(a-x')(a-x)} + \ldots + \frac{(x'-m)(x'-n)\ldots}{(x'-x)(x'-a)\ldots}$$
$$+ \frac{(x-m)(x-n)\ldots}{(x-a)(x-b)\ldots(x-x')} = 1.$$

Supposons que $a, b, \ldots$ soient les $(m-1)$ racines de l'équation $F(x) = 0$ et $m, n, p, \ldots$ celles de l'équation $\varphi(x) = 0$; l'équation précédente deviendra

$$\frac{B}{\alpha}\frac{\varphi(a)}{(a-x')(a-x)F'(a)} + \ldots + \frac{B}{\alpha}\frac{\varphi(x')}{(x'-x)F(x')} + \frac{B}{\alpha}\frac{\varphi(x)}{(x-x')F(x)} = 1,$$

(¹) *Voir*, par exemple, le *Journal de Mathématiques* de M. Liouville, t. XI, p. 462; année 1846.

ou

$$\frac{\varphi(x)}{F(x)} = \frac{\varphi(x')}{F(x')} + (x - x')\left[\frac{\alpha}{B} - \sum \frac{\varphi(a)}{(a - x')(a - x)F'(a)}\right].$$

Cette formule satisfait à la question ; x' est un nombre arbitraire.

Si l'on suppose $x' = 0$, il vient

$$\frac{\varphi(x)}{F(x)} = \frac{\varphi(0)}{F(0)} + x\left[\frac{\alpha}{B} + \sum \frac{\varphi(a)}{a(x - a)F'(a)}\right].$$

339. Si $\varphi(x)$ est du degré $(m - 1)$, comme $F(x)$, α sera nul et l'équation se réduit à

$$\frac{\varphi(x)}{F(x)} = \frac{\varphi(0)}{F(0)} + x \sum \frac{\varphi(a)}{a(x - a)F'(a)}.$$

Or, d'après la formule (a), on a

$$\frac{\varphi(x)}{F(x)} = \frac{6}{B} + \sum \frac{\varphi(a)}{(x - a)F'(a)}.$$

Donc

$$\frac{6}{B} + \sum \frac{\varphi(a)}{(x - a)F'(a)} = \frac{\varphi(0)}{F(0)} + x \sum \frac{\varphi(a)}{a(x - a)F'(a)},$$

ou

$$\sum \frac{\varphi(a)}{(x - a)F'(a)}\left(1 - \frac{x}{a}\right) = \frac{\varphi(0)}{F(0)} - \frac{6}{B},$$

ou enfin

$$\sum \frac{\varphi(a)}{aF'(a)} = \frac{6}{B} - \frac{\varphi(0)}{F(0)}.$$

340. Décomposons la fraction $\dfrac{F(x)}{\varphi(x)} = \dfrac{Cx^{m-2} + Dx^{m-3} + \ldots}{\alpha x^m + 6x^{m-1} + \ldots}$ en fractions dont les dénominateurs soient du premier degré.

Concevons $(m + 1)$ points $a, b, \ldots, x'', x', x$ et m points $m, n, \ldots$; on aura l'identité

$$\frac{am.an\ldots}{ab.ac\ldots ax''.ax'.ax} + \ldots + \frac{x''m.x''n\ldots}{x''x'.x''x.x''a\ldots}$$
$$+ \frac{x'm.x'n\ldots}{x'x.x'a.x'b\ldots x'x''} + \frac{xm.xn\ldots}{xa.xb\ldots xx''.xx'} = 1;$$

et par conséquent, en désignant par les mêmes lettres $a, b, \ldots, x'', x', x$ et $m, n, \ldots$ les distances de ces points à une origine commune,

$$\begin{aligned}&\frac{(a-m)(a-n)\ldots}{(a-b)(a-c)\ldots(a-x'')(a-x')(a-x)}+\ldots\\&+\frac{(x''-m)(x''-n)\ldots}{(x''-x')(x''-x)(x''-a)(x''-b)\ldots}\\&+\frac{(x'-m)(x'-n)\ldots}{(x'-x)(x'-a)(x'-b)\ldots(x'-x'')}\\&+\frac{(x-m)(x-n)\ldots}{(x-a)(x-b)\ldots(x-x'')(x-x')}=1.\end{aligned}$$

Supposons que les quantités du premier système $a, b, \ldots$, moins x'', x' et x, soient les racines de l'équation $F(x)=0$ et que les quantités du second système $m, n, \ldots$ soient les racines de l'équation $\varphi(x)=0$; on aura

$$\begin{aligned}F(x)&=Cx^{m-2}+Dx^{m-3}+\ldots=C(x-a)(x-b)\ldots,\\\varphi(x)&=\alpha x^{m}+6x^{m-1}+\ldots=\alpha(x-m)(x-n)\ldots,\end{aligned}$$

et l'équation devient

$$\begin{aligned}&\frac{C}{\alpha}\frac{\varphi(a)}{F'(a)(a-x'')(a-x')(a-x)}+\ldots+\frac{C}{\alpha}\frac{\varphi(x'')}{(x''-x')(x''-x)F(x'')}\\&+\frac{C}{\alpha}\frac{\varphi(x')}{(x'-x'')(x'-x)F(x')}\\&+\frac{C}{\alpha}\frac{\varphi(x)}{(x-x'')(x-x')F(x)}=1,\end{aligned}$$

d'où

$$\begin{aligned}\frac{\varphi(x)}{F(x)}&=\frac{\alpha}{C}(x-x'')(x-x')+\frac{(x-x'')\varphi(x')}{(x'-x'')F(x')}+\frac{(x-x')\varphi(x'')}{(x''-x')F(x'')}\\&-(x-x'')(x-x')\sum\frac{\varphi(a)}{(a-x'')(a-x')(a-x)F'(a)}.\end{aligned}$$

Cette formule satisfait à la question. Les deux constantes x', x'' sont arbitraires.

On voit comment on opérera dans le cas où, $\varphi(x)$ restant du degré m, $F(x)$ serait du degré $(m-3)$, ou $(m-4)$, ... Nous n'avons pas besoin de faire remarquer qu'il entre toujours dans le développement de

$$\frac{\varphi(x)}{F(x)}$$

autant de quantités arbitraires x', x'',... qu'il y a d'unités dans la différence des degrés des deux polynômes $\varphi(x)$ et $F(x)$.

CHAPITRE XVII.

DIVERS MODES DE DESCRIPTION D'UNE DROITE PAR POINTS. — SYSTÈME DE DROITES PASSANT TOUTES PAR UN MÊME POINT.

§ I. — Description d'une droite par points.

341. Le théorème relatif à deux faisceaux homographiques qui ont deux rayons homologues coïncidents (110), et la propriété de deux divisions homographiques faites sur deux droites dont le point de rencontre est la réunion de deux points homologues (108), donnent lieu à diverses propositions intéressantes ; et quoique plusieurs soient connues et fort anciennes, nous allons les reproduire ici, à raison de l'extrême facilité avec laquelle elles dérivent naturellement des théories précédentes.

342. *Étant donnés un angle et deux points* O, O′ *en ligne droite avec son sommet, si, autour d'un point fixe* ρ *on fait tourner une transversale qui rencontre les côtés de l'angle en* a *et* a′, *le point de concours* m *des deux droites* Oa, O′a′ *engendrera une droite* (*fig.* 44).

En effet, les points a, a' forment sur les deux droites SA, SA′ deux divisions homographiques (107) ; les rayons Oa, O′a' forment donc deux faisceaux homographiques. Mais le point S est la réunion de deux points de division homologues ; les deux faisceaux ont donc deux rayons homologues coïncidents suivant la droite OO′. Donc leurs rayons homologues se coupent deux à deux sur une droite (110). C. Q. F. D.

Remarque. — La droite lieu du point m passe par le point n, intersection de SA et ρO′, et par le point p, intersection de SA′ et ρO ; il en résulte que la figure présente un hexagone ρOaSa'O′ inscrit aux deux droites $\rho aa'$ et OSO′ et dont les trois points de concours des côtés opposés sont m, n, p. Or, d'après le théorème, ces trois points sont en ligne droite; on retrouve donc la propriété de l'hexagone inscrit à deux droites, déjà démontrée directement (114) [1].

343. *Si autour d'un point fixe* ρ *on fait tourner une transversale qui rencontre deux droites fixes en deux points* a, a′, *et que de deux autres points fixes* P, P′, *en ligne droite avec le premier, on mène des rayons à ces deux points respectivement, le point d'intersection de ces deux rayons décrira une ligne droite passant par le point de concours des deux droites fixes.*

En effet, les deux points a, a' (*fig.* 45) marquent sur les deux droites deux divisions homographiques (107); par conséquent les deux rayons Pa, P′a' forment deux faisceaux homographiques. Ces deux faisceaux ont deux rayons coïncidents suivant la droite PP′. Donc leur point d'intersection décrit une ligne droite (110); et cette droite passe par le point d'intersection des deux SA, SA′, parce que deux rayons homologues passent par ce point.

C. Q. F. D.

Remarque. — Les deux rayons Pa, P′a' rencontrent les deux droites SA′, SA respectivement en deux points α, α', et *la droite* $\alpha\alpha'$ *tourne autour d'un point fixe* R *situé sur la droite* ρPP′; car ces deux points forment deux divisions homographiques dans lesquelles le point S représente deux points homologues coïncidents (107). Conséquemment, les droites $\alpha\alpha'$ concourent en un même point (108); et ce point est sur la droite ρPP′, parce que cette droite est elle-même une des positions de la ligne $\alpha\alpha'$.

344. On peut considérer que les trois droites qui tournent autour des trois points fixes ρ, P, P′ forment un triangle ama' dont les deux sommets a, a' glissent sur deux droites fixes; le troisième m décrit aussi une droite. Sous ce point de vue, le théorème s'étend à un polygone d'un nombre quelconque de côtés, ainsi qu'il suit :

Étant donné un polygone de n *côtés, si on le déforme en fai-*

---

[1] Ce théorème, sous un énoncé différent, se trouve dans les *Collections mathématiques* de Pappus (liv. VII, prop. 138, 139, 141, 143), au nombre des lemmes qui se rapportent aux porismes d'Euclide. Cette remarque est due à Poncelet. (Voir *Traité des Propriétés projectives des figures*, p. 90.)

sant tourner tous ses côtés autour d'autant de pôles situés en ligne droite, de manière que tous ses sommets, moins un, glissent sur des droites fixes, 1° *le dernier sommet décrira une ligne droite; et* 2° *le point de concours de deux côtés quelconques non contigus décrira aussi une droite.*

Soient a, a', a'', ..., a_n (*fig.* 46) les n sommets du polygone dont les n côtés $a_n a$, aa', ... tournent autour de n pôles fixes P, P′, P″, ... situés en ligne droite, tandis que ses $(n-1)$ premiers sommets a, a', ... glissent sur $(n-1)$ droites A, A′, ...; je dis que le dernier sommet a_n décrit une ligne droite, et que le point de concours de deux côtés quelconques, tels que aa' et $a''a'''$, décrit aussi une ligne droite.

En effet, deux côtés consécutifs, tels que aa' et $a'a''$, qui tournent autour de deux points fixes P, P′, forment deux faisceaux homographiques, puisque leur point d'intersection glisse sur la droite A′; et dans ces deux faisceaux la droite PP′ est un rayon commun (109). Pareillement, le côté suivant $a''a'''$ forme autour du point P″ un faisceau homographique à celui formé autour du point P′ et, par conséquent, à celui formé autour du point P; et ainsi successivement des faisceaux formés par les côtés suivants. De sorte que deux côtés quelconques forment, en tournant autour de leurs deux pôles fixes, deux faisceaux homographiques dans lesquels la droite PP′P″... est un rayon commun. Donc l'intersection de ces deux côtés décrit une ligne droite. Ce qui démontre les deux parties du théorème [1].

§ II. — Propositions dans lesquelles on considère des droites concourantes en un même point.

345. *Étant donné un angle* ASA′ (*fig.* 47), *si, autour de deux points fixes* O, O′, *en ligne droite avec son sommet, on fait tourner*

[1] Ce théorème a été connu des anciens; on le trouve énoncé dans le septième Livre des *Collections mathématiques* de Pappus, au sujet du *Traité des porismes* d'Euclide. Il paraît que ce Traité contenait seulement le cas du triangle, car Pappus, après avoir énoncé le cas général d'un polygone quelconque, ajoute : « Il n'est pas vraisemblable qu'Euclide ait ignoré cette extension, mais il aura voulu seulement en poser les principes, car on reconnaît dans tous ses porismes qu'il n'a en vue que de répandre des principes et le germe d'une foule de propositions utiles et importantes. » (Voir *Traité des propriétés projectives*, p. 295.)

deux rayons dont le point de concours m *glisse sur une droite fixe* L, *la droite qui joindra les points de rencontre* a, a′ *des deux côtés de l'angle par ces deux rayons, respectivement, passera toujours par un même point fixe.*

En effet, les deux droites Om, O′m forment deux faisceaux homographiques dont deux rayons homologues coïncident suivant OO′ (109); par conséquent, les deux points a, a' marquent sur les deux droites SA, SA′ deux divisions homographiques qui ont deux points homologues coïncidents en S; et, par suite, les droites aa' vont concourir en un même point (108). C. Q. F. D.

Remarque. — Ce théorème aurait pu se conclure immédiatement de la proposition (342) dont il est la réciproque ([1]).

346. *Si les trois sommets d'un triangle glissent sur trois droites fixes concourantes en un même point, tandis que deux de ses côtés tournent autour de deux points fixes, le troisième côté tournera autour d'un troisième point fixe en ligne droite avec les deux premiers.*

Soit $aa'a''$ (*fig.* 48) le triangle dont les trois sommets glissent sur les trois droites SA, SA′, SA″, pendant que ses deux côtés aa', aa'' tournent autour de deux points fixes P, P′; je dis que le troisième côté $a'a''$ passe toujours par un même point situé sur la droite PP′.

En effet, les deux droites Pa, P′a forment deux faisceaux homographiques, puisqu'elles se coupent sur la droite SA. Donc les points a', a'' qu'elles marquent sur les deux droites SA′, SA″ forment deux divisions homographiques. Il est évident que le

---

([1]) Ces deux propositions ont leurs analogues dans l'espace, dont voici l'énoncé :

Étant donnés, dans l'espace, un triangle et un angle trièdre ayant son sommet situé dans le plan de cette figure, si de chaque point d'un plan fixe on mène trois plans passant par les trois côtés du triangle, lesquels rencontreront respectivement les trois arêtes de l'angle trièdre en trois points, le plan déterminé par ces trois points passera toujours par un même point.

Et réciproquement : *Si autour d'un point fixe on fait tourner un plan transversal qui rencontre les trois arêtes de l'angle trièdre en trois points, et que par ces points on mène trois plans passant respectivement par les côtés du triangle, le point d'intersection de ces trois plans décrira un plan.*

point S est la réunion de deux points homologues de ces deux divisions. Donc la droite $a'a''$ passe par un point fixe (108). Ce point est situé sur la droite PP', parce que cette droite est une des positions de la droite $a'a''$. Le théorème est donc démontré.

Remarque. — Ce théorème peut être considéré comme la réciproque du théorème (343), et s'en conclure sans une nouvelle démonstration. Il s'étend à un polygone d'un nombre quelconque de côtés, comme il suit.

347. *Étant donné un polygone de* n *côtés, si on le déforme en faisant glisser ses* n *sommets sur des droites concourantes en un même point, tandis que* (n — 1) *de ses côtés tournent autour de* (n — 1) *points fixes pris arbitrairement, le* n^{ième} *côté du polygone tournera autour d'un point fixe, ainsi que chacune de ses diagonales.*

Soit $aa'a''a'''$... (*fig.* 49) le polygone dont les sommets a, a', a'', ... glissent sur des droites A, A', A'', ... toutes concourantes en un même point S, pendant que ses $(n-1)$ côtés aa', $a'a''$, $a''a'''$, ... tournent autour des points P, P', P'', ... pris arbitrairement. Je dis que le dernier côté aa_n passera toujours par un même point, et qu'il en est de même de chacune des diagonales telles que $a'a'''$, ...

En effet, deux points contigus a', a'' marquent sur deux droites SA', SA'' deux divisions homographiques dont le point S est un point commun, puisque le côté $a'a''$ tourne autour d'un point P' (107). Pareillement, le point suivant a''' marque sur la droite SA''' une division qui est homographique à la division marquée sur A'', et, par conséquent, à celle marquée sur la droite A'; et ainsi de suite. Donc deux sommets quelconques forment sur les deux droites qu'ils parcourent deux divisions homographiques qui ont un point commun en S, point de concours de ces droites. Donc la droite qui joint ces deux sommets tourne autour d'un point fixe; ce qui démontre les deux parties du théorème.

CHAPITRE XVIII.

PROPRIÉTÉS DU QUADRILATÈRE RELATIVES A L'INVOLUTION ET A LA DIVISION HARMONIQUE.

I.

348. *Toute transversale menée dans le plan d'un quadrilatère rencontre ses quatre côtés et ses deux diagonales en six points qui sont en involution.*

Soit ABCD le quadrilatère (*fig.* 50). Une transversale L rencontre en a et a' les deux côtés opposés AB, CD; en b et b' les deux autres côtés AD, BC; et en c et c' les deux diagonales AC, BD. Les six points a, a'; b, b' et c, c', conjugués deux à deux sont en involution.

En effet, les quatre droites issues du sommet A, savoir AB, AC, AD et Ac' rencontrent la diagonale BD aux mêmes points que les quatre droites issues du sommet C, CB, CA, CD et Cc'. Le rapport anharmonique des quatre premières est donc égal à celui des quatre autres. Conséquemment le rapport anharmonique des quatre points a, c, b, c', dans lesquels les quatre premières droites rencontrent la transversale L, est égal à celui des quatre points b', c, a', c', dans lesquels les quatre autres droites rencontrent la même transversale.

On peut changer l'ordre de ces quatre derniers points et écrire a', c', b', c (44). Or ces quatre points, comparés aux quatre premiers a, c, b, c', un à un respectivement, donnent les trois systèmes a, a'; b, b' et c, c'. Et puisque le rapport anharmonique des quatre points a, b, c, c' est égal à celui des quatre points correspondants a', b', c', c, on en conclut que ces trois systèmes de deux points a, a'; b, b' et c, c' forment une involution (188).

C. Q. F. P.

349. Construction du sixième point d'une involution. — Le théorème (348) peut servir pour déterminer par de simples intersections de lignes droites le sixième point formant, avec cinq points donnés, une involution. En effet, soient b, b'; c, c' deux couples de points conjugués, et a le cinquième point dont il s'agit de trouver le conjugué a'. On mène par le point a une droite indéfinie sur laquelle on prend arbitrairement deux points A, B. Les droites Ab, Ac rencontrent, respectivement, les droites Bc', Bb' en deux points D, C; et la droite CD détermine le point a'.

350. *Dans tout quadrilatère, les deux diagonales divisent harmoniquement la droite qui joint les points de concours des côtés opposés.*

Cette proposition est une conséquence du théorème précédent; il suffit de prendre pour la transversale L la droite qui joint les points de concours des côtés opposés; chacun de ces deux points est dans l'involution un point double. Ils divisent donc harmoniquement le segment compris entre les deux diagonales. Du reste, la démonstration du théorème général s'applique d'elle-même à ce cas particulier.

Observation. — On peut dire aussi qu'une diagonale est divisée harmoniquement par l'autre diagonale et la droite qui joint les points de concours des côtés opposés.

351. Construction du quatrième harmonique a trois points donnés. — La proposition précédente peut servir pour trouver, par de simples intersections de lignes droites, le quatrième harmonique à trois points donnés. Ainsi E, F et h (*fig.* 51) étant les trois points donnés, on veut déterminer le point g conjugué harmonique de h par rapport aux deux E, F. On mène par les points E, F deux droites quelconques EC, FC; par le point h une transversale qui rencontre ces deux droites en D et B; puis les deux diagonales FD, EB qui se coupent en A; et enfin la droite CA qui détermine le point g (1).

---

(1) La théorie des sections coniques nous offrira différentes autres manières de construire le quatrième point d'une proportion harmonique.

II.

352. *Les six droites menées d'un même point aux quatre sommets et aux points de concours des côtés opposés d'un quadrilatère forment un faisceau en involution.*

Soient ABCD le quadrilatère (*fig.* 52); E, F les points de concours de ses côtés opposés; O le point d'où l'on mène les six droites OA, OB, ... La droite OE rencontre les deux côtés opposés AD, BC en deux points e, e'; de sorte qu'on a sur ces côtés deux séries de quatre points A, D, e, F et B, C, e', F dont les rapports anharmoniques sont égaux, puisque les trois droites AB, DC, ee' concourent au même point E. Il s'ensuit que les quatre droites OA, OD, OE, OF ont leur rapport anharmonique égal à celui des quatre droites OB, OC, OE, OF. On peut changer l'ordre de celles-ci et écrire OC, OB, OF, OE (49), de manière que les quatre droites OA, OD, OE, OF correspondent une à une, respectivement, aux quatre OC, OB, OF, OE. Alors on a les trois systèmes de deux droites conjuguées OA, OC; OD, OB et OE, OF qui sont telles, que quatre droites appartenant aux trois systèmes ont leur rapport anharmonique égal à celui des quatre droites conjuguées. Donc les six droites forment une involution (250).

C. Q. F. P.

Autrement. La proposition se peut conclure directement du théorème (348); et réciproquement.

En effet, les deux droites OA, OB donnent lieu au quadrilatère OAFB dont les deux diagonales sont OF, AB. La droite DC coupe les quatre côtés et les deux diagonales de ce quadrilatère en six points qui sont en involution (348). Donc les six droites OA, OC; OB, OD et OE, OF, qui passent par ces six points, sont elles-mêmes en involution. C. Q. F. P.

353. Corollaire. — Le point O peut être à l'infini; alors les six droites menées par les sommets et les points de concours des côtés opposés du quadrilatère sont parallèles, mais elles rencontrent toujours une même droite en six points en involution. Nous dirons donc que : *Les projections des quatre sommets et des deux points de concours des côtés opposés d'un quadrilatère, sur une droite, sont six points en involution.*

354. Supposons que le point par lequel on mène des droites aux sommets et aux points de concours des côtés opposés d'un quadrilatère soit un des points d'intersection des deux circonférences de cercle décrites sur les deux diagonales, comme diamètres; les droites menées de ce point à chaque couple de sommets opposés seront rectangulaires; il s'ensuit que les deux autres droites de l'involution seront aussi rectangulaires (253), et, par conséquent, que la circonférence décrite sur la droite qui joint les points de concours des côtés opposés, comme diamètre, passera par les mêmes points que les deux autres circonférences. On a donc ce théorème :

Les trois circonférences de cercle qui ont pour diamètres les diagonales et la droite qui joint les points de concours des côtés opposés d'un quadrilatère, ont, toutes trois, les mêmes points d'intersection.

Et, par conséquent :

Les points milieux des deux diagonales d'un quadrilatère et le milieu de la droite qui joint les points de concours des côtés opposés sont en ligne droite.

Ce second théorème sera démontré plus loin d'une manière plus directe, et comme cas particulier d'une autre proposition (358).

355. *Dans tout quadrilatère, les deux diagonales et les droites menées de leur point de rencontre aux points de concours des côtés opposés forment un faisceau harmonique.*

Cette proposition résulte, comme cas particulier, du théorème général (352), et se démontre aussi directement de la même manière.

On peut encore la conclure du théorème (350). Car, puisque les deux points g, h (*fig.* 51) divisent harmoniquement le segment EF, les deux droites ig, ih sont conjuguées harmoniques par rapport aux deux droites iE, iF; ce qui exprime le théorème.

III.

356. *Étant pris arbitrairement un point* P *dans le plan d'un quadrilatère, les polaires de ce point relatives aux trois angles*

dont l'un est formé par deux côtés opposés du quadrilatère, le second par les deux autres côtés opposés, et le troisième par les deux diagonales, ces trois droites, dis-je, passent par un même point P'.

Nous appelons *polaire* d'un point P, relative à un angle, la droite *conjuguée harmonique* de celle qui joint le point P au sommet de l'angle, par rapport aux deux côtés de cet angle (**83**).

Soient ABCD (*fig.* 52 *bis*) le quadrilatère, et P' le point de rencontre des *polaires* du point P relatives aux deux angles AEB, AFD formés respectivement par les deux couples de côtés opposés. Je dis que la polaire relative à l'angle DGC des deux diagonales passe par ce point P'. En effet, la droite PP' rencontre les quatre côtés et les deux diagonales du quadrilatère en six points qui sont en involution (**348**). Or les deux points P, P' sont conjugués harmoniques par rapport aux deux points appartenant aux deux premiers côtés opposés, et par rapport aux deux points appartenant aux deux autres côtés opposés, puisque P' est en même temps sur les deux premières polaires. Donc les deux points P, P' sont les points doubles de l'involution (**211**); donc ils divisent harmoniquement le segment compris sur la transversale entre les deux diagonales; donc le point P' appartient à la polaire du point P relative à ces deux diagonales. Le théorème est donc démontré.

357. Corollaire. — Si le point P est à l'infini sur une droite menée arbitrairement dans le plan du quadrilatère, sa polaire par rapport à deux côtés opposés passera par le milieu du segment intercepté sur cette droite entre les deux côtés (**84**); on en conclut ce théorème :

Une transversale étant tracée dans le plan d'un quadrilatère, la droite menée du point de concours de deux côtés opposés au point milieu du segment intercepté sur la transversale entre ces deux côtés; la droite menée semblablement du point de concours des deux autres côtés au point milieu du segment compris sur la transversale entre ces deux côtés; et enfin la droite menée du point de rencontre des deux diagonales au point milieu du segment compris entre ces deux droites; ces trois droites, dis-je, passent par un même point.

IV.

358. *Étant donné un quadrilatère, si l'on mène une transversale qui rencontre ses deux diagonales et la droite qui joint les points de concours des côtés opposés, et qu'on prenne sur ces trois droites les points qui, avec la transversale, les divisent harmoniquement, ces points seront en ligne droite.*

Soient g, h, i (*fig.* 53) les trois points provenant de l'intersection des deux diagonales AC, BD et de la droite EF par une transversale L; et soient g', h', i' les conjugués harmoniques de ces trois points par rapport aux trois droites AC, BD, EF, respectivement. Je dis que les trois points g', h', i' sont en ligne droite. En effet, soit O le point de rencontre de la droite $g'h'$ et de la droite L; les droites menées de ce point aux quatre sommets et aux deux points de concours des côtés opposés du quadrilatère sont en involution (352). Or les deux droites Og, Og' sont conjuguées harmoniques par rapport aux deux OA, OC, parce que les points g et g' divisent harmoniquement la diagonale AC; elles le sont aussi par rapport aux deux OB, OD, par une raison semblable. Donc elles le sont aussi par rapport aux deux autres droites de l'involution, OE, OF (251). Mais la première passe par le point i; donc la seconde passe par le point i'. Ce qui démontre le théorème.

Corollaire. — Si la droite L est à l'infini, les points g', h', i' seront les milieux des droites AC, BD, EF; par conséquent : *Dans tout quadrilatère, les points milieux des deux diagonales et de la droite qui joint les points de concours des côtés opposés sont trois points en ligne droite.*

C'est le théorème déjà démontré par d'autres considérations (354).

V.

359. *Dans un quadrilatère, on peut considérer les deux couples de sommets opposés et les deux points de concours des côtés opposés comme formant trois couples de points en involution.*

Il existe, entre ces six points, les relations à six et à huit seg-

ments, et plusieurs des équations à trois termes qui ont lieu entre six points en involution.

Et, si l'on mène dans le plan du quadrilatère une ou deux droites fixes quelconques, il existera, entre les distances des six points du quadrilatère à ces droites, des relations semblables à celles qui ont lieu entre six points en involution et un ou deux points arbitraires.

Ces propriétés très-diverses du quadrilatère résultent immédiatement des relations d'involution, par cette simple considération, que la projection des sommets et des points de concours des côtés opposés du quadrilatère, sur une droite, donne six points en involution (353).

En effet, chacune des relations d'involution est formée, en général, de divers rapports de deux segments, et, dans la plupart, les deux segments de chaque rapport correspondent à deux segments en ligne droite dans le quadrilatère ; d'où il résulte que le rapport des deux segments en projection est égal à celui des deux segments appartenant au quadrilatère, et, par suite, que la relation des six points en involution s'applique aux six points du quadrilatère. On a donc ainsi naturellement des propriétés du quadrilatère.

Il nous suffira d'énoncer ces théorèmes, en indiquant seulement celles des formules d'involution d'où ils dérivent.

Soit ABab (*fig.* 54) le quadrilatère, dont A, a sont deux sommets opposés, B, b les deux autres sommets et C, c les deux points de concours des côtés opposés. Ces six points donnent lieu à des relations telles que les suivantes :

I. $$\frac{AB.Ab}{AC.Ac} = \frac{aB.ab}{aC.ac} \quad \text{(équat. } a\text{, 190).}$$

II. $$Ab.Bc.Ca = -aB.bC.cA \quad \text{(équat. } b\text{),}$$

ou

$$\frac{aB}{aC}\,\frac{bC}{bA}\,\frac{cA}{cB} = +1.$$

III. $$AB = AC\,\frac{Bc}{ac} - BC\,\frac{Ac}{bc} \quad (231).$$

IV. $$AB = AC\,\frac{Ac}{Ab} - BC\,\frac{Bc}{Ba} \quad (232).$$

V. $$\frac{BA}{Ac}+\frac{Ba}{aC}=\frac{Bb}{be}.$$

Cette équation résulte de la formule entre quatre points a, a', b, b' et un point double e :

$$\frac{bb'}{b'e}=\frac{ba}{ae}+\frac{ba'}{a'e} \quad (264).$$

Pour appliquer cette relation au quadrilatère, il suffit de faire la projection par des droites parallèles à Cc, de manière à avoir un point double en projection.

VI. $$\frac{BA}{Ac}+\frac{Ba}{aC}+\frac{Bb}{bG}=-2$$

ou

$$\frac{Bc}{Ac}+\frac{BC}{aC}+\frac{BG}{bG}=+1.$$

On tire la première de ces deux équations de celle qui précède, en observant que, la diagonale Bb étant divisée harmoniquement en G et e (350), on a

$$\frac{2}{bB}=\frac{1}{be}+\frac{1}{bG} \quad \text{ou} \quad \frac{Bb}{be}+\frac{Bb}{bG}=-2 \quad (65);$$

et la seconde équation résulte immédiatement de la première.

VII. Désignant les distances des six sommets et points de concours du quadrilatère à une droite fixe M par (A, M), (a, M), ..., et appelant α, β, γ les points milieux des deux diagonales Aa, Bb et de la droite Cc, on a la relation

$$(A,M)(a,M)\beta\gamma+(B,M)(b,M)\gamma\alpha+(C,M)(c,M)\alpha\beta=0.$$

En effet, si l'on projette la figure sur une droite perpendiculaire à la transversale M, les distances ou perpendiculaires (A, M), ... conservent les mêmes grandeurs en projection, et les segments $\beta\gamma$, $\gamma\alpha$, $\alpha\beta$ sont proportionnels à leurs projections, parce que les trois points α, β, γ sont en ligne droite (358, Coroll.); de sorte qu'on retrouve la relation d'involution dans laquelle entre un point arbitraire (1, 221); et, par conséquent, de cette relation se conclut la proposition actuelle.

VIII. Corollaire. — *Si la droite* M *passe par le sommet* A, le rapport des distances des deux points B et c à cette droite est égal au rapport $\frac{AB}{Ac}$, et de même le rapport des distances des deux points b et C à la même droite est égal à $\frac{Ab}{AC}$, de sorte que l'équation se réduit à

$$\frac{AB.Ab}{AC.Ac} = \frac{\alpha\beta}{\alpha\gamma}.$$

IX. Soit une droite fixe N; désignant par α_1, β_1, γ_1 les trois points qui, avec cette droite, divisent harmoniquement les deux diagonales Aa, Bb et la droite Cc respectivement, et appelant n le point d'intersection de la droite $\alpha_1\beta_1\gamma_1$ (358) par la droite N, on a la relation

$$\frac{\beta_1\gamma_1 . n\alpha_1}{(A,N)(a,N)} + \frac{\gamma_1\alpha_1 . n\beta_1}{(B,N)(b,N)} + \frac{\alpha_1\beta_1 . n\gamma_1}{(C,N)(c,N)} = 0.$$

Cette équation dérive de la première équation du n° 235, de même que la précédente de l'équation (1) (221).

X. Les deux théorèmes précédents peuvent être considérés comme des cas particuliers d'une même proposition générale concernant les distances des sommets et des points de concours du quadrilatère à deux droites fixes M et N. On a, quelles que soient ces deux droites,

$$\frac{(A,M)(a,M)}{(A,N)(a,N)}\beta_1\gamma_1 . n\alpha_1 + \frac{(B,M)(b,M)}{(B,N)(b,N)}\gamma_1\beta_1 . n\beta_1 + \frac{(C,M)(c,M)}{(C,N)(c,N)}\alpha_1\beta_1 . n\gamma_1 = 0;$$

car cette équation résulte naturellement de la formule (252) relative à un faisceau de six droites en involution.

XI. α, β, γ étant les milieux des deux diagonales Aa, Bb et de la droite Cc, on a la relation

$$\overline{\alpha a}^2 . \beta\gamma + \overline{\beta b}^2 . \gamma\alpha + \overline{\gamma c}^2 . \alpha\beta + \alpha\beta . \beta\gamma . \gamma\alpha = 0.$$

En effet, si l'on projette orthogonalement la figure sur une droite X, on a six points en involution (353), et, en appliquant le théorème (228), on en conclut l'équation

$$\overline{\alpha a}^2.\cos^2(\alpha a, X)\,6\gamma + \overline{6b}^2.\cos^2(6b, X)\gamma\alpha$$
$$+ \overline{\gamma c}^2.\cos^2(\gamma c, X)\,\alpha 6 + \alpha 6.6\gamma.\gamma\alpha.\cos^2(\alpha 6, X) = 0.$$

Pour une autre droite X' on a une relation semblable; et, en supposant les deux droites rectangulaires, on conclut des deux équations, ajoutées membre à membre, celle qu'il s'agit de démontrer.

Remarque. — Cette équation prouve (d'après 228) que les circonférences décrites sur les trois droites Aa, Bb et Cc comme diamètres ont le même axe radical (209).

XII. Les trois droites Aa, Bb, Cc étant coupées en ν, ν', ν'' par une transversale N, on a la relation

$$\frac{\overline{\alpha_1 a}^2}{\overline{\nu a}^2}\frac{6_1\gamma_1}{n\alpha_1} + \frac{\overline{6_1 b}^2}{\overline{\nu' b}^2}\frac{\gamma_1\alpha_1}{n6_1} + \frac{\overline{\gamma_1 c}^2}{\overline{\nu'' c}^2}\frac{\alpha_1 6_1}{n\gamma_1} + \frac{\alpha_1 6_1.6_1\gamma_1.\gamma_1\alpha_1}{n\alpha_1.n6_1.n\gamma_1} = 0,$$

dans laquelle α_1, 6_1, γ_1 et n ont la même signification que dans le théorème IX.

En effet, par une projection de la figure sur une droite perpendiculaire à la droite N, cette relation se change en une propriété de six points en involution (228, Coroll. II).

VI.

360. *Dans tout quadrilatère, les deux couples de côtés opposés et les deux diagonales forment trois couples de droites qui donnent lieu, relativement aux angles qu'elles font entre elles, à toutes les relations d'involution d'un faisceau de six droites.*

En effet, si l'on conçoit une transversale menée arbitrairement, elle rencontrera les quatre côtés et les deux diagonales du quadrilatère en six points en involution (348), et les droites menées d'un même point à ces six points formeront un faisceau en involution. Si la transversale s'éloigne à l'infini, ces six droites seront parallèles aux quatre côtés et aux deux diagonales du quadrilatère. Donc, etc.

Autrement. On peut donner du théorème une démonstration directe. Qu'on mène par les sommets opposés A, C des parallèles à la diagonale DB (*fig.* 55); ces sommets seront les centres de deux faisceaux de quatre droites ayant les mêmes rapports anharmoniques, parce que les quatre droites du premier, AD, AB, AC et AI, rencontrent respectivement les quatre droites du second, CD, CB, CA et CI′, en quatre points en ligne droite. Changeant l'ordre des quatre droites du second faisceau, nous dirons que les deux séries de quatre droites AD, AB, AC, AI et CB, CD, CI′, CA ont leurs rapports anharmoniques égaux. Or les deux AC et CA coïncident et les deux AI et CI′ sont parallèles. Donc les deux séries ne contiennent, quant à la direction, que six droites conjuguées deux à deux, et, par conséquent, en vertu de l'égalité des rapports anharmoniques, ces six droites ont entre elles toutes les relations d'involution (250). Le théorème est donc démontré.

Corollaire. — On conclut du théorème, d'après une propriété de l'involution (253), que :

Quand deux côtés opposés d'un quadrilatère sont rectangulaires, ainsi que les deux diagonales, les deux autres côtés sont aussi rectangulaires.

On reconnaît aisément que ce théorème revient à celui-ci, que : *Dans un triangle, les perpendiculaires abaissées des sommets sur les côtés opposés passent par un même point.*

CHAPITRE XIX.

PROPRIÉTÉS DU TRIANGLE.

§ I. — Théorèmes généraux.

I. — *Triangle coupé par une transversale.*

361. Un triangle ABC, dont les côtés sont coupés par une transversale en trois points a, b, c (*fig.* 56), peut être considéré comme un quadrilatère ABab dont les points de concours des côtés opposés sont le sommet C du triangle et le point c sur le côté opposé AB. Par conséquent, les diverses propriétés du quadrilatère s'appliquent au triangle, notamment celles dans lesquelles nous avons considéré les trois couples de points A, a ; B, b et C, c comme trois couples en involution (359).

De ces propriétés nous ne reproduirons ici que la seconde, qui donne lieu à cette proposition :

Quand un triangle ABC *est coupé par une transversale* abc, *il existe, entre les segments que cette droite fait sur les côtés, la relation*

$$(1) \qquad \frac{aB}{aC}\,\frac{bC}{bA}\,\frac{cA}{cB} = +1.$$

Ce théorème dérive ici immédiatement de cette considération que les projections des sommets du triangle et des trois points a, b, c sur une même droite forment six points en involution (353), proposition dont la démonstration a été très-simple. Mais on peut démontrer le théorème directement de diverses autres manières également simples.

Que l'on mène la droite ab' parallèle au côté BA, et que l'on considère les quatre droites issues du point a, lesquelles, étant coupées par les deux côtés AC, AB donnent

$$\frac{bC}{bA} : \frac{b'C}{b'A} = \frac{cB}{cA} \quad (15).$$

Mais $\frac{b'C}{b'A} = \frac{aC}{aB}$, puisque ab' est parallèle à BA. Donc

$$\frac{aB}{aC}\,\frac{bC}{bA}\,\frac{cA}{cB} = +1.$$

Autrement. La transversale donne lieu aux trois triangles Abc, Bca, Cab, dans lesquels on a

$$\frac{Ab}{Ac} = \frac{\sin c}{\sin b}, \quad \frac{Bc}{Ba} = \frac{\sin a}{\sin c}, \quad \frac{Ca}{Cb} = \frac{\sin b}{\sin a}.$$

Multipliant ces trois équations membre à membre, il en résulte

$$\frac{aB}{aC}\,\frac{bC}{bA}\,\frac{cA}{cB} = 1.$$

Ainsi le produit des trois rapports est égal à l'unité. Mais il ne s'agit ici que de la valeur *numérique* ou *absolue* du produit, abstraction faite de son signe ; parce que, dans les proportions dont nous nous sommes servi, les rapports $\frac{Ab}{Ac}, \cdots$ n'admettent pas de signes, puisque les deux segments qui y entrent sont comptés sur des lignes différentes. Par conséquent, la démonstration n'est pas complète comme les précédentes ; il reste à démontrer qu'en observant, relativement aux segments formés sur chacun des trois côtés du triangle, la règle générale des signes, c'est le signe + qui convient au second membre de l'équation. Or cela résulte d'une vérification facile, car il ne peut arriver que deux cas relativement à la position des trois points a, b, c, savoir, que deux de ces points soient sur deux côtés du triangle et le troisième sur le prolongement du troisième côté, ou bien que les trois points soient tous les trois sur les prolongements des trois côtés. Dans le premier cas, deux rapports seront négatifs et le troisième positif, et, dans le second cas, ils seront tous les trois positifs ; de sorte que le signe du produit des trois rapports est toujours positif.

362. Lemme. — *Si par les sommets d'un triangle* ABC *on mène*

trois droites quelconques qui rencontrent les côtés opposés en trois points a, b, c, *on aura la relation*

$$\frac{aB}{aC}\,\frac{bC}{bA}\,\frac{cA}{cB}=\frac{\sin aAB}{\sin aAC}\,\frac{\sin bBC}{\sin bBA}\,\frac{\sin cCA}{\sin cCB},$$

dans laquelle s'observe la règle des signes.

Chaque rapport de segments, tel que $\frac{aB}{aC}$ (*fig.* 57) a évidemment le même signe que le rapport de sinus correspondant $\frac{\sin aAB}{\sin aAC}$. Il suffit donc de démontrer que les deux membres de l'équation sont égaux numériquement. Or on a, dans le triangle, les trois équations

$$\frac{aB}{aC}=\frac{AB}{AC}\,\frac{\sin aAB}{\sin aAC},\quad \frac{bC}{bA}=\frac{BC}{BA}\,\frac{\sin bBC}{\sin bBA},\quad \frac{cA}{cB}=\frac{CA}{CB}\,\frac{\sin cCA}{\sin cCB},$$

qui, multipliées membre à membre, donnent l'équation qu'il s'agit de démontrer.

363. *Si par les sommets d'un triangle* ABC (*fig.* 58) *on mène trois droites rencontrant les côtés opposés en trois points* a, b, c *situés en ligne droite, il existe entre les sinus des angles que ces droites font chacune avec les deux côtés de l'angle d'où elle part la relation suivante :*

$$(2)\qquad \frac{\sin aAB}{\sin aAC}\,\frac{\sin bBC}{\sin bBA}\,\frac{\sin cCA}{\sin cCB}=+1.$$

Cette proposition résulte de la précédente en vertu du lemme.

Autrement. La figure présente un quadrilatère ABab avec ses deux diagonales et la droite qui joint les points de concours des côtés opposés, et la relation qu'il s'agit de démontrer est une des relations d'involution qui ont lieu dans ce quadrilatère en vertu du théorème général (360).

364. Les réciproques des deux théorèmes (361 et 363) sont vraies, c'est-à-dire que : *Si, sur les trois côtés d'un triangle* ABC, *on prend trois points* a, b, c *tels, que l'une ou l'autre des deux*

équations (1) *et* (2) *ait lieu, ces trois points seront en ligne droite.*

En effet, appelons c' le point où la droite ab rencontre le côté AB; on aura (361)

$$\frac{aB}{aC}\,\frac{bC}{bA}\,\frac{c'A}{c'B} = +1;$$

et, puisque, par hypothèse, l'équation (1) a lieu, il s'ensuit

$$\frac{c'A}{c'B} = \frac{cA}{cB};$$

ce qui prouve que le point c' coïncide avec le point c. Le raisonnement est le même à l'égard de l'équation (2).

II. — *Triangle dans lequel trois droites menées par les sommets concourent en un même point.*

365. Si d'un point O (*fig.* 59) on mène des droites aux trois sommets d'un triangle ABC, ces droites et les côtés du triangle forment les quatre côtés et les deux diagonales d'un quadrilatère OACB; par conséquent, il existe entre ces trois droites et les côtés du triangle toutes les relations d'angles qui ont lieu dans un faisceau de six droites en involution (360); de là résultent diverses propriétés du triangle. Nous ne reproduirons ici que la suivante :

Quand trois droites issues des sommets d'un triangle ABC *passent par un même point* O, *on a entre les sinus des angles qu'elles font chacune avec les deux côtés de l'angle d'où elle part la relation*

$$(3) \qquad \frac{\sin OAB}{\sin OAC}\,\frac{\sin OBC}{\sin OBA}\,\frac{\sin OCA}{\sin OCB} = -1.$$

Il est très-facile de démontrer ce théorème directement; il suffit de considérer les trois triangles qui ont pour sommet commun le point O et pour bases les trois côtés du triangle ABC; ils fournissent les trois équations

$$\frac{\sin OAB}{\sin OBA} = \frac{OB}{OA}, \quad \frac{\sin OBC}{\sin OCB} = \frac{OC}{OB}, \quad \frac{\sin OCA}{\sin OAC} = \frac{OA}{OC},$$

qui, multipliées membre à membre, donnent

$$\frac{\sin \text{OAB}}{\sin \text{OAC}} \frac{\sin \text{OBC}}{\sin \text{OBA}} \frac{\sin \text{OCA}}{\sin \text{OCB}} = 1.$$

Cette équation n'implique que la valeur numérique de l'expression qui forme le premier membre, parce que les équations dont on a fait usage ne comportent pas de signes. Mais on reconnaît immédiatement que, si l'on applique à la figure le principe des signes, chacun des trois rapports de sinus est négatif quand le point O est situé dans l'intérieur du triangle, et que deux de ces rapports sont positifs et le troisième négatif quand le point O est pris au dehors du triangle; d'où il résulte que le second membre de l'équation est — 1.

366. D'après le lemme (362) on peut remplacer dans l'équation (3) les sinus des angles par les segments que les trois droites forment sur les côtés, et l'on a ce théorème :

Les droites menées d'un même point aux trois sommets d'un triangle ABC (*fig.* 60) *rencontrent les côtés opposés en trois points* a, b, c *tels, que l'on a l'équation*

$$\frac{a\text{B}}{a\text{C}} \frac{b\text{C}}{b\text{A}} \frac{c\text{A}}{c\text{B}} = -1. \tag{4}$$

367. Les réciproques des deux théorèmes précédents ont évidemment lieu, c'est-à-dire que : *Si, par les sommets d'un triangle* ABC, *on mène trois droites telles, que l'une ou l'autre des deux équations* (3) *et* (4) *soit vérifiée, les trois droites passeront par un même point.*

III. — *Théorèmes dans lesquels on considère à la fois un point et une droite dans le plan d'un triangle.*

368. *Étant donnés un triangle et une transversale, si d'un même point on mène des droites aux sommets du triangle et aux points où la transversale rencontre les côtés opposés, ces droites formeront trois couples en involution.*

En effet, le triangle ABC (*fig.* 61) et la transversale forment un quadrilatère ABab dont les points de concours des côtés opposés sont le sommet C du triangle et le point c intersection du côté opposé AB par la transversale. Les six droites que l'on a à considérer, savoir OA, OB, OC et leurs conjuguées Oa, Ob, Oc, forment donc un faisceau en involution (352). C. Q. F. D.

Réciproquement : *Si d'un même point on mène des droites aux trois sommets d'un triangle et trois autres droites formant avec ces premières trois couples en involution, ces trois droites iront rencontrer les côtés opposés du triangle en trois points situés en ligne droite.*

En effet, soient a, b, c ces trois points. Appelons c' le point où la droite ab rencontre le côté AB; la droite Oc', d'après la proposition qui vient d'être démontrée, forme une involution avec les cinq OA, Oa; OB, Ob et OC. Mais, par hypothèse, c'est Oc qui forme cette involution; donc le point c' n'est autre que le point c. Donc, etc.

369. Corollaire. — Le théorème (368), si l'on y suppose la transversale à l'infini, prend cet énoncé :

Si par un même point on mène des droites aux trois sommets d'un triangle et des parallèles aux trois côtés, ces six droites forment trois couples en involution.

Et réciproquement : *Si par les sommets d'un triangle on mène trois droites faisant avec les côtés opposés, respectivement, trois couples de droites parallèles aux rayons d'un faisceau en involution, ces trois droites concourront en un même point.*

C'est, sous un autre énoncé, la même propriété que précédemment (365), savoir, que les trois droites menées aux sommets d'un triangle ont avec les côtés toutes les relations d'angles de six droites en involution.

370. *Si d'un même point on mène trois droites aux sommets d'un triangle, toute transversale rencontrera ces droites et les côtés du triangle en six points formant trois couples en involution.*

En effet, les deux droites OA, OB (*fig.* 62) et les deux côtés

AC, BC du triangle forment un quadrilatère dont les diagonales sont la troisième droite OC et le troisième côté AB. Ce quadrilatère est coupé par la transversale en six points en involution (348). Mais trois de ces points, a, b, c, appartiennent aux côtés du triangle, et les trois points conjugués a', b', c' aux droites menées à ses sommets. Donc, etc.

Réciproquement : *Si sur une transversale qui rencontre les côtés d'un triangle en trois points, on prend trois autres points quelconques, formant avec ceux-là trois couples en involution, les droites menées de ces trois points aux sommets opposés du triangle concourront en un même point.*

Cette proposition inverse est une conséquence évidente du théorème.

IV. — *Triangles inscrit et circonscrit l'un à l'autre.*

371. Les deux théorèmes (361 et 365) peuvent être compris dans une même proposition dont ils dériveront l'un et l'autre comme cas particuliers. Cette proposition exprime tout à la fois une propriété de trois points quelconques pris sur les côtés d'un triangle, lesquels peuvent être en ligne droite, et une propriété relative à trois droites quelconques menées par les sommets d'un triangle, lesquelles peuvent être concourantes en un même point; en voici l'énoncé :

Si, par les sommets d'un triangle ABC (*fig.* 63), *on mène trois droites* Aa, Bb, Cc *qui forment un second triangle* abc *circonscrit au premier, on a la relation*

$$(5)\qquad \frac{\mathrm{A}a}{\mathrm{A}c}\,\frac{\mathrm{B}b}{\mathrm{B}a}\,\frac{\mathrm{C}c}{\mathrm{C}b} = -\frac{\sin a\mathrm{AC}}{\sin a\mathrm{AB}}\,\frac{\sin b\mathrm{BA}}{\sin b\mathrm{BC}}\,\frac{\sin c\mathrm{CB}}{\sin c\mathrm{CA}}.$$

En effet, la proportionnalité des sinus des angles aux côtés opposés, dans les trois triangles aAB, bBC, cCA, donne trois équations qui, multipliées membre à membre, produisent celle-ci :

$$\frac{\mathrm{A}a}{\mathrm{B}a}\,\frac{\mathrm{B}b}{\mathrm{C}b}\,\frac{\mathrm{C}c}{\mathrm{A}c} = \frac{\sin a\mathrm{BA}}{\sin a\mathrm{AB}}\,\frac{\sin b\mathrm{CB}}{\sin b\mathrm{BC}}\,\frac{\sin c\mathrm{AC}}{\sin c\mathrm{CA}}.$$

Pour introduire des rapports de deux sinus d'angles ayant un côté commun, qui donnent lieu à l'application du principe des signes, dont cette équation est indépendante, on remplacera les angles cAC, bCB, aBA par leurs suppléments aAC, cCB, bBA, et l'équation devient, sauf le signe du second membre, celle qu'il s'agit de démontrer. Ainsi il est prouvé que les deux membres de l'équation (5) sont égaux numériquement ; mais il reste à démontrer que leurs signes sont différents, quand on donne des signes aux segments et aux sinus qui y entrent. Ce complément de la démonstration se fait par une vérification sur la figure, dans les quatre cas qu'elle peut présenter. Nous disons quatre cas ; car les trois droites menées par les sommets du triangle ABC et qui forment le triangle circonscrit abc, peuvent être, ou toutes les trois extérieures au triangle, ou toutes les trois intérieures, ou une intérieure et deux extérieures, ou enfin une extérieure et deux intérieures. On reconnaît aisément que dans tous les cas les signes des deux membres de l'équation sont différents.

Ainsi le théorème est démontré [1].

Corollaires. — Voici comment cette proposition donne lieu aux deux théorèmes (361 et 365) comme cas particuliers :

1° Que l'on considère la proposition comme se rapportant à trois points A, B, C pris sur les côtés du triangle abc, et qu'on suppose ces points en ligne droite, on trouve que le second membre de l'équation devient égal à $+1$, et l'on a en conséquence

$$\frac{\mathrm{A}a}{\mathrm{A}c}\,\frac{\mathrm{B}b}{\mathrm{B}a}\,\frac{\mathrm{C}c}{\mathrm{C}b}=+1.$$

Ce qui est le théorème (361).

2° On peut regarder la proposition comme exprimant une propriété relative à trois droites menées par les sommets d'un triangle ABC, et si l'on suppose que ces trois droites concourent en un même point O, alors les trois points a, b, c coïncideront en ce point unique, les trois rapports $\frac{\mathrm{A}a}{\mathrm{A}c}$, ... deviendront égaux à

[1] Nous donnerons plus loin (373) deux autres démonstrations du théorème, qui comporteront l'application de la règle des signes.

l'unité, et l'on aura l'équation

$$\frac{\sin \mathrm{OAC}}{\sin \mathrm{OAB}} \frac{\sin \mathrm{OBA}}{\sin \mathrm{OBC}} \frac{\sin \mathrm{OCB}}{\sin \mathrm{OCA}} = -1.$$

Ce qui exprime le théorème (365).

V. — *Réflexions sur le caractère des démonstrations fondées sur les théories exposées dans cet Ouvrage. — Autres démonstrations du théorème précédent.*

372. La démonstration précédente est très-simple en ce qui concerne l'égalité numérique des deux membres de l'équation qu'il s'agissait de démontrer; mais il faut dire que la vérification relative au signe n'est pas aussi simple, parce qu'elle exige l'examen de quatre cas différents que peut présenter la figure. On conçoit que si, au lieu d'un simple triangle, il s'agissait d'un polygone quelconque, on pourrait avoir, pour une pareille question de signe, à examiner un beaucoup plus grand nombre de cas; ce qui pourrait présenter des difficultés réelles, et ce qui, d'ailleurs, n'est pas, en général, une marche satisfaisante. Il est donc à désirer que l'on puisse adapter aux propositions du genre de celle qui précède des démonstrations qui comportent par elles-mêmes toutes les conditions de signes, nous pouvons dire des démonstrations complètes. C'est la notion du *rapport anharmonique* et les théories qui s'en sont déduites naturellement, qui paraissent destinées à procurer ces démonstrations adéquates. Sous ce point de vue, ces théories ont dans la Géométrie moderne un caractère qui les distingue essentiellement, en les rendant propres à donner aux conceptions géométriques toute la généralité dont sont empreints les résultats de l'analyse. Il sera donc utile d'étendre les usages de ces méthodes, et, pour cela, de chercher à les appliquer aux propositions mêmes pour lesquelles les procédés ordinaires de la Géométrie, tels que la proportionnalité des côtés dans les triangles semblables ou des côtés aux sinus des angles opposés dans tout triangle, fournissent une démonstration facile; à plus forte raison, quand cette démonstration n'embrasse qu'une partie de la proposition, comme cela a eu lieu dans le théorème précédent. Nous ne doutons pas qu'on ne parvienne toujours à une démonstration vraiment satisfaisante. Du moins les applications déjà faites ici des méthodes en question aux figures rectilignes, et surtout l'étendue et la facilité de celles qui se présenteront dans la théorie des sections coniques, comme dans celle des courbes du troisième degré et des surfaces du second ordre, nous persuadent que ces méthodes fécondes forment les bases naturelles de la Géométrie.

Appliquons-les au théorème précédent.

373. *Autre démonstration du théorème* (371). — Les trois droites menées du point a aux sommets du triangle ABC (*fig.* 64) donnent la relation

$$\frac{\sin a\mathrm{AC}}{\sin a\mathrm{AB}}\,\frac{\sin b\mathrm{BA}}{\sin b\mathrm{BC}}\,\frac{\sin a\mathrm{CB}}{\sin a\mathrm{CA}}=-1 \quad (365);$$

et la droite AB, qui coupe les trois côtés du triangle abc, donne celle-ci :

$$\frac{\mathrm{A}a}{\mathrm{A}c}\,\frac{\mathrm{B}b}{\mathrm{B}a}\,\frac{\gamma c}{\gamma b}=1 \quad (361).$$

On a donc

$$\frac{\mathrm{A}a}{\mathrm{A}c}\,\frac{\mathrm{B}b}{\mathrm{B}a}\,\frac{\gamma c}{\gamma b}=-\frac{\sin a\mathrm{AC}}{\sin a\mathrm{AB}}\,\frac{\sin b\mathrm{BA}}{\sin b\mathrm{BC}}\,\frac{\sin a\mathrm{CB}}{\sin a\mathrm{CA}}.$$

Or les quatre droites issues du point C, savoir CA, Ca, CB et Cc, ont leur rapport anharmonique égal à celui des quatre points A, a', B, γ, lequel, à cause des droites concourantes en a, est égal à celui des quatre points c, C, b et γ. On a donc l'égalité

$$\frac{\sin a\mathrm{CA}}{\sin a\mathrm{CB}}:\frac{\sin c\mathrm{CA}}{\sin c\mathrm{CB}}=\frac{\mathrm{C}c}{\mathrm{C}b}:\frac{\gamma c}{\gamma b};$$

et, par suite, l'équation précédente devient

$$\frac{\mathrm{A}a}{\mathrm{A}c}\,\frac{\mathrm{B}b}{\mathrm{B}a}\,\frac{\mathrm{C}c}{\mathrm{C}b}=-\frac{\sin a\mathrm{AC}}{\sin a\mathrm{AB}}\,\frac{\sin b\mathrm{BA}}{\sin b\mathrm{BC}}\,\frac{\sin c\mathrm{CB}}{\sin c\mathrm{CA}}.$$

C. Q. F. D.

Autrement. Les trois triangles aAB, bBC et cCA, coupés respectivement par les transversales bc, ca et ab, donnent (*fig.* 65) les trois équations

$$\frac{\gamma\mathrm{A}}{\gamma\mathrm{B}}\,\frac{b\mathrm{B}}{ba}\,\frac{ca}{c\mathrm{A}}=1,\quad \frac{\alpha\mathrm{B}}{\alpha\mathrm{C}}\,\frac{c\mathrm{C}}{cb}\,\frac{ab}{a\mathrm{B}}=1,\quad \frac{\beta\mathrm{C}}{\beta\mathrm{A}}\,\frac{a\mathrm{A}}{ac}\,\frac{bc}{b\mathrm{C}}=1.$$

Multipliant ces équations membre à membre, on obtient

$$\frac{\gamma A}{\gamma B}\,\frac{\alpha B}{\alpha C}\,\frac{6C}{6A}\,\frac{bB}{cA}\,\frac{cC}{aB}\,\frac{aA}{bC}=-1 \quad \text{ou} \quad \frac{aA}{aB}\,\frac{bB}{bC}\,\frac{cC}{cA}=-\frac{\alpha C}{\alpha B}\,\frac{6A}{6C}\,\frac{\gamma B}{\gamma A}.$$

Or, d'après le lemme (362), on a dans le triangle ABC

$$\frac{\alpha C}{\alpha B}\,\frac{6A}{6C}\,\frac{\gamma B}{\gamma A}=\frac{\sin aAC}{\sin aAB}\,\frac{\sin bBA}{\sin bBC}\,\frac{\sin cCB}{\sin cCA}.$$

Donc

$$\frac{aA}{aB}\,\frac{bB}{bC}\,\frac{cC}{cA}=-\frac{\sin aAC}{\sin aAB}\,\frac{\sin bBA}{\sin bBC}\,\frac{\sin cCB}{\sin cCA}.$$

C. Q. F. D.

VI. — *Triangles homologiques.*

374. *Quand deux triangles ont leurs sommets deux à deux sur trois droites concourantes en un même point, leurs côtés se rencontrent, deux à deux, en trois points situés en ligne droite.*

Soient ABC, abc (*fig.* 66) les deux triangles dont les sommets sont, deux à deux, sur les trois droites Aa, Bb, Cc concourantes en un même point S; je dis que les trois côtés AB, BC, CA du premier rencontrent respectivement les trois côtés ab, bc, ca du second en trois points γ, α, 6 situés en ligne droite.

En effet, les deux côtés AB, ab rencontrent la droite SCc en deux points D, d; et l'on a sur ces deux côtés, respectivement, les deux séries de quatre points A, D, B, γ et a, d, b, γ dont les rapports anharmoniques sont égaux, parce que les trois droites Aa, Dd, Bb concourent en un même point. Donc les quatre droites issues du point C, CA, CD, CB, Cγ ont leur rapport anharmonique égal à celui des quatre droites issues du point c, ca, cd, cb, $c\gamma$. Mais, dans ces deux faisceaux, les deux droites homologues CD, cd coïncident; donc les trois autres droites du premier faisceau rencontrent respectivement les trois droites homologues du second faisceau en trois points situés en ligne droite (47). Donc les trois points 6, α, γ sont en ligne droite. C. Q. F. D.

375. Réciproquement : *Si deux triangles sont tels, que leurs côtés se coupent, deux à deux respectivement, en trois points situés*

en ligne droite, leurs sommets sont sur trois droites concourantes en un même point.

Les trois points α, β, γ étant supposés en ligne droite, je dis que les trois droites Aa, Bb, Cc concourent en un même point. En effet, les quatre droites issues du point C, Cγ, Cα, Cc et Cβ ont leur rapport anharmonique égal à celui des quatre droites issues du point c, $c\gamma$, $c\alpha$, cC et $c\beta$, parce que celles-ci rencontrent la droite $\gamma\alpha\beta$ aux mêmes points que les quatre premières, respectivement; donc les quatre points γ, B, A, D ont leur rapport anharmonique égal à celui des quatre points γ, b, a, d; donc les trois droites Bb, Dd ou Cc et Aa concourent en un même point (42).

C. Q. F. D.

376. Ces théorèmes sont attribués à Desargues, parce qu'on les trouve, avec quelques autres propositions, à la suite du *Traité de perspective* de Bosse, imité des *Méthodes de Perspective* de Desargues. Les démonstrations y sont longues et pénibles. Depuis, ils ont été démontrés par plusieurs auteurs, et, en dernier lieu, par Poncelet, dans son *Traité des propriétés projectives* (p. 89), où ces théorèmes forment la base de la théorie des *figures homologiques*. Cette théorie sera exposée dans un des Chapitres suivants (XXVe, § III); nous dirons seulement ici que Poncelet a appelé *centre d'homologie* des deux triangles le point de concours des droites qui joignent leurs sommets correspondants et *axe d'homologie* la droite sur laquelle leurs côtés se coupent deux à deux; les deux triangles eux-mêmes sont dit *homologiques*.

Les deux triangles donnent lieu à diverses relations de grandeur, ou relations métriques, fort importantes, qui dérivent immédiatement de la notion du rapport anharmonique; mais ces relations devant se présenter plus tard comme conséquences naturelles de la théorie générale des figures *homographiques* (Chap. XXV), nous n'en parlerons pas ici.

377. Lemme. — *Étant pris sur une première droite (fig. 67) deux points* A, B, *et sur une seconde deux points* a, b, *et étant menées les droites* Aa, Bb *qui se rencontrent en un point* S, *si l'on fait tourner la seconde droite* ab *autour de son point de ren-*

contre γ *avec la première, le point* S *change de position, et alors il arrive :*

1° *Que la droite menée par le point* S *parallèlement à la droite* ab, *dans chacune de ses positions, rencontre la droite* AB *toujours en un même point* I ;

Et 2° *que le point* S *décrit un cercle qui a pour centre ce point* I.

En effet, les quatre points A, B, γ, I ont leur rapport anharmonique égal à celui des quatre a, b, γ et l'infini, sur la droite ab ; et cette égalité détermine la position du point I. Par conséquent, cette position reste la même quand la droite ab tourne autour du point γ. Ce qui démontre la première partie du lemme.

Quant à la seconde, les deux triangles semblables SBI et $bB\gamma$ donnent

$$\frac{\text{SI}}{b\gamma} = \frac{\text{BI}}{\text{B}\gamma} \quad \text{ou} \quad \text{SI} = \frac{\text{BI}.b\gamma}{\text{B}\gamma}.$$

Cette valeur de SI est constante. Donc le point S décrit un cercle qui a pour centre le point I. C. Q. F. D.

Remarque. — Si la droite ab, en tournant autour du point γ, sort du plan de la figure, le point I sera toujours fixe, et le point S décrira une sphère ayant son centre en ce point.

378. *Quand deux triangles sont homologiques, si l'on fait tourner le plan de l'un d'eux autour de l'axe d'homologie, les droites qui joignent deux à deux leurs sommets homologues concourent en un même point, et ce point, variable de position, décrit un cercle dont le plan est perpendiculaire à l'axe d'homologie.*

En effet, si l'on fait tourner le triangle acb (*fig.* 68) autour de la droite $\alpha\beta$, les deux droites AB, ab, qui se rencontrent en γ, sont dans un même plan, et par conséquent les deux droites Aa, Bb se rencontrent, puisqu'elles sont dans ce plan. Pareillement, la droite Aa rencontre la droite Cc, et celle-ci rencontre la droite Bb. Or ces trois droites Aa, Bb et Cc, qui se rencontrent deux à deux, ne sont pas dans un même plan ; il s'ensuit qu'elles se rencontrent en un même point S.

Menons par ce point des parallèles aux trois côtés du triangle abc, lesquelles, étant dans un même plan parallèle à celui du triangle, rencontreront les côtés du triangle fixe ABC en trois points I, J, K situés sur une droite parallèle à l'axe d'homologie $\alpha\beta\gamma$. D'après le lemme, ces trois points resteront fixes et seront les centres de trois sphères sur lesquelles se mouvra le point S. Donc ce point décrira un cercle, intersection commune de ces sphères, et situé dans un plan perpendiculaire à la droite IJK, et par conséquent à l'axe d'homologie $\alpha\beta\gamma$. C. Q. F. D.

Remarque. — Les trois droites Aa, Bb, Cc concourant en un même point dans l'espace, les deux triangles sont la perspective l'un de l'autre; on peut donc donner au théorème cet énoncé :

Quand on a mis en perspective une figure plane sur un tableau plan, si l'on fait tourner le tableau autour de la ligne de terre ([1]), *les deux figures restent toujours en perspective, et le lieu de l'œil, qui change de position dans l'espace, décrit un cercle situé dans un plan perpendiculaire à la ligne de terre* ([2]).

§ II. — Application des théorèmes précédents à la démonstration de diverses propriétés du triangle.

I.

379. La proposition (**361**), relative aux segments qu'une transversale fait sur les côtés d'un triangle, est connue généralement sous le nom de *Théorème de Ptolémée,* parce qu'on la trouve dans le grand *Traité d'Astronomie* de ce géomètre, où elle sert pour démontrer le théorème analogue sur la sphère, qui forme la base de la Trigonométrie sphérique des Grecs. Mais cette proposition n'est pas de Ptolémée; elle remonte plus haut : on la trouve dans les sphériques de Ménélaus, géomètre antérieur, de près d'un siècle, à Ptolémée. Plus tard, Pappus l'a démontrée et s'en est servi dans ses *Collections mathématiques.* Les Arabes et les géomètres européens, à la re-

---

([1]) On appelle *ligne de terre* la droite d'intersection du plan de la figure mise en perspective par le plan du *tableau.*

([2]) Cette proposition ne se rencontre pas dans les *Traités de perspective,* où elle serait de nature à trouver place. Je ne sais même si on l'a quelquefois énoncée; mais elle est comprise implicitement dans les beaux théorèmes de Poncelet sur la perspective des sections coniques. (Voir *Traité des propriétés projectives des figures,* p. 55 et 75.)

naissance et encore au XVIIe siècle, en ont fait un grand usage. On la trouve notamment dans le petit Traité de Pascal intitulé *Essai pour les coniques*.

Chez les anciens, ce théorème servait principalement pour composer les raisons de raisons, c'est-à-dire pour former le produit de deux rapports et l'exprimer par un rapport unique. Ainsi, soient $\frac{mA}{mB}$ et $\frac{nC}{nD}$ (*fig.* 69) les deux rapports dont on veut former le produit. On place les deux lignes mA, nD de manière que leurs extrémités A et D coïncident, et l'on forme ainsi le triangle BAC, dans lequel la droite mn détermine sur la base BC les deux segments pC, pB, dont le rapport $\frac{pC}{pB}$ est égal au produit des deux rapports donnés. Les Arabes se sont beaucoup exercés sur ce sujet, aujourd'hui de peu d'intérêt.

Le théorème (366) sur les segments que trois droites menées d'un même point aux trois sommets d'un triangle font sur les côtés opposés avait été attribué à Jean Bernoulli, parce qu'on le trouve dans le recueil de ses Œuvres (t. IV, p. 33). Mais on a remarqué depuis que ce théorème avait été démontré antérieurement par le géomètre italien Jean de Céva, dans un Ouvrage intitulé : *De lineis rectis se invicem secantibus statica constructio* (Milan, 1678, in-4°), Ouvrage dans lequel l'auteur emploie des démonstrations fondées sur des considérations de Statique.

Carnot, après avoir démontré ces deux théorèmes dans sa *Géométrie de position*, les a reproduits dans son Mémoire intitulé *Essai sur la théorie des transversales*, en les regardant, le premier principalement, comme le fondement de cette théorie. « Ce théorème, dit l'illustre auteur, qui doit être regardé comme le principe fondamental de toute la théorie des transversales.... »

Les deux théorèmes ont eu, dans les Ouvrages de Carnot, et depuis dans ceux de quelques autres géomètres, un usage spécial et un usage général. Un usage spécial pour démontrer, par l'un, que trois points, considérés dans une figure, sont en ligne droite, et par l'autre, que trois droites passent par un même point : c'est ainsi qu'on démontre avec une grande facilité, par exemple, que les trois centres de similitude directe de trois cercles pris deux à deux sont en ligne droite ; ou bien que les droites menées des sommets d'un triangle aux milieux des côtés opposés passent par un même point. Dans leur usage général, les deux théorèmes peuvent servir de lien ou de transition pour la démonstration d'autres propositions. On peut en faire usage, par exemple, pour démontrer les propriétés du quadrilatère sur l'involution. Mais ces applications des deux théorèmes sont bornées, et les démonstrations qu'ils procurent sont, en général, beaucoup moins faciles que celles que procure la théorie du rapport anharmonique. On le conçoit ;

car, outre que les deux théorèmes sont moins simples que la notion du rapport anharmonique, et moins propres, par conséquent, à trouver des applications, ils se réduisent à eux-mêmes et ne donnent pas lieu à des théories étendues comme celles du rapport anharmonique, de la division homographique et de l'involution, qui ne sont au fond que des développements de cette notion simple et élémentaire du rapport anharmonique.

380. On ne s'est servi, jusqu'ici, que des deux théorèmes dont nous venons de parler, dans lesquels on considère les segments faits par trois points sur les côtés d'un triangle; mais il est indispensable d'y joindre les théorèmes correspondants (363) et (365) relatifs aux sinus des angles que les droites menées des sommets à ces points font avec les côtés, car ils ont leurs applications propres, qui peut-être même sont les plus nombreuses.

Les théorèmes dans lesquels on considère tout à la fois une transversale et un point fixe dans le plan d'un triangle, et qui présentent une application plus directe de la théorie de l'involution, seront également utiles, comme nous allons le voir.

II.

381. *Les polaires d'un même point relatives aux trois angles d'un triangle vont rencontrer, respectivement, les côtés opposés en trois points situés en ligne droite.*

En effet, soient Aa', Bb', Cc' (*fig.* 70) les polaires du point O, relatives aux trois angles du triangle ABC (356); et a', b', c' les points où elles rencontrent, respectivement, les côtés opposés. On a, relativement aux trois droites issues du point O, l'équation (3, 365); mais, les deux droites OA, Aa' divisant harmoniquement l'angle en A, on a

$$\frac{\sin OAB}{\sin OAC} = -\frac{\sin a'AB}{\sin a'AC} \quad (83).$$

Pareillement

$$\frac{\sin OBC}{\sin OBA} = -\frac{\sin b'BC}{\sin b'BA} \quad \text{et} \quad \frac{\sin OCA}{\sin OCB} = -\frac{\sin c'CA}{\sin c'CB}.$$

De sorte que l'équation (3) se change en celle-ci :

$$\frac{\sin a'AB}{\sin a'AC}\,\frac{\sin b'BC}{\sin b'BA}\,\frac{\sin c'CA}{\sin c'CB} = +1,$$

laquelle prouve (364) que les trois points a', b', c' sont en ligne droite.

C. Q. F. D.

Corollaire. — Si le point O est à l'infini, les trois droites OA, OB, OC seront parallèles, et le théorème prendra cet énoncé :

Une transversale étant menée dans le plan d'un triangle, les droites qui vont des sommets des trois angles aux points milieux des segments interceptés sur la transversale par ces angles respectivement rencontrent les côtés opposés en trois points qui sont en ligne droite.

382. *Les polaires d'un point relatives à deux angles d'un triangle se coupent sur la droite qui joint ce point au sommet du troisième angle.*

Soit O′ (*fig.* 71) le point d'intersection des polaires du point O relatives aux deux angles A et B; je dis que le point O′ est sur la droite OC.

En effet, AO′ et BO′ étant les polaires du point O, on a

$$\frac{\sin \mathrm{OAB}}{\sin \mathrm{OAC}} = -\frac{\sin \mathrm{O'AB}}{\sin \mathrm{O'AC}} \quad \text{et} \quad \frac{\sin \mathrm{OBC}}{\sin \mathrm{OBA}} = -\frac{\sin \mathrm{O'BC}}{\sin \mathrm{O'BA}}.$$

De sorte que l'équation (3, 365), relative aux trois droites issues du point O, devient

$$\frac{\sin \mathrm{O'AB}}{\sin \mathrm{O'AC}} \frac{\sin \mathrm{O'BC}}{\sin \mathrm{O'BA}} \frac{\sin \mathrm{OCA}}{\sin \mathrm{OCB}} = -1.$$

Mais, en menant la droite O′C, on a

$$\frac{\sin \mathrm{O'AB}}{\sin \mathrm{O'AC}} \frac{\sin \mathrm{O'BC}}{\sin \mathrm{O'BA}} \frac{\sin \mathrm{O'CA}}{\sin \mathrm{O'CB}} = -1 \quad (365).$$

Donc

$$\frac{\sin \mathrm{OCA}}{\sin \mathrm{OCB}} = \frac{\sin \mathrm{O'CA}}{\sin \mathrm{O'CB}};$$

ce qui prouve que les deux droites OC et O′C sont coïncidentes; c'est-à-dire que le point O′ est sur la droite OC. C. Q. F. D.

383. *Si dans le plan d'un triangle* ABC (*fig.* 72) *on mène une transversale qui rencontre ses côtés en trois points* a, b, c, *et que sur chaque côté on prenne le conjugué harmonique du point de rencontre de la transversale, par rapport aux deux sommets du triangle, les droites qui joindront les trois points ainsi déterminés, aux sommets opposés, passeront par un même point.*

En effet, on a

$$\frac{a\mathrm{B}}{a\mathrm{C}} \frac{b\mathrm{C}}{b\mathrm{A}} \frac{c\mathrm{A}}{c\mathrm{B}} = 1 \quad (361),$$

et

$$\frac{aB}{aC} = -\frac{a'B}{a'C}, \quad \frac{bC}{bA} = -\frac{b'C}{b'A}, \quad \frac{cA}{cB} = -\frac{c'A}{c'B} \quad (60).$$

Donc

$$\frac{a'B}{a'C}\,\frac{b'C}{b'A}\,\frac{c'A}{c'B} = -1;$$

ce qui prouve que les trois droites Aa', Bb', Cc' passent par un même point (367).

Corollaire. — Si la transversale est à l'infini, on en conclut que : *Les trois droites menées des sommets d'un triangle aux milieux des côtés opposés concourent en un même point.*

384. *Si dans le plan d'un triangle on mène une transversale et qu'on prenne sur deux côtés les points qui avec la transversale divisent ces côtés, respectivement, en rapport harmonique, les deux points ainsi déterminés seront en ligne droite avec le point de rencontre du troisième côté par la transversale.*

En effet, la transversale rencontre les trois côtés du triangle ABC en a, b, c (*fig.* 72), et l'on a

$$\frac{aB}{aC}\,\frac{bC}{bA}\,\frac{cA}{cB} = 1.$$

Si sur les côtés AB, AC on prend les points c', b' qui avec c, b, respectivement, les divisent harmoniquement, on aura

$$\frac{cA}{cB} = -\frac{c'A}{c'B}, \quad \frac{bC}{bA} = -\frac{b'C}{b'A},$$

et par conséquent

$$\frac{aB}{aC}\,\frac{b'C}{b'A}\,\frac{c'A}{c'B} = 1;$$

ce qui prouve que les trois points b', c' et a sont en ligne droite.

385. *Dans un triangle, les bissectrices des trois angles passent par un même point.*

Car chacun des trois rapports $\frac{\sin aAB}{\sin aAC}$, $\frac{\sin b\,BC}{\sin b\,BA}$, $\frac{\sin cCA}{\sin cCB}$ (*fig.* 73) est égal à -1; par conséquent leur produit est égal lui-même à -1; ce qui prouve que les trois droites passent par un même point.

386. *Dans un triangle, les bissectrices des suppléments des trois angles rencontrent les côtés opposés en trois points situés en ligne droite.*

En effet, si les points a, b, c appartiennent aux bissectrices des suppléments des trois angles, chacun des trois rapports $\frac{\sin a\text{AB}}{\sin a\text{AC}}, \ldots$ est égal à $+1$. Leur produit est donc aussi égal à $+1$; donc les trois droites rencontrent, respectivement, les côtés opposés en trois points situés en ligne droite.

387. *Dans un triangle, les bissectrices de deux angles et la bissectrice du supplément du troisième angle rencontrent respectivement les côtés opposés en trois points situés en ligne droite.*

En effet, deux des trois rapports $\frac{\sin a\text{AB}}{\sin a\text{AC}}$, $\frac{\sin b\text{BC}}{\sin b\text{BA}}$ et $\frac{\sin c\text{CA}}{\sin c\text{CB}}$ sont égaux à -1, et le troisième à $+1$; leur produit est donc égal à $+1$; ce qui prouve que les trois points a, b, c sont en ligne droite.

388. *Dans un triangle, les bissectrices des suppléments de deux angles se rencontrent sur la bissectrice du troisième angle.*

En effet, pour les bissectrices des suppléments des deux angles B et C (*fig.* 74), les rapports $\frac{\sin b\text{BC}}{\sin b\text{BA}}$ et $\frac{\sin c\text{CA}}{\sin c\text{CB}}$ sont égaux à $+1$, et pour la bissectrice de l'angle A le rapport $\frac{\sin a\text{AB}}{\sin a\text{AC}}$ est égal à -1; le produit des trois rapports est donc égal à -1 : ce qui prouve que les trois bissectrices passent par un même point.

389. *Si d'un point on mène des rayons aux trois sommets d'un triangle, et des perpendiculaires à ces rayons, ces droites rencontrent les côtés opposés en trois points situés en ligne droite.*

En effet, les trois droites perpendiculaires à celles qui vont aux sommets du triangle forment, avec celles-ci, un faisceau en involution (**253**). Donc elles rencontrent les trois côtés en trois points en ligne droite (**368**).

390. Concevons qu'on ait mené par le point O (*fig.* 75) trois droites formant avec les trois OA, OB, OC, respectivement, trois angles qui aient la même bissectrice OL; *ces trois droites rencontreront, respectivement, les trois côtés opposés aux sommets* A, B, C, *en trois points situés en ligne droite.* Car elles formeront avec les trois OA, OB, OC une involution (**254**).

On peut donner au théorème cet énoncé :

Si trois rayons partant des sommets d'un triangle vont se réfléchir en un même point sur une droite, les rayons réfléchis rencontreront, respectivement, les trois côtés opposés du triangle, en trois points situés en ligne droite.

391. Les perpendiculaires abaissées des sommets d'un triangle sur les côtés opposés forment avec ces côtés six droites ayant entre elles les relations d'involution (**253**); donc (**369**), *ces trois perpendiculaires passent par un même point.*

392. Par une considération semblable on démontre que :

Si des sommets d'un triangle on abaisse sur les côtés opposés des obliques sous des angles ayant leurs bissectrices parallèles à une même droite, ces trois obliques passeront par un même point.

Car elles auront avec les côtés du triangle les relations d'involution (**254**).

393. *Étant pris un point dans le plan d'un triangle, si l'on mène les bissectrices des angles sous lesquels on voit de ce point les trois côtés du triangle et les bissectrices des suppléments de ces trois angles :*

1° *Les trois bissectrices des suppléments rencontreront les trois côtés opposés respectivement en trois points situés en ligne droite ;*

2° *Les bissectrices de deux des trois angles et la bissectrice du supplément du troisième rencontreront aussi les trois côtés opposés, respectivement, en trois points en ligne droite.*

Car les trois bissectrices que l'on considère dans chaque cas forment une involution avec les trois droites menées aux sommets du triangle (**287**); par conséquent, elles rencontrent les côtés opposés en trois points situés en ligne droite (**368**).

394. *Les mêmes choses étant supposées que dans le théorème précédent :*

1° *Les bissectrices des trois angles rencontrent les côtés opposés du triangle en trois points tels que les droites menées de ces points aux sommets opposés concourent en un même point ;*

2° *La bissectrice de l'un des trois angles et les bissectrices des suppléments des deux autres rencontrent aussi les côtés opposés en trois points tels que les droites menées de ces points aux sommets opposés concourent en un même point.*

Ce théorème est une conséquence évidente du précédent, en vertu du théorème (383).

395. *Quand un triangle est inscrit dans un cercle, si d'un point de la circonférence on abaisse sur ses côtés des obliques sous le même angle et dans le même sens de rotation, les pieds de ces obliques sont en ligne droite.*

En effet, soit le triangle ABC inscrit au cercle (*fig.* 76); que par un point O de la circonférence on mène les droites OA, OB, OC qui aboutissent à ses sommets, et les droites OA', OB', OC' parallèles respectivement aux côtés opposés, les trois angles (A, A'), (B, B'), (C, C') auront la même bissectrice; car l'angle A'OC' est égal, par construction, au supplément de l'angle ABC du triangle, et par conséquent à l'angle AOC qui soustend la même corde. Donc les deux angles AOA' et COC' ont la même bissectrice; et il en est de même des angles AOA' et BOB'.

Ainsi les trois droites OA', OB', OC' font avec les trois OA, OB, OC respectivement trois angles qui ont la même bissectrice, et, par conséquent, ces six droites forment une involution (254). Si l'on fait tourner les trois premières d'une même rotation autour du point O, les angles qu'elles feront avec les trois OA, OB, OC respectivement auront encore une même bissectrice, et, par conséquent, les six droites seront encore en involution. Donc les trois OA', OB', OC', devenues Oa, Ob, Oc dans leur nouvelle position, rencontreront respectivement les trois côtés opposés du triangle, savoir BC, CA, AB, en trois points a, b, c situés en ligne droite (368). Mais alors ces trois droites, qui primitivement étaient parallèles à ces trois côtés du triangle, sont devenues trois obliques abaissées sur ces côtés sous le même angle et dans un même sens de rotation à partir des perpendiculaires à ces côtés; le théorème est donc démontré.

Remarque. — Les quatre points O, A, C, B sont les sommets d'un quadrilatère inscrit au cercle, et les trois angles AOA', BOB', COC' sont égaux aux angles formés chacun par deux côtés opposés ou par les deux diagonales du quadrilatère; et cette circonstance que ces trois angles ont la même bissectrice exprime ce théorème :

Quand un quadrilatère est inscrit à un cercle, les bissectrices des deux angles formés respectivement par les deux couples de côtés opposés sont rectangulaires et parallèles aux bissectrices des angles formés par les deux diagonales.

396. *Quand un triangle est circonscrit à un cercle, si de ses sommets*

on abaisse sur une tangente au cercle trois obliques qui soient vues du centre sous des angles égaux et formés dans le même sens de rotation à partir des sommets, ces trois obliques concourent en un même point.

En effet, soit (*fig.* 77) le triangle ABC circonscrit au cercle et dont les côtés rencontrent une tangente L en trois points a, b, c; que du centre du cercle on mène des droites à ces points et aux trois sommets du triangle, ces six droites seront en involution (368). En outre, les trois angles AOa, BOb, COc que ces six droites forment deux à deux ont la même bissectrice, car les deux angles AOC, aOc qui sous-tendent les deux tangentes AC, ac comprises entre les angles opposés au sommet formés par les deux tangentes AB, CB sont égaux, et, par conséquent, la bissectrice de l'angle AOa est aussi celle de l'angle COc, et elle est pareillement la bissectrice de l'angle BOb.

Puisque les trois droites OA, OB, OC font avec les trois Oa, Ob, Oc respectivement trois angles qui ont la même bissectrice, il en sera de même si l'on fait tourner d'une même rotation les trois droites OA, OB, OC autour du point O, et, par conséquent, dans leur nouvelle position, ces droites formeront encore une involution avec les trois Oa, Ob, Oc. Donc les points a', b', c', où elles rencontreront la tangente fixe L, formeront une involution avec les trois a, b, c. Donc les droites qui joindront ces trois points aux trois sommets du triangle passeront par un même point (370). Mais ces droites forment trois obliques abaissées des sommets du triangle sur la tangente L et qui sont vues du centre O sous des angles égaux comptés dans le même sens à partir des sommets; le théorème est donc démontré.

Remarque. — Le triangle ABC et la tangente L forment un quadrilatère CBcb circonscrit au cercle, dont les points de concours des côtés opposés sont A et a. La droite qui joint ces points de concours et les deux diagonales Cc, Bb sont vues du centre sous les angles AOa, COc, BOb, et, puisque ces angles ont la même bissectrice, on en conclut que :

Quand un quadrilatère est circonscrit à un cercle, les angles sous lesquels on voit du centre les deux diagonales et la droite qui joint les points de concours des côtés opposés ont la même bissectrice.

397. *Quand trois triangles, homologiques deux à deux, ont le même axe d'homologie, leurs trois centres d'homologie sont en ligne droite.*

Soient abc, $a'b'c'$, $a''b''c''$ (*fig.* 78) les trois triangles dont les côtés homologues concourent trois à trois en trois points α, β, γ, situés en ligne droite; les trois côtés ab, $a'b'$, $a''b''$ donnent lieu aux deux triangles $aa'a''$

et $bb'b''$, dont les sommets sont deux à deux sur trois droites concourantes au même point γ; donc les trois côtés aa', aa'' et $a'a''$ du premier rencontrent respectivement les trois côtés bb', bb'' et $b'b''$ du second en trois points situés en ligne droite (374). Or ces trois points sont les centres d'homologie des trois triangles proposés, pris deux à deux; donc, etc.

Corollaire. — Deux triangles *homothétiques* ou *semblables et semblablement placés* sont deux triangles homologiques dont l'axe d'homologie est à l'infini. Donc : *Quand trois triangles sont homothétiques deux à deux, leurs centres de similitude ou d'homothétie sont en ligne droite.*

398. *Quand trois triangles homologiques ont, deux à deux, le même centre d'homologie, leurs trois axes d'homologie passent par un même point.*

Soient abc, $a'b'c'$, $a''b''c''$ (*fig.* 79) les trois triangles dont les sommets sont trois à trois sur trois droites concourantes en un même point S, centre d'homologie commun aux trois triangles. Les trois côtés ab, $a'b'$, $a''b''$ forment un triangle, et les trois côtés ac, $a'c'$, $a''c''$ en forment un second. Ces deux triangles sont homologiques, puisque les trois côtés de l'un rencontrent respectivement les trois côtés de l'autre en trois points a, a', a'' situés en ligne droite. Donc les sommets des deux triangles sont deux à deux sur trois droites concourantes en un même point (375). Or, ces droites sont précisément les axes d'homologie des trois triangles proposés. Donc, etc.

CHAPITRE XX.

PROPRIÉTÉS DES POLYGONES EN GÉNÉRAL, DU QUADRILATÈRE ET DE L'HEXAGONE.

---

399. Les propriétés du triangle contenues dans les premières parties du Chapitre précédent (361-373) se distinguent par l'hypothèse et par la forme particulière des équations qui expriment ces théorèmes. Car, d'une part, on y considère toujours soit un système de points pris sur les côtés du triangle, soit un système de droites menées par ses sommets, ou des points et des droites tout à la fois, et, d'autre part, l'équation qui constitue chaque théorème est toujours formée d'un produit de rapports, chacun de deux segments qui ont même origine sur une même droite, ou de deux sinus d'angles qui ont même sommet et un côté commun, produit égal à ± 1, ou bien d'un produit de rapport de segments égal à un produit de rapports de sinus.

On peut former dans un triangle beaucoup d'autres relations semblables; nous n'avons donné que celles qui devaient nous offrir une application utile.

Il existe dans les polygones des relations du même genre, dont celles du triangle ne sont que des cas particuliers et qui comportent, comme celles-ci, l'application du principe des signes aux segments et aux angles que l'on y considère. Nous allons démontrer quelques-unes de ces propriétés. Le principe des signes nous permettra d'en conclure quelques propositions qui semblent par leur nature se rattacher à cette partie de la Science, à laquelle on a donné parfois le nom de *Géométrie de situation,* non pas seulement parce qu'il n'y entre aucune relation de grandeur, ce qui a lieu dans une foule d'autres théorèmes, mais à cause du genre particulier des propositions.

§ I. — Propriétés des polygones.

400. *Quand une transversale menée dans le plan d'un polygone* ABC... *rencontre ses côtés consécutifs en des points* a, b, c,..., *on a la relation*

$$\frac{aA}{aB}\frac{bB}{bC}\frac{cC}{cD}\cdots = +1, \tag{1}$$

dans laquelle on observe la règle des signes relativement aux deux segments formés sur chaque côté.

Nous allons démontrer que, si le théorème est vrai pour un polygone de n côtés, il l'est pour un polygone d'un côté de plus. En effet, le théorème étant supposé vrai pour le polygone AB...E de n côtés (*fig.* 80), on a l'équation

$$\frac{aA}{aB}\frac{bB}{bC}\cdots\frac{eE}{eA} = 1.$$

Formons un polygone d'un côté de plus, en remplaçant le côté EA par deux autres EF et FA. On a dans le triangle AEF, coupé par la transversale,

$$\frac{eA}{eE}\frac{e'E}{e'F}\frac{fF}{fA} = 1.$$

Cette équation, multipliée membre à membre par la précédente, donne

$$\frac{aA}{aB}\frac{bB}{bC}\cdots\frac{fF}{fA} = 1;$$

ce qui est l'équation relative au polygone de $(n+1)$ côtés. Donc, si le théorème est vrai pour un polygone de n côtés, il l'est nécessairement pour un polygone d'un côté de plus. Or il est vrai pour le triangle; donc, etc.

401. Corollaire. — L'équation (1) montre que le nombre des rapports $\frac{aA}{aB}$, ... négatifs est toujours pair, c'est-à-dire que :

Une transversale menée dans le plan d'un polygone rencontre chaque côté en un point situé sur le côté lui-même ou sur son prolongement, et il y a toujours un nombre pair de côtés qui sont rencontrés sur eux-mêmes.

402. *Si d'un point* O *on mène des rayons aux sommets d'un polygone* ABC... (*fig.* 81), *les sinus des angles que ces rayons feront chacun avec les deux côtés adjacents auront entre eux la relation*

$$(2)\qquad \frac{\sin \mathrm{OAB}}{\sin \mathrm{OAE}}\,\frac{\sin \mathrm{OBC}}{\sin \mathrm{OBA}}\cdots\frac{\sin \mathrm{OEA}}{\sin \mathrm{OED}}=\pm 1,$$

le signe étant + *ou* — *selon que le nombre des sommets du polygone sera pair ou impair.*

Nous emploierons le même mode de démonstration que pour le théorème précédent, qui consiste à prouver que, si le théorème est vrai pour un polygone de n sommets, il l'est nécessairement pour un polygone de $(n+1)$ sommets.

En effet, l'équation ayant lieu pour un polygone de n sommets, formons un polygone d'un sommet de plus F compris entre les deux A et E. On a dans le triangle EFA la relation

$$\frac{\sin \mathrm{OAE}}{\sin \mathrm{OAF}}\,\frac{\sin \mathrm{OFA}}{\sin \mathrm{OFE}}\,\frac{\sin \mathrm{OEF}}{\sin \mathrm{OEA}}=-1,$$

qui, multipliée par la précédente membre à membre, donne

$$\frac{\sin \mathrm{OAB}}{\sin \mathrm{OAF}}\,\frac{\sin \mathrm{OBC}}{\sin \mathrm{OBA}}\cdots\frac{\sin \mathrm{OEF}}{\sin \mathrm{OED}}\,\frac{\sin \mathrm{OFA}}{\sin \mathrm{OFE}}=\mp 1.$$

Cette équation démontre que, si le théorème est vrai pour un polygone de n sommets, il le sera pour un polygone d'un sommet de plus. Or il est vrai pour le triangle; donc, etc.

403. Corollaire. — L'équation prouve qu'il y a toujours un nombre pair ou impair de rapports $\frac{\sin \mathrm{OAB}}{\sin \mathrm{OAE}}$, $\frac{\sin \mathrm{OBC}}{\sin \mathrm{OBA}}$, ..., négatifs selon que le nombre des côtés du polygone est pair ou impair, et l'on en conclut cette proposition :

Si d'un même point on mène des rayons aux sommets de tous

les angles d'un polygone, dont les uns seront situés dans les angles eux-mêmes (ou leurs opposés au sommet) et les autres dans les suppléments des angles ;

Le nombre des rayons situés dans les angles sera pair ou impair selon que le nombre des angles du polygone sera pair ou impair.

404. *Si par les sommets d'un polygone* ABCDEF (*fig.* 82) *on mène arbitrairement des droites* Aa, Bb, ..., *qui forment un second polygone* abcdef *inscrit au premier, on a la relation*

$$(3) \qquad \frac{Aa}{Af}\,\frac{Bb}{Ba}\cdots\frac{Ff}{Fc} = \pm\frac{\sin a AF}{\sin a AB}\,\frac{\sin b BA}{\sin b BC}\cdots\frac{\sin f FE}{\sin f FA};$$

le signe étant + ou — selon que le nombre des côtés du polygone est pair ou impair.

Nous allons prouver que, si le théorème est vrai pour un polygone de n côtés, il l'est pour un polygone d'un côté de plus. En effet, considérons le polygone de n côtés ABCDE, pour lequel on a, par hypothèse,

$$\frac{Aa}{A\varepsilon}\,\frac{Bb}{Ba}\cdots\frac{E\varepsilon}{Ed} = \pm\frac{\sin a AE}{\sin a AB}\,\frac{\sin b BA}{\sin b BC}\cdots\frac{\sin \varepsilon ED}{\sin \varepsilon EA}.$$

On a, dans le triangle AEF,

$$\frac{A\varepsilon}{Af}\,\frac{Ee}{E\varepsilon}\,\frac{Ff}{Fe} = -\frac{\sin \varepsilon AF}{\sin \varepsilon AE}\,\frac{\sin e EA}{\sin e EF}\,\frac{\sin f FE}{\sin f FA} \qquad (371).$$

Multipliant membre à membre, il vient

$$\frac{Aa}{Af}\,\frac{Bb}{Ba}\cdots\frac{Ee}{Ed}\,\frac{Ff}{Fe} = \mp\frac{\sin a AF}{\sin a AB}\,\frac{\sin b BA}{\sin b BC}\cdots\frac{\sin f FE}{\sin f FA};$$

ce qui démontre que, si le théorème est vrai pour un polygone de n côtés, il l'est pour un polygone d'un côté de plus. Or nous l'avons démontré pour le triangle; donc il a lieu pour un quadrilatère, pour un pentagone, etc. Donc, etc.

Observation. — Les deux théorèmes (400) et (402) peuvent être considérés comme des corollaires de la proposition actuelle, ainsi que nous l'avons vu à l'égard du triangle (371).

405. *Des droites* Aa, Bb, Cc,... *étant menées arbitrairement par les sommets d'un polygone* ABC... (*fig.* 83), *si une transversale rencontre les côtés du polygone en des points* α, β, γ,... *et les droites en des points* a, b,... *on aura, entre les sinus des angles que les droites font avec les côtés du polygone et les segments que ces angles interceptent sur la transversale, la relation*

$$(4)\qquad \frac{\sin a\mathrm{AB}}{\sin a\mathrm{AF}}\,\frac{\sin b\mathrm{BC}}{\sin b\mathrm{BA}}\,\frac{\sin c\mathrm{CD}}{\sin c\mathrm{CB}}\cdots = \pm\frac{a\alpha}{a\varphi}\,\frac{b\beta}{b\alpha}\,\frac{c\gamma}{c\beta}\cdots;$$

le signe étant + *ou* — *selon que le nombre des côtés du polygone est pair ou impair.*

En effet, que par un point O pris sur la transversale on conduise des droites aux sommets du polygone, on pourra écrire

$$\left(\frac{\sin a\mathrm{AB}}{\sin a\mathrm{AF}}:\frac{\sin \mathrm{OAB}}{\sin \mathrm{OAF}}\right)\left(\frac{\sin b\mathrm{BC}}{\sin b\mathrm{BA}}:\frac{\sin \mathrm{OBC}}{\sin \mathrm{OBA}}\right)\cdots = \pm\left(\frac{a\alpha}{a\varphi}:\frac{\mathrm{O}\alpha}{\mathrm{O}\varphi}\right)\left(\frac{b\beta}{b\alpha}:\frac{\mathrm{O}\beta}{\mathrm{O}\alpha}\right)\cdots;$$

car dans le second membre les facteurs $\mathrm{O}\alpha$, $\mathrm{O}\beta$,... se détruisent deux à deux, et, dans le premier membre, tous les sinus introduits se détruisent ensemble, parce qu'on a l'équation

$$\frac{\sin \mathrm{OAB}}{\sin \mathrm{OAF}}\,\frac{\sin \mathrm{OBC}}{\sin \mathrm{OBA}}\,\frac{\sin \mathrm{OCD}}{\sin \mathrm{OCB}}\cdots = \pm 1 \qquad (402).$$

Or les rapports anharmoniques du premier membre de l'équation sont égaux à ceux du second membre, un à un respectivement. Donc l'équation est vraie. C. Q. F. D.

406. Corollaire. — Une transversale étant menée dans le plan d'un polygone, les deux côtés de chaque angle du polygone rencontrent cette droite en deux points qui déterminent un segment compris soit dans l'angle lui-même (ou son opposé au sommet), soit dans son supplément. On conclut du théorème qui vient d'être démontré que : *Le nombre des segments compris dans les angles eux-mêmes ou leurs opposés au sommet est toujours pair.*

En effet, supposons, dans le théorème, que toutes les droites A*a*, B*b*, ... soient menées dans les angles mêmes du polygone ; chaque rapport tel que $\frac{a\alpha}{a\varphi}$, relatif à l'angle A, sera négatif quand le segment $\varphi\alpha$ sera compris dans l'angle A ou son opposé au sommet, et positif quand le segment sera compris dans le supplément de l'angle. La proposition revient donc à prouver que le nombre des rapports $\frac{a\alpha}{a\varphi}$, $\frac{b\beta}{b\alpha}$, ... négatifs est toujours pair. Or, quand le nombre des angles du polygone est pair, on a le signe + dans l'équation (4). Mais alors le premier membre est positif, et, par conséquent, le second l'est aussi. Donc le nombre des rapports $\frac{a\alpha}{a\varphi}$, ... négatifs est pair.

Quand le nombre des angles du polygone est impair, le signe du second membre de l'équation (4) est —. Mais le premier membre est négatif : donc le produit $\frac{a\alpha}{a\varphi}$, $\frac{b\beta}{b\alpha}$,... est positif. Donc le nombre des rapports négatifs est pair, ce que nous nous proposions de prouver.

Observation. — Ce théorème et les deux (401, 403) sont de ceux qui nous paraissent se rapporter à la *Géométrie de situation* proprement dite, comme nous l'avons annoncé (399).

407. *Étant pris des points* a, b,... *sur les côtés d'un polygone* ABCD... (*fig.* 84), *si d'un point* O *l'on mène des droites aux sommets du polygone et aux points* a, b,..., *on aura, entre les sinus des angles que ces droites font entre elles et les segments que les points* a, b,... *font sur les côtés du polygone, la relation*

$$\frac{\sin a\text{OA}}{\sin a\text{OB}}\,\frac{\sin b\text{OB}}{\sin b\text{OC}}\cdots=\frac{a\text{A}}{a\text{B}}\,\frac{b\text{B}}{b\text{C}}\cdots$$

En effet, menons par le point O une droite fixe OL, et appelons a', b',... les points où elle rencontre les côtés AB, BC,... du polygone ; l'équation pourra s'écrire

$$\left(\frac{\sin a\text{OA}}{\sin a\text{OB}}:\frac{\sin\text{LOA}}{\sin\text{LOB}}\right)\left(\frac{\sin b\text{OB}}{\sin b\text{OC}}:\frac{\sin\text{LOB}}{\sin\text{LOC}}\right)\cdots=\left(\frac{a\text{A}}{a\text{B}}:\frac{a'\text{A}}{a'\text{B}}\right)\left(\frac{b\text{B}}{b\text{C}}:\frac{b'\text{B}}{b'\text{C}}\right)\cdots,$$

car tous les sinus introduits dans le premier membre s'annulent d'eux-mêmes deux à deux, et les segments introduits dans le second membre s'annulent tous ensemble, en vertu de la relation

$$\frac{a'\mathrm{A}}{a'\mathrm{B}}\,\frac{b'\mathrm{B}}{b'\mathrm{C}}\cdots = 1 \quad (400).$$

Or chaque rapport anharmonique du premier membre est égal au rapport anharmonique correspondant dans le second membre. Donc l'équation a lieu, et le théorème se trouve démontré.

408. Corollaire I. — Si toutes les droites Oa, Ob, ... sont les bissectrices des angles AOB, BOC, ..., chacun des rapports $\frac{\sin a\mathrm{OA}}{\sin a\mathrm{OB}}, \ldots$ est égal à -1. On en conclut que :

Les bissectrices des angles sous lesquels on voit d'un point fixe les côtés d'un polygone ABC... *rencontrent ces côtés en des points* a, b,... *tels, que l'on a la relation*

$$\frac{a\mathrm{A}}{a\mathrm{B}}\,\frac{b\mathrm{B}}{b\mathrm{C}}\cdots = \pm 1;$$

le signe étant + ou — selon que le nombre des côtés du polygone est pair ou impair.

Corollaire II. — Si toutes les droites Oa, ... sont les bissectrices des suppléments des angles du polygone, le premier membre est toujours positif. Donc :

Les bissectrices des suppléments des angles sous lesquels on voit d'un même point les côtés d'un polygone ABC... *rencontrent ces côtés en des points* a, b,... *tels, que l'on a*

$$\frac{a\mathrm{A}}{a\mathrm{B}}\,\frac{b\mathrm{B}}{b\mathrm{C}}\cdots = 1.$$

On peut conclure de ce théorème les propriétés relatives au triangle, démontrées précédemment par d'autres considérations (393 et 394).

409. *Étant pris des points* a, b, c,... *sur les côtés consécutifs d'un polygone* ABCD..., *si l'on fait la perspective de la figure*

sur un plan, la fonction

$$\frac{aA}{aB}\frac{bB}{bC}\frac{cC}{cD}\cdots$$

conservera la même valeur.

En effet, menant une transversale qui rencontre les côtés consécutifs du polygone en des points α, β, γ, ..., on a

$$\frac{\alpha A}{\alpha B}\frac{\beta B}{\beta C}\frac{\gamma C}{\gamma D}\cdots = 1 \quad (400);$$

et, par conséquent, la fonction proposée a la même valeur que la suivante :

$$\left(\frac{aA}{aB}:\frac{\alpha A}{\alpha B}\right)\left(\frac{bB}{bC}:\frac{\beta B}{\beta C}\right)\cdots.$$

Celle-ci devient en perspective

$$\left(\frac{a'A'}{a'B'}:\frac{\alpha'A'}{\alpha'B'}\right)\left(\frac{b'B'}{b'C'}:\frac{\beta'B'}{\beta'C'}\right)\cdots,$$

et conserve la même valeur, parce qu'elle se compose de rapports anharmoniques. Mais cette dernière se réduit à

$$\frac{a'A'}{a'B'}\frac{b'B'}{b'C'}\cdots,$$

parce que les points α', β', ... étant en ligne droite, de même que α, β, ..., on a la relation

$$\frac{\alpha'A'}{\alpha'B'}\frac{\beta'B'}{\beta'C'}\cdots = 1.$$

On a donc

$$\frac{aA}{aB}\frac{bB}{bC}\cdots = \frac{a'A'}{a'B'}\frac{b'B'}{b'C'}\cdots.$$

Ce qui démontre le théorème.

Observation. — Le théorème et la démonstration subsistent, si, l'œil étant placé dans le plan du polygone, on fait la perspective sur une droite. Alors on prend pour la transversale $\alpha\beta$ une droite passant par l'œil.

410. *Étant donné un polygone* ABC...F *et des droites* Aa, Bb, Cc, ... *menées par ses sommets, si l'on fait la perspective de la figure sur un plan, la fonction*

$$\frac{\sin a\mathrm{AF}}{\sin a\mathrm{AB}}\,\frac{\sin b\,\mathrm{BA}}{\sin b\,\mathrm{BC}}\,\frac{\sin c\,\mathrm{CB}}{\sin c\,\mathrm{CD}}\cdots$$

ne changera pas de valeur.

C'est-à-dire que l'on aura

$$\frac{\sin a'\mathrm{A'F'}}{\sin a'\mathrm{A'B'}}\,\frac{\sin b'\,\mathrm{B'A'}}{\sin b'\,\mathrm{B'C'}}\cdots=\frac{\sin a\mathrm{AF}}{\sin a\mathrm{AB}}\,\frac{\sin b\mathrm{BA}}{\sin b\,\mathrm{BC}}\cdots.$$

En effet, que par un point O pris dans le plan du polygone on mène des droites à ses sommets, on aura

$$\frac{\sin\mathrm{OAF}}{\sin\mathrm{OAB}}\,\frac{\sin\mathrm{OBA}}{\sin\mathrm{OBC}}\,\frac{\sin\mathrm{OCB}}{\sin\mathrm{OCD}}\cdots=\pm 1 \quad (402);$$

et, par conséquent, la fonction proposée est égale à

$$\pm\left(\frac{\sin a\mathrm{AF}}{\sin a\,\mathrm{AB}}:\frac{\sin\mathrm{OAF}}{\sin\mathrm{OAB}}\right)\left(\frac{\sin b\,\mathrm{BA}}{\sin b\,\mathrm{BC}}:\frac{\sin\mathrm{OBA}}{\sin\mathrm{OBC}}\right)\cdots.$$

Or dans la perspective cette fonction ne change pas de valeur, parce qu'elle se compose de rapports anharmoniques. Mais les rapports correspondants à ceux que nous venons d'introduire disparaîtront en perspective, parce qu'ils ont leur produit égal à ± 1 en vertu du théorème (402); il restera donc les rapports correspondants à ceux qui forment la fonction donnée; ce qui démontre le théorème.

§ II. — Propriétés du quadrilatère.

411. Les propriétés générales d'un polygone s'appliquent d'elles-mêmes au quadrilatère; mais cette figure donne lieu à quelques propositions particulières.

Si sur les quatre côtés d'un quadrilatère ABCD (*fig.* 85) *on prend quatre points* a, b, c, d *tels, que l'on ait la relation*

$$(1)\qquad \frac{a\mathrm{A}}{a\mathrm{B}}\,\frac{b\mathrm{B}}{b\mathrm{C}}\,\frac{c\mathrm{C}}{c\mathrm{D}}\,\frac{d\mathrm{D}}{d\mathrm{A}}=1,$$

et qu'on regarde ces quatre points comme les sommets consécutifs d'un second quadrilatère abcd, *les points de concours des côtés opposés de celui-ci seront situés sur les deux diagonales du premier.*

Ainsi les deux droites *ab*, *cd* se croisent sur la diagonale AC. En effet, si l'on suppose que ces deux droites rencontrent la diagonale en deux points différents ε, ε', on aura dans les deux triangles ABC, ADC les relations

$$\frac{a\mathrm{A}}{a\mathrm{B}}\,\frac{b\mathrm{B}}{b\mathrm{C}}\,\frac{\varepsilon\mathrm{C}}{\varepsilon\mathrm{A}}=1 \quad \text{et} \quad \frac{c\mathrm{C}}{c\mathrm{D}}\,\frac{d\mathrm{D}}{d\mathrm{A}}\,\frac{\varepsilon'\mathrm{A}}{\varepsilon'\mathrm{C}}=1.$$

Multipliant ces équations membre à membre et ayant égard à l'équation supposée, on en conclut $\frac{\varepsilon\mathrm{C}}{\varepsilon\mathrm{A}}=\frac{\varepsilon'\mathrm{C}}{\varepsilon'\mathrm{A}}\cdot$ Ce qui prouve que les deux points ε, ε' coïncident. Donc, etc.

412. Réciproquement : *Si par un point ε de la diagonale* AC *d'un quadrilatère* ABCD *on mène deux droites quelconques, dont l'une rencontre les deux côtés* AB, BC *en* a, b, *et la seconde les deux côtés* CD, DA *en* c, d, *on aura entre les segments formés par ces quatre points* a, b, c, d *sur les côtés du quadrilatère la relation*

$$\frac{a\mathrm{A}}{a\mathrm{B}}\,\frac{b\mathrm{B}}{b\mathrm{C}}\,\frac{c\mathrm{C}}{c\mathrm{D}}\,\frac{d\mathrm{D}}{d\mathrm{A}}=1\,;$$

et, par suite, les deux droites da, cb *se couperont sur la seconde diagonale* BD.

En effet, si les deux droites *ab*, *cd* se croisent en un point ε sur la diagonale AC, on aura les deux équations précédentes, en écrivant ε au lieu de ε' dans la seconde; et ces équations multipliées membre à membre donnent l'équation (1).

Cette équation étant démontrée, il s'ensuit que les deux droites *ad*, *bc* se croisent sur la diagonale BD (411).

Corollaire. — Si les deux droites menées par le point ε de la diagonale AC se confondent, les deux équations dont nous venons de faire usage ont toujours lieu, et l'on en conclut l'équation (1). Ce qui démontre directement la propriété du quadrilatère, comprise dans le théorème général (400), savoir : *Quand une transversale rencontre les quatre côtés d'un quadrilatère* ABCD *en quatre points* a, b, c, d, *on a la relation*

$$\frac{aA}{aB}\frac{bB}{bC}\frac{cC}{cD}\frac{dD}{dA}=1.$$

413. *Si par les points de concours des côtés opposés d'un quadrilatère* ABCD (*fig.* 86) *on mène deux droites qui rencontrent, respectivement, les deux couples de côtés opposés en* a, c *et* b, d, *on a, entre les segments que ces points forment sur les quatre côtés du quadrilatère, la relation*

$$\frac{aA}{aB}\frac{bB}{bC}\frac{cC}{cD}\frac{dD}{dA}=1;$$

et, par suite, le quadrilatère abcd, *qui a pour sommets consécutifs ces quatre points, a les points de concours de ses côtés opposés sur les deux diagonales du quadrilatère* ABCD.

En effet, les deux séries de quatre points E, A, a, B et E, D, c, C ont leurs rapports anharmoniques égaux ; de sorte qu'on a

$$\frac{aA}{aB}:\frac{EA}{EB}=\frac{cD}{cC}:\frac{ED}{EC}.$$

On a pareillement

$$\frac{bB}{bC}:\frac{FB}{FC}=\frac{dA}{dD}:\frac{FA}{FD}.$$

Ces équations multipliées membre à membre donnent

$$\frac{aA}{aB}\frac{bB}{bC}\frac{cC}{cD}\frac{dD}{dA}=\frac{EA.EC}{EB.ED}:\frac{FA.FC}{FB.FD}.$$

Or le second membre est égal à l'unité (359, I). Donc, etc.

414. *Si par les sommets d'un quadrilatère* ABCD (*fig.* 87) *on mène des droites* Aa, Bb, Cc, Dd *telles, que l'on ait la relation*

$$(2)\qquad \frac{\sin aAD}{\sin aAB}\,\frac{\sin bBA}{\sin bBC}\,\frac{\sin cCB}{\sin cCD}\,\frac{\sin dDC}{\sin dDA}=1,$$

ces quatre droites seront les côtés consécutifs d'un quadrilatère abcd *circonscrit au proposé, et dont les diagonales passeront par les points de concours des côtés opposés de celui-ci.*

Cela résulte du théorème (**411**), en vertu de la proposition (**404**). Car, l'équation (2) ayant lieu par hypothèse, l'équation (1) a lieu d'après cette proposition; et par conséquent la diagonale AC passe par le point de concours des côtés opposés *ba*, *cd* (**411**). Donc, etc.

Observation. — On peut démontrer le théorème directement, d'une manière analogue à celle par laquelle nous avons démontré le théorème (**411**).

415. Corollaires. — *Dans tout quadrilatère, les bissectrices des quatre angles forment un second quadrilatère dont les diagonales passent par les points de concours des côtés opposés du premier.*

Et il en est de même quand le second quadrilatère est formé soit par les bissectrices des suppléments des quatre angles, soit par les bissectrices de deux angles et les bissectrices des suppléments des deux autres angles.

Car, dans chacun des trois cas que présente ce théorème, les droites bissectrices que l'on y considère donnent lieu à l'équation (2) précédente.

416. *Si par les sommets d'un quadrilatère* ABCD *on mène quatre droites* Aa, Bb, Cc, Dd, *de manière que le second quadrilatère* abcd, *formé par ces droites prises pour côtés consécutifs, ait les points de concours de ses côtés opposés sur les deux diagonales du premier, on aura entre les sinus des angles que ces droites font avec les côtés du quadrilatère la relation*

$$\frac{\sin a\mathrm{AD}}{\sin a\mathrm{AB}}\,\frac{\sin b\mathrm{BA}}{\sin b\mathrm{BC}}\,\frac{\sin c\mathrm{CB}}{\sin c\mathrm{CD}}\,\frac{\sin d\mathrm{DC}}{\sin d\mathrm{DA}}=1;$$

et, par suite, les diagonales de ce second quadrilatère abcd *passeront par les points de concours des côtés opposés du quadrilatère* ABCD.

En effet, les diagonales du quadrilatère ABCD (*fig.* 88) passent, par hypothèse, par les points de concours des côtés opposés du quadrilatère *abcd*; par conséquent, on a, d'après le théorème (**413**), l'équation

$$\frac{\mathrm{A}a}{\mathrm{A}b}\,\frac{\mathrm{B}b}{\mathrm{B}c}\,\frac{\mathrm{C}c}{\mathrm{C}d}\,\frac{\mathrm{D}d}{\mathrm{D}a}=1.$$

Donc, d'après le théorème (**404**) appliqué au quadrilatère, on a l'équation qu'il s'agit de démontrer.

Et cette équation ayant lieu, il s'ensuit, d'après le théorème précédent, que les diagonales *ac*, *bd* du quadrilatère *abcd* passent par les points de concours des côtés opposés du quadrilatère ABCD.

C. Q. F. D.

§ III. — Quadrilatère gauche. — Hyperboloïde à une nappe.

417. Le théorème (**411**) et sa réciproque s'appliquent d'eux-mêmes au quadrilatère gauche; ce qui donne lieu à ce théorème :

Quand un plan rencontre les quatre côtés d'un quadrilatère gauche ABCD *en quatre points* a, b, c, d, *on a la relation de segments*

$$\frac{a\mathrm{A}}{a\mathrm{B}}\,\frac{b\mathrm{B}}{b\mathrm{C}}\,\frac{c\mathrm{C}}{c\mathrm{D}}\,\frac{d\mathrm{D}}{d\mathrm{A}}=1.$$

Et réciproquement : *Quand cette relation a lieu, les quatre points* a, b, c, d *sont dans un même plan.*

418. On conclut de ce théorème une propriété de l'hyperboloïde à une nappe, d'où résultera immédiatement une démonstration de la double génération de cette surface par une ligne droite.

On appelle *hyperboloïde à une nappe* la surface engendrée par une droite qui se meut en s'appuyant sur trois droites fixes. D'après cela :

Si une droite ac (*fig.* 89) *glisse sur les deux côtés opposés* AB, CD *d'un quadrilatère, de manière qu'on ait toujours la relation*

$$\frac{a\mathrm{A}}{a\mathrm{B}}=\lambda\,\frac{c\mathrm{D}}{c\mathrm{C}},$$

λ étant une constante, cette droite engendre un hyperboloïde à une nappe.

En effet, que l'on prenne sur les deux autres côtés du quadrilatère deux points fixes b, d tels que l'on ait

$$\frac{dA}{dD} = \lambda \frac{bB}{bC};$$

il existera entre ces points et les deux a, c la relation

$$\frac{aA}{aB}\frac{bB}{bC}\frac{cC}{cD}\frac{dD}{dA} = 1,$$

qui prouve que les quatre points sont dans un même plan; c'est-à-dire que la droite ac rencontre toujours la droite fixe bd. Cette droite se meut donc en s'appuyant sur trois droites fixes AB, CD et bd; par conséquent elle engendre un hyperboloïde à une nappe.

C. Q. F. P.

Corollaire. — En observant que la position de la droite bd est indéterminée, puisqu'il suffit que l'on ait

$$\frac{dA}{dD} = \lambda \frac{bB}{bC},$$

on en conclut que toutes les droites qui satisferont à cette relation s'appuieront sur toutes les génératrices ac de l'hyperboloïde, et par conséquent seront, dans toute leur étendue, sur cette surface. Donc :

La surface engendrée par une droite qui s'appuie sur trois droites fixes, peut l'être d'une seconde manière par une droite s'appuyant sur trois positions fixes de la première génératrice (¹).

419. L'équation $\frac{aA}{aB} = \lambda \frac{cD}{cC}$ montre que les deux points a, c forment sur les deux côtés du quadrilatère AB, CD deux divisions homographiques; de sorte que le théorème (**418**) peut s'énoncer ainsi :

(¹) Cette démonstration géométrique de la double génération de l'hyperboloïde à une nappe par une ligne droite a été donnée (en novembre 1812) dans la *Correspondance sur l'École Polytechnique*, t. II, p. 446.

Quand deux droites dans l'espace sont divisées homographiquement, les droites qui joignent deux à deux les points homologues des deux divisions engendrent un hyperboloïde à une nappe.

420. Puisque les deux points a, c forment sur les deux côtés AB, CD deux divisions homographiques, si autour de ces deux côtés on fait tourner deux plans passant, respectivement, par les deux points c et a, ces deux plans, dont la droite d'intersection sera la génératrice ac de l'hyperboloïde, formeront deux faisceaux (1) homographiques ; on a donc ce théorème :

Si, autour de deux droites fixes, on fait tourner deux plans dont les positions successives forment deux faisceaux homographiques, leur droite d'intersection engendrera un hyperboloïde à une nappe.

Corollaire. — On conclut de ce théorème que : *Si l'on fait tourner deux plans rectangulaires autour de deux droites fixes dans l'espace, leur droite d'intersection engendre un hyperboloïde à une nappe.*

Il suffit de prouver que les deux plans mobiles forment deux faisceaux homographiques.

Soient A, B, C, ... des positions du premier plan, qui tourne autour de la droite L, et A′, B′, C′, ... les positions correspondantes du second plan, qui tourne autour de la droite L′. Que d'un point fixe O′, pris sur la droite L′, on abaisse des perpendiculaires sur les plans A, B, C, ..., ces droites, situées dans les plans A′, B′, C′, ..., respectivement, seront toutes dans un même plan, perpendiculaire à la droite L ; donc le rapport anharmonique de quatre de ces droites sera égal à celui des quatre plans A′, B′,... dans lesquels elles sont situées (17) ; mais leur rapport anharmonique est égal à celui des quatre plans A, B, ..., parce que ces droites sont perpendiculaires à ces plans respectivement. Donc le rapport anharmonique des quatre plans A, B, ... est égal à celui

(1) Nous appelons *faisceau de plans* une série de plans passant par une même droite.

des quatre plans correspondants A′, B′, ...; ce qu'il fallait prouver. Donc, etc. (1).

421. Quatre points c, c', ... appartenant à quatre génératrices ac, $a'c'$, ... ont leur rapport anharmonique égal à celui des quatre plans qui, ayant pour arête commune le côté AB, passent respectivement par ces quatre génératrices, lesquels sont les *plans tangents* à l'hyperboloïde aux points a, a', ... Donc, puisque les quatre points c, c', ... ont leur rapport anharmonique égal à celui des quatre a, a', ..., on peut dire que :

Les plans tangents à un hyperboloïde, en quatre points d'une même génératrice AB, *ont leur rapport anharmonique égal à celui de ces quatre points.*

Ce théorème donne lieu, par les conséquences qu'on en peut déduire, à diverses propriétés de l'hyperboloïde, et en général des surfaces engendrées par une ligne droite. Mais ce n'est pas ici le moment de traiter cette matière (2).

§ IV. — Propriétés de l'hexagone.

I.

422. *Étant données six droites, si deux d'entre elles sont divisées homographiquement par les quatre autres, il en sera de même de deux quelconques des six droites.*

---

(1) Les pieds des perpendiculaires abaissées du point O′ sur les plans A, B, ... sont, évidemment, sur l'hyperboloïde; or le lieu de ces points est un cercle situé dans le plan perpendiculaire à la droite L, mené par le point O′; on en conclut donc que : *Les sections circulaires de l'hyperboloïde sont dans des plans perpendiculaires aux deux droites* L, L′.

Cet hyperboloïde, engendré par la droite d'intersection de deux plans rectangulaires tournant autour de deux droites fixes, jouit d'une propriété intéressante : *On peut déterminer d'une infinité de manières un système de deux droites telles, que les distances de chaque point de l'hyperboloïde à ces deux droites ont un rapport constant.* (Voir *Journal de Mathématiques* de M. Liouville, t. I, p. 324; année 1836.)

(2) On peut consulter un *Mémoire sur les surfaces engendrées par une ligne droite*, dans le Tome XI de la *Correspondance mathématique et physique* de M. Quetelet, année 1838, p. 49-113.

Soient A, B, C, D, E, F (*fig.* 90) les six droites, dont les quatre premières divisent homographiquement les deux E, F, c'est-à-dire en deux séries de quatre points a, b, c, d sur E, et a', b', c', d' sur F, qui ont leurs rapports anharmoniques égaux.

Je dis que les deux droites A et B sont aussi divisées homographiquement par les quatre autres C, D, E, F.

En effet, soit O le point de concours des deux droites C, D : les deux séries de quatre points a, b, c, d et a', b', c', d' ayant leurs rapports anharmoniques égaux, il en est de même des deux faisceaux de quatre droites $\mathrm{O}a$, $\mathrm{O}b$, C, D et $\mathrm{O}a'$, $\mathrm{O}b'$, C, D. De sorte qu'on a l'équation

$$\frac{\sin(\mathrm{O}a,\,\mathrm{C})}{\sin(\mathrm{O}a,\,\mathrm{D})} : \frac{\sin(\mathrm{O}b,\,\mathrm{C})}{\sin(\mathrm{O}b,\,\mathrm{D})} = \frac{\sin(\mathrm{O}a',\,\mathrm{C})}{\sin(\mathrm{O}a',\,\mathrm{D})} : \frac{\sin(\mathrm{O}b',\,\mathrm{C})}{\sin(\mathrm{O}b',\,\mathrm{D})},$$

ou

$$\frac{\sin(\mathrm{O}a,\,\mathrm{C})}{\sin(\mathrm{O}a,\,\mathrm{D})} : \frac{\sin(\mathrm{O}a',\,\mathrm{C})}{\sin(\mathrm{O}a',\,\mathrm{D})} = \frac{\sin(\mathrm{O}b,\,\mathrm{C})}{\sin(\mathrm{O}b,\,\mathrm{D})} : \frac{\sin(\mathrm{O}b',\,\mathrm{C})}{\sin(\mathrm{O}b',\,\mathrm{D})}.$$

Ce qui exprime que les deux faisceaux de quatre droites $\mathrm{O}a$, $\mathrm{O}a'$, C, D et $\mathrm{O}b$, $\mathrm{O}b'$, C, D ont leurs rapports anharmoniques égaux. Donc les quatre points d'intersection du premier faisceau par la droite A ont leur rapport anharmonique égal à celui des quatre points d'intersection du second faisceau par la droite B. Ce qui démontre que les deux droites A, B sont divisées homographiquement.

Il reste à montrer que l'une des deux droites E, F et l'une des quatre autres, par exemple E et D, sont divisées aussi homographiquement; cela résulte de ce que les deux A et B sont divisées homographiquement. Ainsi le théorème est démontré complétement.

423. *Quand deux côtés d'un hexagone sont divisés homographiquement par les quatre autres, les trois diagonales qui joignent les sommets opposés passent par un même point.*

Soit ABCDEF (*fig.* 91) l'hexagone; considérons deux côtés opposés AB, DE. Soient d', e' les points de rencontre du premier par les deux côtés CD, EF; et b', a' les points de rencontre du second par les deux côtés BC, AF. Les quatre points A, B, d', e' ont, par hypothèse, leur rapport anharmonique égal à celui des quatre a', b', D, E; ceux-ci peuvent être écrits dans l'ordre E, D, b', a' (**44**); nous dirons donc que les deux séries de quatre points A, B, d', e' et E, D, b', a' ont leurs rapports anharmoniques égaux. Il s'ensuit que les droites menées de deux points quelconques de la première série aux deux points correspondants de la seconde, pris inversement, se coupent sur une même droite (**113**). Les deux points C, F et le point de croisement des deux diagonales AD, BE sont des points de cette droite. Donc les deux diagonales AD, BE se coupent sur la troisième diagonale CF.

C. Q. F. P.

424. On conclut sans difficulté de ce théorème que :

Réciproquement : *Quand les trois diagonales qui joignent les sommets opposés d'un hexagone passent par un même point, deux côtés quelconques de l'hexagone sont divisés homographiquement par les quatre autres.*

II.

425. *Étant donnés six points, si les faisceaux formés autour de deux de ces points par les rayons menés aux quatre autres sont homographiques (c'est-à-dire ont leurs rapports anharmoniques égaux), il en est de même pour deux quelconques des six points.*

Soient A, B, C, D, E, F (*fig.* 92) les six points. Les deux faisceaux qui ont pour centres les deux points E, F et dont les rayons passent par les quatre autres points A, B, C, D ont, par hypothèse, leurs rapports anharmoniques égaux; je dis qu'il en est de même des deux faisceaux qui ont pour centres les deux points A, B et dont les rayons passent par les quatre autres points C, D, E, F.

En effet, la droite CD coupe les deux premiers faisceaux, qui ont leurs centres en E et F, en deux séries de quatre points a, b, C, D et a', b', C, D qui ont leurs rapports anharmoniques égaux, puisque les deux faisceaux sont homographiques. On a donc

$$\frac{aC}{aD} : \frac{bC}{bD} = \frac{a'C}{a'D} : \frac{b'C}{b'D} \quad \text{ou} \quad \frac{aC}{aD} : \frac{a'C}{a'D} = \frac{bC}{bD} : \frac{b'C}{b'D};$$

ce qui exprime que les quatre points a, a', C, D ont leur rapport anharmonique égal à celui des quatre b, b', C, D. Donc le faisceau qui a son centre en A et dont les rayons passent par les quatre points a, a', C, D a le même rapport anharmonique que le faisceau qui a son centre en B et dont les rayons passent par les quatre points b, b', C, D; c'est-à-dire que les quatre droites menées du point A aux quatre points E, F, D, C ont leur rapport anharmonique égal à celui des quatre droites menées du point B aux quatre mêmes points.

Il nous reste à prouver que les deux faisceaux qui ont leurs centres en l'un des deux points E, F et l'un des quatre A, B, C, D, par exemple en E et D, et dont les rayons passent par les quatre autres points, sont aussi homographiques. Or cela résulte de ce que les deux faisceaux qui ont leurs centres en A et en B sont homographiques. Le théorème est donc démontré.

426. *Quand dans un hexagone les rayons menés de deux sommets aux quatre autres forment deux faisceaux homographiques, les points de concours des côtés opposés sont en ligne droite.*

Soient l'hexagone ABCDEF (*fig.* 93) et G, H, I les points de concours des trois couples de côtés opposés AB, DE; BC, EF; CD, FA. Je dis que ces trois points sont en ligne droite.

En effet, les quatre droites BA, BC, BD, BF ont le même rapport anharmonique que les quatre EA, EC, ED, EF par hypothèse, et, en changeant l'ordre de celles-ci, on peut dire que les quatre premières ont le même rapport anharmonique que les quatre EF, ED, EC, EA (**49**). Donc les points d'intersection de deux droites quelconques de la première série par les deux droites correspondantes de cette dernière, prises inversement, sont deux points toujours en ligne droite avec un même point fixe (**116**). Or D et C sont un système de deux tels points, F et A un autre, et G et H un troisième. Donc les trois droites DC, FA, GH passent par un même point, c'est-à-dire que le point I est en ligne droite avec les deux G et H; ce qu'il fallait prouver. Donc, etc.

427. Réciproquement : *Quand les trois points de concours des côtés opposés d'un hexagone sont en ligne droite, les faisceaux* *qui ont pour centres deux sommets quelconques de l'hexagone et dont les rayons passent par les quatre autres sommets sont homographiques.*

Cette réciproque se conclut de la proposition directe, sans difficulté.

428. *Observation.* — Les hexagones auxquels se rapportent les propositions précédentes jouissent de diverses autres propriétés qu'il serait aisé de démontrer ici, mais qui se présenteront plus naturellement dans la théorie des sections coniques.

CHAPITRE XXI.

ÉQUATIONS D'UNE DROITE, OU RELATIONS DE SEGMENTS SERVANT A DÉTERMINER TOUS LES POINTS D'UNE LIGNE DROITE.

§ I. — Équation entre les segments faits sur deux droites par des rayons tournant autour de deux pôles fixes.

429. Nous avons vu (Chap. XVII) qu'on peut décrire de diverses manières une ligne droite par le point d'intersection de deux rayons tournant autour de deux points fixes; il suffit que ces deux rayons forment deux faisceaux homographiques tels, que la droite qui joint les deux points fixes, considérée comme appartenant au premier faisceau, soit elle-même son homologue dans le second faisceau. Si, au lieu de déterminer l'homographie des deux faisceaux par des constructions géométriques, comme nous l'avons fait, on l'exprime par une relation d'angles ou de segments, cette relation constituera une *équation* de la droite. Nous allons chercher les différentes formes d'équations auxquelles ces considérations donnent lieu.

I.

430. *Si autour de deux pôles fixes* P, P′ (*fig.* 94) *on fait tourner deux rayons rencontrant respectivement deux axes fixes* EA, E′B′ *en deux points* m, m′ *tels que l'on ait la relation constante*

$$(a) \qquad \alpha\frac{\mathrm{A}m}{\mathrm{E}m}+6\frac{\mathrm{B}'m'}{\mathrm{E}'m'}=\nu,$$

dans laquelle A *et* B′ *sont deux points fixes pris arbitrairement sur les deux axes,* E, E′ *les points où ces axes rencontrent la droite* PP′ *et* α, 6, ν *des coefficients constants, le point de concours des deux rayons* Pm, P′m′ *décrira une ligne droite.*

En effet, l'équation exprime que les deux points *m, m′* forment sur les deux axes EA, E′B′ deux divisions homographiques dans lesquelles E et E′ sont deux points homologues (129); d'où il suit que les deux droites Pm, P′m' décrivent deux faisceaux homographiques qui satisfont à la condition que la droite PP′ soit elle-même son homologue dans les deux faisceaux. Donc le point d'intersection des deux rayons Pm, P′m' décrit une ligne droite (110); ce qu'il fallait prouver ([1]).

Il est clair que, réciproquement, une droite étant donnée, on pourra toujours déterminer deux des trois constantes α, β et ν, l'autre étant prise à volonté, de manière que l'équation (a) corresponde à la droite.

431. Nous avons vu (129) que dans l'équation (a) un ou deux des points fixes A, E, B′, E′ peuvent être situés à l'infini et que le segment qui se rapporte à un point situé à l'infini disparaît de l'équation comme s'il était devenu égal à l'unité. Il s'ensuit que, sans changer la position des deux pôles P, P′, mais en supposant que l'une des deux origines A, B′ ou toutes deux soient à l'infini, ou bien que l'un des deux axes EA, E′B′ ou tous deux soient parallèles à la droite PP′, on aura les quatre équations suivantes, toutes également propres à représenter une ligne droite quelconque :

$$\alpha \frac{\mathrm{A}m}{\mathrm{E}m} + \frac{\beta}{\mathrm{E}'m'} = \nu,$$

$$\frac{\alpha}{\mathrm{E}m} + \frac{\beta}{\mathrm{E}'m'} = \nu,$$

$$\alpha \frac{\mathrm{A}m}{\mathrm{E}m} + \beta . \mathrm{B}'m' = \nu,$$

$$\alpha . \mathrm{A}m + \beta . \mathrm{B}'m' = \nu.$$

([1]) Il existe dans la Géométrie à trois dimensions un théorème analogue, savoir :

Étant donnés, dans l'espace, un triangle et trois axes fixes de direction quelconque qui rencontrent le plan du triangle en trois points E, E′, E″, *et étant pris sur ces axes trois points fixes* A, B′, C″, *si autour des trois côtés du triangle on fait tourner trois plans qui rencontrent respectivement les trois axes en trois points* m, m′, m″ *tels, que l'on ait la relation*

$$\alpha \frac{\mathrm{A}m}{\mathrm{E}m} + \beta \frac{\mathrm{B}'m'}{\mathrm{E}'m'} + \gamma \frac{\mathrm{C}''m''}{\mathrm{E}''m''} = \delta,$$

α, β, γ, δ *étant des coefficients constants, le point d'intersection des trois plans décrira un plan.*

432. Quand dans ces équations, de même que dans (a), la constante ν est nulle, l'équation devient à deux termes, et alors les points fixes A, B' sont deux points homologues des deux divisions homographiques (**121**), et la droite lieu du point d'intersection des deux rayons tournants Pm, P'm' passe par le point de rencontre des deux droites PA, P'B'. Cela a lieu même quand les points A et B' sont à l'infini.

II.

433. Les pôles P, P' sont pris arbitrairement; la seule condition à observer, c'est que ces points et les deux E, E' soient tous quatre sur une même droite. Cette droite peut être à l'infini; alors les droites Pm sont parallèles entre elles, ainsi que les droites P'm', mais sous une autre direction, et l'équation devient

$$\alpha.\mathrm{A}m + \beta.\mathrm{B}'m' = \nu.$$

On a donc ce théorème :

Si sur deux axes on prend, à partir de deux points fixes A, B' (*fig.* 95), *deux segments variables* Am, B'm' *liés entre eux par la relation du premier degré*

$$(b) \qquad \alpha.\mathrm{A}m + \beta.\mathrm{B}'m' = \nu,$$

et que par les points m, m' *on mène des droites parallèles à deux autres axes fixes, le point d'intersection de ces deux droites décrira une ligne droite.*

Corollaire. — *Coordonnées de Descartes.* Si les deux points fixes A, B' coïncident en O (*fig.* 96) avec le point d'intersection des deux axes, et si les droites Mm sont parallèles à l'axe Om' et les droites Mm' parallèles à l'axe Om, les deux segments Om, Om' seront précisément les deux coordonnées x, y du système de Géométrie analytique de Descartes; et le théorème exprime que l'équation du premier degré

$$\alpha.x + \beta.y = \nu$$

est celle d'une ligne droite.

434. Reprenons le cas où les points A, B′, origines des segments Am, $B'm'$ (*fig.* 95), sont quelconques, ainsi que les directions des deux axes fixes auxquels les droites Mm, Mm' sont parallèles.

Que l'on mène par le point fixe A la parallèle à la droite Mm et qu'on abaisse sur cette droite l'oblique Mp parallèle à Am; on aura $Mp = Am$. Pareillement, ayant mené par le point fixe B′ la parallèle à Mm' et abaissé du point M sur cette droite l'oblique Mp' parallèle à $B'm'$, on a $Mp' = B'm'$. De sorte que l'équation (b) devient

$$\alpha.Mp + \beta.Mp' = \nu;$$

c'est-à-dire que :

Si l'on demande le lieu d'un point M *tel que les obliques* Mp, Mp′ *abaissées de ce point sur deux axes fixes, sous des angles donnés, aient entre elles la relation du premier degré*

$$\alpha.Mp + \beta.Mp' = \nu,$$

le lieu de ce point est une ligne droite.

On peut encore conclure de là l'équation de la Géométrie analytique, déduite plus directement du théorème précédent.

III.

435. Au lieu de l'équation (a) pour exprimer la division homographique des deux droites EA, E′B′ (*fig.* 97), on peut prendre l'équation

$$(c) \qquad Am.B'm' + \lambda.Am + \mu.B'm' + \nu = 0 \quad (137),$$

pourvu que l'on détermine l'un des trois coefficients λ, μ, ν de manière que les points de rencontre de la base PP′ par les deux axes EA, E′B′ soient deux points homologues. L'équation qui exprime cette condition est

$$AE.B'E' + \lambda.AE + \mu.B'E' + \nu = 0.$$

Ainsi l'équation générale d'une droite sera

$$Am.B'm' + \lambda.Am + \mu.B'm' = AE.B'E' + \lambda.AE + \mu.B'E',$$

ou

$$Am.B'm' + \lambda.Em + \mu.E'm' = AE.B'E',$$

les deux coefficients λ et μ étant arbitraires.

Appelons I le point de la première droite EA qui correspond à l'infini de la seconde et J' le point de celle-ci qui correspond à l'infini de la première; on aura $\lambda = -B'J'$, $\mu = -AI$ (140), et l'équation devient

$$Am.B'm' - B'J'.Em - AI.E'm' = AE.B'E'.$$

Réciproquement, une droite L étant donnée, cette équation pourra la représenter; les points A, B' y sont arbitraires, mais les deux points I, J' ne le sont pas : ils dépendent de la position de la droite. Pour déterminer le point I, on mène la droite P'C parallèle à la droite E'B' et qui rencontre la droite L en C; puis la droite PC qui marque sur EA le point I. Pareillement, pour déterminer le point J' on mène, parallèlement à EA, la droite PD qui rencontre la droite L en D; la droite P'D rencontre la droite E'B' au point cherché J'.

Si l'on place les deux points A et B' en I et J' respectivement, l'équation se réduira à

$$Im.J'm' = IE.J'E'.$$

436. Dans tous les théorèmes précédents on peut supposer que les deux droites EA, E'B' coïncident; les mêmes équations subsistent.

L'équation (c) peut prendre alors une forme différente, savoir

$$(d) \qquad Am.B'm' + \lambda.mm' + \nu = 0 \quad (168).$$

Mais il faut observer que la constante ν n'est pas arbitraire; car, pour que l'équation soit celle d'une droite, il faut que le point E, où l'axe EA (*fig.* 98) rencontre la base PP', soit un point *double*, c'est-à-dire la réunion des deux points homologues E, E'. Cette condition s'exprime par la relation

$$AE.B'E + \nu = 0.$$

Ainsi l'équation générale d'une droite sera

$$Am.B'm' + \lambda.mm' = AE.B'E;$$

les points A et B′ étant pris arbitrairement sur l'axe EA, et λ étant un coefficient arbitraire.

Cette équation renferme trois éléments indéterminés, le point A, le point B et le coefficient λ. Une droite étant donnée, on ne peut prendre qu'un de ces éléments arbitrairement; les deux autres seront pris de manière que l'équation s'applique à cette droite particulière.

Corollaire. — Les deux points doubles des divisions homographiques marquées par les points m, m' sur l'axe EA sont le point E et le point F, intersection de l'axe EA par la droite proposée. Il s'ensuit que les deux points A et B′ sont, de part et d'autre, à égale distance du point O, milieu de EF (168). On peut donc placer le point A en E et le point B′ en F; alors l'équation de la droite est

$$\mathrm{E}m.\mathrm{F}m' - \mathrm{EI}.mm' = 0$$

ou

$$\frac{\mathrm{E}m.\mathrm{F}m'}{mm'} = \mathrm{EI}.$$

§ II. — Équation entre des segments faits sur plusieurs axes par des rayons tournant autour de points fixes situés en ligne droite.

I.

437. Le théorème (430), relatif aux segments faits sur deux axes fixes, peut être généralisé et appliqué aux segments faits sur un nombre quelconque d'axes fixes, de la manière suivante :

Si l'on a plusieurs axes AE, BE′, CE″, ... *et autant de pôles* P, P′, P″,... *placés en ligne droite, et que de chaque point* M *d'une droite* L *on conduise des rayons à ces pôles, lesquels rencontrent respectivement les axes* AE, BE′, CE″, ... *en* m, m′, m″, ..., *on aura entre les segments que ces points font sur ces axes, à partir d'autant de points fixes* A, B, C,... *pris arbitrairement et des points* E, E′, E″, ..., *tous situés sur la droite* PP′P″,..., *la relation constante*

$$(e)\qquad \alpha\frac{\mathrm{A}m}{\mathrm{E}m} + 6\frac{\mathrm{B}m'}{\mathrm{E}'m'} + \gamma\frac{\mathrm{C}m''}{\mathrm{E}''m''} + \cdots = \nu,$$

dans laquelle tous les coefficients, moins deux, peuvent être pris arbitrairement.

C'est-à-dire que les deux coefficients non déterminés pourront l'être de manière que l'équation ait toujours lieu.

Nous allons démontrer que, si la proposition est vraie dans le cas de n axes AE, BE$'$, ..., elle l'est nécessairement pour $(n+1)$ axes.

Supposons que les deux coefficients non déterminés soient α et β. Faisons abstraction du premier axe AE; nous aurons un axe de moins, et, par hypothèse, la proposition sera vraie, de sorte que, les coefficients γ, δ, ... étant donnés, on pourra déterminer les deux β', ν' de manière que l'on ait toujours l'équation

$$\beta' \frac{Bm'}{E'm'} + \gamma \frac{Cm''}{E''m''} + \cdots = \nu'.$$

Mais, en ne considérant que les deux axes AE et BE$'$, on peut déterminer deux coefficients α, β'' de manière que l'on ait toujours la relation

$$\alpha \frac{Am}{Em} + \beta'' \frac{Bm'}{E'm'} = (\nu - \nu') \quad (430).$$

Ajoutant ces deux équations membre à membre, on a

$$\alpha \frac{Am}{Em} + (\beta' + \beta'') \frac{Bm'}{E'm'} + \gamma \frac{Cm''}{E''m''} + \cdots = \nu.$$

Cette équation, relative à $(n+1)$ axes, aura toujours lieu, puisqu'elle résulte de deux équations qui elles-mêmes ont toujours lieu, et les coefficients de ses deux premiers termes, les seuls qui ne soient pas donnés, ont des valeurs déterminées.

Supposons maintenant que les deux coefficients non déterminés soient α et ν. On fera encore abstraction du premier axe AE, et l'on déterminera deux coefficients β' et ν' de manière que l'on ait

$$\beta' \frac{Bm'}{E'm'} + \gamma \frac{Cm''}{E''m''} + \cdots = \nu';$$

ce qu'on peut faire par hypothèse; puis, en considérant les deux axes AE, BE$'$, on déterminera deux coefficients α, ν'' tels, que l'on ait

$$\alpha \frac{Am}{Em} + (\beta - \beta') \frac{Bm'}{E'm'} = \nu''.$$

Ajoutant ces deux équations membre à membre, il vient

$$\alpha \frac{Am}{Em} + \beta \frac{Bm'}{E'm'} + \gamma \frac{Cm''}{E''m''} + \ldots = (\nu' + \nu''),$$

équation dans laquelle les deux coefficients α et $(\nu' + \nu'')$, les seuls qui ne soient pas donnés, ont des valeurs déterminées.

Ainsi, il est démontré que, si le théorème a lieu pour n axes, il aura lieu pour $(n+1)$. Mais il est vrai pour deux; donc aussi pour trois, pour quatre, etc.

Observation. — Dans le cas de deux axes on ne peut pas faire en général la constante ν égale à zéro, mais on le pourra toujours dans le cas où l'on a plus de deux axes.

438. Nous venons de prouver que, ayant pris arbitrairement les coefficients α, β, ..., ν, moins deux, on peut déterminer ceux-ci de manière que l'équation ait lieu pour tous les points d'une droite donnée L. Or, deux points quelconques de la droite peuvent servir pour déterminer ces deux coefficients. En effet, ces deux points donneront lieu à deux équations, telles que

$$\alpha \frac{Am_1}{Em_1} + \beta \frac{Bm'_1}{E'm'_1} + \gamma \frac{Cm''_1}{E''m''_1} + \ldots = \nu,$$

$$\alpha \frac{Am_2}{Em_2} + \beta \frac{Bm'_2}{E'm'_2} + \gamma \frac{Cm''_2}{E''m''_2} + \ldots = \nu;$$

et ces équations, dans lesquelles les segments Am_1, Am_2, ... sont connus, servent à déterminer les deux coefficients inconnus.

Il suit de là que : *Quand l'équation* (e) *a lieu pour deux points d'une droite, elle a lieu pour tous les autres points de cette droite.*

Ce qui conduit à ce théorème général, qu'on peut considérer comme la réciproque de la proposition (437) :

439. *Étant donnés des axes* AE, BE′, CE″, ... *terminés en* E, E′, E″, ... *à une même droite et autant de pôles* P, P′, P″, ...

situés sur cette droite, si l'on demande le lieu d'un point M *tel que les rayons conduits de ce point aux pôles* P, P′, P″, ... *fassent, respectivement, sur les axes* AE, BE′, CE″, ..., *des segments dont les rapports* $\frac{Am}{Em}$, $\frac{Bm'}{E'm'}$, $\frac{Cm''}{E''m''}$, ... *aient entre eux la relation du premier degré*

$$(c) \qquad \alpha \frac{Am}{Em} + 6 \frac{Bm'}{E'm'} + \gamma \frac{Cm''}{E''m''} + \dots = \nu,$$

dans laquelle α, 6, γ, ..., ν *sont des coefficients constants pris arbitrairement, le lieu du point* M *sera une ligne droite.*

En effet, supposons que l'on ait déterminé deux points M_1, M_2 satisfaisant à l'équation; cette équation aura lieu pour tous les autres points de la droite qui joint les deux M_1, M_2 (438), ce qui démontre le théorème.

Nous verrons plus loin (449) comment on pourra déterminer les points M_1, M_2, ... qui satisfont à l'équation.

II.

440. Ces théorèmes relatifs à plusieurs axes donnent lieu aux mêmes corollaires que le théorème relatif à deux axes. Ainsi nous dirons, en supposant tous les pôles P, P′, ... à l'infini, que :

Si de chaque point d'une droite on abaisse sur des axes fixes des obliques sous des angles donnés, les segments que ces obliques détermineront sur ces axes, à partir de points fixes A, B, ..., *auront entre eux une relation du premier degré*

$$\alpha . Am + 6 . Bm' + \gamma . Cm'' + \dots = \nu,$$

dans laquelle tous les coefficients α, 6, ..., ν, *moins deux, pourront être pris arbitrairement.*

441. On peut substituer aux segments faits sur les axes fixes les obliques abaissées parallèlement à ces axes sur d'autres axes menés par les mêmes points fixes A, B, ..., comme dans le cas de deux axes (434); et l'on a ce théorème :

Si de chaque point d'une droite on abaisse sur des axes fixes des obliques sous des angles donnés, ces obliques p, p′, p″, ... *auront entre elles une relation du premier degré*

$$\alpha . p + \beta . p' + \gamma . p'' + \ldots = \nu,$$

dans laquelle tous les coefficients α, β, ..., ν, *moins deux, peuvent être pris arbitrairement.*

Et réciproquement : *Le lieu d'un point tel, que les obliques abaissées de ce point sur des axes fixes, sous des angles donnés, aient entre elles une relation du premier degré, est une ligne droite* (¹).

442. Aux obliques qui ont des directions différentes on peut en substituer d'autres ayant toutes la même direction, parce que celles-ci seront proportionnelles aux premières respectivement ; il s'ensuit que :

Étant données plusieurs droites AE, BE′, CE″ *et une dernière* L, *si l'on mène des transversales toutes parallèles entre elles, dont chacune rencontre ces droites en des points* a, b, c, ..., M, *on aura entre les segments* Ma, Mb, ... *la relation du premier degré*

$$\alpha . \mathrm{M}a + \beta . \mathrm{M}b + \gamma . \mathrm{M}c + \ldots = \nu,$$

dans laquelle tous les coefficients α, β, ..., ν, *moins deux, peuvent être pris arbitrairement.*

Et réciproquement.

(¹) Ce théorème faisait partie des *Lieux plans* d'Apollonius, ainsi qu'on le voit dans les *Collections mathématiques* de Pappus, où il est énoncé d'abord pour le cas de deux axes seulement, puis pour un nombre quelconque d'axes, dans les termes suivants : « *Si a puncto quodam ad positiones datas duas rectas lineas parallelas, vel inter se convenientes, ducantur rectæ lineæ in dato angulo, vel datam habentes proportionem, vel quarum una simul cum ea ad quam altera proportionem habet datam, data fuerit, continget punctum rectam lineam positione datam. Et si sint quotcumque rectæ lineæ in datis angulis, sit autem quod data linea et ducta continetur, una cum contento data linea et altera ducta, æquale ei, quod data et alia ducta, et reliquis continetur, punctum similiter rectam lineam positione datam continget.* »

§ III. — Équation entre des segments faits sur un ou plusieurs rayons tournant autour de pôles fixes quelconques.

I.

443. Dans les théorèmes précédents, l'équation d'une ligne droite a lieu entre les segments que les rayons menés de chaque point de cette droite à deux ou plusieurs pôles fixes font sur des axes fixes. Nous allons maintenant exprimer l'équation d'une droite en fonction de segments faits sur des rayons menés de chaque point de la droite à un ou plusieurs pôles fixes pris arbitrairement.

Considérons le théorème général (**437**), d'après lequel tous les coefficients, moins deux, peuvent être pris arbitrairement.

Prenons sur les axes AE, BE', ... (*fig.* 99) des points fixes R, R', ..., et remplaçons les coefficients α, β, ... par $\left(\alpha_1 : \frac{\text{AR}}{\text{ER}}\right)$, $\left(\beta_1 : \frac{\text{BR}'}{\text{E}'\text{R}'}\right)$, ...; l'équation deviendra

$$\alpha_1\left(\frac{\text{A}m}{\text{E}m} : \frac{\text{AR}}{\text{ER}}\right) + \beta_1\left(\frac{\text{B}m'}{\text{E}'m'} : \frac{\text{BR}'}{\text{E}'\text{R}'}\right) + \ldots = \nu;$$

c'est-à-dire que, si de chaque point M d'une droite L on mène les rayons MP, MP', ... qui rencontrent respectivement les axes AE, BE', ... en m, m', ..., on aura cette relation, dans laquelle tous les coefficients α_1, β_1, ..., moins deux, peuvent être pris arbitrairement, les points R, R', ... ayant été pris eux-mêmes arbitrairement et restant fixes sur les axes AE, BE', ...

Considérons les quatre droites menées du point P aux quatre points M, A, E, R, et coupons-les par une transversale issue du point M; soient M, a, e, ρ les points d'intersection : leur rapport anharmonique est égal à celui des quatre points m, A, E, R, de sorte que le premier terme de l'équation peut être remplacé par $\alpha_1\left(\frac{a\text{M}}{e\text{M}} : \frac{a\rho}{e\rho}\right)$. Si, pareillement, l'on mène par le point M une autre transversale qui rencontre les droites P'B, P'E', P'R' en b, e', ρ', on pourra prendre pour le deuxième terme de l'équation l'expression $\beta_1\left(\frac{bM}{e'M} : \frac{b\rho'}{e'\rho'}\right)$, et ainsi des autres termes. L'équation devient donc

$$\alpha_1\left(\frac{aM}{eM} : \frac{a\rho}{e\rho}\right) + \beta_1\left(\frac{bM}{e'M} : \frac{b\rho'}{e'\rho'}\right) + \ldots = \nu.$$

Ainsi, les segments qui étaient comptés sur les axes AE, BE', ... sont remplacés par des segments comptés sur des transversales menées arbitrairement par chaque point M de la droite L; et les axes AE, BE' n'entrent plus dans le théorème. A leur place, on considère de nouvelles droites PA, P'B, ..., PR, P'R', ... Les points ρ, ρ', ... sont sur les droites fixes PR, P'R', ...; mais on peut éliminer ces droites en considérant les points ρ, ρ', ... comme des pôles fixes pris arbitrairement, par lesquels on fait passer toutes les transversales issues de chaque point M de la droite L. Enfin, de cette manière, les pôles primitifs P, P', ... disparaissent et se trouvent remplacés par les nouveaux pôles ρ, ρ', ... On a donc ce théorème général :

Étant données des droites A, B, C, ... (*fig.* 100) *et étant pris arbitrairement autant de pôles fixes* ρ, ρ', ρ'', ... *correspondants à ces droites, un à une respectivement, si par chaque point* M *d'une droite* L *on mène des transversales passant par ces pôles* ρ, ρ', ρ'', ..., *et rencontrant respectivement les droites* A, B, C, ... *en des points* a, b, c, ... *et une autre droite fixe* E *en des points* e, e', e'', ..., *on aura la relation constante*

$$(f)\qquad \alpha\left(\frac{aM}{eM} : \frac{a\rho}{e\rho}\right) + \beta\left(\frac{bM}{e'M} : \frac{b\rho'}{e'\rho'}\right) + \gamma\left(\frac{cM}{e''M} : \frac{c\rho''}{e''\rho''}\right) + \ldots = \nu,$$

dans laquelle tous les coefficients α, β, ..., ν, *moins deux, peuvent être pris arbitrairement.*

II.

444. Ce théorème général donne lieu à plusieurs corollaires; car on peut supposer à l'infini soit la droite E, soit un ou plusieurs des points ρ, ρ', ... ou tous à la fois; et ces points peuvent se réunir en un seul.

Si l'on suppose tous ces points à l'infini, l'équation (f) devient

$$(g) \qquad \alpha.\frac{aM}{eM}+6.\frac{bM}{e'M}+\gamma.\frac{cM}{e''M}+\ldots=\nu.$$

La droite sur laquelle sont comptés les deux segments Ma, Me reste parallèle à elle-même ; de sorte que ces deux segments sont proportionnels, respectivement, aux distances du point M aux deux droites A et E. Il en est de même de tous les autres segments. On a donc, en appelant p, p', p'', ... et q les distances de chaque point M de la droite L aux droites fixes A, B, C, ... et E, la relation homogène

$$(g') \qquad \alpha.p+6.p'+\gamma.p''+\ldots=\nu.q.$$

Donc : *Les distances de chaque point d'une droite à plusieurs axes fixes ont toujours entre elles une relation homogène du premier degré, dans laquelle tous les coefficients, moins deux, peuvent être pris arbitrairement.*

445. Si la droite E est à l'infini, l'équation (f) devient

$$(h) \qquad \alpha\frac{aM}{a\rho}+6\frac{bM}{b\rho'}+\gamma\frac{cM}{c\rho''}+\ldots=\nu;$$

$\frac{aM}{a\rho}$ est égal au rapport des perpendiculaires abaissées des points M et ρ sur la droite A, et de même des autres termes. Or les perpendiculaires abaissées des points ρ, ρ', ... sur les droites A, B, ... sont constantes, et l'on peut les faire entrer dans les coefficients de l'équation ; de sorte qu'en appelant p, p', ... les perpendiculaires abaissées de chaque point M sur les droites A, B, ... on a la relation

$$(h') \qquad \alpha.p+6.p'+\gamma.p''+\ldots=\nu,$$

dans laquelle tous les coefficients, moins deux, peuvent être pris arbitrairement ; c'est-à-dire que : *Les perpendiculaires abaissées de chaque point d'une droite* L *sur des axes fixes ont entre elles une relation du premier degré dans laquelle on peut prendre arbitrairement tous les coefficients moins deux;* ce qui est le théorème (**441**), car on peut substituer aux perpendiculaires des obliques.

446. Faisons, dans l'équation (h),

$$aM = \rho M - \rho a,$$
$$bM = \rho' M - \rho' b,$$
$$\ldots\ldots\ldots\ldots;$$

il vient

$$\alpha \frac{\rho M}{\rho a} + 6 \frac{\rho' M}{\rho' b} + \cdots = (\alpha + 6 + \cdots - \nu),$$

ou, en représentant le second membre par ν_1,

$$\alpha \frac{\rho M}{\rho a} + 6 \frac{\rho' M}{\rho' b} + \cdots = \nu_1;$$

ce qui exprime ce théorème :

Étant données des droites A, B, C,... *et autant de pôles fixes* ρ, ρ', ρ'', ... *placés d'une manière quelconque, si de chaque point* M *d'une autre droite* L *on mène des rayons à ces pôles, lesquels rencontreront les droites* A, B, C, ... *en des points* a, b, c, ..., *on aura la relation constante*

$$(i) \qquad \alpha \frac{\rho M}{\rho a} + 6 \frac{\rho' M}{\rho' b} + \gamma \frac{\rho'' M}{\rho'' c} + \cdots = \nu_1,$$

dans laquelle α, 6, ..., ν_1 *sont des constantes qui toutes, moins deux, peuvent être prises arbitrairement.*

447. Si tous les points ρ, ρ', ... se confondent en un seul, l'équation (h) devient

$$(k) \qquad \alpha \frac{aM}{a\rho} + 6 \frac{bM}{b\rho} + \gamma \frac{cM}{c\rho} + \cdots = \nu,$$

et l'équation (i)

$$(l) \qquad \frac{\alpha}{\rho a} + \frac{6}{\rho b} + \frac{\gamma}{\rho c} + \cdots = \frac{\nu_1}{\rho M};$$

ce qui prouve que :

Étant données plusieurs droites A, B, C,... *et une dernière* L, *si autour d'un point fixe* ρ *on fait tourner une transversale qui rencontre ces droites en des points* a, b, c, ..., M, *on aura les deux relations* (k) *et* (l), *dans chacune desquelles toutes les constantes, moins deux, peuvent être prises arbitrairement.*

448. Et réciproquement :

Étant données plusieurs droites A, B, C, ..., *si autour d'un point fixe* ρ *on fait tourner une transversale qui les rencontre en des points* a, b, c, ..., *et qu'on prenne sur cette droite un point* M *déterminé par l'une ou l'autre des deux équations* (k) *et* (l), *le lieu de ce point sera une ligne droite* [1].

449. Dans ce théorème on détermine immédiatement, soit par l'équation (k), soit par la seconde (l), chaque point M situé sur une transversale issue du point ρ, et, comme on passe de l'équation (c) du théorème (**439**) à l'une ou à l'autre des équations (k) et (l), dont les coefficients dépendent de ceux de l'équation (c), le point ρ pouvant être pris arbitrairement, on voit qu'on pourra se servir de l'une des équations (k) et (l) pour déterminer les points M qui satisfont à l'équation (c), et même pour déterminer en particulier le point situé sur une droite donnée.

450. *Observation.* — Tous les théorèmes compris dans le deuxième et le troisième paragraphe de ce Chapitre, qui ont été des conséquences immédiates de l'un ou de l'autre des deux théorèmes généraux (**437**) et (**443**), comportent la même généralité que ceux-là ; car on peut remonter de tous ces théorèmes aux deux (**437**) et (**443**) ; et, comme on passe aussi de l'un à l'autre de ces deux-là, nous pouvons dire que tous les théorèmes ont une égale généralité et qu'ils ne sont que des expressions différentes d'une même propriété relative à tous les points d'une ligne droite. De ces expressions, la plus simple est celle-ci : *Les distances de chaque point d'une ligne droite à plusieurs axes fixes ont entre elles une relation du premier degré, soit homogène, soit com-*

---

[1] Ce théorème se trouve dans le Mémoire de Poncelet *Sur les centres des moyennes harmoniques* (voir *Journal de Mathématiques* de Crelle ; t. III, p. 255 ; année 1828).

plète, dans laquelle tous les coefficients, moins deux, peuvent être pris arbitrairement.

Tous les théorèmes n'expriment rien de plus que cette simple proposition; mais il est intéressant de voir qu'au moyen de la notion du rapport anharmonique on les déduit tous d'une proposition élémentaire (**129**) et que l'on peut passer de l'un à l'autre.

CHAPITRE XXII.

ÉQUATIONS D'UN POINT, OU RELATIONS DE SEGMENTS SERVANT A DÉTERMINER UNE INFINITÉ DE DROITES ASSUJETTIES A PASSER TOUTES PAR UN MÊME POINT. — CENTRE DE GRAVITÉ D'UN SYSTÈME DE POINTS. — CENTRE DES MOYENNES HARMONIQUES.

451. Nous appelons *équation d'un point* une équation entre certaines variables dont chaque système de valeurs détermine la position d'une droite de manière que toutes ces droites passent par un même *point*. On peut dire que l'équation représente ce *point*.

§ I. — Équation entre les segments qu'une droite tournant autour d'un point fait sur deux axes fixes.

452. *Si sur deux axes* SA, SB (*fig.* 101), *qui se coupent en* S *et sur lesquels* A *et* B *sont deux points fixes, on prend deux points variables* m, m' *liés entre eux par la relation*

$$(a) \qquad \alpha\frac{\mathrm{A}m}{\mathrm{S}m} + 6\frac{\mathrm{B}m'}{\mathrm{S}m'} = \nu,$$

dans laquelle α, 6 *et* ν *sont des coefficients constants, la droite* mm' *passera toujours par un même point* ρ.

En effet, cette équation exprime la division homographique des deux droites SA, SB (129), et dans cette division deux points homologues coïncident en S. Par conséquent, la droite mm' passe toujours par un même point ρ (108).

On peut dire que l'équation représente le point ρ ou qu'elle est l'équation de ce point, ou, en terme général, que c'est l'*équation d'un point*.

Il est évident que, réciproquement, un point étant donné, on peut, en attribuant à l'un des trois coefficients α, 6 et ν une valeur arbitraire, déterminer les deux autres, de manière que l'équation (a) représente ce point.

453. Chacun des trois points S, A, B peut être à l'infini (129), ce qui donne lieu aux trois équations :

1°
$$\frac{\alpha}{Sm} + 6\frac{Bm'}{Sm'} = \nu,$$

2°
$$\frac{\alpha}{Sm} + \frac{6}{Sm'} = \nu,$$

3°
$$\alpha . Am + 6 . Bm' = \nu.$$

Dans cette dernière, les deux axes SA, SB sont parallèles.

454. Quand la constante ν est nulle, le point représenté par l'une ou l'autre de ces équations est toujours situé sur la droite AB; car alors l'équation générale se réduit à

$$\alpha\frac{Am}{Sm} + 6\frac{Bm'}{Sm'} = 0$$

ou

$$\frac{Am}{Sm} = \mu\frac{Bm'}{Sm'},$$

et cette équation exprime que, dans la division homographique des deux droites SA, SB, les points A et B sont deux points homologues (120). Donc la droite AB est une des positions de la droite mm', et par conséquent le point ρ se trouve sur cette droite.

455. On peut encore prendre pour l'équation d'un point l'équation générale

$$(b) \qquad Am . Bm' + \lambda . Am + \mu . Bm' + \nu = 0,$$

pourvu que l'on détermine l'un des trois coefficients de manière à exprimer que deux points homologues coïncident en S. La relation qui exprime cette condition est

$$AS . BS + \lambda . AS + \mu . BS + \nu = 0.$$

Éliminant ν, on aura, pour l'équation générale d'un point,

$$(b') \qquad Am.Bm' + \lambda.Am + \mu.Bm' = AS.BS + \lambda.AS + \mu.BS,$$

ou

$$Am.Bm' + \lambda.Sm + \mu.Sm' = AS.BS,$$

dans laquelle les coefficients λ et μ sont arbitraires. Réciproquement, un point étant donné, on pourra attribuer à ces coefficients des valeurs telles que l'équation représente ce point.

456. Quand les constantes λ, μ sont nulles, l'équation se réduit à

$$Am.Bm' = AS.BS.$$

Ainsi, toute droite mm' déterminée par cette relation passera par un point fixe.

Et réciproquement : *Un point étant donné, on peut déterminer sur les deux axes* SA, SB (*fig.* 102) *la position des deux points* A, B *et une constante* λ *de manière que l'équation du point soit*

$$Am.Bm' = \lambda.$$

En effet, cette équation, qui exprime la division homographique des deux axes AS, BS, fait voir que le point A correspond à l'infini de la seconde droite et le point B à l'infini de la première. Donc, si par le point ρ on mène une parallèle à l'axe SA, elle déterminera sur le second axe le point B, et pareillement la parallèle ρA au second axe détermine sur le premier le point A. Quant à la constante λ, elle est égale au rectangle SA.SB.

§ II. — Équation entre les segments faits par une droite tournant autour d'un point fixe sur plusieurs droites concourantes en un même point.

457. *Étant données plusieurs droites* SA, SB, ... *passant toutes par un même point* S (*fig.* 103) *et sur lesquelles sont pris arbitrairement des points fixes* A, B, C, ..., *si autour d'un point* ρ *on fait tourner une transversale qui rencontre ces droites en des* *points* m, m′, m″, ..., *on aura la relation constante*

$$(c) \qquad \alpha\frac{Am}{Sm}+\beta\frac{Bm'}{Sm'}+\gamma\frac{Cm''}{Sm''}+\ldots=\nu,$$

α, β, ..., ν *étant des coefficients constants qui tous, moins deux, peuvent être pris arbitrairement.*

La démonstration est absolument la même que pour le théorème (**437**).

458. *Pour que l'équation* (c) *soit celle d'un point déterminé, il suffit qu'elle soit satisfaite pour deux transversales issues de ce point.*

En effet, pour que l'équation soit celle d'un point donné, on peut prendre arbitrairement tous les coefficients moins deux; et ceux-ci se détermineront par certaines relations dépendantes de la position particulière du point. Or deux transversales passant par le point donnent deux équations de condition entre tous les coefficients, savoir

$$\alpha\frac{Am_1}{Sm_1}+\beta\frac{Bm'_1}{Sm'_1}+\ldots=\nu \quad \text{et} \quad \alpha\frac{Am_2}{Sm_2}+\beta\frac{Bm'_2}{Sm'_2}+\ldots=\nu;$$

et ces deux équations suffisent pour déterminer et déterminent nécessairement les deux coefficients inconnus; de sorte que, quand elles sont satisfaites, l'équation (c) est celle du point donné, et par conséquent toute autre transversale menée par ce point satisfera aussi à l'équation.

459. *Quand une droite mobile rencontre les axes* SA, SB, SC, ... *en des points* m, m′, m″, ... *entre lesquels a lieu la relation*

$$\alpha\frac{Am}{Sm}+\beta\frac{Bm'}{Sm'}+\gamma\frac{Cm''}{Sm''}+\ldots=\nu,$$

où α, β, γ, ..., ν *sont des coefficients constants, cette droite passe toujours par un même point.*

En effet, si l'on considère le point d'intersection de deux des droites qui donnent lieu à cette équation, il résulte de ce qui précède que l'équation aura lieu pour toute autre droite menée par ce point; mais elle ne peut pas avoir lieu pour une droite qui ne passerait pas par ce point, car cette droite rencontrerait celles qui passent par le point en des points par chacun desquels on pourrait mener une infinité de droites satisfaisant à l'équation; d'où l'on conclut que toute droite quelconque satisferait à l'équation, ce qui n'est pas possible. Donc, etc.

Observation. — Ce théorème peut être considéré comme la réciproque de la proposition (**457**); de sorte que les diverses propositions que nous déduirons de celle-ci admettront une pareille réciproque.

460. Dans l'équation (c), le point S ou bien les points A, B, ... peuvent être pris à l'infini, et l'équation subsiste comme si les segments infinis devenaient des constantes. Cela résulte de ce qui a lieu dans le cas de deux axes (**453**); mais il est très-facile de le démontrer directement. En effet, prenons sur chacune des droites SA, SB, ... un point fixe, R sur la première, R′ sur la seconde, etc.; on pourra écrire l'équation sous la forme

$$(c') \qquad \alpha.\frac{\mathrm{A}m}{\mathrm{S}m}:\frac{\mathrm{AR}}{\mathrm{SR}}+6.\frac{\mathrm{B}m'}{\mathrm{S}m'}:\frac{\mathrm{BR'}}{\mathrm{SR'}}+\ldots=\nu;$$

car on considérera les quantités $\alpha\,\frac{\mathrm{SR}}{\mathrm{AR}}$, $6\,\frac{\mathrm{SR'}}{\mathrm{BR'}}$, ... comme formant les coefficients des différents termes. Ainsi : *Les points* A, R; B, R′; ... *étant pris arbitrairement sur les droites* SA, SB, ... *respectivement, on pourra prendre arbitrairement toutes les constantes* α, 6, ..., ν, *moins deux, et déterminer ces deux-ci de manière que cette équation ait lieu pour toutes les positions de la droite* mm′m″... *tournant autour d'un point fixe donné.*

Si le point S est à l'infini, les rapports $\frac{\mathrm{SR}}{\mathrm{S}m}$, $\frac{\mathrm{SR'}}{\mathrm{S}m'}$, ... sont égaux à l'unité, et l'équation devient

$$\frac{\alpha}{\mathrm{AR}}.\mathrm{A}m+\frac{6}{\mathrm{BR'}}.\mathrm{B}m'+\ldots=\nu$$

ou simplement

$$(d) \qquad \alpha.\mathrm{A}m+6.\mathrm{B}m'+\ldots=\nu.$$

Si ce sont les points A, B, ... qu'on suppose à l'infini, les rapports $\frac{\mathrm{A}m}{\mathrm{AR}}$, $\frac{\mathrm{B}m'}{\mathrm{BR}'}$,... sont égaux à l'unité et l'équation prend la forme

$$(e)\qquad \frac{\alpha}{\mathrm{S}m}+\frac{6}{\mathrm{S}m'}+\frac{\gamma}{\mathrm{S}m''}+\ldots=\nu.$$

§ III. — **Relation constante entre les perpendiculaires abaissées de plusieurs points sur une droite qui tourne autour d'un point fixe. — Centre de gravité d'un système de points.**

461. L'équation (c) donne lieu à des théorèmes d'un énoncé différent, dans lesquels ce ne sont plus des segments faits sur des droites fixes qui servent à déterminer la position d'une droite mobile, mais bien les distances de cette droite à des points fixes.

En effet, le terme $\frac{\mathrm{A}m}{\mathrm{S}m}$ est égal au rapport des perpendiculaires abaissées des deux points A, S sur la droite ρm. Pareillement, le terme $\frac{\mathrm{B}m'}{\mathrm{S}m'}$ est égal au rapport des perpendiculaires abaissées des deux points B et S sur la même droite, et ainsi des autres. Soient donc p, p', p'', ... et q les distances des points A, B, C, ..., S à la droite ρm; l'équation deviendra

$$(f)\qquad \alpha.p+6.p'+\gamma.p''+\ldots-\nu.q=0;$$

ce qui exprime ce théorème :

Quand une droite tourne autour d'un point, ses distances à plusieurs autres points fixes quelconques ont entre elles une relation homogène du premier degré dont tous les coefficients, moins deux, peuvent être pris à volonté.

Et réciproquement : *Quand les distances d'une droite variable de position à plusieurs points fixes conservent entre elles une relation homogène du premier degré, cette droite passe toujours par un même point.*

La détermination des signes dans ce théorème est évidente. Pour tous les points situés d'un même côté de la transversale les distances de ces points à cette droite seront positives, et pour tous les points situés de l'autre côté les distances seront négatives; car chaque rapport tel que $\frac{p}{q}$ a le même signe que le rapport correspondant $\frac{Am}{Sm}$, et ce signe est + ou — selon que les deux points A et S sont du même côté du point m, et par conséquent de la transversale, ou de côtés différents. Donc, en donnant un signe arbitraire à la distance q, on donnera aux distances p, p', ... des signes semblables ou contraires, suivant que les points A, B, ... seront du même côté de la transversale que le point S ou de l'autre côté.

462. Étant donnés des points A, B, C, ... et des constantes α, β, γ, ..., on peut mener une infinité de droites telles, que leurs distances à ces points, multipliées respectivement par les constantes, donnent des sommes nulles. En effet, si de ces points on abaisse sur une même droite des perpendiculaires dont les pieds seront a, b, c, ..., il suffira de prendre sur cette droite le point ρ_1 déterminé par l'équation

$$\alpha . a\rho_1 + \beta . b\rho_1 + \gamma . c\rho_1 + \ldots = 0,$$

et de mener par le point ρ_1 une parallèle aux perpendiculaires; cette parallèle satisfera à la question, c'est-à-dire qu'en appelant p, p', ... ses distances aux points A, B, ..., on aura

$$\alpha . p + \beta . p' + \gamma . p'' + \ldots = 0.$$

Or, d'après le théorème précédent, toutes les droites ainsi déterminées passent par un même point ρ. On peut donc dire que :

Étant donnés des points quelconques A, B, C,... *et des coefficients* α, β, γ, ..., *il existe toujours un certain point* ρ *tel, que, si l'on mène par ce point une droite quelconque, la somme de ses distances aux points* A, B, ... *multipliées respectivement par les constantes* α, β, ... *sera toujours nulle.*

Le point ρ est ce qu'on appelle le *centre de gravité* des points A, B, C, ..., supposés matériels et ayant pour masses respectivement les constantes α, β, γ, ...

463. Quand les points A, B, C,... sont en ligne droite, leur centre de gravité est évidemment le point ρ de cette droite, déterminé par l'équation

$$\alpha.A\rho + 6.B\rho + \ldots = 0;$$

car les distances p, p', ... des points A, B, ... à une droite quelconque menée par le point ρ seront proportionnelles aux segments $A\rho$, $B\rho$,... et auront, par conséquent, entre elles la relation

$$\alpha.p + 6.p' + \ldots = 0,$$

qui caractérise le centre de gravité.

464. Considérons un système de points quelconques A, B, C, ... et leur centre de gravité ρ; concevons qu'on les projette tous sur une droite par des obliques parallèles entre elles, et soient a, b, c, ..., ρ_1 leurs projections. Les segments $a\rho_1$, $b\rho_1$, ... seront proportionnels aux distances des points A, B, C, ... à l'oblique menée par le point ρ; on aura donc la relation

$$\alpha.a\rho_1 + 6.b\rho_1 + \gamma.c\rho_1 + \ldots = 0.$$

Or cette équation exprime que le point ρ_1 est le centre de gravité des points a, b, ..., supposés doués des masses α, 6, ... Donc : *Si l'on projette sur une droite quelconque des points matériels* A, B, C,... *et leur centre de gravité, la projection de ce dernier point sera le centre de gravité des points en projection.*

465. D'après cela, pour déterminer le centre de gravité d'un système de points A, B, C, ..., il suffit de projeter ces points sur deux droites et de prendre les centres de gravité des deux séries de points en projection; les deux points ainsi déterminés seront les projections du centre de gravité cherché.

Les deux projections peuvent aussi se faire sur une même droite par des obliques différentes.

466. Qu'on mène une droite quelconque ne passant plus par le point ρ, et soient P, P', P'', ... ses distances aux points A, B, C, ..., et G sa distance au point ρ; on aura $p = P - G$,

$p' = P' - G$, ... et l'équation

$$\alpha.p + \beta.p' + \gamma.p'' + \ldots = 0$$

deviendra

$$\alpha.P + \beta.P' + \gamma.P'' + \ldots = (\alpha + \beta + \gamma + \ldots)G.$$

D'après cela, on peut dire que :

Le centre de gravité d'un système de points matériels est un point dont la distance à une droite quelconque, multipliée par la somme des masses de tous les points, est égale à la somme des distances de ces points à la même droite, multipliées respectivement par les masses de ces points.

Quand tous les coefficients α, β, ... sont égaux à l'unité, on appelle le point ρ le *centre des moyennes distances* des points A, B, C, ..., parce que la distance de ce point à une droite quelconque est la valeur *moyenne* des distances de tous les points à cette droite; c'est-à-dire que l'on a

$$G = \frac{P + P' + P'' + \ldots}{n},$$

n étant le nombre des points A, B, ...

Quand la droite passe par le centre des moyennes distances, la somme de ses distances à tous les points est nulle.

§ IV. — Centre des moyennes harmoniques d'un système de points.

I.

467. Reprenons l'équation (c') (**460**); supposons que les points R, R', ... (*fig.* 104), qui sont arbitraires, soient pris tous sur une même droite L, et par le point O, où la droite qui tourne autour d'un point fixe rencontre cette droite L, menons d'autres droites aux points A, B, ..., S; puis concevons une transversale qui coupe ces droites en des points a, b, ..., s, la droite mm' en un point ρ_1

et la droite L en r; on aura

$$\frac{Am}{Sm}:\frac{AR}{SR}=\frac{a\rho_1}{s\rho_1}:\frac{ar}{sr},$$
$$\frac{Bm'}{Sm'}:\frac{BR'}{SR'}=\frac{b\rho_1}{s\rho_1}:\frac{br}{sr},$$
$$\dots\dots\dots\dots,$$

de sorte que l'équation (c') devient

$$(g)\qquad \alpha\frac{a\rho_1}{ar}+\beta\frac{b\rho_1}{br}+\dots=\nu\frac{s\rho_1}{sr}.$$

Or les droites SA, SB, ... n'entrent plus que par leurs points fixes A, B, ... dans la manière de former cette équation; ce sont les droites issues d'un même point O variable sur la droite fixe L qui, en tournant autour des points A, B, ..., S et ρ, déterminent sur la transversale menée arbitrairement les points a, b, ..., s et ρ_1. L'équation exprime donc ce théorème :

Étant donnés plusieurs points fixes A, B, ..., ρ *et une droite* L, *si de chaque point de cette droite on conduit des rayons à ces points, et qu'on mène une transversale qui rencontre ces rayons en des points* a, b, ..., ρ_1 *et la droite* L *en un point* r, *il existera entre les segments formés par les points* a, b, ..., *à partir de l'un d'eux* ρ_1 *et du point* r, *la relation*

$$(h)\qquad \alpha\frac{a\rho_1}{ar}+\beta\frac{b\rho_1}{br}+\dots=0,$$

dans laquelle toutes les constantes, moins deux, peuvent être prises arbitrairement.

Et toutes ces constantes, y compris ces deux-là, resteront les mêmes quelle que soit la transversale.

468. Réciproquement :

Étant donnés des points A, B, C, ..., *des constantes* α, β, γ, ... *et une droite* L, *si par chaque point* O *de cette droite on conduit à ces points les rayons* OA, OB, OC, ... *qui rencontreront une transversale en des points* a, b, c, ..., *et qu'on prenne sur cette transversale le point* ρ_1 *déterminé par l'équation*

$$(h) \qquad \alpha\frac{a\rho_1}{ar}+6\frac{b\rho_1}{br}+\gamma\frac{c\rho_1}{cr}+\cdots=0,$$

dans laquelle r *est le point de rencontre de la transversale et de la droite* L, *la droite* Oρ_1 *passera toujours par un point fixe.*

Et ce point sera le même quelle que soit la position de la transversale.

Le point ρ_1 déterminé sur la transversale par l'équation (h) a été appelé par M. Poncelet le *centre des moyennes harmoniques* des points a, b, ... *relatif au point* r, et le point ρ par lequel passent toutes les droites Oρ_1 le *centre des moyennes harmoniques* des points A, B, C,... *relatif à la droite* L ([1]).

469. D'après ces définitions, le théorème exprime que :

Étant donné un système de points A, B, ... *et leur centre des moyennes harmoniques* ρ *relatif à une droite* L, *si d'un point de cette droite on mène des rayons à tous ces points, et que l'on tire une transversale qui rencontre ces rayons en des points* a, b,..., ρ_1 *et la droite* L *en un point* r, *le point* ρ_1 *sera le centre des moyennes harmoniques des points* a, b, ... *relatif au point* r.

470. L'équation (h), qui détermine le centre des moyennes harmoniques ρ_1 des points a, b,... par rapport au point r, se met sous une autre forme. Qu'on y fasse

$$a\rho_1=r\rho_1-ra,$$
$$b\rho_1=r\rho_1-rb,$$
$$\cdots\cdots\cdots\cdots;$$

elle devient

$$\frac{(\alpha+6+\ldots)}{r\rho_1}=\frac{\alpha}{ra}+\frac{6}{rb}+\cdots$$

ou

$$(k) \qquad \frac{1}{r\rho_1}=\frac{\dfrac{\alpha}{ra}+\dfrac{6}{rb}+\cdots}{\alpha+6+\ldots}.$$

([1]) Voir le *Mémoire sur les centres des moyennes harmoniques*, art. 29 (p. 244 du *Journal de Mathématiques* de M. Crelle, t. III; année 1828).

Quand tous les coefficients α, 6, ... sont égaux à l'unité, le segment $r\rho_1$ est ce que Maclaurin a appelé la *moyenne harmonique* entre les distances ra, rb, ... (66).

Il est à remarquer que l'équation (k) peut se mettre sous la forme

$$(l) \qquad (\alpha + 6 + \ldots)\frac{i\rho_1}{r\rho_1} = \alpha\frac{ia}{ra} + 6\frac{ib}{rb} + \ldots,$$

i étant un point quelconque pris sur la même droite que les points a, b, ...

En effet, si l'on divise les deux membres par $\frac{i\rho_1}{r\rho_1}$, l'équation ne contiendra que des rapports anharmoniques, et par conséquent elle aura lieu pour toute position du point i si elle a lieu pour une seule. Or, quand le point i est à l'infini, l'équation redevient l'équation (k). Donc elle a lieu quel que soit le point i.

471. Si le point r de l'équation (h) est à l'infini, le point ρ_1 devient le centre de gravité des points a, b, ..., supposés matériels et ayant pour masses les coefficients α, 6, ..., car l'équation s'écrit

$$\alpha.a\rho_1 + 6.b\rho_1\frac{br}{ar} + \gamma.c\rho_1\frac{cr}{ar} + \cdots = 0,$$

ou, parce que les rapports $\frac{ar}{br}$, $\frac{ar}{cr}$, ... sont égaux à l'unité,

$$\alpha.a\rho_1 + 6.b\rho_1 + \gamma.c\rho_1 + \ldots = 0;$$

ce qui exprime que le point ρ_1 est le *centre de gravité* des points a, b, c, ..., dont les masses seraient α, 6, γ, ... (464).

472. Quand la droite L est à l'infini, le *centre des moyennes harmoniques* des points A, B, ... devient le *centre de gravité* de ces points, supposés doués de masses α, 6, ... Car toutes les droites menées d'un point O de la droite L à ces points sont parallèles entre elles, le point r sur une transversale est à l'infini et le point ρ_1 déterminé sur cette droite est le centre de gravité des points a, b, ...; d'où il suit que le point ρ est le centre de gravité des points A, B, ...

II.

473. D'après ces considérations, on pourrait croire que les propriétés du centre des *moyennes harmoniques* d'un système de points impliquent une notion plus générale que celle du *centre de gravité*. Mais cette plus grande généralité n'est qu'apparente et n'existe pas au fond. On peut le concevoir *a priori*, car les propriétés du centre de gravité et celles du centre des moyennes harmoniques d'un système de points sont, sous une forme différente, des expressions générales d'un même théorème exprimé par l'équation (c, **457**); elles n'expriment donc rien de plus ni moins que cette équation et rien de plus ni moins l'une que l'autre. Et, en effet, nous allons voir qu'on peut conclure les propriétés du centre des moyennes harmoniques de celles du centre de gravité.

Soient des points A, B, C, ... (*fig.* 105); que p, p', ... représentent leurs distances à une droite L et $\frac{\alpha}{p}$, $\frac{\beta}{p'}$, ..., leurs masses, et soient P, P', ... les distances de ces mêmes points à une autre droite K menée par leur centre de gravité; on aura (**462**)

$$\alpha \frac{P}{p} + \beta \frac{P'}{p'} + \ldots = 0.$$

Soit O le point où la droite K rencontre la droite fixe L; on a

$$\frac{P}{p} = \frac{\sin KOA}{\sin LOA}, \quad \frac{P'}{p'} = \frac{\sin KOB}{\sin LOB}, \quad \ldots,$$

et l'équation devient

$$\alpha \frac{\sin KOA}{\sin LOA} + \beta \frac{\sin KOB}{\sin LOB} + \ldots = 0.$$

Or, si l'on mène une transversale qui rencontre les droites OA, OB, ... en des points a, b, ..., la droite OK en ρ_1 et la droite L en r, on peut substituer aux rapports de sinus qui entrent dans l'équation les rapports de segments correspondants, de sorte que l'équation devient

$$\alpha \frac{a\rho_1}{ar} + \beta \frac{b\rho_1}{br} + \ldots = 0.$$

Cela est évident; car, si l'on divise tous les termes de l'équation par le rapport $\frac{\sin \mathrm{KOA}}{\sin \mathrm{LOA}}$ du premier terme, on forme dans tous les autres des rapports anharmoniques de sinus auxquels on peut substituer les rapports anharmoniques des segments correspondants; d'où résulte l'équation que nous venons de poser.

Or cette équation exprime le théorème (468) sur le centre des moyennes harmoniques, de sorte qu'on peut dire que : *Le point appelé centre des moyennes harmoniques d'un système de points matériels* A, B, C, ..., *relatif à une droite* L, *est le centre de gravité de ces mêmes points, qui auraient d'autres masses égales respectivement aux premières divisées par les distances des points à la droite* L.

474. *Observation.* — Les divers théorèmes contenus dans les trois paragraphes II, III et IV de ce Chapitre pouvant tous se déduire les uns des autres, d'une manière facile et directe, au moyen du rapport anharmonique qui forme leur lien commun, on peut les considérer comme exprimant tous, sous des énoncés différents, une même propriété relative à un système de droites passant par un même point. L'expression la plus simple de cette propriété est la suivante :

Quand une droite tourne autour d'un point, ses distances p, p', ... *à plusieurs points fixes quelconques ont entre elles une relation homogène du premier degré*

$$\alpha.p + \beta.p' + \gamma.p'' + \ldots = 0,$$

dont tous les coefficients, moins deux, peuvent être pris arbitrairement.

Et réciproquement, quand plusieurs droites satisfont à cette relation constante, elles passent toutes par un même point.

TROISIÈME SECTION.

SYSTÈMES DE COORDONNÉES SERVANT A DÉTERMINER DES POINTS OU DES DROITES. — FIGURES HOMOGRAPHIQUES, ET MÉTHODE GÉNÉRALE DE DÉFORMATION D'UNE FIGURE. — FIGURES CORRÉLATIVES, ET MÉTHODE GÉNÉRALE DE TRANSFORMATION DES FIGURES EN D'AUTRES DE GENRE DIFFÉRENT.

CHAPITRE XXIII.

SYSTÈMES DE COORDONNÉES SERVANT A REPRÉSENTER PAR UNE ÉQUATION TOUS LES POINTS D'UNE COURBE.

I.

475. Nous avons vu (**430**) qu'étant donnés deux axes AC, BD (*fig.* 106) et deux points fixes P, Q situés sur la droite AB, si autour de ces deux points on fait tourner deux rayons dont le point de concours m décrive une ligne droite, les segments que ces deux rayons feront respectivement sur les deux axes AC, BD auront entre eux la relation constante

$$\frac{aC}{aA} + \lambda \frac{bD}{bB} = \mu. \tag{1}$$

Et réciproquement.

De sorte qu'une telle relation forme l'*équation* d'une ligne droite dont chaque point se trouve déterminé par les deux rapports $\frac{aC}{aA}$, $\frac{bD}{bB}$. Ces rapports peuvent s'appeler les *coordonnées* du point m, *abscisse* et *ordonnée;* et, en les représentant par deux simples lettres x, y, on dira que l'*équation du premier degré*

$$x + \lambda y = \mu \tag{1'}$$

est celle d'une ligne droite.

476. Il s'ensuit qu'une équation du degré m entre les deux mêmes coordonnées représentera une courbe jouissant de la propriété d'être coupée, par une droite quelconque, en m points réels ou imaginaires; ce qu'on appelle une *courbe géométrique du degré* ou *de l'ordre* m.

Car cette équation étant

$$F(x, y) = 0,$$

les ordonnées des points d'intersection de la courbe par la droite (1') seront les racines de l'équation

$$F(\mu - \lambda y, y) = 0,$$

laquelle est du degré m.

Ainsi, dans ce système de coordonnées, comme dans le système en usage, *toute courbe géométrique de l'ordre* m *est représentée par une équation du degré* m.

477. On peut, comme nous l'avons vu (**431**), faire diverses hypothèses sur la position des axes AC, BD et celle des deux points fixes C, D, qu'on peut placer à l'infini. Les deux pôles P, Q peuvent aussi être à l'infini, auquel cas les deux points A, B s'y trouvent eux-mêmes. Dans tous les cas, ceux des segments Aa, ... dont les origines sont à l'infini disparaissent de l'équation, comme s'ils étaient devenus égaux à l'unité. Nous avons donné (**431**) les équations qui résultent de ces diverses hypothèses; nous n'y reviendrons pas ici. Nous examinerons en particulier un seul des *systèmes de coordonnées* qui répondent aux positions différentes des axes et des pôles, celui qui a le plus d'analogie avec le système en usage dans la *Géométrie analytique*.

478. Prenons pour les pôles P et Q (*fig.* 107) les deux points B et A respectivement, et pour les points C et D le point de concours S des deux axes; les deux *coordonnées* x, y d'un point m seront les rapports $\frac{a\mathrm{S}}{a\mathrm{A}}$, $\frac{b\mathrm{S}}{b\mathrm{B}}$ que les deux rayons Bm et Am forment sur les deux axes SA, SB.

Si l'on suppose les deux points A et B à l'infini, ce système de coordonnées deviendra précisément celui de la Géométrie analytique, imaginé par Descartes, puisque les deux segments infinis aA, bB disparaîtront de l'équation, comme nous l'avons vu précédemment (433).

Considérons le cas général où les deux points A et B sont à distance finie.

1° Le rapport des coordonnées d'un point $\frac{x}{y}$ ou $\frac{aS}{aA} : \frac{bS}{bB}$ est égal au rapport $\frac{cB}{cA}$ des segments que la droite menée de ce point à l'origine S fait sur la base AB, ce rapport étant pris avec le signe —; ainsi

$$\frac{x}{y} = -\frac{cB}{cA}.$$

En effet, on a dans le triangle ASB

$$\frac{aS}{aA}\,\frac{bB}{bS}\,\frac{cA}{cB} = -1,$$

d'où

$$\frac{cB}{cA} = -\frac{aS}{aA} : \frac{bS}{bB} = -\frac{x}{y}.$$

2° La somme des deux coordonnées d'un point m est égale à $\frac{mS}{mC}$; car on a, dans le quadrilatère $aSbm$,

$$\frac{Sa}{aA} + \frac{Sb}{bB} = \frac{Sm}{mC} \quad (359, \text{V})$$

ou

$$x + y = \frac{mS}{mC}.$$

3° Les coordonnées de chaque point de la base AB sont infinies; car pour ces points on a $aA = 0$, $bB = 0$, et par conséquent $x = \frac{aS}{aA} = \frac{1}{0} = \infty$ et de même $y = \infty$.

479. *Trouver les points où la droite représentée par l'équation*

$$x + \lambda y = \mu$$

rencontre les axes SA, SB *et la base* AB (*fig.* 108).

Les deux coordonnées x, y d'un point m sont les deux rapports $\frac{aS}{aA}, \frac{bS}{bB}$. Si ce point coïncide avec le point α, où la droite proposée rencontre l'axe SA, le point b coïncide avec S, et l'on a $y = \frac{bS}{bB} = 0$; il s'ensuit $x = \frac{\alpha S}{\alpha A} = \mu$.

Pour le point β sur l'axe SB, on a $x = 0$ et $y = \frac{\beta S}{\beta B} = \frac{\mu}{\lambda}$.

Le point γ, où la droite perce la base AB, se détermine par la relation qui a lieu dans le triangle ASB coupé par la droite $\alpha\beta$, savoir :

$$\frac{\gamma A}{\gamma B} = \frac{\alpha A}{\alpha S}\,\frac{\beta S}{\beta B} \quad \text{ou} \quad \frac{\gamma A}{\gamma B} = \frac{1}{\lambda}.$$

Ainsi, on peut dire que, dans l'équation d'une droite

$$x + \lambda y = \mu,$$

les deux paramètres μ et λ déterminent respectivement les points où la droite rencontre l'axe des x et la base; et leur rapport, le point où la droite rencontre l'axe des y.

Il est clair que, réciproquement, deux des trois points où une droite rencontre les deux axes SA, SB et la base AB font connaître immédiatement les deux coefficients de l'équation de la droite.

480. *Discussion de l'équation* (1). — Au moyen des expressions géométriques des deux coefficients λ et μ que nous venons de donner, on discute, sans difficulté, les différents cas que peut présenter l'équation de la droite. Voici le résultat de cette discussion :

1° $\mu = 0, \quad x + \lambda y = 0,$

droite passant par l'origine S.

2° $\lambda = 0, \quad x = \mu,$

droite passant par le pôle B.

3° $\lambda = \infty, \quad y = \text{const.},$

droite passant par le pôle A.

4° $\lambda = 1, \qquad x + y = \mu,$

droite parallèle à la base AB.

5° $\mu = 1, \qquad x + \lambda y = 1,$

droite parallèle à l'axe des x ou SA.

6° $\frac{\mu}{\lambda} = 1, \qquad \frac{1}{\lambda} x + y = 1,$

droite parallèle à l'axe des y.

7° $\lambda = 1$ et $\mu = 1, \qquad x + y = 1,$

droite située à l'infini.

Car, pour chaque point m de la droite représentée par l'équation $x + y = 1$, on a $\frac{mS}{mC} = 1$ (478, 2°); ce qui prouve que le point m est à l'infini.

On peut encore dire que, d'après 4°, 5° et 6°, la droite est parallèle tout à la fois aux deux axes SA, SB et à la base; ce qui ne peut avoir lieu que si elle est à l'infini.

481. *Trouver les points où une courbe représentée par une équation* $F(x, y) = 0$ *rencontre les axes et la base.*

On détermine les abscisses des points où la courbe rencontre l'axe SA, en faisant $y = 0$ dans l'équation; et de même les ordonnées des points où elle rencontre l'axe SB, en faisant $x = 0$.

Quant aux points où la courbe rencontre la base AB, une difficulté semble se présenter, car pour chacun de ces points les deux coordonnées sont infinies (478, 3°); mais leur rapport va suffire pour déterminer chaque point. En effet, le rapport des deux coordonnées d'un point m est égal à $-\frac{cB}{cA}$ (478, 1°). Quand les deux coordonnées sont infiniment grandes, le point approche indéfiniment de la base et le rapport des deux coordonnées exprime toujours le rapport $-\frac{cB}{cA}$; à la limite, le point m se trouve sur la base même, coïncidant avec le point c; donc le rapport des deux coordonnées infinies exprime le rapport $-\frac{cB}{cA}$ qui détermine ce point c.

Il faut donc trouver dans l'équation $F(x,y)=0$ les valeurs du rapport $\frac{x}{y}$ quand x et y sont supposés infinis.

Prenons une courbe géométrique du degré m, et soit

$$Ax^m + (a+by)x^{m-1} + \ldots + Ey^m + F = 0,$$

son équation. Écrivons, en divisant par y^m,

$$A\frac{x^m}{y^m} + b\frac{x^{m-1}}{y^{m-1}} + a\frac{x^{m-1}}{y^{m-1}}\frac{1}{y} + \cdots + E + \frac{F}{y^m} = 0.$$

Faisons y infini ; l'équation se réduit à

$$A\left(\frac{x}{y}\right)^m + b\left(\frac{x}{y}\right)^{m-1} + \ldots + E = 0.$$

C'est cette équation qui donnera les valeurs du rapport $\frac{x}{y}$ ou $-\frac{cB}{cA}$, lesquelles déterminent les points d'intersection de la courbe et de la base AB.

482. Remarquons que dans cette équation le terme constant F de l'équation de la courbe n'entre pas. Il s'ensuit que deux équations qui ne diffèrent que par le terme constant représentent deux courbes qui coupent la base AB dans les mêmes points. Dans le système de coordonnées en usage, les deux équations représentent deux courbes *homothétiques* (c'est-à-dire *semblables et semblablement placées*), et, comme ce système diffère de celui dont il est ici question en ce que la base AB y est à l'infini, on en conclut que :

Deux courbes homothétiques sont deux courbes qui ont les mêmes points, réels ou imaginaires, à l'infini.

Cela se vérifie du reste tout naturellement en cherchant les directions des asymptotes (réelles ou imaginaires) des deux courbes.

483. *Équation de la tangente en un point d'une courbe.* —

L'équation d'une droite qui doit passer par deux points (x', y') et (x'', y'') est évidemment

$$y - y' = \frac{y' - y''}{x' - x''}(x - x').$$

On en conclut, comme dans le système de coordonnées en usage, que la tangente en un point (x', y') d'une courbe $F(x, y) = 0$ a pour équation

$$y - y' = \frac{dy'}{dx'}(x - x') \quad \text{ou} \quad \frac{dF}{dx'}(x - x') + \frac{dF}{dy'}(y - y') = 0.$$

II. — *Autres expressions des coordonnées d'un point.*

484. L'équation (1) exprime que les deux points a, b forment sur les deux axes AC, BD (*fig.* 106) deux divisions homographiques, dans lesquelles les points A et B sont deux points homologues. On peut prendre, pour exprimer ces deux divisions, l'équation

$$(2) \qquad \frac{\sin a\mathrm{PC}}{\sin a\mathrm{PA}} + \lambda \frac{\sin b\mathrm{QD}}{\sin b\mathrm{QB}} = \mu,$$

qui signifie que les deux rayons tournants $\mathrm{P}a$, $\mathrm{Q}b$ forment deux faisceaux homographiques (**152**); de sorte qu'on peut considérer cette équation comme étant celle d'une ligne droite, et les deux rapports de sinus seront les deux *coordonnées* d'un point.

485. Soient p, p' et q les distances de ce point aux trois droites PC, QD et PQ; l'équation se change en celle-ci,

$$\frac{p}{q} + \lambda \frac{p'}{q} = \mu,$$

ou

$$(3) \qquad p + \lambda p' = \mu q;$$

c'est-à-dire qu'on peut prendre pour l'équation d'une droite une relation homogène du premier degré entre les distances de chaque point de la droite à trois axes fixes. Les rapports $\frac{p}{q}$, $\frac{p'}{q}$ de deux de ces distances à la troisième seront regardés comme les *coordonnées* d'un point.

Il s'ensuit que l'équation d'une courbe de l'ordre m sera une relation homogène du degré m entre les distances de chaque point de la courbe aux trois axes fixes.

Si le troisième axe auquel se rapporte la distance q est à l'infini, cette variable disparaît de l'équation (3) comme si elle devenait égale à l'unité, ainsi que nous l'avons vu souvent; et alors on retrouve le système de coordonnées en usage.

III. — *Applications des systèmes de coordonnées précédents.*

486. Proposons-nous de démontrer ce théorème :

Quand une courbe géométrique de l'ordre m *rencontre les côtés d'un triangle* ASB *en des points* a, a', ... *sur* AS, b, b', ... *sur* SB *et* c, c', ... *sur* BA, *on a la relation*

$$(a) \qquad \frac{aA}{aS}\,\frac{a'A}{a'S}\cdots\times\frac{bS}{bB}\,\frac{b'S}{b'B}\cdots\times\frac{cB}{cA}\,\frac{c'B}{c'A}\cdots=+1,$$

les points pouvant être réels ou imaginaires, en totalité ou en partie, sur chacun des côtés du triangle.

En effet, soit

$$Ax^m+(a+by)x^{m-1}+\ldots+Ey^m+F=0$$

l'équation de la courbe, rapportée aux deux axes SA, SB comme précédemment (481).

On détermine les abscisses des points a, a', ..., c'est-à-dire les rapports $\frac{aS}{aA}$, $\frac{a'S}{a'A}$, ..., en faisant $y=0$ dans l'équation de la courbe. L'équation devient

$$Ax^m+ax^{m-1}+\ldots+F=0,$$

et par conséquent on a

$$\frac{aS}{aA}\,\frac{a'S}{a'A}\cdots=\pm\frac{F}{A}.$$

Pareillement, en faisant $x=0$ dans l'équation de la courbe, on trouve, pour le produit des ordonnées des points b, b', ... où la courbe rencontre l'axe SB,

$$\frac{bS}{bB}\,\frac{b'S}{b'B}\cdots = \pm\frac{F}{E}.$$

Mais, d'après l'équation qui donne les rapports $\frac{x}{y}$ ou $-\frac{cB}{cA}$ relatifs aux points de la courbe situés sur la base AB (481), on a

$$\frac{cB}{cA}\,\frac{c'B}{c'A}\cdots = +\frac{E}{A}.$$

De ces expressions des trois produits de rapports on conclut l'équation qu'il s'agissait de démontrer.

487. Corollaires. — On peut donner au théorème une autre expression et dire que : *Si par deux points fixes* A, B *on mène deux droites quelconques se coupant en un point* S *et rencontrant la courbe en deux séries de points* a, a', ... *et* b, b', ..., *on aura la relation*

$$(b)\qquad \frac{aA}{aS}\,\frac{a'A}{a'S}\cdots\times\frac{bS}{bB}\,\frac{b'S}{b'B}\cdots = \text{const.},$$

quelle que soit la direction des deux droites.

Car cette équation devient l'équation (a) si l'on y met, pour la constante qui forme le second membre, le produit $\frac{cA}{cB}\,\frac{c'A}{c'B}\cdots$, qui reste constant d'après l'hypothèse.

488. Dans ce théorème, on peut supposer que le point S ou bien l'un des deux points A, B, ou tous les deux à la fois, soient à l'infini, et l'équation subsistera, comme si les segments infinis étaient devenus égaux à l'unité. En effet, dans le premier cas, où le point S est à l'infini, les rapports, tels que $\frac{aS}{bS}$, de deux segments infinis comptés sur deux droites parallèles à partir de deux points déterminés sont égaux à l'unité; ainsi les segments infinis disparaissent et l'équation devient

$$(c)\qquad \frac{Aa.Aa'\ldots}{Bb.Bb'\ldots} = \text{const.}$$

C'est-à-dire que :

Si par deux points fixes A, B *pris dans le plan d'une courbe géométrique on mène deux transversales parallèles entre elles, les produits des seg-*

ments (réels ou imaginaires) compris sur ces droites entre la courbe et les deux points A *et* B *respectivement, seront entre eux dans un rapport constant, quelle que soit la direction commune des deux transversales.*

489. Si c'est le point B que l'on suppose à l'infini, les segments $bB, \ldots$ formeront avec $cB, \ldots$, qui se trouvent dans l'expression de la constante qui constitue le second membre, des rapports égaux à l'unité, de sorte que l'équation deviendra

$$(d) \qquad \frac{aA}{aS}\frac{a'A}{a'S}\cdots \times bS.b'S\ldots = \text{const.}$$

490. Pareillement, si le point A passe à l'infini, cette équation devient

$$(e) \qquad \frac{bS.b'S\ldots}{aS.a'S\ldots} = \text{const.},$$

ce qui exprime que :

Si par un point S *on mène dans le plan d'une courbe géométrique deux transversales parallèles à deux axes fixes, les produits des segments (réels ou imaginaires) formés sur ces deux droites entre le point* S *et la courbe ont un rapport constant, quel que soit le point* S.

491. *Observation.* — Cette propriété des courbes géométriques se présente si naturellement dans la Géométrie analytique, qu'on pourrait en faire remonter la connaissance au moment où Descartes a mis au jour son immortel Ouvrage. Toutefois, on la désigne assez souvent sous le nom de *théorème de Newton,* parce qu'on la trouve dans l'Ouvrage intitulé *Énumération des courbes du troisième ordre (De ratione contentorum sub parallelarum segmentis).*

Le théorème général relatif aux segments faits sur les trois côtés d'un triangle est dû à Carnot, qui l'a donné dans sa *Géométrie de position* (p. 291 et 436).

On peut le conclure très-facilement du théorème de Newton. En effet, que l'on mène par un point O trois droites parallèles aux trois côtés du triangle, les produits des segments faits par la courbe sur ces trois droites à partir du point O auront, deux à deux, des rapports égaux aux rapports des segments faits sur les trois côtés du triangle. Il résulte de là trois égalités qui, multipliées membre à membre, produisent l'équation de Carnot.

Le théorème s'applique à un polygone quelconque et se démontre soit en partant du cas du triangle, soit par le mode de démonstration même que nous venons d'indiquer pour le cas du triangle.

IV. — *Autre application.*

492. Théorème. — *Si autour d'un point fixe on fait tourner une transversale qui rencontre une courbe de l'ordre* n *en* n *points* (*réels ou imaginaires*) *dont on prend le centre des moyennes harmoniques* M *relatif au point fixe, le lieu de ce point* M *est une ligne droite.*

Soit

$$Ax^m + (a + by)x^{m-1} + \ldots = 0$$

l'équation de la courbe, rapportée à deux axes coordonnés SA, SB; et prenons le sommet A pour le point fixe autour duquel tourne la transversale.

Soit y' l'ordonnée du point où cette droite, dans l'une de ses positions, rencontre l'axe SB; l'équation de la droite sera $y = y'$, et les abscisses des points $m, m', \ldots$ où elle rencontre la courbe seront données par l'équation

$$Ax^m + (a + by')x^{m-1} + \ldots + Ey'^m + F = 0.$$

Leur somme est donc

$$\frac{aS}{aA} + \frac{a'S}{a'A} + \cdots = -\frac{a + by'}{A}.$$

Or la droite menée du point B au centre des moyennes harmoniques des points $m, m', \ldots$, relatif à l'origine A, passe par le centre des moyennes harmoniques des points $a, a', \ldots$ (469), lequel se détermine par la relation

$$n\frac{M_1S}{M_1A} = \frac{aS}{aA} + \frac{a'S}{a'A} + \cdots \quad (470).$$

On a donc

$$n\frac{M_1S}{M_1A} = -\frac{a + by'}{A},$$

ou, en appelant x' le rapport $\frac{M_1S}{M_1A}$,

$$nx' + \frac{a + by'}{A} = 0.$$

C'est une relation entre les deux coordonnées x', y' du point M, centre des moyennes harmoniques des points d'intersection de la courbe par la transversale. Cette relation du premier degré est l'équation d'une ligne droite. Donc le lieu du point M est une ligne droite. C. Q. F. P.

493. Corollaire. — Nous avons vu que, quand l'origine par rapport à laquelle on prend le centre des moyennes harmoniques d'un système de points est à l'infini, ce point devient le centre des *moyennes distances* du système de points (**471**). Par conséquent, si le point A, autour duquel on a fait tourner la transversale, est à l'infini, on a ce théorème :

Si dans le plan d'une courbe géométrique on mène une série de transversales parallèles entre elles, et qu'on prenne sur chacune le centre des moyennes distances des points où elle rencontre la courbe, le lieu de ce point est une ligne droite.

On a appelé cette droite le *diamètre* conjugué à la direction des transversales.

Cette propriété des courbes géométriques est due à Newton et se trouve dans l'*Énumération des courbes du troisième ordre* (*De curvarum diametris*, etc.); celle relative aux centres des moyennes harmoniques est due à Cotes et a été démontrée par Maclaurin dans son *Traité des propriétés des courbes géométriques* (§ **27**, Théor. IV), cité précédemment, p. 41.

CHAPITRE XXIV.

SYSTÈMES DE COORDONNÉES SERVANT A REPRÉSENTER PAR UNE ÉQUATION TOUTES LES TANGENTES D'UNE COURBE.

I.

494. Nous avons vu (**452**) qu'en déterminant la position d'une droite par les rapports de segments qu'elle fait sur deux axes fixes SA, SB (*fig.* 109), s'il existe entre ces rapports la relation du premier degré

$$\frac{aA}{aS} + \lambda\frac{bB}{bS} = \mu, \tag{1}$$

la droite, dans toutes ses positions, passe toujours par un même point; et nous avons appelé cette relation l'*équation* de ce point. On peut dire que les deux rapports $\frac{aA}{aS}$ et $\frac{bB}{bS}$ sont les *coordonnées* de la droite, *abscisse* et *ordonnée*. Nous les représenterons, pour abréger, par x et y. Ainsi l'équation d'un point sera

$$x + \lambda y = \mu. \tag{1'}$$

495. Une équation $F(x, y) = 0$ représentera une infinité de droites dont chacune sera déterminée par un système de valeurs de x et y satisfaisant à l'équation, de sorte qu'on pourra dire que l'équation est celle de la *courbe enveloppe* de toutes ces droites.

Si l'équation est algébrique et du degré m, la courbe qu'elle représente jouira de la propriété que par un point quelconque on pourra lui mener m tangentes, réelles ou imaginaires.

En effet, on détermine les tangentes qui passent par le point dont l'équation est $x + \lambda y = \mu$ en remplaçant x par $\mu - \lambda y$ dans l'équation proposée, laquelle devient

$$F(\mu - \lambda y, y) = 0.$$

Les m racines de cette équation sont les ordonnées des m tangentes cherchées. Donc la courbe admet m tangentes, réelles ou imaginaires, passant par un même point.

496. On peut, dans ce système de coordonnées, prendre le point S à l'infini (*fig.* 110); alors les deux axes AS, BS sont parallèles, et les deux coordonnées d'une droite ab sont deux simples segments $x = \mathrm{A}a$, $y = \mathrm{B}b$, comme dans la *Géométrie* de Descartes, mais formés différemment.

On peut aussi, en conservant le point S à distance finie (*fig.* 109), supposer les deux points A, B à l'infini; on a alors $x = \frac{1}{\mathrm{S}a}$, $y = \frac{1}{\mathrm{S}b}$, c'est-à-dire que les deux coordonnées d'une droite ab sont les valeurs inverses des deux segments que cette droite fait sur deux axes fixes à partir de leur point de rencontre.

Considérons le cas général d'un triangle ABS.

497. *Étant donnée l'équation d'un point, déterminer les droites qui vont de ce point aux trois sommets du triangle* ASB (*fig.* 111).

L'équation d'un point m est

$$x + \lambda y = \mu.$$

x et y représentent les rapports $\frac{a\mathrm{A}}{a\mathrm{S}}$, $\frac{b\mathrm{B}}{b\mathrm{S}}$ qu'une droite quelconque, menée par le point m, forme sur les deux axes SA, SB. Pour déterminer le point α où la droite Bm rencontre l'axe SA, il faut faire $y = 0$, c'est-à-dire $\frac{b\mathrm{B}}{b\mathrm{S}} = 0$; on a

$$x = \frac{\alpha\mathrm{A}}{\alpha\mathrm{S}} = \mu.$$

Pareillement, faisant $x = 0$, on a

$$y = \frac{6\mathrm{B}}{6\mathrm{S}} = \frac{\mu}{\lambda}.$$

On détermine le point γ où la droite Sm rencontre la base AB par la relation

$$\frac{\gamma A}{\gamma B} = -\frac{\alpha A}{\alpha S}\frac{6S}{6B} = -\mu : \frac{\mu}{\lambda} = -\lambda.$$

Ainsi, dans l'équation d'un point

$$x + \lambda y = \mu,$$

les deux paramètres λ et μ déterminent respectivement les deux droites menées de ce point à l'origine S et au point B; et leur rapport $\frac{\mu}{\lambda}$ détermine la droite menée du même point au point A.

498. *Rapport des deux coordonnées d'une droite.* — On a (*fig.* 112)

$$\frac{aA}{aS} : \frac{bB}{bS} = \frac{cA}{cB} \quad \text{ou} \quad \frac{x}{y} = \frac{cA}{cB},$$

c'est-à-dire que : *Le rapport des coordonnées d'une droite est égal au rapport des segments que la droite fait sur la base.*

499. *Discussion de l'équation d'un point.* — 1° Si le point m est situé sur la base AB, on a $\mu = 0$, et l'équation du point est

$$x + \lambda y = 0.$$

Car la droite Bm rencontre l'axe SA en un point α pour lequel on a $\frac{\alpha A}{\alpha S} = \mu = 0$. La position du point est déterminée par le rapport $\frac{mA}{mB} = -\lambda$.

2° Si le point m est sur l'axe AS, on a $\lambda = 0$; et l'équation du point est $x = \mu$. Car alors le rapport $\frac{6B}{6S} = \frac{\mu}{\lambda}$ est infini. Donc $\lambda = 0$.

3° Toute droite passant par l'origine S a ses coordonnées infinies.

Car pour une telle droite on a $aS = 0$, $bS = 0$, et par conséquent $x = \frac{aA}{aS} = \frac{1}{0} = \infty$, et de même $y = \infty$.

500. *Étant donnée l'équation d'une courbe, trouver celles de ses tangentes qui passent par les sommets à la base,* A, B, *et par l'origine* S.

Soit $F(x, y) = 0$ l'équation de la courbe ; si l'on y fait $y = 0$, l'équation donnera les abscisses des tangentes issues du point B.

Et de même, en faisant $x = 0$, on aura les ordonnées des tangentes issues du point A.

Les tangentes qui passent par l'origine S ont leurs coordonnées infinies (499, 3°) ; mais on détermine leur direction par le rapport de leurs coordonnées, lequel a une valeur finie. En effet, supposons que la droite que l'on considère passe infiniment près du point S (*fig.* 112) et coupe les deux axes SA, SB en a, b, et la base AB en c, on a

$$\frac{cA}{cB} = \frac{aA}{aS} : \frac{bB}{bS} = \frac{x}{y}.$$

A la limite, où les segments aS, bS deviennent nuls, et les deux coordonnées de la droite infinies, le rapport $\frac{cA}{cB}$ qui détermine la direction de la droite est toujours égal à celui de ces deux coordonnées. Il faut donc, pour déterminer les tangentes à la courbe qui passent par le point S, prendre le rapport $\frac{x}{y}$ dans l'équation de la courbe et y faire x et y infinis. Soit

$$Ax^m + (a + by)x^{m-1} + \ldots + Ey^m + F = 0$$

cette équation ; celle qui donne les rapports $\frac{x}{y} = \frac{cA}{cB}$ quand x et y sont infinis, est

$$A\left(\frac{x}{y}\right)^m + b\left(\frac{x}{y}\right)^{m-1} + \ldots + E = 0.$$

Remarque. — Le terme connu F n'entre pas dans cette équation. Il en résulte que : *Deux courbes dont les équations ne diffèrent que par le terme connu ont les mêmes tangentes issues de l'origine* S.

501. On distingue les courbes ainsi représentées par une équation entre les coordonnées de leurs tangentes, par le degré de cette équation, et l'on appelle *courbe de seconde ou de troisième*, etc., *classe* les courbes dont l'équation est du second, ou troisième, etc., degré.

On peut dire aussi que la *classe* d'une courbe indique le nombre de tangentes réelles ou imaginaires, qu'on peut lui mener par un point.

502. *Trouver l'équation du point d'intersection de deux droites déterminées par leurs coordonnées.*

Soient x', y' les coordonnées de la première droite, et x'', y'' celles de la seconde; l'équation du point sera évidemment

$$y - y' = \frac{y' - y''}{x' - x''}(x - x').$$

503. *Trouver l'équation du point de contact d'une courbe et d'une de ses tangentes.*

Soit $F(x, y) = 0$ l'équation de la courbe, et x', y' les coordonnées de la tangente dont on veut trouver le point de contact. L'équation de ce point sera

$$y - y' = \frac{dy'}{dx'}(x - x') \quad \text{ou} \quad (x - x')\frac{dF}{dx'} + (y - y')\frac{dF}{dy'} = 0.$$

II. — *Autres expressions des coordonnées d'une droite.*

504. L'équation (1), qui représente un point, exprime que la droite mobile ab (*fig.* 113) fait sur les deux axes SA, SB deux divisions homographiques qui ont deux points homologues coïncidents en S. Or on exprime encore l'homographie des deux divisions par l'équation

$$\frac{\sin a\text{BA}}{\sin a\text{BS}} + \lambda\frac{\sin b\,\text{AB}}{\sin b\,\text{AS}} = \mu \quad (152).$$

On peut donc prendre cette relation pour l'équation d'un point, et regarder les deux rapports $\frac{\sin a\text{BA}}{\sin a\text{BS}}$, $\frac{\sin b\,\text{AB}}{\sin b\,\text{AS}}$ comme les *coordonnées* de la droite *ab*. En représentant ces deux rapports par x et y, l'équation d'un point sera

$$x + \lambda y = \mu,$$

et celle d'une courbe de $m^{\text{ième}}$ classe,

$$\mathrm{A}x^m + (a + by)x^{m-1} + \ldots + \mathrm{E}y^m + \mathrm{F} = 0.$$

505. L'équation (1) donne lieu encore à une autre interprétation. Le rapport $\frac{a\mathrm{A}}{a\mathrm{S}}$ est égal à celui des perpendiculaires abaissées des points A et S sur la droite *ab*; et de même du rapport $\frac{b\mathrm{B}}{b\mathrm{S}}$. Soient donc p, p' et q les distances de la droite *ab* aux trois points A, B, S, on aura la relation

$$\frac{p}{q} + \lambda \frac{p'}{q} = \mu \quad \text{ou} \quad p + \lambda . p' = \mu . q.$$

C'est-à-dire que l'on peut prendre pour l'*équation* d'un point une relation homogène du premier degré entre trois variables représentant les distances d'une même droite à trois points fixes. Cette droite passera toujours par un même point qui sera le point représenté par l'équation homogène.

Les deux rapports $\frac{p}{q}$, $\frac{p'}{q}$ peuvent être considérés comme les *coordonnées* de la droite *ab*, puisqu'ils déterminent la position de cette droite.

On conclut de là que, en général, une équation homogène du degré m entre les distances d'une droite à trois points fixes représentera une courbe géométrique de la $m^{\text{ième}}$ *classe*, c'est-à-dire une courbe à laquelle on pourra mener par un même point m tangentes, réelles ou imaginaires.

III. — *Applications du système de coordonnées.*

506. Théorème. — *Si l'on conçoit toutes les tangentes, réelles ou imaginaires, menées à une courbe géométrique, par un point pris sur une droite fixe* L, *le centre des moyennes harmoniques de leurs points de contact,*

relatif à la droite L (468), *sera un point fixe, de quelque point de la droite* L *qu'on ait mené les tangentes.*

Soit

$$Ax^m + (a + by)x^{m-1} + \ldots + Ey^m + F = 0$$

l'équation de la courbe rapportée, comme précédemment (495), à deux axes SA, SB, et supposons que la droite L coïncide avec SB. Les tangentes menées par un point O de cet axe, dont l'ordonnée est y', rencontreront l'axe SA en des points a, a', ... dont les abscisses $\frac{aA}{aS}$, ... seront données par l'équation de la courbe, dans laquelle on mettra y' à la place de y. L'équation devient

$$Ax^m + (a + by')x^{m-1} + \ldots + Ey'^m + F = 0;$$

de sorte que la somme de ces abscisses est

$$\frac{aA}{aS} + \frac{a'A}{a'S} + \cdots = -\frac{a + by'}{A}.$$

Soit ρ_1 le centre des moyennes harmoniques des points a, a', ... relatif au point S, lequel sera déterminé par l'équation

$$m\frac{A\rho_1}{S\rho_1} = \frac{Aa}{Sa} + \frac{Aa'}{Sa'} + \cdots \quad (470),$$

ou

$$m\frac{A\rho_1}{S\rho_1} = -\frac{a + by'}{A}.$$

Nous avons vu (468) que la droite $O\rho_1$ passe par le centre des moyennes harmoniques d'un système de points pris sur les droites Oa, Oa', ..., lesquelles sont les tangentes à la courbe; par conséquent, cette droite passe par le centre des moyennes harmoniques des points de contact de ces tangentes.

Représentons par x' le rapport $\frac{A\rho_1}{S\rho_1}$, l'équation précédente devient

$$mx' + \frac{a + by'}{A} = 0;$$

équation du premier degré entre x' et y', et, par conséquent, *équation d'un point*. C'est-à-dire que la droite $O\rho_1$, dont x' et y' sont les coordonnées, passe toujours par un même point fixe. Je dis que ce point est le centre des moyennes harmoniques des points de contact du faisceau de tangentes issues de chaque point O de la droite SB. En effet, si l'on conçoit deux faisceaux de tangentes issues de deux points O, O′, chaque tangente du second faisceau pourra être considérée comme étant la position qu'a prise une tangente du premier faisceau, quand on a fait glisser le point O en O′; de sorte que les tangentes des deux faisceaux se correspondront deux à deux; si l'on prend les m points d'intersection des tangentes correspondantes, le point fixe par lequel passent les deux droites $O\rho_1$, $O'\rho'_1$ est le centre des moyennes harmoniques de ces m points (468). Or, si le point O′ est infiniment voisin de O, ces m points seront les points de contact des m tangentes issues du point O. Donc le centre des moyennes harmoniques de ces m points de contact reste un point fixe, quelle que soit la position du point O sur l'axe SB. Le théorème est donc démontré.

Corollaire. — Quand la droite L est à l'infini, le centre des moyennes harmoniques des points de contact des tangentes devient leur centre des moyennes distances (472). On a donc cette propriété des courbes géométriques :

Si l'on mène à une courbe géométrique toutes ses tangentes (réelles ou imaginaires), parallèles à une même droite, leurs points de contact (réels ou imaginaires) auront pour centre des moyennes distances un point fixe, quelle que soit la direction commune de toutes ces tangentes.

507. Pour donner un exemple de l'usage des rapports de sinus pris pour coordonnées d'une droite (504), démontrons la propriété suivante des courbes géométriques.

Théorème. — *Étant pris dans le plan d'une courbe géométrique un triangle dont les trois côtés sont* A, B, C; *si par ses sommets on mène toutes les tangentes à la courbe (réelles ou imaginaires), et qu'on représente par* α, α', ... *les tangentes issues du sommet opposé au côté* A; *et par* 6, $6'$, ... *et* γ, γ', ... *les groupes de tangentes issues des sommets opposés aux deux côtés* B, C, *on aura l'équation*

$$\frac{\sin(\alpha, B).\sin(\alpha', B)\ldots\sin(6, C).\sin(6', C)\ldots\sin(\gamma, A).\sin(\gamma', A)\ldots}{\sin(\alpha, C).\sin(\alpha', C)\ldots\sin(6, A).\sin(6', A)\ldots\sin(\gamma, B).\sin(\gamma', B)\ldots} = \pm 1;$$

le signe étant + ou — suivant que le nombre des tangentes (réelles ou imaginaires) menées d'un même point à la courbe est pair ou impair.

Prenons les deux côtés A, B pour les deux axes coordonnés, et des rapports de sinus pour coordonnées comme précédemment (504). Soit

$$Ax^m + (a + by)x^{m-1} + \ldots + Ey^m + ey^{m-1} + F = 0$$

l'équation de la courbe.

Les tangentes α, α', ..., issues du sommet du triangle opposé au côté **A**, rencontrent ce côté en des points dont les abscisses sont données par l'équation de la courbe, dans laquelle on fait $y = 0$,

$$Ax^m + \ldots + F = 0.$$

Le produit des abscisses est donc $\pm \frac{F}{A}$.

Pareillement, le produit des ordonnées est $\pm \frac{F}{E}$.

Les rapports $\frac{\sin(\gamma, A)}{\sin(\gamma, B)}$, ... sont déterminés par l'équation

$$A\left(\frac{x}{y}\right)^m + b\left(\frac{x}{y}\right)^{m-1} + \cdots + E = 0 \quad (500);$$

et, par conséquent, leur produit est égal à $\pm \frac{E}{A}$. Ces expressions des trois produits donnent l'équation qu'il s'agit de démontrer.

508. *Remarque.* — Si l'on suppose que x, y, dans l'équation de la courbe, représentent des rapports de segments, au lieu de rapports de sinus, la démonstration reste la même, et le théorème prend cet énoncé :

Si des sommets d'un triangle ABC *on mène les tangentes (réelles ou imaginaires) à une courbe géométrique, lesquelles rencontrent les côtés opposés en des points* a, a', ..., b, b', ... *et* c, c', ..., *on a, entre les segments que ces points font sur les côtés, la relation*

$$\frac{aB.a'B\ldots}{aC.a'C\ldots}\,\frac{bC.b'C\ldots}{bA.b'A\ldots}\,\frac{cA.c'A\ldots}{cB.c'B\ldots} = \pm 1;$$

le signe du second membre étant + ou —, selon que le nombre des tangentes (réelles ou imaginaires) qu'on peut mener à la courbe, par un même point, est pair ou impair.

509. Observation. — Quoique nous ayons exposé, dans ce Chapitre et dans le précédent, les systèmes de coordonnées qui servent ou peuvent servir à déterminer par une équation tous les points ou toutes les tangentes d'une courbe, nous n'aurons point à faire usage de ces méthodes, dont les applications constituent la *Géométrie analytique*. Mais, comme les bases sur lesquelles elles reposent n'impliquent que des considérations de pure Géométrie, nous avons cru devoir ne pas les passer sous silence, d'autant plus qu'elles se présentaient ici naturellement et dans un degré d'extension nouveau à plusieurs égards.

CHAPITRE XXV.

THÉORIE DES FIGURES HOMOGRAPHIQUES.

§ I. — Définition et construction générale des figures homographiques.

510. J'appelle *figures homographiques* deux figures dans lesquelles à des points et à des droites de l'une correspondent, respectivement, des points et des droites dans l'autre, de manière que quatre points en ligne droite dans une figure aient leur rapport anharmonique égal à celui des quatre points correspondants de la seconde figure, et que quatre droites issues d'un même point dans la première figure aient leur rapport anharmonique égal à celui des quatre droites correspondantes de la seconde figure.

Deux figures planes, dont l'une a été formée par la perspective de l'autre, sont évidemment deux figures *homographiques;* car elles ont entre elles les relations que comporte notre définition (16 et 19).

I. — *Construction générale des figures homographiques.*

511. *Étant pris un triangle* ABC (*fig.* 114) *dans le plan d'une figure, si de ses sommets* A, B *on mène à chaque point* m *de la figure deux droites qui forment sur les côtés opposés les deux rapports de segments* $\frac{bC}{bB}$, $\frac{aC}{aA}$; *puis, qu'on prenne un second triangle quelconque* A'B'C' *et deux constantes* λ, μ, *et qu'on détermine dans ce triangle un point* m' *tel, que les rapports des segments faits par les droites* A'm', B'm' *sur les côtés opposés aient, avec les premiers rapports, les relations*

$$(a)\qquad \frac{aC}{aA}=\lambda\frac{a'C'}{a'A'}\quad\text{et}\quad\frac{bC}{bB}=\mu\frac{b'C'}{b'B'},$$

le point m′ *appartiendra à une figure homographique à la proposée.*

C'est-à-dire que : 1° quand des points m de la première figure seront en ligne droite, les points m' de la seconde figure seront aussi en ligne droite; 2° quand des droites de la première figure passeront par un même point, les droites correspondantes de la seconde figure passeront aussi par un même point; 3° quatre points en ligne droite dans la seconde figure auront leur rapport anharmonique égal à celui des quatre points de la première figure; et 4° quatre droites passant par un même point dans la seconde figure auront leur rapport anharmonique égal à celui des quatre droites de la première figure.

Démonstration. — 1° Je dis que des points m en ligne droite donnent lieu à des points m' également en ligne droite.

En effet, puisque le point m décrit une droite, on a entre les deux rapports $\frac{aC}{aA}$ et $\frac{bC}{bB}$ une relation du premier degré (430). Donc il existe aussi, en vertu des équations (a), une relation du premier degré entre les deux rapports $\frac{a'C'}{a'A'}, \frac{b'C'}{b'B'}$. Donc le point m' décrit une droite.

2° Quand des droites passent par un même point dans la première figure, les droites correspondantes dans la seconde figure passent aussi par un même point. Cela est évident, car chacune de ces droites passe par le point correspondant au point d'intersection commun aux droites de la première figure.

3° Quatre points m pris en ligne droite dans la première figure ont leur rapport anharmonique égal à celui des quatre points m' de la seconde figure, car les quatre points m ont leur rapport anharmonique égal à celui des quatre points a, et les quatre points m' ont leur rapport anharmonique égal à celui des quatre points a'. Mais, d'après la relation $\frac{aC}{aA} = \lambda \frac{a'C'}{a'A'}$, les quatre points a' ont leur rapport anharmonique égal à celui des quatre points a (120). Donc les quatre points m' ont leur rapport anharmonique égal à celui des quatre points m.

4° Enfin quatre droites L′ de la seconde figure passant par un même point ont leur rapport anharmonique égal à celui des quatre droites L de la première figure.

En effet, une droite L de la première figure rencontre les deux côtés AC, BC en deux points a, b, et l'on détermine la droite correspondante L' dans la seconde figure en prenant les points a', b' liés à a, b par les relations (a). Or les quatre droites L passent par un même point, et par conséquent leur rapport anharmonique est égal à celui des quatre points a; celui-ci est égal à celui des quatre points a', en vertu des équations (a), et ce dernier est égal à celui des quatre droites L', parce qu'elles passent par un même point. Donc, etc.

Ainsi le théorème est démontré.

II. — *Des points situés à l'infini.*

512. *Aux points d'une figure situés à l'infini correspondent dans la figure homographique des points situés en ligne droite.*

Car, quand un point m de la première figure se meut à l'infini, les deux rayons parallèles menés des deux sommets A, B à ce point forment deux faisceaux homographiques et par conséquent déterminent sur les deux côtés opposés BC, AC deux rapports de segments $\frac{bC}{bB}$, $\frac{aC}{aA}$ entre lesquels a lieu la relation du premier degré $\frac{aC}{aA}+\frac{bC}{bB}=1$ (480, 7°). Donc le point correspondant m' dans la seconde figure a pour lieu la droite représentée par l'équation

$$\lambda\frac{a'C'}{a'A'}+\mu\frac{b'C'}{b'B'}=1.$$

Ainsi, à l'infini d'une figure correspond une ligne droite dans la figure homographique, de même que dans la perspective des figures planes.

513. Appelons I la droite de la première figure qui correspond à l'infini de la seconde, et J' la droite de la seconde figure qui correspond à l'infini de la première. Tout point de la droite I a son homologue à l'infini dans la seconde figure, de sorte qu'à deux droites parallèles dans la seconde figure correspondent dans la première deux droites concourantes en un point de la droite I.

Il s'ensuit que : *Le point situé à l'infini sur la droite* J′ *de la seconde figure a pour homologue le point situé à l'infini sur la droite* I *de la première.* Car ce point situé à l'infini sur J′ est à l'intersection de deux droites, J′ et l'infini ; donc son homologue dans la première figure est à l'intersection des deux droites correspondantes, qui sont l'infini et I ; donc c'est le point de cette droite I situé à l'infini.

Il suit de là que : *Une droite parallèle à la droite* I *dans la première figure a pour homologue dans la seconde une droite parallèle à la droite* J′.

Ces deux droites homologues, parallèles respectivement aux deux I et J′, jouissent de cette propriété qu'*elles sont divisées semblablement,* c'est-à-dire en parties proportionnelles, *par leurs points homologues.* Cela résulte (124) de ce que leurs points à l'infini sont deux points homologues.

Nous verrons plus loin (579) qu'il existe toujours un système de deux droites homologues qui sont divisées *en parties égales* par leurs points homologues.

III. — *Observations relatives à la construction des figures homographiques.*

514. Dans les relations (a), chaque rapport sert à déterminer la position d'une droite issue d'un des points fixes A, B, A′, B′. Le rapport $\frac{bC}{bB}$, par exemple, détermine la direction de la droite Am. On peut encore déterminer cette direction par un rapport de sinus, savoir $\frac{\sin m\mathrm{AC}}{\sin m\mathrm{AB}}$, et prendre, au lieu de la relation

$$\frac{bC}{bB} = \mu \frac{b'C'}{b'B'},$$

celle-ci

$$\frac{\sin b\mathrm{AC}}{\sin b\mathrm{AB}} = \mu_1 \frac{b'C'}{b'B'}.$$

Cela est évident ; car cette équation exprime que les deux droites Ab et A′b' forment deux faisceaux homographiques, de même que la première ; de sorte que les deux équations sont équivalentes.

Chacun des autres rapports de segments pourra semblablement être remplacé par un rapport de sinus.

Cette remarque permettra de supposer que l'une des droites CA, CB ou C'A', C'B' soit à l'infini.

Les formules (a) s'appliquent d'elles-mêmes au cas où l'une des deux bases AB, A'B', ou toutes deux seraient à l'infini, ainsi qu'au cas où l'un des sommets dans chaque triangle serait à l'infini.

515. Ces formules ne s'appliquent pas explicitement à deux points correspondants c, c', situés sur les deux bases AB, A'B' (*fig.* 115); mais on en déduit la relation qui a lieu entre ces deux points, laquelle est

$$\frac{cA}{cB} = \frac{\mu}{\lambda}\,\frac{c'A'}{c'B'}.$$

En effet, que par les points c, c' on mène deux droites homologues quelconques ca, $c'a'$; on a dans les deux triangles les relations

$$\frac{cA}{cB}\,\frac{aC}{aA}\,\frac{bB}{bC} = 1 \quad \text{et} \quad \frac{c'A'}{c'B'}\,\frac{a'C'}{a'A'}\,\frac{b'B'}{b'C'} = 1;$$

d'où l'on conclut, en ayant égard aux équations (a), la relation qu'il s'agit de démontrer.

516. Après avoir pris arbitrairement les trois points A', B', C' qui doivent correspondre, dans la seconde figure, aux trois points A, B, C de la première, on peut prendre arbitrairement un quatrième point D' pour correspondre à un point D de la première figure; ce sera la position de ce point D' qui déterminera les valeurs des deux constantes λ et μ, par les relations

$$\frac{aC}{aA} = \lambda\,\frac{a'C'}{a'A'} \quad \text{et} \quad \frac{bC}{bB} = \mu\,\frac{b'C'}{b'B'}.$$

Ainsi : *Pour former une figure homographique à une figure donnée, on peut prendre arbitrairement les quatre points qui correspondront à quatre points désignés de la figure donnée.*

Toutefois, il faut que des quatre points désignés il n'y en ait pas trois en ligne droite; car, si les points D, D' étaient sur les droites AC, A'C' respectivement ils feraient connaître la seule constante λ, par la relation

$$\frac{DC}{DA} = \lambda \frac{D'C'}{D'A'},$$

et la seconde μ resterait indéterminée.

517. On peut se donner, dans la seconde figure, soit trois points A′, B′, C′ et une droite L′, soit quatre droites L′, pour correspondre dans le premier cas à trois points A, B, C et une droite L de la première figure, et dans le second cas à quatre droites L.

Mais les données ne peuvent pas être deux points A′, B′ et deux droites L′, M′, devant correspondre à deux points A, B et deux droites L, M; car les deux droites L, M rencontrent la droite AB en deux points E, F, et les deux droites L′, M′ rencontrent la droite A′B′ en deux points E′, F′ qui correspondent aux deux premiers. Donc les quatre points A′, B′, E′, F′ devraient avoir leur rapport anharmonique égal à celui des quatre points A, B, E, F, ce qui n'aurait pas lieu si A′, B′, L′ et M′ étaient pris arbitrairement; et, dans le cas où cette égalité aurait lieu, les données équivaudraient à quatre points, dont trois en ligne droite, savoir le point C′, intersection des deux droites L′, M′, et les trois points A′, B′, E′; ce qui est insuffisant.

518. Puisque deux figures planes perspectives l'une de l'autre sont deux figures homographiques (**510**), on pourra, pour faire la perspective d'une figure, ne déterminer directement, en se servant de la position de l'œil, que quatre points en perspective, dont on se servira ensuite pour construire complétement la perspective de la figure, sans conserver aucune trace de la position de l'œil.

§ II. — Développements relatifs aux propriétés métriques des figures homographiques. — Nouvelles définitions de ces figures.

I.

519. Les relations métriques ou de grandeur de deux figures homographiques dérivent de l'égalité des rapports anharmoniques qui a lieu soit entre deux séries de quatre points correspondants, soit entre deux faisceaux de quatre droites correspondantes.

Remarquons d'abord que cette égalité donne lieu aux deux propositions suivantes, qui en sont des conséquences immédiates :

1° *Deux droites correspondantes dans les deux figures sont divisées homographiquement par leurs points correspondants.*

2° *Deux faisceaux correspondants dans les deux figures sont homographiques.*

Cela résulte de la définition même des divisions homographiques et des faisceaux homographiques.

D'après la première de ces deux propositions, si l'on considère sur une même droite dans la première figure deux points fixes a, b et un point variable m, et dans la seconde figure les deux points fixes a', b' et le point variable m' qui correspondent aux trois premiers, on aura la relation

$$\frac{am}{bm} = \lambda \frac{a'm'}{b'm'},$$

dans laquelle λ est une constante qui ne dépend que de la position des deux points a, b, c'est-à-dire que, ces deux points étant fixes ainsi que a' et b', si m et m' sont deux points correspondants variables sur les deux droites ab et $a'b'$, les deux rapports $\frac{am}{bm}$ et $\frac{a'm'}{b'm'}$ sont entre eux dans une raison constante (**120**).

520. On sait que, dans l'équation $\frac{am}{bm} = \lambda \frac{a'm'}{b'm'}$, chacun des points fixes a, b, a', b' peut être pris à l'infini et que l'équation subsiste, comme si les segments comptés à partir de points situés à l'infini étaient égaux à l'unité (**125**).

Si donc le point b est pris à l'infini, on aura

$$am = \lambda \frac{a'm'}{b'm'}.$$

Si le point a' de la seconde figure est aussi à l'infini, il vient

$am = \frac{\lambda}{b'm'}$ ou, suivant notre notation habituelle,

$$im.j'm' = \lambda,$$

c'est-à-dire que : *Dans deux figures homographiques, si l'on prend sur deux droites correspondantes les points* i *et* j' *dont les homologues sont à l'infini, le produit des distances de deux points homologues quelconques de ces deux droites aux deux points* i *et* j', *respectivement, sera constant.*

II.

521. Concevons deux droites homologues (c'est-à-dire correspondantes) L, L' passant respectivement par les deux points m, m'; le rapport $\frac{am}{bm}$ est égal au rapport des distances de la première droite aux deux points a, b, et de même $\frac{a'm'}{b'm'}$ est égal au rapport des distances de la droite L' aux deux points a', b'. Par conséquent, on conclut de la relation générale $\frac{am}{bm} = \lambda\frac{a'm'}{b'm'}$ cette propriété fort importante :

Étant pris deux points fixes dans une figure et les deux points homologues dans la figure homographique, si l'on mène deux droites homologues quelconques, le rapport des distances de la première aux deux points fixes de la première figure sera au rapport des distances de la seconde aux deux points fixes de la seconde figure dans une raison constante, quelles que soient ces deux droites.

III.

522. Soient A, B deux droites fixes quelconques de la première figure et A', B' les deux droites homologues dans la seconde figure; si, autour du point d'intersection des deux premières, on fait tourner une droite M, et autour du point d'intersection des deux autres la droite homologue M', ces deux droites M et M' formeront deux faisceaux homographiques (**519**), et par conséquent on aura la relation

$$\frac{\sin(A, M)}{\sin(B, M)} = \lambda \frac{\sin(A', M')}{\sin(B', M')},$$

λ étant une constante qui ne dépend que de la position des deux droites fixes A, B (149).

Considérons sur les deux droites M, M′ deux points homologues m, m'; le rapport des distances du premier aux deux droites A, B est $\frac{\sin(A, M)}{\sin(B, M)}$, et le rapport des distances du second aux deux droites A′, B′, $\frac{\sin(A', M')}{\sin(B', M')}$. Donc : *Quand deux figures sont homographiques, si l'on prend dans la première deux droites fixes et dans la seconde les deux droites correspondantes, les rapports des distances de deux points homologues quelconques à ces deux couples de droites, respectivement, seront entre eux dans une raison constante.*

Ainsi, soient p, q les distances du point m aux deux droites A, B, et p', q' les distances du point m' aux deux droites A′, B′; on aura

$$\frac{p}{q} = \lambda \frac{p'}{q'},$$

λ étant une constante qui ne dépend que de la position des deux droites A, B.

523. Chacune des quatre droites peut être prise à l'infini, et la distance qui se rapporte à cette droite disparaît de l'équation, comme si cette distance devenait égale à l'unité.

Ainsi, supposons que la droite B de la première figure soit à l'infini ; je dis que l'on aura

$$p = \lambda \frac{p'}{q'}.$$

En effet, dans ce cas, l'homographie des deux faisceaux formés par les deux droites M, M′ s'exprime par l'équation

$$am = \lambda \frac{\sin(A', M')}{\sin(B', M')},$$

am étant le segment compris sur une transversale fixe entre les deux droites A et M (156). Or, si l'on considère sur les deux droites M et M' deux points homologues m, m', la distance p du premier à la droite A est proportionnelle au segment am, et le rapport des distances du second aux deux droites A', B' est toujours $\frac{\sin(A', M')}{\sin(B', M')}$; de sorte qu'on a la relation

$$p = \lambda \frac{p'}{q'}.$$

On peut donc énoncer ce théorème :

Dans deux figures homographiques, la distance de chaque point de l'une à une droite fixe A *est au rapport des distances du point homologue de la seconde figure aux deux droites* A', B', *qui correspondent respectivement à la droite* A *et à l'infini de la première figure, dans une raison constante.*

524. On peut prendre la droite A' de la seconde figure à l'infini; la distance p' disparaîtra de l'équation, et l'on aura

$$p = \frac{\lambda}{q'};$$

car, dans ce cas, les deux droites M, M' forment deux faisceaux de droites parallèles aux deux A et B' respectivement. L'homographie des deux faisceaux s'exprimera par celle des deux séries de points qu'ils marqueront sur deux transversales fixes quelconques, et par conséquent par l'équation $am = \frac{\lambda}{b'm'}$, am et $b'm'$ étant les segments compris sur ces deux transversales entre les deux droites A et M d'une part et les deux droites B' et M' d'autre part, puisque a et b' sont les points qui, dans les divisions homographiques faites sur les deux transversales, ont leurs homologues à l'infini. Or, si sur les deux droites M, M' on considère deux points homologues, leurs distances p, q' aux deux droites A et B' respectivement sont proportionnelles aux segments am, $b'm'$. On a donc l'équation

$$p = \frac{\lambda}{q'};$$

ce qui prouve que :

Étant données deux figures homographiques, si l'on prend dans la première la droite qui correspond à l'infini de la seconde et dans celle-ci la droite qui correspond à l'infini de la première, les distances de deux points homologues quelconques des deux figures à ces deux droites, respectivement, ont leur produit constant.

525. Toutes les relations précédentes dérivant de l'égalité de deux rapports anharmoniques dans les deux figures, et cette égalité ayant lieu dans une figure plane et sa perspective, on en conclut que toutes ces relations s'appliquent à deux figures perspectives l'une de l'autre.

IV. — *Nouvelles définitions des figures homographiques.*

526. D'après le théorème (**522**), on peut donner cette nouvelle définition des figures homographiques, aussi simple que précise :

Deux figures homographiques sont celles dans lesquelles les points se correspondent deux à deux, de manière que les rapports des distances de chaque point de la première figure à trois droites fixes soient aux rapports des distances du point correspondant de la seconde figure à trois autres droites fixes dans des raisons constantes.

527. On peut encore dire que :

Deux figures sont homographiques quand des droites dans l'une correspondent à des droites dans l'autre, de manière que les rapports des distances de chaque droite de la première figure à trois points fixes soient, aux rapports des distances de la droite correspondante dans la seconde figure à trois autres points fixes, dans des raisons constantes.

Cela résulte du théorème (**521**).

De l'une ou de l'autre de ces deux définitions, on remonte sans difficulté aux relations (a) et à toutes les propriétés des figures homographiques.

§ III. — Figures homologiques.

I. — *Manières de former deux figures homologiques.*

528. Quand deux figures sont la perspective l'une de l'autre dans l'espace, telles que deux triangles ABC, *abc*, les droites qui joignent leurs points homologues concourent en un même point de l'espace, qui est la position de l'œil; et les droites homologues concourent en des points situés sur la droite d'intersection des plans des deux figures, qu'on appelle la *ligne de terre.* Si l'on fait tourner le plan de la seconde figure autour de cette ligne, les droites *ab*, *bc*, *cd* tournent autour de trois points fixes de cette ligne, et les droites A*a*, B*b*, C*c* concourent toujours en un même point qui forme une nouvelle position de l'œil, de sorte que les deux figures sont toujours en perspective (378); et, si le plan de la seconde figure *abc* s'applique sur le plan de la première ABC, il n'y a plus perspective proprement dite, mais les droites A*a*, B*b*, C*c* concourent encore en un même point, parce que les droites AB, BC, CA rencontrent respectivement leurs homologues *ab*, *bc*, *ca* en des points situés en ligne droite (375).

Ces figures, dont les points homologues sont sur des droites concourantes en un même point et dont les lignes homologues se rencontrent sur une même base, sont celles que Poncelet a appelées *figures homologiques*. Le point de concours est leur *centre d'homologie,* et la base $\alpha\beta$ leur *axe de concours* ou *d'homologie* [1].

Toutefois, ce n'est pas précisément par cette considération du rabattement du plan d'une figure sur le plan de sa perspective que le célèbre auteur a formé des *figures homologiques :* c'est d'une autre manière, également simple, savoir par la perspective sur un plan de deux figures *semblables et semblablement placées,* ou *homothétiques,* contenues dans un autre plan. La perspective produit deux *figures homologiques* dont le *centre d'homologie* est la perspective du *centre de similitude* des deux figures homothétiques et dont l'*axe de concours* ou *d'homologie* est la perspec-

---

[1] *Traité des Propriétés projectives des figures,* p. 160.

tive de la droite située à l'infini dans le plan de ces deux figures. Cela est évident, et les propriétés des deux figures homothétiques donnent lieu naturellement à celles des deux figures homologiques (¹).

II. — *Construction graphique d'une figure homologique à une figure donnée.*

529. Quand le centre et l'axe d'homologie sont donnés, il suffit, pour construire la figure homologique à une figure donnée, de connaître le point a qui correspond à un point donné A de la figure proposée; car le point b correspondant à un autre point quelconque B sera à l'intersection de la droite SB et de la droite menée du point a au point γ où la droite AB rencontre l'axe d'homologie. Ainsi, étant donné le seul point a de la nouvelle figure, on déterminera, par de simples intersections de lignes droites, tous les autres points de la figure. La droite correspondant à une droite donnée se déterminera par deux de ses points, dont l'un pourra être celui où la droite donnée rencontre l'axe d'homologie.

Si l'on donne l'axe d'homologie avec les deux points a', b' de la seconde figure, qui doivent correspondre aux deux a, b de la première, on peut construire la seconde figure sans se servir du centre d'homologie, en déterminant chaque point m' correspondant à chaque point m par l'intersection de deux droites tournant autour des deux points a', b' et rencontrant les deux droites ma, mb, respectivement, sur l'axe d'homologie.

On peut, par une construction analogue, construire la seconde figure en connaissant seulement le centre d'homologie et deux droites de cette figure correspondant à deux droites de la première figure.

C'est ainsi, par des intersections de lignes droites, que M. Poncelet a construit les figures homologiques dans son *Traité des propriétés projectives* (²), Ouvrage dans lequel se trouvent de très-heureuses applications de cette théorie, comme nous le verrons en traitant des sections coniques.

(¹) *Traité des propriétés projectives des figures*, p. 159-162.

(²) *Voir* p. 162-164, art. 302-304.

III. — *Autre manière de former les figures homologiques.*

530. *Étant pris dans le plan d'une figure un point fixe* S *et un axe fixe* X, *si sur le rayon mené de ce point à chaque point* m *de la figure on détermine un second point* m' *par la relation*

$$\frac{Sm}{Sm'} = \lambda \frac{\mu m}{\mu m'}, \qquad (b)$$

μ *étant le point où le rayon* Sm *rencontre l'axe fixe* X *et* λ *une constante, le point* m' *appartiendra à une figure homologique à la proposée; le point* S *et l'axe* X *seront le centre et l'axe d'homologie des deux figures.*

En effet, les deux figures satisfont à l'une des deux conditions

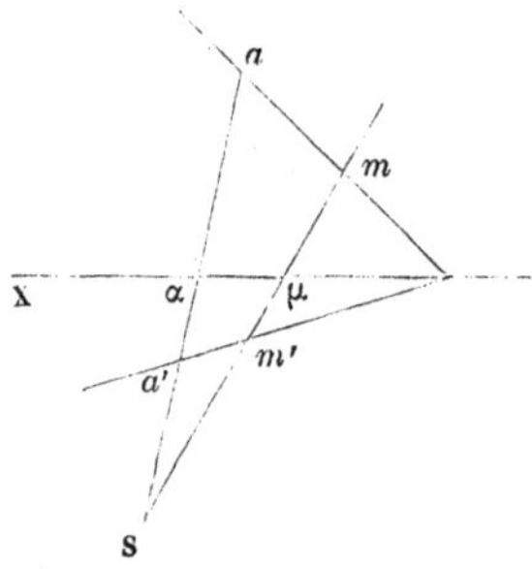

de construction des figures homologiques, savoir, que les points homologues soient sur des droites concourantes en un même point; il suffit donc de prouver que deux droites homologues se rencontrent sur l'axe fixe. Or, pour deux couples de points correspondants a, a' et m, m', on a

$$\frac{Sa}{Sa'} = \lambda \frac{\alpha a}{\alpha a'} \quad \text{et} \quad \frac{Sm}{Sm'} = \lambda \frac{\mu m}{\mu m'};$$

et par conséquent

$$\frac{Sa}{Sa'} : \frac{\alpha a}{\alpha a'} = \frac{Sm}{Sm'} : \frac{\mu m}{\mu m'}.$$

Cette relation prouve que les deux séries de points S, a, α, a' et

S, m, μ, m' ont le même rapport anharmonique, et par conséquent que les deux droites am, $a'm'$ concourent sur l'axe fixe $\alpha\mu$ (42) ; ce qu'il fallait prouver.

On peut appeler la constante λ le *coefficient d'homologie* des deux figures.

Quand on donne un point a' de la figure que l'on veut construire, correspondant à un point a de la figure proposée, cette constante se trouve déterminée par la relation

$$\frac{Sa}{Sa'} : \frac{\alpha a}{\alpha a'} = \lambda.$$

531. Cas particuliers. — I. Si l'on suppose l'axe d'homologie à l'infini, le rapport $\frac{\mu m}{\mu m'}$ devient égal à l'unité, et la relation se réduit à

$$\frac{Sm}{Sm'} = \lambda.$$

Alors les deux figures sont *semblables et semblablement placées* ou *homothétiques*. Leur *centre* et leur *rapport de similitude* sont le point S et la constante λ.

II. Le centre d'homologie de deux figures peut être à l'infini; alors le rapport $\frac{Sm}{Sm'}$ est égal à l'unité, et la relation se réduit à

$$\frac{\mu m}{\mu m'} = \frac{1}{\lambda}.$$

On peut dire que la seconde figure est formée par l'accroissement des ordonnées de la première dans un rapport constant.

IV. — *Construction des figures homologiques dérivée de la construction générale des figures homographiques.*

532. Supposons que dans la construction générale des figures homographiques (511) on prenne pour les points A′, B′, C′ de la seconde figure les trois points A, B, C de la première ; les relations (a) deviennent

$$\frac{aC}{aA} = \lambda\frac{a'C}{a'A}, \quad \frac{bC}{bB} = \mu\frac{b'C}{b'B}.$$

Si λ et μ ont des valeurs quelconques, les deux figures n'ont rien de particulier dans leur position relative; seulement, trois points de l'une coïncident avec leurs homologues respectifs dans l'autre, ce qui a lieu en général, comme nous le verrons (**572**), quelle que soit la position de deux figures homographiques. Mais, *si les deux constantes λ et μ sont égales, alors les deux figures sont homologiques;* le point C (*fig.* 116) est leur *centre d'homologie* et la base AB leur *axe d'homologie.*

En effet, les deux constantes étant égales, les deux équations donnent celle-ci

$$\frac{aC}{aA} : \frac{a'C}{a'A} = \frac{bC}{bB} : \frac{b'C}{b'B},$$

qui prouve que les deux séries de points A, a, a', C et B, b, b', C ont le même rapport anharmonique, et par conséquent aussi les deux faisceaux de quatre droites qui ont leurs centres en B et A et dont les rayons passent par ces deux séries de quatre points, respectivement.

De là on conclut, d'abord que les deux droites ab, $a'b'$, qui sont deux droites homologues dans les deux figures, concourent en un même point de la base AB (**42**), et en second lieu que les deux points m, m' sont en ligne droite avec le point C (**47**).

Ainsi les deux figures satisfont aux deux conditions de construction des figures homologiques; ce qu'il fallait prouver.

La relation caractéristique des figures homologiques

$$\frac{Cm}{Cm'} : \frac{\mu m}{\mu m'} = \text{const.}$$

dérive aussi de ces considérations.

Car, les trois points C, m, m' étant en ligne droite, on a

$$\frac{Cm}{Cm'} : \frac{\mu m}{\mu m'} = \frac{Ca}{Ca'} : \frac{Aa}{Aa'} = \lambda = \text{const.}$$

V. — *Relations métriques des figures homologiques.*

533. Quand on considère deux figures homologiques comme deux figures qui ont été la perspective l'une de l'autre, on en conclut que toutes les relations métriques des figures homographiques, démontrées dans le paragraphe précédent, s'appliquent d'elles-mêmes aux figures homologiques. Toutefois, la position particulière de ces figures donne lieu à quelques relations spéciales fort importantes que nous verrons plus loin (VI).

534. Quand on décrit les figures homologiques sur le plan, soit par des intersections de lignes (529), soit par la relation (b), la démonstration directe de leurs deux propriétés métriques fondamentales, d'où toutes les autres se déduisent, est extrêmement facile; elle dérive immédiatement des conditions de position des deux figures. Ces propriétés consistent en ce que quatre points en ligne droite ou quatre droites concourantes en un même point dans la première figure ont leur rapport anharmonique égal à celui des quatre points ou des quatre droites correspondantes dans la seconde figure.

Or, dans deux figures homologiques: 1° les droites qui joignent quatre points de la première a, b, c, d à leurs homologues a', b', c', d' respectivement passent par un même point (le centre d'homologie); donc, si les deux séries de quatre points sont sur deux droites, leurs rapports anharmoniques sont égaux (14); 2° quatre droites concourantes en un même point dans la première figure rencontrent respectivement les quatre droites correspondantes en quatre points situés en ligne droite (sur l'axe d'homologie); donc les rapports anharmoniques des deux faisceaux de quatre droites sont égaux (13).

Ainsi les relations métriques qui font le caractère des figures homographiques en général se trouvent démontrées directement pour les figures homologiques.

535. Considérons les deux droites I et J' qui, dans chaque figure respectivement, correspondent à l'infini de l'autre figure. Ces deux droites sont évidemment parallèles à l'axe d'homologie, car la droite à l'infini dans la seconde figure et la droite I qui lui correspond dans la première rencontrent l'axe d'homologie au même point, et ce point est à l'infini; donc la droite I est parallèle à l'axe d'homologie.

Les distances des deux droites I et J' soit au centre, soit à l'axe d'homologie dépendent de la constante λ dans la relation

$$\frac{\mathrm{S}m}{\mathrm{S}m'} = \lambda \frac{\mu m}{\mu m'}.$$

Soient i, j' et x les points où le rayon Sm rencontre les deux droites I et J' et l'axe d'homologie. Faisant Sm' infini, on a $\frac{\mathrm{S}i}{xi} = \lambda$; et, faisant S$m$ infini, $\frac{\mathrm{S}j'}{xj'} = \frac{1}{\lambda}$.

Ainsi l'on a

$$\frac{\mathrm{S}i}{xi} = \frac{xj'}{\mathrm{S}j'} \quad \text{ou} \quad \mathrm{S}i.\mathrm{S}j' = xi.xj'.$$

Cette relation montre que le milieu des deux points i et j' coïncide avec celui des deux points S et x, ou, ce qui revient au même, que la distance de la droite I au point S est égale, mais en sens contraire, à celle de la droite J' à l'axe d'homologie. En effet, la proportion $\frac{\mathrm{S}i}{xi} = \frac{xj'}{\mathrm{S}j'}$ donne

$$\frac{\mathrm{S}i}{\mathrm{S}i - xi} = \frac{xj'}{xj' - \mathrm{S}j'} \quad \text{ou} \quad \frac{\mathrm{S}i}{\mathrm{S}x} = \frac{xj'}{x\mathrm{S}}, \quad \mathrm{S}i = -xj'.$$

Ce résultat pouvait être prévu, car les points m et m' des deux figures situés sur un même rayon forment deux divisions homographiques dont les points doubles sont S et x; par conséquent, le point milieu de ces deux points coïncide avec celui des deux i et j' (158).

VI. — *Développements relatifs aux propriétés métriques des figures homologiques. — Diverses manières de former la figure homologique à une figure donnée.*

536. Considérons dans une figure deux droites fixes, et dans la figure homologique les deux droites correspondantes. Soient mp, mq les perpendiculaires abaissées d'un point m de la première figure sur les deux premières droites, et $m'p'$, $m'q'$ les perpendiculaires abaissées du point m' sur les deux autres droites; les deux rapports $\frac{mp}{mq}$, $\frac{m'p'}{m'q'}$ seront entre eux dans une raison constante,

quels que soient les deux points homologues m, m', car cette relation dérive, comme nous l'avons vu (522), de l'égalité des rapports anharmoniques de deux faisceaux homologues. Écrivons donc

$$(c) \qquad \frac{mp}{mq} = \lambda \frac{m'p'}{m'q'}.$$

Cette équation donne lieu à plusieurs autres relations.

537. Supposons que la première droite de la première figure passe par le centre d'homologie; elle coïncidera avec son homologue, et l'on aura

$$\frac{mp}{m'p'} = \frac{Sm}{Sm'},$$

et par conséquent

$$(d) \qquad \frac{Sm}{Sm'} = \lambda \frac{mq}{m'q'}.$$

Ainsi : *Dans deux figures homologiques, si l'on prend deux droites fixes homologues* L, L', *le rapport des distances de deux points homologues quelconques au centre d'homologie sera au rapport des distances de ces deux points aux deux droites* L, L', *respectivement, dans une raison constante.*

538. Si l'on prend pour la droite L l'axe d'homologie, L' coïncidera aussi avec cet axe, et le rapport $\frac{mq}{mq'}$ sera égal à $\frac{\mu m}{\mu m'}$; il en résulte

$$\frac{Sm}{Sm'} = \lambda \frac{\mu m}{\mu m'};$$

ce qui est la relation déjà démontrée (532).

Nous n'aurions pas besoin de dire que, dans ces diverses relations, de même que dans celles qui suivent, la constante λ ne conserve pas la même valeur.

539. Supposons que la droite L soit à l'infini; le segment mq disparaît de l'équation (d) et l'on a

$$(e) \qquad Sm = \lambda \frac{Sm'}{m'q'};$$

$m'q'$ est la distance du point m' à la droite J', qui dans la seconde figure correspond à l'infini de la première (535).

Cette relation entre deux figures homologiques sera très utile pour transporter à une figure les propriétés d'une autre. On voit, par exemple, que, si la première est un cercle ayant son centre en S, on aura dans la seconde

$$\frac{Sm'}{m'q'} = \text{const.};$$

ce qui montre que celle-ci est une conique ayant son foyer en S et pour directrice la droite fixe J'.

540. Supposons dans l'équation générale (c) que la première droite, à laquelle se rapportent les perpendiculaires mp, soit à l'infini, et que la seconde soit la droite I qui correspond à l'infini de la seconde figure; les deux segments mp, $m'q'$ disparaîtront, et l'on aura

$$\frac{1}{mq} = \lambda . m'p'.$$

Ainsi, les deux droites I et J', qui correspondent, dans chaque figure respectivement, à l'infini de l'autre figure, jouissent de cette propriété que le produit des distances de deux points homologues à ces deux droites, respectivement, est constant.

Par conséquent : *Étant données deux droites parallèles dans le plan d'une figure, si d'un point fixe on mène un rayon à chaque point* m *de la figure, et que sur ce rayon on prenne un point* m' *tel que le produit des distances des deux points* m, m' *aux deux droites, respectivement, soit constant, le point* m' *décrira une figure homologique à la proposée.*

§ IV. — Expression analytique des figures homographiques.

I.

541. Rapportons les points de la première figure à deux axes coordonnés OX, OY, et ceux de la seconde figure à deux autres axes coordonnés ox, oy pris arbitrairement.

La propriété des deux figures, exprimée par le théorème (522), fournit immédiatement l'expression des coordonnées de chaque point de la seconde, en fonction des coordonnées du point homologue de la première.

En effet, soient

$$AX + BY + 1 = 0, \quad A'X + B'Y + 1 = 0, \quad A''X + B''Y + 1 = 0$$

les équations de trois droites de la première figure (433, Corollaire), et

$$ax + by + 1 = 0, \quad a'x + b'y + 1 = 0, \quad a''x + b''y + 1 = 0$$

celles des trois droites correspondantes dans la seconde figure.

Soient X, Y les coordonnées d'un point M de la première figure et x, y celles du point homologue m de la seconde figure; le rapport des distances du point M à deux des droites de la première figure sera au rapport des distances du point m aux deux droites correspondantes de la seconde figure dans une raison constante (522). On aura donc les deux équations

$$(1) \quad \left\{ \begin{aligned} \frac{AX + BY + 1}{A''X + B''Y + 1} &= \lambda \frac{ax + by + 1}{a''x + b''y + 1}, \\ \frac{A'X + B'Y + 1}{A''X + B''Y + 1} &= \mu \frac{a'x + b'y + 1}{a''x + b''y + 1}; \end{aligned} \right.$$

d'où l'on tire les valeurs de x et y en fonction des coordonnées X, Y, lesquelles sont de la forme

$$(2) \qquad x = \varepsilon . \frac{\alpha X + 6Y + 1}{\alpha'' X + 6'' Y + 1}, \quad y = \varphi . \frac{\alpha' X + 6' Y + 1}{\alpha'' X + 6'' Y + 1}.$$

542. On peut démontrer *a priori* que les expressions de x et y sont de cette forme. Pour cela, considérons les axes oy et ox comme deux droites faisant partie de la seconde figure; soient

$$\alpha X + 6Y + 1 = 0 \quad \text{et} \quad \alpha' X + 6' Y + 1 = 0$$

les équations des deux droites qui correspondent dans la première figure à ces deux-là, et

$$\alpha'' X + 6'' Y + 1 = 0$$

celle de la droite qui correspond dans cette figure à l'infini de la seconde.

La distance d'un point m de la seconde figure à l'axe oy sera au rapport des distances du point homologue M de la première figure aux deux droites correspondant à l'axe oy et à l'infini de la seconde dans une raison constante (523). On a donc

$$x = \varepsilon \frac{\alpha X + 6Y + 1}{\alpha'' X + 6'' Y + 1},$$

et pareillement

$$y = \varphi \frac{\alpha' X + 6' Y + 1}{\alpha'' X + 6'' Y + 1}.$$

C. Q. F. D.

II.

543. Les trois équations

$$\alpha X + 6Y + 1 = 0, \quad \alpha' X + 6' Y + 1 = 0, \quad \alpha'' X + 6'' Y + 1 = 0$$

représentent les trois droites de la première figure qui ont pour homologues dans la seconde l'axe oy, l'axe ox et l'infini.

Les axes OX, OY de la première figure sont arbitraires, ainsi que les deux ox, oy de la seconde figure. On peut, en disposant convenablement de ces quatre axes, donner aux formules des expressions plus simples, que voici :

1° Les deux axes OX, OY sont quelconques, et les deux ox, oy sont les droites qui leur correspondent dans la seconde figure :

$$(3) \qquad x = \frac{\varepsilon X}{\alpha'' X + 6'' Y + 1}, \quad y = \frac{\varphi Y}{\alpha'' X + 6'' Y + 1}.$$

2° OY est parallèle à la droite I qui, dans la première figure, correspond à l'infini de la seconde; OX est quelconque; oy et ox correspondent respectivement à OY et OX; [oy est parallèle à la droite J', qui, dans la seconde figure, correspond à l'infini de la première (513)] :

$$(4) \qquad x = \frac{\varepsilon X}{X - A}, \quad y = \frac{\varphi Y}{X - A}.$$

3° OY est la droite I; OX quelconque; ox, oy quelconques :

(5) $$x = \varepsilon\frac{\alpha X + \beta Y + 1}{X}, \quad y = \varphi\frac{\alpha' X + \beta' Y + 1}{X}.$$

4° OY est la droite I; OX est quelconque; ox correspond à OX, et oy est quelconque :

(6) $$x = \varepsilon\frac{\alpha X + \beta Y + 1}{X}, \quad y = \frac{\varphi Y}{X}.$$

5° OY est la droite I; OX quelconque; ox est la droite J′, et oy quelconque :

(7) $$x = \varepsilon\frac{\alpha X + \beta Y + 1}{X}, \quad y = \frac{\varphi}{X}.$$

6° OY est la droite I; OX quelconque ; ox est la droite J′, et oy correspond à OX :

(8) $$x = \frac{\varepsilon Y}{X}, \quad y = \frac{\varphi}{X}.$$

7° OY est la droite I; OX quelconque; oy est la droite J′, et ox correspond à OX :

(9) $$x = \frac{\varepsilon}{X}, \quad y = \frac{\varphi Y}{X}.$$

Ces différentes relations s'appliquent aux figures homographiques dans toute leur généralité, et sont indépendantes de la position relative des deux figures.

§ V. — Figures homographiques ayant deux droites homologues coïncidentes à l'infini.

I. — *Conditions de construction des figures.*

544. Si, dans les formules (a) qui nous ont servi à construire une figure homographique à une figure donnée, on prend les deux constantes λ et μ égales à $+1$, les deux figures présenteront cette circonstance particulière, que *la droite à l'infini dans l'une aura son homologue également à l'infini dans l'autre.*

En effet, ab et $a'b'$ (*fig.* 114) étant deux droites correspondantes dans les deux figures, on a, par hypothèse,

$$\frac{aC}{aA} = \frac{a'C'}{a'A'} \quad \text{et} \quad \frac{bC}{bB} = \frac{b'C'}{b'B'}.$$

Si la première droite est à l'infini, les deux rapports $\frac{aC}{aA}$, $\frac{bC}{bB}$ sont égaux à l'unité, et, par conséquent, on a aussi

$$\frac{a'C'}{a'A'} = 1 \quad \text{et} \quad \frac{b'C'}{b'B'} = 1;$$

ce qui exige que les points a' et b' soient à l'infini. De sorte que la droite $a'b'$ est à l'infini. Ce qui démontre la proposition énoncée.

On peut dire que tout point à l'infini dans la première figure a son homologue, dans la seconde, pareillement à l'infini.

Il s'ensuit que : *Deux droites parallèles, dans la première figure, ont pour homologues dans la seconde deux droites parallèles.*

De sorte que : *A un parallélogramme dans la première figure, correspond un parallélogramme dans la seconde figure.*

II. — *Relations métriques.*

545. Dans ces figures, les relations métriques se simplifient : elles dérivent de cette propriété principale :

Deux droites homologues, dans les deux figures, sont divisées semblablement *par leurs points homologues.*

En effet, a, b, c, d étant quatre points en ligne droite dans la première figure, et a', b', c', d' les quatre points correspondants dans la seconde, on a

$$\frac{ab}{ac} : \frac{db}{dc} = \frac{a'b'}{a'c'} : \frac{d'b'}{d'c'}.$$

Les points à l'infini sur les deux droites étant deux points correspondants (**544**), on peut prendre ces points pour d et d', et cette relation devient

$$\frac{ab}{ac} = \frac{a'b'}{a'c'};$$

ce qui exprime que les deux droites sont divisées en parties proportionnelles ou *semblablement*.

De là vont résulter d'autres relations importantes.

546. *Deux segments pris sur deux droites parallèles, dans la première figure, sont entre eux dans le même rapport que les deux segments homologues dans la seconde figure.*

En effet, soient, dans la première figure, les deux segments AB, ab (*fig.* 117) sur deux droites parallèles, et dans la seconde figure leurs homologues A′B′, $a'b'$, lesquels sont aussi parallèles (544). On a

$$\frac{AB}{ab} = \frac{AC}{aC} \quad \text{et} \quad \frac{A'B'}{a'b'} = \frac{A'C'}{a'C'}.$$

Or $\frac{AC}{aC} = \frac{A'C'}{a'C'}$ (545). Donc

$$\frac{AB}{ab} = \frac{A'B'}{a'b'};$$

ce qu'il fallait prouver.

547. *Étant prises, dans les deux figures, deux droites fixes homologues, les distances de deux points homologues quelconques à ces deux droites, respectivement, sont entre elles dans un rapport constant.*

En effet, l'équation précédente s'écrit

$$\frac{AB}{A'B'} = \frac{ab}{a'b'}.$$

Or, les deux segments AB, ab sont entre eux comme les distances des deux points A, a à la droite fixe BC; et pareillement, les deux segments A′B′, $a'b'$ sont entre eux comme les distances des deux points A′, a' à la ligne droite fixe B′C′. On peut donc dire que le rapport des distances des deux points homologues A, A′ aux deux droites BC, B′C′, respectivement, est égal au rapport des distances des deux points a, a' aux deux mêmes droites. Ce qui démontre la proposition énoncée.

III. — *Relation entre les aires des figures.*

548. Considérons, dans la première figure, deux parallélogrammes ABCD, *abcd*, ayant leurs côtés respectivement parallèles; soient Q, q leurs surfaces, on a

$$\frac{Q}{q} = \frac{AB.AD}{ab.ad}.$$

A ces deux parallélogrammes correspondent, dans la seconde figure, deux autres parallélogrammes A'B'C'D', $a'b'c'd'$ ayant aussi leurs côtés respectivement parallèles. Soient Q', q' leurs surfaces, on a

$$\frac{Q'}{q'} = \frac{A'B'.A'D'}{a'b'.a'd'}.$$

Or

$$\frac{AB}{ab} = \frac{A'B'}{a'b'} \quad \text{et} \quad \frac{AD}{ad} \quad \frac{A'D'}{a'd'} \quad (546).$$

Donc

$$\frac{Q}{q} = \frac{Q'}{q'} \quad \text{ou} \quad \frac{Q}{Q'} = \frac{q}{q'}.$$

C'est-à-dire que :

Si l'on prend, dans la première figure, un parallélogramme quelconque ayant ses côtés parallèles à deux axes fixes, l'aire de ce parallélogramme sera à l'aire du parallélogramme correspondant dans la seconde figure dans une raison constante.

549. L'espace compris dans un périmètre de forme quelconque peut être considéré comme composé d'une infinité de parallélogrammes infiniment petits, ayant leurs côtés parallèles à deux axes fixes. Les aires de ces parallélogrammes seront aux aires des parallélogrammes homologues dans la seconde figure dans une raison constante. On en conclut que :

Si, dans les deux figures, on considère deux courbes homologues, leurs aires seront entre elles dans une raison constante, quelles que soient ces deux courbes.

Ces propriétés des figures homographiques qui ont deux droites homologues coïncidentes à l'infini sont les mêmes que celles de deux figures dont l'une est la projection de l'autre.

IV. — *Construction analytique des figures.*

550. Ayant pris deux systèmes quelconques d'axes coordonnés OX, OY et ox, oy, dans les deux figures respectivement, soient

$$AX + BY + 1 = 0 \quad \text{et} \quad A'X + B'Y + 1 = 0$$

les équations des deux droites de la première figure, et

$$ax + by + 1 = 0, \quad a'x + b'y + 1 = 0$$

celles des deux droites correspondantes dans la seconde figure.

Soient X, Y et x, y les coordonnées de deux points correspondants des deux figures ; les distances de ces deux points à deux droites correspondantes, respectivement, sont entre elles dans un rapport constant (547) ; de sorte qu'on a les deux équations

$$AX + BY + 1 = \lambda(ax + by + 1),$$
$$A'X + B'Y + 1 = \mu(a'x + b'y + 1);$$

d'où l'on tire pour x et y des expressions de la forme

$$x = \varepsilon(\alpha X + \beta Y + 1), \quad y = \varphi(\alpha' X + \beta' Y + 1).$$

Ces expressions se peuvent déterminer *a priori*. Soient

$$\alpha X + \beta Y + 1 = 0 \quad \text{et} \quad \alpha' X + \beta' Y + 1 = 0$$

les équations des deux droites qui correspondent, dans la première figure, aux axes ox, oy de la seconde ; les distances d'un point m de la seconde figure aux deux axes oy, ox sont proportionnelles aux distances du point correspondant, dans la première figure, aux deux droites qui correspondent à ces axes. On a donc les deux équations

$$x = \varepsilon(\alpha X + \beta Y + 1), \quad y = \varphi(\alpha' X + \beta' Y + 1).$$

On simplifie ces formules en prenant pour les axes OX, OY

les droites correspondantes aux deux axes ox, oy. On a alors

$$x = \varepsilon . X, \quad y = \varphi . Y.$$

§ VI. — Propriétés relatives au système de deux figures homographiques placées d'une manière quelconque l'une par rapport à l'autre.

I. — *De la courbe d'intersection des rayons homologues de deux faisceaux homographiques.*

551. *La courbe lieu des points d'intersection des rayons homologues de deux faisceaux homographiques passe par les centres des deux faisceaux. Construction des tangentes à la courbe en ces points.*

Soient O, O′ (*fig.* 118) les centres des deux faisceaux; Om, O′m deux rayons homologues. Le rayon OO′ du premier faisceau rencontre son homologue O′Ω′ au point O′; de sorte que la courbe passe par ce point.

La tangente à la courbe en ce point est précisément le rayon O′Ω′; car, si l'on conçoit le rayon du premier faisceau Oω infiniment peu incliné sur OO′, son homologue O′ω sera infiniment peu incliné sur O′Ω′, et le point ω, intersection de ces deux rayons homologues Oω, O′ω, sera le point de la courbe infiniment voisin du point O′. La droite O′Ω′, limite de la droite O′ω, sera donc la tangente à la courbe. C. Q. F. P.

552. *La courbe lieu des points d'intersection des rayons homologues de deux faisceaux homographiques ne peut être rencontrée par une droite qu'en deux points réels ou imaginaires.*

Déterminer ces points.

Les rayons du premier faisceau (*fig.* 119) rencontrent une droite L en des points a, b, c, ..., et les rayons homologues du second faisceau en des points a', b', c', ...; ces deux séries de points forment deux divisions homographiques, et il est évident que les points d'intersection de la courbe en question par la droite L sont les points doubles de ces deux divisions. Ce qui prouve que la courbe n'est rencontrée par la droite qu'en deux points, réels ou imaginaires.

Ces deux points se déterminent par la construction générale des points doubles de deux divisions homographiques (**161** et **271**).

553. Il résulte de là que l'équation de la courbe, exprimée dans l'un des systèmes de coordonnées du Chapitre XXIII, sera du second degré.

Réciproquement : *Toute équation du second degré représente une courbe lieu des points d'intersection des rayons homologues de deux faisceaux homographiques.*

Car, par cinq points de la courbe représentée par l'équation du second degré, on pourra faire passer une courbe lieu des points d'intersection des rayons homologues de deux faisceaux homographiques, ayant leurs centres en deux des cinq points, et l'équation de cette courbe sera du second degré. On aura donc deux équations représentant deux courbes se coupant en cinq points, ce qui prouve que les deux courbes coïncident, parce que deux courbes du second degré différentes ne peuvent avoir plus de quatre points d'intersection.

Observation. — Si le système de coordonnées est celui dans lequel les deux coordonnées d'un point sont les rapports des distances de ce point à trois axes fixes (485), on en conclut que la courbe lieu des points d'intersection des rayons homologues de deux faisceaux homographiques est *le lieu d'un point dont les distances à trois axes fixes ont entre elles une relation homogène du second degré.*

554. *La courbe lieu des points d'intersection des rayons homologues de deux faisceaux homographiques jouit de la propriété que, si autour de deux quelconques de ses points on fait tourner deux rayons se coupant sur la courbe, ces deux rayons décrivent deux faisceaux homographiques.*

Cela résulte immédiatement du théorème (425), relatif à l'hexagone.

555. Puisque les deux rayons Am, Bm, qui tournent autour de deux points fixes quelconques de la courbe, forment deux faisceaux homographiques, les quatre rayons menés du point A à quatre points de la courbe ont leur rapport anharmonique égal à celui des quatre rayons menés du point B aux quatre mêmes points, et cette égalité a lieu quel que soit le point B ; de là résulte ce théorème :

La courbe lieu des points d'intersection des rayons homologues de deux faisceaux homographiques jouit de la propriété que les quatre droites menées de quatre points fixes de la courbe, à un cinquième point quelconque de la courbe, ont toujours le même rapport anharmonique.

Réciproquement : *Étant donnés quatre points fixes non situés en ligne droite, si l'on demande le lieu d'un point tel, que les quatre droites menées des quatre points fixes à ce point variable aient leur rapport anharmonique égal à une quantité constante, le lieu de ce point sera le lieu des points d'intersection des rayons homologues de deux faisceaux homographiques.*

En effet, soient A, B, C, D (*fig.* 120) les quatre points fixes donnés, et M l'un des points qui satisfont à la question; c'est-à-dire que les quatre droites MA, MB, MC, MD ont leur rapport anharmonique égal à une quantité donnée λ. Soient m, m' les points où les deux droites CM, DM rencontrent la droite BC; les quatre points A, B, m, m' ont leur rapport anharmonique égal à λ; on a donc

$$\frac{\mathrm{A}m}{\mathrm{B}m}:\frac{\mathrm{A}m'}{\mathrm{B}m'}=\lambda, \quad \text{ou} \quad \frac{\mathrm{A}m}{\mathrm{B}m}=\lambda\frac{\mathrm{A}m'}{\mathrm{B}m'}.$$

Cette équation prouve que les deux points m, m' forment deux divisions homographiques; donc les deux droites Cm, Dm' forment deux faisceaux homographiques. Ce qui démontre le théorème énoncé.

556. *Deux courbes dont chacune est le lieu des points d'intersection des rayons homologues de deux faisceaux homographiques peuvent être considérées comme deux figures homographiques dans lesquelles trois points quelconques de l'une correspondront respectivement à trois points de l'autre.*

Soient A, B, C (*fig.* 121) les trois points de la première courbe qui doivent correspondre aux trois points A′, B′, C′ de la seconde. Prenons les points A et B pour les centres de deux faisceaux homographiques dont les rayons homologues se coupent sur la première courbe; AC et BC seront deux rayons homologues, et la relation entre deux autres rayons homologues Am, Bm sera de la forme

$$\alpha\frac{\sin m\mathrm{AB}}{\sin m\mathrm{AC}}+6\frac{\sin m\mathrm{BA}}{\sin m\mathrm{BC}}=1 \quad (152).$$

Soient pareillement A′, B′ les centres des deux faisceaux relatifs à la seconde courbe; A′C′, B′C′ seront deux rayons homologues fixes, et la relation entre deux autres rayons homologues A′m', B′m' sera

$$\alpha'\frac{\sin m'\mathrm{A'B'}}{\sin m'\mathrm{A'C'}}+6'\frac{\sin m'\mathrm{B'A'}}{\sin m'\mathrm{B'C'}}=1.$$

Le point m étant pris arbitrairement sur la première courbe, on peut déterminer un point m' de la seconde par les relations

$$\alpha\frac{\sin m\mathrm{AB}}{\sin m\mathrm{AC}}=\alpha'\frac{\sin m'\mathrm{A'B'}}{\sin m'\mathrm{A'C'}},\quad 6\frac{\sin m\mathrm{BA}}{\sin m\mathrm{BC}}=6'\frac{\sin m'\mathrm{B'A'}}{\sin m'\mathrm{B'C'}}.$$

Car les rapports de segments qui déterminent ce point m' satisfont à l'équation de la seconde courbe, en vertu de l'équation de la première. Mais ces relations établissent que les deux courbes sont homographiques (514). Le théorème est donc démontré.

557. Nous verrons (580) que deux figures homographiques peuvent être placées de manière à être la perspective l'une de l'autre; par conséquent :

Deux courbes, dont chacune est le lieu des points d'intersection des rayons homologues de deux faisceaux homographiques, peuvent être placées de manière à être la perspective l'une de l'autre; trois points de la première devant correspondre à trois points désignés de la seconde.

558. Les rayons menés de deux points fixes d'un cercle à un troisième point de la circonférence forment deux faisceaux homographiques, parce que les angles de l'un sont égaux respectivement aux angles de l'autre; de sorte qu'un cercle est une des courbes lieux des points d'intersection des rayons homologues de deux faisceaux homographiques. Il résulte donc du théorème précédent que :

La courbe lieu des points d'intersection des rayons homologues de deux faisceaux homographiques peut toujours être considérée comme la section plane d'un cône à base circulaire; c'est-à-dire que cette courbe est une section conique.

Autre démonstration. — Concevons une droite quelconque L qui ne rencontre pas la courbe; et soient a, a' les points où les deux rayons homologues Am, Bm rencontrent cette droite. Ces points forment deux divisions homographiques dont les points doubles sont imaginaires, puisque la droite ne rencontre pas la courbe (552). Donc il existe deux points P et P' situés de part et d'autre de la droite, d'où l'on voit tous les segments, tels que aa', sous des angles égaux (177). Concevons un cercle décrit sur PP' comme diamètre, dans un plan perpendiculaire à la droite L; d'un point quelconque S de ce cercle, on verra les segments aa' sous des angles égaux. Que l'œil reste placé en ce point et que l'on fasse la perspective de la figure sur un plan parallèle au plan mené par ce point et la droite L; les deux rayons Aa, Ba' auront pour perspective deux droites parallèles aux deux Sa, Sa', et par conséquent faisant entre elles un angle de grandeur constante. Donc ces deux droites qui tournent autour de deux points fixes, perspectives des deux A, B, se coupent sur un cercle. Donc, la perspective de la courbe en question est un cercle. Ce qui démontre le théorème.

II. — *De la courbe enveloppe des droites qui joignent deux à deux les points homologues de deux divisions homographiques.*

559. *Quand deux droites* L, L′ *sont divisées homographiquement en deux séries de points* a, b, c, ... *et* a′, b′, c′, ... (*fig.* 122) *la courbe enveloppe des droites* aa′, bb′, ... *qui joignent, deux à deux, les points homologues, est tangente aux deux droites* L, L′.

Trouver les points de contact.

Soit A le point d'intersection des deux droites L, L′; considérons ce point comme appartenant à la première division, son homologue A′ dans la seconde division sera sur la droite L′; par conséquent, cette droite L′ ou AA′ est une des tangentes à la courbe.

Son point de contact est le point A′. En effet, si le point a est pris infiniment voisin de A, le point a' est infiniment voisin de A′ et la droite aa' est la tangente à la courbe, infiniment voisine de la tangente L′. Le point a', intersection de ces deux tangentes, est le point de contact de l'une d'elles. A la limite où a coïncide avec A, a' coïncide avec A′. Donc c'est en ce point A′ qu'a lieu le contact de la droite L′.

560. *Par un point on peut mener, en général, deux tangentes réelles ou imaginaires, à la courbe enveloppe des droites qui joignent deux à deux les points homologues de deux divisions homographiques.*

Trouver ces deux tangentes.

Les droites menées d'un point fixe aux deux séries de points a, b, c, ... et a', b', c', ... des deux divisions forment deux faisceaux homographiques, dont les rayons doubles sont deux tangentes à la courbe; car chacun de ces rayons passe par deux points homologues des deux divisions; ce qui est la propriété des tangentes à la courbe.

On conclut de là qu'on ne peut mener à la courbe, par un point donné, que deux tangentes, lesquelles se détermineront comme rayons doubles de deux faisceaux homographiques. Ces rayons, et par conséquent les deux tangentes, pourront être imaginaires.

561. Puisque par un point donné on ne peut mener que deux tangentes, réelles ou imaginaires, à la courbe enveloppe des droites qui divisent homographiquement deux droites fixes, on en conclut que cette courbe est de deuxième *classe* (**501**); et que son équation exprimée dans le système des *coordonnées d'une droite* est du second degré, c'est-à-dire qu'il existe une équation du second degré entre les rapports des segments $\frac{aA}{aS}$ et $\frac{bB}{bS}$ (*fig.* 109) que chaque tangente à la courbe fait sur deux axes fixes SA, SB; ou bien qu'il existe une relation homogène du second degré entre les distances de chacune des tangentes à la courbe à trois points fixes quelconques S, A, B (505).

Réciproquement : *L'équation générale du second degré entre les deux rapports de segments* $\frac{aA}{aS}$, $\frac{bB}{bS}$ *faits sur deux axes fixes, représente une courbe dont toutes les tangentes forment, sur deux tangentes fixes, deux divisions homographiques.*

Car trois tangentes et les deux tangentes fixes déterminent une courbe enveloppe de toutes les droites qui divisent homographiquement ces deux tangentes fixes. Cette courbe aura une équation du second degré (561); donc on aura deux courbes représentées l'une et l'autre par une équation du second degré et ayant cinq tangentes communes. Donc les deux courbes coïncident, parce que deux courbes de seconde classe ne peuvent avoir plus de quatre tangentes communes.

Observation. — Si au rapport de segments on substitue pour *coordonnées* d'une droite les rapports des distances de cette droite à trois points fixes (505), on en conclut que : *Les droites qui divisent homographiquement deux droites fixes jouissent de la propriété que les distances de chacune de ces droites à trois points fixes ont entre elles une relation homogène du second degré.*

562. *La courbe enveloppe des droites qui joignent les points homologues de deux divisions homographiques jouit de la propriété que deux quelconques de ces tangentes sont divisées homographiquement par toutes les autres.*

Cela se conclut sans difficulté du théorème (422) relatif à six droites, dont quatre divisent homographiquement les deux autres.

563. Il suit de là que : *La courbe enveloppe des droites qui joignent deux à deux les points homologues des deux divisions homographiques peut être considérée comme l'enveloppe d'une droite mobile qui, dans chacune de ses positions, détermine sur quatre droites fixes quatre points ayant un rapport anharmonique constant.*

Réciproquement : *La courbe enveloppe d'une droite mobile qui, dans chacune de ses positions, rencontre quatre droites fixes en quatre points ayant un rapport anharmonique constant, peut être considérée comme l'enveloppe d'une série de droites qui divisent homographiquement deux droites fixes.*

Soient quatre droites fixes A, B, C, D (*fig.* 123) rencontrées par une cinquième M en quatre points a, b, c, d. Que du point d'intersection O des deux droites A, B on mène les deux Oc, Od; les quatre droites A, B, Oc, Od auront leur rapport anharmonique constant, quelle que soit la droite M, parce que ce rapport est égal à celui des quatre points a, b, c, d, lequel est constant, par hypothèse; on aura donc

$$\frac{\sin aOc}{\sin aOd} : \frac{\sin bOc}{\sin bOd} = \lambda \quad \text{ou} \quad \frac{\sin aOc}{\sin bOc} = \lambda \frac{\sin aOd}{\sin bOd};$$

ce qui prouve que les deux rayons Oc, Od forment deux faisceaux homographiques (149). Par conséquent, les deux points c, d forment sur les deux droites fixes C, D deux divisions homographiques; ce qui démontre le théorème énoncé.

564. *Deux courbes, dont chacune est l'enveloppe des droites qui joignent es points homologues de deux divisions homographiques, peuvent être considérées comme deux figures homographiques, dans lesquelles trois tangentes quelconques de l'une correspondent à trois tangentes désignées dans l'autre.*

En effet, soient AB, BC, CA les trois tangentes de la première courbe, et A′B′, B′C′, C′A′ celles de la seconde courbe qui doivent leur correspondre. Une quatrième tangente M à la première courbe rencontrera les deux AC, BC en deux points a, b qui formeront deux divisions homographiques exprimées par la relation

$$\alpha \frac{aC}{aA} + 6 \frac{bC}{bB} = 1 \quad (129).$$

On aura de même, pour la seconde courbe, une équation

$$\alpha' \frac{a'C'}{a'A'} + 6' \frac{b'C'}{b'B'} = 1.$$

Les deux tangentes ab, $a'b'$ aux deux courbes, respectivement, peuvent être liées par les relations

$$\alpha \frac{aC}{aA} = \alpha' \frac{a'C'}{a'A'} \quad \text{et} \quad 6 \frac{bC}{bB} = 6' \frac{b'C'}{b'B'};$$

car, en vertu de l'équation de la première courbe, les valeurs des rapports $\frac{a'C'}{a'A'}$, $\frac{b'C'}{b'B'}$ données par ces équations satisfont à l'équation de la seconde. Or ces relations établissent que les deux droites ab, $a'b'$ enveloppent deux courbes homographiques dans lesquelles les trois droites A′B′, B′C′, C′A′ de la seconde correspondent aux trois AB, BC, CA de la première (**511**). Le théorème est donc démontré.

565. Deux figures homographiques peuvent être placées de manière à être la perspective l'une de l'autre (**580**). Donc :

Deux courbes dont chacune est l'enveloppe des droites qui joignent les points homologues de deux divisions homographiques peuvent toujours être considérées comme étant la perspective l'une de l'autre, de manière que trois tangentes de la première correspondent respectivement à trois tangentes désignées de la seconde.

566. Les tangentes à un cercle forment sur deux tangentes fixes deux divisions homographiques ([1]). On conclut donc du théorème précédent celui-ci :

La courbe enveloppe des droites qui joignent les points homologues de deux divisions homographiques peut être placée sur un cône à base circulaire et est, par conséquent, une section conique.

Autre démonstration. — Soient a, b, c, ... et a', b', c', ... (*fig.* 124) les points des deux divisions formées sur deux droites L, L′. Deux droites telles que ab' et $a'b$ se coupent en un point dont le lieu est une ligne droite Λ (**113**), et les points où cette droite rencontre les deux L, L′ sont précisément les points de contact de ces deux droites avec la courbe (**559**). La droite Λ rencontre la courbe en ces deux points, de sorte qu'une partie de cette droite est au dehors de la courbe et l'autre dans son intérieur. Prenons sur cette droite un point O dans l'intérieur de la courbe, de manière que les tangentes que l'on voudrait mener par ce point soient imaginaires.

Cela posé, les droites menées du point O aux deux séries de points a, b, c, ... et a', b', c', ... forment deux faisceaux homographiques, et ces deux faisceaux sont en involution, parce que, si l'on considère le rayon Oa du premier, qui a pour homologue dans le second Oa', comme appartenant

---

([1]) Cette propriété du cercle sera démontrée dans la IVe Section, Chap. XXVIII, § II.

au second faisceau et étant Ob', son homologue Ob dans le premier faisceau coïncide avec Oa'; ce qui suffit pour que les deux faisceaux soient en involution (259). Par conséquent, les intersections des deux faisceaux par une même transversale seront deux divisions homographiques en involution. Supposons que cette transversale passe par le point A, intersection des deux droites L, L', et par le point h, intersection des deux droites aa', bb'; et soient γ, γ' les points où elle rencontre deux rayons homologues Oc, Oc' des deux faisceaux. Ce sont ces deux points γ, γ' qui forment deux divisions en involution; et ces deux divisions ont leurs points doubles imaginaires, parce que les deux rayons doubles des deux faisceaux, qui seraient les deux tangentes à la courbe issues du point O (560), sont, par hypothèse, imaginaires.

Donc il existe deux points P, P', situés de part et d'autre de la transversale, de chacun desquels on voit chaque segment $\gamma\gamma'$ sous un angle droit (210). Que sur PP' comme diamètre on décrive une circonférence de cercle dans un plan perpendiculaire à la transversale, et qu'en prenant pour lieu de l'œil un point S de cette circonférence on fasse la perspective de la figure sur un plan parallèle au plan mené par le point S et la transversale, on aura en perspective une courbe (*fig.* 125) inscrite dans un losange (parallélogramme à diagonales rectangulaires) dont toutes les tangentes cc' seront vues du point de croisement des deux diagonales sous des angles droits. Or on sait que cette courbe est un cercle. Donc, la perspective de notre courbe est un cercle; ce qui démontre le théorème.

567. Il résulte des propositions (558 et 566) que la courbe lieu des points d'intersection des rayons homologues de deux faisceaux homographiques, et la courbe enveloppe des droites qui joignent deux à deux les points homologues de deux divisions homographiques sont identiques, puisque ces deux courbes sont l'une et l'autre des sections du cône à base circulaire, c'est-à-dire des *sections coniques*. Nous aurions peu de mots à ajouter pour prouver que réciproquement toute section conique peut être considérée comme étant tout à la fois le lieu des points d'intersection des rayons homologues de deux faisceaux homographiques et l'enveloppe des droites qui divisent homographiquement deux droites fixes. Mais nous voulons éviter d'anticiper ici sur la théorie des sections coniques, qui doit faire le sujet d'une étude spéciale; par cette raison, nous passons sous silence diverses propriétés générales de ces courbes, telles que celles de l'hexagone inscrit ou circonscrit, et toute la théorie des pôles, qui se présenteraient ici d'elles-mêmes, comme conséquences naturelles et immédiates de nos théories du rapport anharmonique et de l'homographie soit de deux séries de points, soit de deux faisceaux.

III. — *Propriétés relatives à deux figures homographiques.*

568. *Quelle que soit la position de deux figures homographiques, toutes les droites de l'une qui passent par un même point rencontrent respectivement les droites homologues dans l'autre figure en des points situés sur une conique.*

Car ces droites des deux figures forment deux faisceaux homographiques (519); donc elles se rencontrent deux à deux sur une conique (558).

569. *Quelle que soit la position de deux figures homographiques, si l'on joint un à un respectivement par des droites des points de la première situés en ligne droite aux points homologues de la seconde, toutes ces droites envelopperont une conique.*

Car les points de la première figure étant en ligne droite, leurs homologues sont sur une seconde droite et les deux droites sont divisées homographiquement. Donc (566), etc.

570. *Dans deux figures homographiques placées d'une manière quelconque, les points de la première qui satisfont à la condition que les droites qui les joignent à leurs homologues respectifs, dans la seconde figure, passent toutes par un même point donné, sont situés sur une section conique.*

La courbe lieu des points en question ne peut être rencontrée par une droite L qu'en deux points, parce que, cette droite étant considérée comme appartenant à la première figure, les droites qui joindront ses différents points à leurs homologues respectifs envelopperont une conique (566) à laquelle on ne pourra mener que deux tangentes par le point donné; de sorte qu'il n'existe sur la droite L que deux points qui, étant joints à leurs homologues, donnent deux droites passant par le point donné. Par conséquent, cette droite ne rencontre la courbe en question qu'en deux points, réels ou imaginaires; par suite, cette courbe est du second degré : c'est donc le lieu des points d'intersection des rayons homologues de deux faisceaux homographiques (553) ou enfin une conique (558).

C. Q. F. D.

571. *Dans deux figures homographiques, les droites de la première figure qui jouissent de la propriété de rencontrer leurs homologues respec-*

tives en des points situés sur une droite fixe donnée sont toutes tangentes à une même section conique.

La courbe enveloppe des droites en question n'admet que deux tangentes, réelles ou imaginaires, issues d'un même point. En effet, les droites de la première figure issues d'un même point O rencontrent leurs homologues respectives en des points situés sur une conique qui ne rencontre la droite donnée L qu'en deux points; il n'existe donc que deux droites de la première figure passant par le point O qui rencontrent leurs homologues respectives sur la droite L; conséquemment, la courbe en question n'a que deux tangentes issues du point O. Il s'ensuit que cette courbe est de seconde classe, et, par conséquent, l'enveloppe des droites qui joignent les points homologues de deux divisions homographiques (561), c'est-à-dire une conique (566). C. Q. F. D.

572. *Deux figures homographiques étant placées d'une manière quelconque, il existe en général trois points qui, considérés comme appartenant à la première figure, sont eux-mêmes leurs homologues dans la seconde.*

Deux de ces trois points peuvent être imaginaires, mais le troisième est toujours réel.

En effet, considérons dans les deux figures deux faisceaux homologues autour de deux points O, O′ ; leurs rayons homologues se couperont en des points situés sur une conique passant par les deux points O, O′ (551 et 558) ; et cette courbe passera évidemment par tout point A où coïncideront deux points homologues des deux figures, car les deux droites OA, O′A seront deux rayons homologues des deux faisceaux.

Considérons deux autres faisceaux homologues autour des deux points P, P′ ; les rayons homologues se couperont encore sur une conique qui passera par les points tels que A. Cette conique et la première se couperont en général en quatre points, dont l'un est le point d'intersection des deux droites OP et O′P′, qui sont deux rayons homologues dans chacun des deux systèmes de faisceaux homologues. Chacun des trois autres points d'intersection des deux coniques jouit de la propriété d'être le lieu de coïncidence de deux points homologues des deux figures; car, soit ω un de ces points d'intersection, les droites Oω, O′ω des deux figures, respectivement, sont homologues, parce qu'elles se coupent sur la première conique, et pareillement les deux droites Pω, P′ω sont aussi homologues, parce qu'elles se coupent sur la seconde conique. Par conséquent, le point ω, considéré comme intersection des deux droites Oω, Pω de la première figure, a pour homologue le point ω lui-même, considéré comme l'intersection des deux droites homologues O′ω, P′ω dans la seconde figure. Ainsi il est démontré qu'il existe en général trois points jouissant de la propriété en question et qu'il n'en existe pas un quatrième. Or, quand deux coniques se coupent en un point, elles ont nécessairement un second point d'intersection réel; donc l'un des trois points en question est toujours réel, les deux autres pouvant être imaginaires. Le théorème est donc démontré.

573. *Dans deux figures homographiques il existe en général trois droites qui, considérées comme appartenant à la première figure, sont elles-mêmes leurs homologues dans la seconde figure.*

Deux de ces droites peuvent être imaginaires, mais la troisième est toujours réelle.

En effet, prenons deux droites homologues L, L′; les droites qui joignent deux à deux leurs points homologues enveloppent une conique (566). Cette courbe est tangente à toute droite D suivant laquelle coïncideront deux droites homologues; car il est clair que cette droite D rencontre les deux L, L′ en deux points homologues, ce qui prouve qu'elle est une des tangentes à la conique.

Considérons deux autres droites homologues M, M′; les droites qui joignent leurs points homologues enveloppent une seconde conique. Ces deux courbes ont pour tangente commune la droite qui joint le point d'intersection des deux droites L, M au point d'intersection des deux droites L′, M′, car ces deux points sont deux points homologues sur L et L′, de même que sur M et M′. Les deux courbes ont trois autres tangentes communes, dont deux peuvent être imaginaires, mais dont la troisième est toujours réelle. Chacune de ces tangentes, étant considérée comme appartenant à la première figure, est elle-même son homologue dans la seconde figure; car les deux points où une de ces tangentes rencontre les deux droites L, M sont les homologues des deux points où cette même tangente rencontre les deux droites L′, M′. Par conséquent, le théorème est démontré.

IV. — *Où l'on démontre que deux figures homographiques quelconques peuvent être placées de manière à être homologiques ou perspectives l'une de l'autre.*

574. *Quand, dans deux figures homographiques, trois points de la première situés sur une même droite coïncident avec leurs homologues respectifs, il en est de même de tous les autres points de cette droite, et les deux figures sont homologiques.*

Soient a, b, c les trois points de la première figure, situés sur une même droite X, qui coïncident avec leurs homologues respectifs a', b', c'. Il est évident qu'un quatrième point quelconque d, pris sur la même droite, coïncide avec son homologue d', puisque les deux séries de quatre points ont le même rapport anharmonique (519).

Il résulte de là que deux droites homologues quelconques dans les deux figures se rencontrent sur la droite X. Par conséquent, pour que les deux figures soient homologiques, il suffit que les points homologues soient deux à deux sur des droites concourantes en un même point (528).

Soient a, a' deux points homologues; la droite aa' rencontre l'axe X en un point α dans lequel coïncident deux points homologues, comme il vient d'être dit. Par conséquent, les deux droites $a\alpha$ et $a'\alpha$ sont deux droites homologues coïncidentes. Soient pareillement b, b' deux autres points homologues et β le point où la droite bb' rencontre l'axe X; les deux droites βb, $\beta b'$ sont deux droites homologues coïncidentes. Le point S, intersection des deux droites aa', bb', est un lieu de coïncidence de deux points homologues, car, comme appartenant à la première figure, il est l'intersection des deux droites $a\alpha$, $b\beta$, et, considéré comme appartenant à la seconde figure, il est l'intersection des deux droites homologues $a'\alpha$, $b'\beta$. Le point S jouissant ainsi, de même que chacun des points de la droite X, de la propriété d'être un lieu de coïncidence de deux points homologues des deux figures, il s'ensuit que toute droite menée par ce point dans l'une des deux figures est elle-même son homologue dans l'autre; en d'autres termes, la droite qui joint deux points homologues passe par le point S. Donc les deux figures sont homologiques.

Observation. — Le théorème et la démonstration s'appliquent au cas où le centre d'homologie S est à l'infini.

575. *Quand deux figures sont homologiques, si l'on fait tourner l'une d'elles autour de l'axe d'homologie de manière à faire coïncider de nouveau son plan avec celui de l'autre figure, les deux figures, dans leur nouvelle position relative, seront encore homologiques, mais leur centre d'homologie sera différent.*

Cela résulte évidemment du théorème précédent.

576. *Quand, dans deux figures homographiques, trois droites de la première passant par un même point coïncident avec leurs homologues respectives, il en est de même de toutes les autres droites menées par ce même point, et les deux figures sont homologiques.*

En effet, soient SA, SB, SC les trois droites de la première figure, passant par un même point S, qui coïncident avec leurs homologues SA′, SB′, SC′ dans la seconde figure. Une quatrième droite SD coïncidera évidemment avec son homologue SD′, puisque les deux séries de quatre droites ont le même rapport anharmonique (510). Ainsi les deux figures sont telles, que leurs points homologues sont deux à deux sur des droites concourantes toutes au même point S. Il faut faire voir que leurs droites homologues se coupent deux à deux sur une même droite qui sera l'axe d'homologie des deux figures.

Soient A, A′ deux droites homologues, α leur point d'intersection. Ce point, considéré comme appartenant à la première droite, est lui-même son homologue sur la seconde, puisque deux points homologues sont en ligne droite avec le point fixe S.

Considérons deux autres droites homologues B, B′; leur point d'intersection β, considéré comme appartenant à la première, est lui-même son homologue sur la seconde. Donc la droite $\alpha\beta$, considérée comme appartenant à la première figure, est elle-même son homologue dans la seconde; et, puisque deux points homologues sont toujours en ligne droite avec le point S, on en conclut que tous les points de la droite $\alpha\beta$ sont eux-mêmes leurs homologues. Il s'ensuit que deux droites homologues quelconques rencontrent cette droite $\alpha\beta$ aux mêmes points; ce qu'il fallait prouver.

577. *Quand deux figures sont homologiques, si l'on fait tourner l'une d'elles dans son plan autour du centre d'homologie, après une rotation de 180° les deux figures seront encore homologiques, mais avec un axe d'homologie différent.*

Cela résulte immédiatement du théorème précédent.

578. *Deux figures homographiques de construction générale peuvent toujours être placées de manière à former deux figures homologiques.*

Nous disons que les deux figures sont de construction générale, pour exclure le cas où elles auraient un système de deux droites homologues coïncidentes à l'infini, comme nous l'avons vu (544). Ce cas, en ce qui concerne la question actuelle, sera traité plus loin (584).

Démonstration. — Qu'on détermine dans la première figure la droite I correspondante à l'infini de la seconde, et dans la seconde la droite J′ correspondante à l'infini de la première (513); concevons que les deux figures soient placées de manière que ces deux droites soient parallèles.

Un point quelconque e de la droite I a son homologue dans la seconde figure situé à l'infini; par conséquent, toutes les droites passant par le point e ont leurs homologues parallèles entre elles, et l'on peut déterminer leur direction. Que l'on mène par le point e, dans la première figure, une droite **E** parallèle à cette direction, et soit **E'** la droite correspondante dans la seconde figure; les deux droites **E** et **E'** sont parallèles entre elles.

Par un autre point f de la droite **I**, on mènera de même une autre droite **F** parallèle à son homologue **F'**. Soient **S** le point d'intersection des deux droites **E**, **F**, et **S'** celui des deux droites **E'**, **F'**; on placera la seconde figure de manière que les deux points **S**, **S'** coïncident, ainsi que les deux droites **E**, **E'** et les deux **F**, **F'**. Alors les deux figures seront homologiques et leur centre d'homologie sera le point **S**.

En effet, la droite menée par le point **S** parallèlement aux deux droites **I** et **J'**, considérée comme appartenant à la première figure, est elle-même son homologue dans la seconde figure, parce que deux points homologues coïncident en **S**, et que le point situé à l'infini sur la droite est aussi lui-même la réunion de deux points homologues dans les deux figures (**513**). Mais les deux droites homologues **E**, **E'** coïncident, et de même les deux **F**, **F'**. Donc, d'après le théorème (**576**), les deux figures sont homologiques.

C. Q. F. D.

Autrement. Après avoir déterminé dans les deux figures les deux droites **I** et **J'**, que l'on mène par deux points homologues a, a' des droites parallèles à ces deux-là respectivement, lesquelles seront homologues (**513**), et qu'on prenne sur ces droites deux points homologues b, b'. Puis, que l'on détermine les deux droites homologues aS, a'S' qui font des angles égaux avec les deux ab, $a'b'$ respectivement (**153**), et sur ces deux droites les deux points homologues **S**, **S'** tels que le rapport $\frac{a\mathrm{S}}{a'\mathrm{S}'}$ soit égal à $\frac{ab}{a'b'}$ [1]; qu'on superpose les deux droites aS, a'S' en faisant coïncider les points **S**, **S'**, les deux figures seront homologiques.

Si l'on veut déterminer directement dans chaque figure la position de la droite qui devient l'axe d'homologie, on cherche sur les droites aS, a'S' les points homologues α, α' tels que $\mathrm{S}\alpha = \mathrm{S}'\alpha'$ (**133**). Ces deux points appartiennent aux droites cherchées.

Ainsi l'on peut, sans déplacer les figures, déterminer dans chacune le point et la droite qui deviennent le centre et l'axe d'homologie.

579. *Remarque*. — Ces deux droites homologues qui, superposées,

---

[1] Soient i et j' les points où les deux droites aS, a'S' rencontrent les deux I et J' respectivement; les deux points S, S' seront déterminés par les deux relations

$$\frac{ai}{a\mathrm{S}} + \frac{a'j'}{a'\mathrm{S}'} = 1 \quad (130) \quad \text{et} \quad \frac{a\mathrm{S}}{a'\mathrm{S}'} = \frac{ab}{a'b'}.$$

forment l'axe d'homologie sont divisées par leurs points homologues *en parties égales*. Ainsi se trouve démontrée cette proposition énoncée précédemment (513), savoir que : *Dans deux figures homographiques (de construction générale) il existe toujours deux droites homologues qui sont divisées en parties égales par leurs points homologues.*

Si l'on considère les deux points S, S′ des deux figures qui, superposées, forment le centre d'homologie, on peut dire qu'*il existe toujours dans les deux figures deux faisceaux homologues égaux et superposables.*

580. Deux figures homographiques étant rendues homologiques, si l'on fait tourner l'une d'elles autour de l'axe d'homologie, elles deviendront en perspective (528). Ainsi :

Deux figures homographiques de construction générale peuvent toujours être placées de manière à être la perspective l'une de l'autre.

581. Nous avons vu que deux quadrilatères dont les sommets se correspondent deux à deux peuvent être considérés comme appartenant à deux figures homographiques (516) ; par conséquent, le problème que nous venons de résoudre relativement à deux figures homographiques doit s'entendre de deux quadrilatères. Ainsi :

Deux quadrilatères quelconques (qui ne sont pas tous deux des parallélogrammes) dont les sommets se correspondent deux à deux peuvent toujours être placés, dans leur plan commun, de manière à être homologiques ; c'est-à-dire de manière que leurs sommets soient deux à deux sur quatre droites concourantes en un même point, et que leurs côtés homologues se coupent deux à deux en quatre points en ligne droite.

Et les deux quadrilatères peuvent toujours être placés de manière à être la perspective l'un de l'autre.

Nous disons que les deux quadrilatères ne doivent pas être tous deux des parallélogrammes, parce que dans ce cas ils appartiendraient à deux figures homographiques de construction particulière dont il va être question ci-dessous.

582. Puisque deux figures perspectives l'une de l'autre sont deux figures homographiques et que, réciproquement, deux figures homographiques peuvent être mises en perspective, on en conclut que, quand on fait diverses perspectives A′, A″, ... d'une même figure A sur des plans différents et avec des positions de l'œil différentes, deux quelconques de ces figures peuvent être placées en perspective.

V. — *Figures homographiques dans lesquelles il existe deux droites homologues à l'infini.*

583. *Quand les droites à l'infini, dans deux figures homographiques, sont homologues, par chaque point de l'une des deux figures on peut mener en général deux droites telles, que chacune d'elles et son homologue dans l'autre figure seront divisées en parties égales par leurs points homologues.*

Ces deux droites peuvent être imaginaires.

En effet, prenons deux points homologues O, O′ et considérons dans la première figure un cercle ayant le point O pour centre. Aux points de ce cercle correspondront dans la seconde figure les points d'une ellipse. Cette ellipse aura deux demi-diamètres O′*a*′, O′*b*′ égaux au rayon du cercle. On cherchera les deux points *a*, *b* du cercle correspondant aux deux points *a*′, *b*′ de l'ellipse. Les deux droites O*a*, O′*a*′ satisferont à la condition demandée, savoir d'être divisées en parties égales par leurs points homologues (545). Il en est de même des deux droites O*b*, O′*b*′. Ainsi le théorème est démontré.

Il est clair que les droites menées par deux points homologues quelconques P, P′ parallèlement soit aux deux O*a*, O′*a*′ respectivement, soit aux deux O*b*, O′*b*′, seront aussi divisées en parties égales (546).

Mais il faut observer que les deux demi-diamètres O′*a*′, O′*b*′ de l'ellipse peuvent être imaginaires, et alors les deux systèmes de droites divisées en parties égales n'existent pas.

584. *Étant données deux figures homographiques dans lesquelles deux droites homologues coïncident à l'infini, placer ces deux figures de manière qu'elles soient homologiques.*

Soient O, O′ deux points homologues; on cherchera les deux droites O*a*, O*b* auxquelles correspondent deux droites O′*a*′, O′*b*′ telles que les deux O*a*, O′*a*′ soient divisées en parties égales par leurs points homologues, ainsi que les deux O*b*, O′*b*′. On fera coïncider les deux droites O*a*, O′*a*′; et, dans cette position, les deux figures satisferont à la question, c'est-à-dire que toutes les droites qui joindront les points de la première à leurs homologues respectifs concourront en un même point, lequel sera situé à l'infini. Cela résulte du théorème (574).

Si l'on veut déterminer *a priori* la direction de ces droites parallèles, il suffit de chercher les deux droites homologues qui, menées par les deux points O, O′, font des angles égaux avec les deux O*a*, O′*a*′ (153).

Ce que nous disons des deux droites O*a*, O′*a*′ doit s'entendre des deux

Ob, $O'b'$; de sorte que la question admet en général deux solutions, lesquelles peuvent être imaginaires.

585. Quand deux figures homologiques ont leur centre d'homologie à l'infini, si l'on fait tourner l'une d'elles autour de l'axe d'homologie, les droites qui joignent ses points aux points homologues de la figure fixe resteront toutes parallèles entre elles. Car, deux droites aa', bb' (*fig.* 126) qui joignent deux points de la première figure à leurs homologues étant parallèles, les deux triangles $a\gamma a'$, $b\gamma b'$ ont leurs côtés proportionnels, et conséquemment, quand la droite $\gamma a' b'$ tourne autour de l'axe d'homologie γX et prend la position $\gamma a'' b''$ dans l'espace, les deux triangles $a\gamma a''$, $b\gamma b''$ sont semblables et leurs côtés aa'', bb'' sont parallèles. Dans cette position, les deux figures sont la projection l'une de l'autre.

586. Quand deux figures homographiques ont deux droites homologues à l'infini, un parallélogramme dans l'une a pour homologue un parallélogramme dans l'autre (544). La question précédente comprend donc la solution de celle-ci :

Étant donnés deux parallélogrammes, les placer de manière que l'un soit la projection de l'autre.

Cela pourra n'être pas possible (584), mais la question suivante sera toujours résoluble :

Étant donnés deux parallélogrammes, en projeter un sur un plan de manière que sa projection soit semblable à l'autre.

Au lieu de deux parallélogrammes, on peut ne considérer que les deux triangles homologues retranchés par deux diagonales correspondantes. Alors on résout ce problème :

Étant donnés deux triangles, en projeter un de manière que sa projection soit semblable au second.

CHAPITRE XXVI.

THÉORIE DES FIGURES CORRÉLATIVES.

§ I. — Définition et construction des figures corrélatives.

I.

587. J'appelle *figures corrélatives* deux figures dans lesquelles à des points de l'une correspondent des droites dans l'autre, de manière qu'à des points en ligne droite correspondent des droites passant par un même point, avec cette condition que le rapport anharmonique de quatre points soit égal à celui des quatre droites correspondantes.

Puisque, à des points *situés en ligne droite* dans la première figure correspondent des droites *passant par un même point* dans la seconde, ce point *correspond* à la droite lieu des points de la première figure ; de sorte qu'on peut dire que les deux figures sont telles, qu'à un *point* et à une *droite* dans l'une correspondent respectivement une *droite* et un *point* dans l'autre.

588. Les figures *supplémentaires* tracées sur la sphère ont des relations de construction analogues à celles des figures *corrélatives;* car à un *point* de l'une correspond un *arc de grand cercle* dans l'autre, de manière qu'à des points situés sur un arc de grand cercle correspondent des arcs de grand cercle passant par un même point ; et le rapport anharmonique de quatre de ces points est égal à celui des quatre arcs de grands cercles correspondants.

Avec ces figures sphériques on forme immédiatement des figures planes *corrélatives*, car il suffit de faire passer par deux figures supplémentaires deux cônes ayant pour sommet commun le centre de la sphère ; les sections des deux cônes par un plan ou par deux plans différents sont évidemment deux figures *corrélatives*.

II. — *Construction des figures corrélatives.*

589. *Étant pris un triangle* ABC (*fig.* 127) *dans le plan d'une figure, si de ses deux sommets* A, B *on mène à chaque point* m *de la figure les droites* Am, Bm *qui forment sur les côtés opposés les deux rapports de segments* $\frac{bB}{bC}$, $\frac{aA}{aC}$; *puis que l'on détermine sur les côtés* A′C′, B′C′ *d'un second triangle quelconque* A′B′C′ *deux points* a′, b′ *formant deux rapports de segments tels que l'on ait les relations*

$$(1) \qquad \frac{aA}{aC} = \lambda \frac{a'C'}{a'A'}, \quad \frac{bB}{bC} = \mu \frac{b'C'}{b'B'},$$

λ *et* μ *étant deux constantes, la droite* a′b′ *appartiendra à une figure corrélative de la proposée et correspondra dans cette figure au point* m *de la première.*

Démonstration. — Il s'agit de prouver : 1° que, quand des points m sont en ligne droite, les droites correspondantes $a'b'$ passent par un même point ; 2° que quand des droites passent par un même point, dans la première figure, les points auxquels elles donnent lieu, dans la seconde, sont situés en ligne droite ; 3° que quatre points en ligne droite, dans la première figure, ont leur rapport anharmonique égal à celui des quatre droites correspondantes ; et 4° enfin, que quatre droites passant par un même point dans la première figure ont leur rapport anharmonique égal à celui des quatre points qui leur correspondent dans la seconde figure.

I. Quand des points m sont en ligne droite, on a, entre les deux rapports $\frac{aC}{aA}$, $\frac{bC}{bB}$, la relation du premier degré

$$\alpha \frac{aC}{aA} + 6 \frac{bC}{bB} = 1 \quad (430).$$

On a donc entre les deux rapports $\frac{a'C'}{a'A'}$ et $\frac{b'C'}{b'B'}$ la relation

$$\frac{\alpha}{\lambda} \frac{a'A'}{a'C'} + \frac{6}{\mu} \frac{b'B'}{b'C'} = 1;$$

équation qui prouve que la droite $a'b'$ passe par un point fixe (**452**).

II. Une droite L étant donnée dans la première figure, le point l' qui lui correspond dans la seconde est le point par lequel passent les droites correspondant aux points de la droite L.

Donc quand plusieurs droites L passent par un même point, les points qui leur correspondent se trouvent sur une même droite, laquelle est la droite correspondante à ce point.

III. Quand quatre points m sont en ligne droite, leur rapport anharmonique est égal à celui des quatre droites qui leur correspondent. En effet, les quatre points m étant en ligne droite, leur rapport anharmonique est égal à celui des quatre points a; or, d'après la première des relations (1), celui-ci est égal à celui des quatre points a'; mais ce dernier est égal à celui des quatre droites $a'b'$, puisqu'elles passent par un même point.

IV. Quatre droites L de la première figure, passant par un même point, ont leur rapport anharmonique égal à celui des quatre points qui leur correspondent dans la seconde. En effet, les quatre droites ont leur rapport anharmonique égal à celui des quatre points a où elles rencontrent le côté AC; celui-ci est égal à celui des quatre points a', lequel est égal à celui des quatre points l' qui correspondent aux quatre droites.

Ainsi la proposition est démontrée dans toutes ses parties.

Observations. — Au point a de la première figure correspond, dans la seconde, la droite $B'a'$. Cela résulte des équations (1); car, si le point m est en a sur AC, on a $bC = 0$, et par conséquent $b'B' = 0$, de sorte que la droite $a'b'$ passe par le point B'. Pareillement, au point b correspond la droite $A'b'$; par conséquent, à la droite ab correspond le point l', intersection des deux droites $B'a'$, $A'b'$.

Il s'ensuit qu'aux deux droites Ab, Ba correspondent les deux points b' et a'; et l'on en conclut qu'aux trois droites AC, BC et AB correspondent les trois points B', A' et C', et, par conséquent, qu'aux trois points A, B, C correspondent les trois droites $B'C'$, $A'C'$, $A'B'$.

Puisque, à la droite ab correspond le point l', nous pouvons dire que la droite qui, dans la première figure, correspond à un point de la seconde, se construit par les équations (1), qu'on peut écrire

$$\frac{a'A'}{a'C'} = \lambda \frac{aC}{aA}, \quad \frac{b'B'}{b'C'} = \mu \frac{bC}{bB}.$$

C'est-à-dire que la droite corrélative d'un point se construit par des formules semblables, et avec les mêmes coefficients, dans les deux figures.

590. *A tous les points situés à l'infini, dans une des deux figures, correspondent des droites passant toutes par un même point.*

En d'autres termes : *A l'infini, dans une figure, correspond un point dans l'autre figure.*

En effet, si un point m est à l'infini, les deux droites Am, Bm sont parallèles, et l'on a

$$\frac{aC}{aA}+\frac{bC}{bB}=1 \quad (480,\ 7^{\circ}),$$

et, par suite,

$$\frac{1}{\lambda}\frac{a'A'}{a'C'}+\frac{1}{\mu}\frac{b'B'}{b'C'}=1,$$

équation qui prouve que la droite $a'b'$, correspondant au point m situé à l'infini, passe par un point fixe (452). Donc, etc.

591. Aux points situés sur la base AB dans la première figure, correspondent des droites passant par le point C′ dans la seconde figure. Ainsi, à un point g (*fig.* 128) correspond une droite $C'g'$, et, réciproquement, au point g' de la seconde figure correspond la droite Cg dans la première. Il existe entre les deux points g, g' la relation

$$\frac{gA}{gB}=-\frac{\lambda}{\mu}\frac{g'B'}{g'A'}.$$

En effet, à un point m situé sur la droite Cg correspond une droite $a'b'$ qui passe par le point g', puisque celui-ci correspond à la droite Cg.

Les trois droites qui passent par le point m, dans le triangle ABC, donnent la relation

$$\frac{gA}{gB}\frac{aC}{aA}\frac{bB}{bC}=-1 \quad (366).$$

qui devient, en vertu des équations (1),

$$\frac{gA}{gB}\cdot\frac{1}{\lambda}\,\frac{a'A'}{a'C'}\cdot\mu\,\frac{b'C'}{b'B'}=-1.$$

Mais, les trois points g', a', b' étant en ligne droite, on a, dans le triangle A'B'C',

$$\frac{g'A'}{g'B'}\,\frac{a'C'}{a'A'}\,\frac{b'B'}{b'C'}=1 \quad (361).$$

Donc

$$\frac{gA}{gB}\,\frac{g'A'}{g'B'}\,\frac{\mu}{\lambda}=-1 \quad \text{ou} \quad \frac{gA}{gB}=-\frac{\lambda}{\mu}\,\frac{g'B'}{g'A'}.$$

C. Q. F. D.

592. Les deux constantes λ et μ seront déterminées si l'on donne, dans la seconde figure, la droite ou le point qui doit correspondre à un point ou une droite de la première figure. Cela est évident.

Il s'ensuit que la proposition (589) implique le mode de construction des figures corrélatives dans les deux cas où l'on donne, dans la figure que l'on veut former, les quatre points qui doivent correspondre à quatre droites de la proposée, ou trois points et une droite devant correspondre à trois droites et à un point de la figure proposée.

III. — *Discussion relative aux équations* (1).

593. Le mode de construction précédent des figures corrélatives repose sur la considération des deux triangles ABC, A'B'C' qui appartiennent, respectivement, aux deux figures et dont les sommets de l'un correspondent aux côtés de l'autre. On prend pour les sommets de l'un des triangles trois points quelconques de la figure à laquelle il appartient. On peut choisir ces points de manière que dans chacun des deux triangles un sommet ou un côté soit à l'infini ; ce qui donne lieu à plusieurs cas dans lesquels un ou plusieurs segments disparaissent des équations.

1° Si le point C est à l'infini, les équations deviennent

$$aA=\lambda\frac{a'C'}{a'A'}, \quad bB=\mu\frac{b'C'}{b'B'}.$$

Alors la base A'B', dans la seconde figure, passe par le point qui dans cette figure correspond à l'infini de la première.

2° Le point C' correspond à la droite AB de la première figure; si cette droite passe par le point auquel correspond l'infini de la seconde figure, le point C' sera à l'infini et les équations seront

$$a\text{A} = \frac{\lambda}{a'\text{A}'}, \quad b\text{B} = \frac{\mu}{b'\text{B}'}.$$

3° Si les deux points A, B sont à l'infini, les équations deviennent

$$\frac{1}{a\text{C}} = \lambda\frac{a'\text{C}'}{a'\text{A}'}, \quad \frac{1}{b\text{C}} = \mu\frac{b'\text{C}'}{b'\text{B}'}.$$

Le point C' est le point de la seconde figure qui correspond à l'infini de la première.

4° Si le point C est lui-même le point de la première figure correspondant à l'infini de la seconde, A'B' sera à l'infini, et les équations deviennent

$$\frac{1}{a\text{C}} = \lambda . a'\text{C}', \quad \frac{1}{b\text{C}} = \mu . b'\text{C}'.$$

5° Le point C peut être à l'infini, ainsi que la base A'B'. On a alors

$$a\text{A} = \lambda . a'\text{C}', \quad b\text{B} = \mu . b'\text{C}'.$$

Ces différentes formules s'appliquent à deux figures corrélatives quelconques.

594. Dans les équations (1), on peut remplacer un rapport de deux segments par un rapport de sinus, par exemple le rapport $\frac{a\text{A}}{a\text{C}}$ par le rapport $\frac{\sin a\text{BA}}{\sin a\text{BC}}$, comme nous l'avons vu au sujet des figures homographiques (514). Il s'ensuit que l'on peut supposer la droite AC à l'infini, et de même de BC et des deux droites A'C', B'C' de la seconde figure.

IV. — *Cas particulier.*

595. Si le point de la seconde figure qui correspond à l'infini de la première est lui-même à l'infini, on peut prendre ce point

pour le sommet C′ (*fig.* 129) ; la base AB du premier triangle sera à l'infini, et l'on aura

$$aC = \frac{1}{\lambda} a'A', \quad bC = \frac{1}{\mu} b'B'.$$

Considérons la première relation, et remplaçons-y le segment aC par la distance du point m à l'axe CB ; on aura

$$mp = \nu . a'A',$$

ce qui exprime que :

Quand le point de la seconde figure qui correspond à l'infini de la première est lui-même à l'infini, si l'on prend dans la seconde figure un axe dirigé vers ce point à l'infini et sur cet axe un point fixe A′, *puis dans la première figure la droite* CB *correspondante à ce point* A′,

Le segment A′a′ *qu'une droite quelconque de la seconde figure fait sur l'axe à partir du point* A′ *est à la distance du point correspondant, dans la première figure, à la droite fixe* CB *correspondant au point* A′, *dans une raison constante.*

§ II. — Développements relatifs aux propriétés métriques des figures corrélatives. Nouvelle définition de ces figures.

I.

596. La propriété fondamentale de laquelle dérivent toutes les relations métriques de deux figures corrélatives est celle que nous avons énoncée dans la définition de ces figures, savoir, que : *Quatre points en ligne droite dans une figure ont leur rapport anharmonique égal à celui des quatre droites corrélatives.*

Il résulte de là que : *Quand des points sont en ligne droite dans une figure, les droites qui leur correspondent dans l'autre figure rencontrent cette droite en des points qui forment, avec les premiers, deux divisions homographiques.*

597. D'où l'on conclut que :

Sur une droite il y a, en général, deux points (*réels ou ima-*

ginaires) tels, que leurs droites corrélatives passent par ces points eux-mêmes, respectivement.

Et, par un point on peut mener, en général, deux droites (réelles ou imaginaires) passant par leurs points corrélatifs respectifs.

598. Considérons quatre points en ligne droite a, b, c, m dans la première figure et les quatre droites correspondantes A, B, C, M dans la seconde; on aura

$$\frac{am}{bm} : \frac{ac}{bc} = \frac{\sin(A, M)}{\sin(B, M)} : \frac{\sin(A, C)}{\sin(B, C)}$$

ou

$$\frac{am}{bm} = \frac{\sin(A, M)}{\sin(B, M)} \left[\frac{ac}{bc} : \frac{\sin(A, C)}{\sin(B, C)}\right].$$

La quantité entre parenthèses est constante quel que soit le point m; écrivons donc

$$\frac{am}{bm} = \lambda \frac{\sin(A, M)}{\sin(B, M)}.$$

Si l'on conçoit dans la première figure une droite passant par le point m, le point corrélatif dans la seconde figure sera sur la droite M, et $\frac{\sin(A, M)}{\sin(B, M)}$ sera le rapport des distances de ce point aux deux droites fixes A, B. L'équation exprime donc que :

Étant pris deux points fixes a, b *dans une figure et les deux droites correspondantes* A, B *dans la figure corrélative, le rapport des segments faits par une droite quelconque de la première figure sur* ab *sera au rapport des distances du point qui correspond à cette droite aux deux droites* A, B *dans une raison constante.*

599. Le rapport des segments faits sur ab par une droite est égal au rapport des distances de cette droite aux deux points a, b. De sorte qu'on peut dire que :

Étant pris deux points fixes dans une figure et les deux droites correspondantes dans la figure corrélative, le rapport des distances d'une droite quelconque de la première figure à ces deux points sera au rapport des distances du point correspondant de la seconde figure, aux deux droites fixes, dans une raison constante.

600. Dans ce théorème, l'une des deux droites fixes peut être à l'infini, et la distance d'un point à cette droite disparaît de l'équation comme si elle devenait égale à l'unité, ainsi que nous l'avons vu souvent. Il en résulte que :

Étant données deux figures corrélatives, la distance d'un point quelconque de l'une à une droite fixe est au rapport des distances de la droite correspondante dans l'autre, aux deux points fixes dont l'un correspond à la droite fixe et l'autre à l'infini de la première figure, dans une raison constante.

601. Dans le théorème (599), on peut supposer le point b à l'infini ; le segment bm disparaîtra et le premier membre de l'équation sera simplement am. Donc :

Quand deux figures sont corrélatives, le segment qu'une droite quelconque de la première fait sur un axe à partir d'un point fixe est au rapport des distances du point qui correspond à cette droite dans la seconde figure, aux deux droites correspondant au point fixe et au point situé à l'infini sur l'axe de la première figure, dans une raison constante.

602. On peut prendre pour le point fixe de la première figure le point qui correspond à l'infini de la seconde ; la distance d'un point de la seconde figure à cette droite située à l'infini disparaît de l'équation, et l'on a ce théorème :

Dans deux figures corrélatives, étant pris le point I *de la première qui correspond à l'infini de la seconde, et étant mené par ce point un axe fixe, puis étant prise, dans la seconde, la droite qui correspond au point de la première situé à l'infini sur cet axe, le segment qu'une droite quelconque de la première figure fera sur l'axe fixe à partir du point* I *sera à la valeur inverse de la distance du point correspondant, dans la seconde figure, à la droite fixe correspondant à l'infini de l'axe fixe, dans une raison constante.*

II. — *Nouvelle définition des figures corrélatives.*

603. D'après le théorème (599), on peut donner cette définition des figures corrélatives :

On appelle figures corrélatives deux figures telles, qu'aux points de l'une correspondent des droites dans l'autre, de manière que les rapports des distances de chaque point de la première figure à trois droites fixes soient aux rapports des distances de la droite correspondante à trois points fixes dans des raisons constantes.

Cette définition, qui a toute la précision mathématique désirable, puisqu'elle n'implique aucune condition superflue, se prête néanmoins sans grande difficulté à la démonstration des équations (1) et des diverses propriétés des figures corrélatives.

604. *Cas divers.* — On peut prendre l'une des deux droites fixes de la seconde figure à l'infini; la distance d'un point à cette droite disparaîtra des relations entre les deux figures, comme si cette distance était devenue égale à l'unité.

De même, on peut supposer que l'un ou deux des trois points fixes dans la première figure soient à l'infini dans des directions données. Alors on substituera au rapport des distances d'une droite à deux points le rapport des segments que cette droite fait sur celle qui joint ces deux points, et, si l'un de ces points est à l'infini, le segment qui s'y rapporte disparaîtra de l'équation, comme s'il était devenu égal à l'unité.

Ainsi, par exemple : *Si les distances d'un point à deux axes fixes sont proportionnelles respectivement aux segments faits par une droite sur deux autres axes fixes quelconques, à partir de leur point de rencontre, le point et la droite appartiendront à deux figures corrélatives.*

§ III. — Expression analytique des figures corrélatives.

I. — *Équation de la droite correspondant à un point donné.*

605. Étant données les coordonnées d'un point d'une figure, nous nous proposons de trouver l'équation de la droite qui correspond à ce point dans une figure corrélative. Pour cela, nous nous servirons des relations établies par le théorème (599) concernant les distances d'un point quelconque à deux axes fixes et celles de la droite corrélative aux deux points correspondant à ces axes.

Soient

$$ax + by + 1 = 0,$$
$$a'x + b'y + 1 = 0,$$
$$a''x + b''y + 1 = 0$$

les équations de trois droites fixes dans la première figure, et x, y les coordonnées d'un point m de cette figure. Les rapports des distances de ce point aux trois droites sont

$$\varepsilon\frac{ax + by + 1}{a''x + b''y + 1}, \quad \varphi\frac{a'x + b'y + 1}{a''x + b''y + 1},$$

ε et φ étant des constantes indépendantes des coordonnées du point m.

Soient X', Y'; X'', Y'' et X''', Y''' les coordonnées des trois points fixes qui, dans la seconde figure, correspondent aux trois droites de la première, ces coordonnées se rapportant à deux axes quelconques qui peuvent être différents des deux axes coordonnés de la première figure ou les mêmes; et soit

$$AX + BY + 1 = 0$$

l'équation de la droite correspondant dans la seconde figure au point m de la première. Il s'agit de déterminer les paramètres A et B pour que cette droite enveloppe une figure corrélative à la proposée.

Les rapports des distances de cette droite aux trois points fixes sont

$$\varepsilon_1\frac{AX' + BY' + 1}{AX''' + BY''' + 1}, \quad \varphi_1\frac{AX'' + BY'' + 1}{AX''' + BY''' + 1}.$$

On a donc (599)

$$\frac{ax + by + 1}{a''x + b''y + 1} = \lambda\frac{AX' + BY' + 1}{AX''' + BY''' + 1},$$
$$\frac{a'x + b'y + 1}{a''x + b''y + 1} = \mu\frac{AX'' + BY'' + 1}{AX''' + BY''' + 1},$$

λ et μ étant deux constantes déterminées.

De ces deux équations on tirera les valeurs de A et B, et on les substituera dans l'équation de la droite. Ces valeurs sont de la forme

$$A = \frac{\alpha x + 6y + \gamma}{\alpha'' x + 6'' y + \gamma''}, \quad B = \frac{\alpha' x + 6' y + \gamma'}{\alpha'' x + 6'' y + \gamma''}.$$

L'équation de la droite est donc

$$\frac{\alpha x + 6y + \gamma}{\alpha'' x + 6'' y + \gamma''} X + \frac{\alpha' x + 6' y + \gamma'}{\alpha'' x + 6'' y + \gamma''} Y + 1 = 0$$

ou

$$(a) \quad (\alpha x + 6y + \gamma) X + (\alpha' x + 6' y + \gamma') Y + (\alpha'' x + 6'' y + \gamma'') = 0.$$

Ainsi : *Quand deux figures sont corrélatives, l'équation d'une droite dans l'une des figures contient au premier degré les coordonnées du point correspondant à cette droite dans l'autre figure.*

606. Réciproquement : *Quand l'équation d'une droite contient au premier degré les coordonnées d'un point, si ce point est mobile et décrit une figure, la droite enveloppera une figure corrélative.*

En effet, soit

$$(\alpha x + 6y + \gamma) X + (\alpha' x + 6' y + \gamma') Y + (\alpha'' x + 6'' y + \gamma'') = 0$$

l'équation de la droite M dont les coordonnées courantes, rapportées à deux axes OX, OY, sont X et Y, et dans laquelle x, y sont les coordonnées d'un point variable appartenant à une figure donnée, coordonnées relatives à deux axes ox, oy qui peuvent être différents des deux OX, OY, ou les mêmes.

La droite M fait sur les deux axes OX, OY deux segments dont les valeurs sont

$$-\frac{\alpha'' x + 6'' y + \gamma''}{\alpha x + 6y + \gamma}, \quad -\frac{\alpha'' x + 6'' y + \gamma''}{\alpha' x + 6' y + \gamma'}.$$

Or ces quantités sont proportionnelles aux rapports des distances du point (x, y) à trois droites fixes ayant pour équations

$$\alpha x + 6y + \gamma = 0, \quad \alpha' x + 6' y + \gamma' = 0, \quad \alpha'' x + 6'' y + \gamma'' = 0.$$

Donc, d'après (**604**), quand le point (x, y) décrit une figure, la droite M enveloppe une figure corrélative dans laquelle le point O, intersection des deux axes OX, OY, correspond à la droite qui a pour équation

$$\alpha'' x + \beta'' y + \gamma'' = 0,$$

et les points à l'infini, sur ces deux axes, correspondent aux deux droites qui ont pour équations

$$\alpha x + \beta y + \gamma = 0 \quad \text{et} \quad \alpha' x + \beta' y + \gamma = 0.$$

607. Il serait facile de démontrer directement, au moyen de l'équation de la droite mobile, que la figure enveloppe de cette droite jouit, par rapport à celle que décrit le point (x, y), de toutes les relations qui ont lieu entre deux figures corrélatives. Par exemple, démontrons que, quand le point (x, y) décrit une droite, la droite M passe toujours par un même point.

Soit

$$Lx + My + 1 = 0$$

l'équation de la droite décrite par le point (x, y).

L'équation de la droite M se met sous la forme

$$(\alpha X + \alpha' Y + \alpha'')x + (\beta X + \beta' Y + \beta'')y + (\gamma X + \gamma' Y + \gamma'') = 0.$$

On voit immédiatement que le point dont les coordonnées X, Y sont données par les deux équations

$$\alpha X + \alpha' Y + \alpha'' = L(\gamma X + \gamma' Y + \gamma''),$$
$$\beta X + \beta' Y + \beta'' = M(\gamma X + \gamma' Y + \gamma'')$$

est situé sur cette droite; en effet, ces coordonnées satisfont à son équation, car elles la ramènent à

$$Lx + My + 1 = 0,$$

équation identique, puisque l'on suppose que le point (x,y) décrit la droite représentée par cette équation. Donc, quand le point (x, y) décrit une droite, la droite M passe par un point fixe.

§ IV. — Propriétés des figures corrélatives.

608. *Quand trois points A, B, C d'une figure ont chacun pour droite correspondante dans la figure corrélative la droite qui joint les deux autres,*

Ces trois points, considérés comme appartenant à la seconde figure, ont pour droites corrélatives dans la première les mêmes droites;

Et il en est de même de tout autre point, c'est-à-dire que tout point, étant considéré comme appartenant successivement aux deux figures, a la même droite corrélative dans les deux cas.

En effet, A, B, C (*fig.* 130) sont, par hypothèse, trois points de la première figure, et les trois droites BC, CA, AB sont les droites correspondant à ces points, respectivement, dans la seconde figure. Donc le point A, considéré comme intersection des deux droites AB, AC de la seconde figure, et par conséquent comme point appartenant à cette figure, a pour droite corrélative dans la première figure la droite BC qui joint les points C et B, qui dans la première figure correspondent aux deux droites AB, AC de la seconde. Ainsi la première partie du théorème est prouvée.

Soit un point m de la première figure; on détermine la droite correspondante dans la seconde figure en menant les deux droites mA, mB et en prenant

$$\frac{a\mathrm{A}}{a\mathrm{C}}=\lambda\frac{a'\mathrm{C}}{a'\mathrm{A}},\quad \frac{b\mathrm{B}}{b\mathrm{C}}=\mu\frac{b'\mathrm{C}}{b'\mathrm{B}}\quad (589);$$

$a'b'$ est la droite cherchée.

Si le point m est considéré comme appartenant à la seconde figure, on détermine la droite correspondante $\alpha\beta$ de la première par les formules

$$\frac{a\mathrm{A}}{a\mathrm{C}}=\lambda\frac{\alpha\mathrm{C}}{\alpha\mathrm{A}},\quad \frac{b\mathrm{B}}{b\mathrm{C}}=\mu\frac{\beta\mathrm{C}}{\beta\mathrm{B}}\quad (589,\ \textit{Observ.}).$$

Donc

$$\frac{\alpha\mathrm{C}}{\alpha\mathrm{A}}=\frac{a'\mathrm{C}}{a'\mathrm{A}}\quad\text{et}\quad\frac{\beta\mathrm{C}}{\beta\mathrm{B}}=\frac{b'\mathrm{C}}{b'\mathrm{B}}.$$

Donc les points α, β coïncident avec a', b'. Donc la droite $a'b'$ est la droite correspondant au point m de la seconde figure; ce qui prouve la seconde partie du théorème ([1]).

609. Quand on a deux figures corrélatives placées d'une manière quelconque dans un même plan, si l'on considère chaque point m de ce plan comme appartenant successivement aux deux figures, il lui correspond deux droites dans les deux figures respectivement. Si le point m décrit une figure quelconque, *les deux droites envelopperont deux figures homographiques entre elles.*

Car il est évident que ces deux figures auront entre elles toutes les relations qui caractérisent les figures homographiques.

610. Il suit de là que :

Si deux figures corrélatives sont telles que quatre points de leur plan, considérés comme appartenant à l'une ou à l'autre, aient toujours les mêmes droites corrélatives, il en sera de même pour tout autre point.

Car les deux figures donneront lieu à deux figures homographiques qui auront quatre points communs et qui, par conséquent, coïncideront entièrement.

611. On conclut encore de ces considérations que :

Deux figures corrélatives étant placées d'une manière quelconque, l'une par rapport à l'autre, il existe en général trois

---

([1]) On peut encore considérer la droite $a'b'$ comme appartenant à la première figure, et chercher le point qui lui correspond dans la seconde.

Pour cela, on détermine sur AC et BC les deux points a'', b'' par les équations

$$\frac{a'\mathrm{A}}{a'\mathrm{C}} = \lambda\frac{a''\mathrm{C}}{a''\mathrm{A}}, \quad \frac{b'\mathrm{B}}{b'\mathrm{C}} = \mu\frac{b''\mathrm{C}}{b''\mathrm{B}}.$$

Les droites $\mathrm{A}b''$ et $\mathrm{B}a''$ correspondent aux deux points a', b', et leur point d'intersection est celui qui correspond, dans la seconde figure, à la droite $a'b'$ de la première. Or ces deux équations, comparées aux deux

$$\frac{a\mathrm{A}}{a\mathrm{C}} = \lambda\frac{a'\mathrm{C}}{a'\mathrm{A}}, \quad \frac{b\mathrm{B}}{b\mathrm{C}} = \mu\frac{b'\mathrm{C}}{b'\mathrm{B}},$$

prouvent que les deux points a'' et b'' coïncident avec les deux a, b; de sorte que le point cherché coïncide avec le point m. C. Q. F. P.

points dont chacun a la même droite corrélative dans les deux figures.

Deux de ces points peuvent être imaginaires, mais le troisième est toujours réel.

612. *Étant données deux figures corrélatives, les points de la première qui jouissent de la propriété que les droites qui leur correspondent dans la seconde figure passent par ces points eux-mêmes* (597) *sont situés sur une courbe du deuxième ordre, et ces droites enveloppent une courbe de deuxième classe.*

En effet, d'après le théorème (597), la courbe lieu des points en question sera telle, qu'une droite la rencontrera toujours en deux points (réels ou imaginaires); ce qui prouve qu'elle est du deuxième ordre; et la courbe enveloppe des droites correspondant à ces points est telle, que par un point on ne peut lui mener que deux tangentes (réelles ou imaginaires); ce qui prouve que cette courbe est de deuxième classe (501).

613. *Placer deux figures corrélatives données de manière que chaque point de leur plan, considéré comme appartenant à l'une ou à l'autre, ait la même droite corrélative dans les deux cas.*

Il suffit, d'après le théorème (608), que cette condition ait lieu pour trois points du plan des deux figures.

Soient O (*fig.* 131) le point de la première figure qui correspond à l'infini de la seconde, et Ω′ le point de celle-ci qui correspond à l'infini de la première figure.

Soient les droites A, B, ... passant par le point O dans la première figure, *m*, *n*, ... leurs points à l'infini. A ces points correspondent dans la seconde figure les droites M′, N′, ... passant par le point Ω′; et aux droites A, B, ... correspondent les points *a*′, *b*′, ... situés à l'infini sur ces droites M′, N′, ... (Ces points sont à l'infini parce que les droites A, B, ... passent par le point O; et ils sont sur les droites M′, N′, ... parce que les droites A, B, ... passent par les points *m*, *n*, ...).

Quatre droites M′, N′, ... ont leur rapport anharmonique égal à celui des quatre points *m*, *n*, ..., et par conséquent à celui des quatre droites A, B, ... Donc les droites A, B, ... et les droites M', N', ... forment deux faisceaux homographiques.

Les deux droites A et M' qui se correspondent dans ces deux faisceaux étant prises arbitrairement, on cherchera les deux B et N' qui font avec A et M', respectivement, des angles égaux (153), et l'on placera les deux faisceaux de manière que N' et M' coïncident respectivement avec A et B, et par conséquent n et m avec a' et b'. Alors chacun des trois points m, n, O aura pour droite corrélative dans les deux figures la droite qui joint les deux autres. Par conséquent, tout autre point du plan des deux figures aura la même droite corrélative dans l'une et dans l'autre. Ainsi le problème est résolu.

Observation. — Cette question et surtout celle où il s'agit de placer en perspective deux figures homographiques (578) ou simplement deux quadrilatères quelconques présenteraient des difficultés de calcul si l'on voulait les traiter par l'analyse, c'est-à-dire par la doctrine des coordonnées. La Géométrie, au contraire, qui a dû entrer dans le détail des propriétés intimes des figures, y a trouvé tous les éléments nécessaires pour la solution des deux questions.

CHAPITRE XXVII.

DES APPLICATIONS DE LA THÉORIE DES FIGURES HOMOGRAPHIQUES, ET DE CELLE DES FIGURES CORRÉLATIVES, REGARDÉES COMME MÉTHODES DE DÉMONSTRATION.

§ I. — Considérations sur l'usage des deux méthodes. Principe de dualité.

614. La théorie des figures homographiques offre une méthode pour transformer une figure en une autre du même genre et appliquer à celle-ci les propriétés de la première, comme on fait par la perspective et la projection d'une figure plane. Ainsi, par exemple, on change un quadrilatère de forme quelconque en un parallélogramme, une section conique en un cercle, même avec certaines conditions relatives aux autres parties de la figure; plus généralement une section conique en une autre, de manière qu'à deux points donnés dans l'intérieur de la première correspondent dans la seconde des foyers de celle-ci, etc. Ces transformations donnent le moyen d'appliquer à une figure les propriétés d'une figure plus simple et de généraliser ainsi des vérités connues; ou bien, un problème étant proposé à l'égard d'une figure, on cherche à le résoudre sur la plus simple des figures transformées.

615. Les figures corrélatives ont un tout autre caractère. Avec une figure donnée, on en forme une seconde qui est, en général, d'un genre différent, puisqu'à des *points* de l'une correspondent des *droites* dans l'autre, et réciproquement. Aux propriétés de la première figure correspondent des propriétés de la seconde, qui dérivent des premières, en vertu des relations générales qui ont lieu entre deux figures corrélatives.

De là résulte une *dualité* constante dans les théorèmes de Géométrie plane, nous pouvons dire dans les propriétés de l'étendue en général, car cette dualité a lieu aussi dans les figures à trois dimensions, où ce sont des plans qui correspondent à des points et des droites à des droites [1].

---

[1] *Aperçu historique*, etc., p. 575-694.

616. C'est la théorie des *pôles* dans le cercle et les sections coniques qui a donné lieu à ces transformations de figures et à l'idée d'une dualité permanente en Géométrie. On a d'abord fait quelques usages partiels de cette correspondance entre un *point* et la droite appelée *polaire* dans les sections coniques; c'est ainsi, par exemple, que Brianchon a conclu du théorème de Pascal sur l'hexagone inscrit à une conique son beau théorème sur l'hexagone circonscrit. Il suffisait de remarquer que les *pôles* des côtés de l'hexagone inscrit sont les sommets d'un hexagone circonscrit. Mais c'est Poncelet qui a montré le premier que dans ces faciles procédés de démonstration se trouvait une méthode générale qui pouvait s'appliquer à une foule de propriétés de l'étendue, particulièrement à toutes les propriétés descriptives, méthode qu'il a appelée *Théorie des polaires réciproques* (1). Quelques géomètres ont ensuite eu l'idée d'un *principe de dualité;* toutefois, il faut observer que la méthode de Poncelet, la *Théorie des polaires réciproques*, était la seule qui servît alors aux transformations et par laquelle on pût justifier ce principe de *dualité*.

Cependant il existe divers autres procédés particuliers de transformation, constituant des théories analogues à celle des polaires et donnant lieu de même au principe de dualité (2).

Mais ces divers procédés particuliers, que nous n'avons point à étudier ici, sont compris soit dans la théorie analytique des figures corrélatives (605) étendue aux trois dimensions (3), soit dans le mode de construction générale de ces figures, qui nous a conduit au développement de leurs propriétés et à la solution de cette question : *Étant données quatre droites qui doivent correspondre à quatre points désignés d'une figure, construire la figure corrélative;* question qui implique le point de vue le plus général sous lequel on puisse considérer les figures corrélatives.

617. On peut remarquer des exemples continuels de la *dualité* dont nous parlions tout à l'heure dans les diverses théories et les propositions isolées que renferme cet Ouvrage.

Ainsi, aux divisions homographiques sur des droites correspondent des faisceaux homographiques, et les propriétés relatives à ces faisceaux se peuvent conclure de celles des divisions.

Aux côtés et aux diagonales d'un quadrilatère correspondent les sommets

---

(1) Voir *Mémoire sur la Théorie générale des polaires réciproques*, inséré dans le *Journal de Mathématiques* de Crelle, t. IV.

(2) Voir *Aperçu historique*, etc., p. 224-228, 656-687.

(3) Mémoire de Géométrie sur deux principes généraux, la Dualité et l'Homographie (*Aperçu historique*, etc., p. 575-694).

et les points de concours des côtés opposés du quadrilatère corrélatif; aux six points dans lesquels une transversale rencontre les quatre côtés et les deux diagonales du premier quadrilatère correspondent, dans le second, les six droites menées d'un même point à ses sommets et aux points de concours de ses côtés opposés; les six points du premier quadrilatère sont en involution; donc les six droites du second sont aussi en involution. Et ainsi de la plupart des autres théorèmes.

618. Il serait donc possible de conclure, en vertu de cette dualité constante, une moitié à peu près de nos propositions de l'autre moitié, sans nouveaux frais de démonstration.

Toutefois nous n'avons pas procédé de cette manière; il faut en dire ici le motif.

§ II. — Pourquoi l'on ne fait pas usage, dans le cours de cet Ouvrage, des méthodes de transformation.

619. Comme nous venons de le dire, les méthodes de transformation qui constituent des théories analogues à celle des pôles et des polaires ont conduit à l'idée du principe de dualité en Géométrie. Ces méthodes de transformation sont commodes pour déduire d'un théorème déjà connu un autre théorème, ou, plus généralement, d'une théorie déjà connue une autre théorie. Mais, dans un Ouvrage qui a pour but le développement systématique des différentes parties de la Géométrie, il faut faire pénétrer le principe de dualité dans les éléments mêmes et donner des méthodes générales qui soient également propres à démontrer deux propositions corrélatives. C'est ce que nous avons fait ici; et l'on remarquera que le principe de dualité apparaît dès les commencements dans la considération du rapport anharmonique de quatre points en ligne droite d'une part et de quatre droites concourantes d'autre part. On pourra ainsi, dans tout le cours de l'Ouvrage, suivre le développement des propositions corrélatives, comme nous l'avons déjà dit (**617**).

Nous avons, de cette façon, formé un ensemble de propositions constituant, par leur enchaînement naturel, des théories et un corps de doctrine susceptibles d'applications fécondes dans toutes les parties de la Géométrie.

Il nous a fallu démontrer directement chacune de ces propositions, les unes au moyen des autres, par les propres ressources que peuvent offrir les théories auxquelles elles se rapportent. C'était une condition à laquelle il fallait s'astreindre pour constituer ces théories, et cette marche paraît d'autant plus nécessaire, que, en général, il ne suffit pas de savoir qu'une proposition est vraie pour qu'on puisse en faire un usage utile en Mathématiques : il faut encore connaître toutes ses dépendances avec les diverses propositions qui se rattachent au même sujet. Quand cet enchaînement est mis à nu, tout devient facile, et il est même rare que l'on ne puisse pas démontrer une même proposition de bien des manières, car on y arrive par toutes celles qui la touchent de quelque côté. C'est là un critérium qui permet d'apprécier jusqu'à quel point on a pénétré dans le sujet que l'on traite et combien il peut encore laisser à désirer.

620. Nous ne ferons donc point usage, dans le cours de cet Ouvrage, de la théorie des figures corrélatives. A l'égard de celle des figures homographiques, on peut faire les mêmes remarques.

D'une manière générale, si l'on a découvert un théorème par l'une ou l'autre de ces deux méthodes, on pourra trouver une démonstration directe de ce théorème en appliquant la méthode de transformation à l'une des démonstrations du théorème que l'on a transformé.

621. Ces considérations suffisent pour montrer pourquoi nous avons dû ne pas faire usage des méthodes de transformation dans l'Ouvrage actuel, eu égard au but que nous nous y proposions, comme nous l'avons dit.

En se privant du secours de ces méthodes, on se crée parfois des difficultés; mais ce n'est pas sans utilité, parce que l'obligation de démontrer par les ressources naturelles du sujet certaines propositions qui auraient pu se conclure des méthodes de transformation met toujours sur la voie de beaucoup d'autres vérités qui accroissent souvent d'une manière inattendue et fort propice le sujet que l'on traite.

La théorie des sections coniques surtout peut fournir de nombreux exemples très-propres à justifier la marche que nous nous sommes efforcé de suivre invariablement. Dans ces courbes, il y a à considérer leurs points et leurs tangentes; à une propriété relative à des points correspond une propriété relative aux tangentes. Mais jusqu'ici ce sont principalement les propriétés relatives aux points que l'on a étudiées, parce que ce sont celles qui se prêtent le plus aisément aux applications de la Géométrie analytique, et l'on a négligé, en général, les propriétés relatives aux tangentes. Par exemple, on démontre d'une foule de manières le théorème de Pascal qui concerne six points d'une conique, mais on ne démontre que rarement par une méthode directe le théorème de Brianchon qui concerne six tangentes à une conique : on le conclut du théorème de Pascal. De même, on démontre directement les propriétés relatives à un système de coniques passant par quatre points, mais on ne démontre pas celles d'un système de coniques tangentes à quatre droites : on les conclut des premières par la théorie des polaires réciproques ou des figures corrélatives. Cependant les unes et les autres méritent, au même titre, une démonstration, et cette démonstration, sans laquelle la science reste incomplète, importe aux progrès de la Géométrie.

C'est dans ces vues que nous avons cherché à réunir dans cet Ouvrage tous les éléments nécessaires pour la démonstration directe des deux sortes de propriétés que nous venons de distinguer dans les sections coniques et qui se retrouvent dans toutes les autres parties de la Géométrie.

622. Après avoir dit pourquoi nous avons dû nous priver du secours des méthodes de transformation, hâtons-nous d'ajouter que néanmoins ces méthodes ingénieuses, qui ont enrichi la science d'une foule de vérités dont on n'avait pas eu l'idée auparavant, peuvent être fort utiles dans beaucoup de circonstances, et que le géomètre doit les connaître et les avoir à sa disposition. C'est pour cela que nous les avons exposées dans toute la généralité et avec tous les développements théoriques qu'elles nous ont paru comporter.

Comme, à raison de cette généralité même et du point de vue abstrait sous lequel nous avons présenté ces méthodes, elles diffèrent, dans leur conception, des procédés particuliers, tels que la perspective et la théorie des polaires réciproques, dont on a fait usage jusqu'ici, nous allons en faire diverses applications. Plusieurs, qui se rapporteront aux relations d'angles, présenteront des résultats nouveaux, fondés sur la notion des *divisions* et des *faisceaux homographiques*, que l'on n'a point encore introduite dans ce genre de recherches.

§ III. — Applications diverses des deux méthodes de transformation.

623. L'application des deux méthodes est toujours facile en ce qui concerne les relations descriptives des figures, et nous n'avons à entrer à ce sujet dans aucun détail. Mais il n'en est pas de même des relations métriques, soit de segments, soit d'angles : ces relations peuvent présenter beaucoup de difficultés, ou se refuser même à la transformation.

I. — *Transformation des relations de segments.*

624. Les dépendances générales entre deux figures homographiques, ou corrélatives, s'expriment par des rapports de segments, et non par de

simples segments. Par exemple, dans deux figures corrélatives, le rapport des distances d'un point quelconque de l'une à deux axes fixes est au rapport des distances de la droite corrélative, dans l'autre à deux points fixes, dans une raison constante (599). Ainsi, c'est le rapport de deux lignes dans une figure, que l'on compare au rapport de deux autres lignes dans l'autre figure; et ce n'est point une ligne seule que l'on peut comparer en grandeur, d'une manière absolue, à une autre ligne. Voilà pourquoi la transformation des relations métriques présente, en général, des difficultés, et souvent n'est pas possible.

Si une expression proposée ne contient que des rapports de segments, tels que ceux qui entrent dans les dépendances générales des figures homographiques ou corrélatives, la transformation se fait d'elle-même, sans aucune difficulté.

Quand une expression n'est pas transformable immédiatement, on cherche à lui donner une forme plus favorable; et, pour cela, la marche la plus simple et la plus sûre est de chercher à y introduire des *rapports anharmoniques;* ce qu'on fait en se servant, au besoin, des points à l'infini, et en changeant les origines des segments.

Nous allons donner divers exemples de ces transformations.

625. « Si une corde, dans un cercle, tourne autour d'un point fixe, la somme des distances de ses extrémités à une droite fixe prise arbitrairement, divisées par les distances des deux mêmes points à la polaire du point fixe, reste constante (693). »

Il n'entre dans cet énoncé que des rapports de distances qui se transforment immédiatement.

Faisant la figure homographique, qui est une conique, puisqu'elle pourra être mise en perspective avec le cercle, c'est-à-dire sur un même cône (580), on conclut des relations générales entre deux figures homographiques (522) que *la propriété du cercle appartient aussi à une conique quelconque.*

Et, par la théorie des figures corrélatives, cette même propriété du cercle donne lieu, en vertu des relations (599), au théorème suivant :

Si de chaque point d'une droite on mène deux tangentes à une section conique, la somme de leurs distances à un point fixe, divisées par les distances des deux mêmes tangentes au pôle de la droite, reste constante.

Il est bien entendu qu'on observe ici la règle des signes, comme nous l'avons toujours fait; de sorte que ce que nous appelons la *somme* est une somme algébrique qui peut devenir une *différence.*

626. *Transformer homographiquement le rapport* $\frac{\mathrm{ab}}{\mathrm{cd}}$ *de deux segments situés sur une même droite.*

Soit j le point situé à l'infini sur la droite ab; on peut écrire

$$(a)\qquad \frac{ab}{cd}=\frac{ab}{ac}\,\frac{ac}{cd}=\left(\frac{ab}{ac}:\frac{jb}{jc}\right)\left(\frac{ac}{cd}:\frac{aj}{jd}\right).$$

Le second membre se compose de deux rapports anharmoniques, et, par conséquent, est transformable; on a donc, en désignant par les mêmes lettres accentuées les points de la seconde figure,

$$\frac{ab}{cd}=\left(\frac{a'b'}{a'c'}:\frac{j'b'}{j'c'}\right)\left(\frac{a'c'}{c'd'}:\frac{a'j'}{j'd'}\right)$$

ou

$$\frac{ab}{cd}=\frac{a'b'}{c'd'}:\frac{j'a'.j'b'}{j'c'.j'd'}.$$

Ainsi le rapport $\frac{ab}{cd}$ se trouve transformé.

j' est le point qui, dans la seconde figure, correspond à l'infini de la droite ab.

Si l'on a à considérer plusieurs segments sur une même droite, on pourra donner à chacun une expression de la forme

$$ab=\lambda\,\frac{a'b'}{j'a'.j'b'},$$

λ étant une constante relative à la droite sur laquelle sont les segments; de sorte que pour des segments situés sur une autre droite on aurait une autre constante. Mais il faut, pour que la relation dans laquelle entrent ces segments soit transformable, qu'après la substitution de ces expressions des segments ab, ... les constantes disparaissent d'elles-mêmes.

627. *Transformer homographiquement le rapport de deux segments* ab, cd (*fig.* 132), *situés sur deux droites parallèles.*

Qu'on mène les deux droites ac, bd qui se rencontrent en e; on a

$$\frac{ab}{cd}=\frac{ae}{ce}=\frac{ae}{ce}:\frac{ja}{jc},$$

j étant le point à l'infini sur la droite ae.

Le deuxième membre étant un rapport anharmonique, on aura

$$\frac{ab}{cd} = \frac{a'e'}{c'e'} : \frac{j'a'}{j'c'}.$$

Ainsi le rapport $\frac{ab}{cd}$ est transformé.

On lui donne une autre expression, en observant qu'on a dans le triangle $f'a'c'$, coupé par la droite $b'd'$,

$$\frac{a'e'}{c'e'} = \frac{a'b'}{f'b'} \frac{f'd'}{c'd'} \quad (361).$$

Il vient

$$\frac{ab}{cd} = \frac{a'b'}{c'd'} : \left(\frac{f'b'}{f'd'} \times \frac{j'a'}{j'c'}\right).$$

f' est le point de concours des deux droites $a'b'$, $c'd'$, c'est-à-dire le point qui répond à l'infini des deux droites parallèles ab, cd de la première figure.

628. *Transformer corrélativement le rapport* $\frac{ab}{cd}$ *de deux segments situés sur une même droite.*

Soient A', B', C', D' et J' les droites qui correspondent, dans la figure corrélative, aux points a, b, c, d et à l'infini de la droite ab; on aura, d'après l'expression (a) du rapport $\frac{ab}{cd}$, qui est transformable, une fonction semblable de sinus; et, par suite,

$$\frac{ab}{cd} = \frac{\sin(A', B')}{\sin(C', D')} : \frac{\sin(J', A').\sin(J', B')}{\sin(J', C').\sin(J', D')}.$$

Le rapport $\frac{ab}{cd}$ est donc transformé.

On peut remplacer la fonction de sinus par une fonction de segments. Qu'on mène dans la seconde figure une transversale qui rencontre les cinq droites A', B', C', D', J' en a', b', c', d', j'; on aura

$$\frac{ab}{cd} = \frac{a'b'}{c'd'} : \frac{j'a'.j'b'}{j'c'.j'd'}.$$

Et si la transversale est parallèle à la droite J', il vient

$$\frac{ab}{cd} = \frac{a'b'}{c'd'}.$$

Si l'on a à considérer plusieurs segments sur une même droite, on peut leur donner l'expression suivante :

$$ab = \lambda \frac{\sin(A', B')}{\sin(J', A').\sin(J', B')},$$

λ étant une constante relative à la droite ab.

On peut encore écrire

$$ab = \lambda_1 \frac{a'b'}{j'a'.j'b'}, \quad \text{ou} \quad ab = \lambda_2 . a'b'.$$

Cette dernière formule, d'une simplicité qui ne laisse rien à désirer, se présente immédiatement dans la théorie des polaires réciproques, si l'on prend une parabole pour conique auxiliaire. Elle se prête à de nombreuses applications ([1]).

629. *Transformer corrélativement le rapport de deux segments* ab, cd (*fig.* 133), *situés sur deux droites parallèles.*

On a

$$\frac{ab}{cd} = \frac{ae}{ce} = \frac{ae}{ce} : \frac{aj}{cj},$$

j étant le point situé à l'infini sur la droite ae.

On aura dans la figure corrélative quatre droites A', B', C', D', une cinquième E' qui joindra le point d'intersection des deux A', C' au point d'intersection des deux B', D', et une sixième J' passant par le point d'intersection de A' et C', et correspondant au point situé à l'infini sur ac.

Le rapport $\frac{ab}{cd}$ est exprimé ci-dessus par un rapport anharmonique ; par conséquent on a

$$\frac{ab}{cd} = \frac{\sin(A', E')}{\sin(C', E')} : \frac{\sin(A', J')}{\sin(C', J')}.$$

On peut donner au second membre une autre expression. Qu'on mène la droite F' qui joint le point d'intersection de A' et B' au point d'intersection

---

([1]) Voir *Mémoires sur la transformation parabolique des propriétés métriques des figures* (*Correspondance mathématique* de Quetelet, t. V et VI, 1829). Poncelet a inséré, au sujet de ces Mémoires, dans le même Recueil, des développements sur les relations projectives, où il montre que la théorie des polaires, avec une conique quelconque, conduit à la même relation que la parabole. Cela est évident ici, puisque cette relation a lieu dans les figures corrélatives les plus générales.

de C′ et D′. On a, dans le triangle formé par les trois droites A′, C′, F′ et aux sommets duquel sont menées les trois droites B′, D′, E′ qui passent par un même point,

$$\frac{\sin(A', E')}{\sin(C', E')} = -\frac{\sin(A', B')}{\sin(F', B')}\frac{\sin(F', D')}{\sin(C', D')} \quad (365).$$

Il vient donc

$$\frac{ab}{cd} = -\frac{\sin(A', B')}{\sin(C', D')} : \left[\frac{\sin(F', B')}{\sin(F', D')} \times \frac{\sin(J', A')}{\sin(J', C')}\right].$$

Remarque. — La figure proposée se compose de quatre points, a, b, c, d; et il entre dans la figure corrélative, indépendamment des quatre droites A′, B′, C′, D′ correspondant à ces points, deux autres droites F′ et J′ qui correspondent, respectivement, aux points situés à l'infini sur les droites ab et ac.

630. Prenons le théorème de Newton sur les *diamètres* des courbes :

« *Si dans le plan d'une courbe géométrique on mène des transversales parallèles entre elles, et qu'on prenne sur chacune de ces droites le centre des moyennes distances de tous les points d'intersection* (*réels ou imaginaires*) *de la courbe par la droite, le lieu de ce point sur toutes les transversales est une droite.* »

C'est-à-dire que, a, b, c, ... étant les points d'intersection (réels ou imaginaires) de la courbe par une transversale, le point m déterminé sur chaque transversale par l'équation

$$(b) \qquad ma + mb + mc + \ldots = 0$$

a pour lieu géométrique une ligne droite.

Aux transversales correspondent, dans la figure corrélative, des points tous situés sur une même droite J correspondant au point de concours, à l'infini, de toutes les transversales; et aux points a, b, ..., situés sur une même transversale, correspondent les tangentes A, B, ..., à la nouvelle courbe, issues d'un même point de la droite J; au point m correspond une droite M menée par le même point de J. On aura (628)

$$ma = \lambda \frac{\sin(M, A)}{\sin(J, A).\sin(J, M)},$$

$$mb = \lambda \frac{\sin(M, B)}{\sin(J, B).\sin(J, M)},$$

....

Substituons ces valeurs dans l'équation (b); la constante λ disparaît d'elle-même, ainsi que le facteur sin(J, M), et l'on a

$$\frac{\sin(M, A)}{\sin(J, A)} + \frac{\sin(M, B)}{\sin(J, B)} + \frac{\sin(M, C)}{\sin(J, C)} + \ldots = 0$$

Ce qui exprime cette propriété des courbes géométriques :

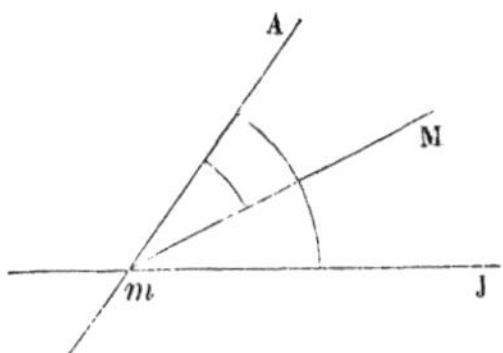

Si l'on prend dans le plan d'une courbe géométrique une droite fixe J, *et que l'on conçoive toutes les tangentes à la courbe (réelles ou imaginaires)* A, B, C, . . . *issues d'un même point* m *de cette droite, et la droite* M *menée par le même point, sous une direction déterminée par l'équation*

$$\frac{\sin(M, A)}{\sin(J, A)} + \frac{\sin(M, B)}{\sin(J, B)} + \ldots = 0,$$

cette droite tournera autour d'un point fixe, quand le point m *glissera sur la droite* J.

Appelons a, b, c, . . . les points de contact des droites A, B, C, . . . avec la courbe; α, β, γ, . . . les distances de ces points à la droite M, et α', β', γ', . . . leurs distances à la droite J; on aura

$$\frac{\alpha}{\alpha'} = \frac{\sin(M, A)}{\sin(J, A)}, \quad \frac{\beta}{\beta'} = \frac{\sin(M, B)}{\sin(J, B)}, \quad \ldots.$$

L'équation devient

$$\frac{\alpha}{\alpha'} + \frac{\beta}{\beta'} + \frac{\gamma}{\gamma'} + \ldots = 0.$$

Si l'on suppose que les points de contact a, b, . . . aient des masses m, m', . . . en raison inverse de leurs distances α', β', . . . à la droite J, l'équation se change en

$$m.\alpha + m'.\beta + m''.\gamma + \ldots = 0;$$

équation qui prouve que la droite M, à laquelle se rapportent les distances α, β, . . ., passe par le *centre de gravité* des points a, b, . . . (462).

Or, ce centre de gravité est précisément le point qu'on a appelé le *centre des moyennes harmoniques* des points a, b, ..., relatif à la droite J (473). On a donc ce théorème général :

Si par un point pris sur une droite fixe J *on mène les* n *tangentes (réelles ou imaginaires) à une courbe géométrique de* n*ième classe, les* n *points de*

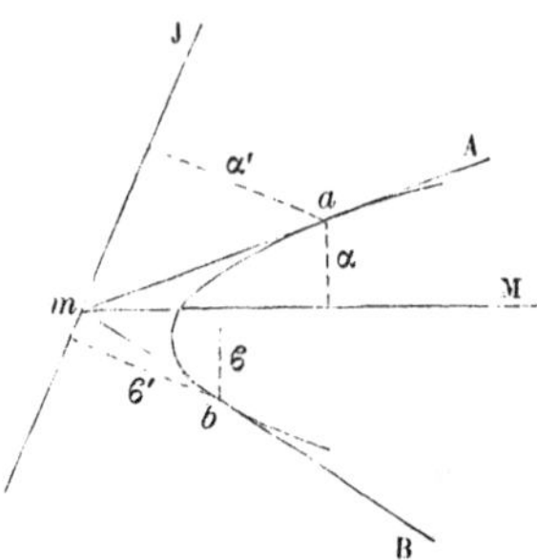

contact (réels ou imaginaires) auront pour centre des moyennes harmoniques relatif à la droite J *un point qui sera toujours le même, quel que soit le point de la droite* J *par lequel on a mené les tangentes.*

Si la droite J est à l'infini, le centre des moyennes harmoniques devient le centre des moyennes distances (472), de sorte qu'on peut dire que :

Étant donnée une courbe géométrique, si on lui mène toutes ses tangentes (réelles ou imaginaires) parallèles à une même droite, les points de contact auront pour centre des moyennes distances un point fixe, quelle que soit la direction commune des tangentes.

631. *Autrement.* — Comme tous les segments de l'équation que nous avions à transformer ont une même origine, on peut faire la transformation immédiatement sans se servir des formules (628). Pour cela, on écrit l'équation ainsi :

$$\frac{mb}{ma} + \frac{mc}{ma} + \ldots + 1 = 0,$$

ou, en appelant j le point à l'infini sur la transversale,

$$\left(\frac{mb}{ma} : \frac{jb}{ja}\right) + \left(\frac{mc}{ma} : \frac{jc}{ja}\right) + \ldots + 1 = 0.$$

Puisque tous les termes sont des rapports anharmoniques, on a, dans la figure corrélative,

$$\frac{\sin(\mathrm{M}, \mathrm{B})}{\sin(\mathrm{M}, \mathrm{A})} : \frac{\sin(\mathrm{J}, \mathrm{B})}{\sin(\mathrm{J}, \mathrm{A})} + \frac{\sin(\mathrm{M}, \mathrm{C})}{\sin(\mathrm{M}, \mathrm{A})} : \frac{\sin(\mathrm{J}, \mathrm{C})}{\sin(\mathrm{J}, \mathrm{A})} + \ldots + 1 = 0,$$

ou

$$\frac{\sin(\mathrm{M}, \mathrm{A})}{\sin(\mathrm{J}, \mathrm{A})} + \frac{\sin(\mathrm{M}, \mathrm{B})}{\sin(\mathrm{J}, \mathrm{B})} + \ldots = 0;$$

ce qui est l'équation trouvée précédemment.

II. — *Transformation des relations d'angles.*

632. Quand les relations d'angles peuvent se ramener à des rapports anharmoniques de sinus, la transformation se fait d'elle-même; mais il y a peu de questions où cela ait lieu. On conçoit qu'il est plus difficile de former des rapports anharmoniques de sinus que des rapports anharmoniques de segments, parce que, pour ceux-ci, trois points suffisent, puisqu'on supplée au quatrième par le point situé à l'infini, tandis que pour les angles il faut nécessairement quatre droites. Aussi les relations d'angles transformables directement, c'est-à-dire sans qu'on les remplace par des relations de segments sur lesquels on ferait la transformation, ne sont pas très-variées.

Cependant il est un cas général, susceptible de nombreuses conséquences, auquel s'appliquent nos deux méthodes générales de transformation; c'est celui où tous les angles que l'on a à considérer dans une figure sont de même grandeur, quelle que soit leur position. La propriété commune et caractéristique de tous ces angles se conserve dans la figure transformée, ce qui donne lieu à des résultats très-intéressants.

633. Cette propriété s'exprime par le théorème suivant:

Si l'on a dans un plan plusieurs angles (A, A′), (B, B′), (C, C′), ... *de même grandeur, et comptés dans le même sens de rotation à partir de leurs origines* A, B, C, ..., *quelle que soit la position de ces angles, on peut considérer que leurs côtés forment sur la droite située à l'infini deux divisions homographiques dont les points doubles (imaginaires) sont toujours les mêmes, quelle que soit la grandeur commune des angles;*

Et, si l'on décrit dans le plan de la figure un cercle quelconque, ces points doubles seront les points d'intersection de ce cercle par la droite située à l'infini.

Ce théorème fort important sera démontré dans la théorie du cercle (**661**).

634. Réciproquement : *Quand, dans une figure, plusieurs angles* (A, A'), (B, B'), (C, C'), ..., *de grandeur quelconque, mais comptés dans le même sens de rotation à partir de leurs origines, interceptent sur une droite des segments* aa', bb', cc', ..., *dont les origines* a, b, c, ... *et les extrémités* a', b', c', ... *forment deux divisions homographiques ayant leurs points doubles imaginaires, on peut faire la transformation homographique de la figure, de manière à avoir des angles tous de même grandeur.*

En effet, nous avons vu (186) que, si l'on forme plusieurs angles ayant le même sommet et sous-tendant les segments aa', bb', ..., on peut faire la perspective sur un plan, de manière que tous ces angles deviennent égaux, et que la droite abc... passe à l'infini. Alors, non-seulement ces angles de même sommet, mais tous autres qui sous-tendent les segments aa', bb', ..., deviennent égaux en perspective. Or la perspective de la figure est une figure homographique : le théorème est donc démontré.

635. D'après le théorème (633), quand on a dans une figure plusieurs angles de même grandeur, il leur correspond dans la figure homographique des angles dont les côtés marquent sur une certaine droite deux divisions homographiques. Cette droite est celle qui correspond à l'infini de la première figure ; et, si dans la première figure se trouve un cercle, il lui correspond, dans la seconde figure, une conique dont les points d'intersection par la droite en question sont précisément les points doubles des deux divisions.

Si c'est la transformation corrélative que l'on fait, aux angles (A, A'), (B, B'), ... de la première figure correspondent, dans la seconde, des segments aa', bb', ..., situés sur des droites différentes, correspondant aux sommets des angles, et ces segments sont tels, que les droites menées d'un certain point fixe à leurs origines a, b, ... et à leurs extrémités a', b', ..., forment deux faisceaux homographiques. Le point fixe est celui qui, dans la seconde figure, correspond à l'infini de la première ; et, si dans la première figure se trouve un cercle, il lui correspond, dans la seconde, une conique dont les tangentes menées par le point en question sont les rayons doubles des deux faisceaux.

636. Faisons quelques applications de ces principes.

« Si, autour d'un point d'une circonférence de cercle on fait tourner un angle de grandeur constante (A, A'), la corde que ses deux côtés interceptent dans le cercle enveloppe un second cercle concentrique. »

Les deux côtés A, A' de l'angle mobile forment deux faisceaux homographiques dont les rayons doubles passent par les points d'intersection du cercle et de la droite située à l'infini (**633**), et les deux cercles, étant concentriques, ont un double contact sur cette droite (**728**); par conséquent, la figure homographique donne lieu à ce théorème :

Si deux faisceaux homographiques ont leur sommet commun en un point d'une conique, les cordes interceptées dans cette courbe par les rayons homologues des deux faisceaux enveloppent une seconde conique qui a un double contact avec la première sur la corde interceptée dans celle-ci par les rayons doubles des deux faisceaux (¹).

637. Dans le cas du cercle, si l'angle de grandeur constante (A, A′) est droit, la corde qu'il intercepte est un diamètre; par conséquent, la droite qui lui correspond dans la figure transformée passe par un point fixe. Mais alors les deux faisceaux formés par les côtés A, A′ sont en involution (**253**); on a donc ce théorème :

Si par un point d'une conique on mène trois couples de droites formant une involution, les trois cordes que leurs angles interceptent dans la courbe passent par un même point.

638. Le théorème sur le cercle (**636**) donne, par la figure corrélative, le suivant :

Si deux divisions homographiques sont formées sur une tangente à une conique, et que par deux points homologues on mène deux tangentes à la courbe, le lieu du point d'intersection de ces deux tangentes sera une conique ayant un double contact avec la proposée; le pôle de contact sera le point d'intersection des tangentes menées à la conique par les deux points doubles des divisions homographiques.

Si l'angle (A, A′) dans le cercle est droit, les deux divisions homographiques, sur la tangente à la conique, sont en involution, et alors *le lieu du*

(¹) Ici semblerait se présenter une difficulté: c'est qu'il n'y aurait de corde interceptée dans la conique qu'autant que les deux rayons doubles seraient réels, ce qui, précisément, n'a pas lieu dans la figure résultante de la transformation du cercle; mais l'objection n'est qu'apparente, car, en général, un système de deux droites imaginaires dont le point de concours est réel, telles que les rayons doubles de deux faisceaux homographiques, donne lieu, à l'égard d'une conique, à deux droites toujours réelles, qui rencontrent la conique aux mêmes points que les deux droites imaginaires.

Quand celles-ci ont leur point de rencontre sur la conique, l'une des deux droites réelles est la tangente en ce point.

point d'intersection des tangentes à la conique, menées par deux points homologues des deux divisions en involution, est une ligne droite. Cette droite est la polaire du point de concours des deux tangentes menées par les points doubles des deux divisions.

639. Supposons dans ces théorèmes que la tangente à la conique soit à l'infini, auquel cas cette courbe est une parabole; et prenons, pour les deux divisions homographiques, celles qui seraient formées par les deux côtés d'un angle de grandeur constante tournant autour de son sommet. On en conclut que :

Si un angle de grandeur constante se meut de manière que ses côtés soient toujours tangents à une parabole, son sommet décrira une conique ayant un double contact avec la parabole.

Et, si l'angle est droit, le sommet décrit une ligne droite.

640. « Si autour du centre d'un cercle, comme sommet, on fait tourner un angle de grandeur constante, la corde qu'il intercepte dans le cercle enveloppe un cercle concentrique. »

La transformation homographique donne ce théorème :

Si, autour d'un point fixe, on fait tourner deux rayons formant, par leurs positions successives, deux faisceaux homographiques dont les rayons doubles soient les tangentes d'une conique issues du point fixe, la corde que ces deux rayons à angle variable interceptent dans la conique enveloppe une seconde conique qui a un double contact avec la proposée sur la polaire du point fixe.

641. Par la théorie des figures corrélatives, le théorème du cercle donne le suivant :

Si sur une droite fixe, dans le plan d'une conique, on forme deux divisions homographiques ayant pour points doubles les points de la conique situés sur cette droite, et que l'on fasse tourner un angle de grandeur variable circonscrit à la conique, de manière que les points où ses côtés rencontrent la droite fixe soient toujours deux points homologues des deux divisions homographiques, le sommet de l'angle décrira une conique ayant un double contact avec la proposée, sur la droite fixe.

642. « En quelque point d'une circonférence de cercle qu'on place le sommet d'un angle de grandeur donnée, et quelle que soit la position de cet angle, la corde qu'il intercepte dans le cercle enveloppe un cercle concentrique. »

Soient A et A′ les deux côtés de l'angle, comptés toujours dans le même sens de rotation; ils vont rencontrer la droite à l'infini en deux points a, a' qui appartiennent à deux divisions homographiques dont les points doubles sont les points du cercle situés à l'infini (633). D'après cela, si l'on fait la déformation homographique, on a ce théorème :

Si sur une droite menée dans le plan d'une conique on forme deux divisions homographiques ayant pour points doubles les deux points d'intersection de la conique et de la droite, les droites menées de deux points homologues quelconques des deux divisions à un point quelconque de la conique intercepteront dans cette courbe une corde qui enveloppera une seconde conique ayant un double conctact avec la proposée sur la droite sur laquelle sont les deux divisions.

643. Par la théorie des figures corrélatives, on conclut du théorème sur le cercle celui-ci :

Quand deux faisceaux homographiques émanés d'un même point fixe ont pour rayons doubles les deux tangentes menées de ce point à une conique, si l'on mène une tangente quelconque à cette courbe, et que par les points où elle rencontre deux rayons homologues quelconques des deux faisceaux on mène deux autres tangentes à la conique, le point de rencontre de ces deux tangentes aura pour lieu géométrique une seconde conique qui aura un double contact avec la proposée; le point fixe, centre commun des deux faisceaux, sera le pôle de contact des deux courbes.

644. On peut appliquer ces procédés de transformation à beaucoup d'autres propriétés du cercle, mais il est inutile de nous y arrêter ici. Nous ferons seulement remarquer que cette théorie donne la solution d'une question qui a pu se présenter souvent à l'esprit des géomètres dans ces sortes de transformations, particulièrement dans les applications de la perspective. Qu'est-ce que deviennent des polygones réguliers et comment peut-on construire *a priori* un polygone qui puisse devenir, dans une transformation homographique ou corrélative, un polygone régulier ?

Dans un polygone régulier, tous les côtés sont sous-tendus par des angles au centre du cercle circonscrit, tous égaux entre eux.

D'après cela, concevons que par un point fixe O, pris dans l'intérieur d'une conique, on mène m rayons A, B, C, ..., formant un premier faisceau; les rayons pris en commençant par le second, savoir B, C, D, ..., formeront un second faisceau; si les deux faisceaux, dans lesquels les rayons B, C, D, ... du second seront les homologues respectifs des rayons A, B, C, ... du premier, sont homographiques, les cordes interceptées dans la conique par les angles (A, B), (B, C), ... seront les côtés d'un polygone provenant de la perspective ou déformation homographique d'un polygone régulier.

Par conséquent, les propriétés relatives aux polygones réguliers s'appliqueront aux polygones dont il est question.

645. Prenons ce théorème : « Un polygone régulier de m côtés étant inscrit à un cercle, la somme des puissances n (n étant $< m$) des distances de ses sommets à une droite fixe reste constante quand on fait tourner le polygone autour du centre du cercle (**718**). » On en conclut, par une déformation homographique, que :

Si un point O *pris dans l'intérieur d'une conique est le centre d'un faisceau de* m *rayons* OA, OB, OC, ..., *tels, que les rayons pris consécutivement en commençant par le second, savoir* OB, OC, OD, ..., *forment un second faisceau homographique, la somme des puissances* n (n *étant* < m) *des distances des points où tous ces rayons rencontrent la courbe, à une droite fixe, divisées respectivement par les puissances* n *des distances des mêmes points à la polaire du point fixe, restera constante quand on fera tourner le faisceau de rayons autour du point* O.

646. Si c'est la figure corrélative que l'on fait à l'égard du théorème sur le cercle, on obtient un théorème relatif à un polygone circonscrit à une conique :

Si un point O *pris dans l'intérieur d'une conique est le centre d'un faisceau de* m *rayons* OA, OB, OC, ..., *déterminés comme il a été dit dans le théorème précédent, et que par les points où ces rayons rencontrent la courbe on mène les tangentes, la somme des puissances* n (n *étant* < m) *des distances de ces tangentes à un point fixe, divisées par les puissances* n *des distances des mêmes tangentes au point* O, *reste constante quand on fait tourner le faisceau des* m *rayons autour du point* O.

Ce théorème et le précédent donnent lieu à diverses autres propositions dont le développement ne peut trouver place ici [1].

III. — *Usages de la théorie des figures homologiques et de celle des polaires réciproques pour les transformations d'angles.*

647. La théorie des figures homologiques donne parfois le moyen d'ap-

---

[1] Voir *Comptes rendus des séances de l'Académie des Sciences*, t. XXVI, séance du 22 mai 1848.

pliquer à une figure des propriétés d'angles d'une autre figure : c'est dans le cas où tous les angles que l'on considère ont le même sommet. On prend ce point pour le centre d'homologie des deux figures, et il peut en résulter certaines conséquences.

Par exemple, deux coniques qui se touchent en un point sont homologiques par rapport à ce point pris pour centre d'homologie ([1]); un angle qui a son sommet en ce point intercepte dans les deux courbes deux cordes qui sont deux droites correspondantes ou homologiques, et, si cet angle tourne autour de son sommet, les deux cordes envelopperont deux courbes qui seront homologiques, de sorte que les propriétés de l'une feront connaître les propriétés de l'autre. Cela posé, concevons que l'une des coniques soit un cercle et que l'angle tournant soit droit; la corde qu'il intercepte dans le cercle passe par un point fixe situé sur la normale commune aux deux courbes, puisque ce point est le centre du cercle. Il s'ensuit que *la corde interceptée dans la conique passe aussi par un point fixe situé sur la même normale;* ce qui est un théorème bien connu.

Si l'angle tournant n'est pas droit, la corde qu'il intercepte dans le cercle enveloppe un cercle concentrique; donc la corde interceptée dans la conique enveloppe une seconde conique.

Or deux cercles concentriques peuvent être regardés comme ayant un double contact sur la droite située à l'infini (**728**); donc la nouvelle conique a un double contact avec la proposée sur la droite qui, dans cette conique, correspond à l'infini du cercle. On a donc ce théorème :

Si autour d'un point d'une conique comme sommet on fait tourner un angle de grandeur constante, la corde qu'il intercepte dans la conique enveloppe une seconde conique qui a un double contact avec la proposée ([2]).

Cela est, comme on voit, un cas particulier du théorème (**636**) obtenu par la méthode générale.

648. Une conique et un cercle ayant son centre en l'un de ses foyers sont deux courbes homologiques dont le centre d'homologie est au foyer ([3]). Si un angle de grandeur constante tourne autour de ce point comme sommet, la corde qu'il intercepte dans le cercle enveloppe un cercle concentrique. Donc *la corde interceptée dans la conique enveloppe une seconde conique qui a un double contact avec la proposée.* Le contact (imaginaire)

([1]) Poncelet, *Traité des Propriétés projectives des figures,* p. 171 et 280.
([2]) *Ibid.*, p. 280.
([3]) *Ibid.*, p. 262.

a lieu sur la directrice correspondant au foyer, parce que cette droite est la polaire du foyer, et, par conséquent, correspond à la droite à l'infini dans le cercle, laquelle est la polaire du centre.

Ces exemples suffisent pour montrer comment la théorie des figures homologiques a pu servir à faire des transformations de propriétés relatives aux angles. C'est dans le *Traité des Propriétés projectives des figures* de Poncelet que l'on trouve les premiers exemples et les plus heureuses applications de cette méthode.

649. Pour la transformation des angles dans les figures corrélatives, on peut se servir de la théorie des polaires réciproques, en prenant un cercle pour conique auxiliaire. En effet, dans le cercle, le *pôle* d'une droite est sur le rayon perpendiculaire à la droite. Il s'ensuit que l'angle de deux droites dans une figure est égal à l'angle des rayons menés d'un point fixe aux deux points qui correspondent à ces droites dans la figure polaire. De là résulte la méthode féconde due à Poncelet et dont les géomètres ont fait depuis de nombreuses applications.

Ainsi, de ce théorème : *Les perpendiculaires abaissées des sommets d'un triangle sur les côtés opposés passent par un même point,* on conclut celui-ci : *Si d'un point fixe on mène des droites aux trois sommets d'un triangle, les perpendiculaires à ces droites menées par le même point vont rencontrer les côtés opposés aux trois sommets respectivement en trois points situés en ligne droite.*

650. Dans ce système, où l'on prend les pôles et les polaires par rapport à un cercle, la conique qui correspond à un cercle a l'un de ses foyers situé au centre du cercle auxiliaire. Supposons que l'on considère dans le cercle proposé un angle de grandeur donnée ayant son sommet sur la circonférence; cet angle intercepte dans le cercle une corde qui enveloppe un second cercle concentrique. On en conclut ce théorème : *Si autour du foyer d'une conique on fait tourner un angle de grandeur constante, et que par les points où ses côtés rencontrent une tangente quelconque à la conique on mène deux tangentes à la courbe, le point d'intersection de ces deux tangentes aura pour lieu géométrique une seconde conique ayant un double contact avec la première, sur la directrice correspondant au foyer.*

Si l'angle tournant est droit, le lieu est la directrice elle-même.

651. Dans ces exemples, les angles que nous avons eu à transformer sont égaux, de sorte que notre méthode générale s'y applique aussi, et elle procure immédiatement des résultats plus généraux, puisque les angles de la nouvelle figure n'y sont pas nécessairement de même grandeur. Ainsi, le

théorème précédent n'est qu'un cas particulier du théorème (**643**) conclu de la même propriété du cercle par la méthode générale, puisque celui-ci exprime une propriété relative à un point quelconque pris dans le plan d'une conique, tandis que ce point est, dans le théorème (**650**), nécessairement un des deux foyers de la courbe.

Il est vrai que, après avoir démontré un théorème relatif au foyer d'une conique par la transformation polaire d'un cercle, on peut généraliser ensuite ce théorème et l'appliquer à un point quelconque par une transformation homographique.

Si la méthode des polaires réciproques ne conduit pas immédiatement aux résultats les plus généraux, elle peut offrir un autre avantage, car elle serait seule applicable dans des questions où l'on aurait à considérer des angles de grandeurs différentes. Mais ce cas ne s'est probablement présenté que fort rarement dans les applications que l'on a pu faire de cette méthode ingénieuse, qui a puissamment contribué aux progrès de la Géométrie depuis l'apparition du *Traité des Propriétés projectives des figures*.

QUATRIÈME SECTION.

DES CERCLES.

CHAPITRE XXVIII.

PROPRIÉTÉS RELATIVES A UN CERCLE.

§ I. — Du rapport anharmonique de quatre points d'un cercle.

I.

652. La seule propriété du cercle que nous supposerons connue est celle-ci : *Tous les angles qui ont leurs sommets en des points de la circonférence et qui sous-tendent une même corde sont égaux ou suppléments l'un de l'autre.* Cette proposition va nous servir à introduire dans la théorie du cercle la notion du rapport anharmonique, qui deviendra la base des développements ultérieurs.

653. *Si de deux points fixes* P, P′ *pris sur la circonférence d'un cercle* (*fig.* 134) *on mène des droites à chaque point* m *de la circonférence, ces droites forment deux faisceaux homographiques.*

En effet, deux droites Pm, Pn du premier faisceau font entre elles le même angle que les deux droites correspondantes P′m, P′n du second faisceau; donc les deux faisceaux sont homographiques (151).

Il est clair que le rayon PP′ du premier faisceau a pour homologue dans le second la tangente au cercle en P′, et, pareillement, que la tangente en P, considérée comme rayon du premier faisceau, a pour homologue dans le second le rayon P′P (551).

654. Le théorème précédent est susceptible d'un autre énoncé; on peut dire que : *Si par quatre points fixes* a, b, c, d *pris sur la circonférence d'un cercle* (*fig.* 135) *on mène quatre droites à un même point* p *de la circonférence, le rapport anharmonique de ces quatre droites est constant quel que soit ce cinquième point.*

Nous appellerons cette valeur constante le *rapport anharmonique des quatre points* a, b, c, d du cercle.

655. *Trouver les points d'intersection d'une droite et d'un cercle.*

Les deux rayons tournants P*m*, P′*m* (*fig.* 136) marquent sur la droite deux divisions homographiques (653), dont les points doubles seront évidemment les points d'intersection cherchés.

On construira ces points soit au moyen de trois couples quelconques de points conjugués *a*, *a′* des deux divisions, soit en se servant des points I et J′, dont les homologues sont à l'infini (161).

Observation. — Il résulte de là que les propriétés relatives aux points d'intersection d'un cercle par une droite peuvent se conclure de celles des points doubles de deux divisions homographiques.

Ce que cette méthode a de plus utile ici, c'est qu'elle permet d'introduire dans la théorie du cercle la notion des *points imaginaires,* qui semblait exiger l'emploi de la Géométrie analytique. On lève par là une grande difficulté qui entravait la marche de la Géométrie pure. Nous verrons plus loin (1) combien la considération des imaginaires peut être utile comme moyen de démonstration, même dans des propositions exclusivement relatives à des sujets réels.

656. Prenons pour les points P, P′ les extrémités d'un diamètre

(1) Chap. XXXIII et XXXIV

(*fig.* 137), et soit ρ le point où ce diamètre rencontre une droite L.

Qu'on mène la corde P'M parallèle à cette droite, puis la corde PM; celle-ci marquera sur la droite le point I (161), qui sera, par conséquent, le pied de la perpendiculaire abaissée du point P sur la droite. De même, la perpendiculaire P'J' marque le point J'. Le point milieu O des deux I et J' est le milieu des deux points d'intersection (161). Par conséquent, on en conclut que : *Le pied de la perpendiculaire abaissée du centre d'un cercle sur une droite est le milieu des deux points d'intersection (réels ou imaginaires) de la droite et du cercle.*

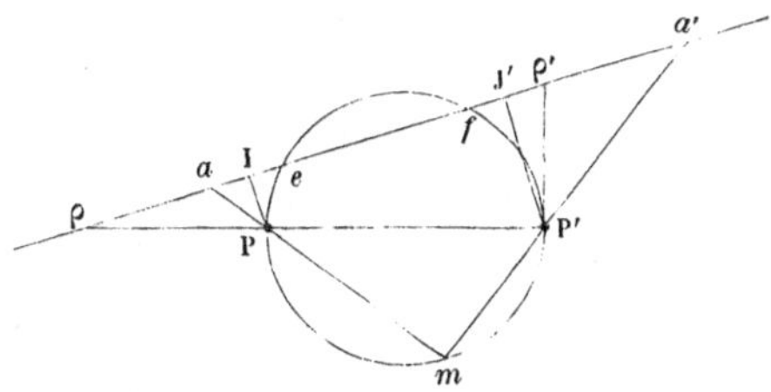

657. Considérons le point ρ (figure ci-dessus) comme appartenant à la première division, et conséquemment au rayon PP' du premier faisceau; son homologue ρ' sera sur la tangente en P' (653), laquelle est perpendiculaire à PP'. On peut exprimer les deux divisions homographiques par l'équation

$$\rho a . \rho a' - \rho J' . \rho a - \rho I . \rho a' + \rho I . \rho\rho' = 0 \quad (158);$$

et les points d'intersection de la droite et du cercle se déterminent par celle-ci :

$$\overline{\rho a}^2 - (\rho I + \rho J')\rho a + \rho I \ \rho\rho' = 0.$$

Soient e, f ces points (réels ou imaginaires); le produit $\rho e . \rho f$ est égal au dernier terme $\rho I . \rho\rho'$.

Ce produit $\rho I . \rho\rho'$ est constant quelle que soit la direction de la droite L qui passe par le point ρ du diamètre PP'. On en conclut donc que :

Si une droite tourne autour d'un point ρ, le produit des seg-

ments compris entre ce point et les deux points (réels ou imaginaires) où cette droite rencontre un cercle reste constant.

658. Puisque le milieu des deux points d'intersection d'une droite et d'un cercle est le pied de la perpendiculaire abaissée du centre sur la droite (656), il s'ensuit que :

Si autour d'un point on fait tourner une droite, le milieu des deux points (réels ou imaginaires) où elle rencontre un cercle fixe a pour lieu géométrique un second cercle ayant pour diamètre la droite menée du point fixe au centre du cercle proposé.

659. Quand une droite Λ ne rencontre pas un cercle, les points doubles des deux divisions homographiques par lesquelles on cherche à déterminer les points d'intersection (655) sont imaginaires, et l'on en conclut cette propriété remarquable (177) : *Il existe, de part et d'autre de la droite* Λ (*fig.* 136), *un point d'où l'on voit tous les segments tels que* $\alpha\alpha'$ *sous des angles de même grandeur, et ce point est toujours le même quels que soient les deux points fixes* P, P' *pris sur la circonférence.*

En effet, la distance du point en question à la droite Λ a son carré égal, avec le signe —, au carré du demi-segment compris entre les deux points doubles (177), et, par conséquent, au carré de la demi-corde imaginaire interceptée sur la droite par le cercle ([1]).

660. *Déterminer les points imaginaires d'un cercle situés à l'infini.*

L'infini est une ligne droite; il faut donc déterminer les points d'intersection du cercle par cette droite située à l'infini. Les rayons Pm, P'm, qu'on fait tourner autour de deux points fixes P, P' (*fig.* 136) et qui se croisent en un autre point quelconque de la circonférence, rencontrent la droite en deux points a, a' situés à l'infini et formant deux divisions homographiques dont les points

([1]) Ce théorème aura diverses applications; nous nous en servirons notamment pour démontrer qu'un cône à base circulaire peut être coupé d'une seconde manière suivant un cercle (Chap. XXXIV).

doubles sont les points demandés. Or, si par le point P on mène la droite Pm' parallèle à P'm, elle ira passer à l'infini par le point a'; de sorte que les deux divisions homographiques sont formées par les deux côtés de l'angle mPm'. Or cet angle est de grandeur constante; par conséquent, ses côtés Pm, Pm', en tournant, forment deux faisceaux homographiques dont les rayons doubles (imaginaires) répondent aux points doubles des deux divisions homographiques à l'infini. On a donc ce théorème :

Les points d'intersection d'un cercle par la droite située à l'infini sont sur les rayons doubles des deux faisceaux homographiques formés par les deux côtés d'un angle de grandeur constante, tournant autour de son sommet.

L'angle change de grandeur si le point P' se déplace sur la circonférence; il en résulte que les rayons doubles des deux faisceaux formés par les deux côtés sont toujours les mêmes quel que soit cet angle, ainsi que nous l'avons déjà démontré directement (**178**).

661. Si par un point quelconque on mène deux droites A, A' parallèles aux deux côtés de l'angle mPm' considéré dans une de ses positions, ces deux droites passeront par deux points homologues des deux divisions homographiques situées à l'infini. Il en résulte ce théorème général :

Si l'on a des angles (A, A'), (B, B'), (C, C'), ..., *tous de même grandeur et formés dans le même sens de rotation à partir de leurs origines, mais placés d'une manière quelconque, leurs côtés forment sur la droite située à l'infini deux divisions homographiques dont les points doubles, imaginaires, sont toujours les mêmes quelle que soit la grandeur commune des angles; et ces points doubles sont les points d'intersection d'un cercle quelconque tracé dans le plan de la figure et de la droite située à l'infini* (¹).

Il résulte de ce théorème que les directions des asymptotes d'un

(¹) C'est ce théorème dont nous nous sommes servi dans les applications des méthodes de transformation des figures (633).

cercle sont exprimées par la formule

$$\frac{\sin(A,M)}{\sin(C,M)} = \cos(A,C) \pm \sin(A,C)\sqrt{-1} = e^{\pm(A,C)\sqrt{-1}},$$

A et C étant deux axes fixes quelconques, et M la direction imaginaire des asymptotes (**187**).

II. — *Polygones inscrits à un cercle.*

662. Soient PA, P'A et PB, P'B deux couples de rayons homologues fixes, et Pm, P'm deux rayons homologues variables; l'homographie des deux faisceaux considérés précédemment (**653**) s'exprime par l'équation générale

$$\frac{\sin mPA}{\sin mPB} = \lambda \frac{\sin mP'A}{\sin mP'B} \quad (149).$$

Mais ici la constante λ est égale à l'unité, car les deux angles mPA et mP'A sont égaux ou suppléments l'un de l'autre, ainsi que les deux mPB, mP'B. Ainsi l'équation est

$$\frac{\sin mPA}{\sin mPB} = \frac{\sin mP'A}{\sin mP'B}.$$

Le premier membre est égal au rapport des distances du point m aux deux droites PA, PB, et le second au rapport des distances du même point aux deux droites P'A, P'B. Ce qui exprime, à l'égard du quadrilatère PAP'B, que :

Dans un quadrilatère inscrit à un cercle, le produit des distances de chaque point de la circonférence à deux côtés opposés est égal au produit des distances du même point aux deux autres côtés opposés.

663. On peut étendre ce théorème à un polygone quelconque d'un nombre pair de côtés, c'est-à-dire que :

Quand un polygone d'un nombre pair de côtés est inscrit au cercle, le produit des distances d'un point quelconque de la circonférence aux côtés de rang pair est égal au produit des distances du même point aux côtés de rang impair.

Pour démontrer ce théorème, il suffit d'observer que, s'il a lieu pour un polygone de $2n$ côtés, il aura lieu pour un polygone de $2n+2$ côtés, parce que celui-ci se décompose, au moyen d'une diagonale, en un polygone de $2n$ côtés et un quadrilatère, et que les équations relatives à ces deux figures fournissent immédiatement l'équation relative au polygone de $2n+2$ côtés. On conclut de là que, le théorème étant vrai pour un quadrilatère, il l'est aussi pour un hexagone, pour un octogone, etc. Donc, etc.

664. Un polygone inscrit dans un cercle peut être regardé comme ayant un côté infiniment petit, dirigé suivant la tangente au cercle, en l'un de ses sommets. Cette considération permet d'appliquer le théorème à des polygones quelconques. On en conclut, par exemple, que :

Quand un polygone est circonscrit à un cercle, si l'on considère le polygone inscrit qui a pour sommets les points de contact des côtés du polygone circonscrit, le produit des distances d'un point de la circonférence aux côtés du premier polygone est égal au produit des distances du même point aux côtés du second.

665. Soit un quadrilatère $PmP'n$ inscrit au cercle (*fig.* 138). Une droite L rencontre les deux côtés Pm, Pn en a, b, les deux $P'm$, $P'n$ en a', b' et la circonférence en deux points e, f (réels ou imaginaires); ces deux points sont les points doubles de deux divisions homographiques dont a, a' et b, b' sont deux couples de points homologues (655). Par conséquent, les trois couples e, f; a, b' et a', b sont en involution (213). Or a, b' appartiennent à deux côtés opposés du quatrilatère, et a', b aux deux autres côtés opposés. Donc :

Quand un quadrilatère est inscrit dans un cercle, une transversale quelconque rencontre ses deux couples de côtés opposés et la circonférence en trois couples de points qui sont en involution.

Cette proposition est celle que l'on appelle le théorème de Desargues sur l'*involution*.

Autrement. Les droites menées des deux sommets P, P′ du quadrilatère $PmP'n$ aux quatre points m, n, e, f de la circonférence forment deux faisceaux qui ont le même rapport anharmonique (653). Conséquemment, les deux séries de quatre points dans lesquels ces droites rencontrent la transversale, savoir a, b, e, f et a', b', e, f, ont le même rapport anharmonique, et l'on a

$$\frac{ea}{eb}:\frac{fa}{fb}=\frac{ea'}{eb'}:\frac{fa'}{fb'} \quad \text{ou} \quad \frac{ea.eb'}{ea'.eb}=\frac{fa.fb'}{fa'.fb};$$

ce qui est une des équations d'involution à huit segments.

Cette seconde démonstration exige, à la rigueur, que les deux points e, f soient réels, puisqu'on les considère isolément, tandis que dans la première ces points sont réels ou imaginaires, indifféremment.

666. L'équation précédente s'étend à un polygone d'un nombre pair de côtés, c'est-à-dire que :

Quand un polygone d'un nombre pair de côtés est inscrit dans un cercle, si l'on mène une transversale qui rencontre les côtés de rang pair en des points α, α', α'', ..., les côtés de rang impair en des points β, β', β'', ... et la circonférence en deux points e, f, *on aura la relation*

$$\frac{e\alpha.e\alpha'.e\alpha''\ldots}{e\beta.e\beta'.e\beta''\ldots}=\frac{f\alpha.f\alpha'.f\alpha''\ldots}{f\beta.f\beta'.f\beta''\ldots}.$$

La démonstration se fait par le même raisonnement que pour le théorème (663).

III. — *Hexagone inscrit au cercle.*

667. Les droites menées de quatre points d'un cercle à deux autres points de la circonférence forment deux faisceaux de quatre droites qui ont leurs rapports anharmoniques égaux (653) ; on en conclut, en considérant les six points comme les sommets d'un hexagone (426), le théorème de Pascal :

Quand un hexagone est inscrit dans un cercle, les points de concours des côtés opposés sont en ligne droite.

§ II. — Du rapport anharmonique de quatre tangentes à un cercle.

I.

668. *Deux tangentes à un cercle étant fixes, si l'on mène plusieurs autres tangentes, leurs parties comprises entre les deux premières seront vues, du centre du cercle, sous des angles égaux ou suppléments l'un de l'autre.*

En effet, soient A et A′ (*fig.* 139) les points de contact des deux tangentes fixes, et m le point de contact d'une troisième tangente aa'; les deux droites Ca, Ca', issues du centre du cercle, sont perpendiculaires aux deux mA, mA' et font entre elles un angle aCa' supplément de l'angle AmA', dont les deux côtés sous-tendent la corde fixe AA′. Or tous ces angles AmA' sont égaux ou suppléments l'un de l'autre. Donc, etc.

Corollaire. — Quand les deux tangentes fixes sont parallèles, l'angle aCa' est droit. Donc : *La portion d'une tangente au cercle comprise entre deux tangentes paralèlles est vue du centre sous un angle droit.*

669. On conclut du théorème précédent que :

Une tangente mobile, roulant sur un cercle, rencontre deux tangentes fixes en deux points qui forment deux divisions homographiques.

En effet, l'angle aCa' restant de même grandeur, les deux rayons Ca, Ca' forment deux faisceaux homographiques, et, par conséquent, les deux points a, a' forment deux divisions homographiques.

670. Les droites menées d'un point fixe aux deux séries de points a et a' formeront deux faisceaux homographiques dont les rayons doubles seront évidemment les tangentes au cercle menées par ce point. Les rayons doubles peuvent être imaginaires ; les tangentes le seront aussi. On conçoit donc bien ce que l'on entendra par *deux droites imaginaires tangentes à un cercle*. Cette notion nous sera très-utile.

671. On conclut du théorème (669) que : *Quatre tangentes à un cercle sont rencontrées par une cinquième en quatre points dont le rapport anharmonique reste constant quelle que soit cette cinquième tangente.*

Nous appellerons cette quantité constante le *rapport anharmonique des quatre tangentes fixes.*

672. *Le rapport anharmonique de quatre tangentes à un cercle est égal à celui des quatre points de contact.*

En effet, le rapport anharmonique des quatre points a, b, c, d (*fig.* 140) est celui des quatre droites menées de ces points à un autre point m de la circonférence (654) ; et le rapport anharmonique des quatre tangentes aux points a, b, c, d est celui des quatre points d'intersection de ces tangentes par une cinquième quelconque (671), et par conséquent par la tangente au point m. Soient α, β, γ, δ ces quatre points d'intersection; leur rapport anharmonique est égal à celui des quatre rayons menés du centre du cercle à ces points, et, comme ces rayons sont perpendiculaires respectivement aux quatre droites qui vont du point m aux quatre points a, b, c, d, leur rapport anharmonique est égal à celui de ces quatre droites. Mais celui-ci exprime le rapport anharmonique des quatre points a, b, c, d; donc ce rapport est égal à celui des quatre tangentes. C. Q. F. D.

II. — *Polygones circonscrits au cercle.*

673. Soient un quadrilatère circonscrit $abb'a'$ (*fig.* 141) et une tangente mobile mm' qui rencontre ses côtés opposés ab, $a'b'$ en m et m'; ces deux points forment deux divisions homographiques (669), et, par conséquent, on a

$$\frac{ma}{mb} = \lambda \frac{m'a'}{m'b'} \quad (120).$$

Le rapport $\frac{ma}{mb}$ est égal au rapport des distances de la tangente

mm' aux deux sommets a, b du quadrilatère, et $\frac{m'a'}{m'b'}$ est égal au rapport des distances de la même tangente aux deux autres sommets a', b'. Il s'ensuit que l'équation précédente exprime ce théorème :

Quand un quadrilatère est circonscrit à un cercle, si une tangente roule sur le cercle, le produit de ses distances à deux sommets opposés du quadrilatère est au produit de ses distances aux deux autres sommets dans une raison λ qui reste constante.

La constante λ peut prendre une expression très-simple. On a, dans les triangles Cam, Cbm,

$$\frac{ma}{mb} = \frac{\sin m\mathrm{C}a}{\sin m\mathrm{C}b}\,\frac{\mathrm{C}a}{\mathrm{C}b}$$

et de même

$$\frac{m'a'}{m'b'} = \frac{\sin m'\mathrm{C}a'}{\sin m'\mathrm{C}b'}\,\frac{\mathrm{C}a'}{\mathrm{C}b'}.$$

Or les deux angles $m\mathrm{C}a$ et $m'\mathrm{C}a'$ ont leurs sinus égaux (668), ainsi que les deux $m\mathrm{C}b$, $m'\mathrm{C}b'$. Donc

$$\frac{ma}{mb} : \frac{m'a'}{m'b'} = \frac{\mathrm{C}a}{\mathrm{C}b} : \frac{\mathrm{C}a'}{\mathrm{C}b'},$$

et par conséquent

$$\lambda = \frac{\mathrm{C}a}{\mathrm{C}b} : \frac{\mathrm{C}a'}{\mathrm{C}b'} = \frac{\mathrm{C}a.\mathrm{C}b'}{\mathrm{C}b.\mathrm{C}a'}.$$

Ainsi :

La raison λ est égale au produit des distances du centre du cercle aux deux premiers sommets opposés du quadrilatère, divisé par le produit des distances du même centre aux deux autres sommets.

Le centre du cercle tient lieu, en quelque sorte, d'une tangente.

Autrement. Voici une seconde démonstration de ce résultat singulier, qui montrera mieux la raison première de la propriété dont jouit ici le centre du cercle. Il suffit d'appliquer le théorème aux deux tangentes imaginaires issues de ce point, considérées simultanément (670).

En effet, soient d'abord deux tangentes quelconques M, M', et soit O leur point de concours. Le produit des distances des deux sommets a, b' du quadrilatère à ces deux tangentes, divisé par le produit des distances des deux autres sommets b, a' aux mêmes tangentes, est égal à une constante λ^2, d'après la première partie du théorème ; il s'ensuit qu'on a la relation

$$\frac{\overline{aO}^2 \cdot \overline{b'O}^2}{\overline{bO}^2 \cdot \overline{a'O}^2} \frac{\sin a\text{OM} \cdot \sin a\text{OM}' \cdot \sin b'\text{OM} \cdot \sin b'\text{OM}'}{\sin b\text{OM} \cdot \sin b\text{OM}' \cdot \sin a'\text{OM} \cdot \sin a'\text{OM}'} = \lambda^2.$$

Les deux tangentes issues du point O sont les rayons doubles de deux faisceaux homographiques dont les rayons passeraient les uns par les points a, b, c, ... et les autres par les points a', b', c', ... que les tangentes au cercle déterminent sur deux tangentes fixes (670). Or, quand le point O est le centre du cercle, les angles des deux faisceaux sont égaux deux à deux; par exemple, l'angle aOb est égal à l'angle $a'Ob'$ ou à son supplément (668), ce qui revient au même ; et alors on a, à l'égard des deux rayons doubles M, M',

$$\frac{\sin a\text{OM}}{\sin b\text{OM}} \frac{\sin a\text{OM}'}{\sin b\text{OM}'} = 1 \quad (187),$$

et de même

$$\frac{\sin a'\text{OM}}{\sin b'\text{OM}} \frac{\sin a'\text{OM}'}{\sin b'\text{OM}'} = 1.$$

L'équation précédente se réduit donc à

$$\frac{aO}{bO} \frac{b'O}{a'O} = \lambda.$$

C. Q. F. D.

674. Le théorème précédent s'étend à un polygone quelconque d'un nombre pair de côtés, c'est-à-dire que :

Un polygone d'un nombre pair de côtés étant circonscrit à un cercle, si l'on mène une tangente quelconque, le produit de ses distances aux sommets de rang pair sera au produit de ses distances aux sommets de rang impair dans une raison constante, égale au produit des distances des sommets de rang pair au centre du cercle, divisé par le produit des distances des sommets de rang impair au même centre.

La démonstration est tout à fait semblable à celle du théorème (663).

675. On peut regarder le point de contact d'une tangente à un cercle comme le sommet d'un angle circonscrit dont les deux côtés seraient infiniment peu différents en direction, de sorte que le point de contact d'un côté d'un polygone circonscrit peut être regardé comme un sommet d'un polygone qui aurait un sommet de plus. Il résulte de ces considérations que les théorèmes précédents peuvent être appliqués à des polygones circonscrits d'un nombre quelconque de côtés. On a, entre autres, ce théorème :

Quand un polygone est circonscrit à un cercle, le produit des distances de ses sommets à une tangente est au produit des distances des points de contact de ses côtés à la même tangente dans une raison constante, quelle que soit cette tangente.

676. Les tangentes à un cercle rencontrant deux tangentes fixes L, L' en des points a, b, ... et a', b', ... qui forment deux divisions homographiques (669), les droites Pa, Pb, ... et Pa', Pb', ... menées d'un même point P à ces deux séries de points forment deux faisceaux homographiques, et les rayons doubles de ces deux faisceaux sont les tangentes au cercle menées par le point P (670). Or ces rayons doubles forment un faisceau en involution avec les deux couples de droites Pa, Pb' et Pb, Pa' (213). On a donc, en considérant le quadrilatère $abb'a'$ circonscrit au cercle, ce théorème :

Quand un quadrilatère est circonscrit à un cercle, les deux couples de droites menées d'un point quelconque à ses sommets opposés, et les deux tangentes menées du même point à la circonférence du cercle, forment un faisceau en involution.

Il nous sera utile de remarquer ici que la démonstration implique le cas où les deux tangentes sont imaginaires.

Appelons E et F ces deux tangentes (réelles ou imaginaires), α, α' les droites menées à deux sommets opposés du quadrilatère, et β, β' les droites menées aux deux autres sommets; on aura, entre autres, l'équation d'involution suivante :

$$\frac{\sin(E, \alpha).\sin(E, \alpha')}{\sin(E, \beta).\sin(E, \beta')} = \frac{\sin(F, \alpha).\sin(F, \alpha')}{\sin(F, \beta).\sin(F, \beta')}.$$

677. Cette équation s'étend à un polygone circonscrit au cercle, d'un nombre pair de sommets ; c'est-à-dire que :

Quand un polygone d'un nombre pair de sommets est circonscrit à un cercle, si d'un même point on mène les tangentes au cercle et des droites aboutissant aux sommets du polygone, on aura, en appelant E, F *les deux tangentes,* $\alpha, \alpha', \alpha'', \ldots$ *les droites menées aux sommets de rang pair, et* $\beta, \beta', \beta'', \ldots$ *les droites menées aux sommets de rang impair, la relation*

$$\frac{\sin(E, \alpha).\sin(E, \alpha').\sin(E, \alpha'')\ldots}{\sin(E, \beta).\sin(E, \beta').\sin(E, \beta'')\ldots} = \frac{\sin(F, \alpha).\sin(F, \alpha').\sin(F, \alpha'')\ldots}{\sin(F, \beta).\sin(F, \beta').\sin(F, \beta'')\ldots}.$$

La démonstration se fait comme celle que nous avons indiquée pour le théorème (674) ; et la remarque qui a donné lieu au théorème (675) s'applique également ici.

III. — *Hexagone circonscrit au cercle.*

678. Quatre tangentes à un cercle rencontrent deux autres tangentes en deux séries de quatre points qui ont le même rapport anharmonique (671). Donc, en considérant les six tangentes comme formant un hexagone circonscrit au cercle, on a, d'après la proposition (423), le théorème suivant, dû à Brianchon.

Dans tout hexagone circonscrit à un cercle, les trois diagonales qui joignent les sommets opposés passent par un même point (¹).

§ III. — Propriétés diverses.

I.

679. *Si sur le diamètre d'un cercle on prend deux points qui*

(¹) Nous avons dit (616) comment Brianchon a déduit ce théorème de celui de Pascal sur l'hexagone inscrit.

divisent harmoniquement ce diamètre, les distances de chaque point de la circonférence à ces deux points fixes ont leur rapport constant.

En effet, soient e, f les deux points qui divisent harmoniquement le diamètre AA′ (*fig.* 142); les droites menées d'un point de la circonférence à ces deux points font des angles égaux avec la droite menée du même point à l'une des extrémités du diamètre (85). Or on a, dans les deux triangles emA, fmA,

$$\frac{em}{e\mathrm{A}}=\frac{\sin \mathrm{A}}{\sin em\mathrm{A}},\quad \frac{fm}{f\mathrm{A}}=\frac{\sin \mathrm{A}}{\sin fm\mathrm{A}}.$$

Il s'ensuit, puisque les deux angles emA, fmA sont égaux, que

$$\frac{em}{e\mathrm{A}}=\frac{fm}{f\mathrm{A}}\quad \text{ou}\quad \frac{me}{mf}=\frac{\mathrm{A}e}{\mathrm{A}f}=\text{const.}$$

Ce qui démontre le théorème.

680. *Si par deux points* e, f, *qui divisent harmoniquement le diamètre* AA′ *d'un cercle* (*fig.* 143), *on élève deux perpendiculaires, toute tangente au cercle rencontre ces droites en deux points* e′, f′, *tels, que les droites menées du centre à ces deux points sont également inclinées sur la droite menée du centre au point où la tangente rencontre la tangente fixe en l'une des extrémités du diamètre* AA′.

En effet, les deux droites Ce', Cf' forment avec les deux Ca, Ca' un faisceau harmonique. Or celles-ci sont rectangulaires (668, *Coroll.*). Donc chacune d'elles fait des angles égaux avec les deux Ce', Cf' (84). Donc, etc.

Corollaire. — Il suit de là que : *Le rapport des deux droites* Ce′, Cf′ *est constant et égal à* $\frac{\mathrm{A}e}{\mathrm{A}f}$.

Car, la droite Ca divisant l'angle e'Cf' en deux parties égales, on a $\frac{\mathrm{C}e'}{\mathrm{C}f'}=\frac{ae'}{af'}$. Mais $\frac{ae'}{af'}=\frac{\mathrm{A}e}{\mathrm{A}f}$. Donc, etc.

II.

681. *Si sur les cordes d'un cercle issues d'un même point* ρ *de la circonférence* (*fig.* 144) *on prend des segments* $\rho\rho'$, *en raison inverse des cordes, le lieu de leurs extrémités* ρ' *est une droite perpendiculaire au diamètre qui passe par le point* ρ.

En effet, on a, par hypothèse, $\rho\rho' = \frac{\lambda}{\rho\alpha}$, λ étant une constante. Soit pris sur le diamètre ρO le segment $\rho E = \frac{\lambda}{\rho O}$; on aura

$$\rho\rho'.\rho\alpha = \rho E.\rho O \quad \text{ou} \quad \frac{\rho\rho'}{\rho E} = \frac{\rho O}{\rho\alpha};$$

ce qui prouve que les deux triangles $\rho E \rho'$ et $\rho\alpha O$, qui ont l'angle en ρ commun, sont semblables, et, par conséquent, que le premier est rectangle en E, de même que le second l'est en α. Donc le lieu du point ρ' est la droite élevée par le point E perpendiculairement au diamètre ρO. C. Q. F. D.

682. *Quand un triangle est inscrit dans un cercle, le produit de deux côtés est égal au produit de la perpendiculaire abaissée du sommet opposé sur le troisième côté, multipliée par le diamètre du cercle.*

En effet, soient ABC (*fig.* 145) le triangle, Ap la perpendiculaire abaissée du sommet A sur le côté opposé, et AA' le diamètre du cercle. Les deux triangles rectangles BAp et A'AC sont semblables, parce que leurs angles en B et A' sont égaux; de sorte qu'on a la proportion

$$\frac{AB}{Ap} = \frac{AA'}{AC} \quad \text{ou} \quad AB.AC = Ap.AA'. \qquad \text{C. Q. F. D.}$$

Corollaire I. — Il suit de là que

$$AB.BC.CA = Ap.BC.AA';$$

d'où l'on conclut que :

Le diamètre du cercle circonscrit à un triangle est égal au produit des trois côtés divisé par le double de l'aire du triangle.

Ainsi, a, b, c étant les trois côtés du triangle, S sa surface et r le rayon du cercle circonscrit, on a $4r.S = abc$.

Corollaire II. — En appliquant l'équation

$$Ap.AA' = AB.AC,$$

relative à la corde BC, à tous les côtés consécutifs d'un polygone, d'un nombre pair de côtés, inscrit au cercle, on en conclut immédiatement le théorème (663).

III.

683. *Un triangle* ABC *étant tracé dans le plan d'un cercle, si de ses sommets on mène les tangentes* Aa, Aa'; Bb, Bb' *et* Cc, Cc' (*réelles ou imaginaires*), *on aura, entre les sinus des angles que ces tangentes font avec les côtés du triangle, la relation*

$$\frac{\sin aAB.\sin a'AB}{\sin aAC.\sin a'AC}\,\frac{\sin bBC.\sin b'BC}{\sin bBA.\sin b'BA}\,\frac{\sin cCA.\sin c'CA}{\sin cCB.\sin c'CB}=1.$$

Supposons d'abord que les deux sommets B, C du triangle soient extérieurs au cercle, le sommet A pouvant être intérieur ou extérieur, indifféremment.

Soit D le point d'intersection des deux tangentes Bb et Cc; les trois droites menées de ce point au sommet du triangle ABC donnent la relation

$$\frac{\sin bBC}{\sin bBA}\,\frac{\sin cCA}{\sin cCB}\,\frac{\sin DAB}{\sin DAC}=-1 \quad (365).$$

On a pareillement, à l'égard du point d'intersection D' des deux tangentes Bb', Cc',

$$\frac{\sin b'BC}{\sin b'BA}\,\frac{\sin c'CA}{\sin c'CB}\,\frac{\sin D'AB}{\sin D'AC}=-1.$$

Multipliant ces deux équations membre à membre, il vient

$$\frac{\sin bBC.\sin b'BC}{\sin bBA.\sin b'BA}\,\frac{\sin cCA.\sin c'CA}{\sin cCB.\sin c'CB}\,\frac{\sin DAB.\sin D'AB}{\sin DAC.\sin D'AC}=1.$$

Or, les quatre tangentes Bb, Bb', Cc, Cc' forment un quadrilatère circonscrit BDCD'. Les droites menées du point A aux sommets de ce quadrilatère, et les deux tangentes Aa, Aa' (réelles ou imaginaires) forment une involution (676). On a donc l'équation

$$\frac{\sin \text{BAD} \ \sin \text{BAD}'}{\sin \text{CAD} . \sin \text{CAD}'} = \frac{\sin \text{BA}a . \sin \text{BA}a'}{\sin \text{CA}a . \sin \text{CA}a'},$$

d'après laquelle la précédente devient précisément celle qu'il faut démontrer.

Passons au cas où deux sommets A, B sont intérieurs, et un seul C extérieur.

Que sur le côté AB on prenne un point extérieur B'; on a deux triangles B'AC, B'BC, dont chacun n'a qu'un sommet intérieur et auxquels s'applique le théorème ; et, des deux équations relatives à ces triangles, résulte naturellement celle qui exprime le théorème à démontrer pour le triangle ABC dont les deux sommets A, B sont intérieurs au cercle.

Enfin, considérons le cas où le triangle a ses trois sommets A, B, C intérieurs au cercle. Alors on prend sur l'un des côtés, AC par exemple, un point extérieur C', et l'on a deux triangles C'BA, C'BC, auxquels s'applique le théorème, puisqu'ils n'ont, chacun, que deux sommets intérieurs; et, des deux équations relatives à ces triangles, résulte celle qu'il s'agit de démontrer à l'égard du triangle ABC.

Ainsi, le théorème est démontré complétement, quelle que soit la position des trois sommets du triangle par rapport au cercle.

§ IV. — Des pôles et polaires dans le cercle.

I. — *Polaire d'un point. — Pôle d'une droite.*

684. *Si autour d'un point* ρ (*fig.* 146), *dans le plan d'un cercle, on fait tourner une transversale sur laquelle on prend le point* ρ' *conjugué harmonique de* ρ, *par rapport aux deux points où cette droite rencontre le cercle, le lieu de ce point* ρ' *sera une droite.*

En effet, soit α le milieu des deux points du cercle a, a'; on aura

$$\rho a.\rho a' = \rho\rho'.\rho\alpha \quad (74).$$

Or le rectangle $\rho a.\rho a'$ est constant et égal à $\rho A.\rho A'$. Donc le segment $\rho\rho'$ est en raison inverse de $\rho\alpha$. Mais le point α est sur un cercle qui passe par le point ρ (658). Donc le point ρ' est sur une droite (681). C. Q. F. D.

On appelle cette droite la *polaire* du point ρ; et réciproquement, ce point est dit le *pôle* de la droite.

Cette *polaire* est perpendiculaire au diamètre qui passe par le *pôle* ρ; et le point e où elle rencontre ce diamètre peut se déterminer par la relation

$$Ce.C\rho = \overline{CA}^2 = R^2 \quad (73),$$

R étant le rayon du cercle.

Remarques. — Quand la droite menée par le point ρ ne rencontre pas le cercle, les deux points a, a' sont imaginaires; mais leur milieu α est toujours réel (656); de sorte que le point ρ' se construit par la même formule

$$\rho\rho' = \frac{\rho A.\rho A'}{\rho\alpha};$$

ou par celle-ci,

$$\alpha\rho.\alpha\rho' = \overline{\alpha a}^2 \quad (73),$$

dans laquelle on peut remplacer $\overline{\alpha a}^2$ par $\left(R^2 - \overline{\alpha C}^2\right)$ (657); ce qui donne

$$\alpha\rho.\alpha\rho' = R^2 - \overline{\alpha C}^2.$$

Cette relation fait voir que les deux points ρ, ρ' sont du même côté de α, ou de côtés différents, selon que $\left(R^2 - \overline{\alpha C}^2\right)$ est positif ou négatif; c'est-à-dire selon que la transversale rencontre le cercle en des points réels ou imaginaires.

Observons encore que ces diverses relations servent à construire la polaire d'un point, sans que le cercle soit décrit, parce que l'on n'y fait usage que du centre et du carré du rayon.

Ces remarques nous seront utiles plus tard.

685. *Les polaires des différents points d'une droite passent toutes par le pôle de la droite.*

Car les deux points ρ, ρ', dont le second est sur la polaire du premier, étant conjugués harmoniques par rapport aux deux a, a', la polaire du point ρ' passe par le point ρ (684).

686. *Si l'on mène par un point* ρ *deux transversales* $\rho aa'$, $\rho bb'$ (*fig.* 147), *le point d'intersection des deux droites* ab, a'b' *et le point d'intersection des deux* ab', a'b *seront sur la polaire du point* ρ.

En effet, soient ρ', ρ'' les points de la polaire, sur les deux transversales; on a les deux équations

$$\frac{\rho a}{\rho a'} : \frac{\rho' a}{\rho' a'} = -1 \quad \text{et} \quad \frac{\rho b}{\rho b'} : \frac{\rho'' b}{\rho'' b'} = -1.$$

Donc

$$\frac{\rho a}{\rho a'} : \frac{\rho' a}{\rho' a'} = \frac{\rho b}{\rho b'} : \frac{\rho'' b}{\rho'' b'}.$$

Ce qui prouve que les quatre points ρ, a, ρ', a' ont leur rapport anharmonique égal à celui des quatre points ρ, b, ρ'', b'. Donc les trois droites ab, $\rho'\rho''$, $a'b'$ concourent en un même point (42); c'est-à-dire que les deux droites ab, $a'b'$ se coupent sur la droite $\rho'\rho''$.

Or, les deux points b et b' entrant de la même manière dans la seconde équation, on peut substituer l'un à l'autre, et il en résulte que ce qui est démontré des deux droites ab, $a'b'$ s'applique aux deux ab' et $a'b$. Donc, etc.

Autrement. Les équations

$$\frac{\rho a}{\rho a'} = -\frac{\rho' a}{\rho' a'}, \quad \frac{\rho b}{\rho b'} = -\frac{\rho'' b}{\rho'' b'}$$

montrent que les deux arcs de la circonférence auxquels appartiennent, respectivement, les deux points a et a', ainsi que les deux b et b', forment deux courbes homologiques dont le point ρ est le *centre d'homologie*, et la polaire $\rho'\rho''$ l'*axe d'homologie* (530). Par conséquent, les deux droites homologues ab, $a'b'$ se rencontrent sur la polaire.

Et si l'on considère les deux points a, b' comme appartenant à un même arc, et les deux a', b comme leurs homologues sur l'arc homologique, il s'ensuivra que les deux droites ab' et $a'b$ se rencontrent aussi sur la polaire du point ρ. Donc, etc.

687. Si l'on conçoit que les deux transversales ρab, $\rho a'b'$ soient infiniment voisines, les cordes ab, $a'b'$ se croiseront toujours sur la polaire du point ρ et deviendront les tangentes en a et a'. Donc :

Quand une droite tourne autour d'un point fixe, les tangentes menées par les deux points où elle rencontre le cercle se croisent sur la polaire du point fixe.

En d'autres termes : *La polaire d'un point est le lieu des sommets des angles circonscrits au cercle dont les cordes de contact passent par le point.*

Et réciproquement : *Le pôle d'une droite est un point par lequel passent toutes les cordes de contact des angles circonscrits au cercle qui ont leurs sommets sur la droite.*

688. *Si par le point de concours de deux tangentes à un cercle on mène deux droites conjuguées harmoniques par rapport à ces deux tangentes, le pôle de l'une sera situé sur l'autre.*

Car les deux droites rencontrent la corde de contact des deux tangentes en deux points qui sont conjugués harmoniques par rapport aux deux points de contact (83). Donc la polaire de l'un de ces points passe par l'autre (684). Mais ces polaires passent par le pôle de la corde de contact (685), lequel est le point de rencontre des deux tangentes. Donc ce sont les deux droites qu'on a menées par ce point. Donc, etc.

Corollaire. — Il suit de là que : *Étant donné un cercle, si par chaque point d'une droite fixe on mène une seconde droite qui soit la conjuguée harmonique de la première par rapport aux deux tangentes au cercle issues de ce point, cette droite passera toujours par un même point qui sera le pôle de la droite fixe.*

II. — *Autre manière de démontrer les propositions précédentes.*

689. Des théorèmes précédents, les uns se rapportent à des points et les autres à des droites, de sorte qu'ils peuvent se corres-

pondre mutuellement, comme cela a lieu pour la plupart des propositions que renferme cet Ouvrage : par exemple, le dernier théorème, par lequel on construit le *pôle* d'une droite, correspond au premier (684), par lequel on construit la *polaire* d'un point. Cependant nous n'avons pas fait cette distinction, comme à l'ordinaire, ayant voulu traiter d'abord ce sujet de la manière la plus élémentaire, en ce qu'elle n'exige la connaissance d'aucune autre propriété notable du cercle.

Mais nous allons reprendre notre marche accoutumée et suivre les deux voies parallèles, qui sont si propres à marquer le caractère distinctif des différentes propositions, à les classer dans un ordre naturel et à répandre toute la clarté désirable sur leur ensemble.

690. Deux transversales $\rho aa'$, $\rho bb'$, issues du point ρ et rencontrant le cercle, donnent lieu au quadrilatère $aa'b'b$ (*fig.* 147). Une troisième transversale quelconque, menée par le même point, rencontre les deux côtés opposés ab, $a'b'$ en deux points c, c' et le cercle en deux autres points ε, φ (réels ou imaginaires). Ces deux couples de points appartiennent à une involution dont le point ρ est un des points doubles (665). Or la droite RG, qui joint le point de concours des deux côtés opposés ab, $a'b'$ à celui des deux diagonales ab', $a'b$, et la droite Rρ divisent harmoniquement l'angle des deux côtés ab, $a'b'$ (355); donc la transversale rencontre la droite RG en un point ρ''' qui est le conjugué harmonique de ρ par rapport aux deux c, c'. Donc ce point ρ''' est le second point double de l'involution (211). Donc les deux points ρ, ρ''' sont conjugués harmoniques par rapport aux deux points ε et φ de la courbe.

De là résulte tout à la fois la démonstration des deux théorèmes (684 et 686), relatifs à la *polaire* d'un point.

691. Considérons le quadrilatère circonscrit AEBF (*fig.* 148), dont les sommets opposés sont A, B et E, F. Si d'un point quelconque m de la droite EF on mène les droites mA, mB et les deux tangentes au cercle $m\varepsilon$, $m\varphi$ (réelles ou imaginaires), ces deux couples de droites appartiendront à une involution dont la droite EF sera l'un des rayons doubles (676). Mais la droite AB est di-

visée harmoniquement en G et R par les deux dd' et EF (350). Donc la droite mG et la droite mE sont conjuguées harmoniques par rapport aux deux mA, mB. Donc la droite mG est le second rayon double de l'involution. Donc cette droite et la ligne mE sont conjuguées harmoniques par rapport aux deux tangentes issues du point m. Or, d'une part, le point G, par lequel passe cette droite, est fixe, quel que soit le point m, puisque c'est l'intersection des diagonales du quadrilatère circonscrit AdBd'. Et, d'autre part, si le point m est à l'infini, auquel cas les deux tangentes sont parallèles à la droite EF, on reconnaît que le point G et la droite EF divisent harmoniquement le diamètre du cercle perpendiculaire à cette droite; ce qui montre que le point G est le point que l'on a appelé précédemment le *pôle* de la droite EF (684).

On a donc ce premier théorème :

Si de chaque point d'une droite fixe on mène les deux tangentes à un cercle et la droite qui, avec la droite fixe, divise harmoniquement l'angle des deux tangentes (réelles ou imaginaires), cette droite passe toujours par un même point, qui est le pôle de la droite fixe [1].

Que l'on remarque maintenant que ce point fixe, se trouvant déterminé par les droites menées des différents points de la droite fixe, est indépendant de la position des deux points E, F que nous avons considérés sur cette droite. On en conclut ce second théorème :

Si de deux points d'une droite fixe on mène des tangentes à un cercle, les diagonales du quadrilatère formé par ces deux couples de côtés opposés passent par un point fixe, quels que soient les deux points pris sur la droite; ce point fixe est le pôle de la droite.

Corollaire. — Quand les deux points pris sur la droite sont infiniment voisins, les deux diagonales du quadrilatère deviennent

---

[1] Cette proposition ne diffère pas du corollaire de (688); mais ici les deux tangentes au cercle peuvent être imaginaires, tandis que dans la démonstration du théorème (688) on les supposait réelles.

infiniment peu différentes et, à la limite, se confondent suivant la corde de contact des deux tangentes uniques. D'où l'on conclut que :

Quand le sommet d'un angle circonscrit à un cercle glisse sur une droite, la corde de contact passe par un point fixe, qui est le pôle de la droite.

III. — *Propositions relatives à la théorie des pôles et polaires.*

692. *Quand une corde d'un cercle tourne autour d'un point fixe, la somme algébrique des valeurs inverses des distances de ses extrémités à la polaire de ce point reste constante.*

Soient aa' (*fig.* 149) la corde qui tourne autour du point fixe ρ, et ρ' le point où elle rencontre la polaire de ce point; on a

$$\frac{2}{\rho'\rho} = \frac{1}{\rho'a} + \frac{1}{\rho'a'} \quad (65).$$

Or les trois segments $\rho'a$, $\rho'a'$, $\rho'\rho$ sont proportionnels aux distances ap, $a'p'$ et ρq des trois points a, a' et ρ à la polaire. L'équation devient donc

$$\frac{1}{ap} + \frac{1}{a'p'} = \frac{2}{\rho q} = \text{const.}$$

C. Q. F. D.

Dans cette équation, les signes des perpendiculaires dépendent de leur direction à partir des points a, a'. Ainsi, dans la figure où le point ρ est pris au dehors du cercle, les deux perpendiculaires ap, $a'p'$ ont des signes contraires. Elles auraient le même signe si le point ρ était intérieur au cercle.

693. Le théorème peut prendre cet énoncé plus général : *Si autour d'un point fixe on fait tourner une corde d'un cercle, les distances de ses extrémités à un axe fixe quelconque, divisées respectivement par les distances des deux mêmes points à la polaire du point fixe, ont une somme constante.* En effet, soient aP, a'P' et ρQ les perpendiculaires abaissées des trois points a, a' et ρ

sur l'axe fixe; on aura l'équation

$$2\frac{\rho Q}{\rho'\rho} = \frac{aP}{\rho' a} + \frac{a'P'}{\rho' a'} \quad (68),$$

et, comme précédemment,

$$\frac{aP}{ap} + \frac{a'P'}{a'p'} = 2\frac{\rho Q}{\rho q} = \text{const.};$$

ce qui démontre le théorème.

694. *Si de chaque point d'une droite on mène deux tangentes à un cercle, la somme des distances de ces deux tangentes à un point fixe quelconque, divisées par leurs distances au pôle de la droite, est constante.*

En effet, soient ρ le pôle de la droite, m le point fixe, et a, a', ρ' les points où la droite ρm rencontre les deux tangentes et la droite polaire du point ρ; on a l'équation

$$\frac{2m\rho'}{\rho\rho'} = \frac{ma}{\rho a} + \frac{ma'}{\rho a'} \quad (67).$$

Or les trois rapports $\frac{ma}{\rho a}$, $\frac{ma'}{\rho a'}$ et $\frac{m\rho'}{\rho\rho'}$ sont égaux, respectivement, aux rapports des distances des deux tangentes et de la droite fixe aux deux points m et ρ; l'équation exprime donc le théorème énoncé.

695. *Si de chaque point d'une droite fixe on mène deux tangentes à un cercle, le produit des sinus des angles qu'elles font avec cette droite est au carré du sinus de l'angle que le rayon mené du même point au centre du cercle fait avec cette même droite dans une raison constante.*

En effet, on a (*fig.* 170)

$$\sin amL = \sin aOp = \frac{ap}{R} = \frac{aI.\sin I}{R} = \frac{aI}{R}\sin OmL,$$

et de même

$$\sin a'mL = \frac{a'I}{R}\sin OmL.$$

Donc

$$\sin amL.\sin a'mL = \frac{aI.a'I}{R^2}\sin^2 OmL = \frac{IA.IA'}{R^2}\sin^2 OmL.$$

Ce qui démontre le théorème.

Corollaire. — On peut écrire

$$\sin amL.\sin a'mL = \frac{IA.IA'}{R^2}\,\frac{\overline{OP}^2}{\overline{Om}^2}.$$

De sorte que *le produit des deux sinus est en raison inverse du carré de la distance du point* m *au centre du cercle.*

696. Nous appellerons *points conjugués par rapport à un cercle* deux points tels que la polaire de l'un passe par l'autre. Il est clair que, si la polaire d'un point passe par un autre point, réciproquement la polaire de celui-ci passera par le premier (685).

On peut dire aussi que deux *points conjugués* sont deux points *conjugués harmoniques* par rapport aux deux points d'intersection (réels ou imaginaires) du cercle par la droite sur laquelle sont pris ces deux points (684).

Pareillement, nous appellerons *droites conjuguées par rapport à un cercle* deux droites telles que le pôle de l'une se trouve sur l'autre.

On peut dire aussi que les deux droites sont *conjuguées harmoniques* par rapport aux deux tangentes au cercle (réelles ou imaginaires) menées par leur point de concours (688).

697. Puisque deux points conjugués pris sur une droite quelconque sont conjugués harmoniques par rapport aux deux points d'intersection (réels ou imaginaires) du cercle par la droite, il s'ensuit que :

Trois couples de points conjugués pris sur une même droite forment une involution de six points, dont les points doubles sont les deux points d'intersection du cercle par la droite.

698. Pareillement : *Trois couples de droites conjuguées menées par un même point forment un faisceau de six droites en invo-*

lution, dont les deux rayons doubles sont les tangentes au cercle menées par ce point.

699. Il résulte du théorème (**697**) qu'on peut déterminer les points d'intersection d'un cercle et d'une droite en prenant sur cette droite deux couples de *points conjugués;* les points doubles de l'involution déterminée par ces deux couples de points, ou, en d'autres termes, les points conjugués harmoniques par rapport aux deux couples, sont les points d'intersection cherchés (réels ou imaginaires).

Pareillement, on peut déterminer les tangentes à un cercle issues d'un point donné en menant par ce point deux couples de *droites conjuguées;* les rayons doubles de l'involution déterminée par ces deux couples, ou, en d'autres termes, les droites conjuguées harmoniques par rapport aux deux couples, sont les tangentes cherchées (réelles ou imaginaires).

Observation. — On conçoit bien qu'il ne s'agit pas ici de solutions pratiques de ces deux problèmes, les plus simples que l'on puisse se proposer sur le cercle. Il s'agit de propriétés qui seront fort utiles dans plusieurs questions, d'autant plus qu'elles impliquent le cas des imaginaires.

700. *Quatre points en ligne droite ont leur rapport anharmonique égal à celui de leurs polaires.* En effet, quatre points a, b, c, d pris sur une même droite ont leur rapport anharmonique égal à celui de leurs conjugués a', b', c', d', car ces points forment deux divisions homographiques (**697**). Or ces points conjugués sont sur les polaires des quatre points a, b, c, d (**696**), lesquelles passent par un même point (**685**); par conséquent, leur rapport anharmonique est égal à celui des quatre droites, lequel est donc égal à celui des quatre points a, b, c, d. C. Q. F. D.

Corollaire. — Il suit de là que : *Si l'on a deux divisions homographiques sur deux droites, les polaires des points de division forment deux faisceaux homographiques.*

IV. — *Quadrilatère circonscrit au cercle.*

701. Soit un quadrilatère AdBd' circonscrit au cercle (*fig.* 148);

les droites $a'b$, ab', qui joignent les points de contact des côtés opposés, se croisent sur la diagonale AB, parce que les deux sommets A, B et le point d'intersection des deux droites ab', $a'b$ sont trois points appartenant à la polaire du point de concours des deux droites aa', bb' (686 et 687). Par la même raison, le point d'intersection des deux droites ab', $a'b$ se trouve aussi sur la seconde diagonale dd'. Donc :

Quand un quadrilatère est circonscrit au cercle, ses deux diagonales et les droites qui joignent les points de contact des côtés opposés passent toutes quatre par le même point.

Remarque. — Quatre tangentes à un cercle donnent lieu à trois quadrilatères différents, parce que, l'une de ces tangentes étant regardée comme le premier côté du quadrilatère, on peut prendre chacune des trois autres comme côté opposé.

Les trois quadrilatères sont $Ad'Bd$, AEBF et $Ed'Fd$. Si l'on considère la tangente en a' comme côté commun aux trois quadrilatères, le côté opposé sera la tangente en b dans le premier quadrilatère, la tangente en b' dans le second et la tangente en a dans le troisième.

Appliquant le théorème précédent aux trois quadrilatères, on en conclut que les quatre droites ab', $a'b$, AB et dd' passent par un même point, comme nous l'avons dit; que les quatre ab, $a'b'$, AB, EF passent aussi par un même point R; et les quatre aa', bb', $d'd$, EF par un même point ρ.

702. *Dans un quadrilatère circonscrit à un cercle, le point de rencontre des deux diagonales est le pôle de la droite qui joint les points de concours des côtés opposés.*

Car le pôle de la droite qui joint les points de concours E, F des côtés opposés du quadrilatère circonscrit $Ad'Bd$ est le point de croisement des deux cordes de contact ab', $a'b$ (687). Or ce point de croisement est le même que celui des deux diagonales AB, dd' (701). Donc, etc.

703. *Quand un quadrilatère est circonscrit à un cercle, les deux diagonales et la droite qui joint les points de concours des* *côtés opposés forment un triangle dont chaque sommet a pour polaire le côté opposé.*

Car, en appliquant le théorème précédent aux deux autres quadrilatères dont il a été question, on en conclut que le point R est le pôle de la diagonale dd' et le point ρ celui de la diagonale AB; de sorte que les trois droites AB, dd' et EF forment un triangle G Rρ dont chaque sommet est le pôle du côté opposé.

Remarque. — Il suit de là que les deux diagonales sont deux *droites conjuguées* par rapport au cercle.

704. *Quand un quadrilatère est circonscrit à un cercle, si l'on mène une transversale qui rencontre les deux diagonales en deux points, et qu'on prenne les deux autres points qui avec ceux-là, respectivement, divisent harmoniquement les deux diagonales, ces deux points et le pôle de la droite dans le cercle sont tous trois en ligne droite.*

En effet, soient L la transversale et L' la droite joignant les deux points qui, avec ceux où L rencontre les deux diagonales, divisent harmoniquement ces diagonales. Si du point d'intersection des deux droites L et L' on mène les tangentes au cercle et des droites aux extrémités des deux diagonales, ces six droites seront en involution (676). Mais les deux droites L, L' sont les rayons doubles de l'involution, parce qu'elles divisent harmoniquement chacune des deux diagonales; donc elles sont conjuguées harmoniques par rapport aux deux tangentes au cercle; donc le pôle de la droite L est sur la droite L' (688). Ce qu'il fallait prouver.

Corollaire. — Si la droite L est à l'infini, il s'ensuit que :

Quand un quadrilatère est circonscrit à un cercle, les milieux de ses deux diagonales et le centre du cercle sont sur une même droite.

V. — *Quadrilatère inscrit au cercle.*

705. *Quand un quadrilatère est inscrit au cercle, les points de concours des tangentes en ses sommets opposés et les points de concours de ses côtés opposés sont quatre points en ligne droite.*

Car, dans le quadrilatère $aa'b'b$ (*fig.* 148), les quatre points E, F, ρ, R sont en ligne droite, parce qu'ils appartiennent à la polaire du point de croisement des deux diagonales ab', $a'b$, les deux R et ρ en vertu du théorème (686) et les deux E, F en vertu du théorème (687).

706. *Dans un quadrilatère inscrit au cercle, le point de concours des deux diagonales est le pôle de la droite qui joint les points de concours des côtés opposés.*

Car le point de croisement des deux diagonales ab', $a'b$ est le pôle de la droite ρR (686).

707. *Quand un quadrilatère est inscrit au cercle, le point de rencontre des deux diagonales et les points de concours des côtés opposés sont trois points dont chacun a pour polaire la droite qui joint les deux autres.*

Car GR est la polaire du point ρ, et Gρ la polaire du point R, de même que la droite ρR est la polaire du point de croisement des deux diagonales ab', $a'b$.

Remarque. — Il suit de là que les points de concours des côtés opposés d'un quadrilatère inscrit au cercle sont deux *points conjugués* par rapport au cercle.

708. *Quand un quadrilatère est inscrit dans un cercle, les polaires d'un point quelconque relatives au cercle et aux angles formés par les deux couples de côtés opposés passent par un même point.*

En effet, soit P′ le point d'intersection des polaires d'un point P relatives aux deux angles formés par les deux couples de côtés opposés du quadrilatère ; la droite PP′ rencontre ces côtés en deux couples de points a, a' et b, b', et le cercle en deux points e, f. Ces six points sont en involution (665). Or les deux points P, P′ divisent harmoniquement les deux segments aa', bb'; donc ils divisent aussi harmoniquement le troisième segment ef (211). Donc la polaire du point P relative au cercle passe par le point P′.

VI. — *Propriétés relatives à trois cordes passant par un même point.*

709. *Quand trois cordes d'un cercle concourent en un même point, les droites menées d'un point de la circonférence à leurs extrémités forment un faisceau en involution.*

Soient aa', bb', cc' (*fig.* 150) les trois cordes qui passent par un même point ρ. Je dis que les droites menées d'un point m de la circonférence à leurs extrémités forment trois couples en involution. Il suffit de prouver que les quatre droites ma, mb, mc, mc' ont leur rapport anharmonique égal à celui des quatre ma', mb', mc' et mc (188).

Joignons le point m au point ρ, et soit m' le point où la droite $m\rho$ rencontre la circonférence. Les quatre droites ma, mb, mc, mc' ont leur rapport anharmonique égal à celui des quatre $m'a$, $m'b$, $m'c$ et $m'c'$ menées du point m' aux quatre mêmes points a, b, c, c' (654). Mais celles-ci ont leur rapport anharmonique égal à celui des quatre droites ma', mb', mc' et mc, parce que ces huit droites se rencontrent deux à deux en quatre points situés en ligne droite (686). Donc les deux faisceaux de quatre droites ma, mb, mc, mc' et ma', mb', mc', mc ont leurs rapports anharmoniques égaux. Ce qu'il fallait démontrer.

Il est évident que, réciproquement : *Si l'on prend un point de la circonférence d'un cercle pour sommet commun de trois angles dont les côtés soient en involution, les cordes sous-tendues par les trois angles concourront en un même point.*

Corollaire. — Quand la transversale $\rho aa'$ tourne autour du point ρ (*fig.* 151), les deux droites ma, ma' forment deux faisceaux en involution, et les droites menées aux extrémités A, A' du diamètre sur lequel est le point ρ sont les deux rayons rectangulaires de l'involution. Par conséquent, on a

$$\operatorname{tang} amA \,.\, \operatorname{tang} a'mA = \text{const.} \quad (259, 3^{\circ}),$$

et par suite

$$\operatorname{tang} \tfrac{1}{2} AOa \,.\, \operatorname{tang} \tfrac{1}{2} AOa' = \text{const.}$$

Donc :

Quand une corde d'un cercle tourne autour d'un point fixe, les rayons menés du centre à ses extrémités font, avec le rayon qui passe par ce point, deux angles tels que le produit des tangentes des demi-angles reste constant.

710. Puisque les droites menées d'un point de la circonférence aux trois couples de points a, a'; b, b' et c, c' sont en involution, il existe entre leurs angles et, par conséquent, entre les demi-arcs compris entre ces six points, toutes les relations d'involution relatives à un faisceau de six droites. Par exemple, on aura les équations

$$\frac{\sin\frac{1}{2}ab \,.\, \sin\frac{1}{2}ab'}{\sin\frac{1}{2}ac \,.\, \sin\frac{1}{2}ac'} = \frac{\sin\frac{1}{2}a'b \,.\, \sin\frac{1}{2}a'b'}{\sin\frac{1}{2}a'c \,.\, \sin\frac{1}{2}a'c'},$$

$$\sin\tfrac{1}{2}ab \,.\, \sin\tfrac{1}{2}b'c \,.\, \sin\tfrac{1}{2}c'a' = -\sin\tfrac{1}{2}a'b' \,.\, \sin\tfrac{1}{2}bc' \,.\, \sin\tfrac{1}{2}ca.$$

VII. — *Propriétés relatives à trois angles circonscrits qui ont leurs sommets en ligne droite.*

711. *Quand trois angles circonscrits à un cercle ont leurs sommets en ligne droite, les segments qu'ils interceptent sur une tangente au cercle sont en involution.*

Soient A, B, C (*fig.* 152) les sommets des trois angles et aa', bb', cc' les segments qu'ils interceptent sur une tangente M; il suffit de prouver que les quatre points a, b, c, c' ont leur rapport anharmonique égal à celui des quatre a', b', c', c. Que par le point de rencontre de la droite ABC et de la tangente M on mène une seconde tangente M′ qui rencontrera les côtés des trois angles en des points α, α'; β, β' et γ, γ'. Les quatre points a, b, c, c' ont leur rapport anharmonique égal à celui des quatre points α, β, γ, γ' (671). Mais celui-ci est égal à celui des quatre points a', b', c', c, parce que les quatre droites $a\alpha'$, $b\beta'$, $c\gamma'$, $c'\gamma$ passent par un même point, qui est le pôle de la droite ABC (691). Donc le rapport anharmonique des quatre points a', b', c', c est égal à celui des quatre points a, b, c, c'.

Corollaire. — Les deux tangentes ED, E′D′ parallèles à la droite AK (*fig.* 153) rencontrent la tangente M en deux points D, D′ qui sont deux points conjugués de l'involution. Ces points sont vus du centre sous un angle droit (668, *Coroll.*); par conséquent, le produit des tangentes des angles DOa, DOa' est constant (259, 3°). Mais ces angles sont les moitiés des angles que les deux tangentes Aa, Aa' font avec la tangente DE, lesquels sont égaux à KAa, KAa'. Il en résulte donc ce théorème :

Si de chaque point d'une droite on mène deux tangentes à un cercle, le produit des tangentes trigonométriques des demi-angles qu'elles font avec la droite est constant (¹).

VIII. — *Figures polaires réciproques.*

712. *Étant donnée une figure quelconque, les polaires de ses points forment une figure corrélative.*

En effet, les deux figures ont entre elles les relations descriptives qui appartiennent aux figures corrélatives, puisque à des points dans l'une correspondent des droites dans l'autre; et, d'après le théorème (700), les deux figures ont aussi les relations métriques des figures corrélatives; donc elles sont corrélatives.

713. S'il se trouve dans la première figure une courbe, il lui correspond dans la seconde figure une autre courbe qui est l'enveloppe des polaires des différents points de la première. Cette courbe jouit d'une autre propriété, savoir, d'être *le lieu des pôles des tangentes à la première courbe.*

En effet, un point de la seconde courbe est l'intersection de deux tangentes infiniment voisines, lesquelles sont les polaires de deux points de la première courbe infiniment voisins. Donc ce point de la deuxième courbe est le pôle de la droite qui joint les deux points de la première; mais, ces points étant infiniment voisins, cette droite est la tangente à la première courbe.

Il suit de là que la première courbe pourrait être formée au moyen de la deuxième, de la même manière que celle-ci a été formée avec la première, c'est-à-dire qu'il suffit de prendre soit les polaires des points, soit les pôles des tangentes de la seconde courbe.

(¹) Les deux angles doivent être comptés de manière que, quand les deux tangentes deviennent parallèles à la droite AK, l'un d'eux soit nul, et l'autre égal à 180°.

A raison de ces propriétés réciproques, les deux courbes sont dites *polaires réciproques*. Le cercle par rapport auquel on prend les pôles et polaires s'appelle le *cercle auxiliaire* ou *directeur*.

714. *La courbe polaire d'un cercle est une section conique, c'est-à-dire une courbe provenant de l'intersection d'un cône à base circulaire par un plan.*

En effet, la courbe polaire d'un cercle est le lieu des pôles des tangentes à ce cercle (les pôles étant pris par rapport au *cercle auxiliaire*). Considérons deux tangentes fixes et une tangente mobile; il leur correspond sur la courbe polaire deux points fixes et un point variable. Aux deux points de rencontre des deux tangentes fixes et de la tangente mobile, lesquels font deux divisions homographiques (669), correspondent dans la figure polaire les droites menées des deux points fixes au point variable, et ces droites forment deux faisceaux homographiques (700, *Coroll.*). Donc, en appliquant ici la seconde démonstration du théorème (558), on en conclut que la courbe lieu du point d'intersection des rayons homologues de ces deux faisceaux est une section conique. C. Q. F. D.

715. Toutes les propriétés métriques des figures corrélatives s'appliquant d'elles-mêmes aux figures polaires réciproques (712), il en résulte ce théorème :

Étant pris dans le plan d'un cercle deux points fixes a, b *et leurs polaires* A, B, *si l'on prend un autre point quelconque* m *et sa polaire* M, *le rapport des distances de ce point aux deux droites* A, B *sera au rapport des distances de la droite* M *aux deux points* a, b *dans une raison constante* (599).

Ainsi l'on aura

$$\frac{(m.\mathrm{A})}{(m,\mathrm{B})} = \lambda \frac{(\mathrm{M},a)}{(\mathrm{M},b)} \quad ({}^1).$$

Pour déterminer la constante, on peut supposer que la droite M

(1) Nous avons déjà employé la notation (m, A) pour représenter la distance d'un point m à une droite A (359, VII).

soit à l'infini; ses distances aux deux points a, b seront égales, et son pôle m sera le centre O du cercle. On aura donc

$$\frac{(O, A)}{(O, B)} = \lambda.$$

L'équation devient

$$\frac{(m, A)}{(m, B)} : \frac{(M, a)}{(M, b)} = \frac{(O, A)}{(O, B)}.$$

Il faut remarquer que le rapport $\frac{(O, A)}{(O, B)}$ est égal à la valeur inverse du rapport des distances des deux points a, b au centre O (684), c'est-à-dire à $\frac{Ob}{Oa}$.

On peut déterminer la constante λ d'une autre manière qui conduit à une expression différente. Supposons que le point m se confonde avec b, et par conséquent la droite M avec la droite B; il vient

$$\frac{(b, A)}{(b, B)} = \lambda \frac{(B, a)}{(B, b)} \quad \text{ou} \quad \lambda = \frac{(A, b)}{(B, a)},$$

et par suite

$$\frac{(m, A)}{(m, B)} : \frac{(M, a)}{(M, b)} = \frac{(A, b)}{(B, a)}.$$

716. Les deux expressions de λ montrent que

$$\frac{(A, b)}{(B, a)} = \frac{(O, A)}{(O, B)},$$

c'est-à-dire que :

Si l'on prend dans un cercle les pôles de deux droites, les distances respectives de chacune de ces droites au pôle de l'autre sont entre elles comme les distances des deux droites au centre du cercle.

717. Dans ce théorème, les deux droites A, B sont quelconques; supposons que la première soit fixe et la seconde mobile, et représentons celle-ci par M et son pôle par m; on a l'équation

$$\frac{(M, a)}{(M, O)} = \frac{(m, A)}{(O, A)}.$$

Si l'on considère la droite M comme appartenant à une première figure, son pôle m appartiendra à une figure corrélative (**712**), et cette équation pourra servir à passer des propriétés de l'une des deux figures à celles de l'autre.

Par exemple, on passe du théorème (**663**), concernant un polygone inscrit au cercle, au théorème (**674**), relatif à un polygone circonscrit, car on aura

$$(m, \mathrm{A}) = (\mathrm{M}, a) \cdot \frac{(\mathrm{O}, \mathrm{A})}{\mathrm{R}} \quad \text{ou} \quad (m, \mathrm{A}) = (\mathrm{M}, a) \cdot \frac{\mathrm{R}}{\mathrm{O}a} \cdot$$

718. Prenons ce théorème de Stewart [1] : « Si d'un point on abaisse sur les côtés d'un polygone régulier de m côtés, circonscrit à un cercle, des perpendiculaires, la somme de leurs puissances n (n étant $< m$) ne dépendra que de la distance du point au centre du cercle, et non de la position du polygone. »

Concevons que la droite A soit un des côtés du polygone ; son point de contact a sera le sommet d'un polygone régulier inscrit au cercle, et l'on aura

$$(m, \mathrm{A}) = (\mathrm{M}, a) \frac{\mathrm{R}}{(\mathrm{M}, \mathrm{O})} \cdot$$

Par conséquent, si la droite M change de position en conservant la même distance au point O, la somme des puissances n des distances (M, a) restera constante ; c'est-à-dire que :

Quand un polygone régulier de m *côtés est inscrit à un cercle, la somme des puissances* n (n *étant plus petit que* m) *des distances de ses sommets à une droite ne dépend que de la distance de cette droite au centre du cercle.*

Observation. — On voit qu'il sera fort utile d'introduire les relations métriques générales des figures corrélatives dans la théorie des polaires réciproques, où l'on a plus particulièrement considéré, jusqu'ici, les relations descriptives et les relations d'angles.

---

(1) *Some general theorems of considerable use in the higher parts of Mathematics.* Edinb., 1746, in-8°.

CHAPITRE XXIX.

PROPRIÉTÉS RELATIVES A DEUX CERCLES.

I. — *Des centres de similitude de deux cercles.*

719. Deux cercles peuvent être considérés comme deux figures *homothétiques* (semblables et semblablement placées), et cela de deux manières, parce qu'ils ont toujours deux *centres de similitude*.

En effet, que l'on mène dans les deux cercles deux rayons Oa, $O'a'$ (*fig.* 154) parallèles et de même direction ; la droite qui joint leurs extrémités rencontre la ligne des centres en un point S déterminé par la proportion suivante, qui résulte de la similitude des deux triangles aOS, $a\alpha a'$:

$$\frac{Oa}{OS} = \frac{\alpha a}{\alpha a'} = \frac{Oa - O'a'}{OO'},$$

ou, en appelant R et r les rayons des deux cercles,

$$OS = \frac{R.OO'}{R - r}.$$

Cette expression de OS est constante et montre que le point S est fixe, quelle que soit la direction commune des deux rayons Oa, $O'a'$. Mais le rapport $\frac{Sa}{Sa'}$ est aussi constant, car il est égal à $\frac{SO}{SO'}$. Les deux cercles sont donc deux figures *homothétiques* dont le *centre de similitude* est le point S.

Pareillement, si l'on mène le rayon $O'a''$ en sens opposé à la direction de Oa, la droite aa'' rencontrera OO' en un point fixe S', déterminé par l'équation

$$OS' = \frac{R.OO'}{R+r},$$

et qui est encore un *centre de similitude.*

Ainsi les deux cercles ont deux *centres de similitude.* Il résulte de la construction par laquelle ces points se déterminent que le premier est situé au delà de la ligne des centres des deux cercles et le second entre les deux centres, quelle que soit la position relative des deux cercles. Le premier est dit centre de *similitude directe* et le second centre de *similitude inverse.*

Quand les deux cercles se touchent, leur point de contact est un centre de similitude *directe* ou *inverse,* selon que les deux cercles se touchent *intérieurement* ou *extérieurement.*

720. *Les centres de similitude de deux cercles sont deux points conjugués harmoniques par rapport aux deux centres de figure.*

Car on a

$$\frac{SO}{SO'} = \frac{R}{r} \quad \text{et} \quad \frac{S'O}{S'O'} = \frac{R}{r},$$

d'où

$$\frac{SO}{SO'} = \frac{S'O}{S'O'}.$$

Mais l'un des deux centres de similitude est situé au delà des deux centres O, O', et l'autre entre ces deux points; donc l'un des deux rapports $\frac{SO}{SO'}, \frac{S'O}{S'O'}$ est positif et l'autre négatif, et, par conséquent, les deux points S, S' divisent harmoniquement le segment OO' (60). C. Q. F. D.

721. *Les centres de similitude de deux cercles forment une involution avec les deux couples de points des deux circonférences situés sur la ligne des centres.*

En effet, on a (*fig.* 155)

$$\frac{SA}{Sa} = \frac{R}{r}, \quad \frac{SB}{Sb} = \frac{R}{r};$$

donc

$$\frac{SA.SB}{Sa.Sb} = \frac{R^2}{r^2}.$$

Et, pareillement,

$$\frac{S'A.S'B}{S'a.S'b} = \frac{R^2}{r^2}.$$

Donc

$$\frac{SA.SB}{Sa.Sb} = \frac{S'A.S'B}{S'a.S'b}.$$

Pour que cette équation soit une des relations d'involution de six points, il faut que les deux membres soient de même signe. Or cela a lieu évidemment, parce que chacun des deux points S, S' est ou au dehors des deux courbes, ou dans l'intérieur des deux à la fois, de sorte que les deux produits SA.SB et $Sa.Sb$ sont toujours de même signe; et pareillement des deux S'A.S'B et $S'a.S'b$.

722. *Toute droite menée par le centre de similitude de deux cercles coupe leurs circonférences sous des angles égaux.*

Cela est évident, car, d'une part, les deux angles en a' et a_1 dans le cercle O' (*fig.* 154) sont égaux, et, d'autre part, les deux angles en a' et a sont aussi égaux, puisque les deux figures sont semblables et semblablement placées, et que le point S est leur centre de similitude.

II. — *Corde commune à deux cercles ou axe radical.*

723. Nous appelons *corde commune* à deux cercles une droite dont les points d'intersection (réels ou imaginaires) avec les deux cercles sont les mêmes.

Le cas où les deux cercles ne se coupent pas donne lieu à ce théorème :

Deux cercles ont toujours une corde commune.

En effet, que l'on mène une droite quelconque qui rencontrera les deux cercles en deux couples de points a, b et a', b' (réels ou imaginaires); il existera toujours sur cette droite un point m tel, que les produits $ma.mb$ et $ma'.mb'$ seront égaux (**214**). Que de ce point on abaisse une perpendiculaire sur la droite qui joint les centres des deux cercles; cette droite sera la corde commune aux deux cercles, c'est-à-dire qu'elle les rencontrera aux deux mêmes points (réels ou imaginaires). En effet, les deux points sur chacun des cercles auront le même point milieu, qui sera sur la ligne des centres des deux cercles (**656**); et le rectangle de leurs distances au point m sera aussi le même, car il sera égal à $ma.mb$ dans l'un des cercles et à $ma'.mb'$ dans l'autre (**657**).

Corollaire. — Il résulte de là que, quand une transversale rencontre deux cercles en deux couples de points a, b et a', b', et leur corde commune en m, on a toujours l'égalité $ma.mb = ma'.mb'$; et que réciproquement, quand cette égalité a lieu, le point m appartient à la corde commune aux deux cercles.

724. *Les tangentes menées à deux cercles d'un même point de leur corde commune sont de même longueur.*

Car on a (*fig.* 155) $\overline{mt}^2 = me.mf$, en appelant e, f les deux points d'intersection (réels ou imaginaires) des deux cercles; et de même $\overline{mt'}^2 = me.mf$. Donc $mt = mt'$.

Réciproquement : *Si les tangentes menées d'un même point à deux cercles sont égales, ce point appartient nécessairement à la corde commune aux deux cercles.*

En effet, la tangente au second cercle mt' rencontre le premier en deux points ε et φ (réels ou imaginaires), et l'on a $m\varepsilon.m\varphi = \overline{mt}^2$ (**657**). Mais, par hypothèse, $mt = mt'$; donc $m\varepsilon.m\varphi = \overline{mt'}^2$. Donc le point m appartient à la corde commune aux deux cercles (**723**, *coroll.*).

A raison de cette propriété, et parce que la longueur de la tangente menée d'un point à un cercle s'exprime par un radical, on a appelé la corde commune à deux cercles *axe radical* [1].

---

[1] Cette expression a été proposée par M. Gaultier (de Tours), dans un Mémoire sur les contacts des cercles (*Journal de l'École Polytechnique*, XVIe cahier, année 1813).

725. *L'axe radical de deux cercles est à égale distance des deux polaires de chaque centre de similitude.*

En effet, si l'on conçoit une tangente commune aux deux cercles, le point où elle rencontre l'axe radical est, d'après le théorème précédent, à égale distance des points de contact; mais ces points sont sur les polaires du centre de similitude par lequel passe la tangente, et ces polaires sont parallèles à l'axe radical. Donc, etc.

726. *Si par un point de l'axe radical de deux cercles on mène deux droites quelconques, les quatre points (réels ou imaginaires) dans lesquels elles rencontrent l'une un cercle et l'autre l'autre cercle sont sur un même cercle.*

Car, soient m le point de l'axe radical, a, b les points de rencontre du premier cercle par l'une des transversales, a', b' les points de rencontre du second cercle par l'autre transversale et e, f les points communs aux deux cercles sur l'axe radical; les deux rectangles $ma.mb$, $ma'.mb'$ sont égaux à $me.mf$ et par conséquent égaux entre eux; ce qui prouve que les quatre points a, b, a', b' sont sur une même circonférence de cercle (657).

727. *La corde commune à deux cercles jouit de la propriété que les polaires de chacun de ses points par rapport aux deux cercles se croisent sur cette droite.*

En effet, les polaires d'un point de la corde commune passent par le point qui est, sur cette droite, le conjugué harmonique du premier par rapport aux deux points d'intersection (réels ou imaginaires) des deux cercles (684).

Réciproquement : *Quand une droite est telle que les polaires de chacun de ses points par rapport à deux cercles se rencontrent sur cette droite, cette droite est une corde commune aux deux cercles.*

En effet, si deux systèmes de points sur une même droite L sont conjugués par rapport à chacun des deux cercles, les points d'intersection de l'un et de l'autre cercle par cette droite sont les mêmes (699).

728. Un point situé à l'infini a pour polaires dans deux cercles deux diamètres parallèles, lesquels se rencontrent à l'infini, de sorte que *la droite située à l'infini peut être considérée comme une corde commune aux deux cercles.*

Ainsi l'on peut dire que deux cercles ont quatre points d'intersection situés deux à deux sur deux cordes communes toujours réelles; que sur l'une de ces droites, située à distance finie et appelée *axe radical*, les deux points sont réels ou imaginaires, et que sur l'autre, située à l'infini, les deux points sont toujours imaginaires.

Dans le cas particulier où les deux cercles sont concentriques, leur axe radical est lui-même à l'infini et leurs deux cordes communes se confondent; on peut dire alors que les deux cercles ont un *double contact imaginaire* à l'infini, parce que leurs quatre points d'intersection coïncident deux à deux sur la droite située à l'infini ([1]).

III. — *Des cercles considérés comme figures homologiques.*

729. *Deux cercles sont deux figures homologiques dans lesquelles l'axe d'homologie est la corde commune ou axe radical des deux cercles, et le centre d'homologie est, l'un ou l'autre, indifféremment, des deux centres de similitude.*

En effet, soient M et m (*fig.* 156) deux points homologues par rapport au centre de similitude S, et MP, mp les distances de ces points aux polaires du point S relatives aux deux cercles. On a, en vertu de la similitude des deux figures,

$$\frac{Sm}{SM} = \frac{mp}{MP}.$$

Soient m_1 le second point du cercle o sur la droite Sm, et m_1p_1 la distance de ce point à la polaire du point S; on a

$$\frac{Sm}{Sm_1} = -\frac{mp}{m_1p_1} \quad (684).$$

([1]) Cette notion d'une corde commune à deux cercles située à l'infini et de deux cercles ayant un double contact imaginaire a été émise par Poncelet dans son *Traité des propriétés projectives des figures* (*voir* p. 48).

De ces deux équations résulte celle-ci :

$$\frac{SM}{Sm_1} = -\frac{MP}{m_1p_1}.$$

Cette équation prouve (530) que les deux points M et m_1 appartiennent à deux figures homologiques dans lesquelles les polaires du point S sont deux droites homologues.

Deux figures homologiques rencontrent leur axe d'homologie dans les mêmes points; donc l'axe d'homologie des deux cercles est leur axe radical.

Le théorème est donc démontré.

730. *Deux cordes homologiques, telles que* MN, m_1n_1, *comprises entre deux droites issues d'un centre d'homologie, se coupent sur l'axe radical.*

Cela résulte des propriétés des figures homologiques.

731. Pareillement : *Les tangentes en deux points homologiques* M, m_1 *se rencontrent sur l'axe radical.*

Réciproquement : *Si d'un point de l'axe radical on mène une tangente à chacun des deux cercles, les deux points de contact sont en ligne droite avec l'un ou l'autre des deux centres de similitude.*

Cela est évident, d'après ce qui précède.

732. Puisque deux cordes homologiques se croisent sur l'axe d'homologie, on en conclut que :

Deux couples de points homologiques sur deux cercles sont quatre points situés sur une même circonférence de cercle (726).

733. *Le rectangle des distances de deux points homologiques de deux cercles au centre d'homologie est constant, quels que soient ces deux points.*

Car, les quatre points M, N, m_1, n_1 étant sur une même circonférence (732), on a

$$SM.Sm_1 = SN.Sn_1.$$

734. Autre manière de démontrer les théorèmes précédents. — Ces divers théorèmes, que nous avons conclus naturellement des propriétés les plus simples des figures homologiques, se démontrent aussi d'une manière directe fort simple, mais en suivant une marche inverse.

Les deux points M, m étant homologues par rapport au centre de similitude S, on dit que les deux M, m_1 sont *anti-homologues*, et l'on démontre d'abord notre dernière proposition, savoir, que *le rectangle* SM.Sm_1 *est constant quels que soient les deux points anti-homologues* M, m_1. En effet, on a (*fig.* 156)

$$\frac{SM}{Sm} = \frac{R}{r} \quad \text{et} \quad Sm.Sm_1 = \overline{So}^2 - r^2;$$

d'où

$$SM.Sm_1 = \frac{R}{r}\left(\overline{So}^2 - r^2\right) = \text{const.}$$

De là résulte que *deux couples de points anti-homologues* M, m_1 *et* N, n_1 *sont sur une même circonférence de cercle.*

Conséquemment, ν étant le point de concours des deux cordes MN, m_1n_1, on a

$$\nu M.\nu N = \nu m_1.\nu n_1.$$

Donc les tangentes aux deux cercles menées par le point ν sont égales; donc ce point est sur l'axe radical (**724**); donc *deux cordes anti-homologues se coupent sur l'axe radical.*

En supposant que les deux cordes deviennent infiniment petites, on en conclut que *les tangentes en deux points anti-homologues se coupent sur l'axe radical.*

Cela résulte encore de ce que ces tangentes, qui font des angles égaux avec la droite qui joint les deux points de contact (**722**), sont de même longueur.

Enfin, les cordes anti-homologues, telles que MN, m_1n_1, se coupant sur l'axe radical, on en peut conclure que *les deux cercles sont deux figures homologiques dont le centre et l'axe d'homologie sont le centre de similitude* S *et l'axe radical* (**528**).

Ce que nous disons du centre de similitude S s'entend évidemment du second centre de similitude S'.

735. *Le rapport d'homologie de deux cercles est égal, avec un signe contraire, à leur rapport de similitude.*

Soit μ le point où la droite Sm_1M (*fig.* 157) rencontre l'axe radical ou axe d'homologie; on a

$$\frac{SM}{Sm_1} = \lambda . \frac{M\mu}{m_1\mu}.$$

La constante λ est ce que nous avons appelé le *coefficient* ou *rapport d'homologie* des deux figures (530).

Soient E, e les points appartenant aux polaires du point S dans les deux cercles; ces points sont homologues par rapport au centre de similitude S, et l'on a

$$\frac{SE}{Se} = \frac{R}{r}.$$

Mais ils sont homologiques par rapport au point S considéré comme centre d'homologie, de sorte qu'on a

$$\frac{SE}{Se} : \frac{\mu E}{\mu e} = \lambda \quad (530) \quad \text{ou} \quad \frac{SE}{Se} = -\lambda,$$

parce que $\mu E = -\mu e$ (725). Donc

$$\lambda = -\frac{R}{r};$$

ce qui démontre le théorème.

Remarque. — Les rapports d'homologie relatifs aux deux centres d'homologie sont égaux et de signes contraires, de même que les rapports de similitude (720).

736. *Les pôles de l'axe radical de deux cercles sont conjugués harmoniques par rapport aux deux centres de similitude.*

En effet, les deux cercles sont homologiques par rapport au point S (*fig.* 157) et l'axe radical est l'axe d'homologie (729); par conséquent, ses pôles P, p sont deux points homologiques. On a donc

$$\frac{SP}{Sp} : \frac{\Omega P}{\Omega p} = \lambda,$$

λ étant le rapport d'homologie. Et de même, à l'égard du second centre d'homologie S',

$$\frac{S'P}{S'p} : \frac{\Omega P}{\Omega p} = -\lambda.$$

Donc

$$\frac{SP}{Sp} : \frac{S'P}{S'p} = -1;$$

ce qui démontre le théorème.

IV. — *Propriétés de deux cercles relatives à l'axe radical.*

737. *Étant donnés deux cercles, si de chaque point de l'un on mène une tangente au second et une perpendiculaire à leur axe radical, le carré de la tangente sera à la perpendiculaire dans une raison constante.*

En effet, une transversale rencontre les deux cercles (*fig.* 158) en deux couples de points m, m' et a, a', et l'axe radical en ω, qui est le point central de l'involution déterminée par ces deux couples de points, puisque l'on a $\omega m . \omega m' = \omega a . \omega a'$ (**723**, *coroll.*). Il s'ensuit cette équation d'involution

$$\frac{ma . ma'}{m'a . m'a'} = \frac{m\omega}{m'\omega} \quad (\mathbf{195}),$$

ou, en appelant mt, $m't'$ les tangentes au second cercle menées par les points m, m',

$$\frac{\overline{mt}^2}{\overline{m't'}^2} = \frac{m\omega}{m'\omega}.$$

Soient mp, $m'p'$ les perpendiculaires abaissées des points m, m' sur l'axe radical; on a

$$\frac{m\omega}{m'\omega} = \frac{mp}{m'p'}.$$

Donc

$$\frac{\overline{mt}^2}{mp} = \frac{\overline{m't'}^2}{m'p'};$$

ce qui démontre le théorème.

738. *Si, d'un point de l'axe radical de deux cercles, on mène deux transversales passant respectivement par les pôles de cet axe dans les deux cercles, les droites qui joindront les points de rencontre de ces transversales et des deux cercles, respectivement, concourront en deux points fixes qui seront les centres de similitude des deux cercles.*

En effet, l'axe radical étant l'axe d'homologie des deux cercles (**729**), ses pôles sont deux points homologiques; donc les deux droites menées d'un même point de l'axe radical à ces deux points sont deux cordes homologiques. Donc leurs extrémités sur les deux cercles sont des points homologiques; donc ces points sont deux à deux sur des droites passant par les centres d'homologie.

C. Q. F. D.

Autrement. Le point f (*fig.* 159) étant le pôle de l'axe radical, on a

$$\frac{ae}{af} = -\frac{a'e}{a'f} \quad \text{et} \quad \left(\frac{ae}{af}\right)^2 = -\frac{ae.a'e}{af.a'f} = -\frac{ea.ea'}{f\text{A}.f\text{A}'},$$

et de même

$$\left(\frac{be}{bg}\right)^2 = -\frac{eb.eb'}{g\text{B}.g\text{B}'};$$

donc

$$\frac{ae}{af} : \frac{be}{bg} = \pm\sqrt{\frac{g\text{B}.g\text{B}'}{f\text{A}.f\text{A}'}},$$

car $ea.ea' = eb.eb'$, puisque le point e est sur l'axe radical des deux cercles.

Soit S le point où la droite ab rencontre la ligne fg; on a, dans le triangle efg coupé par cette droite,

$$\frac{ae}{af} : \frac{be}{bg} = \frac{\text{S}g}{\text{S}f} \quad (\mathbf{361});$$

donc

$$\frac{\text{S}g}{\text{S}f} = \pm\sqrt{\frac{g\text{B}.g\text{B}'}{f\text{A}.f\text{A}'}} = \text{const.}$$

Donc le point S est fixe. Or il est clair que ce résultat s'applique au second centre de similitude S', parce qu'on peut changer b en b' dans la figure. Ainsi le théorème est démontré.

739. Corollaire. — L'un des signes, dans l'expression de $\frac{Sg}{Sf}$, s'applique à ce rapport, et l'autre à $\frac{S'g}{S'f}$. Il s'ensuit que $\frac{Sg}{Sf} = -\frac{S'g}{S'f}$; ce qui prouve, ainsi qu'il a été démontré directement (736), que, dans deux cercles, *les pôles de l'axe radical sont conjugués harmoniques par rapport aux deux centres de similitude.*

On arrive encore à cette conséquence en considérant le quadrilatère $aba'b'$; car les deux centres de similitude S, S' sont les points de concours des côtés opposés et les deux pôles f, g sont les points où les deux diagonales aa', bb' rencontrent la droite SS'. Donc les quatre points sont en rapport harmonique (350).

740. *Observation.* — Du théorème (738), démontré de la seconde manière, on peut conclure que les deux cercles sont deux figures homologiques. Ici, cette démonstration importe peu; mais elle a l'avantage de s'appliquer à deux sections coniques, c'est-à-dire que l'on démontre ainsi directement que deux coniques quelconques sont deux figures homologiques ; proposition fort importante dont on n'a pas encore donné, je crois, de démonstration directe, et que l'on a coutume de conclure, par voie de perspective ou de transformation, de la similitude ou de l'homologie de deux cercles.

741. *Si de chaque point de l'axe radical de deux cercles on leur mène deux tangentes, le rapport des tangentes trigonométriques des angles que ces deux droites font avec l'axe radical est constant.*

En effet, on a, dans le cercle c (*fig.* 160),

$$\tang \tfrac{1}{2} mcS . \tang \tfrac{1}{2} m_1 cS = \text{const.} \quad (709, \textit{coroll.}).$$

Or l'angle $mcS = MCS$, et m_1cS est le supplément de m_1cC; l'équation devient donc

$$\frac{\tang \frac{1}{2} MCS}{\tang \frac{1}{2} m_1 cC} = \text{const.} \quad \text{ou} \quad \frac{\tang \frac{1}{2} M\theta X}{\tang \frac{1}{2} m_1 \theta X} = \text{const.};$$

ce qui démontre le théorème.

742. *Si d'un point de l'axe radical de deux cercles on leur mène des tangentes, les quatre points de contact sont sur un cercle décrit du point de l'axe radical comme centre; et ce cercle rencontre la ligne des centres des deux cercles proposés en deux points fixes (réels ou imaginaires) qui sont conjugués par rapport aux deux cercles.*

Les quatre points de contact sont sur un cercle (*fig.* 161); cela est évident, puisque les tangentes aux deux cercles issues d'un même point ω de l'axe radical sont égales (**724**).

Soient d, d' les points où le cercle qui a son centre en ω rencontre l'axe radical, et appelons e, f les deux points (réels ou imaginaires) où ce cercle rencontre la ligne des centres Cc. On a

$$\mathrm{O}e.\mathrm{O}f = -\overline{\mathrm{O}e}^2 = \mathrm{O}d.\mathrm{O}d' = \overline{\mathrm{O}\omega}^2 - \overline{\omega d}^2.$$

Soient ε et φ les points d'intersection des deux cercles proposés; on a

$$\overline{\omega d}^2 = \overline{\omega t}^2 = \omega\varepsilon.\omega\varphi.$$

Donc

$$\overline{\mathrm{O}e}^2 = \omega\varepsilon.\omega\varphi - \overline{\omega\mathrm{O}}^2 = -\overline{\mathrm{O}\varepsilon}^2.$$

Ainsi, Oe est constant quel que soit le point ω pris sur l'axe radical, c'est-à-dire que le cercle décrit de ce point comme centre rencontre toujours la ligne des centres Cc dans les mêmes points.

Maintenant, observons que $\mathrm{O}\varepsilon.\mathrm{O}\varphi = -\overline{\mathrm{O}\varepsilon}^2 = \mathrm{O}a.\mathrm{O}a'$, et par conséquent

$$\overline{\mathrm{O}e}^2 = \mathrm{O}a.\mathrm{O}a'.$$

Ce qui prouve que les deux points e, f sont conjugués harmoniques par rapport aux deux a, a' (**73**). Ainsi le théorème est démontré.

Corollaire. — Il résulte du théorème que tous les cercles précédents, décrits des points ω de l'axe radical comme centres, ont pour axe radical commun la ligne des centres Cc des deux cercles proposés, puisqu'ils rencontrent cette droite dans les mêmes points e, f (réels ou imaginaires).

V. — *Propriétés relatives au quadrilatère circonscrit à deux cercles.*

743. *Les diagonales* ih, gk *du quadrilatère* ighk *circonscrit à deux cercles* (*fig.* 162) *rencontrent la ligne des centres en deux points dont chacun a la même polaire dans les deux cercles.*

En effet, quand un quadrilatère est circonscrit à un cercle, les deux diagonales *ih*, *gk* et la droite SS′ qui joint les points de concours des côtés opposés forment un triangle dont chaque sommet a pour polaire le côté opposé (**703**). Donc le point *e* où la droite *ih* rencontre la droite SS′ a pour polaire dans les deux cercles la droite *gk*; et, pareillement, le point *f* a pour polaire la droite *ih*.

744. *La circonférence décrite sur la droite qui joint les centres de deux cercles, comme diamètre, passe par les quatre sommets du quadrilatère formé par les quatre tangentes communes aux deux cercles.*

En effet, le rayon *ch* mené au point d'intersection des deux tangentes S*h*, S′*h* communes aux deux cercles divise en deux parties égales l'angle S*h*S′ formé par ces tangentes, et le rayon C*h* divise en deux parties égales le supplément de cet angle. Donc les deux rayons C*h* et *ch* sont rectangulaires, et, par suite, le point *h* est sur la circonférence décrite sur C*c* comme diamètre. C. Q. F. D.

745. *Quand un quadrilatère est circonscrit à deux cercles, si d'un point on mène les tangentes aux deux cercles et des droites à deux sommets opposés du quadrilatère, ces trois couples de droites sont en involution.*

En effet, les deux tangentes au premier cercle forment une involution avec les deux couples de droites menées aux deux couples de sommets opposés du quadrilatère (**676**), et de même les tangentes au second cercle. Donc trois quelconques de ces quatre couples de droites sont en involution (**202**).

Cette démonstration suppose que les quatre sommets du quadrilatère sont réels. En voici une seconde, qui s'applique au cas où le quadrilatère n'aurait que deux sommets réels, savoir les deux centres de similitude.

Autrement. Soient A, A′ et B, B′ les deux couples de tangentes (réelles ou imaginaires) menées d'un point P aux deux cercles; E, F les tangentes communes aux deux cercles menées par le centre de similitude S, et E′, F′ les deux tangentes communes issues du second centre de similitude S′, tangentes réelles ou imaginaires.

On a, relativement aux tangentes au premier cercle issues des sommets du triangle PSS′, l'équation (683)

$$\frac{\sin SPA.\sin SPA'}{\sin S'PA.\sin S'PA'}\;\frac{\sin PS'E'.\sin PS'F'}{\sin SS'E'.\sin SS'F'}\;\frac{\sin S'SE.\sin S'SF}{\sin PSE.\sin PSF}=1,$$

et à l'égard du second cercle une équation semblable, dans laquelle les tangentes B, B′ remplacent les tangentes A, A′. Les deux équations donnent évidemment celle-ci :

$$\frac{\sin SPA.\sin SPA'}{\sin S'PA.\sin S'PA'}=\frac{\sin SPB.\sin SPB'}{\sin S'PB.\sin S'PB'};$$

équation d'involution (250).

Observation. — Dans cette démonstration, les deux points S, S′, que nous avons appelés les sommets opposés du quadrilatère circonscrit aux deux cercles, peuvent être définis par une autre propriété, qui est précisément celle sur laquelle est fondée la démonstration, savoir que *chacun d'eux est le point de concours de deux tangentes, réelles ou imaginaires, communes aux deux cercles;* ou, en d'autres termes encore, que, *si par l'un des deux points on mène deux droites conjuguées par rapport à l'un des cercles, elles sont conjuguées par rapport à l'autre,* d'où résulte que les tangentes aux cercles issues de ces points sont les mêmes.

746. *Quand un quadrilatère est circonscrit à deux cercles, si l'on mène une tangente quelconque au premier et les deux tangentes parallèles au second, le produit des distances de la première tangente à ces deux-ci est au produit des distances de la même tangente à deux sommets opposés du quadrilatère dans une raison constante.*

Supposons d'abord que les trois tangentes, au lieu d'être parallèles, soient menées par un même point pris sur une droite fixe L; soient m, a et a' ces trois tangentes, et μ, α, α' les trois tangentes menées semblablement d'un second point de la droite L. Soient b, b' et β, β' les droites menées de ces deux points à deux sommets opposés du quadrilatère. Nous allons prouver que l'on a la relation

$$\frac{\sin(m,a).\sin(m,a')}{\sin(\mathrm{L},a).\sin(\mathrm{L},a')} : \frac{\sin(m,b).\sin(m,b')}{\sin(\mathrm{L},b).\sin(\mathrm{L},b')}$$
$$= \frac{\sin(\mu,\alpha).\sin(\mu,\alpha')}{\sin(\mathrm{L},\alpha).\sin(\mathrm{L},\alpha')} : \frac{\sin(\mu,\beta).\sin(\mu,\beta')}{\sin(\mathrm{L},\beta).\sin(\mathrm{L},\beta')}.$$

En effet, considérons le triangle formé par la droite L et les deux tangentes m et μ au premier cercle; de deux de ses sommets partent les quatre tangentes au second cercle a, a' et α, α'; soient A, A' les tangentes menées par le troisième sommet, situé à l'intersection des deux tangentes m et μ; on a dans ce triangle (683)

$$\frac{\sin(m,a).\sin(m,a')}{\sin(\mathrm{L},a).\sin(\mathrm{L},a')} : \frac{\sin(\mu,\alpha).\sin(\mu,\alpha')}{\sin(\mathrm{L},\alpha).\sin(\mathrm{L},\alpha')} = \frac{\sin(m,\mathrm{A}).\sin(m,\mathrm{A}')}{\sin(\mu,\mathrm{A}).\sin(\mu,\mathrm{A}')}.$$

Appelons B, B' les droites menées du point d'intersection des deux droites m et μ aux deux sommets du quadrilatère. Trois couples de droites aboutissent à ces deux sommets, savoir b, b'; β, β' et B, B'. Ces droites partent des trois sommets du triangle formé par les deux tangentes m, μ et la droite L; on a donc (683)

$$\frac{\sin(m,b).\sin(m,b')}{\sin(\mathrm{L},b).\sin(\mathrm{L},b')} : \frac{\sin(\mu,\beta).\sin(\mu,\beta')}{\sin(\mathrm{L},\beta).\sin(\mathrm{L},\beta')} = \frac{\sin(m,\mathrm{B}).\sin(m,\mathrm{B}')}{\sin(\mu,\mathrm{B}).\sin(\mu,\mathrm{B}')}.$$

Or le second membre de cette équation est égal à celui de l'équation précédente, parce que les droites m, μ, A, A' et B, B', issues d'un même point, sont en involution (745); les premiers membres des deux équations sont donc égaux ; ce qui donne l'équation que l'on veut démontrer.

Cela posé, on peut écrire l'équation de manière qu'elle ne contienne que des rapports anharmoniques, de sorte que, si l'on mène une transversale quelconque qui rencontre la droite L et les tangentes m, a, a' et b, b' en des points désignés par les mêmes lettres, on aura

$$\frac{ma.ma'}{\mathrm{L}a.\mathrm{L}a'} : \frac{mb.mb'}{\mathrm{L}b.\mathrm{L}b'} = \text{const.},$$

quel que soit le point de la droite L par lequel on a mené les tangentes.

Supposons maintenant que la droite L soit à l'infini ; les tangentes a, a' et les droites b, b' seront parallèles, et l'équation se réduit à

$$\frac{ma \,.\, ma'}{mb \,.\, mb'} = \text{const.}$$

On peut prendre la transversale, qui est de direction arbitraire, perpendiculaire aux tangentes ; alors l'équation exprime le théorème énoncé.

Observation. — L'observation relative au théorème précédent (**745**) s'applique ici ; c'est-à-dire que le théorème comprend le cas où le quadrilatère circonscrit aux deux cercles serait imaginaire et n'aurait de réels que deux sommets opposés.

VI. — *Cas où un cercle se réduit à un point.*

747. On peut avoir à considérer un point comme un cercle infiniment petit, et à la limite comme un cercle d'un rayon nul.

Les points d'intersection d'une droite et d'un cercle infiniment petit sont imaginaires ; leur point milieu est, comme dans le cas général, le pied de la perpendiculaire abaissée du centre sur la droite, et le carré de la demi-corde que les deux points imaginaires déterminent est égal au carré de la distance de la droite au centre du cercle pris avec le signe —. Cela résulte de l'expression générale (**657**), dans laquelle on suppose le rayon nul.

On peut dire plus généralement que le produit des distances d'un point de la droite aux deux points imaginaires est égal au carré de la distance de ce point au centre du cercle (**657**).

748. L'axe radical d'un cercle et d'un *point* jouit des mêmes propriétés que l'axe radical de deux cercles ; c'est la droite qui rencontre le cercle et le *point* dans les deux mêmes points (imaginaires) ; en d'autres termes, c'est la droite sur laquelle se trouvent les deux points d'intersection du cercle et du *point*.

La tangente au cercle menée d'un point quelconque de l'axe radical est égale à la distance de ce point au *point* regardé comme cercle infiniment petit.

749. *L'axe radical d'un* point *et d'un cercle est à égale distance du* point *et de sa polaire par rapport au cercle.*

Car appelons ε l'un des points (imaginaires) communs au cercle C et au *point e* (*fig.* 163), lesquels sont sur l'axe radical ΩX; on aura, par rapport au *point e*, $\overline{\Omega\varepsilon}^2 = -\overline{\Omega e}^2$ (747), et, dans le cercle, $\overline{\Omega\varepsilon}^2 = -\Omega a.\Omega a'$. Donc $\overline{\Omega\varepsilon}^2 = \Omega a.\Omega a'$. Donc, si l'on prend $\Omega f = \Omega e$, les deux points e, f seront conjugués harmoniques par rapport aux deux a, a' (73), et, par conséquent, la polaire du point e relative au cercle C passe par le point f, à la même distance de l'axe radical que le point e.

750. Le carré de la distance d'un point quelconque m du cercle au *point* est proportionnel à la distance du même point m à l'axe radical (737).

Il en résulte cette propriété du cercle :

Étant pris un point fixe e *dans le plan d'un cercle, il existe toujours une certaine droite fixe* ΩX *telle, que le carré de la distance d'un point quelconque du cercle à ce point fixe est, à la simple distance du même point à la droite fixe, dans une raison constante.*

Ainsi l'on a (*fig.* 163)

$$\frac{\overline{em}^2}{mp} = \frac{\overline{ea}^2}{a\Omega}.$$

Cet axe ΩX, qui correspond au point e, est à égale distance de ce point et de son conjugué harmonique f par rapport aux deux points a, a' (749). On peut le déterminer par la proportion

$$\frac{a\Omega}{a'\Omega} = \frac{\overline{ae}^2}{\overline{a'e}^2} \quad (75, \text{ éq. } 15').$$

751. La polaire d'un point par rapport à un cercle infiniment petit passe par le *point* qui représente ce cercle et est perpendiculaire à la droite menée du point à ce cercle.

Il s'ensuit que *deux points conjugués par rapport à un* point *regardé comme cercle infiniment petit sont vus de ce* point *sous un angle droit.*

Corollaire. — Si les deux points conjugués sont pris sur l'axe radical d'un cercle et d'un *point,* ils seront aussi conjugués par rapport au cercle, de sorte qu'il en résulte ce théorème : *Quand une droite ne rencontre pas un cercle, il existe, de part et d'autre de cette droite, un point d'où l'on voit sous un angle droit le segment compris entre deux points conjugués quelconques par rapport au cercle, pris sur cette droite.*

CHAPITRE XXX.

SYSTÈME DE TROIS OU PLUSIEURS CERCLES AYANT LE MÊME AXE RADICAL.

I.

752. *Quand trois cercles ont deux à deux le même axe radical, toute transversale les rencontre en six points formant une involution dont le point central est sur l'axe radical.*

En effet, soient a, a'; b, b' et c, c' les trois couples de points et o le point où la transversale rencontre l'axe radical; on a

$$oa.oa' = ob.ob' = oc.oc' \quad (723),$$

ce qui prouve l'involution.

Corollaire. — *Quand la transversale est tangente à deux des trois cercles, les points de contact sont conjugués harmoniques par rapport aux deux points d'intersection du troisième cercle*

753. *Quand trois cercles ont le même axe radical, si d'un point quelconque* m *de l'un on mène, dans une direction quelconque, une transversale qui rencontre les deux autres en deux couples de points* a, a' *et* b, b', *le rapport*

$$\frac{ma.ma'}{mb.mb'}$$

a une valeur constante et toujours de même signe.

En effet, soient α, β et μ les points milieux des deux segments aa', bb' et du troisième mm' intercepté sur la transversale par le troisième cercle; on a

$$\frac{ma.ma'}{mb.mb'} = \frac{\mu\alpha}{\mu\beta} \quad (227).$$

Or, les points α, β et μ étant les pieds des perpendiculaires abaissées des centres des trois cercles sur la transversale, le rapport $\frac{\mu\alpha}{\mu\beta}$ est égal, numériquement et avec le même signe, au rapport des distances de l'un de ces centres aux deux autres. Donc, etc.

Remarque. — Si l'on voulait démontrer seulement que la valeur numérique du rapport $\frac{ma.ma'}{mb.mb'}$ est constante, il suffirait de remarquer que, les six points a, a', b, b', m, m' étant en involution (**752**), on a l'égalité

$$\frac{ma.ma'}{mb.mb'} = \frac{m'a.m'a'}{m'b.m'b'}.$$

On n'a à considérer, le plus souvent, que la valeur numérique du rapport ; cependant il peut arriver qu'il y ait lieu de tenir compte du signe, comme nous le verrons plus loin (**761**).

754. *Quand trois cercles ont le même axe radical, les tangentes menées de chaque point de l'un aux deux autres ont leurs longueurs dans une raison constante.*

En effet, le rapport des carrés des tangentes menées d'un point m de l'un des cercles est égal au rapport

$$\frac{ma.ma'}{mb.mb'},$$

lequel est constant (**753**).

755. *Quand trois cercles ont le même axe radical, de chaque point de l'un on voit les deux autres sous des angles dont les moitiés ont leurs tangentes trigonométriques dans un rapport constant.*

En effet, on a (*fig.* 164)

$$\operatorname{tang} tm\mathrm{C} = \frac{\mathrm{C}t}{mt} = \frac{\mathrm{R}}{mt}, \quad \operatorname{tang} t'm\mathrm{C}' = \frac{\mathrm{R}'}{mt'}.$$

Donc

$$\frac{\operatorname{tang} tm\mathrm{C}}{\operatorname{tang} t'm\mathrm{C}'} = \frac{\mathrm{R}}{\mathrm{R}'} : \frac{mt}{mt'}.$$

Or le rapport des deux tangentes $\frac{mt}{mt'}$ est constant (754). Donc le rapport des deux tangentes trigonométriques est constant.

C. Q. F. D.

756. *Si, sur la droite qui joint les centres de similitude de deux cercles, comme diamètre, on en décrit un troisième, ce cercle passe par les points d'intersection (réels ou imaginaires) des deux premiers, et de chacun de ses points on voit ceux-ci sous deux angles égaux.*

Par les centres de similitude de deux cercles on peut en faire passer un troisième ayant le même axe radical avec ces deux-là, parce que les deux centres de similitude forment une involution avec les points a, b et a', b' appartenant sur la même droite aux deux cercles (721).

Le rapport des carrés des tangentes aux deux cercles, menées d'un point de ce troisième, est constant (754) et égal à $\frac{Sa.Sb}{Sa'.Sb'} = \frac{R^2}{R'^2}$. Donc, d'après le théorème précédent, les deux angles sous lesquels on voit, d'un point quelconque du troisième cercle, les deux autres, sont égaux.

C. Q. F. D.

II.

757. *Quand trois cercles ont le même axe radical, si d'un point on leur mène des tangentes, les trois cordes de contact concourent en un même point.*

En d'autres termes, les polaires d'un même point relatives aux trois cercles concourent en un même point.

En effet, soient un point P, et P' le point d'intersection de ses polaires relatives à deux des cercles. La droite PP' rencontre les trois cercles en trois couples de points a, a'; b, b' et c, c', qui sont en involution (752). Or les deux points P, P' sont conjugués harmoniques par rapport aux deux a, a' et aux deux b, b' (684), et par conséquent sont les points doubles de l'involution. Donc ils divisent harmoniquement le troisième segment cc'; donc la polaire du point P relative au troisième cercle passe par P'; ce qui démontre le théorème.

Remarque. — Les deux points P, P′, qui sont conjugués par rapport à chacun des trois cercles, sont situés de part et d'autre et à égale distance de l'axe radical; car ils sont les points doubles d'une involution dont le point central est sur l'axe radical (752).

758. *Quand un triangle est inscrit dans un cercle, si par deux points de la circonférence (réels ou imaginaires) on mène six cercles tangents, deux à deux, respectivement aux trois côtés du triangle, les six points de contact sont trois à trois, sur quatre droites.*

On peut dire encore que les six points de contact forment les quatre sommets et les deux points de concours des côtés opposés d'un quadrilatère dont les diagonales et la droite qui joint ces deux points de concours sont, en direction, les trois côtés du triangle.

En effet, soient a, b, c (*fig.* 165) les points de rencontre des trois côtés du triangle ABC par la corde PP′, et α, β, γ trois des points de contact sur les trois mêmes côtés respectivement.

On a, en représentant par (A, X), (B, X), (C, X) les distances des trois sommets A, B, C à la corde PP′ qui est l'axe radical commun au cercle proposé et aux cercles tangents aux côtés du triangle,

$$\frac{\overline{A\gamma}^2}{\overline{B\gamma}^2} = \frac{(A, X)}{(B, X)}, \quad \frac{\overline{B\alpha}^2}{\overline{C\alpha}^2} = \frac{(B, X)}{(C, X)}, \quad \frac{\overline{C\beta}^2}{\overline{A\beta}^2} = \frac{(C, X)}{(A, X)} \quad (737).$$

D'où résulte

$$\frac{A\gamma}{B\gamma}\,\frac{B\alpha}{C\alpha}\,\frac{C\beta}{A\beta} = \pm 1.$$

Ainsi trois quelconques des six points de contact, pris sur les trois côtés respectivement, donnent lieu à cette équation; ce qui prouve que les trois points sont en ligne droite, ou bien que les droites menées de ces points aux sommets du triangle se croisent en un même point. Or cela ne peut avoir lieu qu'autant que les six points seront les quatre sommets et les deux points de concours des côtés opposés d'un même quadrilatère. Le théorème est donc démontré.

Autrement. Le point a est le point central d'une involution dans laquelle les deux sommets B, C sont deux points conjugués, et le point α un des points doubles (752). On a donc

$$\frac{\overline{B\alpha}^2}{\overline{C\alpha}^2} = \frac{Ba}{Ca},$$

et pareillement

$$\frac{\overline{A\gamma}^2}{\overline{B\gamma}^2} = \frac{Ac}{Bc}, \quad \frac{\overline{C\beta}^2}{\overline{A\beta}^2} = \frac{Cb}{Ab}.$$

Multipliant membre à membre ces trois équations, on en obtient une dont le second membre est égal à l'unité, parce que les trois points a, b, c sont en ligne droite ; et cette équation se réduit à

$$\frac{A\gamma}{B\gamma}\frac{B\alpha}{C\alpha}\frac{C\beta}{A\beta} = \pm 1,$$

comme ci-dessus.

III.

759. *Quand les côtés d'un angle (fig. 166) rencontrent deux cercles* C, C', *chacun en quatre points, savoir,* a, b, c, d *sur l'un, et* a', b', c', d' *sur l'autre, deux cordes* ad *et* bc, *sous-tendues par cet angle dans le premier cercle, rencontrent deux cordes* a'd', b'c', *sous-tendues dans le second cercle, en quatre points* m, n, p, q *qui sont situés sur un même cercle, et ce cercle a le même axe radical avec les deux* C, C'.

Prouvons d'abord que par deux points situés sur une même corde de l'un des cercles, par exemple, par les deux points m et n situés sur la corde ad du cercle C, on peut faire passer un cercle ayant le même axe radical avec les deux proposés C et C'. En effet, le quadrilatère $a'b'c'd'$ étant inscrit dans le cercle C', les deux couples de points a, d et m, n, et les deux points d'intersection du cercle C' par la droite mn sont en involution (665). Donc, par les deux points m, n on peut faire passer un cercle ayant le même axe radical avec les deux C, C' (752). Par la même raison, ce cercle, qui est déterminé par le seul point m, passera par le point q situé, avec m, sur la corde $a'd'$ du second cercle C' ; et passant par le point q, il passera par le point p situé, avec q, sur la corde bc du cercle C. Donc le même cercle passe par les quatre points m, n, p, q.

C. Q. F. P.

Corollaires. — Ce théorème est susceptible de divers corollaires auxquels donne lieu la diversité des positions que peuvent prendre les deux transversales qui forment les côtés de l'angle que l'on y considère.

I. Si l'une de ces droites est tangente à l'un des cercles, les deux cordes dans ce cercle partent du point de contact; et si la seconde droite est aussi tangente au même cercle, les deux cordes se confondent en une seule. Cette corde unique détermine sur les deux cordes du second cercle deux points *par lesquels passe un cercle tangent à ces deux cordes et ayant le même axe radical avec les deux cercles proposés.*

On conclut de là que réciproquement :

Quand plusieurs cercles ont le même axe radical, si par un point de l'un on mène deux tangentes à chacun des autres, les cordes que ces deux droites interceptent dans le premier cercle enveloppent un autre cercle ayant le même axe radical avec les proposés.

II. Les deux côtés de l'angle peuvent se confondre; alors les cordes interceptées dans les deux cercles deviennent des tangentes, et l'on a ce théorème :

Si une transversale rencontre deux cercles en quatre points, et qu'on mène les tangentes en ces points, les deux tangentes au premier cercle rencontrent les tangentes au second en quatre points situés sur un même cercle, lequel a le même axe radical avec les deux cercles proposés.

III. Si l'un des côtés de l'angle est tangent à la fois aux deux cercles (*fig.* 167), le théorème prend cet énoncé :

Étant donnés deux cercles, et étant menée l'une de leurs tangentes communes, si l'on prend les deux points de contact pour sommets de deux angles qui interceptent dans les deux cercles, respectivement, deux cordes situées sur une même transversale, les côtés de ces deux angles se rencontreront en quatre points situés sur un même cercle qui passera par les points d'intersection des deux proposés.

Ainsi les deux cordes ca, cb du premier cercle rencontrent les deux $c'a'$, $c'b'$ du second, en quatre points m, n, p, q situés sur un cercle qui passe par les points d'intersection (réels ou imaginaires) des deux premiers.

Autrement. On peut démontrer directement ce théorème et lui donner un énoncé plus complet, en ajoutant que : *Si la transversale sur laquelle sont les cordes interceptées dans les deux cercles, tourne autour d'un point fixe de leur tangente commune, le troisième cercle reste toujours le même.*

En effet, soit ρ le point où la transversale aa' rencontre la tangente commune cc' ; on a dans le triangle mcc', coupé par la transversale $\rho aa'$,

$$\frac{\rho c}{\rho c'}\,\frac{a'c'}{a'm}\,\frac{am}{ac}=1.$$

Or

$$ac=D.\sin c \quad \text{et} \quad a'c'=D'.\sin c',$$

D et D' étant les diamètres des deux cercles ; d'où

$$\frac{a'c'}{ac}=\frac{D'}{D}\,\frac{\sin c'}{\sin c}=\frac{D'}{D}\,\frac{mc}{mc'}.$$

L'équation devient donc

$$\frac{\rho c}{\rho c'}\,\frac{ma.mc}{ma'.mc'}\,\frac{D'}{D}=1 \quad \text{ou} \quad \frac{ma.mc}{ma'.mc'}=\frac{D}{D'}:\frac{\rho c}{\rho c'}.$$

Donc, quand la transversale tourne autour du point ρ, le rapport $\frac{ma.mc}{ma'.mc'}$ reste constant ; ce qui prouve (753) que le point m décrit un cercle ayant le même axe radical avec les deux premiers.

IV.

760. *Quand trois cercles ont le même axe radical, si d'un point quelconque de l'un on mène une tangente à chacun des deux autres et qu'on unisse les points de contact par une droite, les* *cordes interceptées par les deux cercles sur cette droite sont entre elles dans un rapport constant.*

C'est-à-dire qu'on a (*fig.* 168)

$$\frac{ab}{a'b'} = \text{const.}$$

En effet, on a

$$ab = 2\text{R}.\sin \text{P}ab \quad \text{et} \quad a'b' = 2\text{R}'.\sin \text{P}a'b'$$

R, R' étant les rayons des cercles.

Donc

$$\frac{ab}{a'b'} = \frac{\text{R}}{\text{R}'}\,\frac{\sin \text{P}ab}{\sin \text{P}a'b'} = \frac{\text{R}}{\text{R}'}\,\frac{\text{P}a'}{\text{P}a}.$$

Or, le point P étant sur un cercle qui a le même axe radical avec les deux proposés, le rapport $\frac{\text{P}a'}{\text{P}a}$ est constant (754). Donc

$$\frac{ab}{a'b'} = \text{const.} \qquad \text{C. Q. F. D.}$$

Réciproquement : *Si l'on mène une transversale sur laquelle deux cercles interceptent deux cordes* ab, a'b' *qui soient dans un rapport constant, les tangentes aux deux points tels que* a *et* a' *se rencontreront en un point dont le lieu géométrique, quand la transversale changera de position, sera un cercle passant par les points d'intersection des deux proposés.*

Car, de la relation $\frac{ab}{a'b'} = \text{const.}$ on conclut, comme on vient de le voir, $\frac{\text{P}a}{\text{P}a'} = \text{const.}$ Ce qui démontre le théorème.

Corollaire. — En ne considérant qu'une transversale et les quatre tangentes en a, b et a', b', on en conclut que les deux premières rencontrent les deux autres en quatre points situés sur un même cercle; ce qui est un des corollaires du théorème (759).

761. *Quand trois cercles ont le même axe radical, si d'un point de l'un on mène une tangente à chacun des deux autres, et* *qu'on joigne les points de contact par une droite sur laquelle les deux cercles interceptent deux cordes* ab, a'b'; *que l'on place les lettres* a, b, a', b' *aux extrémités de ces cordes, de manière que le rapport* $\frac{\mathrm{ab}}{\mathrm{a'b'}}$ *soit toujours de même signe, puis, que l'on prenne les deux points qui divisent harmoniquement chacun des deux segments* aa', bb'; *le lieu de ces points sera un quatrième cercle ayant le même axe radical avec les proposés.*

En effet, soient e, f les deux points qui divisent harmoniquement les deux segments aa' et bb'; on a

$$\frac{ea.eb}{ea'.eb'} = -\frac{ab}{a'b'} \quad (264).$$

Or le rapport $\frac{ab}{a'b'}$ est constant, d'après le théorème (760), et de même signe, par hypothèse ; donc le rapport $\frac{ea.eb}{ea'.eb'}$ est aussi constant et de même signe ; ce qui prouve que le point e est sur un cercle qui passe par les points d'intersection des deux cercles proposés (753).

762. Réciproquement : *Étant donnés trois cercles ayant le même axe radical, si l'on mène une droite qui rencontre les deux premiers en deux couples de points* a, b *et* a', b' *tels, que les deux segments* aa', bb' *soient divisés harmoniquement par le troisième cercle, les tangentes au premier cercle en* a *et* b *rencontreront les tangentes au deuxième cercle en* a' *et* b' *en quatre points situés sur un cercle qui passera par les points d'intersection des cercles proposés.*

En effet, soient e, f les points où la transversale rencontre le troisième cercle. Puisque le point e est sur ce cercle, $\frac{ea.eb}{ea'.eb'}$ est constant (753).

Mais, les deux points e, f divisant harmoniquement les deux segments aa', bb', on a

$$\frac{ea.eb}{ea'.eb'} = -\frac{ab}{a'b'}.$$

Donc

$$\frac{ab}{a'b'} = \text{const.}$$

Ce qui prouve que les tangentes en a et a' se coupent sur un cercle (760). C. Q. F. D.

763. *Quand trois cercles ont le même axe radical, si chaque point de l'un est pris pour le sommet commun de deux angles circonscrits aux deux autres, le rapport des sinus de ces angles est dans une raison constante, d'une part, avec le rapport des carrés des cordes de contact qu'ils interceptent dans les deux cercles ; et, d'autre part, avec le rapport inverse des carrés des distances du point du premier cercle aux centres des deux autres.*

En effet, le quadrilatère ambC (*fig.* 169) est inscriptible; par conséquent, on a

$$\sin amb = \frac{ab}{m\mathrm{C}}$$

et

$$ab.m\mathrm{C} = 2am.\mathrm{C}a = 2\mathrm{R}.am \quad (32).$$

Il en résulte ces deux expressions de $\sin amb$:

$$\sin amb = \frac{\overline{ab}^2}{2\mathrm{R}.am} \quad \text{et} \quad \sin anb = \frac{2\mathrm{R}.am}{\overline{m\mathrm{C}}^2}.$$

On a de même, dans le second cercle,

$$\sin a'mb' = \frac{\overline{a'b'}^2}{2\mathrm{R}'.a'm} \quad \text{et} \quad \sin a'mb' = \frac{2\mathrm{R}'.a'm}{\overline{m\mathrm{C}'}^2}.$$

Donc

$$\frac{\sin amb}{\sin a'mb'} = \frac{\mathrm{R}'}{\mathrm{R}}\,\frac{a'm}{am}\,\frac{\overline{ab}^2}{\overline{a'b'}^2} = \frac{\mathrm{R}}{\mathrm{R}'}\,\frac{am}{a'm}\,\frac{\overline{m\mathrm{C}'}^2}{\overline{m\mathrm{C}}^2}.$$

Mais $\frac{am}{a'm} = \text{const.}$ (754). Donc, etc.

764. *Quand trois cercles ont le même axe radical, si chaque point de l'un est pris pour le sommet commun de deux angles*

circonscrits aux deux autres, les segments que ces angles interceptent sur une transversale parallèle à la droite menée de leur sommet à un centre de similitude des deux cercles sont entre eux dans un rapport constant.

En effet, on a (*fig.* 171)

$$\frac{\sin amb}{\sin a'mb'} = \frac{\mathrm{R}.am}{\mathrm{R}'.a'm} : \frac{\overline{\mathrm{C}m}^2}{\overline{\mathrm{C}'m}^2} \quad (763)$$

et

$$\sin am\mathrm{S}.\sin bm\mathrm{S} = \frac{\mathrm{IA}.\mathrm{IB}}{\mathrm{R}^2}\,\frac{\overline{\mathrm{CP}}^2}{\overline{\mathrm{C}m}^2} \quad (695, \textit{coroll.}),$$

$$\sin a'm\mathrm{S}.\sin b'm\mathrm{S} = \frac{\mathrm{I'A'}.\mathrm{I'B'}}{\mathrm{R'}^2}\,\frac{\overline{\mathrm{C'P'}}^2}{\overline{\mathrm{C'}m}^2}.$$

Donc

$$\frac{\sin amb}{\sin a'mb'} : \frac{\sin am\mathrm{S}.\sin bm\mathrm{S}}{\sin a'm\mathrm{S}.\sin b'm\mathrm{S}} = \frac{\mathrm{R}.am}{\mathrm{R}'.a'm} : \left[\left(\frac{\mathrm{IA}.\mathrm{IB}}{\mathrm{R}^2} : \frac{\mathrm{I'A'}.\mathrm{I'B'}}{\mathrm{R'}^2}\right) \times \frac{\overline{\mathrm{CP}}^2}{\overline{\mathrm{C'P'}}^2}\right].$$

Or les points I et I′, qui sont les pôles de la droite Sm, sont en ligne droite avec le centre de similitude S, et l'on a

$$\frac{\mathrm{IA}.\mathrm{IB}}{\mathrm{R}^2} = \frac{\mathrm{I'A'}.\mathrm{I'B'}}{\mathrm{R'}^2}, \qquad \frac{\overline{\mathrm{CP}}^2}{\overline{\mathrm{C'P'}}^2} = \frac{\mathrm{R}^2}{\mathrm{R'}^2}.$$

Donc

$$\frac{\sin amb}{\sin a'mb'} : \frac{\sin am\mathrm{S}.\sin bm\mathrm{S}}{\sin a'm\mathrm{S}.\sin b'm\mathrm{S}} = \frac{am}{a'm} : \frac{\mathrm{R}}{\mathrm{R}'}.$$

Si l'on mène une transversale parallèle à mS, les segments que les deux angles formeront sur cette droite auront leur rapport égal au premier membre de cette équation (628). Mais le second membre est constant (754). Donc, etc.

V.

765. Lemme. — *Quand deux cordes d'un cercle font entre elles un angle infiniment petit, le rapport des segments formés sur l'une d'elles par leur point d'intersection est égal au rapport des arcs de cercle compris entre les deux cordes.*

C'est-à-dire que l'on a (*fig.* 172) $\frac{ia}{ib} = \frac{aa'}{bb'}$.

En effet, que du point i comme centre et avec les rayons ia et ib on décrive les arcs $a\alpha$, $b\beta$, on aura $\frac{ia}{ib} = \frac{a\alpha}{b\beta}$. Mais les deux triangles $a\alpha a'$, $b\beta b'$, qu'on peut considérer comme rectilignes, puisque les côtés aa', bb' sont infiniment petits, sont semblables, parce qu'ils sont rectangles et que les angles en a' et b' sont égaux. On a donc $\frac{a\alpha}{b\beta} = \frac{aa'}{bb'}$ et, par conséquent,

$$\frac{ia}{ib} = \frac{aa'}{bb'}. \qquad \text{C. Q. F. P.}$$

766. *Étant donnés trois cercles ayant le même axe radical, si un angle de grandeur variable inscrit dans l'un, et dont les côtés sont tangents aux deux autres respectivement, se meut de manière que son sommet et ses deux côtés glissent sur les trois circonférences, la corde que cet angle intercepte dans le premier cercle roule sur un quatrième cercle ayant le même axe radical avec les trois premiers.*

Considérons l'angle dans l'une de ses positions; soient a (*fig.* 173) son sommet sur le premier cercle, β, γ les points où ses côtés touchent les deux autres cercles, et bc la corde qu'il intercepte dans le premier. Soit $b'a'c'$ une seconde position de cet angle, infiniment voisine de la première; les côtés ac, $a'c'$ se coupent au point de contact β et les côtés ab, $a'b'$ au point de contact γ. Soit α le point d'intersection des deux cordes bc, $b'c'$; ce sera le point où la première bc touche sa courbe enveloppe. On a, d'après le lemme,

$$\frac{a\beta}{c\beta} = \frac{aa'}{cc'}.$$

Désignons par (a, X), (b, X), (c, X) les distances des trois points a, b, c à l'axe radical des trois cercles; on a

$$\frac{a\beta}{c\beta} = \sqrt{\frac{(a, X)}{(c, X)}} \quad (737).$$

Donc

$$\frac{aa'}{cc'} = \sqrt{\frac{(a, X)}{(c, X)}}.$$

Pareillement

$$\frac{aa'}{bb'} = \sqrt{\frac{(a, X)}{(b, X)}}.$$

Donc

$$\frac{bb'}{cc'} = \sqrt{\frac{(b, X)}{(c, X)}}.$$

Mais

$$\frac{bb'}{cc'} = \frac{b\alpha}{c\alpha}.$$

Donc

$$\frac{b\alpha}{c\alpha} = \sqrt{\frac{(b, X)}{(c, X)}}.$$

Ce qui prouve que le point α est le point de contact d'un cercle tangent à la corde bc et ayant le même axe radical avec les proposés; ce cercle est donc tangent à la courbe enveloppe de la corde bc. Pour le point infiniment voisin sur cette courbe enveloppe, on aurait encore un cercle tangent. Ces deux cercles auraient donc un point commun, ce qui exige qu'ils se confondent, parce que les deux cercles, ayant déjà deux points communs sur leur axe radical, ne peuvent pas en avoir un troisième. Donc la courbe enveloppe de la corde bc est un cercle qui passe par les points d'intersection (réels ou imaginaires) des trois premiers. Le théorème est donc démontré.

767. Le théorème s'étend à un polygone quelconque :

Quand plusieurs cercles ont le même axe radical, si dans l'un on inscrit un polygone dont tous les côtés, moins un, soient tangents aux autres cercles, puis que l'on déforme ce polygone en faisant glisser ses sommets sur le premier cercle et ses côtés sur les autres cercles, le dernier côté enveloppera un cercle ayant le même axe radical avec les premiers.

En effet, il est facile de voir que, le théorème étant démontré pour un triangle, on en conclut qu'il a lieu pour le quadrilatère, puis pour le pentagone, etc.

Corollaire. — Il suit de là que : *Quand un polygone inscrit dans un cercle a ses côtés tangents à autant d'autres cercles ayant tous le même axe radical avec le premier, on peut inscrire dans ce cercle une infinité d'autres polygones du même nombre de côtés, dont tous les côtés soient tangents aux autres cercles, un à un, respectivement* (¹).

Ces beaux théorèmes sont dus à Poncelet. La démonstration précédente diffère de celle du *Traité des propriétés projectives des figures* (p. 323), excepté dans le raisonnement final relatif à la courbe enveloppe. Cette démonstration s'appliquera d'elle-même aux sections coniques.

(¹) Nous verrons, dans la Théorie des sections coniques, que ces polygones jouissent d'une propriété bien remarquable : c'est qu'il n'est pas nécessaire de prendre les cercles toujours dans le même ordre pour déterminer la direction des côtés consécutifs d'un polygone. Quels que soient les cercles qu'on attribuera aux côtés consécutifs, un à un, respectivement, le polygone se fermera toujours, s'il se ferme une fois.

CHAPITRE XXXI.

PROPRIÉTÉS DE DEUX CERCLES, RELATIVES AUX DEUX POINTS DONT CHACUN A LA MÊME POLAIRE DANS LES DEUX CERCLES.

768. Quand deux cercles ne se coupent pas, il existe sur la ligne des centres deux points e, f dont chacun a la même polaire dans les deux cercles; la polaire de l'un passe par l'autre : ce sont les deux points qui divisent harmoniquement les deux diamètres situés sur la ligne des centres. Ces points sont imaginaires quand les deux cercles se rencontrent, parce qu'alors les deux diamètres empiètent l'un sur l'autre (**216**).

Le point situé à l'infini dans une direction perpendiculaire à la ligne des centres jouit aussi de la propriété d'avoir la même polaire dans les deux cercles : cette droite est la ligne des centres. Mais nous ne considérerons ici que les deux premiers points e, f.

Si l'on regarde ces deux points comme des cercles d'un rayon infiniment petit, chacun d'eux aura le même axe radical avec les deux cercles proposés.

Car chacun de ces points a pour axe radical avec chacun des deux cercles un axe passant par leur milieu (**749**).

769. *Si, sur une transversale menée arbitrairement, on prend les deux points conjugués à la fois par rapport à deux cercles, ces points sont vus de chacun des deux points* e, f *sous un angle droit.*

En effet, la transversale rencontre les deux cercles et le point e, considéré comme un cercle infiniment petit (**747**), en trois couples de points en involution (**752**); les deux points conjugués par rapport aux deux cercles sont les points doubles de l'involution (**211**); par conséquent, ils sont conjugués harmoniques par rapport aux deux points d'intersection du cercle e; donc ils sont vus du point e sous un angle droit (**751**).

770. *Quand deux cercles sont coupés par une transversale, les cordes qu'ils interceptent sur cette droite sont vues, de l'un quelconque des deux points* e, f, *sous des angles qui ont la même bissectrice ou dont les bissectrices sont rectangulaires.*

En effet, soient ε et φ (*fig.* 174) les deux points qui divisent harmoniquement les deux cordes $\alpha\beta$, $\alpha'\beta'$; les deux droites $e\varepsilon$, $e\varphi$ sont rectangulaires (**769**); donc elles sont les bissectrices des angles $\alpha e\beta$, $\alpha' e\beta'$ et de leurs suppléments (**84**). Donc, etc.

Corollaire I. — Si la transversale est tangente au cercle C′ (*fig.* 175), la droite menée du point e au point de contact α' est la bissectrice de l'angle $\alpha e\beta$ ou de son supplément.

Corollaire II. — Si la transversale est tangente aux deux cercles (*fig.* 176), les deux angles $\alpha e\beta$, $\alpha' e\beta'$ deviennent infiniment petits, et les bissectrices sont les rayons $e\alpha$, $e\alpha'$ menés aux points de contact; le théorème peut donc s'énoncer ainsi :

Si l'on mène une tangente commune à deux cercles, les points de contact sont vus de chacun des points e, f *sous un angle droit.*

Autrement. Pour démontrer directement ce théorème, il suffit de remarquer que les points de contact de la tangente commune aux deux cercles sont conjugués harmoniques par rapport aux deux points d'intersection du cercle e par cette tangente (**752**, *coroll.*), d'où l'on conclut que ces deux points de contact sont vus du point e sous un angle droit (**751**).

771. *Étant donnés deux cercles* C, C′ *qui ne se rencontrent pas, si autour du point* e, *qui a la même polaire dans les deux cercles* (*fig.* 177), *on fait tourner un angle droit dont les côtés rencontrent respectivement les deux cercles en* a *et* a′, *la droite* aa′ *détermine sur les deux cercles deux autres points* b, b′ :

1° *L'angle* beb′ *est droit;*

2° *Les tangentes aux deux cercles en leurs points* a, a′ *ou* b, b′ *ont leur point de concours sur un troisième cercle qui passe par les points d'intersection des deux proposés;*

3° *Enfin, les deux cordes* ab *et* a′b′ *sont entre elles dans un rapport constant.*

En effet, considérons le point e comme un cercle infiniment petit, ayant le même axe radical avec les deux premiers (768), et appelons ε et φ les points d'intersection (imaginaires) de ce cercle par la droite aa'; les trois couples de points a, b; a', b' et ε, φ sont en involution (752). Or les deux a et a' sont conjugués par rapport au cercle infiniment petit (751), et, par conséquent, par rapport aux deux points ε et φ (696). Donc les deux b et b' sont aussi conjugués harmoniques par rapport aux deux ε, φ (285) et sont, par conséquent, conjugués par rapport au cercle infiniment petit. Donc l'angle beb' est droit.

Maintenant, puisque les deux points ε, φ qui divisent harmoniquement les deux segments aa' et bb' appartiennent au cercle e, qui a le même axe radical avec les deux cercles proposés, il en résulte, d'après le théorème (762), que les tangentes à ceux-ci menées par les points a, a' se coupent sur un cercle qui a le même axe radical avec les deux proposés; et, par suite, que les deux cordes ab, $a'b'$ sont entre elles dans un rapport constant (760).

Le théorème est donc démontré.

772. *Quand trois cercles ont le même axe radical, si l'on mène une transversale quelconque qui rencontre le premier en deux points* a, a' *et les deux autres en deux points* m, n *respectivement, on a* (*fig.* 178)

$$\frac{\sin mea \,.\, \sin mea'}{\sin nea \,.\, \sin nea'} = \text{const.} = \frac{\text{MA}\,.\,\text{MA}'}{\text{NA}\,.\,\text{NA}'} : \frac{\overline{\text{M}e}^2}{\overline{\text{N}e}^2}.$$

En effet, on a (753)

$$\frac{ma \,.\, ma'}{\overline{me}^2} = \frac{\text{MA}\,.\,\text{MA}'}{\overline{\text{M}e}^2} \quad \text{ou} \quad \frac{\sin mea \,.\, \sin mea'}{\sin a \,.\, \sin a'} = \frac{\text{MA}\,.\,\text{MA}'}{\overline{\text{M}e}^2},$$

et, de même,

$$\frac{na \,.\, na'}{\overline{ne}^2} = \frac{\text{NA}\,.\,\text{NA}'}{\overline{\text{N}e}^2} \quad \text{ou} \quad \frac{\sin nea \,.\, \sin nea'}{\sin a \,.\, \sin a'} = \frac{\text{NA}\,.\,\text{NA}'}{\overline{\text{N}e}^2}.$$

Donc, etc.

Corollaire. — Si la transversale est tangente au premier cercle en un point i, on aura

$$\frac{\sin iem}{\sin ien} = \sqrt{\frac{\mathrm{MA.MA'}}{\mathrm{NA.NA'}}} : \frac{\mathrm{M}e}{\mathrm{N}e} = \text{const.}$$

Remarque. — En désignant par α, μ, ν les centres des trois cercles, on a $\frac{\mathrm{MA.MA'}}{\mathrm{NA.NA'}} : \frac{\overline{\mathrm{M}e}^2}{\overline{\mathrm{N}e}^2} = \frac{\mu\alpha}{\nu\alpha} : \frac{\mu e}{\nu e}$ (753), rapport anharmonique des quatre points α, μ, ν, e.

773. *Quand deux cercles* C, C′ (*fig.* 179) *ne se rencontrent pas, si deux tangentes à l'un* C′ *rencontrent l'autre en quatre points* a, b *et* a′, b′, *les distances de ces points au point* e, *qui a la même polaire dans les deux cercles, sont proportionnelles aux distances des mêmes points à la corde de contact des deux tangentes au cercle* C′.

En effet, concevons qu'un troisième cercle, ayant le même axe radical avec les deux proposés, passe par le point d'intersection o des deux cordes ab, $a'b'$ du cercle C, qui sont tangentes en i et i' au cercle C′ ; on aura, d'après le théorème précédent,

$$\frac{\sin aei}{\sin oei} = \frac{\sin a'ei'}{\sin oei'}.$$

Les deux triangles aei, oei donnent

$$\frac{\sin aei}{\sin oei} = \frac{ai}{oi} : \frac{ea}{eo}.$$

Mais le rapport $\frac{ai}{oi}$ est égal au rapport des perpendiculaires abaissées des points a et o sur toute droite passant par le point i, et par conséquent sur la droite ii' ; on a donc, en appelant $a\alpha$, $o\omega$ ces perpendiculaires,

$$\frac{\sin aei}{\sin oei} = \frac{a\alpha}{o\omega} : \frac{ea}{eo} = \frac{a\alpha}{ea} : \frac{o\omega}{eo}.$$

On a de même, en appelant $a'\alpha'$ la distance du point a' à la droite ii',

$$\frac{\sin a'ei'}{\sin oei'} = \frac{a'\alpha'}{ea'} : \frac{o\omega}{eo}.$$

Et, puisque les deux rapports de sinus sont égaux, il s'ensuit

$$\frac{a\alpha}{ea} = \frac{a'\alpha'}{ea'}.$$

Or ce qui est démontré pour le point a' s'applique au point b'; et ce qui est démontré du point a à l'égard des deux a' et b' doit s'entendre aussi du point b. Il en résulte donc que les quatre rapports $\frac{a\alpha}{ea}$, ... sont égaux [1]. C. Q. F. D.

774. *Quand deux cercles* C, C′ (*fig.* 179) *ne se rencontrent pas, si d'un point* o *on mène les tangentes à l'un d'eux, lesquelles rencontrent le second en deux couples de points* a, b *et* a′, b′, *les droites menées du point* e, *qui a la même polaire dans les deux cercles, aux points* a, b, a′, b′ *et* o *donnent lieu à l'équation*

$$\frac{\operatorname{tang}\frac{1}{2}aeo}{\operatorname{tang}\frac{1}{2}beo} = \frac{\operatorname{tang}\frac{1}{2}a'eo}{\operatorname{tang}\frac{1}{2}b'eo},$$

ou

$$\operatorname{tang}\tfrac{1}{2}aeo \,.\, \operatorname{tang}\tfrac{1}{2}beo = \operatorname{tang}\tfrac{1}{2}a'eo \,.\, \operatorname{tang}\tfrac{1}{2}b'eo,$$

selon que le cercle C′, *auquel sont menées les tangentes, se trouve dans l'intérieur ou à l'extérieur du cercle* C.

Supposons que le cercle C′ soit dans l'intérieur de C. Soient $a\alpha$, $b\beta$, $a'\alpha'$, $b'\beta'$ les perpendiculaires abaissées des points a, b, a', b' sur la droite ii' qui joint les points de contact des deux tangentes au cercle C′; les quatre rapports $\frac{ea}{a\alpha}$, $\frac{eb}{b\beta}$, ... sont égaux, comme il vient d'être démontré. Toutefois, ils n'ont pas le même signe : si les deux $\frac{ea}{a\alpha}$, $\frac{ea'}{a'\alpha'}$ sont regardés comme positifs, les deux $\frac{eb}{b\beta}$, $\frac{eb'}{b'\beta'}$ seront négatifs, parce que les deux perpendiculaires $b\beta$, $b'\beta'$ n'ont pas la même direction que les deux $a\alpha$, $a'\alpha'$. D'après cela, si, sur les deux rayons ea, ea' et sur le prolongement des

---

(1) D'après cela, on peut dire que les quatre points a, b, a', b' sont situés sur une conique qui a l'un de ses foyers en e et pour directrice correspondante la droite ii'.

deux eb, eb' au delà du point e, on prend quatre segments respectifs eA, eA′, eB, eB′ proportionnels aux quatre rapports $\frac{ea}{a\alpha}$, $\frac{ea'}{a'\alpha'}$, $\frac{eb}{b\beta}$, $\frac{eb'}{b'\beta'}$, c'est-à-dire $eA = \lambda\frac{ea}{a\alpha}$, ..., les quatre points A, B, A′, B′ seront sur une circonférence de cercle ayant son centre au point e. Mais, d'après les relations

$$eA = \lambda\frac{ea}{a\alpha}, \quad eA' = \lambda\frac{ea'}{a'\alpha'}, \quad \ldots,$$

les deux quadrilatères $abb'a'$ et ABB′A′ sont homologiques par rapport au point e, centre d'homologie (539). Donc les deux côtés AB, A′B′ du second se coupent en un point O situé sur la droite eo. Or on a, dans le cercle,

$$\operatorname{tang}\tfrac{1}{2}AeO.\operatorname{tang}\tfrac{1}{2}BeO = \operatorname{tang}\tfrac{1}{2}A'eO.\operatorname{tang}\tfrac{1}{2}B'eO \quad (\mathbf{709}, \textit{coroll.}),$$

ou, eu égard aux directions des lignes eB, eB′,

$$\frac{\operatorname{tang}\frac{1}{2}aeo}{\operatorname{tang}\frac{1}{2}beo} = \frac{\operatorname{tang}\frac{1}{2}a'eo}{\operatorname{tang}\frac{1}{2}b'eo}.$$

Ce qu'il fallait démontrer.

Quand le cercle C′ est extérieur au cercle C, on démontre de la même manière que l'équation est

$$\operatorname{tang}\tfrac{1}{2}aeo.\operatorname{tang}\tfrac{1}{2}beo = \operatorname{tang}\tfrac{1}{2}a'eo.\operatorname{tang}\tfrac{1}{2}b'eo.$$

CHAPITRE XXXII.

SYSTÈME DE TROIS CERCLES QUELCONQUES. — CONTACTS DES CERCLES.

I. — *Propriétés relatives à trois cercles.*

775. *Trois cercles, situés d'une manière quelconque, donnent lieu, étant pris deux à deux, à six centres de similitude; ces six points sont, trois à trois, sur quatre droites, de manière que sur l'une de ces droites se trouvent les trois centres de similitude directe, et, sur chacune des autres, deux centres de similitude inverse et un centre de similitude directe.*

En effet, considérons, dans les trois cercles, dont les centres sont O, O', O'', trois rayons parallèles O*a*, O'*a*', O''*a*''. La droite *aa*' marque sur OO' un centre de similitude des deux cercles O, O'; et ainsi des deux autres droites *a*'*a*'', *a*''*a*. Or les deux triangles OO'O'' et *aa*'*a*'' ayant leurs sommets situés, deux à deux sur trois droites parallèles, les points de rencontre de leurs côtés, deux à deux respectivement, sont en ligne droite (**374**) : c'est-à-dire que les centres de similitude, déterminés par les trois droites *aa*', *a*'*a*'', *a*''*a*, sont en ligne droite. Mais, si les trois rayons sont de même direction, chacune des trois droites passe par un centre de similitude directe (**719**); et si l'un des trois rayons est de direction contraire à celle des deux autres, celui-ci donne lieu à deux centres de similitude inverse, et les deux premiers à un centre de similitude directe. Le théorème est donc démontré.

776. *Les axes radicaux auxquels donnent lieu trois cercles, pris deux à deux, concourent en un même point.*

En effet, soit ω le point d'intersection des axes radicaux du cercle O, avec les deux O' et O'', et concevons qu'une droite menée par ce point rencontre les trois cercles en trois couples de points a, a' ; b, b' et c, c' ; on aura les deux égalités

$$\omega a . \omega a' = \omega b . \omega b', \quad \omega a . \omega a' = \omega c . \omega c' \quad (723, \textit{coroll.}).$$

Donc

$$\omega b . \omega b' = \omega c . \omega c'.$$

Ce qui prouve que le point ω appartient à l'axe radical des deux cercles O′ et O″.

777. *Étant donnés trois cercles, si par un même point on en mène trois autres passant, respectivement, par les points d'intersection des trois premiers, pris deux à deux, ces trois cercles se couperont en un même point.*

Soient U, C et C′ les trois cercles donnés ; par un point P on en mène trois autres A, A′ et Σ tels, que le premier A passe par les points d'intersection (réels ou imaginaires) de U et C, le second A′ par les points d'intersection de U et C′, le troisième Σ par les points d'intersection de C et C′. Il faut prouver que ces trois cercles se coupent en un même point.

Soit P′ le point d'intersection des deux A et A′ : le segment PP′ forme une involution, d'une part avec les segments faits par les cercles U et C sur la droite PP′, et d'autre part avec les segments faits par les cercles U et C′ (752). Donc le segment PP′ et les segments faits par C et C′ sont en involution. Donc par les deux points P et P′ on peut mener un cercle passant par les points d'intersection de C et C′. Ce cercle sera Σ.

778. Le théorème peut prendre l'énoncé suivant, d'après lequel les deux points P, P′, communs aux trois cercles A, A′ et Σ, pourront être imaginaires :

Étant pris sur un cercle U *deux couples de points, réels ou imaginaires* [1], *si par les deux premiers points on mène deux cercles quelconques* C, A, *et par les deux autres deux cercles,*

---

[1] Nous appelons *couple de points imaginaires* sur un cercle les points déterminés par l'intersection du cercle et d'une ligne droite (655).

aussi quelconques, C′, A′, *ceux-ci rencontreront, respectivement, les deux* C, A *en quatre points situés sur un même cercle.*

En effet, appelons P, P′ les points d'intersection (réels ou imaginaires) des deux cercles A, A′. Le segment PP′ forme une involution, d'une part avec les segments que les deux cercles U et C font sur la même droite (752), et d'autre part avec les segments faits par les deux cercles U, C′. Donc le segment PP′ et les deux que les cercles C, C′ font sur la même droite sont en involution. Donc par les deux points P, P′ on peut mener un cercle qui passe par les points d'intersection de C et C′; ce qui démontre le théorème.

II. — *Contact des cercles. Cercle tangent à trois autres.*

779. *Quand un cercle est tangent à deux autres, les points de contact sont en ligne droite avec l'un des centres de similitude de ceux-ci, et les tangentes en ces points se coupent sur l'axe radical de ces deux cercles.*

La première partie de cette proposition résulte du théorème (775), puisque le point de contact de deux cercles est un de leurs centres de similitude (719); et la seconde partie, du théorème (776), parce que la tangente commune à deux cercles est leur axe radical.

780. *Étant donnés deux cercles* O, O′ (*fig.* 180) *auxquels on mène deux cercles tangents* C, C′, *le premier en* M *et* m_1, *et le second en* N *et* n_1, *de manière que les deux droites* Mm_1 *et* Nn_1 *passent par un même centre de similitude des deux cercles* O, O′ :

1° *L'axe radical des deux cercles* C, C′ *passera par ce point;*

2° *Un centre de similitude de ces deux cercles se trouvera sur l'axe radical des deux* O *et* O′, *à l'intersection des deux cordes* MN, m_1n_1.

En effet, 1° on a $SM.Sm_1 = SN.Sn_1$ (733). Donc le point S appartient à l'axe radical des deux cercles C, C′ (723, *coroll.*).

2° Les deux droites MN, m_1n_1 se coupent sur l'axe radical des deux cercles O, O′ (730). Chacune d'elles passe par l'un des centres de similitude des deux cercles C, C′ (779); il faut prouver que c'est par le même. Supposons que S soit un centre de similitude directe, les deux points M et m_1 seront nécessairement deux centres de similitude de même nom (directe ou inverse) du cercle C avec les deux O, O′ (775). Et de même des deux points N, n_1. Donc les droites MN et $m_1 n_1$ joignent, chacune, deux centres de similitude tels, que si les deux premiers sont de même nom ou de noms différents, il en est de même des deux autres; par conséquent, dans les deux cas, les deux droites passent par un même centre de similitude des deux cercles C, C′ (775).

Le raisonnement est le même si le point S est un centre de similitude inverse. Le théorème est donc démontré.

781. Le centre de similitude des deux cercles C, C′ est sur l'axe radical des deux O, O′ à l'intersection de la corde MN (780). Par conséquent, ce point peut être pris arbitrairement, c'est-à-dire que :

Une droite L *étant menée par l'un des centres de similitude de deux cercles* O, O′, *et un point étant pris sur leur axe radical, on peut déterminer deux cercles* C, C′ *tangents aux deux* O, O′, *qui aient pour axe radical la droite* L, *et pour centre de similitude le point donné.*

Il suffit de mener par ce point une droite passant par le pôle de la droite L par rapport à l'un des cercles O, O′; cette droite marquera sur ce cercle les deux points de contact des deux cercles tangents qui satisfont aux deux conditions de la question.

782. *Mener un cercle tangent à trois autres.*

Soient O, O′, O″ les trois cercles proposés, et S, S′, S″ leurs trois centres de similitude directe.

On peut mener deux cercles tangents à l'un des trois O, O′, O″, qui aient pour axe radical la droite SS′S″ et pour centre de similitude le point de concours des trois axes radicaux des cercles O, O′, O″; et, d'après le théorème précédent, ces deux cercles seront tangents à chacun des deux autres cercles.

Pour déterminer ces cercles, on cherchera les pôles de la droite SS′S″ dans les cercles O, O′, O″; et l'on mènera par ces points des droites concourantes au point d'intersection des trois axes radicaux; ces droites rencontreront, respectivement, les trois cercles en des points qui seront les points de contact de deux cercles satisfaisant à la question.

Pour chacune des trois autres droites sur lesquelles se trouvent, trois à trois, les six centres de similitude des trois cercles proposés, on aura deux autres cercles tangents. De sorte qu'il existe, en général, huit cercles tangents à trois cercles donnés.

783. Cette solution d'un problème qui a été résolu, dans tous les temps, de bien des manières, est la plus simple (¹); elle se prête à tous les cas particuliers qui résultent des hypothèses que l'on peut faire à l'égard des trois cercles, en supposant qu'ils deviennent des points ou des droites.

Quand un cercle se réduit à un point, ce point est lui-même son centre de similitude avec un autre cercle; et nous avons vu que l'axe radical est à égale distance du point et de sa polaire par rapport au cercle (**749**).

Quand un cercle devient une ligne droite, parce que son rayon est devenu infiniment grand, son axe radical avec un autre cercle est cette droite elle-même. Les points que l'on considérera comme les centres de similitude de la droite et d'un cercle sont les extrémités du diamètre de ce cercle perpendiculaire à la droite. Car ce sont les points qui conservent une propriété caractéristique des centres de similitude, savoir que le rectangle des distances d'un centre de similitude à deux points homologiques ou *anti-homologues* est constant (**734**).

(¹) Cette solution est due à Gergonne (voir *Annales de Mathématiques*, t. IV, p. 349, année 1814). M. Gaultier, de Tours, en avait beaucoup approché, dans son *Mémoire sur les moyens généraux de construire graphiquement un cercle déterminé par trois conditions et une sphère déterminée par quatre conditions* (voir *Journal de l'École Polytechnique*, XVIᵉ Cahier, 1813); car il démontre : 1° que chaque droite telle que SS′S″, qui contient trois des six centres de similitude des trois cercles proposés O, O′, O″, est l'axe radical de deux cercles C, C′ satisfaisant à la question; 2° que la corde qui joint les deux points de contact de ces cercles avec l'un des trois O, O′, O″ passe par le point de concours des trois axes radicaux de ceux-ci; 3° que les tangentes en ces deux points de contact ont leur point de rencontre sur la droite SS′S″. Pour conclure de là la construction précédente, il suffisait de remarquer, comme conséquence de cette dernière proposition, que la corde qui joint les deux points de contact sur l'un des cercles proposés passe par le *pôle* de la droite SS′S″ relatif à ce cercle, puisque le *pôle* de cette corde est lui-même sur cette droite.

On a, en effet,

$$SM . Sm_1 = \text{const.} \quad (\mathbf{681}).$$

784. D'après cela, on applique sans aucune difficulté la solution générale aux cinq questions suivantes :

1° *Mener par un point un cercle tangent à deux cercles.*

La question admet quatre solutions, parce qu'il y a deux droites qu'on peut considérer comme contenant chacune trois centres de similitude.

2° *Mener un cercle tangent à deux cercles et à une droite.*

Huit solutions, parce qu'il y a six centres de similitude placés, trois à trois, sur quatre droites dont chacune donne lieu à deux solutions.

3° *Faire passer par deux points un cercle tangent à un cercle donné.*

Deux solutions seulement, parce qu'il n'y a qu'une droite qu'on puisse regarder comme contenant trois centres de similitude, savoir, la droite qui joint les deux points proposés.

4° *Mener un cercle tangent à un cercle et à deux droites.*

Huit solutions, répondant, deux à deux, aux quatre droites qui joignent les centres de similitude relatifs au cercle et à l'une des droites proposées, aux centres de similitude relatifs à l'autre droite.

5° *Mener par un point un cercle tangent à un cercle et à une droite.*

Quatre solutions répondant, deux à deux, aux deux droites menées du point proposé aux deux centres de similitude relatifs au cercle et à la droite.

CHAPITRE XXXIII.

CERCLE IMAGINAIRE.

I. — *Ce qu'on entend par l'expression* cercle imaginaire.

785. Quand les formules ou relations qui ont servi à déterminer des points ou des droites relatives à un cercle, et à démontrer quelque proposition, contiennent le rayon du cercle au carré et non à la première puissance, si l'on suppose ce carré négatif, les expressions subsistent, ainsi que les résultats qui s'y rapportent; c'est-à-dire qu'elles donnent lieu encore à des points et des droites, et à des propositions y relatives ; mais ces points et ces droites se trouvent différents des premiers, ou plutôt dans des positions différentes. On dit alors que le cercle que l'on considérait en premier lieu est devenu *imaginaire,* et que les propositions résultantes des formules se rapportent à ce *cercle imaginaire.* C'est ainsi que l'on agit en Géométrie analytique.

Ce que nous disons des résultats dérivés de relations ou formules analytiques doit s'entendre de résultats fondés sur des constructions qui subsistent quand on suppose que le carré du rayon d'un cercle devient négatif, de même que des constructions peuvent subsister quand on suppose que deux points deviennent imaginaires, comme nous l'avons vu souvent, par exemple dans la théorie du rapport harmonique de quatre points, où deux points conjugués peuvent être imaginaires.

Nous ferons en Géométrie pure ce que l'on fait en Géométrie analytique : nous admettrons que, soit dans des formules, soit dans des constructions qui n'impliquent que le carré du rayon d'un cercle, ce carré devienne négatif; et nous dirons que le cercle est *imaginaire.*

Il n'y a point, bien entendu, de cercle *imaginaire,* et ce mot n'est qu'une fiction qui sert à rattacher les résultats obtenus à un autre cas de la question générale, dans lequel la présence d'un cercle procure une image visible et une notion parfaitement claire des propriétés de la figure. Mais il faut observer que ces propriétés sont toujours susceptibles d'une expression différente et, à certains égards, plus générale, dans laquelle on fait abstraction du cercle, soit réel, soit imaginaire. Il faut regarder que le cercle n'a été qu'un être auxiliaire qui a servi de lien entre les parties de la figure et a donné lieu à une expression de leurs relations plus simple et surtout faisant image. Cette expression et l'image visible par laquelle elle se produit disparaissent et n'ont plus de réalité quand on suppose le carré du rayon négatif et le cercle *imaginaire,* quoique les relations qu'elles ont servi à exprimer subsistent toujours.

786. Pour répandre tout le jour possible sur ces considérations, prenons un exemple.

On appelle *polaire* d'un point relative à un cercle une droite que l'on détermine de plusieurs manières :

1° En menant par le point donné ρ deux tangentes au cercle ; la corde qui joint les points de contact est la polaire ;

2° En menant par le point ρ une transversale qui rencontre le cercle en deux points a, a' ; les tangentes en ces points se coupent sur la polaire cherchée, dont on détermine un second point, soit au moyen d'une seconde transversale, soit en prenant sur la première le point conjugué harmonique du point ρ, par rapport aux deux a et a' ;

3° En menant deux transversales $\rho aa'$, $\rho bb'$, puis les droites ab', ba', lesquelles se coupent sur la polaire, ainsi que les deux ab, $a'b'$;

4° En prenant sur les deux cordes aa', bb' les points conjugués harmoniques du point ρ, lesquels se trouvent sur la polaire ;

5° Enfin, en prenant sur la droite qui va du point ρ au centre C du cercle le point e déterminé par la relation $\mathrm{C}e.\mathrm{C}\rho = \mathrm{R}^2$, et en élevant par le point e une perpendiculaire à la droite $\rho\mathrm{C}$.

Les trois premières manières de construire la polaire du point ρ exigent que le cercle soit tracé, de sorte que la polaire se rapporte exclusivement à la circonférence du cercle et ne présente aucun autre caractère. Il n'en est pas de même des deux autres modes de construction; on n'y fait pas usage nécessairement de la circonférence du cercle, mais seulement de la position de son centre et du carré de son rayon.

Il en résulte que les propriétés de cette droite, que nous appelons *polaire*, ou celles d'un système de droites déterminées de même, propriétés qu'on rapporte à un cercle, peuvent s'attribuer simplement à un point (centre du cercle) et au carré d'une ligne, et s'énoncer abstraction faite du cercle.

Par exemple, au lieu de dire que les *polaires* des différents points d'une droite, *prises par rapport à un cercle*, passent toutes par un même point, on pourra dire que, si des points ρ, ρ', ρ'', ... d'une droite on mène à un point fixe C des rayons ρC, ρ'C, ... sur lesquels on prend des points e, e', ... déterminés par les relations $Ce.C\rho = R^2$, $Ce'.C\rho' = R^2$, ..., et que par ces points on mène les perpendiculaires aux droites $C\rho$, $C\rho'$, ..., toutes ces perpendiculaires passeront par un même point.

Cet exemple montre comment des propriétés, qui paraissent concerner nécessairement le cercle, peuvent néanmoins dériver de relations plus intimes qui permettent de faire abstraction du cercle dans leur énoncé.

787. Maintenant on voit que, le cercle se trouvant ainsi éliminé, rien n'empêche de supposer le carré R^2 négatif, et qu'alors la construction du point e, dépendante de l'équation $Ce.C\rho = -R^2$, subsistera, et que la perpendiculaire menée par ce point donnera lieu aux mêmes propriétés que dans le premier cas. Mais cette droite n'est plus la *polaire* d'un point *relative à un cercle*. Car le point e, par lequel on l'élève perpendiculairement au rayon $C\rho$, n'est plus sur ce rayon lui-même, comme dans le cas d'un cercle, mais bien sur son prolongement au delà du point C, puisque le produit $C\rho.Ce$ est négatif. Il faudrait donc, à la rigueur, dans ce cas de R^2 négatif, dénommer la droite et exprimer ses propriétés d'une autre manière et sans faire intervenir le cercle. Cependant on peut conserver à cette droite la dénomination de *polaire*, en disant *polaire* relative à un cercle *imaginaire* et en convenant que ce mot *imaginaire* signifie simplement que le carré R^2, qui entre dans la formule qui sert à la construction de la droite, est négatif.

Cette idée d'un *cercle imaginaire* est donc une pure fiction, à laquelle on a recours pour conserver aux propositions des énoncés simples et faisant image, qui, à la rigueur, ne s'appliquent qu'à un cas spécial, celui où, le carré R^2 étant positif, on peut décrire un cercle dans la figure.

Ainsi, l'on conçoit bien comment des propositions qui, d'après leur énoncé, sembleront se rapporter exclusivement à un cercle imaginaire, et, par conséquent, n'avoir aucune signification réelle, exprimeront néanmoins des vérités mathématiques portant sur des choses toutes réelles et ayant une signification parfaitement définie et susceptible d'une autre expression, indépendante de l'idée du cercle.

788. D'après ces considérations, nous dirons d'une manière générale que toutes les relations ou constructions dans lesquelles n'entreront, soit directement, soit implicitement, que le centre et le carré du rayon d'un cercle s'appliqueront au cas où ce carré sera négatif; mais que, pour conserver le même langage, les mêmes définitions et le même énoncé dans les théorèmes, nous pourrons dire que ces relations et constructions se rapportent à un cercle *imaginaire*.

Ce que nous ferons ainsi est ce que l'on fait en Analyse, et c'est pour bien fixer les idées et éviter le doute et les interprétations que l'on a parfois cherché à donner des imaginaires en Géométrie, que nous sommes entré ici dans des explications minutieuses que l'on néglige en Géométrie analytique.

789. Souvent il arrive que des propositions auxquelles on conserve, dans le cas d'imaginarité de quelque quantité, telle que le rayon d'un cercle, leur énoncé primitif que l'on rapporte à un objet imaginaire, sont susceptibles d'un énoncé particulier très différent du premier, et néanmoins fort simple et faisant image aussi, mais d'une autre manière. Alors les résultats analytiques ou les constructions qui, dans le premier cas, se rapportaient à une figure, telle qu'un cercle, expriment, dans le second, des propositions qui peuvent être tout à fait étrangères au cercle et d'un genre très-différent des premières.

Cela provient de ce que, bien que l'hypothèse relative au carré du rayon d'un cercle, que l'on fait négatif, ne modifie pas le sens intime de la proposition démontrée et, en général, les propriétés de la figure, néanmoins elle modifie soit les positions relatives des diverses parties de la figure, soit même sa configuration générale.

Or on conçoit que cette configuration de la figure puisse se rattacher ou donner lieu à quelque autre conception que celle d'un cercle. Nous allons trouver, dans la suite de ce Chapitre et dans le suivant, de nombreux exemples d'une telle transformation de théorèmes en d'autres différents.

II. — *Propriétés relatives à un cercle imaginaire.*

790. Les points d'intersection d'une droite et d'un cercle imaginaire sont deux points imaginaires, que nous désignerons par ε, φ, dont le milieu O est le pied de la perpendiculaire abaissée du centre C du cercle sur la droite, et dont le carré de la distance à ce point milieu est, comme dans le cas d'un cercle réel (788),

$$\overline{O\varepsilon}^2 = R^2 - \overline{CO}^2 \quad (657);$$

et, de même, le rectangle des distances des deux points imaginaires à un point ρ de la droite est égal à

$$\rho\varepsilon . \rho\varphi = \overline{\rho C}^2 - R^2 \quad (657).$$

Mais ici, où le cercle est imaginaire, R^2, carré du rayon, est une quantité négative $-R'^2$, et il vient

$$\overline{O\varepsilon}^2 = -\left(R'^2 + \overline{CO}^2\right),$$
$$\rho\varepsilon . \rho\varphi = \left(\overline{\rho C}^2 + R'^2\right).$$

Il faut bien remarquer que dans ces formules R'^2 ne représente plus le carré du rayon comme R^2 dans les premières, mais ce carré affecté d'un signe contraire.

Ces formules donnent lieu à des expressions géométriques très-simples du carré $\overline{O\varepsilon}^2$ et du rectangle $\rho\varepsilon . \rho\varphi$. Ce carré et ce rectangle, dans l'état actuel de la question, impliquent l'idée de *points imaginaires*, et, au contraire, leurs nouvelles expressions se rapporteront exclusivement à des objets réels.

En effet, que par le centre C du cercle imaginaire on élève une perpendiculaire au plan de la figure, dont le carré $\overline{CS}^2$ soit égal à R'^2, c'est-à-dire au carré du rayon du cercle imaginaire pris avec un signe contraire. On aura

$$\overline{O\varepsilon}^2 = -(\overline{CS}^2 + \overline{CO}^2) = -\overline{SO}^2,$$

$$\rho\varepsilon.\rho\varphi = \overline{\rho C}^2 + \overline{CS}^2 = \overline{\rho S}^2.$$

Ainsi le rectangle $\rho\varepsilon.\rho\varphi$ exprime simplement le carré de la distance du point ρ au point S situé au dehors du plan de la figure.

791. La formule

$$Ce.C\rho = R^2,$$

qui sert à la construction de la polaire d'un point ρ, donne lieu de même à une interprétation géométrique fondée sur la considération du point S, extrémité de la perpendiculaire $CS = R'$.

En effet, R^2 étant négatif, les deux points ρ et e sont de part et d'autre du point C, comme nous l'avons vu précédemment (**787**), et l'on a

$$Ce.C\rho = \overline{CS}^2;$$

ce qui prouve que l'angle $eS\rho$ est droit. On peut donc dire que :

Si, par le centre C *d'un cercle imaginaire, on élève sur le plan de la figure une perpendiculaire* CS *égale à son rayon supposé réel, la droite menée du point* S *à un point* ρ *de la figure est perpendiculaire au plan mené par ce point* S *et la polaire du point* ρ *relative au cercle imaginaire.*

792. Le point ρ et un point quelconque ρ' de sa polaire sont deux points conjugués par rapport au cercle (**696**). Les droites menées du point S à ces deux points sont rectangulaires, puisque l'une est dans un plan perpendiculaire à l'autre (**791**). Donc :

Deux points conjugués par rapport au cercle imaginaire sont vus du point S *sous un angle droit.*

Réciproquement : *Deux points vus du point* S *sous un angle droit sont deux points conjugués par rapport au cercle imaginaire.*

Cela est évident.

793. La polaire du point ρ' passe par le point ρ. Le plan mené par le point S et par cette droite est perpendiculaire à la droite $S\rho'$ (791); par conséquent, il est perpendiculaire à tout plan passant par cette droite, et, en particulier, au plan mené par le point S et la polaire du point ρ, puisque cette droite passe par le point ρ'. Donc les polaires des deux points ρ et ρ' sont dans deux plans rectangulaires menés par le point S. Or ces deux polaires sont deux droites conjuguées par rapport au cercle imaginaire. Donc :

Deux droites conjuguées, relatives au cercle imaginaire, étant vues du point S, *paraissent rectangulaires.*

Réciproquement : *Deux plans rectangulaires, menés par le point* S, *rencontrent le plan de la figure suivant deux droites conjuguées par rapport au cercle imaginaire.*

Car le pôle de chacune de ces droites sera sur l'autre (791).

794. Ces propriétés permettent de substituer le point S au cercle imaginaire dans la définition des *points conjugués* comme dans celle de la *polaire* d'un point; de sorte que la notion de ce cercle disparaîtra dans les énoncés des théorèmes où il sera question des points et des droites qui s'y rapportent. Toutefois, ce cercle imaginaire aura servi, par ses relations générales avec d'autres parties de la figure, par exemple avec certains cercles réels, à procurer les théorèmes auxquels on donne une autre expression.

Nous ferons plus loin (Chap. XXXIV) diverses applications de ces considérations, qui seront extrêmement utiles.

795. L'axe radical d'un cercle réel et d'un cercle imaginaire est une droite perpendiculaire à la ligne des centres, menée par le point Ω de cette ligne déterminé par l'équation

$$\overline{\Omega C}^2 - R^2 = \overline{\Omega C'}^2 - R'^2,$$

dans laquelle R'^2, qui représente le carré du rayon du cercle imaginaire, sera une quantité négative.

De même, deux cercles imaginaires ont un axe radical perpendiculaire à leur ligne des centres, mené par le point Ω de cette ligne déterminé par la relation

$$\overline{\Omega C}^2 - R^2 = \overline{\Omega C'}^2 - R'^2,$$

dans laquelle les deux expressions R^2 et R'^2, qui représentent les carrés des rayons des deux cercles, seront deux quantités négatives.

796. *Un cercle réel et un cercle imaginaire admettent toujours deux cercles infiniment petits, ayant avec eux le même axe radical.*

En effet, il existe sur la ligne des centres deux points qui divisent harmoniquement les deux diamètres; et ces deux points sont toujours réels, puisque l'un des diamètres est imaginaire. Ces deux points sont les deux cercles infiniment petits en question (768).

797. Un cercle réel et un cercle imaginaire ne peuvent pas avoir de quadrilatère circonscrit; mais il existe deux points qui jouissent de la propriété caractéristique des sommets du quadrilatère circonscrit à deux cercles (745). Cette propriété, c'est que si par un sommet on mène deux droites conjuguées par rapport à un cercle, elles sont conjuguées par rapport à l'autre cercle.

Ces deux points existent toujours à l'égard de deux cercles, dont l'un est réel et l'autre imaginaire.

Pour démontrer cette proposition, observons d'abord que, pour qu'un point jouisse de la propriété en question, il suffit qu'elle ait lieu à l'égard de deux systèmes de droites conjuguées; ce qu'on conclut de ce que trois systèmes de deux droites conjuguées forment une involution (698).

Soient C et C′ (*fig.* 181) les centres des deux cercles, le premier réel et le second imaginaire. Il existe sur la droite CC′ deux points *e*, *f* conjugués par rapport aux deux cercles, et ces deux points sont toujours réels (796).

Soient F, F′ les points d'intersection du cercle décrit sur CC′ comme diamètre et de la perpendiculaire à cette droite, menée par le point *e*, celui des deux points conjugués *e*, *f* qui se trouve dans l'intérieur du cercle C; je dis que chacun de ces points F, F' jouit de la propriété demandée, savoir, que deux droites conjuguées par rapport à l'un des cercles, menées par l'un de ces points, sont conjuguées par rapport à l'autre cercle. Il suffit de prouver, comme nous l'avons dit, que cela a lieu à l'égard de deux couples de droites conjuguées.

D'abord, les deux droites Fe, Ff sont conjuguées par rapport aux deux cercles, car le pôle de la première, dans chacun des cercles, se trouve en f sur la seconde.

Ensuite, les deux droites FC, FC' sont aussi conjuguées par rapport aux deux cercles; car ces deux droites étant rectangulaires, d'une part le pôle de CF, dans le cercle C, est à l'infini sur la droite FC', et d'autre part le pôle de CF, dans le cercle C', est sur le rayon C'F qui lui est perpendiculaire.

Donc le point F jouit de la propriété annoncée.

C. Q. F. D.

Observation. — Il suit de là que les propriétés relatives à deux cercles et à deux sommets opposés de leur quadrilatère circonscrit, telles que les théorèmes (745) et (746), s'appliqueront au système de deux cercles dont l'un réel et l'autre imaginaire.

Cette remarque nous sera utile.

798. *Deux cercles imaginaires admettent deux points dont chacun jouit de la propriété que deux droites conjuguées par rapport à l'un des cercles, menées par ce point, sont conjuguées par rapport à l'autre cercle.*

Ces deux points se déterminent comme les centres de similitude de deux cercles réels. Les carrés des rayons des deux cercles étant $-R^2$ et $-R'^2$, et leurs centres étant en C et C', on prend $\frac{SC}{SC'}=\frac{R}{R'}$ et $\frac{S'C}{S'C'}=-\frac{R}{R'}$. Les deux points S, S' satisfont à la question.

En effet, les pôles d'une droite menée par le point S seront sur les perpendiculaires à cette droite, CP, C'P', menées par les centres des deux cercles, à des distances

$$CQ=-\frac{R^2}{CP},\quad C'Q'=-\frac{R'^2}{C'P'}.$$

Donc

$$\frac{CQ}{C'Q'} = \frac{R^2}{R'^2} : \frac{CP}{C'P'}.$$

Or $\frac{CP}{C'P'} = \frac{R}{R'}$; donc $\frac{CQ}{C'Q'} = \frac{R}{R'}$; ce qui prouve que les points Q, Q′ sont en ligne droite avec le point S.

CHAPITRE XXXIV.

APPLICATION DES THÉORÈMES RELATIFS A UN CERCLE IMAGINAIRE AUX PROPRIÉTÉS DES CÔNES A BASE CIRCULAIRE.

I. — *Considérations préliminaires.*

799. Si, sur le diamètre AA′ d'un cercle C (*fig.* 182), on prend deux points e, f qui divisent ce diamètre harmoniquement et que, sur le segment ef comme diamètre, on décrive une circonférence de cercle Σ dans le plan perpendiculaire au plan du cercle C, les points de ce cercle jouiront de propriétés fort remarquables, dont la plupart présentent une analogie parfaite avec celles qui appartiennent aux deux points e, f (**768-774**). Ces propriétés se concluent de celles auxquelles donneraient lieu des cercles imaginaires qui auraient pour centres les projections σ des points S du cercle Σ et dont les carrés des rayons seraient égaux aux rectangles négatifs tels que $\sigma e . \sigma f$. En substituant à ces cercles imaginaires des points situés au dehors du plan de la figure, comme il a été dit précédemment (**794**), on donne aux diverses propositions des expressions nouvelles, qui constituent des théorèmes en apparence très-différents.

Ces théorèmes eux-mêmes peuvent prendre des énoncés plus simples encore en présentant un caractère mieux déterminé; car on peut les rapporter directement aux cônes qui ont pour bases les cercles de la figure et pour sommet commun le point pris dans l'espace sur le cercle Σ. De là dérivent donc naturellement des propriétés des cônes à base circulaire.

Ces propriétés ne sont au fond que la traduction, dans un langage différent, de celles qui appartiennent à un système de cercles situés dans un même plan. Au nombre de ces cercles s'en trouve un *imaginaire;* et c'est celui-ci, ou plutôt cette idée fictive d'un cercle imaginaire (**785**), qui permet de donner aux théorèmes l'expression qui en fait des propositions toutes nouvelles et relatives non plus à des cercles, mais à des cônes substitués aux cercles primitifs.

Cette théorie offre un exemple assez remarquable des transformations auxquelles les imaginaires peuvent donner lieu en Géométrie; de pareils exemples se reproduiront dans d'autres questions importantes, notamment dans la théorie des coniques.

800. Que par le milieu du segment ef on élève la perpendiculaire ΩX; cette droite sera l'axe radical commun au cercle C et à chacun des deux *points* e, f considérés comme des cercles infiniment petits (796); et si un point σ pris sur ce segment est regardé comme le centre d'un cercle imaginaire dont le carré du rayon est égal à $\sigma e . \sigma f$, *la droite* ΩX *sera aussi l'axe radical commun à ce cercle et au cercle* C; car les deux points e, f, conjugués par rapport au cercle C, par hypothèse, le sont aussi par rapport au cercle σ, puisque le carré de son rayon est égal au produit $\sigma e . \sigma f$: par conséquent, la perpendiculaire à la ligne des centres σC menée par le milieu de ces deux points e, f sera l'axe radical des deux cercles.

801. *Le carré de la distance d'un point fixe* S *pris sur le cercle* Σ, *à un point quelconque* m *du cercle* C, *est à la distance de ce point* m *à la droite* ΩX *dans une raison constante.*

En effet, considérons deux points m, m' du cercle C; la droite mm' rencontre le cercle imaginaire σ, dont le carré du rayon est égal au rectangle $\sigma e . \sigma f$, en deux points imaginaires ε et φ; et l'axe radical de ce cercle σ et du cercle C étant la droite ΩX, on a

$$\frac{m\varepsilon . m\varphi}{m'\varepsilon . m'\varphi} = \frac{mp}{m'p'},$$

mp et $m'p'$ étant les distances des points m, m' à l'axe radical (737).

Or

$$m\varepsilon . m\varphi = \overline{mS}^2 \quad \text{et} \quad m'\varepsilon . m'\varphi = \overline{m'S}^2 \quad (790).$$

Donc

$$\frac{\overline{mS}^2}{\overline{m'S}^2} = \frac{mp}{m'p'} \quad \text{ou} \quad \frac{\overline{mS}^2}{mp} = \frac{\overline{m'S}^2}{m'p'};$$

ce qui démontre le théorème.

802. *Le rapport des distances de deux points fixes* S, S', *pris sur le cercle* Σ, *à un point quelconque du cercle* C, *est constant.*

Cela résulte immédiatement du théorème précédent.

803. *Si d'un point de la droite* ΩX *on mène une tangente au cercle* C, *elle sera égale à la distance de ce point à un point quelconque du cercle* Σ.

En effet, soient ωt cette tangente et ε, φ les points où elle rencontre le cercle imaginaire σ, dont le carré du rayon est $\sigma e . \sigma f$; on aura (**723**, *coroll.*)

$$\overline{\omega t}^2 = \omega \varepsilon . \omega \varphi = \overline{\omega \sigma}^2 - \sigma e . \sigma f.$$

Or $\sigma e . \sigma f = -\overline{\sigma S}^2$ (**790**). Donc

$$\overline{\omega t}^2 = \overline{\omega \sigma}^2 + \overline{\sigma S}^2 = \overline{\omega S}^2 \quad \text{ou} \quad \omega t = \omega S.$$

C. Q. F. P.

804. *Si, sur la droite* ΩX, *on prend deux points conjugués quelconques par rapport au cercle* C, *les droites menées d'un point* S *du cercle* Σ *à ces deux points sont toujours rectangulaires.*

Car, cette droite ΩX étant l'axe radical commun au cercle C et au cercle imaginaire σ (**800**), les deux points sont conjugués par rapport au cercle σ et, par conséquent, ils sont vus du point S sous un angle droit (**792**).

On conclut de là que : *Un point* S *étant pris au-dessus du plan d'un cercle, il existe dans ce plan une droite* ΩX *telle, que deux points conjugués par rapport au cercle pris sur cette droite sont toujours vus du point* S *sous un angle droit.*

Remarque. — Il n'existe qu'une droite qui jouisse de cette propriété; car, quand deux points conjugués par rapport au cercle sont vus sous un angle droit, ils sont aussi conjugués par rapport au cercle imaginaire, qui a son centre au pied de la perpendiculaire abaissée du point S sur le plan de la figure (**792**). Conséquemment, la droite sur laquelle sont pris ces systèmes de deux points conjugués est l'axe radical commun aux deux cercles (**727**). Donc il ne peut exister qu'une telle droite.

805. Concevons le cône qui a son sommet en S et pour base le cercle C. *Tout plan parallèle au plan déterminé par le point* S *et l'axe* ΩX *coupera le cône suivant un cercle.* Car, si l'on fait tourner autour de deux points fixes P, P′ du cercle C les côtés d'un angle dont le sommet décrive la circonférence, ces côtés intercepteront sur l'axe ΩX un segment qui sera vu du point S sous un angle de grandeur constante (**659**). Maintenant, si l'on mène un plan coupant, parallèlement au plan qui passe par le point S et l'axe ΩX, on aura, dans ce plan, la courbe d'intersection du cône et un angle dont les côtés tourneront autour de deux points fixes de cette courbe, pendant que le sommet glissera sur cette même courbe; et les côtés de cet angle seront parallèles aux droites menées du point S aux extrémités du segment intercepté sur ΩX par les côtés de l'angle tournant dans le plan du cercle autour des deux points P, P'; donc cet angle, compris dans le plan coupant, sera de grandeur constante. Donc son sommet décrit un cercle. Donc le plan coupe le cône suivant un cercle.

806. On conclut de là qu'*un cône à base circulaire peut être coupé suivant un cercle d'une seconde manière,* c'est-à-dire par un plan non parallèle au plan de sa base; et qu'*il n'existe pas un troisième plan donnant une section circulaire* (**804**, *Rem.*)

Les plans menés par le sommet d'un cône parallèlement aux plans des sections circulaires s'appellent les *plans cycliques* du cône.

Ainsi, l'un des *plans cycliques* du cône qui a son sommet en S sur le cercle Σ et pour base le cercle C est parallèle au plan de ce cercle, et l'autre est le plan mené par le point S et l'axe ΩX.

II. — *Propriétés relatives aux plans cycliques d'un cône à base circulaire.*

807. *Dans un cône à base circulaire, le produit des sinus des angles que chaque arête fait avec les deux plans cycliques est constant.*

En effet, le sinus de l'angle que la droite Sm (*fig.* 182) fait avec le plan du cercle C est égal à $\frac{S\sigma}{Sm}$.

Le sinus de l'angle que la même droite fait avec le second plan cyclique (S, ΩX) est égal à $\frac{mq}{Sm}$, mq étant la perpendiculaire abaissée du point m sur ce plan. Cette perpendiculaire est proportionnelle à la distance mp du point m à la droite ΩX; ainsi, le sinus de l'angle que la droite Sm fait avec le plan (S, ΩX) est $\lambda.\frac{mp}{Sm}$. Le produit des deux sinus est donc $\lambda\frac{S\sigma.mp}{\overline{Sm}^2}$. Mais on a $\overline{Sm}^2 = \mu.mp$ (**801**); ce produit devient donc $\frac{\lambda}{\mu}S\sigma$; quantité constante. Donc, etc.

808. *Tout plan tangent à un cône à base circulaire coupe les deux plans cycliques suivant deux droites qui sont également inclinées sur l'arête de contact.*

En effet, on a $\omega t = \omega S$ (**803**). Donc le triangle $t\omega S$ est isoscèle et ses angles en t et S sont égaux, c'est-à-dire que l'arête de contact St du plan tangent au cône fait des angles égaux avec les deux droites ωS, ωt. Or le plan $S\omega X$ est l'un des plans cycliques du cône, dont l'autre est parallèle au plan de la figure (806). Donc la droite ωS est l'intersection du premier plan cyclique par le plan tangent au cône, et la droite ωt est parallèle à l'intersection du second plan cyclique par le même plan tangent. Le théorème est donc démontré.

809. *Tout plan tangent à un cône à base circulaire coupe deux plans cycliques suivant deux droites qui font, avec la droite d'intersection de ces deux plans, des angles tels, que le rapport des tangentes trigonométriques des demi-angles est constant.*

En effet, si de chaque point ω de l'axe ΩX on mène une tangente au cercle C et la droite ωe, on a

$$\frac{\operatorname{tang} \frac{1}{2} t\omega\Omega}{\operatorname{tang} \frac{1}{2} e\omega\Omega} = \text{const.} \quad (741).$$

Mais l'angle $S\omega\Omega$ est égal à l'angle $e\omega\Omega$. Donc

$$\frac{\operatorname{tang} \frac{1}{2} t\omega\Omega}{\operatorname{tang} \frac{1}{2} S\omega\Omega} = \text{const.};$$

équation qui démontre le théorème.

810. *Les quatres droites, suivant lesquelles deux plans tangents à un cône à base circulaire coupent les deux plans cycliques, sont situées sur un cône de révolution dont l'axe est perpendiculaire au plan des deux arêtes de contact.*

En effet, chacun des plans tangents coupe les deux plans cycliques suivant deux droites qui sont également inclinées sur l'arête de contact (808) et, par conséquent, sur tout plan mené par cette arête, et en particulier sur le plan des deux arêtes.

Considérons les deux droites suivant lesquelles les deux plans tangents coupent le plan cyclique parallèle au plan du cercle C qui forme la base du cône; ces droites sont parallèles aux traces des deux plans tangents sur la base, lesquelles sont les deux tangentes au cercle C. Or ces deux tangentes font des angles égaux avec leur corde de contact, et, par conséquent, avec le plan des deux arêtes de contact qui passe par cette corde. Donc les quatre droites d'intersection des deux plans cycliques par les deux plans tangents font des angles égaux avec le plan des deux arêtes de contact, et, par conséquent, avec une perpendiculaire à ce plan. Donc elles sont quatre arêtes d'un cône de révolution autour de cette perpendiculaire. C. Q. F. P.

811. *Observation.* — Ce théorème se peut déduire de celui qui précède, et réciproquement, en vertu de cette proposition de Géométrie sphérique : *Un petit cercle étant tracé sur une sphère, si autour d'un point* P *de la sphère on fait tourner un arc de grand cercle qui le rencontre en deux points* a, a', *le produit* $\tan\frac{1}{2}\mathrm{Pa}.\tan\frac{1}{2}\mathrm{Pa'}$ *reste constant.*

Cela résulte immédiatement du théorème (709, *coroll.*). En effet, d'après ce théorème, si autour d'un point fixe ρ pris dans l'espace on fait tourner une transversale qui rencontre la sphère en deux points a, a', on a, en appelant O le centre de la sphère,

$$\tan\tfrac{1}{2}\rho\mathrm{O}a.\tan\tfrac{1}{2}\rho\mathrm{O}a' = \text{const.}$$

Car, soient deux transversales $\rho aa'$, $\rho bb'$; qu'on fasse tourner autour du diamètre $\rho\mathrm{O}$ le plan diamétral $\mathrm{O}\rho b$, de manière que le cercle suivant lequel ce plan coupe la sphère se superpose sur le cercle contenu dans le plan $\mathrm{O}\rho a$: les transversales se trouvant toutes deux dans le plan de ce cercle, l'équation a lieu (709, *coroll.*). Maintenant, que l'on observe que les deux cercles suivant lesquels les plans $\mathrm{O}\rho a$, $\mathrm{O}\rho b$ coupent la sphère se coupent en un point P situé sur le diamètre $\mathrm{O}\rho$, et que les angles $\rho\mathrm{O}a$, $\rho\mathrm{O}a'$, ... sont mesurés par les arcs $\mathrm{P}a$, $\mathrm{P}a'$, ..., l'équation devient

$$\tan\tfrac{1}{2}\mathrm{P}a.\tan\tfrac{1}{2}\mathrm{P}a' = \tan\tfrac{1}{2}\mathrm{P}b.\tan\tfrac{1}{2}\mathrm{P}b';$$

ce qui démontre le théorème.

On peut encore dire que : *Si autour d'une droite fixe, menée par le sommet d'un cône de révolution, on fait tourner un plan transversal qui coupe le cône suivant deux arêtes, le produit des tangentes des demi-angles que ces arêtes font avec la droite fixe reste constante.*

On suppose dans cet énoncé que le cône est formé d'une seule nappe répondant au petit cercle de la sphère, de sorte que les deux arêtes appartiennent à cette même nappe. Mais si, au lieu de l'une de ces arêtes, on prend son prolongement au delà du sommet du cône, le *produit* des tangentes des demi-angles se changera en un *rapport*.

812. *La somme des angles que chaque plan tangent à un cône à base circulaire fait avec les deux plans cycliques est constante.*

Pour plus de facilité dans le raisonnement, considérons ce qui a lieu sur une sphère ayant son centre au sommet du cône. Une nappe du cône coupe la sphère suivant une courbe appelée *ellipse* ou *conique sphérique;* les deux plans cycliques la coupent suivant deux grands cercles LAL', LBL' (*fig.* 183) qu'on appelle les *arcs cycliques* de la conique, et deux plans tangents au cône, suivant deux arcs de grands cercles ab, $a'b'$, tangents à la conique. Il faut prouver que la somme des deux angles $\text{L}ab$, $\text{L}ba$ est égale à celle des deux angles $\text{L}a'b'$, $\text{L}b'a'$.

Supposons les deux arcs ab, $a'b'$ infiniment voisins; leur point d'intersection i sera le point où l'un d'eux, $a'b'$ par exemple, touche la conique, et par conséquent ce sera le point milieu de cet arc (**808**).

Cela posé, que l'on mène de a' en P, sur ab, un arc $a'\text{P}$ égal à un quadrant, et que du point a' on abaisse l'arc $a'\alpha$ perpendiculaire sur ab. Le triangle infiniment petit $a\alpha a'$, rectangle en α, peut être considéré comme un triangle rectiligne; par conséquent, son angle en a est le complément de l'angle en a' ou $aa'\alpha$. Mais celui-ci est le complément de l'angle $\text{L}a'\text{P}$, parce que l'angle $\text{P}a'\alpha$ est droit. Donc l'angle en a est égal à l'angle $\text{L}a'\text{P}$. Donc la différence des deux angles $\text{L}a'b'$ et $\text{L}ab$ est l'angle $\text{P}a'i$. Or on a dans le triangle $\text{P}a'i$ dont le côté $a'\text{P}$ est égal à un quadrant,

$$\tang \text{P}a'i = -\tang a'i\text{P} . \cos a'i,$$

ou, en remplaçant l'angle $a'i\text{P}$ par son supplément $a'ia$,

$$\tang(\text{L}a'b' - \text{L}ab) = \tang aia' . \cos a'i.$$

Prenant de même l'arc $b'\text{P}'$ égal à un quadrant, on aura

$$\tang \text{P}'b'i = \tang(\text{L}ba - \text{L}b'a') = \tang bib' . \cos b'i.$$

Mais nous avons dit que $a'i = b'i$; donc les seconds membres de ces deux égalités sont égaux, et, par conséquent, on a

$$(\text{L}a'b' - \text{L}ab) = (\text{L}ba - \text{L}b'a'), \quad \text{ou} \quad \text{L}ab + \text{L}ba = \text{L}a'b' + \text{L}b'a'.$$

C. Q. F. P.

Autrement. Les quatre arêtes $\text{S}a$, $\text{S}a'$, $\text{S}b$, $\text{S}b'$, suivant lesquelles les deux plans tangents au cône coupent les deux plans cycliques, sont sur un cône de révolution dont l'axe est perpendiculaire au plan des deux arêtes de contact (**810**). Ces quatre arêtes rencontrent donc la sphère sur laquelle nous avons considéré l'ellipse sphérique en huit points qui sont, quatre à quatre, sur deux petits cercles parallèles à l'arc de grand cercle compris dans le plan des deux arêtes de contact.

Soient, sur la sphère (*fig.* 184), ab et $a'b'$ les deux arcs tangents à la conique, compris entre les deux arcs cycliques LA, LB; ce seront les deux points a et b' et les deux α' et β opposés diamétralement aux deux a' et b, qui seront tous quatre sur un petit cercle.

Considérons le quadrilatère $a\beta b'\alpha'$ inscrit dans le petit cercle. La différence de ses deux angles $L\alpha' b'$ et $Lb'\alpha'$ adjacents au côté $\alpha' b'$ est égale à celle des deux angles $L\beta a$ et $La\beta$ adjacents au côté opposé $a\beta$.

En effet, les deux angles $m\alpha' b'$ et $mb'\alpha'$ sont égaux, et, par conséquent, on a

$$L\alpha' b' - Lb'\alpha' = L\alpha' m - Lb'm,$$

et pareillement

$$La\beta - L\beta a = Lan - L\beta n.$$

Mais

$$L\beta n + Lb'm = 180^\circ \quad \text{et} \quad Lan + L\alpha' m = 180^\circ.$$

Donc, en ajoutant les deux équations membre à membre, on a

$$L\alpha' b' - Lb'\alpha' + La\beta - L\beta a = 0 \quad \text{ou} \quad L\alpha' b' - Lb'\alpha' = L\beta a - La\beta.$$

Ce qu'il fallait prouver.

Maintenant, remplaçons dans cette équation les angles en α' et β par les angles en a' et b, qui leur sont égaux, respectivement, et les angles en a et b' par leurs suppléments, il vient

$$La'b' - 180^\circ + Lb'a' = Lba - 180^\circ + Lab,$$

ou

$$Lab + Lba = La'b' + Lb'a'.$$

C. Q. F. D.

Autrement. Par un point m de la surface du cône, menons les plans des deux sections circulaires, lesquels se coupent suivant une droite passant par ce point et rencontrant le cône en un second point m'. La droite mm' est la corde commune aux deux sections circulaires comprises dans les deux plans. Soit i le milieu de cette corde; le plan P mené par ce point, perpendiculairement à la corde, passe par les centres des deux sections circulaires et coupe leurs plans suivant deux diamètres de ces cercles, ab et $a'b'$ (*fig.* 185). Les perpendiculaires aux deux plans, menées par les centres des deux cercles, sont dans le plan P et se coupent en un point O qui est le centre d'une sphère passant par les deux cercles. La trace de cette sphère sur le plan P est un cercle dont ab et $a'b'$ sont des cordes. Le plan tangent au cône, mené par le point m, contient les tangentes aux deux cercles en ce point et par conséquent est tangent à la sphère. Il s'ensuit que la droite Om, rayon de la sphère, est perpendiculaire à ce plan. Donc les angles que ce plan fait avec les plans des sections circulaires sont égaux aux angles que la droite Om fait avec les deux droites On, On' perpendiculaires aux deux cordes ab, $a'b'$. Ces angles sont égaux aux deux bOn, $a'On'$. Mais

$$bOn = \tfrac{1}{2}\text{arc}\, bb'a \quad \text{et} \quad a'On' = \tfrac{1}{2}\text{arc}\, a'ab',$$

et l'on a

$$\tfrac{1}{2}\text{arc}\, bb'a + \tfrac{1}{2}\text{arc}\, a'ab' = \text{angle}\, ba'\text{S} + \text{angle}\, a'b\text{S} = 180^\circ - \text{S}\ (^1).$$

813. *Remarque.* — Puisque la somme des deux angles Lab, Lba (*fig.* 183) que chaque arc tangent à l'ellipse sphérique fait avec les deux arcs cycliques est constante, *l'aire du triangle* Lab *est aussi constante.*

Et réciproquement : *Si un arc de grand cercle mobile fait avec deux arcs fixes un triangle constamment de même surface, cet arc enveloppe une ellipse sphérique dont les deux arcs fixes sont les arcs cycliques.*

III. — *Propriétés de deux cônes homocycliques.*

814. Considérons deux cercles C, C′ (*fig.* 186) qui ne se coupent pas; et soient e, f les deux points dont chacun a la même polaire dans les deux cercles. Que sur le segment ef, comme diamètre, on décrive le cercle Σ dans le plan perpendiculaire au plan de la figure, et que l'on prenne un point S sur ce cercle; les deux cônes qui auront pour bases les deux cercles C, C′ et pour sommet commun le point S auront les mêmes plans cycliques (**806**). Nous les appellerons *cônes homocycliques.*

815. *Quand deux cônes de même sommet ont les mêmes plans cycliques, si un plan transversal mené par leur sommet les coupe suivant quatre arêtes, les deux arêtes de l'un font, respectivement, avec les deux arêtes de l'autre, deux angles égaux.*

---

(1) Cette démonstration fort simple est empruntée des Notes que M. Graves, professeur à l'Université de Dublin, a jointes à la traduction de mes *Mémoires sur les cônes du second degré et les coniques sphériques,* qui font partie du tome VI des *Mémoires de l'Académie royale de Bruxelles* (année 1829). Outre de nombreuses et intéressantes Notes et Additions, le savant géomètre a joint encore à cette traduction un Appendice spécial qui contient une géométrie analytique des coniques sphériques, où se trouvent, notamment, les cercles osculateurs et les formules de rectification et de quadrature de ces courbes. (*Two geometrical Memoirs on the general properties of cones of the second degree and on the spherical conics, by M. Chasles. Translated from the french, with Notes and Additions, and an Appendix on the application of analysis to spherical Geometrie,* by the rev. Charles Graves, A. M., M. R. I. A. of Trinity college, Dublin. Dublin, 1841, in-8°.)

En d'autres termes, l'angle formé par les deux arêtes de l'un des cônes a la même bissectrice que l'angle formé par les deux arêtes de l'autre cône.

En effet, soient C, C′ les cercles qui forment les bases des deux cônes sur un plan parallèle à l'un de leurs plans cycliques, et aa', bb' les cordes interceptées par ces cercles sur la droite d'intersection de ce plan par le plan coupant. Cette droite rencontre le cercle imaginaire σ (800) en deux points c, c' (imaginaires); et les trois couples de points a, a'; b, b' et c, c' sont en involution, puisque les trois cercles ont le même axe radical (800). Les deux points doubles de l'involution ε et φ sont conjugués harmoniques par rapport aux deux c et c', et, par conséquent, sont vus du point S sous un angle droit (793). Il s'ensuit que les deux droites $S\varepsilon$, $S\varphi$, qui divisent harmoniquement les deux angles aSa', bSb', sont les bissectrices de ces angles et de leurs suppléments (84). Par conséquent, l'angle des deux arêtes Sa, Sb est égal à celui des deux arêtes Sa', Sb'. C. Q. F. D.

Corollaire. — Si le plan coupant est tangent à l'un des cônes, le théorème prend cet énoncé :

Quand deux cônes de même sommet ont les mêmes plans cycliques, si un plan tangent à l'un coupe l'autre suivant deux arêtes, l'arête de contact du premier cône est la bissectrice de l'angle formé par ces deux arêtes, ou la bissectrice du supplément de cet angle.

816. Les points de contact d'une tangente commune aux deux cercles C, C′ sont conjugués par rapport au cercle σ (752, *coroll.*), et, par conséquent, sont vus du point S sous un angle droit (793). Donc,

Quand un plan est tangent à deux cônes homocycliques, les deux arêtes de contact sont rectangulaires.

817. Supposons qu'une transversale coupe deux cercles C, C′ (*fig.* 177) en deux couples de points a, b et a', b', tels, que les deux a, a' soient vus du point S (814) sous un angle droit : 1° les deux points b et b' seront vus aussi sous un angle droit; et 2° les tangentes au premier cercle en a et b rencontreront les tangentes au deuxième cercle menées par les deux points a', b', en quatre points qui seront sur un cercle constamment le même, quelle que soit la transversale; et ce cercle passera par les points d'intersection, réels ou imaginaires, des deux cercles C, C′.

La démonstration est absolument la même que pour le théorème (771).

Cette proposition exprime la propriété suivante de deux cônes homocycliques :

Quand deux cônes de même sommet ont les mêmes plans cycliques, si l'on prend sur leurs surfaces deux arêtes rectangulaires,

1° *Le plan de ces deux droites coupera les cônes suivant deux autres arêtes qui seront aussi rectangulaires;*

2° *Les plans tangents au premier cône, menés par ses deux arêtes, rencontreront les plans tangents au second, menés par les deux arêtes de celui-ci, suivant quatre droites qui appartiendront à un troisième cône homocyclique aux deux premiers, qui sera toujours le même, quelles que soient les deux arêtes rectangulaires prises sur ces deux-là.*

818. Considérons trois cônes homocycliques ayant pour bases les trois cercles C, C′, C″ (*fig.* 187), et un plan transversal mené par leur sommet commun; soient Sa, Sa' les arêtes d'intersection du premier cône par ce plan, et Sm, Sn deux des arêtes d'intersection des deux autres cônes, respectivement; on aura l'équation

$$\frac{\sin m\mathrm{S}a \,.\, \sin m\mathrm{S}a'}{\sin n\mathrm{S}a \,.\, \sin n\mathrm{S}a'} = \text{const.},$$

quel que soit le plan transversal.

En effet, concevons le cercle imaginaire σ qui a pour centre la projection du point S, et pour carré de son rayon le rectangle $\sigma e \,.\, \sigma f$. Ce cercle a le même axe radical avec les trois C, C′, C″ (790) : par conséquent, u, u' étant ses points d'intersection par la droite aa', on a

$$\frac{ma \,.\, ma'}{mu \,.\, mu'} = \text{const.},$$

quelle que soit la transversale aa', le point m appartenant toujours au même cercle C′ (753).

Or,

$$mu \,.\, mu' = \overline{m\mathrm{S}}^2 \quad (790).$$

Donc

$$\frac{ma \,.\, ma'}{\overline{m\mathrm{S}}^2} = \text{const.} \quad \text{ou} \quad \frac{\sin m\mathrm{S}a \,.\, \sin m\mathrm{S}a'}{\sin a \,.\, \sin a'} = \text{const.}$$

On a de même

$$\frac{\sin n\mathrm{S}a \,.\, \sin n\mathrm{S}a'}{\sin a \,.\, \sin a'} = \text{const.}$$

Donc

$$\frac{\sin m\mathrm{S}a . \sin m\mathrm{S}a'}{\sin n\mathrm{S}a . \sin n\mathrm{S}a'} = \text{const.} \qquad \text{C. Q. F. D.}$$

Cette proposition peut s'énoncer ainsi :

Quand trois cônes sont homocycliques, si l'on mène par leur sommet commun un plan transversal qui les coupe chacun suivant deux arêtes, le produit des sinus des angles que les arêtes du premier cône font avec une arête du second est au produit des sinus des angles que les mêmes arêtes du premier cône font avec une arête du troisième, dans une raison constante, quel que soit le plan coupant.

Observation. — Ce théorème général donne lieu à plusieurs corollaires différents, à raison des diverses positions que peut prendre le plan transversal. On en conclut notamment l'expression de la constante. Mais nous n'entrerons pas ici dans ces détails, et nous énoncerons seulement le corollaire suivant, dont nous aurons à faire immédiatement l'application :

Corollaire. — Si le plan coupant est tangent au premier cône, il s'ensuit que :

Quand trois cônes sont homocycliques, si sur l'un on fait rouler un plan tangent, le rapport des sinus des deux angles que l'arête de contact fait, l'un avec l'une des arêtes d'intersection du deuxième cône, et l'autre avec l'une des arêtes d'intersection du troisième cône, reste constant.

Remarque. — L'un des cônes peut être d'ouverture infiniment petite et se réduire, à la limite, à l'axe Se ou Sf; de même qu'un des cercles, sur le plan, peut être infiniment petit, et devenir l'un des points e, f. Le théorème s'applique donc à un plan transversal tournant autour de l'axe Se et rencontrant deux cônes suivant deux arêtes. *Le rapport des sinus des angles que ces deux arêtes font avec l'axe* Se *reste constant.*

819. *Quand deux cônes ont les mêmes plans cycliques, deux plans tangents à l'un coupent l'autre suivant quatre arêtes situées sur un cône de révolution dont l'axe est perpendiculaire au plan des deux arêtes de contact sur le premier cône.*

Soient ab, $a'b'$ (*fig.* 188) les traces des deux plans tangents, o le point d'intersection de ces deux droites, et c, c' leurs points de contact avec le cercle C'. On a, d'après le corollaire qui précède,

$$\frac{\sin c\mathrm{S}o}{\sin c\mathrm{S}b} = \frac{\sin c'\mathrm{S}o}{\sin c'\mathrm{S}b'}.$$

Le rapport des sinus des angles que les deux droites So, Sb font avec l'arête Sc, savoir $\frac{\sin c\mathrm{S}o}{\sin c\mathrm{S}b}$, est égal au rapport des sinus des angles que les deux mêmes droites font avec un plan quelconque P mené par cette arête. Car celui-ci est égal au rapport des perpendiculaires abaissées des points o et b sur le plan, divisé par $\frac{\mathrm{S}o}{\mathrm{S}b}$; et le rapport $\frac{\sin c\mathrm{S}o}{\sin c\mathrm{S}b}$ est égal au rapport des perpendiculaires abaissées des points o, b sur la droite Sc, divisé de même par $\frac{\mathrm{S}o}{\mathrm{S}b}$. Mais le rapport de ces deux perpendiculaires est égal au rapport des deux premières. Donc, etc.

Le plan P mené par l'arête Sc est quelconque : prenant pour ce plan celui des deux arêtes Sc, Sc', nous dirons que $\frac{\sin c\mathrm{S}o}{\sin c\mathrm{S}b}$ est égal au rapport des sinus des angles que les deux droites So, Sb font avec le plan cSc'.

Pareillement, $\frac{\sin c'\mathrm{S}o}{\sin c'\mathrm{S}b'}$ est égal au rapport des sinus des angles que les droites So, Sb' font avec le même plan cSc'. Donc les angles que les deux droites Sb, Sb' font avec ce plan sont égaux. Mais ce qui est démontré pour le point b' s'entend du point a'; et ce qui est démontré pour le point b à l'égard des deux a', b' s'entend du point a. Donc les quatre arêtes Sa, Sa', Sb, Sb' font des angles égaux avec le plan cSc', et par conséquent aussi avec une perpendiculaire à ce plan. Donc ces droites sont les arêtes d'un cône de révolution autour de cette perpendiculaire.

820. *Quand deux ellipses sphériques, dont l'une enveloppe l'autre, ont les mêmes arcs cycliques, le segment qu'un arc de grand cercle tangent à la conique interne forme dans la conique externe a toujours la même surface.*

Il suffit de démontrer le théorème pour deux arcs tangents infiniment voisins. Soient ab, $a'b'$ ces deux arcs (*fig.* 189). Qu'on mène les arcs de grands cercles $a'a$, bb' qui se rencontrent en S. La somme des angles Sab, Sba est égale à celle des angles S$a'b'$, S$b'a'$ (812, 2e *démonstration*). Par conséquent, les deux triangles Sab, S$a'b'$ ont même surface; et, par suite, les deux secteurs aia' et bib' ont aussi même surface. Donc, en ajoutant à ces deux secteurs la surface comprise entre l'arc de conique ab' et les deux arcs de grands cercles ia, ib', on en conclut que les deux segments sous-tendus dans l'ellipse externe par les deux arcs ab, $a'b'$ ont la même surface.

C. Q. F. D.

Autrement. L'arc $a'b'$ rencontre l'arc ab au point i où celui-ci touche la conique enveloppe, et ce point est le milieu de l'arc ab (808); il s'ensuit que les deux triangles $a\alpha i$, $b\beta i$, que l'on forme en décrivant du point i, comme centre sphérique, les deux arcs $a\alpha$, $b\beta$, sont égaux. Par conséquent, les deux secteurs infiniment petits aia', bib', qui ne diffèrent, respectivement, des deux triangles que de quantités infiniment petites du second ordre, ne diffèrent aussi entre eux que d'une quantité infiniment petite de cet ordre. Donc les deux segments sous-tendus par les deux arcs ab, $a'b'$, dont la différence est égale à celle des deux secteurs, diffèrent tout au plus d'une quantité infiniment petite du second ordre, et, par conséquent, peuvent être considérés comme égaux.

IV. — *Propriétés des lignes focales d'un cône.*

821. Nous avons vu qu'étant donnés un cercle réel C et un cercle imaginaire σ (*fig.* 190), il existe deux points F, F' tels, que deux droites conjuguées par rapport au cercle réel, menées par l'un de ces points, sont conjuguées par rapport au cercle imaginaire (**797**). Ces deux droites seront donc vues du point S, correspondant au point σ sous un angle droit (**793**). On en conclut que :

Dans un cône à base circulaire, il existe toujours deux droites, passant par le sommet du cône et comprises dans son intérieur, telles, que deux plans rectangulaires menés par l'une de ces droites rencontrent le plan du cercle qui forme la base du cône, suivant deux droites conjuguées par rapport à ce cercle.

On appelle ces deux droites les lignes *focales* du cône.

L'une des deux droites conjuguées par rapport au cercle le rencontre en deux points, et les tangentes en ces points se coupent sur la seconde droite (**696**). Ces deux tangentes sont les traces de deux plans tangents au cône. D'après cela, nous pouvons dire que :

Les deux lignes focales d'un cône sont deux droites telles, que, si par l'une on mène deux plans rectangulaires quelconques, les plans tangents au cône suivant les deux arêtes situées dans l'un de ces plans se couperont sur l'autre plan.

822. Considérons deux tangentes fixes PA, PA' et une tangente mobile aa'. Les rayons menés du point F aux deux points a, a' forment deux divisions homographiques dont les rayons doubles sont les tangentes au cercle, issues du point F (**670**). Deux droites conjuguées menées par le point F formeront aussi deux faisceaux homographiques dont les rayons doubles seront les mêmes tangentes (**699**). Or ces deux droites conjuguées seront vues du point S sous un angle droit (**793**). Donc, si l'on a deux autres faisceaux homographiques dont les rayons doubles soient les mêmes, l'angle de deux rayons homologues, vu du point S, paraîtra toujours de même grandeur (**178**). On a donc ce théorème :

Étant menés deux plans fixes tangents à un cône, si un troisième plan tangent roule sur le cône, ce plan coupe les deux plans fixes suivant deux droites telles, que les plans menés par une ligne focale et ces deux droites forment entre eux un angle de grandeur constante.

823. *Les sinus des angles que les deux lignes focales d'un cône font avec chaque plan tangent ont leur produit constant.*

La trace d'un plan tangent au cône est une tangente au cercle C (*fig.* 191); le produit des distances de cette tangente aux deux points F, F′ est au produit de ses distances aux deux tangentes parallèles menées au cercle σ dans une raison constante, quelle que soit la direction commune de ces tangentes (**746**). Ce produit est égal à $\overline{\pi\sigma}^2 + \overline{S\sigma}^2 = \overline{\pi S}^2$ (**790**).

Ainsi l'on a

$$\frac{F\varpi . F'\varpi'}{\overline{\pi S}^2} = \text{const.}$$

Désignons par Fp, $F'p'$ les perpendiculaires abaissées des points F, F′ sur le plan mené par le point S et la tangente, et soit i l'inclinaison de ce plan sur le plan de la figure; on a

$$Fp = F\varpi . \sin i, \quad F'p' = F'\varpi' . \sin i,$$

$$Fp . F'p' = F\varpi . F'\varpi' . \sin^2 i.$$

Mais $\sin i = \frac{S\sigma}{S\pi}$. Donc

$$Fp . F'p' = \frac{F\varpi . F'\varpi'}{\overline{S\pi}^2}\,\overline{S\sigma}^2 .$$

Donc, à cause de la relation précédente, le produit $Fp . F'p'$ est constant.

C. Q. F. D.

824. *Étant menés deux plans tangents à un cône, si par leur droite d'intersection on mène deux plans passant par les deux lignes focales, l'angle dièdre formé par ces deux plans et l'angle des deux plans tangents ont le même plan bissecteur.*

En d'autres termes, les deux plans tangents font, respectivement, avec les deux plans menés par les lignes focales, des angles égaux.

En effet, si par un point P (*fig.* 190) on mène des tangentes au cercle C et au cercle imaginaire σ, et deux droites aux points F, F' qui représentent les sommets opposés du quadrilatère circonscrit aux deux cercles, ces six droites sont en involution (**745**). Par conséquent, les plans menés par ces droites et le sommet du cône forment trois angles dièdres en involution. Il existe donc deux plans conjugués harmoniques, par rapport aux deux faces de chacun de ces trois angles dièdres (**251**). Or, les traces de ces deux plans sur le plan de la figure étant deux droites conjuguées par rapport au cercle σ, ces plans sont rectangulaires (**793**). Donc ce sont les plans bissecteurs des angles dièdres formés, l'un par les deux plans tangents au cône, et l'autre par les deux plans passant par les lignes focales. C. Q. F. D.

Corollaire. — Si la droite par laquelle sont menés les plans tangents s'approche indéfiniment de la surface du cône, on en conclut que :

Les plans menés par une arête d'un cône et les deux lignes focales sont également inclinés sur le plan tangent au cône mené par cette arête.

825. Que par le point F (*fig.* 192) on mène deux cordes aa', bb', et à leurs extrémités les tangentes au cercle, lesquelles forment le quadrilatère circonscrit $cdc'd'$. Les deux diagonales cc', dd' passent par le point F, intersection des deux cordes aa', bb' (**701**) et sont deux droites conjuguées par rapport au cercle C (**703**, *Rem.*), et par conséquent par rapport au cercle imaginaire σ (**821**). Donc ces deux droites, vues du point S, paraissent rectangulaires (**793**). Mais elles sont conjuguées harmoniques par rapport aux deux cordes Fa, Fb; car les deux cordes ab', $a'b$ se croisent sur la diagonale cc', en un point h qui est le pôle de l'autre diagonale dd' (**686**), de sorte que ce point h et le point i, où la corde $a'b$ rencontre la diagonale dd', sont conjugués harmoniques par rapport aux deux a' et b; et par conséquent les deux droites Fh, Fd' sont conjuguées harmoniques par rapport aux deux Fb, Fa'.

On a donc ce théorème :

Si par une ligne focale d'un cône à base circulaire on mène deux plans passant par deux arêtes du cône et un troisième plan passant par la droite d'intersection des plans tangents au cône suivant les deux arêtes, celui-ci sera bissecteur de l'angle dièdre formé par les deux premiers.

826. *Étant prises deux arêtes sur un cône, si par chacune d'elles on mène deux plans passant par les deux lignes focales, les quatre plans seront tan-*

gents à un cône de révolution dont l'axe sera la droite d'intersection des plans tangents au cône suivant les deux arêtes.

En effet, soient Fa, F'a et Fb, F'b (*fig.* 192) les traces des quatre plans sur la base du cône; ac, bc les traces des deux plans tangents. Le plan SFc est bissecteur de l'angle des deux plans SFa, SFb (825); donc la droite Sc est également inclinée sur ces deux plans. Par une raison semblable, elle est également inclinée sur les deux plans SF'a, SF'b. Mais cette droite, étant située dans le plan tangent Sac, est également inclinée sur les deux plans SFa, SF'a (824, *coroll.*); donc enfin elle est également inclinée sur les quatre plans SFa, SFb, SF'a, SF'b. Donc elle est l'axe d'un cône de révolution tangent à ces quatre plans.

827. *La somme des angles que chaque arête d'un cône à base circulaire fait avec les deux lignes focales est constante.*

C'est-à-dire que l'on a (*fig.* 192)

$$\mathrm{FS}a + \mathrm{F'S}a = \mathrm{FS}b + \mathrm{F'S}b.$$

En effet, nous venons de voir que les quatre plans SFa, SFb, SF'a, SF'b sont tangents à un cône de révolution. Soient Sα, Sβ, Sα', Sβ' les quatre arêtes de contact; on a

$$\mathrm{FS}\alpha = \mathrm{FS}\beta \quad \text{ou} \quad \mathrm{FS}a + a\mathrm{S}\alpha = \mathrm{FS}b - b\mathrm{S}\beta,$$

et de même

$$\mathrm{F'S}a - a\mathrm{S}\alpha' = \mathrm{F'S}b + b\mathrm{S}\beta'.$$

Ajoutant membre à membre ces deux équations et observant que

$$a\mathrm{S}\alpha = a\mathrm{S}\alpha' \quad \text{et} \quad b\mathrm{S}\beta = b\mathrm{S}\beta',$$

on obtient l'égalité qu'il s'agit de démontrer.

Autrement. Considérons une conique sphérique comme précédemment (820); soient F, F' (*fig.* 193) sur la sphère les deux points déterminés par les deux lignes focales du cône, points que l'on appelle les *foyers* de la conique. Il s'agit de prouver que la somme des deux arcs Fa, F'a est constante. Pour cela, considérons le point a' de la courbe infiniment voisin du point a; il suffit de prouver l'égalité à l'égard des deux points a et a', c'est-à-dire que l'on a

$$\mathrm{F}a + \mathrm{F'}a = \mathrm{F}a' + \mathrm{F'}a' \quad \text{ou} \quad \mathrm{F}a' - \mathrm{F}a = \mathrm{F'}a - \mathrm{F'}a'.$$

Que du point a on abaisse les arcs $a\alpha$, $a\alpha'$ perpendiculaires sur les arcs

Fa', $F'a'$, on aura

$$\alpha a' = Fa' - Fa \quad \text{et} \quad \alpha' a' = F'a - F'a'.$$

Il faut donc prouver que $\alpha a' = \alpha' a'$. Or les deux triangles rectangles $a\alpha a'$, $a\alpha' a'$ infiniment petits peuvent être considérés comme des triangles rectilignes, et l'on a

$$\alpha a' = aa' \cos \alpha a' a \quad \text{et} \quad \alpha' a' = aa' \cos \alpha' a' a.$$

Mais les angles $\alpha a' a$ et $\alpha' a' a$ sont égaux (**824**, *coroll.*). Donc $\alpha a' = \alpha' a'$.

V. — *Cônes supplémentaires.*

828. *Si par le sommet d'un cône à base circulaire on mène des normales à ses plans tangents,*

1° *Ces droites forment un second cône à base circulaire, dont les plans tangents sont perpendiculaires aux arêtes du premier;*

Et 2° *Les lignes focales et les plans cycliques de ce cône sont perpendiculaires, respectivement, aux plans cycliques et aux lignes focales du premier.*

Les plans tangents au second cône sont les plans normaux aux arêtes du premier; cela est évident, car un plan tangent sera le plan de deux arêtes infiniment voisines. Or ces arêtes sont les normales à deux plans tangents au premier cône, infiniment voisins; donc leur plan est perpendiculaire à la droite d'intersection de ces deux plans tangents, laquelle est une arête du premier cône. Ce qu'il fallait démontrer.

Prouvons maintenant que le nouveau cône a un cercle pour base sur un plan perpendiculaire à l'une des lignes focales du premier.

Concevons deux plans fixes tangents au cône proposé; un troisième plan tangent les coupe suivant deux droites, et les plans menés par ces droites et une ligne focale font entre eux un angle de grandeur constante (**822**). Il s'ensuit, en considérant dans le second cône les droites perpendiculaires à ces plans, que, si autour de deux arêtes fixes de ce cône on fait tourner deux plans qui se coupent suivant une troisième arête, les traces de ces deux plans sur un plan perpendiculaire à la ligne focale feront entre elles un angle de grandeur constante. Le point de concours de ces deux droites décrit donc un cercle. Or ce point décrit la courbe qui forme la base du cône sur le plan; donc cette base est un cercle. Ce qu'il fallait prouver.

Enfin, les lignes focales du nouveau cône sont les perpendiculaires aux plans cycliques du premier. Cela résulte de ce qui vient d'être démontré, en vertu de la réciprocité de construction qui a lieu entre les deux cônes. Car, puisque le second est à base circulaire, le premier a ses plans cycliques perpendiculaires aux lignes focales du second.

Ainsi le théorème est démontré complètement.

829. Les deux cônes, dont chacun a ses arêtes perpendiculaires aux plans tangents à l'autre, sont dits *cônes supplémentaires*.

Toutes les propriétés d'un cône relatives aux plans cycliques et aux lignes focales donnent lieu, dans le cône supplémentaire, à des propriétés relatives, respectivement, aux lignes focales et aux plans cycliques.

De sorte que toutes les propriétés des cônes à base circulaire sont doubles : à chaque propriété des plans cycliques correspond une propriété des lignes focales, et réciproquement.

Par exemple, le théorème (**819**) donne lieu au suivant :

Quand deux cônes ont les mêmes lignes focales, si par deux arêtes de l'un on mène des plans tangents à l'autre, ces quatre plans sont tangents à un cône de révolution dont l'axe est la droite d'intersection des plans tangents au premier cône menés par ses deux arêtes.

Et si l'on considère ce qui a lieu sur la sphère, on dira que :

Quand deux coniques sphériques sont homofocales, si de deux points de l'une on mène quatre arcs de grands cercles tangents à l'autre, ces quatre arcs sont tangents à un petit cercle dont le centre sphérique est à l'intersection des arcs tangents à la première conique en ses deux points (1).

830. On conclut pareillement du théorème (**818**) celui-ci :

Quand trois coniques sphériques sont homofocales, si d'un point quelconque de la sphère on mène deux arcs de grands cercles A, A' *tangents à l'une et deux arcs* M, N *tangents aux deux autres, un à une, respectivement, on a la relation*

$$\frac{\sin(M, A) . \sin(M, A')}{\sin(N, A) . \sin(N, A')} = \text{const.}$$

---

(1) Ce théorème nous sera utile pour démontrer une belle propriété des coniques homofocales, savoir, que : *La portion de polygone sphérique de* n *côtés, circonscrite à un arc de conique, qui est de périmètre minimum, a ses sommets sur une conique homofocale.*

A cette question de *périmètre* en correspond une d'*aire*, dans les coniques homocycliques. (Voir *Comptes rendus des séances de l'Académie des Sciences*, t. XVII, p. 839; octobre 1843.)

Si le point d'où partent les quatre arcs tangents A, A', M et N est pris sur la circonférence du grand cercle qui a pour centre sphérique le centre des coniques, et qu'on appelle O l'arc de grand cercle mené de ce point à ce centre, lequel est bissecteur de l'angle (A, A'), l'équation prend la forme

$$\frac{\sin^2(M,O) - \sin^2(A,O)}{\sin^2(N,O) - \sin^2(A,O)} = \text{const.}$$

Les quatre arcs A, A', M, N peuvent toucher les coniques en leurs sommets situés sur un même arc diamétral principal; alors on substituera aux angles (A, O), (M, O) et (N, O) les demi-arcs principaux des coniques; et, en appelant ces arcs α, μ et ν, on aura cette expression de la constante,

$$\frac{\sin^2\mu - \sin^2\alpha}{\sin^2\nu - \sin^2\alpha};$$

de sorte que l'équation qui exprime le théorème général est

$$\frac{\sin(M,A).\sin(M,A')}{\sin(N,A).\sin(N,A')} = \frac{\sin^2\mu - \sin^2\alpha}{\sin^2\nu - \sin^2\alpha}.$$

Corollaire. — Si les deux coniques auxquelles sont tangents les arcs M, N se coupent et que ces arcs soient menés par l'un de leurs points d'intersection, ils seront les arcs bissecteurs de l'angle (A, A') et de son supplément (**824**, *Coroll.*), et l'équation deviendra

$$\frac{\sin^2(M,A)}{\sin^2(N,A)} = \frac{\sin^2\mu - \sin^2\alpha}{\sin^2\alpha - \sin^2\nu},$$

ou

$$\sin^2\mu.\sin^2(N,A) + \sin^2\nu.\sin^2(M,A) = \sin^2\alpha.$$

C'est-à-dire que : *Si, par chaque point d'un arc de grand cercle fixe tangent à une conique sphérique* (α), *on mène les deux coniques homofocales* (μ), (ν) *et qu'on appelle* i' *et* i *les angles que ces deux coniques font avec l'arc de grand cercle en ce point, on a entre ces angles et les demi-arcs diamètres principaux* μ, ν *des deux coniques la relation constante*

$$\sin^2\mu.\sin^2 i + \sin^2\nu.\sin^2 i' = \sin^2\alpha \ (^1).$$

(1) Cette équation répond, sur la sphère, à l'équation des lignes géodésiques sur l'ellipsoïde, $\mu^2 \sin^2 i + \nu^2 \sin^2 i' = \alpha^2$, donnée par M. Liouville. (Voir *Comptes rendus des séances de l'Académie des Sciences*, t. XIX, p. 1262, et *Journal de Mathématiques*, t. IX, p. 401).

831. Nous ne nous étendrons pas davantage sur la théorie des cônes et des coniques sphériques, dont il n'est ici question qu'incidemment et comme application immédiate des propriétés générales d'un système de cercles. Cette théorie importante doit être traitée d'une manière spéciale, et elle trouvera sa place naturelle à la suite de la théorie des coniques planes et comme devant précéder celle des surfaces du second ordre.

CHAPITRE XXXV.

PROPRIÉTÉS DE DEUX CERCLES, RELATIVES A LA THÉORIE DES FONCTIONS ELLIPTIQUES.

I. — *Théorème général.*

832. *Étant pris plusieurs points fixes* A, B, C, ... *sur une circonférence de cercle, si l'on mène une corde* mm′ *de manière que les arcs comptés à partir de ces points jusqu'aux extrémités* m, m′ *de la corde aient entre leurs sinus la relation*

$$(1)\quad \alpha.\sin Am.\sin Am' + \beta.\sin Bm.\sin Bm' + \gamma.\sin Cm.\sin Cm' + \ldots = \nu,$$

$\alpha, \beta, \gamma, \ldots, \nu$ *étant des constantes, la corde enveloppera une circonférence de cercle dont le centre sera le centre de gravité des points* A, B, C, ..., *auxquels on supposerait des masses égales aux constantes* $\alpha, \beta, \gamma, \ldots$; *et le rayon de cette circonférence sera égal à* $\frac{\nu.2R}{\alpha+\beta+\gamma+\ldots}$, R *étant le rayon du cercle proposé.*

En effet, on a (*fig.* 194)

$$\sin\tfrac{1}{2}Am = \frac{Am}{2R},\qquad \sin\tfrac{1}{2}Am' = \frac{Am'}{2R},$$

$$\sin\tfrac{1}{2}Am.\sin\tfrac{1}{2}Am' = \frac{Am.Am'}{4R^2}.$$

Soit Ap la perpendiculaire abaissée du point A sur la corde mm'; on a

$$Am.Am' = 2R.Ap \quad (682).$$

Donc

$$\sin\tfrac{1}{2}Am.\sin\tfrac{1}{2}Am' = \frac{Ap}{2R},$$

et, de même,

$$\sin\tfrac{1}{2}\mathrm{B}m.\sin\tfrac{1}{2}\mathrm{B}m' = \frac{\mathrm{B}q}{2\mathrm{R}},$$

. . . .

L'équation proposée devient

$$\alpha.\mathrm{A}p + 6.\mathrm{B}q + \ldots = \nu.2\mathrm{R}.$$

Elle exprime que la somme des distances de la corde mm' aux points A, B, . . ., multipliées respectivement par les constantes α, 6, . . , est constante et égale à $\nu.2\mathrm{R}$. Donc la distance de la corde au centre de gravité de tous ces points est égale à $\dfrac{\nu.2\mathrm{R}}{\alpha + 6 + \gamma + \ldots}$ (466). Ce qui démontre le théorème.

833. Corollaire. — *Étant pris deux points fixes* A, A′ *sur une circonférence de cercle* (*fig.* 195), *si l'on mène une corde* mm′ *telle, que l'on ait la relation constante*

$$(2) \qquad \sin\tfrac{1}{2}\mathrm{A}m.\sin\tfrac{1}{2}\mathrm{A}m' + \lambda.\sin\tfrac{1}{2}\mathrm{A}'m.\sin\tfrac{1}{2}\mathrm{A}'m' = \nu,$$

cette corde enveloppera un cercle qui aura son centre sur la droite AA′ *en un point* D, *dont les distances aux points fixes* A, A′ *seront*

$$\mathrm{DA} = -\frac{\lambda.\mathrm{AA}'}{\lambda+1}, \quad \mathrm{DA}' = \frac{\mathrm{AA}'}{\lambda+1};$$

et le rayon de ce cercle sera

$$r = \frac{\nu.2\mathrm{R}}{\lambda+1},$$

R *étant celui du cercle proposé.*

Car, le centre D du cercle sur lequel roule la corde mm' étant le centre de gravité des deux points A, A′ auxquels on suppose des masses égales à l'unité et à λ respectivement, ce point D sera situé sur la droite AA′ et déterminé par l'équation

$$\mathrm{DA} + \lambda.\mathrm{DA}' = 0 \quad (463),$$

laquelle, avec l'identité

$$\mathrm{AA}' + \mathrm{A}'\mathrm{D} + \mathrm{DA} = 0 \quad (2);$$

donne

$$DA = -\frac{\lambda . AA'}{\lambda + 1} \quad \text{et} \quad DA' = \frac{AA'}{\lambda + 1}.$$

Ce qui démontre le théorème.

Les deux équations qui servent à déterminer les deux segments DA et DA impliquent la règle des signes, de sorte que les signes font connaître la position du point D sur la corde AA′ ou sur son prolongement.

Réciproquement. *Étant donnés deux cercles* C *et* D, *dont les rayons sont* R *et* r, *et étant menée dans le premier une corde fixe* AA′ *passant par le centre* D *du second, si une tangente roule sur celui-ci et rencontre le premier cercle en deux points* m, m′, *on aura la relation constante*

$$\sin\tfrac{1}{2}Am . \sin\tfrac{1}{2}Am' + \frac{DA}{A'D} . \sin\tfrac{1}{2}A'm . \sin\tfrac{1}{2}A'm' = \frac{r}{2R}\,\frac{AA'}{DA'},$$

ou

$$(3) \qquad DA' . \sin\tfrac{1}{2}Am . \sin\tfrac{1}{2}Am' + AD . \sin\tfrac{1}{2}A'm . \sin\tfrac{1}{2}A'm' = \frac{r}{2R} . AA';$$

car cette équation résulte des expressions ci-dessus de DA, DA′ et r en fonction de λ et ν.

Les segments DA′ et AD sont passibles de signes, comme nous l'avons dit; ils ont le même signe ou des signes contraires, selon que le point D est sur le segment AA′ ou sur son prolongement.

On peut substituer aux coefficients de l'équation d'autres expressions également simples.

Soient AM et A′N les tangentes au second cercle issues des points A, A′; on a, en supposant nuls successivement les arcs Am et A′m',

$$AD . \sin\tfrac{1}{2}A'M . \sin\tfrac{1}{2}A'BA = \frac{r}{2R}AA',$$

$$DA' . \sin\tfrac{1}{2}AN . \sin\tfrac{1}{2}ABA' = \frac{r}{2R}AA';$$

d'où

$$AD = \frac{r}{2R}AA' . \frac{1}{\sin\tfrac{1}{2}A'M . \sin\tfrac{1}{2}A'BA},$$

$$DA' = \frac{r}{2R}AA' . \frac{1}{\sin\tfrac{1}{2}AN . \sin\tfrac{1}{2}ABA'},$$

et l'équation devient

$$(4) \qquad \frac{\sin\tfrac{1}{2}Am . \sin\tfrac{1}{2}Am'}{\sin\tfrac{1}{2}AN} + \frac{\sin\tfrac{1}{2}A'm . \sin\tfrac{1}{2}A'm'}{\sin\tfrac{1}{2}A'M} = \sin\tfrac{1}{2}ABA'.$$

II. — *Représentation géométrique des équations relatives aux fonctions elliptiques.*

834. Quand la corde AA' est un diamètre du premier cercle, on a (*fig.* 196)

$$\sin\tfrac{1}{2}A'm = \sin\tfrac{1}{2}(180^\circ - Am) = \sin(90^\circ - \tfrac{1}{2}Am) = \cos\tfrac{1}{2}Am$$

et, de même,

$$\sin\tfrac{1}{2}A'm' = \cos\tfrac{1}{2}Am'.$$

L'équation (3) devient

$$DA'.\sin\tfrac{1}{2}Am.\sin\tfrac{1}{2}Am' + AD.\cos\tfrac{1}{2}Am.\cos\tfrac{1}{2}Am' = r.$$

Écrivons

$$\cos\tfrac{1}{2}Am.\cos\tfrac{1}{2}Am' + \frac{DA'}{AD}\sin\tfrac{1}{2}Am.\sin\tfrac{1}{2}Am' = \frac{r}{AD}$$

ou

$$(5)\qquad \cos\tfrac{1}{2}Am.\cos\tfrac{1}{2}Am' + \frac{DA'}{AD}\cdot\sin\tfrac{1}{2}Am.\sin\tfrac{1}{2}Am' = \cos\tfrac{1}{2}AM.$$

On a donc ce théorème :

Étant donnés deux cercles C, D, *si une tangente roule sur l'un* D *et rencontre l'autre* C *en deux points* m, m', *les arcs* A m $= \varphi$ *et* A m' $= \varphi'$, *comptés à partir de l'un des points* A, A' *de la circonférence* C *situés sur la ligne des centres des deux cercles, ont entre eux une relation de la forme*

$$\cos\tfrac{1}{2}\varphi\cos\tfrac{1}{2}\varphi' + \lambda.\sin\tfrac{1}{2}\varphi\sin\tfrac{1}{2}\varphi' = \nu,$$

λ *et* ν *étant deux coefficients constants, dont le premier dépend de la position du centre du cercle sur lequel roule la corde* mm', *et le deuxième, de la position de ce centre et du rayon du même cercle.*

D étant le centre de ce cercle et r son rayon, on a $\lambda = \frac{DA'}{AD}$ et $\nu = \frac{r}{AD}$; ou bien, AM étant l'arc formé par la tangente menée par le point A, on a $\nu = \cos\frac{1}{2}AM$.

835. L'arc AM étant donné, il suffit, pour déterminer la grandeur et la position du cercle D, de connaître son centre, car le rayon s'ensuit. Le centre dépend du coefficient λ égal au rapport $\frac{DA'}{AD}$. On peut prendre avec l'arc AM une autre donnée, savoir l'axe radical des deux cercles. On donne ainsi à l'équation la forme sous laquelle on considère les équations de ce genre dans la théorie des fonctions elliptiques.

Soit OS (*fig.* 197) l'axe radical; nous allons prouver que

$$\frac{DA'}{DA} = \pm\sqrt{1 - \frac{AA'}{AO}\cdot\sin^2\tfrac{1}{2}AM}.$$

Démontrons d'abord que l'on a, à l'égard d'une corde quelconque Am, menée par le point A,

$$\sqrt{1 - \frac{AA'}{AO}\sin^2\tfrac{1}{2}Am} = \sqrt{\frac{mp}{AO}},$$

mp étant la distance du point m à l'axe radical.

En effet,

$$\sin\tfrac{1}{2}Am = \frac{Am}{AA'},$$

ou, en vertu des deux triangles semblables AmA', AOS,

$$\sin\tfrac{1}{2}Am = \frac{AO}{AS}.$$

Donc

$$\sin^2\tfrac{1}{2}Am = \frac{Am}{AA'}\frac{AO}{AS};$$

d'où

$$\frac{AA'}{AO}\sin^2\tfrac{1}{2}Am = \frac{Am}{AS} = 1 - \frac{mS}{AS},$$

et

$$\sqrt{1 - \frac{AA'}{AO}\cdot\sin^2\tfrac{1}{2}Am} = \sqrt{\frac{mS}{AS}} = \sqrt{\frac{mp}{AO}}.$$

Ce qu'il fallait démontrer.

On a donc pour l'arc AM

$$\sqrt{1 - \frac{AA'}{AO}\cdot\sin^2\tfrac{1}{2}AM} = \sqrt{\frac{MP}{AO}}.$$

Or $\frac{MP}{AO} = \frac{\overline{MI}^2}{\overline{AI}^2}$, I étant le point de contact de la corde AM et du cercle

D (737); et $\frac{MI}{AI} = \frac{DA'}{DA}$. Donc $\frac{MP}{AO} = \frac{\overline{DA'}^2}{\overline{DA}^2}$; et par conséquent

$$\frac{DA'}{DA} = \pm\sqrt{1 - \frac{AA'}{AO}\sin^2\tfrac{1}{2}AM}. \qquad \text{C. Q. F. P.}$$

Désignons par μ l'arc AM, ou plutôt l'angle au centre qui sous-tend cet arc; l'équation (5) devient

$$(6) \qquad \cos\tfrac{1}{2}\varphi\cos\tfrac{1}{2}\varphi' \pm \sin\tfrac{1}{2}\varphi\sin\tfrac{1}{2}\varphi'\sqrt{1 - \frac{AA'}{AO}\sin^2\tfrac{1}{2}\mu} = \cos\tfrac{1}{2}\mu.$$

Cette équation exprime que la corde mm', déterminée par les deux angles φ, φ' dans le cercle C, est tangente, dans toutes ses positions, à un second cercle dont l'axe radical avec le proposé est à la distance AO, et qui touche la corde AM sous-tendue par l'angle μ.

Observation. — Dans l'équation (5), le rapport $\frac{DA'}{AD}$ comporte un signe, lequel est + ou —, selon que le centre du cercle D se trouve dans l'intérieur du cercle C ou au dehors; de sorte que l'équation se suffit à elle-même pour exprimer complétement la relation qui convient à une figure donnée. Mais il n'en est pas de même de l'équation (6); le radical par lequel le rapport $\frac{DA'}{AD}$ se trouve remplacé ne peut point indiquer le signe du second terme de l'équation. Il faut donc se rappeler que ce signe sera + ou —, selon que le centre du cercle D se trouvera sur le diamètre AA′ ou sur son prolongement.

836. *Quand on considère la corde* mm′ *dans deux positions infiniment voisines, on a, en faisant* $\frac{AA'}{AO} = c^2$,

$$(7) \qquad \frac{d\varphi}{\sqrt{1 - c^2\sin^2\tfrac{1}{2}\varphi}} = \pm\frac{d\varphi'}{\sqrt{1 - c^2\sin^2\tfrac{1}{2}\varphi'}},$$

le signe étant + ou —, selon que le centre D *est sur le diamètre* AA′ *ou sur son prolongement.*

En effet, soient mm', nn' (*fig.* 198) deux cordes infiniment voisines, tangentes au cercle D, et i leur point d'intersection qui forme le point de contact de la première avec ce cercle; on a

$$\frac{mn}{m'n'} = \frac{mi}{m'i} \quad (765) \quad \text{ou} \quad \frac{d\varphi}{d\varphi'} = \frac{mi}{m'i}.$$

Or

$$\sqrt{1 - c^2 \sin^2 \tfrac{1}{2}\varphi} = \sqrt{\frac{mp}{AO}} \quad (835),$$

$$\sqrt{1 - c^2 \sin^2 \tfrac{1}{2}\varphi'} = \sqrt{\frac{m'p'}{AO}};$$

$$\frac{\sqrt{1 - c^2 \sin^2 \tfrac{1}{2}\varphi}}{\sqrt{1 - c^2 \sin^2 \tfrac{1}{2}\varphi'}} = \sqrt{\frac{mp}{m'p'}} = \frac{mi}{m'i} \quad (737).$$

Donc

$$\frac{\sqrt{1 - c^2 \sin^2 \tfrac{1}{2}\varphi}}{\sqrt{1 - c^2 \sin^2 \tfrac{1}{2}\varphi'}} = \frac{d\varphi}{d\varphi'}.$$

Ce qu'il fallait démontrer.

Quant aux signes, il est facile de voir que, quand le cercle D est dans l'intérieur du cercle C, les deux cordes infiniment voisines se coupent dans l'intérieur de ce cercle, et que les deux arcs Am, Am' sont tous deux plus grands ou plus petits que les deux arcs déterminés par la corde infiniment voisine, c'est-à-dire qu'alors les deux arcs élémentaires $d\varphi$, $d\varphi'$ ont le même signe. Quand, au contraire, le cercle D est extérieur au cercle C, les deux cordes se coupent au dehors de celui-ci, et alors $d\varphi$, $d\varphi'$ ont des signes différents.

837. Observation. — On peut dire que les deux équations (6) et (7) sont la conséquence l'une de l'autre, puisqu'elles expriment une même hypothèse, savoir, que la corde mm' du cercle C roule sur un autre cercle; et, en effet, on trouve, en Analyse, que la première équation est l'intégrale de la seconde; l'angle μ y représente la constante arbitraire. Ces formules sont fondamentales dans la théorie des fonctions elliptiques.

III. — *Autre mode de représentation, dans le cercle, des équations relatives aux fonctions elliptiques.*

838. Lemme. — *Étant donnés deux cercles* C, D (*fig.* 198), *et étant pris sur la ligne des centres le point* F *qui a la même polaire dans les deux cercles, si autour de ce point on fait tourner la corde* ii' *dans le cercle* D, *et que par son extrémité* i *on mène la tangente à ce cercle, laquelle ren-*

contre le cercle C *en* m, *le rapport entre la corde* ii′ *et le sinus de l'angle* iFm *reste constant.*

En effet, on a $\frac{mi}{m\mathrm{F}} = \text{const.}$ (754), et, par conséquent,

$$\frac{\sin i\mathrm{F}m}{\sin \mathrm{F}im} = \text{const.}$$

Or, dans le cercle D,

$$\sin \mathrm{F}im = \sin \tfrac{1}{2} \operatorname{arc} ii' = \frac{ii'}{2r},$$

r étant le rayon du cercle. Donc

$$\sin i\mathrm{F}m = \frac{ii'}{2r} \times \text{const.} \quad \text{ou} \quad \frac{ii'}{\sin i\mathrm{F}m} = \text{const.}$$

C. Q. F. D.

Cette proposition se transforme en une relation entre les deux angles $m\mathrm{FA}$, $m'\mathrm{FA}$ de même forme que celle qui a lieu entre les deux arcs $\frac{1}{2}\mathrm{A}m$, $\frac{1}{2}\mathrm{A}m'$, ou $\frac{1}{2}\varphi$, $\frac{1}{2}\varphi'$ (équat. 6).

Nous conclurons d'abord de la proposition le théorème suivant :

839. *L'angle que la corde* Fi *fait avec la ligne des centres des deux cercles étant représenté par* ψ, *et l'angle* iFm *par* θ, *il existe entre ces deux angles la relation*

$$\frac{\sqrt{r^2 - e^2 \sin^2 \psi}}{\sin \theta} = \text{const.},$$

dans laquelle e *représente le segment* DF *compris entre le point* F *et le centre du cercle* D *sur lequel roule la tangente* im.

Cette relation n'est autre que celle du lemme, dans laquelle on remplace la corde ii' par son expression en fonction de l'angle ψ. En effet, appelant Dz la perpendiculaire abaissée du centre du cercle D sur la corde ii', on a

$$\overline{iz}^2 = r^2 - \overline{\mathrm{D}z}^2 = r^2 - \overline{\mathrm{DF}}^2 . \sin^2 \psi,$$

ou

$$\frac{ii'}{2} = \sqrt{r^2 - e^2 \sin^2 \psi}.$$

L'équation du lemme devient donc

$$\frac{\sqrt{r^2 - e^2 \sin^2 \psi}}{\sin \theta} = \text{const.}$$

C. Q. F. D.

Pour déterminer la constante, on peut mener la tangente au cercle D, par le point A; soient u le point de contact et ν l'angle uFA : pour cette tangente, θ et ψ deviennent égaux à cet angle ν; on a donc

$$\frac{\sqrt{r^2 - e^2 \sin^2 \nu}}{\sin \nu} = \text{const.};$$

et, d'après cette expression de la constante, la relation générale devient

$$(8) \qquad \frac{\sqrt{r^2 - e^2 \sin^2 \psi}}{\sin \theta} = \frac{\sqrt{r^2 - e^2 \sin^2 \nu}}{\sin \nu}.$$

C'est cette équation qui se transforme en celle que nous voulons obtenir entre les deux angles mFA, m'FA.

840. Appelons λ, λ' ces angles; les deux iFm, iFm' sont égaux (770, *cor. I*); de sorte qu'on a

$$\lambda = \psi + \theta \quad \text{et} \quad \lambda' = \psi - \theta;$$

$$\sin \lambda . \sin \lambda' = \sin^2 \psi - \sin^2 \theta \quad \text{et} \quad \cos \lambda . \cos \lambda' = 1 - \sin^2 \psi - \sin^2 \theta.$$

Or l'équation (8) se met sous la forme

$$1 - \sin^2 \psi - \sin^2 \theta + (\sin^2 \psi - \sin^2 \theta)\left(1 - \frac{2e^2}{r^2} \sin^2 \nu\right) = 1 - 2\sin^2 \nu = \cos 2\nu.$$

On a donc

$$(9) \qquad \cos \lambda \cos \lambda' + \sin \lambda \sin \lambda' \left(1 - \frac{2e^2}{r^2} \sin^2 \nu\right) = \cos 2\nu.$$

Ce qui exprime ce théorème :

Étant donnés deux cercles C, D, *et étant pris le point* F *qui a la même polaire dans ces deux cercles, si une tangente roule sur l'un* D *et rencontre l'autre* C *en deux points* m, m', *les rayons vecteurs menés du point* F *à ces deux points font avec la ligne des centres deux angles* λ, λ' *entre lesquels a lieu une relation de la forme*

$$\cos \lambda \cos \lambda' + A . \sin \lambda \sin \lambda' = B,$$

A *et* B *étant deux constantes.*

Les expressions géométriques de ces constantes se trouvent dans l'équation (9). Mais celle de A n'a pas la même forme que le coefficient de l'équation (6). La valeur qui correspondrait à ce coefficient serait de la forme $\sqrt{1 - k^2 \sin^2 2\nu}$. Celle-ci va se retrouver dans le théorème suivant :

841. *Les données restant les mêmes que dans le théorème précédent, si la tangente au cercle* D *éprouve un déplacement infiniment petit, les variations des deux angles* λ, λ', *représentées par* $d\lambda$, $d\lambda'$, *ont entre elles la relation*

$$(10) \qquad \frac{d\lambda}{\sqrt{1 - \frac{\overline{CF}^2}{\overline{CA}^2} \sin^2 \lambda}} = \frac{d\lambda'}{\sqrt{1 - \frac{\overline{CF}^2}{\overline{CA}^2} \sin^2 \lambda'}}.$$

En effet, on a, en abaissant la perpendiculaire Cq sur mM,

$$\frac{mM}{2} = \sqrt{R^2 - \overline{Cq}^2} = \sqrt{R^2 - \overline{CF}^2 \sin^2 \lambda},$$

ou

$$\sqrt{1 - \frac{\overline{CF}^2}{\overline{CA}^2} \sin^2 \lambda} = \frac{mM}{2.CA};$$

et pareillement

$$\sqrt{1 - \frac{\overline{CF}^2}{\overline{CA}^2} \sin^2 \lambda'} = \frac{m'M'}{2.CA}.$$

Il faut donc prouver que

$$\frac{d\lambda}{mM} = \frac{d\lambda'}{m'M'}.$$

On a

$$d\lambda = \widehat{nFm} = \frac{mn + MN}{2.CA}.$$

Mais

$$\frac{mn}{MN} = \frac{Fm}{FM} \quad (765),$$

et par conséquent

$$\frac{mn + MN}{mn} = \frac{Fm + FM}{Fm} = \frac{mM}{Fm}.$$

Donc

$$d\lambda = \frac{mM}{Fm} \frac{mn}{2.CA}.$$

Pareillement

$$d\lambda' = \frac{m'M'}{Fm'} \frac{m'n'}{2.CA}.$$

Donc

$$\frac{d\lambda}{d\lambda'} = \frac{mM}{m'M'} \frac{Fm'}{Fm} \frac{mn}{m'n'}.$$

Soit i le point d'intersection des deux cordes mm', nn'; on a

$$\frac{mn}{m'n'} = \frac{im}{im'} \quad (765).$$

Mais i est le point de contact de la corde mm' avec le cercle; donc les deux angles iFm, iFm' sont égaux (**770**, *cor. 1*), et l'on a

$$\frac{im}{im'} = \frac{Fm}{Fm'};$$

et, par conséquent,

$$\frac{mn}{m'n'} = \frac{Fm}{Fm'},$$

et l'équation précédente devient

$$\frac{d\lambda}{d\lambda'} = \frac{mM}{m'M'} \quad \text{ou} \quad \frac{d\lambda}{mM} = \frac{d\lambda'}{m'M'}.$$

Ce qu'il fallait prouver.

842. Observation. — De ce qui a été dit précédemment (**837**), au sujet des deux équations (6) et (7), on conclut que l'équation (10) comporte celle-ci,

$$(11) \qquad \cos\lambda.\cos\lambda' + \sin\lambda.\sin\lambda'\sqrt{1 - \frac{\overline{CF}^2}{\overline{CA}^2}\sin^2 A} = \cos A.$$

De sorte que cette équation se trouve démontrée d'une seconde manière, et avec le coefficient de même forme que dans l'équation (6) [1].

---

[1] La belle propriété du système de deux cercles, exprimée par l'équation (6), est due à Jacobi (voir le *Journal de Mathématiques* de Crelle, t. III, p. 376, année 1828, et le *Journal de Mathématiques* de M. Liouville, t. X, p. 435, année 1845). Le second théorème, exprimé par l'équation (11), se trouve avec diverses autres équations semblables, relatives à des systèmes de sections coniques, dans mon *Mémoire sur la construction des amplitudes des fonctions elliptiques* (voir *Comptes rendus des séances de l'Académie des Sciences*, t. XIX, p. 1252, année 1844).

IV. — *Transformation des fonctions elliptiques.*

843. I. *Relation entre les angles élémentaires* $d\varphi$ *et* $d\lambda$ *des formules précédentes.* — Que dans l'expression de $d\lambda$ trouvée ci-dessus (**841**) on remplace $\frac{mn}{\text{CA}}$ par $d\varphi$, on aura

$$\frac{d\lambda}{d\varphi} = \frac{m\text{M}}{2.\text{F}m} \quad \text{ou} \quad \frac{d\lambda}{d\frac{1}{2}\varphi} = \frac{m\text{M}}{\text{F}m}.$$

II. *Relation entre* $\sqrt{1 - c^2 \sin^2 \frac{1}{2}\varphi}$ *et* $\sqrt{1 - c_1^2 \sin^2 \lambda}$, *où* $c^2 = \frac{\text{AA}'}{\text{AO}}$ *et* $c_1^2 = \frac{\overline{\text{CF}}^2}{\overline{\text{CA}}^2}$. — On a (**835**)

$$\sqrt{1 - \frac{\text{AA}'}{\text{AO}} \sin^2 \frac{1}{2}\varphi} = \sqrt{\frac{mp}{\text{AO}}} = \frac{\text{F}m}{\text{AF}},$$

parce que

$$\frac{mp}{\text{AO}} = \frac{\overline{\text{F}m}^2}{\overline{\text{AF}}^2} \quad (\mathbf{750});$$

et

$$\sqrt{1 - \frac{\overline{\text{CF}}^2}{\overline{\text{CA}}^2} \sin^2 \lambda} = \frac{m\text{M}}{2.\text{CA}} \quad (\mathbf{841}).$$

Donc

$$\frac{\sqrt{1 - c^2 \sin^2 \frac{1}{2}\varphi}}{\sqrt{1 - c_1^2 \sin^2 \lambda}} = \frac{\text{F}m}{\text{M}m} \frac{2.\text{CA}}{\text{AF}}.$$

III. *Relation entre les deux différentielles*

$$\frac{d(\frac{1}{2}\varphi)}{\sqrt{1 - c^2 \sin^2 \frac{1}{2}\varphi}} \quad \textit{et} \quad \frac{d\lambda}{\sqrt{1 - c_1^2 \sin^2 \lambda}}.$$

D'après les expressions précédentes, le rapport des deux différentielles est égal à

$$\frac{\text{AF}}{2.\text{CA}} = \frac{1}{2}\left(1 + \frac{\text{CF}}{\text{CA}}\right) = \frac{1 + c_1}{2}.$$

Ainsi

$$\frac{d(\frac{1}{2}\varphi)}{\sqrt{1 - c^2 \sin^2 \frac{1}{2}\varphi}} = \frac{d\lambda}{\sqrt{1 - c_1^2 \sin^2 \lambda}} \frac{1 + c_1}{2}.$$

IV. *Relation entre les deux angles* φ *et* λ. — On a dans le triangle CFm,

$$\frac{\sin m\mathrm{FC}}{\sin \mathrm{C}m\mathrm{F}} = \frac{m\mathrm{C}}{\mathrm{CF}} \quad \text{ou} \quad \sin\lambda = \frac{\mathrm{CA}}{\mathrm{CF}}\sin(\varphi - \lambda),$$

ou

$$\sin(\varphi - \lambda) = c_1 \sin\lambda.$$

V. *Relation entre les modules* $\sqrt{\frac{\mathrm{AA'}}{\mathrm{AO}}}$ *et* $\frac{\mathrm{CF}}{\mathrm{CA}}$, *ou* c *et* c_1. — On a

$$\sqrt{\frac{\mathrm{AA'}}{\mathrm{AO}}} = \frac{2\sqrt{\frac{\mathrm{CF}}{\mathrm{CA}}}}{1 + \frac{\mathrm{CF}}{\mathrm{CA}}} \quad \text{ou} \quad c = \frac{2\sqrt{c_1}}{1 + c_1}.$$

En effet, cette équation devient

$$\frac{\mathrm{AA'}}{\mathrm{AO}} = \frac{4\frac{\mathrm{CF}}{\mathrm{CA}}}{\frac{(\mathrm{CA}+\mathrm{CF})^2}{\overline{\mathrm{CA}}^2}} = \frac{4.\mathrm{CF}.\mathrm{CA}}{\overline{\mathrm{AF}}^2} \quad \text{ou} \quad \overline{\mathrm{AF}}^2 = 2.\mathrm{AO}.\mathrm{CF};$$

et cette équation résulte de l'équation (9), art. **72**, relative au système de quatre points en rapport harmonique, dans laquelle on suppose que le point arbitraire m coïncide avec le point a.

FIN.

DISCOURS D'INAUGURATION

DU COURS

DE GÉOMÉTRIE SUPÉRIEURE

DE LA FACULTÉ DES SCIENCES DE PARIS.

(Séance du 22 décembre 1846.)

Depuis plus d'un siècle, l'enseignement de la Géométrie se réduit aux premiers principes qu'on appelle les *Éléments*.

Ce nom d'*Éléments* semble indiquer les premiers matériaux de l'édifice, les premiers pas ou l'introduction dans la Science. Cependant, si l'on considère que la Géométrie a pour objet *la mesure et les propriétés de l'étendue,* on sent aussitôt combien elle est vaste, et l'on n'aperçoit même pas de limites au champ qu'elle embrasse; car l'*étendue figurée* varie de formes à l'infini, et les propriétés de chacune des figures que présente la nature ou que l'esprit peut imaginer sont elles-mêmes extrêmement nombreuses, on pourrait même dire inépuisables. Il semblerait donc que l'étude de la Géométrie dût occuper une grande place dans l'enseignement public, et cette opinion se fortifie quand on considère que cette science, indépendamment de son application à tous les arts de construction, est réputée le fondement des Sciences mathématiques, et que les meilleurs penseurs, dans tous les temps, l'ont regardée comme un excellent exercice de logique, éminemment propre à former de bons esprits ([1]). Il en a été ainsi, en effet,

---

([1]) C'est pourquoi l'étude des Mathématiques, dans l'ancienne Université, faisait partie, ou, du moins, était l'accompagnement jugé nécessaire du Cours de Philosophie qui couronnait de fortes humanités. (Rollin, *Traité des études*, Livre sixième, art. 2.)

On sait combien Descartes, Pascal et Leibnitz, comme philosophes et écrivains, ont tiré de secours des Mathématiques, et avec quelle insistance ils en recommandent

chez les anciens et chez les modernes jusque vers le commencement du siècle dernier; mais depuis, par l'effet de ces vicissitudes auxquelles les Sciences elles-mêmes sont sujettes, cette partie si importante de nos connaissances positives a été négligée et réduite à ses *Éléments*.

Cependant, quoique privés des secours et des encouragements que procure l'enseignement, plusieurs géomètres, depuis les premières années de ce siècle, ont cultivé avec prédilection cette Géométrie abandonnée et lui ont fait faire des progrès notables. On a même commencé, dans plusieurs Universités d'Allemagne et d'Angleterre, à la réintroduire dans les Cours publics et dans les Thèses ayant pour but l'obtention des grades universitaires.

M. le Ministre de l'Instruction publique, dans sa sollicitude pour toutes les parties de l'enseignement soumis à sa haute direction, a jugé que le temps était venu de combler en France aussi une lacune préjudiciable aux

---

l'étude comme infiniment utile pour faire naître et fortifier le véritable esprit de méthode. Voici, à ce sujet, un passage de Pascal, qui n'a été publié que dans ces derniers temps :

« Cette science seule (la Géométrie) sait les véritables règles du raisonnement et, sans s'arrêter aux règles des syllogismes qui sont tellement naturelles qu'on ne peut les ignorer, s'arrête et se fonde sur la véritable méthode de conduire le raisonnement en toutes choses, que presque tout le monde ignore, et qu'il est si avantageux de savoir, que nous voyons par expérience qu'entre esprits égaux et toutes choses pareilles, celui qui a de la Géométrie l'emporte et acquiert une vigueur toute nouvelle.

» Je veux donc faire entendre ce que c'est que démonstration, par l'exemple de celles de Géométrie, qui est presque la seule des sciences humaines qui en produise d'infaillibles, parce qu'elle seule observe la véritable méthode, au lieu que toutes les autres sont, par une nécessité naturelle, dans quelque sorte de confusion que les seuls géomètres savent extrêmement connaître. » (*De l'esprit géométrique;* voir p. 125 du t. I des *Pensées, Fragments et Lettres de Pascal,* édition de M. Faugère; Paris, 1844, 2 vol. in-8°.)

Si l'on consultait l'histoire, on trouverait que parmi les hommes qui se sont fait, à divers titres, dans tous les temps, un nom célèbre, un grand nombre *avaient de la Géométrie*, comme dit Pascal. On aurait à citer, dans l'antiquité, les plus éminents philosophes, dont il suffit de nommer Platon, qui avait fait des Mathématiques la base fondamentale de son enseignement et dont on connaît la fameuse inscription du portique de son académie : *Que nul n'entre ici s'il n'est géomètre.* On distinguerait, dans le moyen âge, surtout saint Augustin, Marcianus Capella, Boèce, Cassiodore, Proclus, Isidore de Séville, Bède, Alcuin, Avicenne, le pape Gerbert, Adelard, Albert le Grand, Roger Bacon ; chez les modernes, Léonard de Vinci, Albert Durer, Ramus, J.-J. Scaliger, H. Grotius, Hobbes, Gassendi, Arnauld, Malebranche, Huet, Clarke, Fontenelle, Wolff, Réaumur, Voltaire, Buffon, Diderot, Beauzée, Condillac, Haller, Dugald Stewart, Kant, Colebrooke.... L'histoire même des chefs d'empires montrerait que ceux qui ont encouragé la culture des Mathématiques, source commune de toutes les sciences exactes, sont aussi ceux dont le règne a eu le plus d'éclat et dont la gloire est la plus durable.

progrès des Sciences mathématiques. La Faculté des Sciences, consultée, a partagé ces vues judicieuses et libérales, et émis le vœu que l'enseignement des Mathématiques supérieures reçût dans la Faculté le complément qui lui manquait, et qu'une chaire de *haute Géométrie* y fût immédiatement instituée. M. le Ministre m'a fait l'honneur de me confier cet enseignement.

Cette tâche, qu'on me permette de le dire dès ce moment, en sollicitant l'indulgence des personnes qui me font l'honneur de m'écouter, n'est pas sans difficultés. Car ce ne sont plus les théories, ce n'est plus, pour ainsi dire, la science qu'enseignaient Oronce Finée, Ramus, Roberval, qu'il s'agit de reproduire; il ne peut suffire d'expliquer et de commenter les travaux d'Archimède et d'Apollonius, de Fermat, de Cavalieri, de Pascal, d'Huygens, de Newton, de Maclaurin. Ces Ouvrages renferment d'admirables exemples des ressources que procure la Géométrie dans toutes les spéculations de la Philosophie naturelle; on y trouve le germe de plusieurs théories; mais ils ne forment pas un ensemble de méthodes qu'on puisse réunir dans un corps de doctrine, et qui suffisent pour initier les jeunes mathématiciens à la connaissance et à la culture de la haute Géométrie. S'ils offrent de magnifiques applications de cette science, ils ne constituent pas un Cours de *Géométrie supérieure*. Et d'ailleurs la Science a marché; elle s'est enrichie de doctrines nouvelles, en harmonie parfois avec celles de l'Analyse, et c'est sur des bases dont on n'aurait pas eu l'idée il y a un siècle qu'il faut aujourd'hui fonder ce Cours de *Géométrie supérieure*. C'est dans quelques Ouvrages modernes, dans des Mémoires épars dans les Recueils scientifiques, qu'il faut chercher le germe et les éléments des théories et des méthodes propres à former le corps de doctrine que nous avons en vue. Ces théories et ces méthodes une fois déterminées, il faudra les coordonner entre elles et les soumettre à l'enchaînement logique, qui est le caractère propre des Sciences mathématiques, et plus particulièrement de la Géométrie. C'est donc une œuvre toute nouvelle à accomplir.

Où trouverons-nous les éléments dispersés de cet enseignement nouveau? Dans l'étude attentive des travaux de nos devanciers. Nous devrons consulter les ouvrages des Grecs, qui se présentent les premiers dans la carrière, qu'ils ont parcourue avec un grand succès; puis suivre les développements de la Science chez les modernes, puis enfin aborder les doctrines du XIXe siècle.

Cette étude rétrospective est indispensable pour atteindre le but qui nous est proposé. Dès aujourd'hui nous jetterons un rapide coup d'œil sur les travaux des géomètres anciens et modernes. Ce sera l'objet de cette première Leçon.

I. — *De la Géométrie chez les Grecs.*

La Géométrie a été la science de prédilection des Grecs. Ils la divisaient en trois parties distinctes : la Géométrie élémentaire, qu'ils appelaient simplement les *Éléments ;* la Géométrie pratique ou *Géodésie ;* et la Géométrie supérieure, qu'ils appelaient le *Lieu résolu,* et qui était un ensemble de question résolues d'avance et de théories où le géomètre trouvait les ressources nécessaires pour procéder à la démonstration des vérités et à la solution des problèmes.

C'est cette partie, le *Lieu résolu,* que les modernes ont appelée l'*Analyse géométrique* des anciens.

Le peu de détails qui nous sont parvenus sur ce point extrêmement intéressant de l'histoire de la Science se trouvent dans les *Collections mathématiques* de Pappus, géomètre qui vivait au IVe siècle de notre ère. Ces *Collections mathématiques* étaient un ouvrage en huit Livres, dont six seulement nous ont été conservés. On y trouve, avec des détails qui nous font connaître sur plusieurs points l'état des Mathématiques anciennes, une foule de propositions et de lemmes destinés à servir de commentaires à divers ouvrages, dont la plupart ne sont pas arrivés jusqu'à nous. L'auteur était un géomètre éminent, que Descartes avait en grande estime. C'est dans Pappus et Diophante que ce grand philosophe remarquait des traces de cette *lumière de raison* qui, dans l'antiquité, était le caractère des *Mathématiques véritables* (1).

Nous trouvons, dans les *Collections* de Pappus, la nomenclature des Traités qui, faisant suite aux *Éléments,* formaient le *Lieu résolu* ou, comme nous venons de le dire, la *Géométrie supérieure.* C'étaient : un Livre des *Données,* d'Euclide ; deux Livres de la *Section de raison,* d'Apollonius ; deux Livres de la *Section de l'espace ;* deux de la *Section déterminée* et deux des *Attouchements* (*contacts des cercles*), du même ; trois Livres des *Porismes,* d'Euclide ; encore d'Apollonius, deux Livres des *Inclinaisons,* deux des *Lieux plans* et huit des *Sections coniques ;* d'Aristée l'ancien, deux Livres des *Lieux solides ;* d'Euclide encore, deux Livres des *Lieux à la surface ;* enfin, d'Ératosthènes, deux Livres des *Moyennes raisons.*

Ces divers ouvrages formaient donc un corps de science, une *Géométrie supérieure,* que les anciens distinguaient essentiellement des *Éléments.*

Pappus ajoute que les géomètres, en appliquant les ressources que leur offraient ces ouvrages pour la démonstration des vérités géométriques et la

(1) *Règles pour la direction de l'esprit* (4e règle), t. XI de l'édition de M. Cousin.

solution des problèmes, suivaient deux méthodes ou plutôt deux manières de procéder par le raisonnement, savoir la *synthèse* ou *composition* et l'*analyse* ou *résolution*. Ces deux mots *synthèse* et *analyse* avaient alors, en Mathématiques, un sens parfaitement défini. Mais, comme aujourd'hui nous les employons communément dans une acception spéciale très différente, qui laisse ignorer aux jeunes géomètres ce qu'étaient les méthodes anciennes et surtout la méthode *analytique*, il ne paraîtra peut-être pas inutile de rappeler ici le sens précis que leur donne Pappus, le même qu'on trouve aussi dans Euclide (au treizième Livre des *Éléments*).

Par la *synthèse*, on part de vérités connues pour arriver, de conséquence en conséquence, à la proposition que l'on veut démontrer ou à la solution du problème proposé.

Par l'*analyse*, on regarde comme vraie la proposition que l'on veut démontrer ou comme résolu le problème proposé, et l'on marche de conséquence en conséquence jusqu'à ce qu'on arrive à quelque vérité connue, qui autorise à conclure que la chose admise comme vraie l'est réellement, ou qui comporte la construction du problème ou son impossibilité [1].

---

[1] Citons le texte même de Pappus, dans son sens littéral :

« Le *Lieu résolu* est une matière à l'usage de ceux qui, possédant les *Éléments*, veulent acquérir en Géométrie l'art de résoudre les problèmes : c'est là son utilité. Cette partie des Mathématiques nous a été transmise par Euclide, l'auteur des *Éléments*, Apollonius et Aristée l'ancien. On y procède par voie de *résolution* et de *composition*.

» La *résolution* est une méthode par laquelle, en partant de la chose que l'on cherche et que l'on suppose déjà connue, on arrive, par une suite de conséquences, à une conclusion sur laquelle on s'appuie pour remonter, par voie de *composition*, à la chose cherchée. En effet, dans la *résolution*, nous regardons comme fait ce que nous cherchons, et nous examinons ce qui découle de ce point de départ, et même ce qui peut en être l'antécédent, jusqu'à ce que nous arrivions par le raisonnement à quelque vérité déjà connue ou mise au nombre des principes. Cette marche constitue le procédé qu'on appelle *Analyse*, comme qui dirait *solution en sens inverse*.

» Au contraire, dans la *composition*, nous partons de cette vérité à laquelle nous sommes parvenus, comme dernière conséquence, dans la *résolution* ; et, en suivant dans le raisonnement une marche inverse de la première, c'est-à-dire en prenant toujours pour antécédent ce qui, dans le premier cas, était conséquent, et réciproquement, nous parvenons enfin à la chose cherchée. Cette marche constitue le procédé qu'on nomme *synthèse*.

» L'Analyse s'emploie dans deux ordres de recherches : ou pour démontrer une vérité théorique, ou pour résoudre un problème proposé.

» Dans le premier cas, admettant comme vraie la proposition qu'il faut démontrer, nous regardons aussi comme vraies les conséquences qui en découlent, jusqu'à ce que nous arrivions à quelque conclusion connue. Si cette conclusion est une proposition vraie, celle d'où nous sommes partis l'est aussi ; et sa démonstration se trouve dans

Ces deux manières de procéder en Mathématiques ne répondent nullement à la signification actuelle des deux termes *analyse* et *synthèse*, dont le premier caractérise l'emploi du *calcul algébrique*, et le second, la considération seule des propriétés des figures, au moyen du raisonnement naturel.

Les deux méthodes anciennes ne différaient au fond que dans le point de départ, les diverses opérations de raisonnement étant les mêmes dans l'une et dans l'autre, mais dans un ordre inverse. On caractérisera brièvement ces deux méthodes en appelant, avec Kant, la *synthèse, méthode progressive*, et l'*analyse, méthode régressive* (¹).

Il est essentiel de remarquer ici que l'usage de l'*analyse*, chez les anciens, suppose nécessairement une proposition déjà connue et dont on cherche la démonstration, ou un problème proposé; de sorte que, hors ces deux cas, il n'y a point lieu, d'après la définition précise de Pappus, d'employer la méthode *analytique*.

Il faut observer encore que, bien que l'esprit de la méthode soit le même dans les deux cas, néanmoins elle y a un caractère différent; car, dans le premier, où il s'agit de démontrer une proposition, l'*analyse* n'est point autre chose qu'une méthode expérimentale de vérification *a posteriori*, tandis que dans le second, où il s'agit de résoudre un problème, elle forme une méthode d'invention *a priori*, puisqu'on se propose de trouver la solution ou construction du problème ou de démontrer son impossibilité, ce qui constituera la découverte d'une vérité mathématique actuellement inconnue.

C'est dans ce sens seulement qu'on peut dire que l'*analyse* des anciens est la *méthode de recherche* ou d'*invention*.

Hors ce cas de la solution d'un problème, l'*analyse* n'a point de vérité nouvelle à découvrir, et pour cet objet c'est la *synthèse* seule qui constitue

---

l'*Analyse*, prise en sens contraire. Mais, si notre conclusion forme une proposition fausse, la proposition que nous avions admise l'est aussi.

» Dans le second cas, où il s'agit de résoudre un problème, nous regardons comme connu ce qu'il faut trouver, et nous en tirons quelque conclusion. Si cette conclusion est une construction possible ou rentrant dans ce que les mathématiciens appellent les *données*, le problème proposé sera aussi possible; et la démonstration répondra à l'*Analyse* en sens contraire. Mais, si la conclusion à laquelle nous arrivons est une chose impossible, le problème le sera aussi.

» On appelle *diorisme* cette partie du raisonnement où l'on détermine les conditions pour qu'un problème soit possible, et le nombre de ses solutions.

» Voilà ce que nous avons à dire de la *résolution* et de la *composition*. »

(¹) Nous n'entendons pas faire allusion ici à la distinction fondamentale posée, par l'illustre philosophe, entre les jugements *synthétiques* et *analytiques*, bien, toutefois, que cette distinction dérive des acceptions anciennes de l'*analyse* et de la *synthèse*.

la méthode d'invention par laquelle on forme et l'on accroît une science.

Cette remarque nous suffit dans ce moment, où nous n'avons pas à rechercher quelles sont les méthodes d'invention en Mathématiques, mais seulement à définir ce qu'ont été les deux méthodes appelées par les anciens *analyse* et *synthèse*, et à en marquer les usages et le caractère distinctif.

Dans les sciences en général, c'est par la méthode *synthétique* qu'on en expose les principes ou les éléments : c'est ainsi que sont écrits les *Éléments* d'Euclide. Toutefois, on trouve aussi dans cet Ouvrage des exemples de la méthode analytique, telle que la méthode appelée *réduction à l'absurde*, quoique dans ce mode de démonstration ce ne soit qu'indirectement, ou par exclusion, qu'on introduit dans le raisonnement la proposition que l'on veut démontrer. On part, comme on sait, de propositions contraires à celle-là, et, en les combinant logiquement avec des propositions connues, on arrive, de conséquence en conséquence, à un résultat faux ou *absurde*, d'où l'on conclut que la première est bien la proposition vraie.

Archimède et Apollonius nous offrent de nombreux exemples de l'*analyse* : c'est presque toujours par cette voie qu'ils résolvent les problèmes. Ainsi, quand Archimède se propose, dans son *Traité de la sphère et du cylindre* (prop. 8), de couper une sphère par un plan de façon que les deux segments soient entre eux dans un rapport donné, il raisonne sur la grandeur inconnue comme sur celles qui sont données, et il parvient à une proposition qui renferme l'expression de la grandeur cherchée.

Diophante, dans son ouvrage d'Algèbre qui porte le nom d'*Arithmétique*, fait usage continuellement de la méthode analytique ; car il représente les inconnues de la question et ses puissances par des signes ou des mots, et il les introduit dans le raisonnement pour former, entre ces inconnues et les quantités connues, des égalités d'où il tire la valeur des inconnues.

On conçoit que l'*analyse* et la *synthèse* ont dû être employées concurremment, dans tous les temps, depuis l'origine des Sciences mathématiques : aussi, quand Proclus et Diogène Laërce font honneur à Platon de l'invention de la *méthode analytique*, il faut croire qu'ils voulaient par là désigner Platon comme ayant le premier distingué ces deux manières différentes de procéder dans la recherche et la démonstration des vérités mathématiques.

Nous venons de préciser ce qu'il faut entendre par la *synthèse* et l'*analyse* dans la Géométrie des anciens ; nous n'aurions que peu de mots à ajouter pour dire comment ces termes ont pris chez les modernes des acceptions très différentes ; mais n'anticipons pas sur la marche de la science : l'origine du nouveau sens des deux mots, en Mathématiques, se rattache à la grande conception de Viète, dont nous aurons bientôt à faire mention.

De ces Ouvrages qui, d'après Pappus, formaient comme les éléments d'une Géométrie supérieure et offraient les ressources nécessaires pour se livrer aux recherches géométriques, trois seulement nous sont parvenus : ce sont les *Données* d'Euclide, les sept premiers Livres des *Coniques* d'Apollonius, et le Traité de la *Section de raison*, qui s'est retrouvé en langue arabe. La plupart des autres ont été rétablis par divers géomètres, dans le style de la Géométrie ancienne, d'après le peu de détails que nous en a laissés Pappus.

Cependant on n'est pas fixé sur le sujet du Livre des *Lieux à la surface*, d'Euclide. L'auteur y considérait des courbes tracées sur des surfaces courbes. Mais quelle était la nature de ces surfaces? Les courbes qu'on y traçait étaient-elles nécessairement planes? La brièveté de Pappus nous laisse dans l'incertitude. Je dirai toutefois que quelques indices peuvent porter à croire que, dans le Livre des *Lieux à la surface*, Euclide traitait des conoïdes, appelés aujourd'hui *surfaces du second degré de révolution*, et des sections faites par des plans dans ces surfaces, comme dans le cône.

Mais il est un autre ouvrage d'Euclide bien plus digne de fixer notre attention et qui a présenté pendant longtemps une énigme indéchiffrable à laquelle se sont attachés, dans les deux derniers siècles, plusieurs des géomètres les plus célèbres : je veux parler du Traité des *Porismes*. Au dire de Pappus, cet Ouvrage, où brillait le génie pénétrant d'Euclide, était éminemment utile pour la résolution des problèmes les plus compliqués; c'était, en quelque sorte, l'instrument indispensable des géomètres dans leurs recherches.

Jusque vers le milieu du siècle dernier, cette question des porismes n'a présenté qu'une obscurité profonde dans toutes ses parties. Alors seulement R. Simson fit les premiers pas vers la découverte du sens caché des idées de l'auteur, tant en rétablissant la définition du terme *porisme* et surtout la forme particulière des énoncés des propositions ainsi appelées, qu'en donnant l'explication de six ou sept, sur une trentaine, des énoncés de porismes que Pappus nous a transmis en termes laconiques et obscurs. Cette divination a fait beaucoup d'honneur à R. Simson. Depuis, plusieurs géomètres ont continué de traiter ce sujet si digne d'intérêt.

Cependant un voile épais couvre encore cette doctrine des porismes; car, indépendamment des vingt-quatre énoncés de Pappus, dont on n'a pas donné le sens, il faudrait connaître en outre la cause de la forme inusitée de ces propositions, la pensée qui les a conçues, leur nature ou caractère mathématique, la raison de leur éminente utilité dans l'art du géomètre, la transformation que cette doctrine a probablement subie pour pénétrer, à notre insu, dans nos méthodes modernes. Ces questions mériteront de trouver place dans un enseignement de haute Géométrie, d'autant plus que les théories sur lesquelles semblent rouler ces propositions obscures se rattachent à celles de la Géométrie moderne. Peut-être alors pourrons-nous répandre quelque lumière sur cette grande énigme que nous a léguée l'antiquité.

A défaut des ouvrages originaux des Grecs, qui sont presque tous perdus, c'est dans les *Collections mathématiques* de Pappus, dans cette foule de propositions éparses et sans ordre, parce qu'elles se rattachent à des ouvrages différents auxquels elles doivent servir de commentaires, que nous trouverons les premiers éléments d'une Géométrie supérieure.

On y distingue notamment quelques-unes de ces propositions simples qui sont bien réellement le fondement de la science, car on les retrouve dans les Traités célèbres de Pascal et de Desargues sur les *Coniques*, et, plus tard, dans l'ingénieuse et féconde *Théorie des transversales* de Carnot; ouvrages qui se rapportent essentiellement à une partie des méthodes qui feront la base de notre enseignement.

Nous ne faisons pas ici l'analyse de toutes les ressources que peuvent offrir les *Collections mathématiques* de Pappus; disons cependant que nous aurons à y emprunter quelques beaux exemples de cette manière de démontrer de simples propositions de Géométrie plane par la contemplation des figures à trois dimensions, qui rentre dans certains procédés dont les géomètres de nos jours ont fait un heureux usage. Par exemple, c'est en considérant une surface héliçoïde que Pappus décrit la spirale d'Archimède et la quadratrice de Dinostrate, comme projection de certaines courbes à double courbure tracées sur la surface.

Ce n'est pas sans surprise et admiration qu'on rencontre dans le Livre de Pappus ces spéculations qu'on croirait sorties de l'école de Monge; nous y trouverons même certaines questions qui prouvent que les Grecs avaient des procédés de Géométrie descriptive analogues et parfois identiques à nos méthodes actuelles. Telle est cette question : « Connaissant les projections horizontales et les hauteurs verticales de trois points, déterminer la trace et l'inclinaison du plan qui passe par ces points. »

Nous n'avons point eu à citer jusqu'ici les Traités d'Archimède, où se trouvent cependant des découvertes capitales qui toutes ont été utiles à la science. En voici la raison. Les ouvrages d'Archimède se peuvent distinguer en trois classes :

1° Les Traités géométriques, qui sont : la *mesure du cercle*, et les Livres *de la sphère et du cylindre, des conoïdes et des sphéroïdes, de la quadrature de la parabole, des hélices* et *des lemmes;*

2° Les Livres *de l'équilibre des plans* et *des corps portés sur un fluide*, qui contiennent les principes de la Statique et de l'Hydrostatique, mais où domine encore le génie géométrique;

3° Le Livre *De numero arenæ,* où se trouvent des connaissances très-diverses d'Astronomie et d'Arithmétique notamment, et qui suffirait seul pour attacher au nom d'Archimède le sceau de l'immortalité.

Les Traités géométriques contiennent des résultats admirables qui ont créé ou établi sur leurs bases véritables plusieurs parties des sciences; mais ces résultats, par leur nature, ne sont pas d'une application aussi fréquente, dans les spéculations géométriques, que diverses autres théories dont l'usage est, pour ainsi dire, journalier. C'est pourquoi Pappus ne les a pas compris dans sa nomenclature des Traités propres à guider dans les recherches géométriques.

Si, dans la marche suivie par Archimède pour arriver à ses belles découvertes, on peut voir le germe ou des applications d'une méthode spéciale susceptible d'extension, c'est surtout dans la méthode d'*exhaustion* (c'est-à-dire d'*épuisement*). Par cette méthode on considère une grandeur, une courbe par exemple, comme une limite de laquelle s'approchent de plus en plus des polygones inscrits et circonscrits, dont on multiplie le nombre des côtés, de manière que la différence, qu'on *épuise* en quelque sorte, devienne plus petite qu'une quantité donnée. Les propriétés des polygones, par exemple l'expression de leur périmètre ou de leur surface, indiquent, par la loi de continuité, les propriétés de la courbe, et l'on démontre ensuite celles-ci en toute rigueur par le raisonnement *à l'absurde.*

On peut voir ici le germe des méthodes infinitésimales, ou du moins l'idée fondamentale sur laquelle elles reposent, surtout dans les conceptions de Newton et d'Euler. Ces doctrines, soit celle des premières et dernières raisons, soit celle des limites, qui au fond est la même, ont établi sur un principe d'une rigueur incontestable les méthodes générales et élémentaires qui remplacent celles d'Archimède dans toutes les questions traitées par ce grand géomètre. On conçoit donc que, dans les principes de la Géométrie supérieure que nous avons ici en vue, de même que dans un aperçu sur l'origine et sur le développement des méthodes qui se rattachent à ces principes, les beaux théorèmes d'Archimède n'occupent pas la place que leur grande renommée semblerait au premier abord leur assigner.

Quelques développements vont faire comprendre plus complètement notre pensée sur cette partie de la Géométrie qui doit représenter l'*Analyse géométrique* des anciens et constituer les éléments de la *Géométrie supérieure.*

La Géométrie se définit la science qui a pour objet *la mesure et les propriétés de l'étendue figurée.* Cette définition indique deux divisions principales de la science. Aussi les divers travaux des géomètres diffèrent par leur nature et donnent lieu d'eux-mêmes à cette distinction. Les uns se rapportent à la *mesure,* c'est-à-dire à l'expression de la longueur des lignes, de l'étendue des surfaces, du volume des corps. La détermination des centres de gravité et beaucoup d'autres questions qui se présentent dans les sciences physico-mathématiques sont du même genre. C'est à de telles questions que se rapporte spécialement la Géométrie d'Archimède. Ce sont ces questions, comme nous venons de le dire, qu'on traite aujourd'hui par les méthodes infinitésimales, parce qu'en effet elles impliquent toujours, sous une forme ou sous une autre, l'idée de l'*infini* (1).

Les autres recherches mathématiques ont pour objet les propriétés résultantes des formes et des positions relatives des figures, propriétés qui comprennent aussi des relations de grandeur, mais qui sont, en général, simplement des relations de segments rectilignes ou d'angles et qui n'exigent pas l'emploi du calcul infinitésimal. C'est à cette partie de la Géométrie que se rapportent les ouvrages d'Apollonius, tels que son grand *Traité des coniques,* et en général, les Traités sur le *Lieu résolu* ou *Analyse géométrique* des anciens. Cette partie est vaste; c'est celle qui doit aujourd'hui constituer spécialement la Géométrie considérée dans l'ensemble des méthodes qui lui sont propres.

Quant à la première partie, qui a pour objet le calcul des grandeurs curvilignes, ce sont les méthodes infinitésimales qui lui conviennent; ce serait rétrograder que de revenir à celles d'Archimède ou aux méthodes intermédiaires et de transition de Cavalieri, de Pascal, de Grégoire de Saint-Vincent, de Wallis, quelque puissantes qu'elles aient été entre les mains de ces grands géomètres. Et, d'ailleurs, l'emploi des méthodes infinitésimales n'implique pas l'abandon des méthodes géométriques pour le calcul algébrique des modernes; loin de là, ce sont précisément les questions de Géométrie qui ont donné naissance à ces méthodes dans les travaux de Fermat, comme dans ceux de Leibnitz et de Newton.

Mais il ne faut pas croire que, par la distinction que nous venons d'établir, nous scindions la Géométrie en deux parties pour n'en attribuer qu'une à la Géométrie moderne, et diminuer ainsi le domaine de la science que les Grecs nous ont transmise. Au contraire, cette Géométrie des propriétés des figures est d'une application nécessaire et constante dans la Géométrie des mesures. Celle-ci ne saurait procéder seule; il est aisé de le concevoir. On

(1) Leibnitz puise dans des considérations d'un ordre supérieur la raison des usages de son analyse infinitésimale dans toutes les questions physico-mathématiques; il dit: « Cette analyse est proprement *scientia de magnitudine quatenus involvit infinitum,* et c'est ce qui arrive toujours dans la nature, qui porte le caractère de son auteur. » (*Opera,* t. VI, p. 228.)

y décompose les figures (lignes, surfaces ou volumes) dans leurs parties élémentaires qu'on appelle *infiniment petites*, et ce sont ces éléments dont on considère les propriétés, soit pour les comparer entre eux, soit pour en faire la sommation. Or, de même qu'en Analyse le succès, dans les questions de cette nature, dépend du choix des variables, il dépend ici de la forme et des propriétés des éléments, c'est-à-dire de la manière dont on a décomposé la figure : c'est ce mode de décomposition qui constitue la question géométrique; et il exige essentiellement la connaissance des propriétés de la figure, et souvent des propriétés les plus intimes et les plus cachées ([1]). On retombe donc sur cette partie de la Géométrie qui forme l'*Analyse géométrique* des anciens et qui doit être la base de notre Géométrie supérieure.

Ainsi, par exemple, dans le célèbre problème de l'attraction des ellipsoïdes sur des points extérieurs, que les méthodes fondées sur le calcul ont été pendant longtemps impuissantes à résoudre, la difficulté géométrique consistait seulement dans la découverte de quelques propriétés qui fissent connaître le mode convenable de décomposition de l'ellipsoïde en ses éléments : ce sont ces propriétés que Maclaurin eut le bonheur de découvrir, du moins pour certains cas de la question.

On conçoit donc bien comment cette partie de la Géométrie, qui se rapporte plus spécialement aux propriétés des figures, est aussi celle qui doit conduire aux calculs de leurs mesures, et l'on comprend que, bien qu'il y ait lieu de distinguer ces deux genres de questions, elles n'en rentrent pas moins, les unes et les autres, dans le domaine d'une science unique qui constitue la Géométrie générale.

Ces considérations montrent combien est incomplète et dénuée de justesse cette définition qu'on trouve dans quelques ouvrages, savoir que *la Géométrie est la science qui a pour objet la* MESURE *de l'étendue*. On serait tenté de croire que cette définition nous vient de quelques arpenteurs romains, si elle ne remonte pas aux Égyptiens, qui, selon la tradition historique ou fabuleuse, auraient créé cette science pour retrouver l'étendue primitive de leurs terres après les inondations du Nil. Toutefois, l'origine de la distinction que nous venons d'établir se peut apercevoir dans Aristote, qui regarde les Mathématiques comme ayant pour objet adéquat l'*ordre* et la *proportion*. C'est aussi l'idée de Descartes, et l'on n'est pas surpris d'avoir à citer, à la suite de ces deux grands philosophes de l'antiquité et des temps

---

([1]) C'est ce qui a fait dire à Wallis : « Cycloidis sic in partes suas resolutionem, secundum ipsius *Anatomiam veram*, ostendi.... Sic ego distribuo semi-cycloidem, *non ut Lanius, sed ut Anatomista*, in semi-circulum et figuram arcuum; quibus separatim meas methodos adhibeo. » (*Opera mathematica*, t III, p 674 et 675).

modernes, le célèbre auteur de la doctrine des couples, que ses recherches sur la théorie des nombres ont conduit à cette définition d'un sens philosophique si profond.

Un des beaux monuments de la Géométrie des anciens, l'une de ses plus magnifiques applications, est le grand Traité d'Astronomie de Ptolémée, appelé par l'auteur *Syntaxe mathématique,* expression fort juste, que les Arabes, dans leur admiration, ont remplacée par celle d'*Almageste* (le très-grand). On a souvent cité, dans cet Ouvrage, les principes et les applications de la Trigonométrie plane et sphérique; la construction des cordes des arcs de cercle; quelques théorèmes qui chez les modernes ont fait la base de la théorie des transversales; la détermination du lieu des stations des planètes, l'une des plus belles questions de la Géométrie ancienne, que Ptolémée attribue à Apollonius; mais, considéré sous un point de vue plus général, l'Almageste constitue dans son ensemble la solution d'un grand problème de Géométrie, à savoir de représenter par une combinaison de mouvements circulaires et de mouvements uniformes tous les phénomènes du mouvement des corps célestes. Ce fut Platon qui posa ce principe des mouvements célestes, adopté par Aristote et par tous les philosophes grecs, dont il flattait l'esprit de système et de généralisation.

L'Astronomie orientale, mère de l'Astronomie grecque, semble prouver, par les différences essentielles qu'elle présente avec celle-ci, que c'est ce grand problème qui marque le véritable but des efforts d'Hipparque et de Ptolémée et qui fait le caractère propre de leur Astronomie.

Les Tables du mouvement des astres, que les Grecs ont dû recevoir des Chaldéens avec leurs observations de dix-neuf siècles consécutifs, étaient fondées, si je ne m'abuse, sur des expressions empiriques analogues aux formules qui ont été longtemps en usage chez les modernes; et quand Ptolémée dit qu'Hipparque a représenté par un épicycle le mouvement du Soleil et la première inégalité de la Lune, mais que ses efforts ont échoué à l'égard de la seconde inégalité et à l'égard des planètes, cela ne doit pas signifier qu'il n'existait point de Tables du Soleil avant Hipparque et que ce grand astronome n'a connu ni la loi numérique de l'évection lunaire ni celle du mouvement des planètes. Non, ce ne peut être là ce qu'a voulu dire Ptolémée; cette interprétation fait naître trop de difficultés dans l'histoire de l'Astronomie. Mais il a voulu dire qu'Hipparque n'avait fait que les premiers pas dans le grand problème posé par Platon, et que lui, Ptolémée, a surmonté les difficultés géométriques qui avaient arrêté ses devanciers [1].

---

[1] C'est en étudiant l'Astronomie indienne, où je trouvais, d'une part, des différences essentielles avec l'Astronomie grecque, que l'on ne soupçonnait pas, et, d'autre

Si le principe ou plutôt le préjugé des Grecs sur les mouvements célestes, après avoir régné vingt siècles et imposé une loi inflexible à Copernic lui-même, a été mis au néant par les immortels travaux de Kepler, le grand Ouvrage de Ptolémée n'en conserve pas moins son intérêt au point de vue géométrique. Mais c'est un de ces ouvrages d'une lecture longue et pénible, dont il serait bien utile qu'on eût des analyses précises et philosophiques, qui peut-être sont trop rares aujourd'hui. Les jeunes géomètres préfèrent naturellement les recherches de découvertes aux recherches rétrospectives; celles-là seules assurent les progrès et le développement de la Science. Cependant, que mes jeunes auditeurs de l'École Normale me permettent de leur dire, dès ce moment, que, parmi les ouvrages du passé, il peut en être dont l'appréciation intelligente les conduirait à des travaux dignes de prendre rang dans les fastes de la Science.

J'ose espérer qu'on ne regardera pas comme une digression étrangère à mon sujet ces considérations sur l'Almageste de Ptolémée, si elles montrent sous quel rapport cette belle composition nous présente une œuvre de pure Géométrie, et surtout quand nous aurons vu bientôt l'analogie qu'elle nous offre, à cet égard, avec le grand Ouvrage de Newton, qui est aussi une œuvre de pure Géométrie.

---

part, quelques emprunts faits à l'Astronomie chaldéenne, que j'ai été conduit à émettre l'opinion, contraire aux idées reçues, que les Chaldéens ont eu, outre leurs périodes bien connues, des *Tables astronomiques*. (Voir *Comptes rendus des séances de l'Académie des Sciences*, t. XXIII, p. 845-859.) C'est cette opinion que j'ai reproduite ici, en indiquant le caractère qui me paraissait distinguer l'Astronomie chaldéenne de celle des Grecs, savoir, que dans la première la position des planètes se déterminait au moyen de formules empiriques, c'est-à-dire par des lois exprimées en nombres et impliquant les principales inégalités de leurs mouvements, tandis que les Grecs avaient tout représenté par des mouvements effectifs sur des cercles.

Ces conjectures, auxquelles j'étais amené naturellement par l'examen des *Tables Kharismiennes*, composées chez les Arabes au IXᵉ siècle, dans le système astronomique des Indiens, ont été, depuis, pleinement justifiées, si je ne m'abuse, par la publication du *Traité d'Astronomie* de Théon de Smyrne. En effet, dans cet Ouvrage, édité dans son texte grec, avec une traduction latine, par M. Th. H. Martin, doyen de la Faculté des Lettres de Rennes, se trouve un passage où Théon dit que les Babyloniens, les Chaldéens et les Égyptiens avaient des Tables astronomiques, antérieurement aux Grecs, et que les Chaldéens construisaient leurs Tables par des calculs arithmétiques et les Égyptiens par des procédés graphiques. (*Theonis Smyrnæi Platonici Liber de Astronomia cum Sereni fragmento. Textum primus edidit, latine vertit, descriptionibus geometricis, dissertatione et notis illustravit Th. H. Martin, Facultatis Litterarum in Academia Rhedonensi decanus.* Parisiis, 1849; in-8°. *Voir* p. 273.)

M. Biot a fait mention de ce passage curieux dans une Notice intéressante sur l'Ouvrage de Théon. (Voir *Journal des Savants*, année 1850, p. 197.)

II. — *De la Géométrie au moyen âge et chez les modernes.*

Dans l'état actuel de nos connaissances historiques, nous pourrions passer rapidement de la Géométrie des Grecs aux temps modernes. Toutefois, nous devons payer un juste tribut de reconnaissance aux Arabes, qui, après le déclin de l'école d'Alexandrie et quand l'Occident était plongé pour longtemps encore dans la barbarie et l'ignorance, ont recueilli avec ardeur et intelligence les débris des sciences grecques et les connaissances orientales, qu'ils nous ont transmises vers le XIIe siècle. Leurs ouvrages ont été le modèle de tous les ouvrages européens depuis cette époque et longtemps encore après le XVe siècle, qui marque la renaissance des lettres et de la civilisation en Europe.

Mais ce n'est pas toujours dans leur état de pureté et d'abstraction que les Mathématiques grecques nous ont été transmises par les Arabes. Ceux-ci n'avaient point recueilli les seuls ouvrages grecs; ils avaient puisé à un autre foyer de lumières, à la source orientale; leurs connaissances ont été un mélange des connaissances grecques et des connaissances hindoues, qui avaient leur caractère particulier. Les Grecs étaient surtout géomètres; ce n'est que très tard que l'on trouve chez eux le Traité d'Algèbre de Diophante. Leur Géométrie était pure, sans mélange de calcul, et leur goût pour cette partie fondamentale des sciences mathématiques se manifeste non-seulement dans les ouvrages d'Euclide, d'Archimède, d'Apollonius, mais encore, comme je l'ai dit ci-dessus, dans leurs ouvrages d'Astronomie; car tout y est géométrique, et les Tables des mouvements célestes ne sont elles-mêmes que l'expression numérique de constructions géométriques. Chez les Hindous, au contraire, et chez les Persans, l'Algèbre paraît être la science la plus cultivée; les théories algébriques s'y trouvent dans une perfection surprenante qui les distingue des méthodes de Diophante; enfin le génie du calcul se trouve même dans leur Géométrie (¹), et je crois pouvoir dire aussi dans leur Astronomie. Les Arabes ont recueilli avec le même soin et la même avidité toutes ces connaissances d'origine différente, et leurs Ouvrages ont porté l'empreinte de ces éléments divers, qui, en réagissant les uns sur les autres, enlevaient aux différentes parties de la Science leur pureté naturelle.

C'est dans cet état que les Arabes nous ont transmis leurs connaissances; aussi ne trouve-t-on pas dans nos ouvrages du XVIe siècle la distinction que les Grecs avaient établie entre les différentes parties des Mathéma-

---

(¹) Voir *Aperçu historique*, etc., p. 416-456.

tiques; au contraire, toutes sont réunies et confondues, pêle-mêle pour ainsi dire, dans le même livre; l'Algèbre en est la partie principale et y fait une sorte d'introduction à la Géométrie. Dans celle-ci, la partie pratique, que les Grecs appelaient la *Géodésie*, se trouve mêlée aux *Éléments* et y tient la plus grande place. Enfin les propositions de Géométrie n'ont plus le caractère abstrait de la Géométrie grecque; c'est presque toujours sur des données numériques qu'elles sont démontrées.

Que l'on ne croie pas que mes observations impliquent ici la moindre critique : les Arabes ont fait ce que, dans leur brillante mais trop courte carrière scientifique, on pouvait légitimement attendre d'eux, et nous n'avons qu'un regret à exprimer : c'est que leurs ouvrages ne nous soient encore connus que très imparfaitement. Au XIIe siècle, ce sont les ouvrages élémentaires dans chaque partie que les traducteurs nous ont transmis : plusieurs raisons expliquent ce choix naturel. Depuis, cet amour désintéressé des sciences qui avait conduit chez les Musulmans Adelard de Bath, Rodolphe de Bruges, Gérard de Crémone, Léonard de Pise, s'est éteint, et les modernes, confiants sans doute dans leurs propres forces et leurs grandes découvertes, ont négligé d'explorer les sources arabes, bien qu'on pût espérer d'y trouver tout à la fois d'utiles documents sur des ouvrages grecs qui ne nous sont point parvenus et sur les anciennes connaissances orientales, telles que l'Astronomie indienne et chaldéenne, dont l'histoire est encore si obscure. Il faut espérer que ces sources arabes, si riches et aujourd'hui faciles à explorer, même sans aller au loin, ne tarderont pas à piquer vivement la curiosité et à exciter le zèle des érudits et des orientalistes. Déjà ce sujet de recherches a fixé l'attention de M. le Ministre de l'Instruction publique; l'Europe savante lui saura gré de cette sollicitude éclairée.

A l'état de confusion qui caractérise les ouvrages du XVIe siècle, a bientôt succédé une rénovation générale des sciences mathématiques, qui leur a donné, avec le caractère d'abstraction et de généralité qui leur convient, des ressources puissantes dont les Grecs n'avaient point eu l'idée. Viète, Descartes et Fermat sont les premiers et les principaux auteurs de cette grande révolution.

L'Algèbre, avons-nous dit, était fort cultivée à l'imitation des Arabes; plusieurs géomètres italiens, Scipion Ferro, Cardan, Tartalea, Ferrari y firent même des progrès notables en résolvant les équations du troisième et du quatrième degré; mais la constitution de cet art le rendait peu susceptible de plus grands développements et d'applications bien importantes. En effet, les opérations alors ne s'y faisaient que sur des nombres; l'inconnue seule et ses puissances étaient représentées par des signes (des mots ou des lettres), comme dans Diophante et chez les Arabes; on ne figurait point d'opérations sur ces signes eux-mêmes : le produit de deux quantités exprimées par des lettres était représenté par une troisième lettre.

On conçoit que cet état restreint et d'imperfection ne constituait pas la science algébrique de nos jours, dont la puissance réside dans ces combinaisons des signes eux-mêmes, qui suppléent au raisonnement d'intuition et conduisent par une voie mystérieuse aux résultats désirés.

Ce fut Viète qui créa cette science des symboles et apprit à les soumettre à toutes les opérations que l'on était accoutumé d'exécuter sur des nombres. C'est cette idée féconde qui a fait de l'Algèbre un instrument universel des Mathématiques. Viète avait appelé cette science, qu'il créait, *logistique spécieuse* ou *calcul des symboles* (*species*), par opposition à la logistique *numérique*, et il la regardait comme l'introduction à l'*art analytique* des anciens, c'est-à-dire à l'art de résoudre les problèmes, *nullum non problema solvere*. En effet, elle facilitait merveilleusement la mise en pratique de la *méthode analytique* de Platon, puisqu'elle permettait de faire indistinctement, sur les quantités connues et inconnues, les mêmes opérations arithmétiques, et d'introduire toutes ces quantités, au même titre, dans les équations et dans le raisonnement ([1]).

Mais, par la raison que cette *algèbre* ou *logistique spécieuse* devenait l'instrument propre à la marche *analytique*, les géomètres ont fini par l'appeler elle-même *analyse*. Voilà comment ce terme *analyse* a changé de sens et signifie aujourd'hui l'emploi du *calcul algébrique*.

Par une conséquence naturelle, et sans avoir égard à la distinction des deux méthodes observées par les Grecs, on a appelé exclusivement *synthèse* la Géométrie cultivée à la manière des anciens, parce qu'on y raisonne directement sur les propriétés des figures, sans faire usage des notations et des transformations algébriques.

Cependant le terme *analyse* s'emploie encore, en Mathématiques, dans un autre sens, qui, tout en se rattachant, comme l'*analyse de Viète*, à la signification primitive de ce mot, est précisément l'opposé de cette *analyse* moderne ou *logistique spécieuse*. Je veux parler de l'acception commune, savoir que l'*analyse* est la *résolution* ou *décomposition* d'une chose en ses parties élémentaires et constitutives, opération qui implique un examen attentif de la chose considérée en elle-même et de toutes ses propriétés ([2]).

([1]) Voir *Comptes rendus des séances de l'Académie des Sciences*, t. XII, p. 741-756, et t. XIII, p. 487-524 et 601-626; année 1841.

([2]) « C'est dans l'attention que l'on fait à ce qu'il y a de connu dans la question que l'on veut résoudre, que consiste principalement l'*analyse*, tout l'art étant de tirer de cet examen beaucoup de vérités qui nous puissent mener à la connaissance de ce que nous cherchons. » (ARNAULD, *Logique de Port-Royal*.)

Prise dans cette acception générale, l'*analyse, unie à la synthèse,* forme la méthode de recherche et d'invention dans toutes les branches des connaissances humaines, en Mathématiques comme dans les sciences physiques et philosophiques.

Tel est le sens que M. Poinsot, dont les pensées sont toujours d'une justesse et d'une lucidité parfaites, attache au mot *analyse* en Mathématiques. Après avoir dit que c'est improprement qu'on appelle *analyse* la méthode du pur calcul, ce célèbre géomètre ajoute : « La vraie *analyse* est dans l'examen attentif du problème à résoudre et dans ces premiers raisonnements qu'on fait pour le mettre en équations. Transformer ensuite ces équations, c'est-à-dire les combiner ensemble, ou en poser d'autres évidentes que l'on combine avec elles, n'est au fond que de la *synthèse;* à moins que l'idée de chaque transformation ne nous soit donnée par quelque vue nouvelle de l'esprit ou quelque nouveau raisonnement, ce qui nous fait rentrer dans la véritable *analyse.* Hors de cette voie lumineuse il n'y a donc plus d'*analyse,* mais une obscure *synthèse* de formules algébriques, que l'on *pose,* pour ainsi dire, l'une sur l'autre et sans trop prévoir ce que pourra donner cette combinaison. Voilà les idées nettes qu'il faut attacher aux mots, et c'est au fond ce que tout le monde paraît sentir, puisqu'on dit très-bien une *heureuse* transformation, et qu'on ne dit point un *heureux* raisonnement ni une *heureuse* analyse (1). »

Cette méthode *analytique* est celle que prescrit Descartes dans plusieurs passages de ses Œuvres, comme quand il dit : « *Il faut ramener graduellement les propositions embarrassées et obscures à de plus simples, et ensuite partir de l'intuition de ces dernières pour arriver, par les mêmes degrés, à la connaissance des autres* (2). »

---

(1) Voir *Théorie nouvelle de la Rotation des corps*, page 121. On lit encore dans cet Ouvrage si remarquable :

« ... Ce n'est donc point dans le calcul que réside cet art qui nous fait découvrir, mais dans cette considération attentive des choses, où l'esprit cherche avant tout à s'en faire une idée, en essayant, par l'analyse *proprement dite,* de les décomposer en d'autres plus simples, afin de les revoir ensuite comme si elles étaient formées par la réunion de ces choses simples dont il a une pleine connaissance. Ce n'est pas que les choses soient composées de cette manière, mais c'est notre seule manière de les voir, de nous en faire une idée, et partant de les connaître. Ainsi notre vraie méthode n'est que cet heureux mélange de l'*analyse* et de la *synthèse*, où le calcul n'est employé que comme un instrument : instrument précieux et nécessaire sans doute, parce qu'il assure et facilite notre marche, mais qui n'a par lui-même aucune vertu propre, qui ne dirige point l'esprit, mais que l'esprit doit diriger comme tout autre instrument. » (P. 78.)

(2) *Règles pour la direction de l'esprit.* Règle cinquième.

Descartes ajoute à l'énoncé de cette règle des développements qui en montrent la grande importance.

« C'est en ce seul point, dit-il, que consiste la perfection de la méthode, et cette

Dans les ouvrages des anciens, en général, les théorèmes sont parfaitement distincts et l'énoncé de chacun précède sa démonstration, de sorte qu'il reste peu de traces de la marche d'invention que l'auteur a suivie dans la recherche et la découverte de ses propositions; les fils qui primitivement ont uni ces différentes propositions dans leur ordre naturel de déduction sont rompus. C'est ainsi que sont composés les ouvrages d'Euclide, d'Archimède, d'Apollonius et, chez les modernes, le grand ouvrage des *Principes* de Newton. Par cette raison, on a pensé parfois que ce mode d'exposition était plus conforme à l'esprit de la *méthode synthétique,* qu'il la constituait même, et l'on en a conclu réciproquement qu'un ouvrage où les propositions sont exposées suivant l'ordre des déductions rationnelles qui y ont conduit l'auteur n'est pas *synthétique*, mais bien *analytique* (1).

On peut dire que l'ouvrage est *analytique,* en donnant à ce mot sa signification commune; mais il est essentiellement *synthétique* aussi, puisque c'est par la combinaison de propositions déjà connues qu'on arrive successivement à des propositions nouvelles.

L'équivoque qui peut résulter de ces acceptions diverses des termes *synthèse* et *analyse,* en Mathématiques, cause souvent de l'embarras et de l'obscurité dans le langage. Il est à regretter que l'expression de *logistique,* employée si convenablement par Viète et longtemps après lui, n'ait pas été conservée.

Il n'est nullement besoin de dire qu'il ne faut pas confondre l'*Analyse géométrique* des anciens avec la *Géométrie analytique* des modernes; la première est précisément ce que l'on appelle aujourd'hui *synthèse,* par opposition à la *Géométrie analytique.*

Cette *Géométrie analytique,* dont il n'existe point de traces chez les an-

---

règle doit être gardée par celui qui veut entrer dans la Science, aussi fidèlement que le fil de Thésée par celui qui voudrait pénétrer dans le labyrinthe. Mais beaucoup de gens ou ne réfléchissent pas à ce qu'elle enseigne, ou l'ignorent complétement, ou présument qu'ils n'en ont pas besoin; et souvent ils examinent les questions les plus difficiles avec si peu d'ordre, qu'ils ressemblent à celui qui d'un saut voudrait atteindre le faîte d'un édifice élevé, soit en négligeant les degrés qui y conduisent, soit en ne s'apercevant pas qu'ils existent. Ainsi font tous les astrologues, qui, sans connaître la nature des astres, sans même en avoir soigneusement observé les mouvements, espèrent pouvoir en déterminer les effets. Ainsi font beaucoup de gens qui étudient la Mécanique sans savoir la Physique et fabriquent au hasard de nouveaux moteurs; et la plupart des philosophes, qui, négligeant l'expérience, croient que la vérité sortira de leur cerveau comme Minerve du front de Jupiter. »

(1) Crouzas: « On a donné le nom de *méthode analytique* à celle qui suit, en enseignant, l'ordre même de l'invention; et la méthode opposée a reçu celui de *synthétique*. »

ciens, est la grande conception de Descartes; elle a bientôt changé la face des Sciences mathématiques et peut être regardée encore aujourd'hui comme l'invention qui a le plus contribué à leurs progrès. C'est l'art de représenter les lignes et les surfaces courbes par des équations algébriques : application magnifique de l'instrument analytique que Viète venait de créer, et qui ne doit pas être confondue avec le simple usage de l'Algèbre dans quelques questions de Géométrie.

Descartes intitula simplement *La Géométrie* le Livre où il exposa cette grande idée, dont il montra succinctement et avec clarté les conséquences.

Dans le développement de cette méthode se trouvent plusieurs inventions algébriques, telles que la méthode si féconde des coefficients indéterminés et cette célèbre règle des signes *de Descartes,* ainsi qu'on l'appelle. Dans les inventions géométriques, on distingue le problème de mener les tangentes à toutes les courbes géométriques. Les anciens n'avaient mené les tangentes qu'à quelques courbes et, pour chacune, par des considérations particulières qui ne pouvaient faire naître l'idée d'une solution générale applicable à toutes les courbes. Descartes donna de deux manières cette solution générale, du moins pour les courbes qu'il considérait dans sa Géométrie, celles qu'on appelle indistinctement courbes *géométriques* ou *algébriques*.

Les tangentes forment l'élément dont la connaissance est le plus indispensable dans la théorie des courbes et celui qui devait conduire au calcul infinitésimal. Aussi Descartes, inspiré par son sens profondément mathématique, dit, dans un passage de ses Lettres, que c'est le problème « qu'il a le plus désiré de connaître ».

On sait que la *Géométrie*, le *Traité des météores* et la *Dioptrique* parurent ensemble, en 1637, à la suite du *Discours de la méthode,* et comme simples essais des règles que le grand philosophe venait de donner pour la recherche de la vérité.

Dans le même temps, Fermat, l'un des plus puissants génies que nous présente l'histoire des productions de l'esprit humain, résolut aussi le problème général des tangentes. Sa solution, dont le principe s'étend aux courbes *mécaniques* ou *transcendantes* comme aux courbes *géométriques* de Descartes, reposait sur des considérations originales qui impliquaient le *calcul de l'infini,* et que les géomètres les plus illustres, d'Alembert, Lagrange, Laplace, Fourier (1), ont regardées comme la véritable origine des méthodes infinitésimales, qui, un demi-siècle plus tard, dans les mains de Leibnitz et de Newton, ont complété la grande œuvre de Descartes (2).

---

(1) Voir *Aperçu historique*, p. 63.

(2) On peut dire que Leibnitz lui-même n'eût point contredit ce jugement, car on lit,

Fermat cultiva aussi l'*analyse géométrique* et laissa, entre autres, un livre des Lieux plans, à l'instar d'Apollonius, un Traité du Contact des sphères, une courte Notice sur les Porismes, dont il promettait de rétablir la doctrine. Malheureusement, Fermat se bornait à communiquer à ses amis ses découvertes, sans vouloir les publier, et elles ne nous sont point toutes parvenues. Ce n'est pas ici le lieu de parler de ses admirables recherches sur la théorie des nombres, qui ont occupé depuis les plus grands géomètres.

Roberval, le rival de Descartes et l'émule de Fermat en plusieurs points, donna aussi une méthode générale des tangentes, fondée sur la composition des mouvements : principe excellent, mais dont l'application n'était point aussi commune que celle des méthodes de Descartes et de Fermat, parce que la manière dont on considère, en général, la génération des courbes ne s'y prêtait pas. Roberval donna, sous le titre de *Traité des Indivisibles*, une méthode générale pour le calcul des grandeurs curvilignes, la détermination des centres de gravité, etc., méthode qu'il dit avoir puisée dans une lecture attentive des œuvres d'Archimède et qui était un acheminement naturel vers les nouveaux calculs. Car, il faut le remarquer, la métaphysique de ces méthodes de transition était la même que dans les méthodes infinitésimales proprement dites; le grand avantage de celles-ci fut dans l'algorithme imaginé par Leibnitz. Roberval, ayant tardé à publier sa méthode, dont il faisait usage en secret dans les luttes difficiles et passionnées où il se trouvait engagé, se laissa devancer par Cavalieri, dont la *Méthode des Indivisibles* eut une grande célébrité et d'illustres sectateurs, Pascal, Torricelli, Schooten, etc.

On a de Cavalieri divers autres ouvrages, notamment ses *Exercitationes geometricæ*, en six livres, dont le dernier contient de nombreuses ques-

---

dans une de ses Lettres à Wallis, ce passage où respire la sincérité qui convenait à son grand esprit, à sa noble intelligence : *Quod Calculum differentialem attinet, fateor multa ei esse communia cum iis quæ et Tibi et* FERMATIO *aliisque, imo jam ipsi Archimedi erant explorata; fortasse tamen res multo longius nunc provecta est, ut jam effici possint quæ antea etiam summis Geometris clausa videbantur, Hugenio ipso id agnoscente* (*). — Wallis lui répond : *Quod tuus Calculus differentialis multa habet cum aliorum sensis communia, etiam ipsius Archimedis; tu (pro candore tuo) libere profiteris : non tamen est inde minus æstimandus. Nam multa sunt, quorum prima fundamenta fuerint Veteribus non ignota; ita tamen intricata et difficultatis plena, ut sint ea (nostra ætate) reddita multo dilucidiora et usibus aptiora* (**).

(*) Wallis, *Opera mathematica*, t. III, p. 692. On voit, par ces paroles, que Leibnitz reconnaissait, avec une noble sincérité, ce qu'il pouvait devoir à ses devanciers et à ses contemporains, de même qu'il avait su gré à Huygens et à Newton d'avoir cité ses propres découvertes, ainsi qu'il le rappelle lui-même dans un autre passage de ses Œuvres, en ajoutant cette réflexion : *Ita quanto quisque est doctrina excellentior, tanto plus sinceritatis atque humanitatis ostendit.* (Leibnitii *Opera omnia*, t. V, p. 89.)

(**) Wallis, *Opera*, etc., t. III, p. 693.

tions sur cette autre partie de la Géométrie que nous avons appelée l'*Analyse géométrique* des anciens.

Pascal, dont le génie géométrique est proverbial, enrichit, dans sa trop courte carrière, toutes les parties des Mathématiques. La pénétration avec laquelle il appliqua la méthode des indivisibles aux questions les plus difficiles le fit toucher de près au Calcul intégral. Il sut découvrir de nombreuses propriétés de la cycloïde, cette courbe merveilleuse qui occupait alors tous les esprits.

Sa supériorité ne fut pas moindre dans cette autre partie qu'on pourrait appeler la *Géométrie d'Apollonius*. La généralité de vues qu'il y apportait ne se trouvait encore que dans les conceptions analytiques de Viète et de Descartes, dont il n'eut pas besoin de se servir.

Malheureusement il ne nous reste que quelques indications bien restreintes sur cette partie de ses travaux.

Le plus important, celui qui du moins a eu le plus de retentissement, fut son *Traité des Coniques*, dans lequel il avait suivi une méthode nouvelle, d'une facilité et d'une fécondité alors inconnues, et telles, comme nous l'apprend le P. Mersenne, qu'un seul théorème se prêtait à quatre cents corollaires.

Cet ouvrage et ceux de Desargues, qui l'ont précédé de très-peu de temps, donnaient à l'Analyse géométrique des anciens une marche plus rapide et plus hardie; ils marquent l'origine d'une partie de nos méthodes du XIXe siècle : je vais donc m'y arrêter quelques instants.

Les anciens avaient considéré les sections coniques dans le cône ou dans le *solide*, suivant leur expression, c'est-à-dire qu'ils avaient connu ces courbes en coupant par un plan un cône à base circulaire. Des propriétés du cercle qui forme cette base ils avaient conclu une propriété des sections coniques, savoir que l'ordonnée est moyenne proportionnelle entre l'abscisse comptée à partir d'un sommet de la courbe et l'ordonnée d'une certaine droite fixe menée par l'autre sommet. De cette relation, peu différente de celle que nous appelons, en Géométrie analytique, l'*équation de la courbe*, ils déduisaient, par la seule force du raisonnement, les propriétés des sections coniques, sans se servir davantage du cône dans lequel ils avaient d'abord considéré ces courbes.

Desargues, géomètre actif et pénétrant, qui cultivait toutes les parties des Sciences et y apportait un esprit de généralisation rare, conçut l'idée d'appliquer aux coniques les propriétés mêmes du cercle qui servait de base au cône, et de simplifier par là la recherche et la démonstration de ces propriétés, souvent pénibles dans l'ouvrage d'Apollonius. Il reconnut aussi que par ce moyen les démonstrations relatives à l'une des trois courbes s'appliquent d'elles-mêmes aux deux autres, malgré leurs différences de figures :

idée profonde et heureuse, car les anciens distinguaient essentiellement les trois courbes et employaient des démonstrations différentes. Enfin il découvrit, entre autres, une belle et féconde propriété de ces courbes, celle qu'il appela *Involution de six points*, proposition susceptible de prendre un grand développement dans certaines théories de la Géométrie moderne.

C'est la méthode de Desargues que Pascal a suivie dans plusieurs de ses recherches, notamment dans son *Traité des Coniques*. Il ne nous est parvenu, de ce célèbre Traité, qu'une notice très-succincte de Leibnitz, qui nous fait connaître les titres des six parties qui le composaient. Mais cet ouvrage avait été précédé d'un premier jet, sous le titre d'*Essai pour les coniques*, qui fait partie des deux volumes consacrés, dans l'édition de Bossut, aux recherches mathématiques de Pascal. C'est dans cet *Essai* que se trouve le fameux théorème sur l'hexagone inscrit, que Pascal appelait *hexagramme mystique*. Ce théorème exprime une propriété simple et fort belle de six points quelconques pris sur une conique. Cinq points suffisent pour déterminer la courbe : on conçoit dès lors que cette propriété, relative à un sixième point, servait à décrire la courbe et la définissait complétement, qu'elle devait donc avoir des conséquences innombrables comme l'*équation* dans le système de Descartes.

Dans cet opuscule, Pascal reconnaît ce qu'il doit à Desargues; il dit, au sujet du théorème de l'involution de six points : « Nous démontrerons la propriété suivante, dont le premier inventeur est M. Desargues, Lyonnais, un des grands esprits de ce temps et des plus versés aux Mathématiques, et entre autres aux coniques, dont les écrits sur cette matière, quoique en petit nombre, en ont donné un ample témoignage à ceux qui auront voulu en recevoir l'intelligence. Je veux bien avouer que je dois le peu que j'ai trouvé sur cette matière à ses écrits et que j'ai tâché d'imiter, autant qu'il m'a été possible, sa méthode sur ce sujet.... La propriété merveilleuse dont est question est telle.... »

Desargues ne se borna pas aux spéculations des Mathématiques pures; il traita de leurs applications aux arts. Il écrivit sur la perspective, la gnomonique et la coupe des pierres; et, en apportant dans toutes ces parties la même supériorité de vues et les mêmes principes de généralisation, il les traita par des méthodes rigoureuses et mathématiques. C'était une innovation véritable, car une partie des règles ou des pratiques que l'on suivait dans ces arts étaient sans base réelle et souvent fautives. Aussi Desargues eut de nombreux détracteurs; la routine et l'ignorance disputèrent le terrain pied à pied, et il fut enjoint au célèbre graveur Bosse de cesser d'enseigner les pratiques de la perspective du sieur Desargues dans ses leçons à l'Académie de peinture. Pour la coupe des pierres, Desargues offrit de défendre la bonté de ses méthodes contre les attaques de l'architecte Curabelle par un pari de 100000 livres : le défi fut accepté pour 100 pistoles; mais il n'eut pas de suite, parce qu'on ne put s'entendre sur le choix des juges du débat. « Desargues, nous apprend Curabelle, voulait s'en rapporter au dire d'excellents géomètres et autres personnes savantes et désintéressées, et, en tant qu'il serait de besoin aussi, des jurés-maçons de Paris : ce qui fait voir évidemment, ajoute Curabelle, que ledit Desargues n'a aucune vérité à déduire qui soit soutenable, puisqu'il ne veut pas des vrais experts pour les matières en conteste; il ne demande que des gens de sa cabale, comme des purs géomètres, lesquels n'ont jamais eu aucune expérience des règles des pratiques en question, et notamment de la coupe des pierres en l'architecture, qui est la plus grande partie des œuvres de question, et partant ils ne peuvent parler des subjections que les divers cas enseignent.... »

J'ai cité ces détails, que j'extrais d'une brochure rare et peu connue, de Curabelle, parce que rien ne pourrait mieux faire apprécier quel était l'état des arts de construction il y a deux siècles, et qu'ils prouvent bien que ce fut Desargues qui eut le mérite d'introduire, notamment dans la coupe des pierres, les principes rigoureux de la Géométrie à la place des pratiques empiriques qu'on y suivait alors.

Desargues, malgré divers passages des Lettres de Descartes et de Fermat, qui s'accordent à le montrer comme un géomètre d'un mérite rare [1], a été fort négligé par les biographes et les historiens des Mathématiques. M. Poncelet, en signalant le premier l'esprit généralisateur qui domine dans toutes ses recherches et les services dont les méthodes de la Géométrie moderne et les arts de construction lui sont redevables, l'a appelé le *Monge* de son siècle [2]. Nous partageons pleinement l'opinion de ce juge si compétent [3].

---

[1] Voir *Aperçu historique*, etc., p. 74-88 et 331-334.

[2] *Traité des propriétés projectives des figures*, Introduction, p. XXXVIII.

[3] L'écrit de Curabelle, dont nous avons extrait quelques détails ci-dessus, est intitulé : *Foiblesse pitoyable du Sr G. Desargues employée contre l'Examen fait de ses OEuvres*, par I. Curabelle. Imprimé à Paris, ce 16 juin 1644 ; 9 pages in-4°.

Cet écrit faisait suite, comme le titre l'indique, à une publication du même Curabelle, intitulée *Examen des OEuvres du Sr Desargues*, par I. Curabelle ; à Paris, 1644, 81 pages in-4°, lequel *Examen* se rapporte aux écrits de Desargues sur la coupe des pierres, la perspective et les quadrants. L'auteur, quoique juge peu compétent en fait de questions mathématiques, ne manquait pas cependant d'instruction à d'autres égards.

Un examen critique du Livre des quadrants avait déjà paru en 1641. L'auteur, praticien, probablement, comme Curabelle, compare Desargues à ces « *demi-savants, provinciaux, contemplatifs, non praticiens et peu communicables* ».

Si l'on considère qu'au contraire Descartes, Fermat, Pascal s'accordaient à regarder

Je suis obligé de passer ici sous silence les travaux de divers géomètres qui tiennent une place distinguée dans l'histoire de la Science; car ce XVIIe siècle a été peut-être le plus fécond en mathématiciens, et, bien que l'Analyse de Viète et la Géométrie de Descartes aient enlevé de nombreux disciples aux anciennes méthodes, ce siècle marque une époque des plus glorieuses pour cette partie même des Mathématiques.

Il me suffira de citer Kepler, Huygens et Newton, dont les travaux admirables ont élevé le plus bel édifice dont s'honore l'esprit humain.

Kepler donna une extension considérable aux belles spéculations d'Archimède en calculant les volumes d'un grand nombre de solides dont les sphéroïdes et les conoïdes du géomètre grec n'étaient que des cas particuliers. Sa méthode, fondée sur l'idée de l'infini, ouvrait un nouveau champ de recherches et conduisit bientôt à celle des *indivisibles*.

Avec les seules ressources mathématiques dont se servait Ptolémée, et à force de méditations et de calculs longtemps infructueux, Kepler parvint à la connaissance des véritables lois du mouvement des corps célestes, découvertes sublimes qui inspirent pour le génie de l'auteur une admiration égale à l'étendue de leurs conséquences.

Huygens, quoiqu'il sût à fond la méthode de Descartes, resta fidèle à celle des anciens, où son génie sut triompher des plus grandes difficultés, et, parfois même, de celles que Leibnitz et Jacques Bernoulli avaient pu croire être réservées aux méthodes infinitésimales.

Aussi Newton, qui lui donnait le surnom de *grand*, le proclamait « le plus excellent imitateur des anciens, admirables, suivant lui, par leur goût et par la forme de leurs démonstrations ». Le sentiment de Leibnitz, exprimé dans plusieurs passages de ses œuvres, n'est pas moins explicite. Qu'il nous suffise de citer ces simples paroles : *Hugenius nulli mathematicorum nostri sæculi secundus....*

Nous ne rappellerons pas ici tous les résultats importants qu'on doit à la sagacité d'Huygens; ils s'étendent sur toutes les parties des Mathématiques et sur les sciences naturelles qui en dépendent : la Physique, l'Astronomie, la Mécanique. Bornons-nous à rappeler que, dans le seul Traité *De horologio oscillatorio*, composé par Huygens quand il résidait en France, se trouvent cette théorie des développées, l'une des plus belles découvertes de la Géométrie moderne, et les lois de la force centrifuge, deux choses dont la con-

---

Desargues comme un géomètre d'un esprit original et d'un vrai mérite, et qu'aujourd'hui la valeur des pratiques que lui indiquait la vraie théorie est incontestée, on comprendra jusqu'à quel point peuvent différer, dans leurs jugements sur les choses qui tiennent à la Science, ceux qui l'ont étudiée au point de vue de ses applications pratiques, et ceux qui la cultivent et en ont une connaissance approfondie.

naissance était nécessaire à Newton pour entreprendre son grand Ouvrage des *Principes mathématiques de la philosophie naturelle.*

C'est dans ce Livre impérissable que Newton a posé le principe de la gravitation universelle, qui comprend dans ses conséquences les lois de Kepler et toute la dynamique des corps célestes.

Toutefois, quelque éclat que cette grande découverte ait répandu dans le monde sur le nom de Newton, ce n'est pas cette découverte elle-même que les géomètres ont le plus admirée, et qui atteste le plus le génie mathématique de l'auteur. L'idée d'une attraction mutuelle des corps était alors dans tous les esprits; Kepler, Bacon, Fermat, Roberval, Hevelius, Hook l'avaient émise et en avaient entrevu les conséquences. La loi relative aux distances était inconnue, il est vrai, et fut la première découverte de Newton; mais elle ne pouvait rester longtemps cachée. Aussi, ce qu'il y a de plus digne d'admiration dans Newton et ce qui eût pu rester longtemps à faire dans d'autres mains, ce sont les développements mathématiques qu'il a su donner à ce principe pour en tirer la connaissance des lois dynamiques et géométriques du mouvement des corps célestes; son plus beau titre de gloire, c'est d'avoir élevé ce beau monument de son génie *par les méthodes et avec les seules ressources de la Géométrie des anciens.*

Ptolémée, avons-nous dit, avait fondé une théorie astronomique sur le principe unique de mouvements circulaires et uniformes, mais sans faire acception des causes de ces mouvements ou des forces qui les produisent.

L'Ouvrage de Newton était fondé aussi sur un principe unique, mais ce principe était vrai et fécond; il comprenait tout. Les conséquences qu'il s'agissait d'en tirer embrassaient et les mouvements des corps célestes et les forces qui les animent.

Toutefois, le Livre de Newton et l'Almageste ont quelque chose de commun : c'est la méthode, qui est la même dans les deux ouvrages, car Newton, malgré ses brillantes découvertes dans les nouveaux calculs, avait conservé une telle estime pour la Géométrie des anciens, qu'il la suivit dans tout le cours de son grand ouvrage, opposant ainsi aux futurs incrédules des preuves incontestables des ressources que cette Géométrie pouvait offrir dans les spéculations les plus relevées. On peut croire que Newton eût craint de rester au-dessous d'Huygens, dont il admirait tant le génie géométrique, s'il n'eût pas montré qu'il savait, comme lui, se servir de cette méthode naturelle et lumineuse des Mathématiques anciennes ([1]).

Non-seulement le Livre des *Principes* atteste toute l'estime de Newton pour cette méthode, mais l'illustre auteur ne négligeait aucune occasion de

---

([1]) Cette réflexion a été faite par M. le baron Maurice, dans une excellente Notice sur la vie et les travaux d'Huygens.

manifester à ce sujet ses sentiments. Pemberton, qui vécut dans son intimité, nous rapporte qu'il se reprochait de n'avoir point encore assez cultivé cette Géométrie de l'école grecque; qu'il approuvait l'entreprise de Hugue de Omérique de rétablir l'ancienne *analyse*, et qu'on l'entendait souvent faire de grands éloges du Traité *De sectione rationis*, qui, suivant lui, développait mieux la nature de cette *analyse* qu'aucun autre ouvrage de l'antiquité.

On ne peut parler du goût de Newton pour la Géométrie des anciens sans nommer aussitôt Halley et Maclaurin, promoteurs éminents de ces belles méthodes. Halley, qui joignait à la science et à l'habileté du grand astronome une érudition profonde et la connaissance des Mathématiques anciennes, contribua puissamment à en répandre le goût et à en montrer l'usage par la reproduction, dans de magnifiques éditions grecques et latines, des ouvrages anciens, et par ses propres travaux.

Il suffit, pour apprécier l'enthousiasme que lui inspirait la beauté de ces méthodes et la foi qu'il avait dans leur puissance et leur utilité, de se souvenir que son désir ardent de connaître le Traité de la *Section de raison*, qu'il venait de découvrir dans les manuscrits de la bibliothèque Bodléienne, le porta aussitôt, malgré ses grandes occupations astronomiques, à étudier l'arabe pour traduire et commenter bientôt le livre précieux qui lui a dû le jour chez les modernes. C'est aussi après une révision sur un texte hébreu qu'il donna une nouvelle édition des Sphériques de Ménélaus.

Les recherches originales du grand astronome; sa méthode pour calculer les éléments paraboliques des comètes, méthode dont l'heureux usage lui permit de prédire pour la première fois le retour d'un de ces astres errants, et de les rattacher comme les planètes à notre système solaire; le procédé qu'il indiqua pour faire servir les passages de Vénus à une détermination de la parallaxe du Soleil, plus exacte et plus sûre que celles qu'on avait obtenues jusqu'alors; ces recherches, dis-je, offrent, ainsi que le grand ouvrage de Newton, la preuve manifeste des ressources que renferment les méthodes de la pure Géométrie. Elles démontrent l'erreur où l'on est tombé quand, l'imagination remplie des merveilleux résultats de l'Analyse dans ses premiers développements, on a pensé que ces méthodes avaient peu de portée et qu'elles n'avaient plus de valeur que comme aliment offert à la curiosité et à l'esprit inquiet de l'antiquaire et de l'érudit. Nos spéculations actuelles seraient-elles d'un ordre plus relevé que celles de Kepler, de Huygens, de Newton, de Halley? Personne ne le dira. Il faut donc croire que la Géométrie, considérée dans ses développements et ses applications, sera, dans tous les temps, un noble et utile exercice de l'esprit.

Ah! combien est juste cette réflexion d'un homme éminent dont les talents ont su faire servir tout à la fois les armes et les sciences à la gloire et à la défense de la patrie : « Lorsqu'on pense que c'est cette Géométrie qui fut si féconde entre les mains des Archimède, des Hipparque, des Apollonius; que c'est la seule qui fut connue des Neper, des Viète, des Fermat, des Descartes, des Galilée, des Pascal, des Huygens, des Roberval; que les Newton, les Halley, les Maclaurin la cultivèrent avec une sorte de prédilection, on peut croire que cette Géométrie a ses avantages (1). »

Maclaurin fut un digne continuateur de Newton et par la nature des questions de philosophie naturelle qu'il traita, et en restant fidèle à la Géométrie des anciens.

Dans la célèbre question de l'attraction des ellipsoïdes, qui avait pris naissance dans le Livre des *Principes*, mais dont Newton n'avait traité que le cas le plus simple, Maclaurin parvint, par les seules ressources de cette méthode, à des résultats que l'Analyse elle-même a longtemps admirés. C'est pour les besoins de cette question que Maclaurin considéra le premier ces ellipsoïdes homofocaux qui ont donné lieu à l'une des plus importantes théories de la Géométrie moderne, qui embrasse les lignes de courbure comme les lignes géodésiques de ces surfaces, et ont offert à l'Analyse un puissant principe de transformations.

Maclaurin cultiva aussi la théorie des courbes, par la méthode de Descartes, dans sa *Géométrie organique,* et par la Géométrie pure dans son *Traité des courbes du troisième ordre,* où il fit connaître pour la première fois de fort belles propriétés de ces courbes. Ce deuxième ouvrage, où la facilité et la brièveté des démonstrations s'unissent à la beauté des résultats, se rattache essentiellement aux méthodes de la Géométrie moderne, et y forme la base d'une théorie qui a déjà fixé l'attention de quelques géomètres et qui doit prendre une grande extension.

Après Maclaurin, on trouve encore Mathieu Stewart, qui essaya de traiter par la seule Géométrie quelques-unes des grandes questions du système du monde, telles que la distance du Soleil à la Terre, le problème des trois corps, etc.; mais les succès rapides de l'Analyse dans les mains des Bernoulli, de Clairaut, d'Euler, de d'Alembert, ôtaient toute opportunité à ces recherches, qui ne parurent plus offrir de chances de succès. Mathieu Stewart s'adonna aussi à l'*Analyse géométrique* des anciens, dans le but spécial d'en accroître les ressources. Dans le siècle précédent, les géomètres s'étaient occupés plus particulièrement de rétablir les Traités sur lesquels Pappus nous avait laissé quelques données. Mathieu Stewart entra dans une voie nouvelle et fit un pas de plus; il composa deux ouvrages qui n'étaient point l'imitation d'ouvrages grecs. L'un, intitulé *Quelques théorèmes géné-*

---

(1) CARNOT, *Géométrie de position,* Dissertation préliminaire.

raux d'un grand usage dans les hautes Mathématiques, renferme de beaux théorèmes, dont une partie n'a pas encore été démontrée.

Dans le même temps, Robert Simson composait son célèbre *Traité des porismes* et restituait les *Lieux plans* et les deux livres de la *Section déterminée* d'Apollonius. Ce géomètre avait préparé une édition des *Collections mathématiques* de Pappus; il est à regretter qu'il ne l'ait pas mise au jour [1].

Depuis, c'est surtout en s'occupant de la doctrine des *Porismes* que les géomètres anglais ont suivi la forte impulsion que Newton et Maclaurin avaient donnée à la culture des méthodes anciennes.

L'un des derniers ouvrages de ce genre est un Mémoire de *haute Géométrie*, qu'on trouve dans les *Transactions philosophiques* de la Société royale de Londres, de 1798. Le nom de l'auteur ne se lit peut-être pas sans quelque étonnement : c'est celui d'un illustre contemporain (lord Brougham), que des travaux fort différents ont porté depuis aux plus hautes dignités de l'État et à la première magistrature du parlement.

Mais pendant ce temps, en France et en Allemagne, on cultivait l'Analyse de Descartes et le Calcul de Leibnitz, et l'on appliquait les ressources merveilleuses de ces puissantes méthodes à une foule de problèmes nouveaux, et principalement au développement des grandes questions qu'avait posées ou fait naître l'ouvrage de Newton.

Cependant la Géométrie, cultivée à la manière de Descartes, suivit le cours de ses progrès naturels. Après que Clairaut, à l'âge de seize ans, avait appliqué l'analyse infinitésimale aux lignes à double courbure, Euler créa la belle et importante théorie de la courbure des surfaces, qui prit bientôt une grande extension dans les ouvrages de Monge et de l'un de ses plus illustres disciples.

Euler, dont l'esprit éminemment fécond s'appliqua à toutes les parties des Mathématiques, enrichit les *Éléments* de la Géométrie du théorème qui établit une relation entre les nombres des faces, des sommets et des arêtes d'un polyèdre.

Ce théorème d'Euler et la belle théorie des polyèdres d'un ordre supérieur, de M. Poinsot, avaient conduit un jeune géomètre à deux Mémoires remarquables [2], qu'on ne peut se rappeler sans éprouver le regret que,

---

[1] On sait que M. Peyrard, à qui nous devons la belle édition des *Éléments* d'Euclide et des OEuvres d'Archimède, avait préparé de pareilles traductions de plusieurs autres ouvrages anciens, notamment du grand *Traité des sections coniques* d'Apollonius, mais que la mort l'a surpris avant qu'il eût achevé l'impression de cet ouvrage.

[2] *Recherches sur les polyèdres*, Mémoires présentés à la première Classe de l'Institut en 1811 et 1812 par M. Cauchy. (Voir *Journal de l'École Polytechnique*, XVIe Cahier, p. 68-98.)

depuis, l'illustre auteur ait consacré exclusivement à l'Analyse les ressources de son génie mathématique.

Nous ne devons point omettre, avant de clore cet aperçu des travaux qui ont précédé le XIXe siècle, l'*Introduction à l'analyse des lignes courbes*, de Cramer, qui a souvent servi de guide dans les applications de l'Analyse à cette vaste théorie des lignes courbes.

III. — *De la Géométrie au* XIXe *siècle.*

Les ouvrages qui, au commencement du siècle présent, ont eu une heureuse influence sur la marche et les progrès de la Géométrie sont, à des titres différents, ceux de Monge et de Carnot : de Monge, la *Géométrie descriptive* et le Traité de l'*Application de l'Analyse à la Géométrie;* de Carnot, la *Géométrie de position* et la *Théorie des transversales.*

Ces ouvrages, en agrandissant les idées, en inspirant aux jeunes mathématiciens le goût des recherches de bonne Géométrie, leur offraient des méthodes et des ressources nouvelles.

La *Géométrie descriptive* a pour objet de représenter sur un plan, surface à deux dimensions, les corps qui en ont trois, ou, en d'autres termes, de réunir dans une figure plane tous les éléments nécessaires pour faire connaître la forme et la position, dans l'espace, d'une figure à trois dimensions.

Une conséquence de cette représentation, c'est que l'on exécutera sur cette figure plane elle-même les opérations géométriques répondant à celles que l'on aurait à faire sur la figure à trois dimensions.

Sous ce point de vue général, on conçoit que la *Géométrie descriptive* a dû exister dans tous les temps. Et, en effet, c'est par des dessins sur une aire plane que les appareilleurs et les charpentiers ont, dans tous les temps, déterminé et indiqué les formes des corps à trois dimensions qu'ils avaient à construire.

On possédait même plusieurs Traités, et de bons, de Philibert Delorme, de Mathurin Jousse, du P. Deran, de Delarue, sur l'art du *trait* appliqué à la coupe des pierres et à la charpente. Desargues avait fait un pas de plus en montrant l'analogie qui existait entre des procédés divers et en rattachant ceux-ci à des principes communs. En dernier lieu, Frézier, officier du génie, qui appréciait le mérite des conceptions de Desargues, avait donné suite à ses idées de généralisation et d'abstraction mathématique, dans son *Traité de Stéréotomie,* ouvrage où se trouvent, avec les applications à la coupe des pierres, plusieurs questions sous une forme abstraite, telles que le développement des surfaces coniques et cylindriques; la théorie de l'intersection de ces surfaces entre elles et avec la sphere; la manière de représenter une ligne à double courbure par ses projections sur des plans, etc.

Toutefois, on n'avait pas songé à rattacher toutes ces questions à un petit nombre d'opérations abstraites et élémentaires, et surtout à présenter celles-ci dans un traité spécial et sous un titre particulier qui leur donnât un caractère de doctrine indépendant des pratiques d'où il avait suffi de les faire sortir. C'est là ce que Monge a conçu et ce qu'il a exécuté avec un rare talent.

C'est par deux projections des corps sur deux plans rectangulaires, dont on abat l'un sur l'autre pour ne former qu'une aire plane, que Monge a représenté mathématiquement les formes de l'étendue à trois dimensions, et c'est ce procédé qu'il a appelé *Géométrie descriptive.*

Les principes en sont très-simples et n'exigent guère que la connaissance du livre des *plans* de la Géométrie ordinaire.

Un petit nombre d'opérations faciles suffisent pour les applications de cette méthode à tous les arts de construction, de même, en quelque sorte, que les quatre règles de l'Arithmétique suffisent pour tous les calculs auxquels donnent lieu les sciences mathématiques dans leurs applications.

Et, en effet, un procédé graphique, destiné au simple ouvrier comme à l'ingénieur, devait se réduire à un petit nombre de préceptes d'une application immédiate et toujours facile.

Auparavant on employait des procédés divers, et, si l'on se servait aussi de projections, ce n'était pas d'une manière uniforme; les plans de projection étaient différents, et le dessin ne se prêtait pas à une lecture facile et sûre, comme les épures de Monge.

La *Géométrie descriptive* simplifiait donc les opérations graphiques nécessaires aux constructeurs; elle en facilitait l'étude, qu'elle mettait à la portée de tous, tandis que les ouvrages savants de Delarue, de Frézier, etc., auxquels manquait cette base première, n'étaient accessibles qu'aux géomètres et aux ingénieurs.

Mais une cause plus efficace sans doute que ces avantages réels, pour assurer le prompt succès du livre de Monge, fut ce décret puissant de la Convention, qui, en créant, sous le nom d'*Écoles Normales,* le grand établissement où vinrent se réunir douze cents jeunes gens, les plus capables, choisis sur tous les points de la France, ordonna que la Géométrie descriptive y fût enseignée, et en confia l'enseignement à l'enthousiasme et au patriotisme actif de Monge.

Voilà comment Monge n'eut point à éprouver les difficultés et les procès en parlement que la routine, l'ignorance et les intérêts lésés avaient suscités à Desargues, un siècle et demi auparavant.

La *Géométrie descriptive*, instrument créé principalement pour le besoin des artistes et des ingénieurs, devait être utile aussi aux géomètres : elle formait un complément de leur Géométrie pratique; elle pouvait faciliter leurs recherches théoriques, en leur donnant le moyen de représenter par une figure plane les corps qu'ils avaient à considérer; enfin, en familiarisant avec les formes de certaines familles de surfaces, elle habituait l'esprit à les concevoir intellectuellement et développait l'intelligence. Aussi est-ce avec raison que, depuis quelques années, l'étude des principes de la Géométrie descriptive fait partie des cours de Mathématiques dans l'instruction secondaire.

Quant aux applications spéciales et les plus fréquentes de cet art, ce sont la perspective, la construction des reliefs, la détermination des ombres, la gnomonique, la coupe des pierres et la charpente.

Une foule d'autres travaux, tels que le percement des routes et des canaux dans des pays accidentés, les constructions navales, la direction des mines souterraines, le défilement dans la science des fortifications, etc., sont encore du domaine de la Géométrie descriptive ([1]).

Mais il ne faut pas perdre de vue que, dans toutes ces questions, la Géométrie descriptive n'est toujours qu'un instrument dont l'ingénieur se sert pour traduire sa pensée et exécuter sur le papier les opérations que la science, je veux dire la Géométrie générale, lui indique. La Géométrie descriptive exécute, mais elle ne crée pas. Si elle montre aux yeux la courbe d'intersection de deux surfaces, elle n'en fait point connaître les propriétés; elle ne saurait même indiquer, mathématiquement parlant, si cette courbe est plane ou à double courbure. Elle n'a point de méthodes pour ces recherches, qui sont exclusivement du domaine de la Géométrie rationnelle ([2]).

([1]) Toutefois il convient d'ajouter qu'il existe d'autres méthodes générales, on peut dire d'autres procédés de *Géométrie descriptive*, dans lesquels on se sert d'une seule projection, orthogonale ou perspective, et de quelque autre donnée qui supplée à la seconde projection. Les officiers du génie, par exemple, se servent le plus souvent de la méthode des *plans cotés*, qui leur permet d'exécuter les mêmes opérations que par celle de Monge, et qui leur offre quelques avantages particuliers, à raison de la nature de leurs travaux.

([2]) Ce passage a été le sujet de réflexions critiques de la part d'un géomètre qui a beaucoup écrit sur la Géométrie descriptive. Dans un de ses ouvrages, où il résout la question de *reconnaître si la courbe d'intersection de deux surfaces est plane ou à double courbure*, il ajoute ces paroles : « Les savants qui s'occupent de Géométrie pure disent que l'*analyse* peut seule résoudre une semblable question et que la Géométrie descriptive n'a pas de méthodes pour des questions de ce genre ; ce qui précède leur prouvera, j'espère, qu'ils sont dans l'erreur. »

Et plus loin : « Je crois que l'on peut dire, sans être trop sévère, que M. Chasles n'a

Je fais cette réflexion parce qu'on trouve, dans le livre de Monge, quelques passages qui ne sont pas de la *Géométrie descriptive* et qui pourraient induire en erreur les jeunes géomètres sur la destination et le caractère scientifique de cette méthode graphique.

Ainsi, Monge démontre deux propositions de Géométrie plane qui résultent naturellement de la considération de figures à trois dimensions, savoir la propriété ancienne des coniques, sur laquelle repose la théorie des polaires ([1]), puis ce beau théorème de d'Alembert, que les tangentes communes à trois cercles, pris deux à deux, ont leurs points de concours situés, trois à trois, en ligne droite. Ces exemples, on le conçoit, ne constituent point de la *Géométrie descriptive;* on n'y fait pas même usage des projections : ils rentrent dans la Géométrie rationnelle.

Il en est de même des propriétés générales de l'étendue, relatives aux lignes à double courbure et aux lignes de courbure des surfaces courbes, que Monge a placées à la suite de sa *Géométrie descriptive*, en faveur « des professeurs, qui doivent être exercés à des considérations d'une généralité plus grande que celles qui forment l'objet ordinaire des études ». Ces propriétés fort belles des lignes et des surfaces courbes, placées dans un livre destiné à être très-répandu, ont contribué à développer le goût de ces spéculations d'un ordre supérieur, et, sous ce rapport, le livre de Monge a

---

pas réfléchi en écrivant dans son discours d'ouverture la phrase suivante : *La Géométrie descriptive... ne saurait indiquer, mathématiquement parlant, si cette courbe* (courbe intersection de deux surfaces) *est plane ou à double courbure. Elle n'a point de méthodes pour ces recherches, qui sont exclusivement du domaine de la Géométrie rationnelle.* »

Or, qu'on lise la solution de l'auteur, on reconnaît aussitôt qu'elle n'est pas autre chose que la traduction, en Géométrie descriptive, du procédé même qu'emploierait un ouvrier qui voudrait vérifier si l'arête vive qu'il vient de construire est plane ou à double courbure. Ce constructeur appliquerait tout simplement le plat de sa règle sur la courbe et verrait s'il y a partout coïncidence. Pour traduire ce procédé en Géométrie descriptive, on mène un plan par trois points de la courbe; puis on projette cette courbe sur un plan perpendiculaire à celui-là, et l'on vérifie *par les yeux* si la projection coïncide avec la ligne de terre ou s'en écarte.

C'est précisément là le procédé que l'auteur indique dans son ouvrage.

Cet exemple d'une solution *par la Géométrie descriptive* montre parfaitement que les usages de cette méthode graphique sont tels que je l'ai dit, et justifierait, s'il était besoin, toutes mes paroles.

([1]) *Quand le sommet d'un angle circonscrit à une conique glisse sur une droite fixe, la corde qui joint les deux points de contact des côtés de l'angle passe toujours par un même point fixe.*

Ce théorème n'est pas dû à Monge, comme on l'écrit quelquefois. Il se trouve, avec d'autres propositions sur le même sujet, dans les ouvrages de la Hire, et postérieurement dans plusieurs autres Traités des Sections coniques. (Voir *Aperçu historique*, etc., p. 123.

encore atteint le but de l'illustre auteur. Mais elles n'ont rien de commun avec les principes de la *Géométrie descriptive*, et elles rentrent exclusivement dans le domaine de la Géométrie générale.

Le grand Traité de l'*Application de l'Analyse à la Géométrie* a le même objet que la *Géométrie* de Descartes; il en est la continuation : celle-ci roulait sur l'analyse des quantités finies, et le livre de Monge sur l'analyse des quantités infinitésimales. Euler avait déjà traité plusieurs de ces questions et donné son beau théorème sur les rayons de courbure des surfaces courbes. Monge les traita avec beaucoup plus d'extension et sous de nouveaux points de vue. Les rapports qu'il établit entre les équations aux différences partielles et certaines familles de surfaces offrent des exemples magnifiques des secours mutuels que peuvent et doivent se prêter la Géométrie et l'Analyse.

Les ouvrages de Carnot ont pour objet spécial l'extension de la Géométrie des anciens. Ils font suite aux ouvrages de Robert Simson, Stewart, etc.; mais ils sont empreints de cet esprit de facilité et de généralité que nous offrent les ouvrages de Pascal et de Desargues; et ce caractère, qui leur est propre, a été dans l'intention de leur illustre auteur.

Dans le siècle dernier, R. Simson et Stewart donnaient, à l'instar des anciens, autant de démonstrations d'une proposition que la figure à laquelle elle se rapportait présentait de formes différentes, à raison des positions relatives de ses diverses parties. Carnot s'attacha à prouver qu'une seule démonstration appliquée à un état assez général de la figure devait suffire pour tous les autres cas, et il montra comment, par des changements de signes des termes dans les formules démontrées par une figure, ces formules s'appliquaient à une autre figure ne différant de la première, comme nous l'avons dit, que par les positions relatives de certaines parties (1) : c'est ce qu'il appela le *principe de corrélation des figures*.

Généralement on ne parvenait, en Géométrie pure, à la démonstration d'une proposition importante, qu'en s'élevant successivement des cas les plus simples à de plus composés. Les recherches de Viète et de Fermat sur les contacts des cercles et des sphères, le *Traité des sections coniques* de R. Simson et les ouvrages de Stewart (2) sont des exemples de cette marche lente et pénible. Dans le contact des sphères de Fermat, par

(1) On voit qu'il ne s'agit pas ici du cas où certaines parties d'une figure qui ont servi pour la démonstration deviennent imaginaires, auquel cas cette démonstration n'a plus lieu. Cette question des imaginaires est celle que M. Poncelet a rattachée au *principe de continuité*, comme il a été dit dans la Préface, p. XIV et suivantes.

(2) Voir *Aperçu historique*, p. 180.

exemple, on ne parvient à déterminer une sphère tangente à quatre autres qu'après avoir résolu quatorze questions préliminaires, dont la plupart sont des cas particuliers de la question principale. Carnot, au contraire, traite directement les questions dans leur sens le plus général, et la science gagne en facilité et en force, en même temps qu'en brièveté et en généralité.

Cette manière d'écrire la Géométrie fait le caractère de la Géométrie moderne, et ce sont les ouvrages de Carnot qui ont le plus contribué à la répandre [1].

Quant aux résultats qu'on y trouve, ils sont extrêmement nombreux. Une partie roule sur diverses propriétés des sections coniques qu'on a reproduites souvent depuis, et que l'auteur démontre avec une facilité extrême.

On y distingue une belle propriété des courbes géométriques concernant les segments qu'une courbe de cette espèce fait sur les côtés d'un polygone quelconque, propriété qui est une extension d'un théorème de Newton et dont les géomètres ont fait depuis de nombreuses applications, notamment à la détermination générale des tangentes et des cercles osculateurs de ces courbes géométriques.

Ces belles recherches se rapportent à une partie de l'ouvrage où Carnot propose divers systèmes de coordonnées, autres que celui de Descartes, pour représenter les courbes, et établit les relations qui ont lieu entre ces coordonnées, de manière à passer d'un système à un autre. On transforme ainsi les équations des courbes, et, comme l'équation dans chaque système exprime une propriété différente de la courbe, ces recherches facilitent et ont pour objet, au fond, l'étude des propriétés des courbes. Elles nous paraissent rentrer essentiellement dans la doctrine des porismes d'Euclide.

On trouve dans la *Géométrie de position* des idées sur une science qui, selon Carnot, devrait tenir le milieu entre la Géométrie et la Mécanique, savoir celle des *mouvements géométriques*. Il appelle ainsi les déplacements que peuvent subir plusieurs corps sans se déformer par leur contact et en conservant entre eux des conditions prescrites, conditions géométriques et indépendantes des règles de la communication des mouvements et de toutes considérations de forces et de Mécanique proprement dite. On voit que

---

(1) « La *Géométrie de Position* de Carnot n'aurait pas, sous le rapport de la métaphysique de la Science, le haut mérite que je lui ai attribué, qu'elle n'en serait pas moins l'origine et la base des progrès que la Géométrie, cultivée à la manière des anciens, a faits depuis trente ans en France et en Allemagne. » (Arago, *Biographie de Lazare-Nicolas-Marguerite* Carnot, lue à l'Institut en 1837. Paris, 1850, in-4°. *Voir* p. 84.)

Les Ouvrages de Carnot ont été traduits en allemand; la *Géométrie de position* l'a été dès 1806, par le célèbre astronome M. Schumacher.

c'est cette science que M. Ampère a proposée aussi sous le nom de *Cinématique* dans son *Essai sur la philosophie des sciences.* Carnot avait déjà émis ces idées en 1783, dans son *Essai sur les machines.*

Le temps ne me permet pas de pousser plus loin cette étude du livre de Carnot; je me bornerai à dire que son titre, *Géométrie de position,* se rapportait au principe de la *corrélation des figures,* fondé sur la doctrine des quantités *positives* et *négatives* en Géométrie (¹), et non à quelque méthode spéciale, telle que la *Géométrie des indivisibles,* la *Géométrie analytique,* la *Géométrie descriptive,* etc., ni à une partie restreinte de la science, comme la *Géométrie de la règle,* la *Géométrie du compas,* etc. La *Géométrie de position* n'était point autre chose que de la Géométrie générale traitée par les procédés ordinaires, mais avec talent et par des considérations faciles et fécondes.

La *Théorie des transversales* est un ensemble de propositions qui expriment toutes des rapports entre les segments que fait, sur un système de lignes droites, une ligne droite ou courbe qu'on appelle *transversale.* Ces rapports, exprimés en général par des équations à deux termes, jouissent de cette propriété qu'ils se conservent dans les projections, perspectives ou orthogonales, de la figure. Les mêmes relations ont lieu aussi entre les sinus des angles des droites projetantes. Ce sont ces propriétés importantes qui font le caractère des propositions que Carnot a réunies sous le titre de *Théorie des transversales.* Ces propositions peuvent être d'un usage très fréquent pour la démonstration d'une foule de théorèmes, particulièrement dans la théorie des sections coniques. Elles n'ont pas été inconnues des anciens; on en trouve des traces éparses dans Pappus et chez quelques auteurs modernes (²); mais c'est Carnot qui a reconnu qu'elles étaient propres à former une véritable méthode de démonstration, et cette théorie, en effet, a pris de l'extension et est devenue d'un grand usage dans la Géométrie moderne.

Je me suis étendu sur les ouvrages de Monge et de Carnot, parce que je les regarde comme ayant ranimé en France l'esprit des méthodes géométriques et inspiré les jeunes mathématiciens qui bientôt sont entrés dans cette voie.

A leur tête se présentent MM. Ch. Dupin et Poncelet, dont les remarquables travaux attestent cette heureuse impulsion.

M. le baron Dupin, dans ses *Développements de Géométrie,* qu'il considère comme faisant suite aux ouvrages de Monge, a traité, par les seules res-

---

(¹) *Voir* la Préface, p. VIII.

(²) Voir *Aperçu historique,* etc., p. 33-39 et 291-294.

sources de la Géométrie aussi bien que par l'Analyse, la théorie générale de la courbure des surfaces, que l'on avait supposée jusque-là n'être accessible qu'à l'Analyse. C'est dans ce bel Ouvrage qu'on trouve cette importante *théorie des indicatrices,* qui n'est pas moins féconde en Géométrie rationnelle qu'en Géométrie descriptive. Ce volume et celui des *Applications de Géométrie et de Mécanique* ont servi utilement la Science, et par les belles théories qui s'y trouvent, et comme ayant donné aux jeunes géomètres une juste confiance dans les ressources que peuvent offrir ces méthodes.

La *théorie des transversales* est le principal fondement du grand *Traité des propriétés projectives* de M. Poncelet, où l'on trouve, avec une foule de résultats du plus haut intérêt, cette méthode merveilleuse de la *théorie des polaires,* et le mode de déformation des figures à trois dimensions, analogue aux procédés de la perspective pour les figures planes; méthodes qui, en donnant le moyen de créer à volonté, d'une manière en quelque sorte mécanique, des théorèmes fort divers et pourtant dérivés d'un seul, forment les sources les plus fécondes de la Géométrie moderne.

Les transformations sont le propre de l'Algèbre; on conçoit donc combien des procédés analogues en Géométrie doivent apporter de facilité et de puissance.

C'est dans le sein de l'École Polytechnique surtout que les ouvrages de Monge et de Carnot ont porté leurs fruits. Le goût des sciences, implanté dans ce grand établissement par les hommes illustres qui l'ont fondé, s'y est conservé, grâce à son organisation judicieuse et puissante, et a contribué, comme les services militaires et civils, à la gloire et à la grande renommée de cette École célèbre dans le monde entier (1).

Je ne puis rappeler ici tous les élèves dont les travaux se sont succédé et ont concouru à l'accroissement de la science; mais leurs noms se présenteront naturellement dans le cours de notre enseignement. Nous aurons souvent à citer aussi le vénérable M. Gergonne, dont les travaux et les *Annales* ont tant contribué au mouvement scientifique de l'époque (2).

---

(1) On sait que, depuis que ceci a été écrit, l'École Polytechnique a éprouvé, en 1850, des modifications profondes et très regrettables.

(2) Les géomètres regrettent que la *Correspondance mathématique et physique* de M. Quetelet, après avoir contribué, de 1824 à 1838, à l'heureuse impulsion que les sciences avaient reçue en Belgique, ait cessé de paraître. Nous aurons à consulter les onze Volumes de cette intéressante collection et les divers Recueils périodiques qui offrent chaque jour aux géomètres les avantages d'une facile et prompte publication : le *Journal de Mathématiques* de M. Crelle; celui de M. Liouville; les *Nouvelles Annales* de M. Terquem; le *Journal mathématique de Cambridge et de Dublin*, édité par M. Thomson; les *Annales des Sciences mathématiques et physiques* de M. Tortolini; les *Archives de Mathématiques et de Physique* de M. Grunert.

Nous ne négligerons point non plus les Mémoires importants publiés de nos jours en Allemagne, en Angleterre, en Italie, où la Géométrie est cultivée avec un grand succès et souvent avec éclat (¹).

Les théories et les méthodes dont l'usage doit se présenter le plus fréquemment formeront naturellement la base de ce Cours. Mais les questions spéciales d'un ordre plus relevé qui seront propres soit à ouvrir de nouvelles voies, soit à offrir de belles applications de la Science, entreront aussi nécessairement dans le cadre que nous nous sommes tracé. Si nous n'avons pas à analyser des ouvrages de l'importance du livre des *Principes* de Newton, il en est cependant qui nous offriront des exemples non moins remarquables de la puissance d'invention que l'esprit géométrique développe, et de la richesse des résultats qu'il peut procurer dans les questions les plus difficiles. Rien de plus beau que ces considérations directes et lucides, pittoresques, s'il est permis de s'exprimer ainsi, par lesquelles un grand géomètre, en transportant l'ingénieuse doctrine des couples dans la Dynamique, nous a dévoilé toutes les circonstances géométriques et dynamiques du double mouvement d'un corps pesant qui a reçu une impulsion (²). Cette importante et difficile question avait été résolue analytiquement par Euler et d'Alembert, à peu près dans le même temps, puis avec plus d'ordre et d'élégance par Lagrange. Mais dans ces solutions, dont le but final est la détermination de la position du corps à un instant donné par des formules de quadrature, on ne voit que des calculs qui, s'ils donnent la solution numérique de la question, c'est-à-dire la position actuelle du corps, ne font nullement connaître comment il y est arrivé, comment se modifie à chaque instant l'effet de l'action permanente de l'impulsion primitive. Par les seules ressources du raisonnement géométrique, M. Poinsot rend palpables et semble peindre aux yeux toutes les circonstances du mouvement du corps. A l'instar des forces accélératrices que les géomètres sont accoutumés à considérer, il considère dans le mouvement du corps un *couple accélérateur* qui, en se combinant avec la rotation, de même qu'une force accélératrice se combine avec une force d'impulsion, change à chaque instant la grandeur de cette rotation et la direction de l'axe autour duquel elle s'effectue, et ce double effet se suit pour ainsi dire de l'œil, en même temps que l'esprit en voit les causes.

On reconnaît ici quels sont les avantages propres de l'Analyse et de la Géométrie. La première, par le mécanisme merveilleux de ses transformations, passe rapidement du point de départ au but proposé, mais souvent

(¹) Voir, par exemple, les Ouvrages de MM. Steiner, Mac Cullagh, etc.

(²) Voir *Théorie nouvelle de la rotation des corps*, par M. Poinsot. Paris, Bachelier, 1851, in-4°.

sans connaître ni le chemin qu'elle a fait ni la signification des nombreuses formules qu'elle a employées.

La Géométrie, au contraire, qui ne puise ses inspirations que dans la considération attentive des choses et dans l'enchaînement des idées, est obligée de découvrir naturellement les propositions que l'Analyse a pu négliger et ignorer, et qui forment le lien le plus immédiat entre les deux termes extrêmes. Cette marche peut paraître parfois difficile, mais elle est au fond la plus simple, parce qu'elle est la plus directe ; elle est aussi la plus lumineuse et la plus féconde.

L'Analyse découvre-t-elle une vérité ; que la Géométrie en cherche la démonstration par ses propres moyens : soyez sûrs que dans cette recherche elle rencontrera et fera connaître diverses autres propriétés qui se rattachent au sujet, l'éclairent et le complètent.

L'Analyse et la Géométrie, au point de vue philosophique, sont deux branches d'une science unique qui a pour objet la recherche des vérités naturelles ; elles sont destinées à s'éclairer mutuellement, à se prêter un secours réciproque : toutes deux sont des instruments aujourd'hui indispensables.

Cultivons donc simultanément l'Analyse et la Géométrie, et que l'une et l'autre trouvent également leur place dans l'enseignement.

C'est la pensée que le chef éminent qui préside à l'instruction publique a cherché à réaliser en fondant la chaire de Géométrie supérieure.

22 décembre 1846.

5095 Paris. — Imprimerie GAUTHIER-VILLARS, quai des Augustins, 55.

Fig. 1. Page 9.

Fig. 2. P. 11.

Fig. 3. P. 21.

Fig. 4. P. 21.

Fig. 5. P. 29.

Fig. 6. P. 31.

Fig. 7. P. 37.

Fig. 8. P. 39.

Fig. 9. P. 43.

Fig. 10. P. 51.

Fig. 11. P. 56.

Fig. 12. P. 67.

Fig. 13. P. 68.

Fig. 14. P. 70.

Fig. 15. P. 72.

Fig. 16. P. 71.

Fig. 17. P. 72.

Fig. 18. P. 73.

Fig. 19. P. 73.

Fig. 20. P. 74.

Fig. 21. P. 74.

Fig. 22. P. 74.

Fig. 23. P. 74.

Legay imp. rue de la Bûcherie, 1 Paris. Gauthier-Villars, Éditeur, Paris. E. Wormser sc.

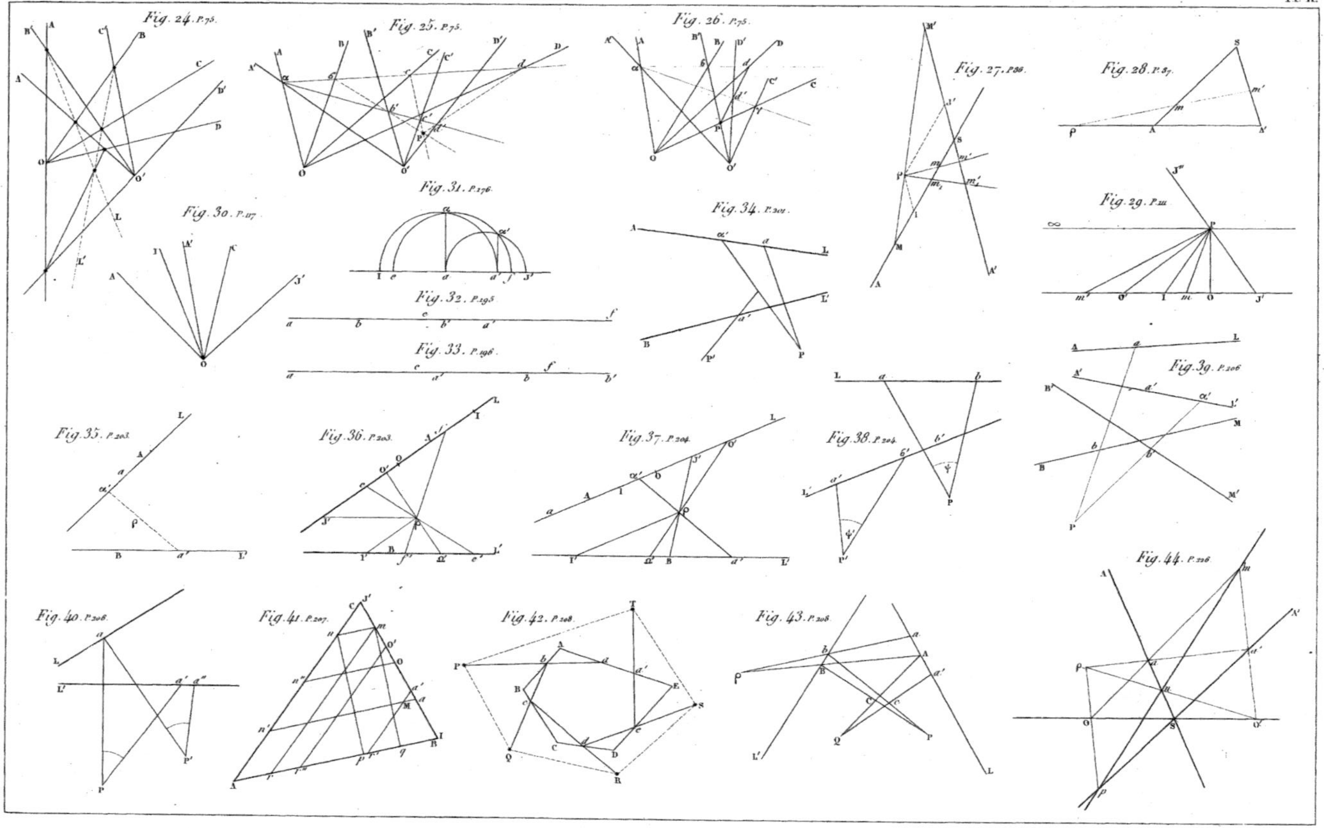

Fig. 24. P. 75.

Fig. 25. P. 75.

Fig. 26. P. 75.

Fig. 27. P. 86.

Fig. 28. P. 87.

Fig. 29. P. 111.

Fig. 30. P. 117.

Fig. 31. P. 176.

Fig. 32. P. 195.

Fig. 33. P. 196.

Fig. 34. P. 201.

Fig. 35. P. 203.

Fig. 36. P. 203.

Fig. 37. P. 204.

Fig. 38. P. 204.

Fig. 39. P. 206.

Fig. 40. P. 206.

Fig. 41. P. 207.

Fig. 42. P. 208.

Fig. 43. P. 208.

Fig. 44. P. 226.

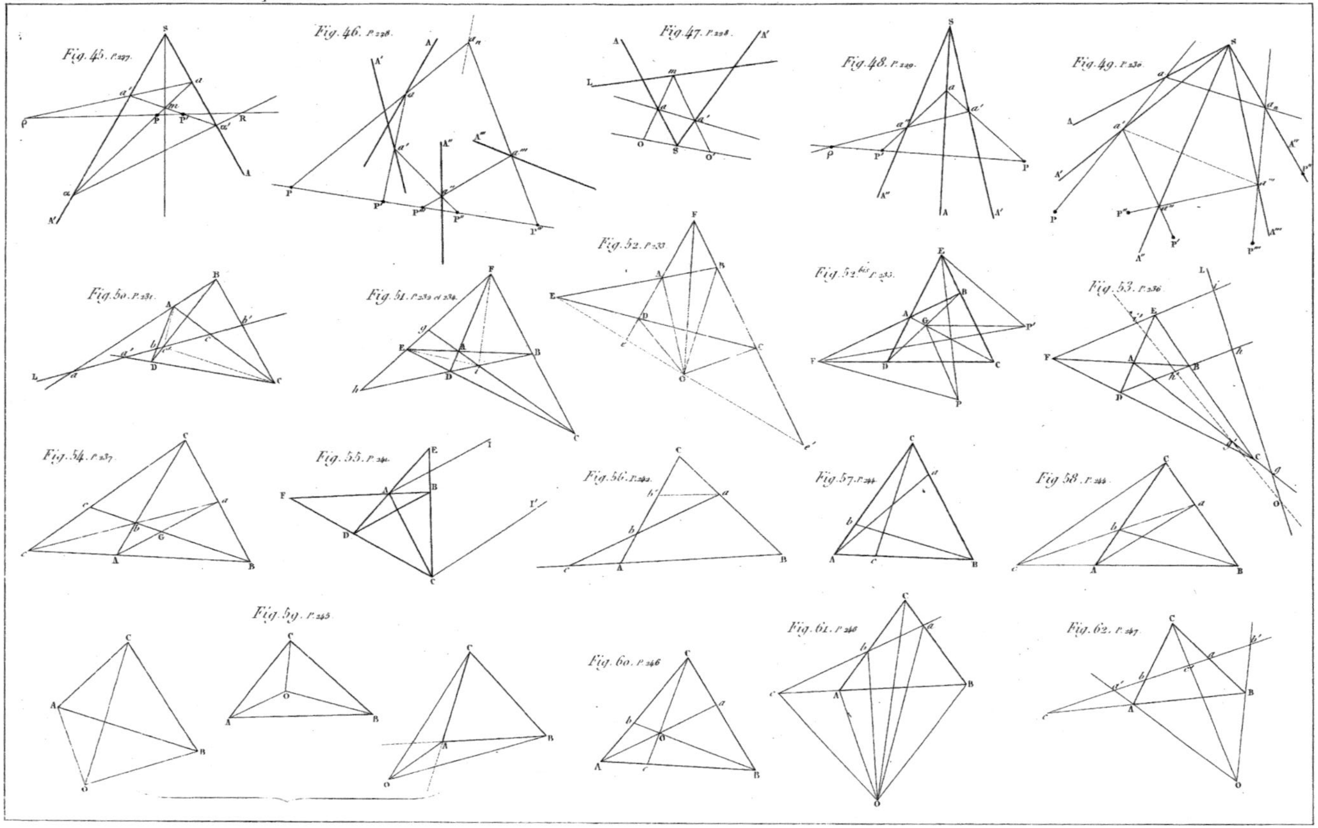

Fig. 45. p. 227.

Fig. 46. p. 228.

Fig. 47. p. 228.

Fig. 48. p. 229.

Fig. 49. p. 230.

Fig. 50. p. 231.

Fig. 51. p. 233 et 234.

Fig. 52. p. 233.

Fig. 52 bis. p. 235.

Fig. 53. p. 236.

Fig. 54. p. 237.

Fig. 55. p. 241.

Fig. 56. p. 242.

Fig. 57. p. 244.

Fig. 58. p. 244.

Fig. 59. p. 245.

Fig. 60. p. 246.

Fig. 61. p. 246.

Fig. 62. p. 247.

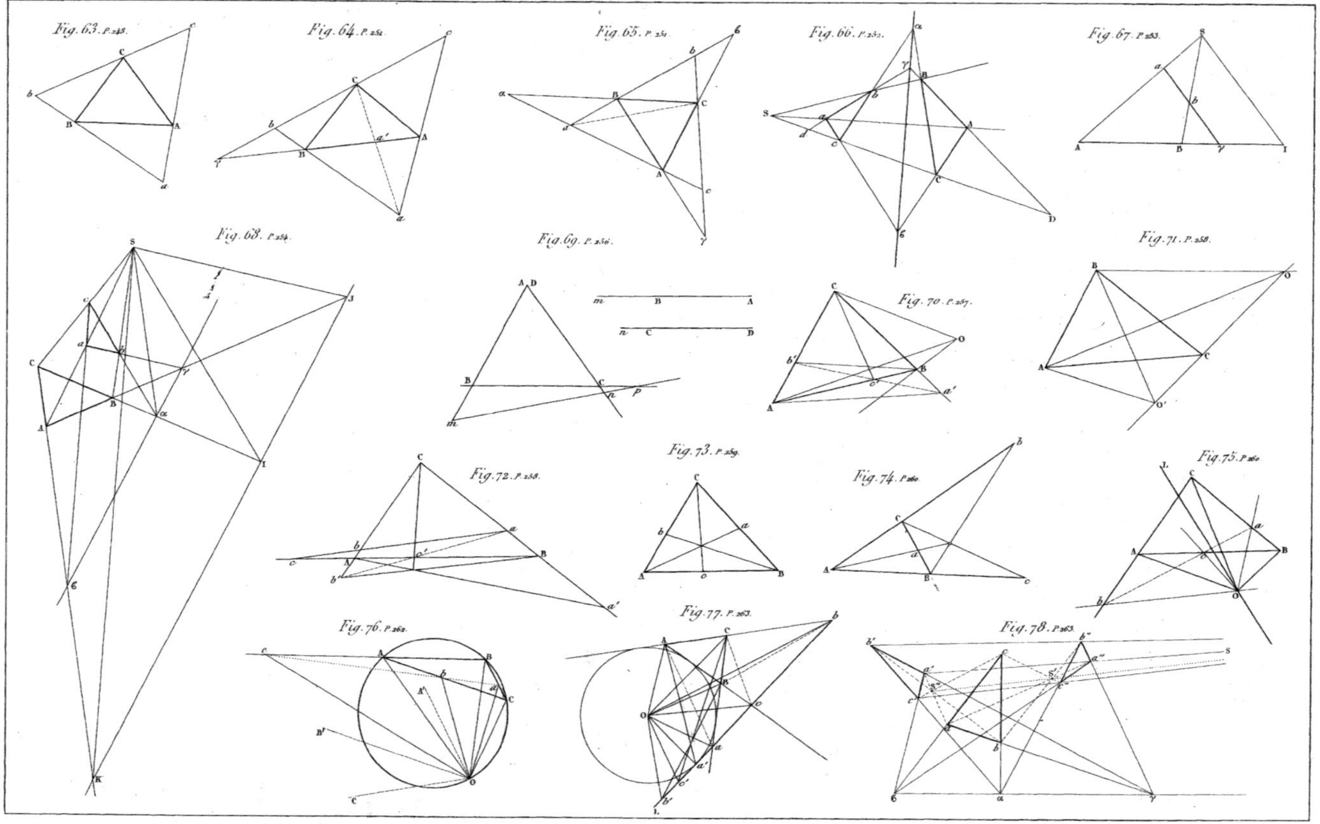

Fig. 63. P. 248.

Fig. 64. P. 251.

Fig. 65. P. 251.

Fig. 66. P. 252.

Fig. 67. P. 253.

Fig. 68. P. 254.

Fig. 69. P. 256.

Fig. 70. P. 257.

Fig. 71. P. 258.

Fig. 72. P. 258.

Fig. 73. P. 259.

Fig. 74. P. 260.

Fig. 75. P. 260.

Fig. 76. P. 262.

Fig. 77. P. 263.

Fig. 78. P. 263.

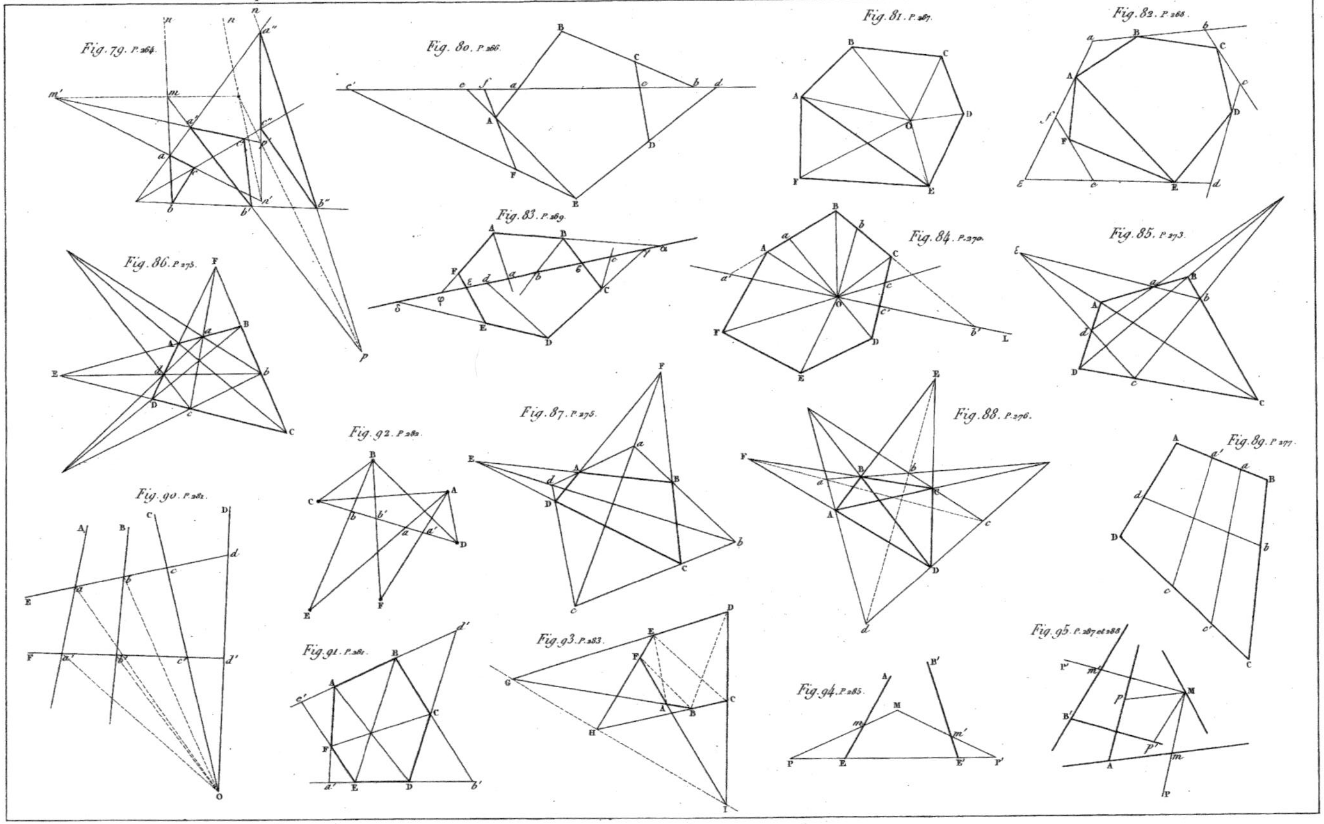

Fig. 79. P. 264.

Fig. 80. P. 266.

Fig. 81. P. 267.

Fig. 82. P. 268.

Fig. 83. P. 269.

Fig. 84. P. 270.

Fig. 85. P. 273.

Fig. 86. P. 275.

Fig. 87. P. 275.

Fig. 88. P. 276.

Fig. 89. P. 277.

Fig. 90. P. 281.

Fig. 91. P. 281.

Fig. 92. P. 282.

Fig. 93. P. 283.

Fig. 94. P. 285.

Fig. 95. P. 287 et 288.

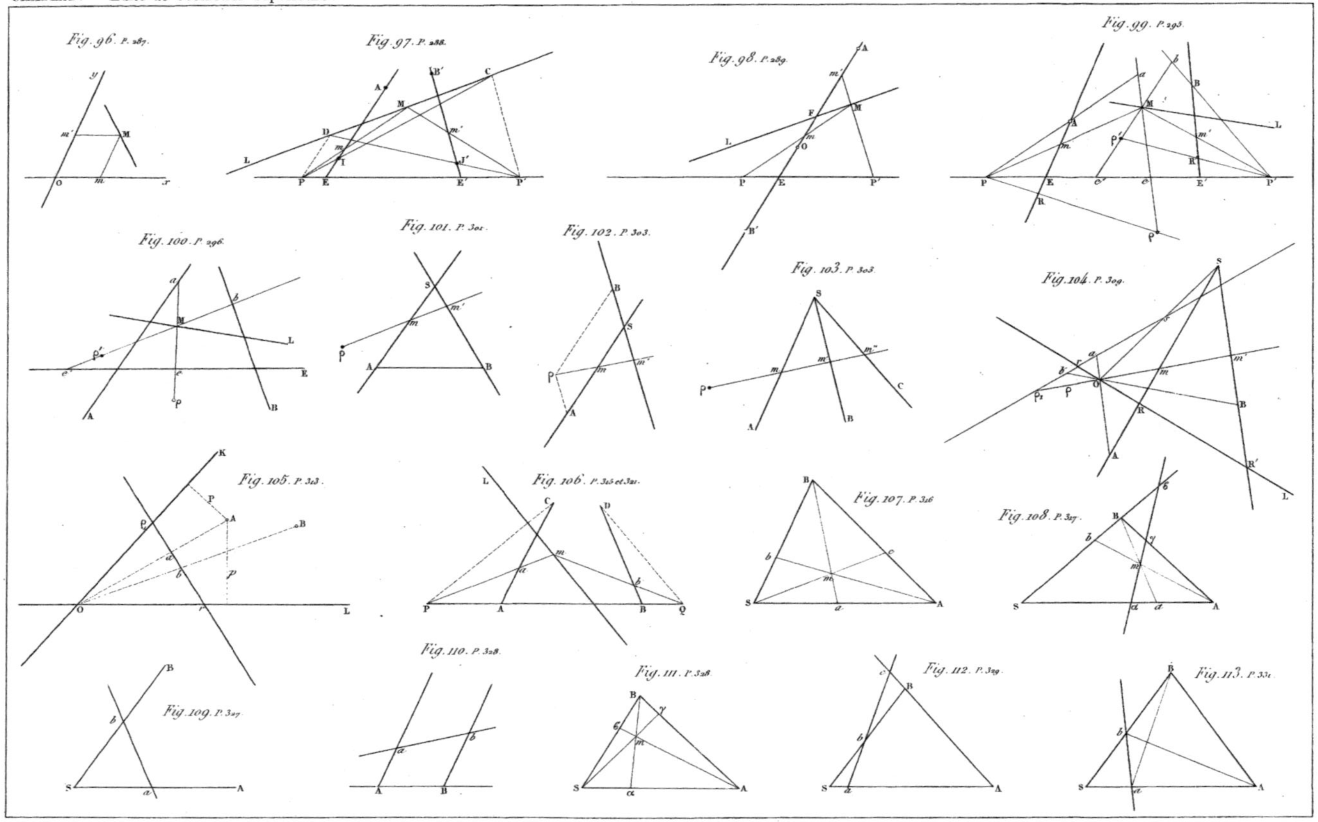

Fig. 96. P. 287.

Fig. 97. P. 288.

Fig. 98. P. 289.

Fig. 99. P. 295.

Fig. 100. P. 296.

Fig. 101. P. 301.

Fig. 102. P. 303.

Fig. 103. P. 303.

Fig. 104. P. 309.

Fig. 105. P. 313.

Fig. 106. P. 315 et 321.

Fig. 107. P. 316.

Fig. 108. P. 327.

Fig. 109. P. 327.

Fig. 110. P. 328.

Fig. 111. P. 328.

Fig. 112. P. 329.

Fig. 113. P. 331.

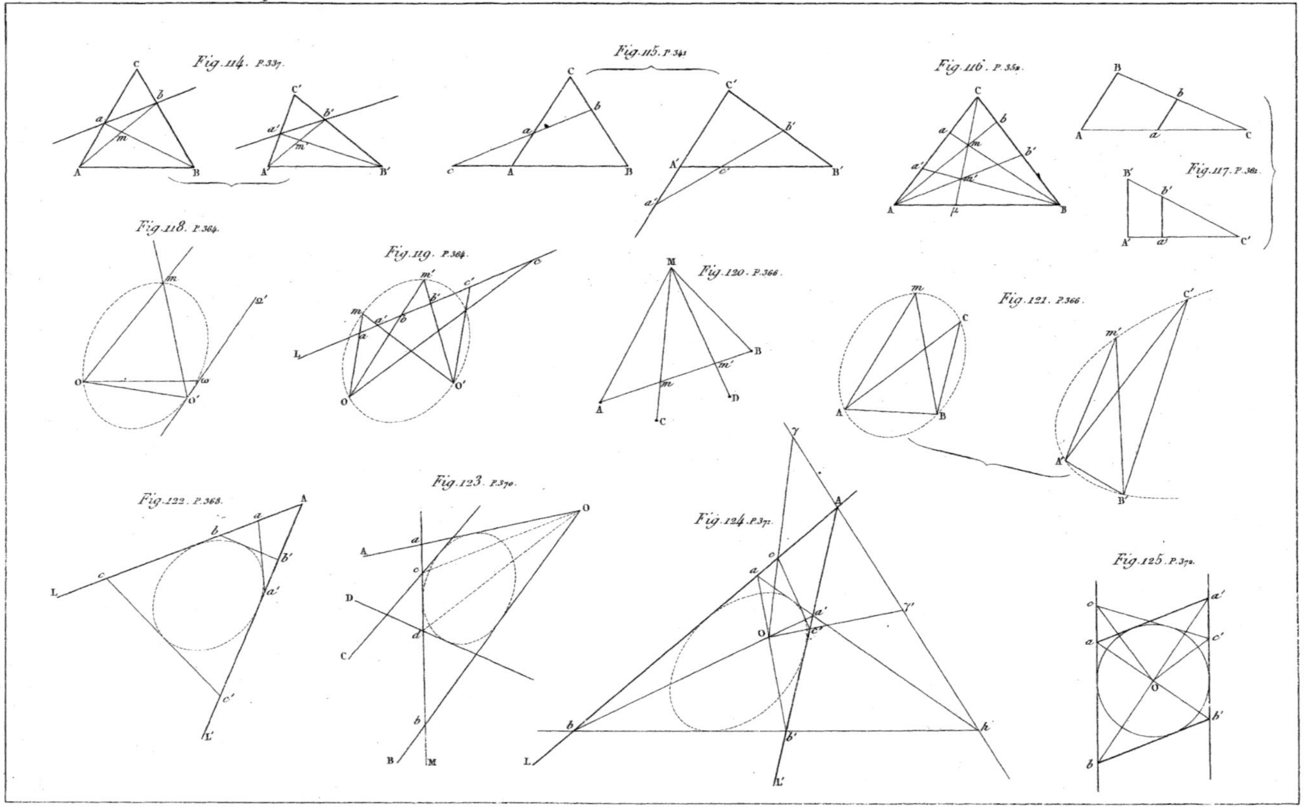

Fig. 114. P. 337.

Fig. 115. P. 341.

Fig. 116. P. 359.

Fig. 117. P. 362.

Fig. 118. P. 364.

Fig. 119. P. 364.

Fig. 120. P. 366.

Fig. 121. P. 366.

Fig. 122. P. 368.

Fig. 123. P. 370.

Fig. 124. P. 371.

Fig. 125. P. 372.

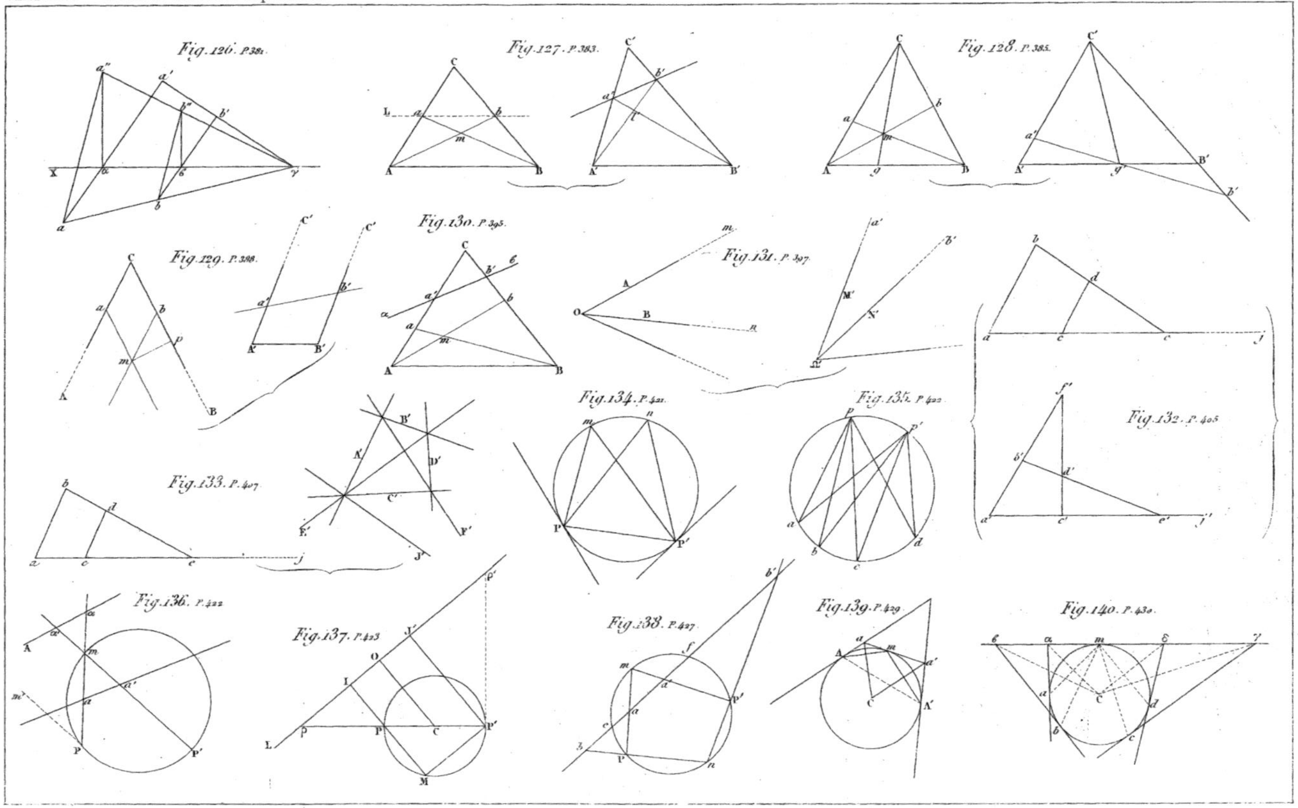

Fig. 126. P. 381.

Fig. 127. P. 383.

Fig. 128. P. 385.

Fig. 129. P. 398.

Fig. 130. P. 395.

Fig. 131. P. 397.

Fig. 132. P. 405.

Fig. 133. P. 407.

Fig. 134. P. 421.

Fig. 135. P. 422.

Fig. 136. P. 422.

Fig. 137. P. 423.

Fig. 138. P. 427.

Fig. 139. P. 429.

Fig. 140. P. 430.

Fig. 141. p. 430.

Fig. 142. p. 435.

Fig. 143. p. 433.

Fig. 144. p. 436.

Fig. 145. p. 436.

Fig. 146. p. 438.

Fig. 147. p. 440 et 442.

Fig. 148. p. 442 et 447.

Fig. 150. p. 451.

Fig. 151. p. 451.

Fig. 152. p. 452.

Fig. 154. p. 457 et 459.

Fig. 156. p. 462.

Fig. 155. p. 458.

Fig. 149. p. 444.

Fig. 153. p. 452.

Fig. 157. p. 463.

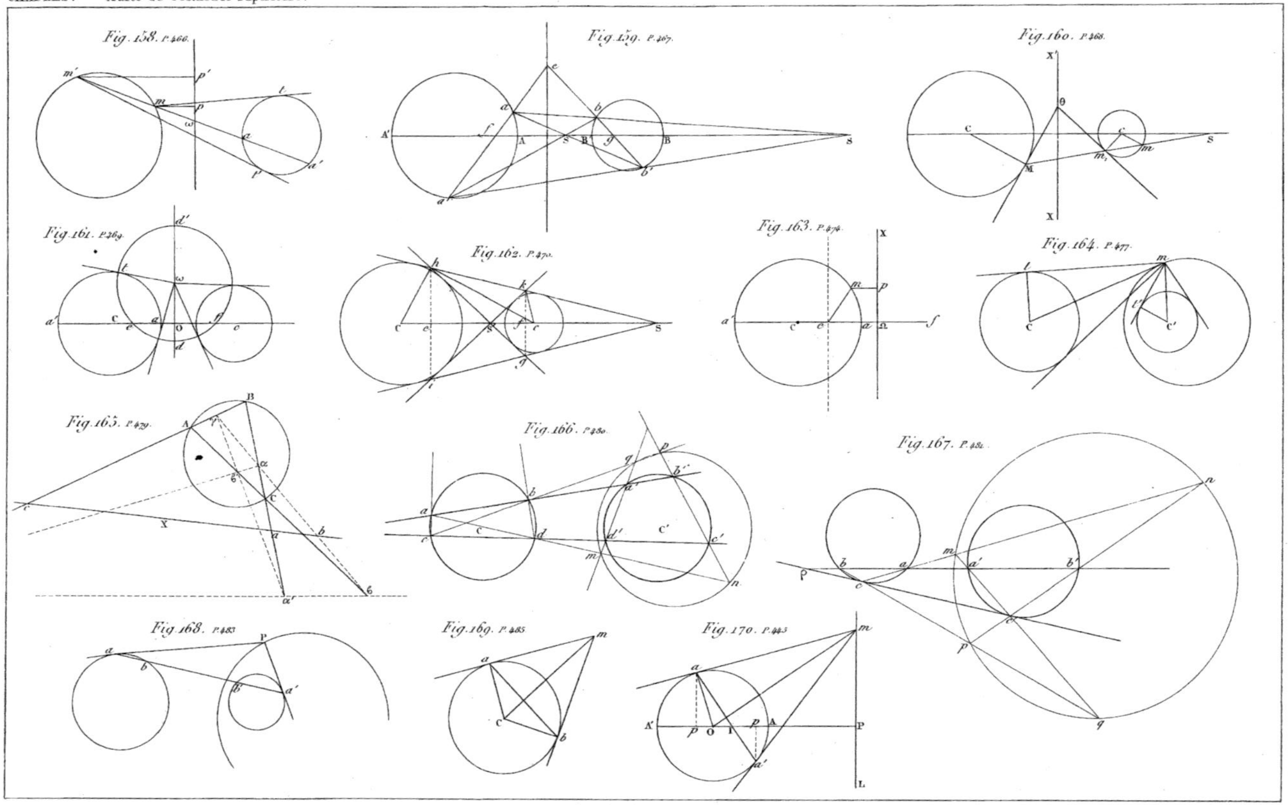

Fig. 158. P. 466.

Fig. 159. P. 467.

Fig. 160. P. 468.

Fig. 161. P. 469.

Fig. 162. P. 470.

Fig. 163. P. 474.

Fig. 164. P. 477.

Fig. 165. P. 479.

Fig. 166. P. 480.

Fig. 167. P. 481.

Fig. 168. P. 483.

Fig. 169. P. 485.

Fig. 170. P. 443.

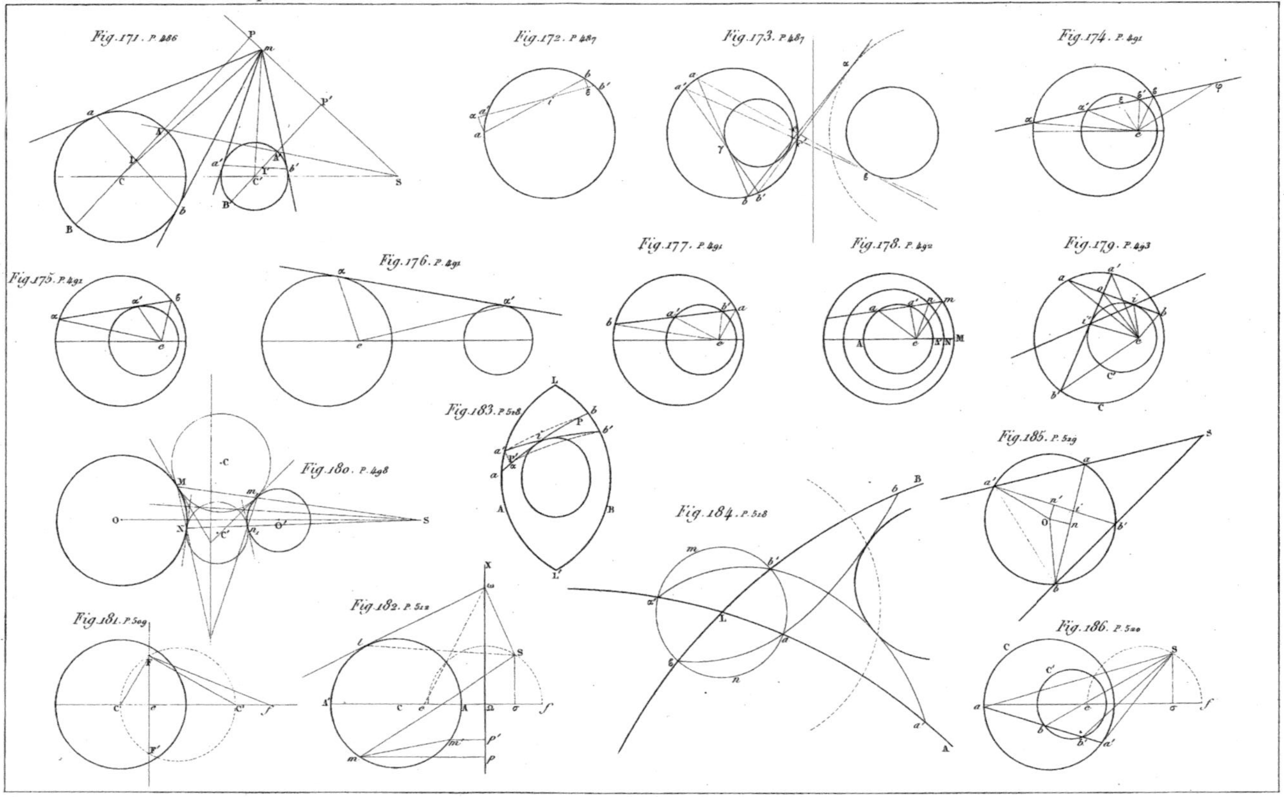

Fig. 171. P. 486

Fig. 172. P. 487

Fig. 173. P. 487

Fig. 174. P. 491

Fig. 175. P. 491

Fig. 176. P. 491

Fig. 177. P. 491

Fig. 178. P. 492

Fig. 179. P. 493

Fig. 180. P. 498

Fig. 181. P. 509

Fig. 182. P. 512

Fig. 183. P. 518

Fig. 184. P. 518

Fig. 185. P. 519

Fig. 186. P. 520

Fig. 187. P. 522

Fig. 188. P. 523

Fig. 189. P. 524

Fig. 190. P. 525 et 527

Fig. 191. P. 526

Fig. 192. P. 527

Fig. 193. P. 528

Fig. 194. P. 533

Fig. 195. P. 534

Fig. 196. P. 536

Fig. 197. P. 537

Fig. 198. P. 539

www.ingramcontent.com/pod-product-compliance
Lightning Source LLC
LaVergne TN
LVHW011242110826
845149LV00001B/29
* 9 7 8 1 4 1 8 1 8 6 0 6 7 *